大学生の頃

緒言

量子力学ニ関スル多ク／著書ガ数学的取扱ニ於テ十分厳密デナイコトハ何人モ承認スル所デアル。勿論数学的細部ニ拘泥シテ物理的本質ヲ見失フコトハ、物理学トシテノ量子力学ニトッテハ致命的デアルカラ、コノ点ヲ深ク難ズルコトハ當ヲ得テキナイケレドモ、苟モ量子力学ガ数学ヲ武器トシテ使用スル以上、数学ノ法則ニ從ハナケレバナラヌコトモ亦當然デアル。

筆者ノ知ル限リニ於テ量子力学ヲ数学的ニ厳密ニ取扱ッタ、若クハ取扱ハウトスル意図ヲ以テ書カレタ書物ガ二ツアル。ソノ一ツハ Neumann, Mathematische Grundlagen der Quantenmechanik デアリ、他ハ Kemble, The Fundamental Principles of Quantum Mechanics デアル。

Neumann ノ著書ハ著名デアリソノ内容ハ周知デアルガ、専門ノ数学者ノ手ニ成ルモノトシテ、少シモ数学的ニ非難スベキ実ハ（至当ナルガ如ク二二ノ点ヲ除キ）訳デアレナイ。量子力学ノ数学的基礎ガコノ著書ニヨッテ確立サレタコトハ一般ニ訳メラレテヰル所デアル。

併シナガラ応用ノ方面カラミレバ Neumann ノ著書ダケデハ十分トイフコトハ出來ナイ。量子力学ノ基礎的原理ニ對シテハ同書ニ於テ完全ナ数学的基礎ガ与ヘラレタモノトミルコトガ出來ルガ、ソノ基礎ノ上ニ具体的ナ理論ヲ建設スルコトハ又別ノ事柄デアル。コノコトハ勿論 Neumann ノ意図ノ外ニアッテ彼ニオケル誰モヲシテキナイ。

例ヘバ量子力学ニ現ハレル operator ハ hypermaximal Hermitian operator デナケレバナラナイトイフコトハ、Neumann ノ一般ノ

*) 非相対論的理論ノ範囲ニ於テ

緒言の最初の頁

以下本稿ノ内容ヲ簡單ニ紹介スルニ、第一章カラ第三章マデハ、予備的ナ事項ヲノベル。第四章ニ於テ我々ノ方法ノ基礎トナル minor operator ノ理論ヲノベ、第五章ニ於テソノ直接ノ応用トシテ minor perturbation（第一種）ヲ解決スル。第六章デハ同ジヤウニ一般的結果ヲ応用シテ原子等ノ Hamiltonian ノ問題ヲ解決スル。第七章デハ minor perturbation ヨリ一般ナ摂動論（第一種）ヲ論ジ、摂動論ノ適用サレナカッタニミ、Shaマグヌトト共ニ、漸近展開トシテノ摂動論ノ適用サレルカドウカニツイテ分棟付ヲ論ズル。後ノ二章ハ第二種ノ摂動論ニ当テ、第八章デ Schrödinger ノ波動方程式ニ関シ一般的ナ事項ノスベテ準備トシ、第九章デ本来ノ第二種ノ摂動論ヲ論ズル。

1945年 6月

本稿ハ戦争末期 B29 ノ空襲ノ威威ノ下ニ書カレタ。著者ハ御里ニ病ヲ養フテイテ半バ病床ニアッタ。物資欠乏、折ニインクノ調達ニモ苦心シタ。本稿ノ筆ノウスイハ インクヲ水増シテ使用シタタメデアル。当時ニオイテハ戦時の食糧ノナートが都合デキタノハ、妻ノ助力ニヨル。

緒言の最終頁の下部

5冊のノート

ノ全体ト定義スル。斯フフ定義サレタ ∇ ハ葉法的 operator デアルカラ hyper-max. ナルコトハ明ラカデアル（$\nabla(x_1,\cdots,x_s)$ ガ ∞ ナル点 ハ $x_i = 0$ ナ ル $x_{ij} = 0$ ナル点ダケデアルカラ空間 $(x_1,\cdots,x_s)$ デオケル測度ハ 0 デアッテ, 許シ得ルモノデアル）。

コノ § ノ目的ハ ∇ ガ運動エネルギー operator T =ヲナシテ minor operator デアリ, 而モ T =ニ比ベラ "無限ニ十サイ" ト見做シ得ル場合デアルコトヲ示スニアル。

2. $\psi / \partial x =$ 先ヅ次ノ定理ヲ証明シテオク

（補助ノ定理）$\varphi(x,y,z)$ ハ $L^2(x,y,z)$ ニ属シテ到ル所ニ連続デアリ且到ル所ニ連続ナ第一階微分商ヲ有スルモノトスル。$A_1(x,y,z), A_2(x,y,z), A_3(x,y,z)$ ハ実数値ヲトル函数デ到ル所ニ連続ナラバ

(36·3) $\int \frac{1}{r^2} |\varphi(x,y,z)|^2 dx\,dy\,dz \leq 4 \iiint \left\{ \left|\frac{1}{i}\frac{\partial \varphi}{\partial x} + A_1(x,y,z)\varphi\right|^2 \right.$
$\left. + \left|\frac{1}{i}\frac{\partial \varphi}{\partial y} + A_2(x,y,z)\varphi\right|^2 + \left|\frac{1}{i}\frac{\partial \varphi}{\partial z} + A_3(x,y,z)\varphi\right|^2 \right\} dx\,dy\,dz.$

（注意）仮定＝ヨリ $\varphi(x,y,z) \cdot r = 0$ ノ近傍デ有界デアルカラ左辺ノ積分ハ有限デアル。右辺ノ積分ハ発散シテモヨイトスル。

（証明）A_1, A_2, A_3 ガスベテ 0 デ且 φ ガ実函数ナル場合ハ Courant-Hilbert＊ニアル。一般ノ場合モ証明ハ同様デアル。

＊) s. 388

$\psi = r^{\frac{1}{2}} \varphi$ トオケバ $\varphi = r^{-\frac{1}{2}} \psi$ ダカラ $r \neq 0$ ナラ

$\left|\frac{1}{i}\frac{\partial \varphi}{\partial x} + A_1 \varphi\right|^2 = \left(\frac{1}{i} r^{-\frac{1}{2}} \frac{\partial \psi}{\partial x} - \frac{1}{2i} r^{-\frac{3}{2}} \frac{x}{r} \psi + A_1 r^{-\frac{1}{2}} \psi\right) \cdot$

$\cdot \left(-\frac{1}{i} r^{-\frac{1}{2}} \frac{\partial \overline{\psi}}{\partial x} + \frac{1}{2i} r^{-\frac{3}{2}} \frac{x}{r} \overline{\psi} + A_1 r^{-\frac{1}{2}} \overline{\psi}\right)$

$= \left(\frac{1}{i} r^{-\frac{1}{2}} \frac{\partial \psi}{\partial x} + A_1 r^{-\frac{1}{2}} \psi\right)\left(-\frac{1}{i} r^{-\frac{1}{2}} \frac{\partial \overline{\psi}}{\partial x} + A_1 r^{-\frac{1}{2}} \overline{\psi}\right)$

$+ \frac{1}{4} r^{-3} \frac{x^2}{r^2} \psi \overline{\psi} - \frac{1}{2i} r^{-\frac{3}{2}} \frac{x}{r} \psi \left(-\frac{1}{i} r^{-\frac{1}{2}} \frac{\partial \overline{\psi}}{\partial x} + A_1 r^{-\frac{1}{2}} \overline{\psi}\right)$

磁場付き Hardy 不等式

加藤敏夫の写真は遺品より　ノートの写真は編注者撮影

量子力学の数学理論

摂動論と原子等のハミルトニアン

加藤敏夫 稿　　黒田成俊 編注

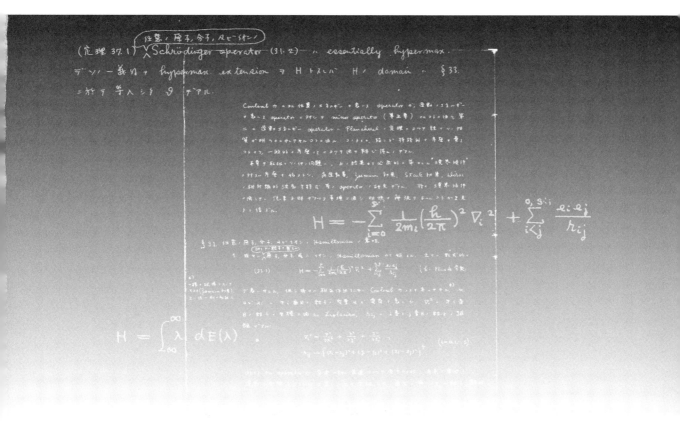

◆ 読者の皆さまへ◆

　平素より，小社の出版物をご愛読くださいまして，まことに有り難うございます．

　㈱近代科学社は1959年の創立以来，微力ながら出版の立場から科学・工学の発展に寄与すべく尽力してきております．それも，ひとえに皆さまの温かいご支援があってのものと存じ，ここに衷心より御礼申し上げます．

　なお，小社では，全出版物に対してHCD（人間中心設計）のコンセプトに基づき，そのユーザビリティを追求しております．本書を通じまして何かお気づきの事柄がございましたら，ぜひ以下の「お問合せ先」までご一報くださいますよう，お願いいたします．

　　お問合せ先：reader@kindaikagaku.co.jp

　なお，本書の制作には，以下が各プロセスに関与いたしました：

- 企画：小山　透
- 編集：小山　透，高山哲司，安原悦子
- 組版：藤原印刷（LaTeX）
- 印刷：藤原印刷
- 製本：藤原印刷
- 資材管理：藤原印刷
- カバー・表紙デザイン：川崎デザイン
- 広報宣伝・営業：冨髙琢磨，山口幸治，東條風太

- 本書の複製権・翻訳権・譲渡権は株式会社近代科学社が保有します．
- JCOPY 〈（社）出版者著作権管理機構 委託出版物〉
本書の無断複写は著作権法上での例外を除き禁じられています．
複写される場合は，そのつど事前に（社）出版者著作権管理機構
（電話 03-3513-6969，FAX 03-3513-6979，e-mail: info@jcopy.or.jp）の許諾を得てください．

序　文

　加藤敏夫 (1917–1999) は，日本が世界に誇る偉大な数学者であり，自ら発展させた作用素論的な関数解析の概念や方法により，物理学に関わる数学的諸問題に対して様々に画期的な躍進 (breakthrough) をもたらした．なかでも量子力学の数学理論を具体性をもって基礎付けた業績は顕著であり，現在も活発な当該分野の起点を与えたのであった．本書の内容は，1917 年生まれの加藤が 1945 年の 6 月に書きあげたノート（以下原ノート）による．そのとき，8 月 25 日生まれの加藤は 28 歳未満の若さであった．

　原ノートが見いだされ，編注者の黒田成俊さんと筆者が本書の刊行を図るに到った経緯については，後段で述べさせて頂くが，編注者の苦心は，歴史的な意義も尊重する立場で数学的内容だけでなく，こめられた加藤の気迫さらには格調までも読者に伝えるために出来るだけ原ノートの行文を保つこと，その一方で現代の若い読者にも可読なように最小限の手入れをすることにあったと承知している．近年の専門知識を持つ読者に対する「橋わたしのコメント」も注記やあとがきで配慮されている．この事情により，以下で内容について述べるときは「原ノート」と「本書」とを区別しない．

　加藤の本書に於ける意図および主結果は緒言で明快に述べられている．筆者の理解によりその核心だけを此処に記せば，

　(a) 量子力学の数学的基礎付けは Neumann によって与えられた抽象論だけでは応用のための具体性に欠ける．それを補う数学理論を妥協のない厳密さで建設せねばならない．その際，可能で有意義な基本的対象から始めよう．

　(b) 本書で論じる主なる題目は (1) 摂動論と (2) 原子（分子，イオン）の Hamiltonian の理論である．

　(1) については，非有界作用素の難しさを避けて通れない．解析的摂動論だけでは物理の応用上不十分で漸近的摂動論が必要である．(2) では，原子（分子，イオン）の Hamiltonian 作用素について，Coulomb 力を以て相互に作用している任意の粒子系のそれが自己共役であることの証明ができた．

　(c) 方法論的に (1), (2) に共通の基礎がある．それは minor perturbation の理論

である．

　なお，(2) を起点として量子力学の数学理論が発展したのであり，数年後にその内容が論文として刊行されたとき（刊行が遅延したいきさつは岡本久さんによる付録 1 に述べられている），論文は歴史的な高評を得て，加藤の出世作となった．この仕事については，当該分野に於いて加藤を継ぐ先達でもあった編注者による「あとがき」，および，同分野に於ける現役のリーダーである中村周さんによる付録 2 には，(2) の結果の意義，また，それを導いた加藤の熱意，深い思索，卓越した独創性についての行き届いた説明がなされている．後者では，加藤の卓越した仕事およびそれに至る精進に接したときの感動が記されているが，その一部を敢えてここで掲げよう：「最初に感銘をうけたのは加藤敏夫の量子力学に対する強い思いでした．… 独創的な研究には明確な目的意識が必須と痛感しました．」また「このような文書を日本語で読めることは，我々にとって望外の幸運であると思います．」

　さて，(1) の摂動論への加藤の熱心さは，コンピュータが未登場であり，量子力学の計算手段としては摂動法への依存が大きかったその当時に物理教室の研究者であった加藤の任務意識による部分もあったかもしれない．しかしながら，非線形問題を含む物理の諸問題に対して数学的に確かで先進的な方法を創出したいとの数理科学者としての学問的意欲が根底にあったと筆者は信じるのである．後年に筆者が協働させて頂いたナビエ・ストークス方程式の関数解析的な扱い（Kato-Fujita の方法）では，非線形項を線形主要部分（ストークス作用素）に対する minor perturbation と見なしている．このような対象の多様化，舞台となる関数空間の Banach 空間への拡張，作用素の関数（指数関数や分数べき）の理論の充実などが総合されて，数理科学の専門家には必読の，そうして応用家にとっても可読な，加藤流摂動論の集大成の大著「Perturbation Theory for Linear Operators: Springer, 1966, 1976」に結実したと言える．有限要素法や精度保証の近似解法なども加藤流の関数解析に支えられている部分が少なくない．

　原ノートが入手された経緯を述べる前に，若い頃の加藤敏夫の履歴に触れよう．1941 年に東大の理学部物理学科を卒業した加藤は，大学院に 2 年間在学してから 1943 年に物理学科の助手（現助教）に任官した．当時，東大は国立の東京帝国大学で，教職員は官吏であった．大学・大学院の制度，学位授与の制度も現在と異なる旧制のそれであった．助手になってから加藤は（緒言の付記にあるように），肺結核を患い故郷の栃木県で療養し，そこで 1945 年 8 月 15 日の敗戦を迎えたが，その 2 か月前に原ノートを書きあげている．肺結核は特効薬の無いその頃では危険な難病であったが，幸いに健康を回復して助手の任務に復帰した．原ノートに記された成果が評価された加藤は 1951 年 7 月 1 日付で物理学科の助教授（現准教授）に昇

進した．旧制度ではこうした昇進に合せて論文提出により博士の学位を取得するのが普通であった．実際，加藤が東京大学から理学博士の学位を授与されたのは 1951 年の 7 月 18 日付である．ちなみに，学位論文のテーマは原ノートの (1) の部分，すなわち摂動論の部分を精緻な英文論文に仕上げたものであった．なお，その概要は 3 回に分けて 1949 年に理論物理の学術誌 Progress of Theoretical Physics に掲載された（巻末の文献表の参考文献[71]）．3 回に分かれたのは戦後の物資不足のせいで，学術誌の一論文当たりのページ数に制限があったからである．本論文は 1951 年に東京大学理学部紀要 (Journal of the Faculty of Science, University of Tokyo, Section I) に掲載されている（参考文献[72]）．

物理教室では，助教授になると研究室を主宰し，所属の（後期）学生・院生を指導する．加藤敏夫が 1951 年の後半から加藤研を開いたとき，後期学生であった筆者はそれまでの指導教官であった山内恭彦教授の指示によって加藤研に鞍替えしその第 1 期生となった．池部晃生さん（固有関数展開や散乱理論で卓越した仕事をした）は第 3 期生で，編注者の黒田さんは第 4 期生である．

加藤は，1962 年に Berkeley の California 大学の教授となり東大から去ったから，加藤研の活動期間は 10 年程であった．

1988 年の定年退職後も Berkeley で暮らしたが，その後 Oakland に居を移し，そこで 1999 年の終焉を迎えた．瑞枝夫人が夫の後を追って逝去されたのは 2011 年 3 月である．お子様の無かった加藤夫妻は，様々な配慮をこめて遺言を定め，執行を信託会社に依頼しておられた．瑞枝夫人の遺言の中に，「加藤敏夫の書斎にある研究資料一切を藤田宏，黒田成俊，石黒真木夫に与える」との条項があったのである．石黒さんは，加藤敏夫の甥（実妹の子息）であり，情報量統計学を専門とする統計数理研究所の名誉教授である．なお，父君石黒浩三さんは加藤敏夫の物理学科に於ける親友であった．「研究資料」の日本に於ける受け入れ方，その後の活用の仕方に関して，石黒さんは「専門が伯父のそれに近い藤田・黒田の御両人にお任せしたい」との意向を表明された．そうして原ノートは,「研究資料」の中に含まれていた．従って，その扱いに関して我々藤田・黒田が責任を持つことになった．

今回の刊行に到るその後の経過を述べさせて頂く．「研究資料」の大部分は図書であるが，ノート，記録紙，フィルムなど多様な形式の資料も含み厖大であった．日本への移送と受け入れ先（まずは点検・整理のために暫置する）の確保が急務となった．前者については，アメリカの関係筋との折衝に尽瘁された大渕公子さん（加藤夫妻の姪）を始めとするご遺族のおかげで落着し，後者については，当時京大数理解析研究所の教授であった岡本久さんの斡旋と所長であった森重文さんのご好意のおかげで目途が立った．本書付録 1 の執筆者である岡本さんは流体力学の数理解析・

数値解析の大家であるが，かねがね加藤敏夫の業績および生涯に対して，学問的および数学史的（かつ伝記的）な尊敬の念が篤かった．

数理研に到着しその別館に格納された「研究資料」のダンボール箱からの取り出しを始めたのは 2012 年の 3 月 21 日であるが，我々も現地に出張して作業に参加した．その際に原ノートが見いだされたのである．整然と手書きされたノートの内容の貴重さは瞥見しただけで筆者にも明らかであった．黒田さんはかつて加藤から原ノートを見せて貰ったことを思い出した．「このまま埋もれさせるべきではない」との思いは全員に共通であったので，取りあえず現物を東京に移し，「如何に世に出すか」について黒田さんを中心に研究することにした．

原ノートの刊行には慎重さを要する面もある．その第一は，加藤敏夫ご本人の意向を確かめる術がないことである．学術的成書（モノグラフ）の原稿として考察すれば，内容の秀逸さは万人の眼に明らかである．原稿の整備も殆ど完全である．それにも関わらず，ご本人による刊行が何故なされなかったのか．単に多忙の故ではあるまい．分野の進歩を取り込むタイミングを計っておられたのか．自著の刊行に際して常に内容および表現の完璧さを期されたご本人であるだけに，安易な判断はできない．

そこで黒田さんを通じ，当該研究分野のリーダーである中村周さんの印象を尋ねた．中村さんの応答は上でも触れたように，最高に肯定的であった．

こうした次第で原ノートの刊行を目指すことに我々の決心が定まった．同時に，黒田さんは原稿を整備し，編注を付ける作業を覚悟した．本書の標題「量子力学の数学理論」は黒田さんが提案したものである（原ノートには全体の標題が書かれていない）．岡本さん，中村さんにそれぞれ付録を書いて貰うこともこの頃からの我々の切望である．なお，本書の作者に関する表現が「加藤敏夫　稿，黒田成俊　編注」とささか異例なものになっているが，これは上記の諸般の事情を考慮した筆者が提案し関係者の同意を得たものである．

出版界の厳しい現況での刊行には，内容が重厚であるだけに困難が予想されたが，その点では我々は幸せに恵まれた．すなわち，長年の知友である近代科学社の小山透社長に相談したところ，小山さんが同社からの刊行を迅速に決断してくれたからである．

2017 年 11 月 1 日　　　　藤田　宏

編注者まえがき

1. はじめに

原ノートは，表紙に B1, B2, B3, B4, B5 と記された変型 B5 判のノート 5 冊，計 445 頁に書かれている．口絵写真に見るように細かいが読みやすい字で丁寧に書かれており，整然としていて書き直しなどはほとんどない．

緒言の最後に 1945 年 6 月という日付が記載されている．他のプライベートな資料にある記述も加えて，このノートが 1945 年 6 月までに完結していたのは間違いないものと判断される．ただし，後日のものと思われる（あるいはそう明記された）書き込みもかなりある．本書がもつ歴史的な意味も考慮し，編注にあたっては，1945 年の 6 月までに書かれたと思われる本文および傍注と，後日に書き加えられたと推定される欄外の注とは峻別するように努めた．同様の理由で内容的な編集をすることはほとんどしていない．その他の編集上の細かいことは 2. 以降に記す．

本書に始まる研究の大きな流れについては，付録 2 で中村さんが解説して下さっている．本書にある個々の定理や個別事項について，個別にその後の発展をたどって注をつけるようなことは編注者の手に余るから始めから諦め，次のことだけを付け加えた．

(i) ある事項のその後の展開が，加藤敏夫自身の著作や論文に書かれていることに気がついたところには，多少の解説を編注に書いた．

(ii) 本書に書かれている定理の一部の証明の中には，後日論文として発表されたときに新しい手段を用いる証明に置き換えられているものがある．それについて編注者あとがきで多少の解説を試みた．

最近 Barry Simon が加藤先生の非相対論的量子力学に関する研究についての 200 頁を超えるレビューを執筆中である（参考文献[78]）．それが出版されれば，本書に書かれている研究を礎として発展したその後の研究の詳細な系譜を知ることが出来るであろう．

2. 日本語表記

2.1 緒言はその風格を保つため，片仮名を平仮名へ変更した以外の変更は一切

行わず，必要と思われる字には，初出のところにだけルビを付けた．

2.2 収斂を収束になおした以外，言葉の置き換えはしていない．

2.3 漢字は常用漢字へ変更し，一部漢字を仮名書きにした．送り仮名も現行のものに改めた．特に原文の函数は関数とした．ただし「而して」だけはそのままとし，初出のところにだけルビを付けた．

3. 欧文表記

3.1 原ノートでは多くの術語が英語やドイツ語で記されている．和訳語で書かれている術語も多いから，欧語で書かれているものの多くは，当時訳語が定まっていなかったのであろうと想像される．それらは原語のままとし，初出のときに和訳語を脚注に示すように努めた．欧文の人名は原語のみを記している．

3.2 引用文献の例えば 100 頁をさすのに p.100（英語の page）や S.100（ドイツ語の Seite）が用いられているが，そのままとした．

4. 数学用語，数学記号

数学記号は現在の使い方と特別の差異はない．次の 3 点だけ注意しておく．

4.1 数学記号の一部に使われるドイツ文字は，ジュッターリーン体と呼ばれる筆記体と思われる文字が用いられている．便宜上，Fraktur と呼ばれる活字体（TeX の \mathfrak）を用いた．若い読者には馴染みが薄い字体で読めない字もあるのではないか，という指摘もあるので，大文字のみをアルファベット順に並べておく．

$$\mathfrak{ABCDEFGHIJKLMNOPQRSTUVWXYZ}$$

4.2 ノルム．現在の用法では，種々の対象に対するノルムを一律に同じ記号 $\|\cdot\|$ で表すことが多いが，本書では Hilbert 空間の元素（今の用語では元またはベクトル）f のノルムは $\|f\|$ で表し，有界作用素 A のノルムは bound と呼んで $|A|$ で表している．A に対する $\|A\|$ は §3.4 で定義される "finite norm" を指す．これらは §3 で説明されているが，現在の用法に慣れている読者は注意されたい．

4.3 絶対収束する二重級数の和が $\sum_{p,q}^{0,\infty}$ のように記されている（例えば (3.9) 式）．これは現在は $\sum_{p,q=0}^{\infty} = \sum_{p=0}^{\infty} \sum_{q=0}^{\infty}$ のように記されるのであろうが，原文のままとした．

5. 傍注，脚注

5.1 原ノートには頁の左側の欄外にかなりの数の注が付けられている．それらの注には各頁ごとに記号 *, **, ⋯ という引用符が付けられている．これらの注は本書では傍注とし，各章別の通し番号 *1)*, *2)*, ⋯ を付けた．

5.2 これらの注の中には長い式を含むなど，傍注として配置しにくいものがある．それらはその都度断った上で脚注 *) とした．最初の例は第 1 章の傍注 *19)* で

ある.

5.3　原ノートには傍注のほかに頁の上部などに記された，注記，メモなどが散見する．内容から判断して大部分後年に書き加えられたもののようである．これらは二三の走り書きのようなものを除いて，すべてを脚注として記載し，編注者のつけた脚注と区別するため，脚注記号†‡§¶を順に使用し，さらに脚注文の冒頭に**欄外注記**と記した．最初の例は第4章のまえおきの最後にある．

5.4　これら欄外注記の脚注の中には，第4章最初の†)のように，「内容を変更し配列を変えた方がよい」というような示唆がなされているところもある．示唆にしたがって書き直すことも不可能ではないが，それは原ノートの原型を保存するという趣旨に反する．示唆にもかかわらず，そのような書き直しは行わなかった．

5.5　編注者が付けた注はすべて脚注とし各章毎の通し番号1), 2), ⋯ を付けた．

6. 参考文献，索引

6.1　文献の引用は大部分傍注の中にあり，最小限の情報のみが書かれている．本書ではその文献のフル情報を巻末の文献表に示し，引用個所にその文献番号を記して読者の便宜を図った．なお，著者名のみが書かれているような場合には編注者の推測で文献を特定したところもある．特定に到る理由はできるだけ記した．

6.2　参考文献表は，原ノートで引用または言及されているもの（文献番号 [1] から）と編注等で追加したもの（文献番号 [51] から）に分けた．

6.3　索引は原ノートにある部分にのみ付けることにしたが，例外的に編注から索引するときには索引語に*を付けた．

6.4　付録1, 2は文献引用も含めて完結した形で書かれているので，参考文献表と索引は本文の範囲に限った．

謝辞　我々の求めに応じてご多忙の中でみごとな付録を書いて下さった岡本久さん，中村周さんに感謝する．原ノートを含む研究資料の東京移送に際して暫定的な置き場所を工面して下さり，その後も数々の便宜を図って下さっている東京大学数理科学研究科のご関係の方々のご好意に感謝する．近代科学社の小山透社長は，出版を決断された後も仕事の進行を見守って下さり，編集を担当された高山哲司さん，安原悦子さんは仕事の遅い編注者を督励しつつ数々の手助けをして下さった．厚くお礼を申し上げる．

緒　言

　量子力学に関する多くの著書が數学的取扱に於て十分厳密でないことは何人も承認する所である．勿論數学的細部に拘泥して物理的本質を見失ふことは，物理学としての量子力学にとっては致命的であるから，この点を深く難ずることは當を得てゐないけれども，苟も量子力学が數学を武器として使用する以上，數学の法則に從はなければならぬことも亦當然である．

　筆者の知る限りに於て量子力学を數学的に厳密に取扱った，若くは取扱はうとする意図を以て書かれた書物が二つある．その一つは Neumann の Mathematische Grundlagen der Quantenmachanik であり，他は Kemble の The Fundamental Principles of Quantum Mechanics である．

　Neumann の著書は著名でありその内容も周知であるが，専門の數学者の手に成るものとして，少くも數学的に非難すべき点は（重要ならざる二三の点を除き）認められない．量子力学の數学的基礎がこの著書によって確立されたことは一般に認められてゐる所である．

　併し乍ら応用の方面から見れば Neumann の著書だけでは十分といふことは出来ない．量子力学の基礎的原理に対しては同書に於て完全な數学的基礎が与へられたものとみることができるが[1]，その基礎の上に具体的な理論を建設することは又別の事柄である．このことは勿論 Neumann の意図の外にあって彼によっては論ぜられてゐない．

　例へば量子力学に現はれる operator は hypermaximal Hermitian operator でなければならないといふことは，Neumann の一般的理論の要求する所であるが，実際の力学系，例へば原子，の運動を表はす Hamiltonian operator がこの要求を満足してゐるかどうかといふことは Neumann によっては研究されてゐない．

　かくして Neumann は基礎を築いたけれどもその基礎の上に具体的な問題に対する理論を建設することは自分では之を行はなかったし，又何人も之を行はなかった

---

[1] 非相対論的理論の範囲に於て．

*) 緒言は片仮名を平仮名に変え，多少のルビをつけた以外は原文の通りとした．

如くである．

　多くの物理学者は Neumann が數學的に確實な基礎を築いたといふ事實に大きな安心と確信とを感じたに相違ないが，依然として自己獨自の方法で建築を續けて來たのであり，Neumann の基礎の上にそれを置くといふ試みは爲さなかったのである．Neumann の理論は心理的な効果以上のものを持たなかったやうにみえる．

　他方 Kemble は上述の著書の序文に於て，從來の量子力學の書物が數學的欠陥に富むことを指摘すると同時に，Neumann の著書が一般の物理學者にとって難解に過ぎることを認め，自ら前者の欠陥を除いて Neumann の理論との橋渡しをなさうといふ意圖を表明してゐる．

　Kemble の意圖は十分尊重すべきものであり，特に物理學者としての立場から，Neumann と異なりあらゆる具體的な問題に觸れてゐる点に於て甚だ注目すべき著書であると思はれるが，彼の著書を讀んでみると遺憾乍らその意圖は失敗に終ったものと認めざるを得ない．（此所では 數學的 な觀点から云ってゐるのであって，彼の著書の隨所にみられる「物理的考察」に就ては又別問題である）．

　Kemble のとった道は Neumann と異なり普通の物理學者の方法を踏襲して之を出來る限り嚴密にすると共に，如何ともし難い難点は之を難点として讀者の注意を促すといふ態度である．

　然るに彼の著書を通讀してみれば殆どすべての難点は結局難点として殘され，Kemble の手によって新たに明快な解決に到達したと思はれる問題は殆ど一つも見ることが出來ない．勿論彼は到る所で之らの難点を解決しようと努力して多くの考察を費してゐるし，多くの面倒な計算も行ひ，又種々雜多な條件を導入したりしてはゐるが，結局力及ばずして何等の解決にも到達せず，落着く所は之らの考察の結果としての想像と「尤もらしさ」による結論を出してゐるに過ぎない．從來の多くの著書の取扱に一歩を進め得たと思はれる所は認められない．たまたま何等かの綺麗な結果があると思へば誤謬であり，又餘りにも煩瑣な且人工的な條件を導入して徒に量子力學の體系を混亂せしめたのは，却って一歩の後退であると云はざるを得ない（例へば同書 §23 或は §32 に於て波動函數に課せられた境界條件の複雜さを見られよ！）．

　Kemble の書は著者の意圖に反して Neumann の書よりも却って讀み難いものになったと思ふのは筆者一人ではないであらう．

　筆者の考へによれば Kemble の意圖を實現しようとするならば Kemble のなしたやうに非數學的な道をとることは正しくない．苟も數學的嚴密を目的とするならば數

学的に進むより他に方法はなく，そこには妥協は許されない．さうでないと Kemble の如く従来の方法の難点を指摘することは出来ようが，之を解決することは出来ないであらう．

　本稿の目的とする所も Kemble のそれと大して異ならないが，異なる第一の点はその方法であって，専ら Neumann の築いた基礎の上に理論を立て，Kemble の如き妥協を排したことである．実際 Kemble の失敗はその方法が数学的でなかった所にあると信ずるからである．第二には Kemble の如くあらゆる問題を論ずることは断念して，現在の所解決可能なる問題に限定したことである．あらゆる問題を論じて何一つ解決しないよりも，小数の問題を論じて之を解決する方が望ましいと思ふからである．

　従って本稿は不完全であり未成品であって，量子力学の極めて一部分を論じ得たに過ぎず，その大部分は未だ手の届かない所にある．併し問題は甚だ困難なものであって現在の所急に全般を論ずることは望み得ない．ここに得られた僅かな結果だけでも，何等かの役に立ち得るものと思ふ．

　前述した通り物理学としての量子力学は，数学的厳密といふことに拘泥してゐては前進することが出来ないから，細かい数学的困難を無視して進むことは已むを得ないばかりでなく，又その方が望ましいことであらう．併し得られた結果を体系づけるに当っては数学的厳密さもある程度までは考察されねばならず，使用する数学を出来る限り厳密な基礎の上におくことは理論物理学者の一つの義務である．のみならず忙しい前進の中に為された餘りにも乱暴な数学の使用に対しては多少の反省を促すことも必要であらうと思ふ．

　本稿に於て論ずる主なる題目は攝動論と原子（分子，イオン）の Hamiltonian の理論とである．

　攝動論は量子力学に於て極めて屡々用ゐられる方法であるが，その厳密な取扱は未だなされてゐなかったと思はれる．只常識的な直観と Euclid 空間における事情との類推とから形式的な公式を導いてゐたにすぎない．その結果が疑ひ得ないものならば改めてその基礎づけを行うにも當らないであらうが，実は多くの場合に攝動論の適用可能性には疑問があるのである．それも場の理論の如き，未だ理論そのものが試みの域を脱してゐない不完全な場合を除いても，攝動論の結果が適用し得ない多くの場合があり得るのである．而もかかる場合は所謂 pathological な場合として例外視し得るならよいけれども実はさうではないのである．量子力学に於ては有界ならざる operator を用ゐることが是非共必要であるが，かかる operator はすべてあ

る意味では pathological なのであって種々の特異性を現はし得ることは Neumann の示した通りであり[2] 攝動論もこの例に洩れない．従って攝動論に於ても種々の特異性が現はれることは始めから覚悟せねばならぬのであり，決して形式的攝動論が無制限に成立つと考へることは出来ないのである．寧(むし)ろ非常に慎重に用いられねばならぬといふ方が正しい．

攝動論は固有値問題を解く場合に用ゐられるものと，運動方程式を解く場合に用ゐられるものとに二大別される．我々は便宜上前者を第一種の攝動論，後者を第二種の攝動論と呼ぶことにする．

第一種の攝動論に於ては，本稿に於て minor perturbation と呼ばれるものは完全なる解決に到達し，形式的攝動論の期待する通りの展開式が成立するのであるが，この攝動は応用上の目的からみれば未だ十分とは言い難いのである．所がもっと一般的な攝動に対しては必ずしも形式的な攝動論は成立しないのである．一般にかかる攝動に対しては minor perturbation の場合と異なり，攝動論の級数は巾(べき)級数ではなくして漸近級数と考へなければならず，それも普通の（無限級数としての）漸近級数と異なり，有限項の漸近級数と考へなければならない．かく解釈し直しても攝動論が適用出来るためには尚条件を要するのであって，適当な条件の下に夫々第０次，１次，２次等の項までの展開式が成立することになる[3]．我々はそのための十分條件をいくつか擧(あ)げることが出来るのであってそれはかなり一般的なものと考へられるが，応用上十分であるかどうかには尚疑問がある．併し之により水素類似原子に対する Zeemann 効果の問題は解決され，之に対し攝動論を適用することは，少くも第四次の程度まで正しいことが厳密に証明される．

第二種の攝動論は第一種の攝動論のそれよりも更に困難であって，より不完全にしか論ずることが出来なかったが，応用上特に重要な遷移確率の最初の項を得るための条件はかなり一般的に論ずることが出来る．

之らの結果によれば第一種に於ても第二種に於ても攝動論が適用出来ない場合はかなりに多いことがわかる．尤も第０次までの展開なら大抵の場合には成立するけれども之では実用にならない．多くの場合には少くも第１次，２次等の展開が望ましいわけであるが，それが展開不可能なる場合が多いのである．特に所謂「発散」が起る場合はそれが不可能であると思ってよい．而(しこう)して所謂 cut off によって発散を防止してもその結果は（少くも数学的には）全然無意味であることがわかる．かかる場合には攝動論は用ゐてはならないのであって，何か別の方法を探すより他に方法がない．特に，発散が起るから解が存在せず，解を求めるためには cut off が必要で

---

[2] Math. Ann. **102** (1929), 49–131.
J. für die r. u. angew. Math. **161** (1929) 208–36.

[3] 固有値に対し第０次の展開が成立するといふことは，攝動により固有値が連続的に変化することをいみする．

あると考へることは絶対に誤りである．発散は考へてゐる次数まで攝動論が適用出来ないことを示すにすぎず，必ずしも解がないとか，若くは operator が hypermax. でないとかいふことを示すものではないのである．このことは場の理論の発散の困難に関聯(れん)して特に注意されねばならぬ．

　原子（分子，イオン）の Hamiltonian の理論に於ては，Coulomb 力を以て相互に作用してゐる任意の粒子系（従って任意の原子，分子，およびイオン）の Hamiltonian が hypermax.（用心深く云えば essentially hypermax.）であることを証明することが出来た．従って何れにせよその固有値問題は完全に且一義的に解けるのであって，Neumann が要求した性質は確かに之らの Hamiltonian が所有してゐることがわかる．（Kemble もこの問題を一寸論じているが到底わからないものとして諦めてゐる．事実 Kemble の方法ではかかる複雑な問題は解決できないのが当然である）．
　この根本的な問題は比較的容易に解決されるのであるが，もう一歩立ち入って原子が実際に定常状態をもつかどうかといふことは又別な問題であり未解決である．只(ただ) He 原子に関してはこの問題は十分に論ずることが出来，定常状態の存在が証明される（無限にとは言へないが[4]十分多数の energy level をもつことが証明される）．この問題に対しては Kemble その他の著者が疑問をもって He は定常状態をもたないといふ疑ひを表明し進んで Coulomb 力の妥当性に就てさへ疑問をもってゐたといふ事実があるのであるが，我々の結果はこの疑問を根拠なきものとして葬り去ることができる．
　更に我々は之らの力学系に対する「境界條件」の問題にも明快な解決を興へることが出来る．その結果例へば水素原子の Schrödinger 方程式に対して妥当なる Schrödinger の境界条件が Dirac 方程式に対して適用出来ないのは何故であるかを理解することが出来る．
　尚一般の原子，（分子，イオン）の Zeemann 効果，及び水素類似原子の Stark 効果等の operator に対しても，その hypermax. なることを示すことが出来る．

　以上が大体本稿の内容であって，攝動論と原子の Hamiltonian の理論との二部分に分れているが，その両方に亘って方法上多少の統一はある．それは本稿の殆どすべての部分の基礎をなす minor operator（或は minor perturbation）の理論である．この概念は元来攝動論の取扱に於て導入されたものであるが，原子の Hamiltonian の理論に於ても決定的な役割を演ずるのであって，任意の原子，分子及びイオンの Hamiltonian の如き一見複雑なる operator の hypermaximality を証明することが

[4] 核の質量を ∞ とすれば定常状態も無限にあることが言へる．

出来るのは全くその応用に他ならない．

　以下本稿の内容を簡単に紹介すると，第一章から第三章までは予備的な事柄をのべる．第四章に於て我々の方法の基礎をなす minor operator の理論をのべ，第五章に於てその直接の応用として minor perturbation（第一種）を解決する．第六章では同じく之らの一般的結果を応用して原子等の Hamiltonian の問題を解決する．第七章では minor perturbation より一般なる攝動論（第一種）を論じ，攝動論の適用不可能なる二三の例をあげると共に，漸近展開としての攝動論の適用可能なるための二三の十分條件を論ずる．残りの二章は第二種の攝動論に當てて，第八章で Schrödinger の運動方程式に関する一般的な事柄をのべて準備とし，第九章で本来の第二種の攝動論を論ずる．

　　　1945 年 6 月

　本稿は戦争末期 B29 の空襲の脅威の下に書かれた．著者は郷里に病を養ふていて半ば病床にあった．物資欠乏の折でインクの調達にも苦心した．本稿の字のうすいのはインクを水増して使用したためである．当時としては比較的優良なノートが都合できたのは妻の助力による．

目　次

序　文	iii
編注者まえがき	vii
緒　言	xi

第 1 章　Hilbert 空間と Operator

1	Hilbert 空間	1
2	Operator Class $\mathbb{C}$	3
3	Operator $\mathbb{B}$	5
4	射影 operator	12
5	Hypermaximal operator	14
6	可換 operator	23

第 2 章　変数分離の理論

7	複合空間	27
8	分離された operator	30
9	変数分離の可能な operator	34

第 3 章　Reducibility

10	Operator の unitary invariance	41
11	Unitary operator の群に対する reducibility	43
12	Isomorphism	45

第 4 章　Minor Operator の理論

13	Minor Operator	51

- 14 摂動をうけた operator 55
- 15 H_0 が半有界なる場合 61
- 16 H_α の連続性 ($\mathbb{B}$) 66
- 17 スペクトルの変化 69
- 18 正常固有値群の変化 83
- 19 二三の注意 91

第 5 章 Minor Perturbation（第一種）

- 20 主定理 93
- 21 固有値の連続性 96
- 22 基本方程式 103
- 23 縮退のない場合の主定理の証明 109
- 24 収束半径（縮退のない場合） 112
- 25 Reduction Process 116
- 26 固有値の展開 124
- 27 固有空間の展開 128
- 28 解析接続 135
- 29 固有空間の Reducibility 144
- 30 定理の拡張 146

第 6 章 原子（分子，イオン）の Hamiltonian の研究

- 31 任意の原子，分子，およびイオンの Hamiltonian の意味 150
- 32 配位空間と運動量空間 152
- 33 運動エネルギー operator 155
- 34 関数空間 $\mathfrak{D}^*$ 158
- 35 T の domain $\mathfrak{D}(\mathfrak{r})$ 166
- 36 Coulomb Potential 176
- 37 Schrödinger operator が essentially hypermax. なることの証明 183
- 38 摂動論的考察，エネルギー順位の分類 187
- 39 運動量と角運動量との operator : 交換関係 191
- 40 水素類似原子 197
- 41 ヘリウム原子 200
- 42 Dirac の相対論的波動方程式 214

43	境界条件について	221
44	Zeemann 効果	226
45	Stark 効果（水素類似原子）	231

第7章　一般の第一種摂動論

46	二三の例	243
47	漸近展開としての摂動論	254
48	H_α を定義するに必要なる仮定	256
49	Regular Perturbation	261
50	摂動論の問題	267
51	固有値の数が変わらないための条件	269
52	第 0 次の展開	275
53	第 1 次の展開	281
54	第 2 次の展開	289
55	第 3 次の展開	300
56	要約	303
57	誤差の評価	306
58	摂動論と変分的方法	312
59	条件の緩和	316
60	水素類似原子の Zeemann 効果	319
61	水素類似原子の Stark 効果	323

第8章　運動方程式

62	$\mathfrak{H}$ における微積分	325
63	Schrödinger の運動方程式	332

第9章　第二種の摂動論

64	Regular Perturbation の一般的性質	343
65	Minor Perturbation の場合の微分方程式	350
66	有界な摂動の場合の巾級数展開	353
67	Minor Perturbation の場合の積分方程式	357
68	逐次近似法による各項の計算 (Minor Perturbation)	360
69	第二次までの展開 (Minor Perturbation)	366

70	Regular Perturbation の場合の展開式	373
71	遷移確率	376
72	摂動論に関する諸注意	381

補　遺 392

付録 1：加藤敏夫先生と E.C. Kemble 氏の書簡交換について
　　　　（岡本 久） 400

付録 2：Schrödinger 方程式の数学——その生誕と成長
　　　　（中村 周） 411

参考文献 422

編注者あとがき 426

欧文索引 430

和文索引 432

記号索引 434

第1章　Hilbert空間とOperator

　量子力学を数学的に取り扱うには一つのHilbert空間の中ですべてを考えることが必要かつ十分であることはNeumannの基礎的研究以来疑いのない所であろう．もちろん個々の問題を解くに当たってはあるいはHilbert空間外にある波動関数を利用することが便利である事もあり得るが，一般的な理論を立てるに当たってはHilbert空間の外に出ることは困難でもあり不必要でもある．そこで本稿においては専らHilbert空間内において問題を取り扱うことにするので，始めにHilbert空間およびその中のoperator[1)2)]の理論のうちで必要な事柄を概括しておく[1)3)]．

§1　Hilbert空間[2)]

1. 抽象Hilbert空間を $\mathfrak{H}$ と書き，その元素を f, g, φ, ψ 等で表し，複素数を $a, b,$ 等で表す．スカラー乗積[4)]を (f, g) と書くことは常のごとくであり $(af, g) = a(f, g)$, $(f, ag) = \bar{a}(f, g)$ とする[3)]．$(f, g) = 0$ なら f, g は直交すると言い，$f \perp g$ と書く．

　$\mathfrak{H}$ における linear manifold, closed linear manifold[5)] 等の意味も常の通りである．$\mathfrak{H}$ の部分集合 $\mathfrak{A}$ があるとき，$\mathfrak{A}$ の張る linear manifold を $\{\mathfrak{A}\}$, closed linear manifold を $[\mathfrak{A}]$ と書く．特に $\mathfrak{A}$ が元素 $f, g, \cdots$ より成るとき，これらをそれぞれ $\{f, g, \cdots\}$ および $[f, g, \cdots]$ と書く．

　二つの部分集合 $\mathfrak{A}, \mathfrak{B}$ があって $f \in \mathfrak{A}, g \in \mathfrak{B}$ なら常に $f \perp g$ なるとき $\mathfrak{A}, \mathfrak{B}$ は互いに直交すると言い $\mathfrak{A} \perp \mathfrak{B}$ と書く．

　$\mathfrak{M}_1, \cdots, \mathfrak{M}_n$ がすべて closed linear manifold でかつ任意の二つが互いに直交するときには，それら全体の張る closed linear manifold を

[1)] 次の二書：Neumann: Mathematische Grundlagen der Quantenmechanik. およびStone: Linear Transformations in Hilbert Spaces はしばしば引用するから，これらをそれぞれ [N] および [S] と略記する（それぞれ参考文献[6],[8]）．

[2)] 上記 [N] および [S] を参照．

[3)] 往々その反対が使われる事があるから特に註す．

[1)] 外国語で書かれている術語は原文のままとし，必要に応じて対応する日本語を脚注に記す．
[2)] operator は作用素，演算子．transformation が用いられることもある．
[3)] 数ある日本語の参考書のなかで，日本における関数解析の泰斗である吉田耕作先生，加藤敏夫先生の書に加えて，編注者等によるものだけをあげておく：参考文献[60],[61],[53],[52],[54],[56].
[4)] 最近は内積 (inner product) と呼ばれることが多い．
[5)] それぞれ，線形部分空間，閉線形部分空間．

$$\mathfrak{M}_1 + \mathfrak{M}_2 + \cdots + \mathfrak{M}_n$$

と表す．これは結局 $\mathfrak{M}_1, \cdots, \mathfrak{M}_n$ の直接和[6]に他ならない．さらに上のごとき $\mathfrak{M}_1, \cdots$ が無限にあるとき，それら全体の張る closed linear manifold を

$$\mathfrak{M}_1 + \mathfrak{M}_2 + \cdots$$

と表す[4]．

[4] これらの記号は Neumann に従う．Stone は ＋ の代わりに ⊕ なる記号を用いている．

linear manifold $\mathfrak{M}$ の次元数を $\dim \mathfrak{M}$ と書く．それが有限ならば $\mathfrak{M}$ は同時に closed である．次の定理は簡単であるがしばしば利用される：

定理 1.1 二つの linear manifold $\mathfrak{M}, \mathfrak{N}$ があって $\dim \mathfrak{M} < \dim \mathfrak{N}$ ならば（したがって $\dim \mathfrak{M}$ は有限！）$f \perp \mathfrak{M}, f \in \mathfrak{N}, f \neq 0$ なる f がある．

3[7]．$\|f\| = \sqrt{(f,f)}$ により $\mathfrak{H}$ 内でのノルムが定義され，$\|f - g\|$ により f と g との距離が定義される．元素列 f_n $(n = 1, 2, \cdots)$ と f とがあって $\|f_n - f\| \to 0$ $(n \to \infty)$ なら f_n は f に収束[8]すると言い，$f_n \to f$ または $\lim_{n \to \infty} f_n = f$ と書く．いわゆる強収束である．任意の $g \in \mathfrak{H}$ に対し $(f_n, g) \to (f, g)$ $(n \to \infty)$ なら f_n は f に弱収束すると言う．我々は弱収束はあまり利用しないから特別の記号を用いず，収束と言えば強収束を意味することにする．

discrete な parameter n の代わりに連続的な parameter t をとっても同様である．特に t が実数のある区間内を変化するとき，その中の一点 t_0 において $\lim_{t \to t_0} f_t = f_{t_0}$ が成立すれば f_t は t_0 において連続であるという．考える区間内のすべての点で f_t が連続ならば，f_t はその区間で連続であるという．

4. Hilbert 空間の例は種々あり周知であるから一々挙げないが，応用上最も頻繁に現れる関数空間について述べておく．k 次元 Euclid 空間 $(x_1, \cdots, x_k)$ $(-\infty < x_i < \infty)$ $(i = 1, \cdots, k)$ において[5]定義された Lebesgue 可測な複素数値関数の中で

[5] もっと一般にはその任意の可測部分集合でもよいが，量子力学においては全空間を考えれば十分なのが普通である．これが理論を容易にする一つの原因である．

$$(1.1) \qquad \int \cdots \int |f(x_1, \cdots, x_k)|^2 dx_1 \cdots dx_k < \infty$$

を満足するものの集合を $\mathcal{L}^2(x_1, \cdots, x_k)$ と書く．これは一つの Hilbert 空間であることは周知の通りである．我々はその中でばかり考えるから，その外にある関数は問題にしない．例えば Dirac の δ 関数のごときは関数でないからもちろん考えないが，さらにいわゆる平面波

---

[6] 現在の用語では 直和．
[7] §1 の 2. は §2 の 1. と重複するので削除した．
[8] 原文の 収斂 は 収束 に置き換える．

$$e^{i(p_1 x_1 + \cdots + p_k x_k)}$$

のごときものも (1.1) を満足しないから我々の考察の対象にならない．したがって例えば運動量 operator のごときものは固有値をもたない．<u>一般にいわゆる連続固有値は我々の立場では固有値ではない</u>．この点において我々の理論は普通の量子力学の取り扱いと異なるから，自明なことではあるがひと言注意しておく．

§2　Operator Class $\mathbb{C}$

1. $\mathfrak{H}$ 内の operator R とは，$\mathfrak{H}$ のある部分集合 $\mathfrak{D}$ で定義された関数でその値は $\mathfrak{H}$ の要素である．$\mathfrak{D}$ をその domain と言い，そのとる値の集合 $\mathfrak{R}$ をその range という．$\mathfrak{D}$ を $\mathrm{dom}\, R$，$\mathfrak{R}$ を $\mathrm{range}\, R$ と書く[9]．

operator はその domain を与えなければきまらないことは自明のことであるが，一般の物理学者にとっては注意すべき事柄である．

二つの operator R, S があって，$\mathrm{dom}\, S \supset \mathrm{dom}\, R$ でかつすべての $f \in \mathrm{dom}\, R$ に対し $Sf = Rf$ なら S は R の拡張であると言い，$S \supset R$ と書く[6]（⊃ と ⊇ とは区別しない）．

[6] これは Stone に従ったが，Stone は ⊃ と ⊇ を区別している．

次のごとき operator は重要である：

1° linear operator. $\mathrm{dom}\, R$ が linear manifold で f, g がそれに属すれば任意の複素数 a, b に対し $af + bg \in \mathrm{dom}\, R$ で

$$R(af + bg) = aRf + bRg$$

が成立するとき，R を linear operator[10] という．

2° closed operator. $f_n \in \mathrm{dom}\, R\ (n = 1, 2, \cdots)$，$f_n \to f$，$Rf_n \to f^*$ が成立すれば $f \in \mathrm{dom}\, R$，$f^* = Rf$ が成立するとき R を closed operator という．

R が linear extension[11] を有すればその中に "最小" なるものがある．換言すれば $S \supset R$ で R の任意の linear extension は S の extension であるごとき linear extension S がある．これを $\widehat{R}$ と書く．同様に R が closed linear extension を有すればその中に最小なるものがある．これを $\widetilde{R}$ と書く．

2. $[\mathrm{dom}\, R] = \mathfrak{H}$ なるとき，R を $*$-operator という[7][12]．かかる R に対してはそ

[7] Neumann: Ann. of Math. **33** (1932) 294 に従う（参考文献[21]）．

---

[9] domain は定義域，range は値域．現在の記号ではそれぞれ $\mathfrak{D}(R)$，$\mathfrak{R}(R)$ などと書かれる．本書では原文のままとする．
[10] linear operator は線型作用素，2 行後の closed operator は閉作用素．
[11] S が R の拡張でかつ線形であるとき S を R の linear extension （線形拡張）という．

の adjoint operator[13] R^* が次のごとく定義される：

$$(Rf, g) = (f, g^*)$$

がすべての $f \in \text{dom}\, R$ に対し成立するごとき g, g^* があれば，g^* は g により一義的に定まり，かかる g に対して

$$R^* g = g^*$$

により R^* が定義される．R^* は closed linear operator である．一般に $\text{dom}\, R^*$ は 0 以外の元素を含むかどうかわからない．しかし Neumann によれば[8]，R が *-operator でかつ $\widetilde{R}$ が存在すれば，$R^* = \widetilde{R}^*$ で R^* も *-operator となり $R^{**} = \widetilde{R}$ が成立する[9]．

我々はこのような operator R の全体を $\mathbb{C}'$ と書き，その中 linear かつ closed なもの全体を $\mathbb{C}$ と書くことにする．すると上述により

$$R \in \mathbb{C}' \text{ なら } R^* \text{ は存在して } R^* \in \mathbb{C}, \; R^* = \widetilde{R}^*, \; R^{**} = \widetilde{R}.$$

我々は以降専ら $\mathbb{C}'$ に属する operator のみを取り扱うから一々断らない．したがって R^*, R^{**} 等は常に存在する．

3. 特に $H^* \supset H$ なるごとき operator を Hermite operator と呼ぶ[14]．

これは量子論において重要な operator であるから，別の言葉で表せば次のようになる：$[\text{dom}\, H] = \mathfrak{H}$ で $f, g \in \text{dom}\, H$ なら

$$(Hf, g) = (f, Hg)$$

が成立するとき H を Hermite operator という．

普通は同時に H が linear operator なることが多い．このとき $[\text{dom}\, H] = \mathfrak{H}$ という条件は $\text{dom}\, H$ が $\mathfrak{H}$ で稠密[15] なる事に他ならない．

一般の operator と同様，H もその domain が与えられなければ意味がない．量子力学においてはこれが明確に規定されないことが多いから特に注意が必要である．例えば §1 に述べた例 $\mathcal{L}^2(x_1, \cdots, x_k)$ において

$$P_\ell = \frac{1}{i} \frac{\partial}{\partial x_\ell} \qquad (\ell = 1, \cdots, k)$$

---

[8] 同上．

[9] 逆に R が *-operator であり R^* も *-operator なら $\widetilde{R}$ が存在する．同上参照．

[12] 現在は *-operator に相当する用語は用いられず，その都度 定義域が稠密 と言うようである．

[13] adjoint operator は共役作用素．

[14] Hermite operator（エルミート作用素）は，symmetric operator（対称作用素）と呼ばれることが多い．

[15] $\mathfrak{H}$ の部分集合 $\mathfrak{A}$ が $\mathfrak{H}$ で稠密であるとは，任意の $f \in \mathfrak{H}$ をとるとき，$f_n \in \mathfrak{A}, f_n \to f$ であるような f_n が存在すること．

なる operator は Hermite operator であるが，その場合 domain としては例えば到る所 $\partial f/\partial x_\ell$ が存在してかつ連続であるごとき関数の集合をとればよい．

Hermite operator H は closed であるとは限らない．しかし $\widetilde{H}$ は存在して H により一義的に定まるのであるから[10]，H よりも $\widetilde{H}$ を用いる方が理論上便利である．その代わり $\widetilde{H}$ の domain は一般に簡単に言い表す事ができなくなる．したがって実用上はかえって close しない H を用いる方が便利であることもある．上に述べた例 P_ℓ のごときもこれを close して $\widetilde{P}_\ell$ を作ればその domain は簡単には言い表せない．

[10] 2 による．直接には例えば [N] 76.

§3 Operator $\mathbb{B}$

1. $\mathbb{C}$ に属する operator の中 $\mathrm{dom}\, R = \mathfrak{H}$ なるものの全体を $\mathbb{B}$ で表す．拡張された Toeplitz の定理[11][16]によれば，$\mathbb{B}$ の operator はすべて有界である．換言すれば $A \in \mathbb{B}$ ならすべての $f \in \mathfrak{H}$ に対し

(3.1) $$\|Af\| \leqq c\|f\|$$

なるごとき c がある．而（しこう）して A^* もまた $\mathbb{B}$ に属する[12]．

(3.1) を満足するごとき c には最小値がある．これを A の bound とよび，$|A|$ で表す[13][17]．$|A| \geqq 0$ で，$|A| = 0$ は $A = 0$ と同等である．$A \in \mathbb{B}$ なら $aA \in \mathbb{B}$, $A^* \in \mathbb{B}$ で

$$|aA| = |a|\,|A|, \quad |A^*| = |A|$$

であり，また $A \in \mathbb{B}, B \in \mathbb{B}$ なら $A+B, AB$ も $\mathfrak{H}$ で定義されて $\mathbb{B}$ に属し，

$$|A+B| \leqq |A| + |B|, \quad |AB| \leqq |A|\,|B|$$

が成立する[14]．

[11] Neumann: Ann. of Math. **33** (1932) 294 Satz 12（参考文献[21]）．

[12] [S] 65, Theorem 2.30.

[13] [S] 56, また Neumann: Math. Ann. **102** (1929) 385（参考文献[17] の 385 頁．以下引用文献に付されている数字はその論文の開始頁を指す場合と引用事項が出ている頁を指す場合がある）．

[14] 同上．

よって $\mathbb{B}$ は ring であって，$|A|$ はその中で定義された一つの Norm である．我々は $\mathbb{B}$ の Norm と言えば専らこれを指すことにする．

2. 次の定理は後に有用である．

定理 3.1 $A \in \mathbb{B}, R \in \mathbb{C}'$ で range $A \subset \mathrm{dom}\, R$ ならば $RA \in \mathbb{B}$ である．

証明 $g \in \mathrm{dom}\, R^*$ ならばすべての $f \in \mathfrak{H}$ に対し

---

[16] 閉グラフ定理（の特別の場合）．

[17] 現在の記法では $|A|$ は $\|A\|$ で表されるが，本書では原文通り $|A|$ とする．現在の記法に馴れている読者は注意されたい．$|A|$ は operator A のノルムと呼ばれる．

$$(RAf, g) = (Af, R^*g) = (f, A^*R^*g)$$

だから $(RA)^*$ はかかる g に対し定義されている. すなわち $\operatorname{dom}(RA)^* \supset \operatorname{dom} R^*$ だから $[\operatorname{dom}(RA)^*] = \mathfrak{H}$ である. したがって $(RA)^*$ は $*$-operator であり, $(RA)^{**}$ は存在するから $RA \in \mathbb{C}$ であり, $\operatorname{dom} RA = \mathfrak{H}$ より $RA \in \mathbb{B}$ である. □

3[15]. $\mathbb{B}$ の operator の列 A_n ($n = 1, 2, \cdots$) があって $n \to \infty$ のとき

$$A_n f \to A f \quad (\text{all } f \in \mathfrak{H})$$

なるとき A_n は A に収束すると言い, $A_n \to A$ または $\lim_{n\to\infty} A_n = A$ で表す. このとき A_n は一様に有界である[16][18]. すなわち $|A_n| \leq M$ なる n に無関係な M がある. これを用いれば次の性質が容易に証明される:

$$A_n \to A, B_n \to B \text{ なら } aA_n + bB_n \to aA + bB, A_n B_n \to AB.$$

discrete parameter n の代わりに連続な parameter t をとっても同様である. t が実数のある区間内を変化するとき, その一点 t_0 において $\lim_{t\to t_0} A_t = A_{t_0}$ ならば A_t は t_0 において連続であるという. ある区間内のすべての点で A_t が連続ならば, A_t はその区間で連続であるという. 上の結果によれば, A_t, B_t が連続ならば, $aA_t + bB_t$ および $A_t B_t$ は連続である.

4. 我々は $\mathbb{B}$ において上と異なる収束をも取り扱う.

$$|A_n - A| \to 0 \quad (n \to \infty)$$

なるとき A_n は A に一様に収束すると言い

$$A_n \Rightarrow A \quad (n \to \infty)$$

で表す. これは $\mathbb{B}$ における Norm に関しての収束である. $A_n \Rightarrow A$ ならもちろん $A_n \to A$ であるが, その逆は必ずしも成立しない.

$\mathbb{B}$ はその Norm に関して complete なる事は容易に証明されるから A_n が一様収束するための必要かつ十分な条件は

$$|A_n - A_m| \to 0 \quad (n, m \to \infty)$$

なることである.

---

[15] 3〜7 の内容は一般の Banach 空間で定義され Banach 空間内に range をもつ operator ring についても成り立つであろう.

[16] Neumann: 同上 382.

[18] 一様有界性の原理（の特別の場合）.

n の代わりに連続的 parameter t をとっても同様である.このとき,$\lim_{t \to t_0} |A_t - A_{t_0}| = 0$ なら A_t は t_0 において連続 ($\mathbb{B}$) であるという.ある区間内の各点で A_t が連続 ($\mathbb{B}$) なら,A_t はその区間で連続 ($\mathbb{B}$) であるという.我々は単に連続と言えば 3. におけるごとき意味であると約束し,ここで与えられる連続性を表すには必ず ($\mathbb{B}$) なる文字を付けて区別する.

ここでも前と全く同様に

$$A_n \Rightarrow A, B_n \Rightarrow B \text{ なら } aA_n + bB_n \Rightarrow aA + bB, A_n B_n \Rightarrow AB.$$

したがって $P(A_n)$ が A_n の多項式なら

$$P(A_n) \Rightarrow P(A)$$

が成立する.さらに今度は

$$A_n \Rightarrow A \quad \text{なら} \quad A_n^* \Rightarrow A^*$$

が成立する.

同様に A_t, B_t が連続 ($\mathbb{B}$) ならば

$$aA_t + bB_t, \quad A_t B_t, \quad P(A_t), \quad A_t^*$$

はすべて連続 ($\mathbb{B}$) である.

5[17]. 後に我々は $\mathbb{B}$ の operator より成る無限級数を盛んに利用するので,ここにその性質を述べておく.かかる級数

(3.2) $$\sum A_n$$

においては,その部分和が 4. の意味で A に一様収束するとき,(3.2) も A に収束すると言い,A をその和という(我々はこの意味以外の operator の無限級数は考えないから,やや狭いが上のように約束する).換言すれば,

(3.3) $$|A_1 + \cdots + A_n - A| \to 0 \quad (n \to \infty)$$

なることである.$\mathbb{B}$ が complete なることにより,(3.2) の収束するための必要かつ十分な条件は

(3.4) $$|A_{m+1} + \cdots + A_n| \to 0 \quad (m, n \to \infty)$$

[17] なお補遺 1. 参照.

なることである．また 4. から明らかなるごとく

$$\sum A_n = A \quad \text{なら} \quad \sum A_n f = Af \quad (\text{強収束！}),$$
$$\sum A_n^* = A^*, \quad \sum A_n B = AB, \quad \sum B A_n = BA \quad (B \in \mathbb{B})$$

が成立し，また

$$\sum A_n = A, \quad \sum B_n = B \quad \text{なら} \quad \sum (A_n + B_n) = A + B$$

が成立する．

特に $\sum |A_n| < \infty$ ならば (3.4) が成立するから $\sum A_n$ は収束して

$$\left| \sum A_n \right| \leqq \sum |A_n|$$

である．このとき $\sum A_n$ は絶対収束するという．絶対収束級数においては種々の形式的演算が許されることは，複素数の級数の場合と別に異ならない．すなわち

1° 絶対収束級数においては和の順序をかえても和は変わらない．

2° $\sum A_n, \sum B_n$ がともに絶対収束すれば

$$\left(\sum A_n\right)\left(\sum B_m\right) = \sum A_n B_m$$

で右辺は任意の順序に加えてよく，同じく絶対収束する．

3° 二重級数 $\sum A_{nm}$ が絶対収束すれば（すなわち $\sum |A_{nm}| < \infty$ ならば）その和を作るのに $\sum_m \sum_n$ としても $\sum_n \sum_m$ としても，あるいはまたそれを任意の単一級数に直してもよい．

絶対収束級数の一例をあげよう．$|A| < 1$ なら $\sum_{n=0}^{\infty} |A|^n = (1-|A|)^{-1}$ が存在するから，$\sum_{n=0}^{\infty} A^n$ は絶対収束する．

$$B = \sum_{n=0}^{\infty} A^n$$

とおけば，前述により

$$BA = \sum_{n=0}^{\infty} A^{n+1} = B - 1, \quad AB = \sum_{n=0}^{\infty} A^{n+1} = B - 1$$

すなわち

$$B(1-A) = (1-A)B = 1$$

が成立するから[18] $(1-A)^{-1}$ は存在して B に等しい. すなわち, $|A|<1$ なら[19]

(3.6) $\qquad (1-A)^{-1} = \sum_{n=0}^{\infty} A^n, \quad |(1-A)^{-1}| \leqq (1-|A|)^{-1}$

が成立する. したがって特に $1-A$ の range は $\mathfrak{H}$ 全体で, $1-A$ は $\mathfrak{H}$ を $\mathfrak{H}$ 全体に $1:1$ に写像する[19]. このことは後に利用する.

6. 特に複素数の parameter α の巾級数の形をもつ

(3.7) $\qquad A(\alpha) = \sum_{n=0}^{\infty} \alpha^n A_n \quad (A_n \in \mathbb{B})$

について考える. これに対し次のごとき正係数の巾級数

(3.8) $\qquad a(\alpha) = \sum_{n=0}^{\infty} \alpha^n a_n, \quad |A_n| \leqq a_n$

を (3.7) の majorant と呼ぶ. 特に $a_n = |A_n|$ とすることができる. (3.8) が $|\alpha|<r$ で収束すれば (3.7) も同じ範囲で絶対収束して $A(\alpha) \in \mathbb{B}$ である[20]. 我々はかかる場合のみを考える.

　　(3.8) の収束半径の正確な値がどうであっても, とにかく $|\alpha|<r$ で (3.8) が収束すれば我々は r を (3.7) および (3.8) の収束半径と呼ぶことにする. このように広い意味に解した収束半径[21] はもちろん一義的には定まらない. $|r|<a$ なる円を (3.7) および (3.8) の収束円と呼ぶ.

---

[19] 原文には式 (3.5) がない. 欠番とする.

*) 傍注 19) $|A|<1$ の代わりに $|A^m|<1$ (m は自然数) でも同じことが成り立つ. $|A^m|<1$ なら

$$B_0 = \sum_n A^{mn} = (1-A^m)^{-1}$$

は存在して $|B_0| \leqq (1-|A^m|)^{-1}$. 今

$$B = B_0 + AB_0 + A^2 B_0 + \cdots + A^{m-1} B_0$$

とおけば

$$AB = AB_0 + \cdots + A^m B_0, \quad B - AB = B_0 - A^m B_0$$

すなわち $(1-A)B = (1-A^m)B_0 = 1$; 他方 $AB_0 = B_0 A$ は明らかだから $(1-A)B = B(1-A) = 1$ すなわち $(1-A)^{-1} = B$. 而して

$$|(1-A)^{-1}| = |B| \leqq (1+|A|+\cdots+|A^{m-1}|)|B_0| \leqq \frac{1+|A|+|A^2|+\cdots+|A^{m-1}|}{1-|A^m|}.$$

---

[18] 我々は単位 operator を 1 と書く. これで混乱のおこるおそれはない.

[19] ここにある傍注は長いので脚注 *) の位置におく.

[20] もっと詳しいことは補遺 1 参照. そこで示したごとく, 巾級数においては絶対収束の場合のみを考えても, あまり問題を狭く取り扱いすぎるという事はない.

[21] これは後の便宜のためであるが, 普通の用法に反するからやめた方がよいかもしれない. そのときは別の言葉を使えばよかろう.

とにかくかかる $r > 0$ があるとき (3.7) は α の正則関数であると言い，r をその収束半径と呼ぶ．このとき $|\alpha| < r$ で $A(\alpha)$ は α の連続 ($\mathbb{B}$) なる関数なることは明らかである．

上のごとき二つの正則関数 $A_1(\alpha - \alpha_1)$, $A_2(\alpha - \alpha_2)$ があって，それらの収束円が互いに相重なり，相重なる部分で到る所 $A_1(\alpha - \alpha_1) = A_2(\alpha - \alpha_2)$ が成立するとき，これらは互いに他の解析接続であるという．かくのごとき解析接続により生ずる関数を α の解析関数と呼ぶ．

7. 同様に二つの parameter α, β の巾級数

$$(3.9) \qquad A(\alpha, \beta) = \sum_{p,q}^{0,\infty} \alpha^p \beta^q A_{pq}, \quad (A_{pq} \in \mathbb{B})$$

に対し，次のごとき正係数の巾級数

$$(3.10) \qquad a(\alpha, \beta) = \sum_{p,q}^{0,\infty} \alpha^p \beta^q a_{pq}, \quad |A_{pq}| \leqq a_{pq}$$

を (3.9) の majorant と呼ぶ．特に $a_{pq} = |A_{pq}|$ とすることができる．(3.10) が $|\alpha| < r$, $|\beta| < s$ で収束すれば (3.9) も同じ範囲で絶対収束して $A(\alpha, \beta) \in \mathbb{B}$ である．前のごとくこのとき r, s を (3.9) および (3.10) の収束半径と呼ぶ．これももちろん一義的に定まらない．

かかる $r > 0, s > 0$ が存在するとき (3.9) は α, β の正則関数であると言い，r, s をその収束半径という．このとき $A(\alpha, \beta)$ は α, β の連続 ($\mathbb{B}$) な関数なることは明らかである．

我々は後に次の諸定理を用いる：

I. $A_1(\alpha, \beta)$, $A_2(\alpha, \beta)$ が正則関数でその majorant をそれぞれ $a_1(\alpha, \beta)$, $a_2(\alpha, \beta)$, 収束半径をそれぞれ $r_1, s_1; r_2, s_2$ とする．すると

　　i) $A_1(\alpha, \beta) + A_2(\alpha, \beta)$,　　ii) $A_1(\alpha, \beta) A_2(\alpha, \beta)$

も正則関数であってその majorant としては i) $a_1(\alpha, \beta) + a_2(\alpha, \beta)$, ii) $a_1(\alpha, \beta) a_2(\alpha, \beta)$ を，収束半径としては二つの場合とも $\min(r_1, r_2), \min(s_1, s_2)$ をとることができる．

II. 正則関数の列 $A_n(\alpha, \beta)$ が与えられ，その majorant を $a_n(\alpha, \beta)$, 収束半径を r_n, s_n とする．今すべての n に対して $r_n \geqq r > 0, s_n \geqq s > 0$ なる r, s があって，$|\alpha| < r$, $|\beta| < s$ で $\sum_n a_n(\alpha, \beta)$ が収束するならば $\sum_n A_n(\alpha, \beta)$ も同じ領域で絶対収束して正則関数であり，その majorant としては $\sum_n a_n(\alpha, \beta)$ を，収束半径としては r, s をとることができる．

III. $A(\alpha,\beta)$ が正則関数で $A(0,0) = 0$ ならば $(1+A(\alpha,\beta))^{-1}$ も正則関数である.

IV. $A(\alpha,\beta)$ が正則関数で β_0 が任意の複素数なるとき

$$A(\alpha,\alpha(\beta_0+\beta)) = A(0,0) + \alpha A'(\alpha,\beta)$$

で定義される $A'(\alpha,\beta)$ は正則関数である.

(証明) I, II は明らかであり,III はそれらを用いて直ちに証明できる. そこで以下 IV を証明する.

$A(\alpha,\beta)$ およびその majorant を

$$A(\alpha,\beta) = \sum \alpha^p \beta^q A_{pq},$$
$$a(\alpha,\beta) = \sum \alpha^p \beta^q a_{pq}, \quad |A_{pq}| \leqq a_{pq}$$

とする. β_0 の代わりに $|\beta_0|$ を用いて

$$a(\alpha,\alpha(|\beta_0|+\beta)) = a(0,0) + \alpha a'(\alpha,\beta)$$

とおけば $A'(\alpha,\beta)$ の係数を与える式と,$a'(\alpha,\beta)$ の係数を与える式とは同一の多項式であり,その係数は正であって,前者の引数 A_{pq} および β_0 の代りに後者の引数 a_{pq} および $|\beta_0|$ が入っているにすぎない. したがって $a'(\alpha,\beta)$ は $A'(\alpha,\beta)$ の majorant である.

他方 $a'(\alpha,\beta)$ が α,β の正則関数で,正の収束半径を有することは容易に示すことができる. したがって $A'(\alpha,\beta)$ は正則関数である.

8. 終わりに "finite norm" の operator について一言する[22]. 任意の完全規格直交系を $\varphi_1, \varphi_2, \ldots$ とするとき,$A \in \mathbb{B}$ で

$$\sum_{n=1}^{\infty} \|A\varphi_n\|^2 < \infty$$

ならば A は "finite norm" であると言う[23][20]. このとき上の式の値は φ_n の取り方に無関係である. 我々はその平方根を $\|A\|$ で表す:

$$\|A\| = \sqrt{\sum_{n=1}^{\infty} \|A\varphi_n\|^2}.$$

[22] [S] 66.

[23] この "Norm" は (我々は $\|A\|$ で表す),前に $\mathbb{B}$ で定義した Norm $|A|$ とは別である.

[20] このノルムは Hilbert–Schmidt ノルムともいわれる.

A の matrix element

$$(\varphi_n, A\varphi_m) = A_{mn}$$

を導入すれば

$$\|A\| = \sqrt{\sum_{m,n} |A_{mn}|^2}$$

となる．すると

$$\|A^*\| = \|A\|, \quad |A| \leqq \|A\|$$

である．

§4　射影 operator

1. $\mathbb{B}$ に属する operator の中最も重要なものは射影 operator である．その基本的性質は周知であるからここには述べないが[24]，主なる記号および後に必要な二三の性質を導いておく．

任意の射影 operator E には $1:1$ に closed linear manifold $\mathfrak{M}$ が対応し $E = P_\mathfrak{M}$ である．E と $\mathfrak{M}$ とは互いに他を決定するから我々は必要に応じこれらを同義に用いることがある．例えば，f が $\mathfrak{M}$ に属するという代わりに f が E に属すると言ったり[25]，$\mathfrak{M}, \mathfrak{N}$ が直交するという代わりに E, F ($F = P_\mathfrak{N}$) が直交すると言ったり，また $\dim \mathfrak{M}$ の代わりに $\dim E$ と書いたりする．ただし $\mathfrak{M} \subset \mathfrak{N}$ なるときは $E \subset F$ と書かないで（それは §2.1 にのべた意味に反する），$E \leqq F$ なる記号を用いる．

2. E が射影 operator なら $2E - 1$ は unitär[21] である．これは $(2E-1)^* = 2E - 1$ なることと

$$(2E-1)^2 = 4E^2 - 4E + 1 = 1$$

なることから明らかである．

任意の二つの射影 operator E, F に対し $|E - F| \leqq 1$ である．何となれば上述により $2E - 1$ は unitär であるから

$$\|(E - \tfrac{1}{2})f\| = \tfrac{1}{2}\|(2E-1)f\| = \tfrac{1}{2}\|f\|,$$

同様にして $\|(F - \tfrac{1}{2})f\| = \tfrac{1}{2}\|f\|$ であるから

$$\|(E - F)f\| \leqq \|(E - \tfrac{1}{2})f\| + \|(F - \tfrac{1}{2})f\| = \|f\|.$$

---

[24] [N] 38 以下．[S] 70 以下．

[25] これを $f \in E$ と書くこともある．

[21] unitär は unitary（ユニタリ）の独語．

これより $|E-F| \leqq 1$ を得る[22]．

3. 特に $|E-F| < 1$ なるときには E, F の間には種々重要な関係がある．$E = P_\mathfrak{M}$, $F = P_\mathfrak{N}$ とすれば次の定理が成り立つ[26]：

定理 4.1 $|E-F| < 1$ ならば $E\mathfrak{N} = \mathfrak{M}$, $F\mathfrak{M} = \mathfrak{N}$ で $\mathfrak{M}, \mathfrak{N}$ の次元数は相等しい[23]．

証明 $|E-F| < 1$ により $(1-E+F)\mathfrak{H} = \mathfrak{H}$ である（§3.5）．両辺に E を乗ずると $E(1-E) = 0$ だから $EF\mathfrak{H} = E\mathfrak{H}$．$E\mathfrak{H} = \mathfrak{M}$, $F\mathfrak{H} = \mathfrak{N}$ だから $E\mathfrak{N} = \mathfrak{M}$．$F\mathfrak{M} = \mathfrak{N}$ も同様． □

[26] $E\mathfrak{H}$ は Eg $(g \in \mathfrak{H})$ なる元素の集合．

系 実数 t を parameter にもつ射影 operator E_t が t の連続 ($\mathbb{B}$) な関数なら $\dim E_t = \text{const.}$ である．

証明 任意の t_0 に対し $|t-t_0|$ が十分小さければ $|E_t - E_{t_0}| < 1$ となるから $\dim E_t = \dim E_{t_0}$, すなわち $\dim E_t$ は t の連続関数である．而してそれは自然数または ∞ だから，const. でなければならない． □

4. A は Hermite operator でかつ $A \in \mathbb{B}$ であるとし，別に二つの射影 operator E_1, E_2 があって

$$AE_1 = E_1 \quad (\text{または } E_1 A = E_1),$$
$$AE_2 = A \quad (\text{または } E_2 A = A)$$

なるとき <u>A は E_1, E_2 の間にある</u> ということにする．

いずれにせよ $A^* = A$ だから，このとき

(4.1) $$AE_1 = E_1 A = E_1,$$

(4.2) $$AE_2 = E_2 A = A$$

が成立する．任意の $f \in \mathfrak{H}$ に対し

---

[22] $|E-F| \leqq 1$ は他書にあまり見かけない．参考書[67], Theorem 4.33 には $|E-F|$ を与える変分的な公式が与えられており，$|E-F| \leqq 1$ はその公式から直ちに得られる．しかし，$|E-F| \leqq 1$ を示すだけなら，上の証明は極めて簡明である．なお，加藤先生の遺品の研究ノート A15(1948), p.59 には次の式が示されている：$\|(E+F-1)\varphi\|^2 + \|(E-F)\varphi\|^2 = \|\varphi\|^2$．この式は，言われてみれば機械的に容易に検証できる．

[23] 原ノートでは，この定理は少し弱い形 $[E\mathfrak{N}] = \mathfrak{M}, [F\mathfrak{M}] = \mathfrak{N}$ で提示，証明されている．そして後日のものと思われる欄外の注で，「実は $E\mathfrak{N} = \mathfrak{M}$ 等の成り立つことがわかった．」としてその証明が書き込まれている．注の方が結果は一般的，証明もはるかに簡明であるので，本書ではそれを採用し，ノート本文にある証明は割愛した．

$$E_1(1-E_2)f = E_1 A(1-E_2)f = E_1(A - AE_2)f = 0$$

となるから

$$E_1(1-E_2) = 0, \quad E_1 = E_1 E_2, \quad E_1 \leqq E_2.$$

すなわち E_1, E_2 は可換で $E_1 \leqq E_2$ だから A が E_1, E_2 の間にあるという言葉はおかしくないと思う[24]. 特に $E_1 \leqq E_2$ のとき E_1 も E_2 も E_1, E_2 の間にある.

かかる概念を用いて前の定理を一般化することができる.

定理 4.2 A が E_1, E_2 の間にあり, B が F_1, F_2 の間にあって $|A - B| < 1$ なら

$$\dim E_1 \leqq \dim F_2, \quad \dim E_2 \geqq \dim F_1.$$

証明 もし $\dim E_1 > \dim F_2$ なら定理 1.1 により

$$E_1 f = f, \quad F_2 f = 0, \quad f \neq 0$$

なる f がある. すると (4.1) により

$$Af = AE_1 f = E_1 f = f.$$

また B に対し (4.2) に相当する式により

$$Bf = BF_2 f = 0.$$

したがって $(A-B)f = f$, $\|(A-B)f\| = \|f\|$. これは $|A-B| < 1$, $\|f\| \neq 0$ と矛盾する. 第二の式も同様にして示される. □

§5 Hypermaximal operator

1. $\mathbb{C}$ に属する operator の中最も重要なのは hypermaximal Hermite operator である[27] (以下 Hermite なる語を省略する). これは $H^* = H$ なるごとき operator H をいう. 換言すれば H は Hermite operator であって, かつ

$$(Hf, g) = (f, g^*)$$

---

[27] [N] 88, また Neumann, Math. Ann. **101** (1929) 72 (参考文献[16], 72 頁). Stone は self-adjoint operator と呼ぶ: [S] 50.

[24] この脚注では現行の記号を用いる. $\mathfrak{M}_j = E_j \mathfrak{H}$ とする. A が E_1 と E_2 の間にあるということは次と同値である. $\mathfrak{M}_1 \subset \mathfrak{M}_2$, $\mathfrak{M}_1$ 上では $A = I$, $\mathfrak{H} \ominus \mathfrak{M}_2$ 上では $A = 0$, $A(\mathfrak{M}_2 \ominus \mathfrak{M}_1) \subset \mathfrak{M}_2 \ominus \mathfrak{M}_1$. 証明は容易.

がすべての $f \in \operatorname{dom} H$ に対し成立するごとき g, g^* に対し $g \in \operatorname{dom} H$, $g^* = Hg$ が成立する場合，H は hypermax.[25] であるという．

H が hypermax. なら $H+i$, $H-i$ の range はともに $\mathfrak{H}$ である．もっと一般に，$\mathcal{I}(\ell) \neq 0$ なる任意の複素数 ℓ に対し $H - \ell$ の range は $\mathfrak{H}$ である．逆に，H が Hermite operator で，$H \pm i$ の range がともに $\mathfrak{H}$ なら H は hypermax. である[28]． [28] [N] 87.

H は次のごとき意味において "固有値表示" が可能である[29]： [29] [N] 61〜62.

$$(5.1) \qquad H = \int_{-\infty}^{\infty} \lambda dE(\lambda).$$

その意味は次のごとくである．

$E(\lambda)$ はいわゆる「単位分解」[26] であって，$-\infty < \lambda < \infty$ に対し定義された射影 operator であって次の性質をもつ：

i) $E(\lambda) \to 0$ $(\lambda \to -\infty)$, $E(\lambda) \to 1$ $(\lambda \to \infty)$,
ii) $\lambda > \lambda_0$, $\lambda \to \lambda_0$ なら $E(\lambda) \to E(\lambda_0)$,
iii) $E(\lambda)E(\mu) = E(\mu)E(\lambda) = E(\min(\lambda, \mu))$.

この性質により $(E(\lambda)f, g)$ はすべての $f, g \in \mathfrak{H}$ に対して有界変動であり，特に $(E(\lambda)f, f)$ は正で単調増加関数である．而して H の domain は

$$(5.2) \qquad \int_{-\infty}^{\infty} \lambda^2 d(E(\lambda)f, f) < \infty$$

なるごとき f の全体より成り，これに対して

$$(5.3) \qquad (Hf, g) = \int_{-\infty}^{\infty} \lambda d(E(\lambda)f, g)$$

が任意の $g \in \mathfrak{H}$ に対して成立する．

単位分解 $E(\lambda)$ と hypermax. な H とは $1:1$ の対応をなす．

2. H の固有値は $E(\lambda)$ の不連続点と一致する．而して固有値 λ_0 に対する固有空間は $E(\lambda_0) - E(\lambda_0 - 0)$ である[30][27]． [30] [N] 62〜64.

H の固有値の集合をその点スペクトルという．

λ が $E(\lambda)$ の constant interval に属するとき，換言すれば

---

[25] hypermaximal はドイツ語．現在の用語は自己共役（英：selfadjoint, 独：selbstadjungiert）．参考文献[16] の p.72 には「… heiße hypermaximal (kurz hypermax.) …」とあり，hypermax. はこれにならわれたのではないかと推測される．本書では hypermax. のままとする．hypermax.＝自己共役 と思って読まれたい．
[26] 現在は「単位の分解」という．また (5.1) は H のスペクトル分解と呼ばれることもある．
[27] $E(\lambda_0 - 0) = \lim_{\lambda \to \lambda_0, \lambda < \lambda_0} E(\lambda)$, $E(\lambda_0 + 0) = \lim_{\lambda \to \lambda_0, \lambda > \lambda_0} E(\lambda)$.

$$E(\lambda - \varepsilon) = E(\lambda + \varepsilon) \, (= E(\lambda))$$

なる正数 ε が存在するとき λ は H の resolvent set に属するという．かかる ε が存在しないとき λ は H のスペクトルに属するという．H のスペクトルから点スペクトルを除いた部分をその連続スペクトルという[28]．スペクトルに属しない実数と，実数ならざる複素数の全体を H の resolvent set という[31]．

resolvent set は open set であり，したがってスペクトルは closed set である．

3. H のスペクトルの模様は一般に複雑であるが応用上特に重要なるものを次に述べよう．

H が有界ならばそのスペクトルも有界で，十分大なる正数 C をとれば $E(C) = 1$, $E(-C) = 0$ である．その少なくとも一方が成り立つとき H は半有界であるという．すなわち十分大なる C に対し $E(C) = 1$ ならスペクトルは上に有界で，H は上に有界であるという．またかかる C に対し $E(-C) = 0$ なら H のスペクトルは下に有界で，H は下に有界であるという．かかる場合 H のスペクトルの上限（または下限）を単に H の上限（または下限）と呼ぶことにする．

最も普通に現れる型は下に有界でかつ下方に有限多重度の点スペクトルのみを有するものである．詳しく言えば：

$$\mu_1 < \mu_2 < \cdots < \mu_n < \overline{\mu}$$

なる $n+1$ 個[29]の実数があって $\mu_i \, (i = 1, \ldots, n)$ は m_i 重の固有値であり（$m_i < \infty$），かつ $\lambda < \overline{\mu}$ なる範囲にはこれらの固有値以外にスペクトルがないものとする．かかるスペクトルは，例えば水素原子の Hamilton operator に現れるから，これを<u>水素型 operator</u> と呼ぶことにする．而して $\mu_1, \ldots, \mu_n$ を<u>低位の固有値</u>，相当する固有空間を低位の固有空間と呼ぶ．$\overline{\mu}$ を低位固有値の <u>境界</u> と呼ぼう．

水素の場合には n は任意に大きくとることができるが，我々は一般にはこれを仮定しない．

4. 任意の hypermax. operator H に対しては次の Weyl の定理がある：

finite norm なる Hermite operator X を適当にえらんで $H + X$ が同じく hypermax. で点スペクトルのみを有するように[32]できる．このとき $\|X\|$ は任意に小さく取れる．

証明は Neumann, Actualité Sc. et Indust. No. **229**(1935), 7-11[30] にある．

[31] [S] 129.

[32] この表現は 2. の定義から見ると実は正しくない．要するに $H + X$ は固有値を有し，相当する固有元素が完全直交系をなすように取れる場合をこういう（このとき固有値は到る所稠密でもあり得るから実数全体がスペクトルに属することは可能であり，したがって 2. の定義によれば連続スペクトルも存在している）．

[28] 連続スペクトルの定義には他の流儀もある．傍注 32 も参照．
[29] 原文の ケ は 個 に置き換える．
[30] 参考文献[23].

5 Hypermaximal operator

5. hypermax. なる operator のみが前述のごとき"固有値表示"を許すから，量子力学に現れる operator は hypermax. なることが要求される．しかるに与えられた Hermite operator が hypermax. であるかどうかを決定することは簡単ではない．特に困ることは応用上与えられる operator H は，その domain が明確に規定されていないということである[33]．然してこれを明確に規定しようとすれば H は closed でさえないことが普通である．かかる場合次の概念が重要である．

$\widetilde{H}$ が hypermax. なるとき H は essentially hypermax.[31] であるという[34]．$\widetilde{H} = H^{**}$，$\widetilde{H}^* = H^*$ だから，このことは $H^* = H^{**}$ と同等である．$\widetilde{H}$ は H により一義的に決定されるから，応用上は与えられた Hermite operator が essentially hypermax. なることを知れば十分である．

H が essentially hypermax. なるためには $H+i$, $H-i$ の range がともに closed linear manifold $\mathfrak{H}$ を張ることが必要かつ十分である[35]．

$\widetilde{H}$ の作り方から明らかなるように $f \in \operatorname{dom} \widetilde{H}$ ならば

$$f_n \to f, \quad H f_n \to \widetilde{H} f, \quad (n \to \infty), \quad f_n \in \operatorname{dom} H$$

なるごとき f_n ($n = 1, 2, \ldots$) がある．

逆に今 H が hypermax. なるとき，$\mathcal{O}' \subset \operatorname{dom} H$ なる部分空間 $\mathcal{O}'$ があって，任意の $f \in \operatorname{dom} H$ に対し

$$f_n \to f, \quad H f_n \to H f, \quad f_n \in \mathcal{O}'$$

なるごとき f_n をとることができるとき，$\mathcal{O}'$ を H の quasi-domain という[36][32]．

特に今 H の単位分解を $E(\lambda)$ とし $E(n) - E(-n)$ に相当する closed linear manifold を $\mathfrak{M}_n$ とすれば ($n = 1, 2, \ldots$)，$\mathfrak{M}_n \subset \operatorname{dom} H$, $\mathfrak{M}_1 \subset \mathfrak{M}_2 \subset \cdots$ であって，任意の $f \in \operatorname{dom} H$ に対して $(E(n) - E(-n)) f = f_n$ とすれば明らかに上の式が成立する[37]．したがって

$$\bigcup_{n=1}^{\infty} \mathfrak{M}_n = \lim_{n \to \infty} \mathfrak{M}_n$$

は H の quasi-domain である．我々はこれを特に normal quasi-domain と呼ぶ．normal quasi-domain においては，$H, H^2, H^3, \ldots$ はすべて存在する．

元来 hypermax. な H の domain は簡単に表せなくても，その適当な quasi-domain は簡単に表せることが多い．しかも quasi-domain の中で H がわかれば H 全体が一

---

[31] 和訳は「本質的に自己共役」．

[32] quasi-domain は現在は core と呼ばれる．core という術語の由来については岡本久氏による付録 1 の付記を参照されたい．

---

[33] 量子力学の operator はすべてそうであると言ってよい．

[34] [S] 51; そこでは essentially self-adjoint と呼ばれている．尚 Stone の定義は $H^* = H^{**}$ であるが，$H^{**} = \widetilde{H}$ であるから (§2.2) 同じことである．

[35] これは [range$(H \pm i)$] = range$(\widetilde{H} \pm i)$ なることからわかる．あるいは [S] 144, Th. 4.17.

[36] この概念は，本書において甚だ重要である．

[37] これは (5.2) 等を用いれば直ちに出る．

[38] なぜなら domain は $\mathfrak{H}$ で稠密で，quasi-domain は domain で稠密だから．

[39] [N] 74; Neumann, Ann. of Math. **32** (1931) 191〜226（参考文献[19]）; [S] 221〜241．

意的に定まるのだから，実用上には quasi-domain がわかれば十分なることが多い．

尚 hypermax. な operator と限らず，任意の $\mathbb{C}$ の operator に対しても，全く同様にして quasi-domain を定義することができる．任意の $\mathbb{C}$ の operator の quasi-domain は明らかに $\mathfrak{H}$ において稠密である[38]．

6. hypermax. operator H に対してはその関数 $\Phi(H)$ が定義される[39]．$\Phi(\lambda)$ は $-\infty < \lambda < \infty$ で定義された Borel 可測な関数なるとき，$\Phi(H)$ の domain は

$$\int_{-\infty}^{\infty} |\Phi(\lambda)|^2 d(E(\lambda)f, f) < \infty$$

なるごとき f の全体より成り，かかる f と任意の g とに対し

$$(\Phi(H)f, g) = \int_{-\infty}^{\infty} \Phi(\lambda) d(E(\lambda)f, g)$$

によって $\Phi(H)$ が定義される．

すると Stone によれば[40]

[40] 同上．したがって Φ が実関数なら $\Phi(H)$ は hypermax. である．

$$\Phi(H) \in \mathbb{C}, \quad \Phi(H)^* = \overline{\Phi}(H)$$

が成立する．ただし，$\overline{\Phi}(\lambda) = \overline{\Phi(\lambda)}$ である．

$f \in \mathrm{dom}\,\Phi(H), g \in \mathrm{dom}\,\Psi(H)$ ならば

$$(\Phi(H)f, \Psi(H)g) = \int_{-\infty}^{\infty} \Phi(\lambda) \overline{\Psi(\lambda)} d(E(\lambda)f, g)$$

が成立する．特に

$$\|\Phi(H)f\|^2 = \int_{-\infty}^{\infty} |\Phi(\lambda)|^2 d(E(\lambda)f, f).$$

$\Phi(\lambda)\Psi(\lambda) = F(\lambda)$ とすれば，$f \in \mathrm{dom}\,\Phi(H)$ に対しては，$\Phi(H)f \in \mathrm{dom}\,\Psi(H)$ なることと $f \in \mathrm{dom}\,F(H)$ なることとは同等であって，そのとき

$$\Psi(H)(\Phi(H)f) = F(H)f$$

である．

$\Phi(\lambda)$ において λ が H のスペクトル以外の点なるときの $\Phi(\lambda)$ の値は $\Phi(H)$ には関係がない．特に H のスペクトルにおいて $|\Phi(\lambda)| \leqq C$ ならば

$$\Phi(H) \in \mathbb{B}, \quad |\Phi(H)| \leqq C$$

である．もっと詳しく H のスペクトルにおける "真の" $|\Phi(\lambda)|$ の上限を C とすれば $|\Phi(H)| = C$ となる．

次にしばしば用いられる重要な関数の例をあげよう．

ℓ が H の resolvent set に属すれば，たとえそれが実数であっても $\lambda = \ell$ における $\Phi(\lambda)$ の値はどうでもよいから $\Phi(\lambda) = (\lambda - \ell)^{-1}$ とおくことができ，$(H - \ell)^{-1}$ が定義されて $\mathbb{B}$ に属する．特に $\Im(\ell) \neq 0$ ならこれは常に存在して

$$|(H - \ell)^{-1}| \leqq |\Im(\ell)|^{-1}.$$

$\lambda(\lambda - \ell)^{-1}$ が有界なることを考えれば，上述により $(H - \ell)^{-1}f$ は任意の f に対して $\operatorname{dom} H$ に属する．逆に $(H - \ell)f$ は f が $\operatorname{dom} H$ のすべての値をとるとき $\mathfrak{H}$ 全体を尽くす（前出）．

$\Phi(\lambda) = (\lambda - i)(\lambda + i)^{-1}$ とおけば $U = \Phi(H) = (H - i)(H + i)^{-1}$ が得られ，これは unitär operator[33] で H の Cayley 変換と呼ばれる[41]．

[41] [N] 80.

また $\Phi_\mu(\lambda)$ が $\lambda \leqq \mu$ において 1 となり，それ以外で 0 ならば $\Phi_\mu(H) = E(\mu)$ である．したがって $E(\mu'') - E(\mu') = \Phi_{\mu''}(H) - \Phi_{\mu'}(H)$ でここに $\Phi_{\mu''} - \Phi_{\mu'}$ は $\mu' < \lambda \leqq \mu''$ で 1 となり，それ以外で 0 となる関数である．

7. 特に $F(\lambda)$ が実数なら $F(H) = H'$ は hypermax. であるから，一つの単位分解が対応する．これを $E'(\lambda)$ とし $E(\lambda)$ との関係を求めよう．上述のごとき関数 $\Phi_\mu(\lambda)$ をとれば $E'(\mu) = \Phi_\mu(H')$ である．したがって $\Phi_\mu(F(\lambda)) = \Psi_\mu(\lambda)$ とおけば Stone により[42]

[42] [S] 237, Th. 6.9.

$$E'(\mu) = \Psi_\mu(H) = \int \Psi_\mu(\lambda) dE(\lambda).$$

ここに $\Psi_\mu(\lambda)$ は次のごとき関数である：

$$\Psi_\mu(\lambda) = \begin{cases} 1 & F(\lambda) \leqq \mu, \\ 0 & F(\lambda) > \mu. \end{cases}$$

8. 次に hypermax. な H に関する種々の評価の式を導く．

  I. $\varphi \in \operatorname{dom} H$, $E(\mu)\varphi = \varphi$ なら $(H\varphi, \varphi) \leqq \mu \|\varphi\|^2$,
   $\varphi \in \operatorname{dom} H$, $E(\mu)\varphi = 0$, $\varphi \neq 0$ なら $(H\varphi, \varphi) > \mu \|\varphi\|^2$.

---

[33] ユニタリ作用素 (unitary operator).

証明 $(H\varphi, \varphi) = \int_{-\infty}^{\infty} \lambda d(E(\lambda)\varphi, \varphi) = \int_{-\infty}^{\mu} + \int_{\mu}^{\infty}$ とおけば[34]．第一の場合には第二項がないところから直ちに結果を得る．第二の場合には第一項がなく，第二項をさらに分けて $\varepsilon > 0$ に対し

$$(H\varphi, \varphi) = \int_{\mu}^{\mu+\varepsilon} + \int_{\mu+\varepsilon}^{\infty} \geq \mu\{(E(\mu+\varepsilon)\varphi, \varphi) - (E(\mu)\varphi, \varphi)\}$$
$$+ (\mu+\varepsilon)\{(\varphi, \varphi) - (E(\mu+\varepsilon)\varphi, \varphi)\}$$
$$= \mu\|\varphi\|^2 + \varepsilon\{\|\varphi\|^2 - (E(\mu+\varepsilon)\varphi, \varphi)\}.$$

$\varepsilon \to 0$ のとき $(E(\mu+\varepsilon)\varphi, \varphi) \to (E(\mu)\varphi, \varphi) = 0$ だから，ε が十分小さければ $\{\ \}$ 内は正である．これより結果を得る． □

II. $d \geq 0$ のとき $F' = E(\mu+d) - E(\mu-d-0)$ とおけば

$F'\varphi = \varphi$ なら $\varphi \in \mathrm{dom}\, H$ で $\|(H-\mu)\varphi\| \leq d\|\varphi\|$,
$\varphi \in \mathrm{dom}\, H$, $F'\varphi = 0$, $\varphi \neq 0$ なら $\|(H-\mu)\varphi\| > d\|\varphi\|$.

もっと一般に $\varphi \in \mathrm{dom}\, H$, $H\varphi \neq \mu\varphi$ なら

$$\|(H-\mu)\varphi\| > \|(1-F')\varphi\|d.$$

証明 $\|(H-\mu)\varphi\|^2 = \int_{-\infty}^{\infty} (\lambda-\mu)^2 d(E(\lambda)\varphi, \varphi) = \int_{-\infty}^{\mu-d-0} + \int_{\mu-d-0}^{\mu+d} + \int_{\mu+d}^{\infty}$ と分ける．$F'\varphi = \varphi$ なら中央の項だけしかなく，直ちに結果を得る．次に第二の式は第三の式に含まれるから，第三の式を示せばよい．$\varepsilon > 0$ として

$$\|(H-\mu)\varphi\|^2 \geq \int_{-\infty}^{\mu-d-0} + \int_{\mu+d}^{\infty}$$
$$= \int_{-\infty}^{\mu-d-\varepsilon} + \int_{\mu-d-\varepsilon}^{\mu-d-0} + \int_{\mu+d}^{\mu+d+\varepsilon} + \int_{\mu+d+\varepsilon}^{\infty}$$
$$\geq (d+\varepsilon)^2 (E(\mu-d-\varepsilon)\varphi, \varphi)$$
$$+ d^2\{(E(\mu-d-0)\varphi, \varphi) - (E(\mu-d-\varepsilon)\varphi, \varphi)\}$$
$$+ d^2\{(E(\mu+d+\varepsilon)\varphi, \varphi) - (E(\mu+d)\varphi, \varphi)\}$$
$$+ (d+\varepsilon)^2\{(\varphi, \varphi) - (E(\mu+d+\varepsilon)\varphi, \varphi)\}.$$

$(d+\varepsilon)^2 = d^2 + 2\varepsilon d + \varepsilon^2$ として

---

[34] $\int_a^b$ は $\int_{(a,b]}$ と解する．後に出てくる $\int_a^{b-0}$, $\int_{a-0}^b$ はそれぞれ $\int_{(a,b)}$, $\int_{[a,b]}$ と解する．

5 Hypermaximal operator

$$\|(H-\mu)\varphi\|^2 \geqq \{(\varphi,\varphi) - (E(\mu+d)\varphi,\varphi) + (E(\mu-d-0)\varphi,\varphi)\}d^2$$
$$+ (2\varepsilon d + \varepsilon^2)\{(\varphi,\varphi) - (E(\mu+d+\varepsilon)\varphi,\varphi) + (E(\mu-d-\varepsilon)\varphi,\varphi)\}$$
$$= \{(\varphi,\varphi) - (F'\varphi,\varphi)\}d^2 + (2\varepsilon d + \varepsilon^2)\{(\varphi,\varphi) - (F'_\varepsilon\varphi,\varphi)\}.$$

ただし $F'_\varepsilon = E(\mu+d+\varepsilon) - E(\mu-d-\varepsilon)$ とおいた. $\varepsilon \to 0$ なるとき $F'_\varepsilon \to F'$ であるから $(\varphi,\varphi) - (F'_\varepsilon\varphi,\varphi) \to ((1-F')\varphi,\varphi) = \|(1-F')\varphi\|^2$ である. 今 $(1-F')\varphi \neq 0$ とすれば ε が十分小さければ $(\varphi,\varphi) - (F'_\varepsilon\varphi,\varphi) > 0$ となるから

$$\|(H-\mu)\varphi\|^2 > d^2\|(1-F')\varphi\|^2$$

となる. もし $(1-F')\varphi = 0$ ならこの式の右辺は 0 だから, $H\varphi \neq \mu\varphi$ ならこの式は成立する. □

III. $d > 0$ のとき $F'' = E(\mu+d-0) - E(\mu-d)$ とおけば

$$F''\varphi = \varphi, \varphi \neq 0 \text{ なら } \varphi \in \mathrm{dom}\, H \text{ で} \qquad \|(H-\mu)\varphi\| < d\|\varphi\|,$$
$$\varphi \in \mathrm{dom}\, H,\ F''\varphi = 0 \text{ なら} \qquad \|(H-\mu)\varphi\| \geqq d\|\varphi\|.$$

もっと一般に $\varphi \in \mathrm{dom}\, H$ なら $\|(H-\mu)\varphi\| \geqq \|(1-F'')\varphi\|d$.

証明 前と同じ積分を $\int_{-\infty}^{\mu-d} + \int_{\mu-d}^{\mu+d-0} + \int_{\mu+d-0}^{\infty}$ と分ける. まず第三の場合には

$$\|(H-\mu)\varphi\|^2 \geqq \int_{-\infty}^{\mu-d} + \int_{\mu+d-0}^{\infty} \geqq d^2(E(\mu-d)\varphi,\varphi)$$
$$+ d^2\{(\varphi,\varphi) - (E(\mu+d-0)\varphi,\varphi)\}$$
$$= d^2\{(\varphi,\varphi) - (F''\varphi,\varphi)\} = d^2\|(1-F'')\varphi\|^2$$

となり求める結果を得る. 第二の場合はその特別な場合にすぎない.

第一の場合は $\int_{-\infty}^{\mu-d}, \int_{\mu+d-0}^{\infty}$ はともに 0 となるから $0 < \varepsilon < d$ なる ε をとり

$$\|(H-\mu)\varphi\|^2 = \int_{\mu-d}^{\mu+d-0} = \int_{\mu-d}^{\mu-d+\varepsilon} + \int_{\mu-d+\varepsilon}^{\mu+d-\varepsilon} + \int_{\mu+d-\varepsilon}^{\mu+d-0}$$
$$\leqq d^2\{(E(\mu-d+\varepsilon)\varphi,\varphi) - (E(\mu-d)\varphi,\varphi)\}$$
$$+ (d-\varepsilon)^2\{(E(\mu+d-\varepsilon)\varphi,\varphi) - (E(\mu-d+\varepsilon)\varphi,\varphi)\}$$
$$+ d^2\{(E(\mu+d-0)\varphi,\varphi) - (E(\mu+d-\varepsilon)\varphi,\varphi)\}.$$

$(d-\varepsilon)^2 = d^2 - \varepsilon(2d-\varepsilon)$ と書き直し

$$\|(H-\mu)\varphi\|^2 \leqq d^2\{(E(\mu+d-0)\varphi,\varphi) - (E(\mu-d)\varphi,\varphi)\}$$
$$-\varepsilon(2d-\varepsilon)\{(E(\mu+d-\varepsilon)\varphi,\varphi) - (E(\mu-d+\varepsilon)\varphi,\varphi)\}$$
$$= d^2\|F''\varphi\|^2 - \varepsilon(2d-\varepsilon)\|F''_\varepsilon\varphi\|^2.$$

ただし $F''_\varepsilon = E(\mu+d-\varepsilon) - E(\mu-d+\varepsilon)$ とおいた. $\varepsilon \to 0$ のとき $F''_\varepsilon \to F''$ であるから, $F''\varphi = \varphi, \varphi \neq 0$ なることを考えれば ε が十分小さいとき $\|F''_\varepsilon\varphi\|^2 > 0$ となる. したがって,

$$\|(H-\mu)\varphi\|^2 < d^2\|F''\varphi\|^2 = d^2\|\varphi\|^2.$$

これですべてが証明された. □

[43)] 証明から明らかなる通り, $\overline{\mathcal{O}} = \operatorname{dom} H \cap \operatorname{dom} H'$ の代わりに $\overline{\mathcal{O}} \subset \operatorname{dom} H \cap \operatorname{dom} H'$ でもよい. もちろん $\overline{\mathcal{O}}$ は H' の quasi-domain とすれば.

IV [43)]. H, H' はともに hypermax. で $\operatorname{dom} H \cap \operatorname{dom} H' = \overline{\mathcal{O}}$ とするとき, $\varphi \in \overline{\mathcal{O}}$ なら $(H'\varphi,\varphi) \geqq (H\varphi,\varphi) + c(\varphi,\varphi)$ が成立するものとする. もし $\overline{\mathcal{O}}$ が H' の quasi-domain ならば, H, H' に相当する単位分解をそれぞれ $E(\lambda), E'(\lambda)$ として

$$\dim E'(\lambda) \leqq \dim E(\lambda - c), \quad (\text{all } \lambda).$$

証明 結論に反して $\dim E'(\lambda_0) > \dim E(\lambda_0 - c)$ であるとしてみよう. すると十分小さい μ をとれば $\dim(E'(\lambda_0) - E'(\mu)) > \dim E(\lambda_0 - c)$ が成立する. したがって

$$(E'(\lambda_0) - E'(\mu))\varphi = \varphi, \quad E(\lambda_0 - c)\varphi = 0, \quad \varphi \neq 0$$

なる φ が存在する. 第一の式から $\varphi \in \operatorname{dom} H'$ なることがわかるから, $\overline{\mathcal{O}}$ が H' の quasi-domain なることにより

$$\varphi_n \to \varphi, \quad H'\varphi_n \to H'\varphi, \quad (n \to \infty), \quad \varphi_n \in \overline{\mathcal{O}}$$

なる $\varphi_n\ (n=1,2,\dots)$ がある.

さて $\dim E(\lambda_0 - c) < \dim E'(\lambda_0)$ としたから $E(\lambda_0 - c)$ は有限次元であり, したがって H のスペクトルは下限をもつ. そこで $E(-C) = 0$ とすれば $\varepsilon > 0$ として

$$(H\varphi_n,\varphi_n) = \int_{-C}^{\infty} \lambda\, d(E(\lambda)\varphi_n,\varphi_n) = \int_{-C}^{\lambda_0-c} + \int_{\lambda_0-c}^{\lambda_0+\varepsilon-c} + \int_{\lambda_0+\varepsilon-c}^{\infty}$$
$$\geqq -C(E(\lambda_0-c)\varphi_n,\varphi_n)$$

$$+ (\lambda_0 - c)\{(E(\lambda_0 - c + \varepsilon)\varphi_n\varphi_n) - (E(\lambda_0 - c)\varphi_n, \varphi_n)\}$$
$$+ (\lambda_0 - c + \varepsilon)\{(\varphi_n, \varphi_n) - (E(\lambda_0 - c + \varepsilon)\varphi_n, \varphi_n)\}$$
$$= -C(E(\lambda_0 - c)\varphi_n, \varphi_n)$$
$$+ (\lambda_0 - c)\{(\varphi_n, \varphi_n) - (E(\lambda_0 - c)\varphi_n, \varphi_n)\}$$
$$+ \varepsilon\{(\varphi_n, \varphi_n) - (E(\lambda_0 - c - \varepsilon)\varphi_n, \varphi_n)\}.$$

さて仮定により

$$(H'\varphi_n, \varphi_n) \geqq (H\varphi_n, \varphi_n) + c(\varphi_n, \varphi_n)$$

だから

$$(H'\varphi_n, \varphi_n) \geqq -C(E(\lambda_0 - c)\varphi_n, \varphi_n)$$
$$+ \lambda_0(\varphi_n, \varphi_n) - (\lambda_0 - c)(E(\lambda_0 - c)\varphi_n, \varphi_n)$$
$$+ \varepsilon\{(\varphi_n, \varphi_n) - (E(\lambda_0 - c - \varepsilon)\varphi_n, \varphi_n)\}.$$

ここで $n \to \infty$ とすれば $E(\lambda_0 - c)\varphi_n \to E(\lambda_0 - c)\varphi = 0$ により

$$(H'\varphi, \varphi) \geqq \lambda_0(\varphi, \varphi) + \varepsilon\{(\varphi, \varphi) - (E(\lambda_0 - c + \varepsilon)\varphi, \varphi)\}.$$

$(E(\lambda_0-c+\varepsilon)\varphi, \varphi)$ は $\varepsilon \to 0$ のとき $(E(\lambda_0-c)\varphi, \varphi) = 0$ に収束するから, $(\varphi, \varphi) > 0$ なることを考えれば, { } 内は ε が十分小さければ正である. したがって,

$$(H'\varphi, \varphi) > \lambda_0(\varphi, \varphi)$$

を得る.

他方において $E'(\lambda_0)\varphi = \varphi$ であるから I. により

$$(H'\varphi, \varphi) \leqq \lambda_0(\varphi, \varphi).$$

これら二式は互いに矛盾する. □

§6 可換 operator

1. A, B がともに $\mathbb{B}$ に属すれば AB, BA も $\mathbb{B}$ に属するから, $AB = BA$ なるとき A, B は可換であるという定義には何等不明瞭な所はない. しかし A, B の少な

くも一方が $\mathbb{B}$ に属さないとこのような定義は使えない.

$A \in \mathbb{B}, R \in \mathbb{C}'$ なるとき, A, R の可換性は次のように定義される[44]:$RA \supset AR$ なるとき A, R は互いに可換であるという. 換言すれば $f \in \mathrm{dom}\, R$ ならば $Af \in \mathrm{dom}\, R$ であって $RAf = ARf$ が成立する場合である. $R \in \mathbb{B}$ ならこの定義は前の定義と矛盾しない.

$\mathbb{B}$ に属さない二つの operator の可換性の定義は困難である. 我々は二つの operator H_1, H_2 がともに hypermax. なる場合にのみこの定義を与える[45]. H_1, H_2 に属する単位分解をそれぞれ $E_1(\lambda), E_2(\lambda)$ とするとき, すべての $E_1(\lambda)$ がすべての $E_2(\mu)$ と可換なるとき, すなわち

$$E_1(\lambda)E_2(\mu) = E_2(\mu)E_1(\lambda)$$

なるとき H_1, H_2 は互いに可換であるという.

H_1, H_2 の一つあるいは両方が $\mathbb{B}$ に属するとき, 新しい定義は前の定義と矛盾しない.

可換性の定義はこのように厄介で, 一般に $E_1(\lambda), E_2(\lambda)$ を知らなければ H_1, H_2 が可換であるかどうか知る事ができない. 量子論に現れてくる可換 operator なるものは, この定義に適合しているかどうか, 十分調べてみなければわからない. なぜなら普通は全く形式的に $H_1 H_2 = H_2 H_1$ をもって (domain を全く考慮せず) 可換性の定義としているからである[35].

2. 可換な hypermax. operator に対してその和を定義することができる. やや一般に次の定理が成立する.

定理 6.1 $H_1, H_2, \ldots, H_k$ は hypermax. でその任意の二つは可換であるならば, その共通 domain で定義された $H' = a_1 H_1 + \cdots + a_k H_k$ は essentially hypermax. である. ただし $a_1, \ldots, a_k$ は実数とする. hypermax. operator $H = \tilde{H}'$ の quasi-domain はさらに制限して $H_1, \ldots, H_k$ の normal quasi-domain の共通部分とすることができる.

証明 Neumann によれば[46] 一つの hypermax. operator H_0 と, Borel 可測な関数 $F_1(\lambda), \ldots, F_k(\lambda)$ があって

$$H_i = F_i(H_0) \quad (i = 1, \ldots, k)$$

が成立する. H_i に属する単位分解を $E_i(\lambda)$ とすれば, §5.7 により

---

[44] Neumann: Math. Ann. **102** (1929) 404 (参考文献[17] の 404 頁); [S] 299.

[45] [N] 88; [S] 301.

[46] [N] 90; Neumann, Ann. of Math. **32** (1931) 191~226 (参考文献[19]). そこでは H_i 等が有界なる場合しかやっていないが, 有界ならざる場合への拡張は容易である.

[35] 作用素の可換性に言及している書物は多くないようである. 邦書では例えば参考書[60] [61] [51] に記述がある.

$$E_i(\mu) = \Psi_{i\mu}(H_0)$$

なる形に書ける．ただし

$$\Psi_{i\mu}(\lambda) = \begin{cases} 1 & F_i(\lambda) \leqq \mu, \\ 0 & F_i(\lambda) > \mu \end{cases}$$

である．したがって，任意の自然数 n に対し

$$E_n = \prod_{i=1}^{k}(E_i(n) - E_i(-n))$$

とおけば

$$E_n = \Phi_n(H_0)$$

となる．ただし

$$\Phi_n(\lambda) = \begin{cases} 1 & |F_1(\lambda)| \leqq n, \cdots, |F_k(\lambda)| \leqq n, \\ 0 & その他. \end{cases}$$

$E_i(n) - E_i(-n)$ は H_i の normal quasi-domain に含まれる．したがって E_n も同様である．したがって E_n は $H_1,\ldots,H_k$ の normal quasi-domain の共通部分に含まれている．さて，今

$$F(\lambda) = \sum_{i=1}^{k} a_i F_i(\lambda)$$

とおき，$F(H_0) = H$ とおけば H は hypermax. で，$H_1,\ldots,H_k$ の共通 domain においては明らかに H' と一致する．すなわち $H \supset H'$ である．$f \in \mathrm{dom}\, H$ なる任意の f をとり $E_n f = f_n$ とおけば上述により

$$Hf - Hf_n = F(H_0)f - F(H_0)\Phi_n(H_0)f = F(H_0)(1-\Phi_n(H_0))f,$$

$$\|Hf - Hf_n\|^2 = \int F(\lambda)^2 (1-\Phi_n(\lambda))^2 d(E_0(\lambda)f, f).$$

ただし $E_0(\lambda)$ は H_0 に属する単位分解である．

$1 - \Phi_n(\lambda)$ はすべての $|F_i(\lambda)|$ が $\leqq n$ なるとき 0 で而らざるときは 1 である．したがってそれが 1 に等しい λ の集合を X_n とすれば $n \to \infty$ のとき $X_n \to 0$ である．したがって $1 - \Phi_n(\lambda)$ はすべての点で $\to 0$ となる．他方において $f \in \mathrm{dom}\, H$ により

$$\int F(\lambda)^2 d(E_0(\lambda)f, f) < \infty$$

であるから，前の積分記号の中で $n \to \infty$ としてよく，

$$\|Hf - Hf_n\|^2 \to 0, \quad (n \to \infty)$$

を得る．

他方 $f_n \to f$ は明らかであるから，$f_n \to f$, $Hf_n \to Hf$ が成り立つ．

而して上述のごとく f_n は $H_1, \ldots, H_k$ の normal quasi-domain の共通部分に含まれているから，定義により後者は H の quasi-domain である．これで証明は終わる．

同時に我々の H が仲介に選んだ H_0 には無関係であることが証明されたことになる． □

第2章　変数分離の理論

　量子力学の問題を解くに当たってしばしば利用される方法は変数分離の方法である．これは与えられた operator がいくつかの部分の和に分離し，その各々がそれぞれ別な変数に作用する場合[1]に可能であって，全体の operator の固有値は各部分の固有値の和になり，全体の固有関数は各部分の固有関数の積になるということは周知の通りである．このことは普通具体的な関数空間において取り扱われているが，我々は一般的な取り扱いの必要上これを抽象的な言葉に翻訳することにする．そのためにまず二つ以上の抽象 Hilbert 空間を合成して作られた複合空間を定義し，次に各単位空間における operator を複合空間における operator に拡張することを論じ，最後にそれらの operator の和を作ることを論ずる．

[1] これは変数分離の最も一般的な形ではない（例えば球対称の問題において角変数と radial variable とに分離する場合はこのような和の形には分離しない）が，我々の目的にはかかる場合だけを考えておけば十分である．

§7　複合空間

1. 以下二つの Hilbert 空間の合成を論ずるがこれは簡単のためであって，実は一般に n 個の場合も同様であることをあらかじめ注意しておく．

　そこで我々は二つの Hilbert 空間 $\mathfrak{H}'$, $\mathfrak{H}''$ を合成した複合空間 $\mathfrak{H}$ を論ずるのであるが，その際 $\mathfrak{H}$ もあらかじめ与えられたものと見なし，$\mathfrak{H}$ と $\mathfrak{H}'$, $\mathfrak{H}''$ との関係を考える．これとは別の方法を取り，$\mathfrak{H}$ はあらかじめ与えられたものとせず $\mathfrak{H}'$ と $\mathfrak{H}''$ から全く新しく複合空間 $\mathfrak{H}$ を作ることもできるが[1]，これはかなり厄介でもあり我々の目的には不必要でもあるからしばらく第一の方法に従うことにする．

　三つの Hilbert 空間 $\mathfrak{H}'$, $\mathfrak{H}''$, $\mathfrak{H}$ があって次の関係を満足するとき，$\mathfrak{H}$ は $\mathfrak{H}'$, $\mathfrak{H}''$ の複合空間であるという．あるいは $\mathfrak{H}$ は $\mathfrak{H}'$, $\mathfrak{H}''$ に分離するという[2]．

　i) $f' \in \mathfrak{H}'$, $f'' \in \mathfrak{H}''$ に対し $f \in \mathfrak{H}$ が一義的に対応する．これを

$$f = f' \cdot f''$$

---

[1] そのようなやり方については参考書[51],[65] 等を参照．そのとき $\mathfrak{H}$ は $\mathfrak{H}'$ と $\mathfrak{H}''$ のテンソル積 (tensor product) と呼ばれる．複合空間という用語は今は用いられないようである．

[2] このとき $\mathfrak{H}$ は $\mathfrak{H}'$ と $\mathfrak{H}''$ のテンソル積と一致する．

と書く.

ii) 任意の複素数 a に対し[3)]

$$af' \cdot f'' = f' \cdot af'' = a \cdot f' \cdot f''$$

が成立する．したがって f', f'' の一方が 0 なら $f' \cdot f'' = 0$ である．

iii)

$$(f'_1 + f'_2) \cdot f'' = f'_1 \cdot f'' + f'_2 \cdot f'', \quad f' \cdot (f''_1 + f''_2) = f' \cdot f''_1 + f' \cdot f''_2.$$

iv) $f = f' \cdot f''$, $g = g' \cdot g''$ なら

$$(f, g) = (f', g')(f'', g'')$$

が成立する．特に $\|f\| = \|f'\| \cdot \|f''\|$ だから $f' \neq 0, f'' \neq 0$ なら $f \neq 0$.

v) $f = f' \cdot f''$ なる形の元素の張る closed linear manifold は $\mathfrak{H}$ と一致する．

これらの条件が互いに矛盾しないことは実例により確かめられる．$\mathfrak{H}', \mathfrak{H}''$ として それぞれ $\mathcal{L}^2(x), \mathcal{L}^2(y)$ をとり，$\mathfrak{H}$ として $\mathcal{L}^2(x, y)$ をとれば明らかにこれらの条件 は満足されている．このとき $f'(x) \in \mathfrak{H}', f''(y) \in \mathfrak{H}''$ なら i) の f として

$$f(x, y) = f'(x) f''(y)$$

をとればよい．

2. $\mathfrak{H}', \mathfrak{H}''$ の任意の部分集合 $\mathfrak{D}', \mathfrak{D}''$ があるとき，$f' \in \mathfrak{D}', f'' \in \mathfrak{D}''$ なるごとき f', f'' に対して作った $f' \cdot f''$ の集合を $\mathfrak{D}' \cdot \mathfrak{D}''$ で表すことにする．$\mathfrak{D}' \cdot \mathfrak{D}''$ の張る linear manifold を $\{\mathfrak{D}' \cdot \mathfrak{D}''\}$, closed linear manifold を $[\mathfrak{D}' \cdot \mathfrak{D}'']$ とすることは常のごとくである．

すると条件 v) は $[\mathfrak{H}' \cdot \mathfrak{H}''] = \mathfrak{H}$ のごとく表される.

v) の代わりに次の条件をとっても同じ事になる．

v′) $[\mathfrak{D}'] = \mathfrak{H}', [\mathfrak{D}''] = \mathfrak{H}''$ なるごとき $\mathfrak{D}', \mathfrak{D}''$ をとれば $[\mathfrak{D}' \cdot \mathfrak{D}''] = \mathfrak{H}$.

何となれば v′) が成立すれば明らかに v) が成立するから，その逆を示せばよい． v) が成立すれば任意の $f \in \mathfrak{H}$ と $\varepsilon > 0$ とに対し

$$\left\| f - \sum_{i=1}^{n} f'_i \cdot f''_i \right\| \leqq \varepsilon$$

[3)] 次式の左辺は $(af') \cdot f''$ のこと，右辺は $f' \cdot f''$ の a 倍すなわち $a(f' \cdot f'')$ のことである．

なるごとき f_i', f_i'' $(i = 1, \ldots, n)$ $(f_i' \in \mathfrak{H}', f_i'' \in \mathfrak{H}'')$ がある．他方 $[\mathfrak{D}'] = \mathfrak{H}'$, $[\mathfrak{D}''] = \mathfrak{H}''$ であるから，任意の $\eta > 0$ に対し

$$\|f_i' - g_i'\| \leqq \eta, \quad \|f_i'' - g_i''\| \leqq \eta, \quad g_i' \in \{\mathfrak{D}'\}, g_i'' \in \{\mathfrak{D}''\}$$

なるごとき g_i', g_i'' がある．すると iii) および iv) により

$$\sum_{i=1}^{n} g_i' \cdot g_i'' - \sum_{i=1}^{n} f_i' \cdot f_i'' = \sum_{i=1}^{n} f_i' \cdot (g_i'' - f_i'') + \sum_{i=1}^{n} (g_i' - f_i') \cdot f_i'' + \sum_{i=1}^{n} (g_i' - f_i') \cdot (g_i'' - f_i''),$$

$$\Big\| \sum_{i=1}^{n} g_i' \cdot g_i'' - \sum_{i=1}^{n} f_i' \cdot f_i'' \Big\| \leqq \eta \Big(\sum_{i=1}^{n} \|f_i'\| + \sum_{i=1}^{n} \|f_i''\| + n\eta \Big).$$

よって f_i', f_i'' に対しこの右辺が $\leqq \varepsilon$ なるごとく η を定め，しかる後その η に対して上のような g_i', g_i'' をとれば

$$\Big\| \sum_{i=1}^{n} g_i' \cdot g_i'' - \sum_{i=1}^{n} f_i' \cdot f_i'' \Big\| \leqq \varepsilon.$$

したがって

$$\Big\| f - \sum_{i=1}^{n} g_i' \cdot g_i'' \Big\| \leqq 2\varepsilon.$$

すなわち $[\{\mathfrak{D}'\} \cdot \{\mathfrak{D}''\}] = \mathfrak{H}$ を得る．

しかるに ii), iii) を考えれば $\{\mathfrak{D}'\} \cdot \{\mathfrak{D}''\} \subset \{\mathfrak{D}' \cdot \mathfrak{D}''\}$ なることは明らかであるから $[\{\mathfrak{D}'\} \cdot \{\mathfrak{D}''\}] \subset [\{\mathfrak{D}' \cdot \mathfrak{D}''\}] = [\mathfrak{D}' \cdot \mathfrak{D}''], \mathfrak{H} \subset [\mathfrak{D}' \cdot \mathfrak{D}'']$ となる．他方 $[\mathfrak{D}' \cdot \mathfrak{D}''] \subset \mathfrak{H}$ は明らかだから結局 $[\mathfrak{D}' \cdot \mathfrak{D}''] = \mathfrak{H}$, すなわち v') が導かれた．

3. 上の結果を一般化して次のように言うことができる：$\mathfrak{H}$ における任意の closed linear manifold $\mathfrak{M}$ に対し[4]

(7.1) $$[P_\mathfrak{M} \mathfrak{D}' \cdot \mathfrak{D}''] = \mathfrak{M}.$$

ただし $\mathfrak{D}', \mathfrak{D}''$ の意味は v') におけると同じとする．

まず v') によれば $[\mathfrak{D}' \cdot \mathfrak{D}''] = \mathfrak{H}$ だから $\{\mathfrak{D}' \cdot \mathfrak{D}''\}$ は $\mathfrak{H}$ で稠密である．任意の $f \in \mathfrak{H}$ と正数 ε とに対し $\|f - g\| \leqq \varepsilon$ なる $g \in \{\mathfrak{D}' \cdot \mathfrak{D}''\}$ がある．特に $f \in \mathfrak{M}$ に

---

[4] 次式で左辺の $P_\mathfrak{M} \mathfrak{D}' \cdot \mathfrak{D}''$ は $P_\mathfrak{M}$ による $\mathfrak{D}' \cdot \mathfrak{D}''$ の像のことである．以後これは $P_\mathfrak{M} \cdot \mathfrak{D}' \cdot \mathfrak{D}''$ と表されることもある．

対してもかかる g があるから

$$\|f - P_\mathfrak{M} g\| = \|P_\mathfrak{M}(f-g)\| \leqq \|f-g\| \leqq \varepsilon.$$

よって $P_\mathfrak{M}\{\mathfrak{D}'\cdot\mathfrak{D}''\}$ は $\mathfrak{M}$ で稠密である．しかるに $P_\mathfrak{M}\{\mathfrak{D}'\cdot\mathfrak{D}''\} = \{P_\mathfrak{M}\cdot\mathfrak{D}'\cdot\mathfrak{D}''\}$ なることは明らかであるから $\{P_\mathfrak{M}\cdot\mathfrak{D}'\cdot\mathfrak{D}''\}$ は $\mathfrak{M}$ で稠密であり，

$$\mathfrak{M} = [\{P_\mathfrak{M}\cdot\mathfrak{D}'\cdot\mathfrak{D}''\}] = [P_\mathfrak{M}\cdot\mathfrak{D}'\cdot\mathfrak{D}'']$$

を得る．

§8　分離された operator

1. $\mathfrak{H}'$ 内に hypermax. operator H' が与えられたとする．これを $\mathfrak{H}$ における operator に拡張することを考える．

H' の任意の quasi-domain を選んでこれを $\mathfrak{D}'$ とし，別に $\mathfrak{H}''$ において $[\mathfrak{D}''] = \mathfrak{H}''$ なるごとき任意の部分空間 $\mathfrak{D}''$ をとり[2]，まず $\{\mathfrak{D}'\cdot\mathfrak{D}''\}$ において次のごとき operator H を定義する：$f \in \{\mathfrak{D}'\cdot\mathfrak{D}''\}$ なら

(8.1) $$f = \sum_{i=1}^{n} f_i'\cdot f_i'', \quad f_i' \in \mathfrak{D}', \ f_i'' \in \mathfrak{D}''$$

なる形に表されるから

(8.2) $$Hf = \sum_{i=1}^{n} H'f_i' \cdot f_i''$$

をもって Hf を定義する．

ただし f を (8.1) のように表す方法はただ一通りと限らないから，この定義が可能なることを示さなければならない．それには，

$$\sum_{i=1}^{n} f_i'\cdot f_i'' = \sum_{i=1}^{n} g_i'\cdot g_i'', \quad (f_i', g_i' \in \mathfrak{D}', \ f_i'', g_i'' \in \mathfrak{D}'')$$

ならば

$$\sum_{i=1}^{n} H'f_i' \cdot f_i'' = \sum_{i=1}^{n} H'g_i' \cdot g_i''$$

なること，換言すれば

---

[2] $\mathfrak{D}'$ としては H' の domain 全体，$\mathfrak{D}''$ としては $\mathfrak{H}''$ をとるのが自然であることは言うまでもない．しかし左のようにこれを制限しても，結局同一の $\tilde{H}$ に到達するから，後の必要上右のごとくした．

$$\sum_{i=1}^{n} f'_i \cdot f''_i = 0 \quad \text{ならば} \quad \sum_{i=1}^{n} H' f'_i \cdot f''_i = 0$$

なることを示せばよい．それには，任意の $g' \in \mathfrak{D}'$, $g'' \in \mathfrak{D}''$ をとれば

$$\left(\sum_{i=1}^{n} H' f'_i \cdot f''_i, g' \cdot g'' \right) = \sum_{i=1}^{n} (H' f'_i \cdot f''_i, g' \cdot g'')$$
$$= \sum_{i=1}^{n} (H' f'_i, g')(f''_i, g'') = \sum_{i=1}^{n} (f'_i, H' g')(f''_i, g'')$$
$$= \sum_{i=1}^{n} (f'_i \cdot f''_i, H' g' \cdot g'') = \left(\sum_{i=1}^{n} f'_i \cdot f''_i, H' g' \cdot g'' \right).$$

これは 0 となる．しかるに上のごとき $g' \cdot g''$ は v') により $\mathfrak{H}$ を張るからこれより $\sum_{i=1}^{n} H' f'_i \cdot f''_i = 0$ でなければならない．

かくして H は $\{\mathfrak{D}' \cdot \mathfrak{D}''\}$ において定義され，容易にわかる通り linear Hermite operator である．次にこれが essentially hypermax. なることを示す．

$\mathfrak{D}'$ は H' の quasi-domain だから $(H' \pm i)\mathfrak{D}'$ は $\mathfrak{H}'$ において稠密である．したがって v') により $[(H' \pm i)\mathfrak{D}' \cdot \mathfrak{D}''] = \mathfrak{H}$ である．他方において $(H' \pm i)\mathfrak{D}' \cdot \mathfrak{D}'' = (H \pm i) \cdot \mathfrak{D}' \cdot \mathfrak{D}''$ なることは明らかであるから $\mathfrak{H} = [(H \pm i) \cdot \mathfrak{D}' \cdot \mathfrak{D}''] = [\{(H \pm i) \cdot \mathfrak{D}' \cdot \mathfrak{D}''\}]$ となる．さらに $\{(H \pm i) \cdot \mathfrak{D}' \cdot \mathfrak{D}''\} = (H \pm i)\{\mathfrak{D}' \cdot \mathfrak{D}''\}$ も明らかであるから，$(H \pm i)\{\mathfrak{D}' \cdot \mathfrak{D}''\}$ は $\mathfrak{H}$ において稠密である．よって H は essentially hypermax. である．したがって H は一義的に定まる hypermax. extension $\widetilde{H}$ をもち，$\{\mathfrak{D}' \cdot \mathfrak{D}''\}$ はその quasi-domain である[5]．

2. H' に属する単位分解を $E'(\lambda)$ とする．$\mathfrak{H}'$ において $E'(\lambda)$ に対応する closed linear manifold を $\mathfrak{M}'(\lambda)$ とする．これより

(8.3) $$[\mathfrak{M}'(\lambda) \cdot \mathfrak{H}''] = \mathfrak{M}(\lambda)$$

により $\mathfrak{M}(\lambda)$ を定義し，対応する射影 operator を $E(\lambda)$ とする．我々は $E(\lambda)$ が $\mathfrak{H}$ における単位分解なることを示そう．

$\lambda > \mu$ なら $E'(\lambda) \geqq E'(\mu)$, したがって $\mathfrak{M}'(\lambda) \supset \mathfrak{M}'(\mu)$, したがってまた $\mathfrak{M}(\lambda) \supset \mathfrak{M}(\mu)$, $E(\lambda) \geqq E(\mu)$ を得る．

次に $f = f' \cdot f''$ なるとき

---

[5] 定理 8.1 のすぐ前の式 $H_0 = \widetilde{H}$ までいけばわかることであるが，$\widetilde{H}$ は $\mathfrak{D}'$, $\mathfrak{D}''$ の選び方に関係しない．実際，別に $\mathfrak{D}' = \operatorname{dom} H'$, $\mathfrak{D}'' = \mathfrak{H}''$ から出発して作った作用素を $\widetilde{\widetilde{H}}$ とすれば $\widetilde{H} \subset \widetilde{\widetilde{H}}$ であるが，両者とも hypermax. だから $\widetilde{H} = \widetilde{\widetilde{H}}$ である．

$$g = E'(\lambda)f' \cdot f'', \quad h = (1 - E'(\lambda))f' \cdot f''$$

とおけば $f = g + h$ で $g \in \mathfrak{M}(\lambda)$ である．他方任意の $\varphi \in \mathfrak{M}'(\lambda) \cdot \mathfrak{H}''$ に対し $(h, \varphi) = 0$ なることは明らかだから $h \perp \mathfrak{M}'(\lambda) \cdot \mathfrak{H}''$, したがって $h \perp [\mathfrak{M}'(\lambda) \cdot \mathfrak{H}''] = \mathfrak{M}(\lambda)$, これより

(8.4) $\qquad g = E(\lambda)f$, すなわち $\quad E(\lambda) \cdot f' \cdot f'' = E'(\lambda) f' \cdot f''$

となる．したがってまた

(8.5) $\qquad (E(\lambda) - E(\mu)) \cdot f' \cdot f'' = (E'(\lambda) - E'(\mu))f' \cdot f'',$
$\qquad \|(E(\lambda) - E(\mu)) \cdot f' \cdot f''\| = \|(E'(\lambda) - E'(\mu))f'\| \cdot \|f''\|.$

$\lambda > \mu, \lambda \to \mu$ なら右辺は 0 となるから左辺も 0 となる．すなわち

$$E(\lambda)f \to E(\mu)f$$

は $f \in \mathfrak{H}' \cdot \mathfrak{H}''$ なら成立する．したがってまた $\{\mathfrak{H}' \cdot \mathfrak{H}''\}$ で成立する．$\{\mathfrak{H}' \cdot \mathfrak{H}''\}$ は $\mathfrak{H}$ で稠密であり，また $E(\lambda)$ が一様に有界なることを考えれば，この結果は $\mathfrak{H}$ 全体に拡張できて

$$E(\lambda) \to E(\mu) \quad (\lambda > \mu, \lambda \to \mu)$$

を得る．同様にして $E(\lambda) \to 0 \ (\lambda \to -\infty)$, $E(\lambda) \to 1 \ (\lambda \to \infty)$ も証明される．

3. よって $E(\lambda)$ は単位分解であるから，対応する hypermax. operator が定まる．これを差し当たり H_0 としよう．

1. におけるごとき $\mathfrak{D}', \mathfrak{D}''$ に対し $f' \in \mathfrak{D}', f'' \in \mathfrak{D}''$ をとり，$f = f' \cdot f''$ とすれば (8.4) により

$$\int \lambda^2 d(E(\lambda)f, f) = \int \lambda^2 d(E'(\lambda)f' \cdot f'', f' \cdot f'')$$
$$= \int \lambda^2 d(E'(\lambda)f', f')(f'', f'') = \|f''\|^2 \int \lambda^2 d(E'(\lambda)f', f').$$

$f' \in \mathrm{dom}\, H'$ であるからこれは有限である．したがって $f \in \mathrm{dom}\, H_0$ となる．別に任意の $g = g' \cdot g'' \ (g' \in \mathfrak{H}', g'' \in \mathfrak{H}'')$ をとれば

$$(H_0 f, g) = \int \lambda\, d(E(\lambda)f, g) = \int \lambda\, d(E'(\lambda)f' \cdot f'', g' \cdot g'')$$

$$= \int \lambda\, d(E'(\lambda)f', g')(f'', g'') = (H'f', g')(f'', g'')$$
$$= (H'f' \cdot f'', g' \cdot g'') = (Hf, g).$$

かかる g は $\mathfrak{H}$ を張るから

$$H_0 f = Hf \quad (f \in \mathfrak{D}' \cdot \mathfrak{D}'').$$

したがってまたこの式は $\{\mathfrak{D}' \cdot \mathfrak{D}''\}$ においても成立するから $H_0 \supset H$ である．しかるに H_0 は hypermax., H は essentially hypermax. であるから

$$H_0 = \widetilde{H}$$

でなければならない．我々の求めた単位分解 $E(\lambda)$ は実は $\widetilde{H}$ の単位分解に他ならない．以上をまとめれば（$\widetilde{H}$ の代わりに改めて H と書く）

定理 8.1 H' が $\mathfrak{H}'$ 内の hypermax. operator なるとき，$\{\mathrm{dom}\, H' \cdot \mathfrak{H}''\}$ において[3] 1. のごとくして定義された $\mathfrak{H}$ 内の Hermite operator は essentially hypermax. である．その一義的な拡張たる hypermax. operator を H とすれば（H を H' の $\mathfrak{H}$ への拡張と呼ぶ）H の単位分解 $E(\lambda)$ は H' の単位分解と次の関係で結ばれる：

(8.4) $$E(\lambda) \cdot f' \cdot f'' = E'(\lambda) f' \cdot f''.$$

而して H' の任意の quasi-domain $\mathfrak{D}'$，$[\mathfrak{D}''] = \mathfrak{H}''$ なる任意の $\mathfrak{D}''$ をとれば，$\{\mathfrak{D}' \cdot \mathfrak{D}''\}$ は H の quasi-domain である．

[3] 今までの，$\mathfrak{D}'$ として $\mathrm{dom}\, H'$ を，$\mathfrak{D}''$ として $\mathfrak{H}''$ をとる．

4. 次に H のスペクトルと H' のスペクトルとを比べてみよう．任意の区間 $I = (\mu, \lambda]$ に対し[4]

$$E(I) = E(\lambda) - E(\mu), \quad E'(I) = E'(\lambda) - E'(\mu)$$

とおけば，(7.1) において $\mathfrak{D}' = \mathfrak{H}'$，$\mathfrak{D}'' = \mathfrak{H}''$ としてよいから

[4] ( ] は左に開き，右に閉じた区間を表す．

(8.6) $$\mathfrak{M}(I) \equiv E(I)\mathfrak{H} = [E(I)\mathfrak{H}' \cdot \mathfrak{H}''].$$

(8.5) により $E(I)\mathfrak{H}' \cdot \mathfrak{H}'' = E'(I)\mathfrak{H}' \cdot \mathfrak{H}''$ であるから $E'(I)\mathfrak{H}' = \mathfrak{M}'(I)$ とかけば

(8.6′) $$\mathfrak{M}(I) = [\mathfrak{M}'(I) \cdot \mathfrak{H}''].$$

以上 I は左に開いて右に閉じていると考えたが 2. により (8.5) は $E(\lambda)$, $E(\mu)$ の

[5] (8.4) において極限移行を行えば λ の代わりに $\lambda - 0$ として式が成り立つ．これより (8.5) に対しても同様．

一方を $E(\lambda - 0)$, $E(\mu - 0)$ でおきかえても成立することがわかる[5]から，(8.6)，(8.6') において I は開区間でも閉区間でもよい．ただしこれらの場合にはそれぞれ

$$E(\lambda - 0) - E(\mu), \quad E(\lambda) - E(\mu - 0)$$

をもって $E(I)$ の定義とする．$E'(I)$ も同様である．特に I は一点になることもできる．

(8.6') により $\mathfrak{M}'(I) = \{0\}$ なら $\mathfrak{M}(I) = \{0\}$ であり，その逆はもちろん成立する (§7.1 の ii), iv) 参照)．したがって H と H' との resolvent set は一致する．したがってまたスペクトルも一致する．

特に (8.6') で I が一点に収縮した場合を考えれば $\mathfrak{M}(I), \mathfrak{M}'(I)$ はその一方が $\{0\}$ でなければ他も $\{0\}$ でないから，H, H' の点スペクトルも互いに一致する．したがって連続スペクトルも一致する．

かくして H, H' のスペクトルの構造は全く同一であると見てよいが，相対応する固有値の多重度はもちろん相異なる．H の固有値は常に ∞ の多重度をもつことは明らかである．

§9 変数分離の可能な operator

1. 今度は $\mathfrak{H}', \mathfrak{H}''$ 内にそれぞれ hypermax. operator H_1', H_2'' が与えられているものとし，定理 8.1 によるそれらの $\mathfrak{H}$ への拡張をそれぞれ H_1, H_2 とする．H_1', H_2'', H_1, H_2 に属する単位分解をそれぞれ $E_1'(\lambda), E_2''(\lambda), E_1(\lambda), E_2(\lambda)$ とする．

我々は H_1, H_2 が §6.1 の意味において可換なること，すなわち

(9.1) $$E_1(\lambda) E_2(\mu) = E_2(\mu) E_1(\lambda)$$

を示そう．定理 8.1 によれば $f = f' \cdot f''$ $(f' \in \mathfrak{H}', f'' \in \mathfrak{H}'')$ なるとき

$$E_1(\lambda) f = E_1'(\lambda) f' \cdot f'', \quad E_2(\mu) f = f' \cdot E_2''(\mu) f''$$

であり，再び同じ公式を用いて

$$E_2(\mu) E_1(\lambda) f = E_1'(\lambda) f' \cdot E_2''(\mu) f'', \quad E_1(\lambda) E_2(\mu) f = E_1'(\lambda) f' \cdot E_2''(\mu) f''$$

となるから，$f \in \mathfrak{H}' \cdot \mathfrak{H}''$ ならば

$$E_1(\lambda) E_2(\mu) f = E_2(\mu) E_1(\lambda) f$$

が成立する．両辺の operator はとにかく $\mathbb{B}$ に属するから，これが $\mathfrak{H}' \cdot \mathfrak{H}''$ で成立すれば $[\mathfrak{H}' \cdot \mathfrak{H}''] = \mathfrak{H}$ においても成立する．すなわち (9.1) を得る．

2. (9.1) により $E_1(\lambda)E_2(\mu)$ は射影 operator である．同様に任意の区間 I_1, I_2 に対し $E_1(I_1)E_2(I_2)$ も射影 operator である．対応する closed linear manifold を $\mathfrak{M}(I_1, I_2)$ とすれば，(7.1) において $\mathfrak{D}' = \mathfrak{H}', \mathfrak{D}'' = \mathfrak{H}''$ とおいてよいから

$$(9.2) \qquad \mathfrak{M}(I_1, I_2) = \left[E_1(I_1)E_2(I_2)\,\mathfrak{H}' \cdot \mathfrak{H}''\right].$$

(8.5) によれば $E_1(I_1)E_2(I_2)\,\mathfrak{H}' \cdot \mathfrak{H}'' = E_1'(I_1)\mathfrak{H}' \cdot E_2''(I_2)\mathfrak{H}'' = \mathfrak{M}'(I_1) \cdot \mathfrak{M}''(I_2)$ である．ただし $\mathfrak{M}'(I_1), \mathfrak{M}''(I_2)$ はそれぞれ $E_1'(I_1), E_2''(I_2)$ に対応する $\mathfrak{H}', \mathfrak{H}''$ 内の closed linear manifold を表す．よって

$$(9.3) \qquad \mathfrak{M}(I_1, I_2) = \left[\mathfrak{M}_1'(I_1) \cdot \mathfrak{M}_2''(I_2)\right].$$

この式において $\mathfrak{M}_1'(I_1), \mathfrak{M}_2''(I_2)$ がともに有限次元ならば，右辺の [ ] は { } でおきかえてよいから

$$(9.4) \qquad \dim \mathfrak{M}(I_1, I_2) = \dim \mathfrak{M}_1'(I_1) \cdot \dim \mathfrak{M}_2''(I_2)$$

が成立する．尚この式は $\dim \mathfrak{M}_1'(I_1), \dim \mathfrak{M}_2''(I_2)$ の一方または両方が ∞ であっても成立することは (9.3) から容易に知られる．ただし $0 \cdot \infty = \infty \cdot 0 = 0$ と約束する．

3. 次に H_1, H_2 の和を作ることを考える．H_1, H_2 は可換であるから，定理 6.1 において $a_1 = 1, a_2 = 1$ とおけば次の結果を得る：

H_1, H_2 の共通 domain で定義された $H_1 + H_2$ is essentially hypermax. であるから，それより一義的に hypermax. operator が決定される．これを H とすれば[6]，その quasi-domain としては H_1, H_2 の normal quasi-domain の共通部分をとることができる．すなわち任意の $f \in \operatorname{dom} H$ と正数 ε とに対し

$$\|f - g\| \leqq \varepsilon, \quad \|Hf - Hg\| \leqq \varepsilon$$

なるごとき g を H_1, H_2 の normal quasi-domain の共通部分からとることができる．したがって十分大なる正数 C をとれば

$$g = (E_1(C) - E_1(-C))g = (E_2(C) - E_2(-C))g$$
$$= (E_1(C) - E_1(-C))(E_2(C) - E_2(-C))g.$$

[6] 我々は簡単に H を H_1', H_2'' の和と呼ぶことにする．

(7.1) において $\mathfrak{D}'$, $\mathfrak{D}''$ としてそれぞれ $\operatorname{dom} H_1'$, $\operatorname{dom} H_2''$ をとり, $P_\mathfrak{M}$ として $(E_1(C) - E_1(-C))(E_2(C) - E_2(-C))$ をとれば (8.5) を用いて

$$(E_1(C) - E_1(-C))(E_2(C) - E_2(-C))\mathfrak{H}$$
$$= [(E_1'(C) - E_1'(-C))\mathfrak{D}' \cdot (E_2''(C) - E_2''(-C))\mathfrak{D}''].$$

我々の g はこの左辺に属するからしたがって右辺にも属し,

$$\|g - h\| \leqq \varepsilon/C, \quad h \in \{(E_1'(C) - E_1'(-C))\mathfrak{D}' \cdot (E_2''(C) - E_2''(-C))\mathfrak{D}''\}$$

なる h がある.

この h は $(E_1(C) - E_1(-C))(E_2(C) - E_2(-C))$ に属するとともに, また $\mathfrak{D}' \cdot \mathfrak{D}''$ にも属することに注意する[7]. g も前者に属するから $g - h$ も同様であり, したがって (例えば §5.8, II. により)

$$\|H_1(g - h)\| \leqq C\|g - h\| \leqq \varepsilon,$$
$$\|H_2(g - h)\| \leqq C\|g - h\| \leqq \varepsilon.$$

よって ($C \geqq 1$ としてよいから)

$$\|f - h\| \leqq \|f - g\| + \|g - h\| \leqq \varepsilon + \frac{\varepsilon}{C} \leqq 2\varepsilon,$$
$$\|Hf - Hh\| \leqq \|Hf - Hg\| + \|H_1 g - H_1 h\| + \|H_2 g - H_2 h\| \leqq 3\varepsilon.$$

$h \in \{\mathfrak{D}' \cdot \mathfrak{D}''\}$ であるからこれは $\{\mathfrak{D}' \cdot \mathfrak{D}''\}$ が H の quasi-domain なることを示す.

4. 我々は H の quasi-domain をさらに制限することができる.

上の結果によれば, 任意の $f \in \operatorname{dom} H$ と $\varepsilon > 0$ とに対し

$$\|f - g\| \leqq \varepsilon, \quad \|Hf - H_1 g - H_2 g\| \leqq \varepsilon$$

なるごとき $g \in \{\operatorname{dom} H_1' \cdot \operatorname{dom} H_2''\}$ がある. したがって g は

$$g = \sum_{i=1}^n g_i' \cdot g_i'' \quad (g_i' \in \operatorname{dom} H_1',\ g_i'' \in \operatorname{dom} H_2'')$$

なる形をもつ. 今度は我々は H_1' および H_2'' の任意の quasi-domain を $\mathfrak{D}'$, $\mathfrak{D}''$ とすると, 任意の $\eta > 0$ に対し

---

[7] $\mathfrak{D}' = \operatorname{dom} H_1'$ だから $(E_1'(C) - E_1'(-C))\mathfrak{D}' \subset \mathfrak{D}'$ である. $\mathfrak{D}''$ についても同様だから.

$$\|g'_i - h'_i\| \leqq \eta, \qquad \|H'_1 g'_i - H'_1 h'_i\| \leqq \eta, \qquad (h'_i \in \mathfrak{D}'),$$
$$\|g''_i - h''_i\| \leqq \eta, \qquad \|H''_2 g''_i - H''_2 h''_i\| \leqq \eta, \qquad (h''_i \in \mathfrak{D}'')$$

なる h'_i, h''_i がある．これを用いて

$$h = \sum_{i=1}^{n} h'_i \cdot h''_i$$

なる h を作れば

$$h - g = \sum_{i=1}^{n} (h'_i \cdot h''_i - g'_i \cdot g''_i)$$
$$= \sum_{i=1}^{n} \{g'_i \cdot (h''_i - g''_i) + (h'_i - g'_i) \cdot g''_i$$
$$+ (h'_i - g'_i) \cdot (h''_i - g''_i)\},$$

(9.5) $$\|h - g\| \leqq \eta \Big\{ \sum_{i=1}^{n} (\|g'_i\| + \|g''_i\|) + n\eta \Big\}.$$

また

$$H_1 h - H_1 g = \sum_{i=1}^{n} (H'_1 h'_i \cdot h''_i - H'_1 g'_i \cdot g''_i)$$
$$= \sum_{i=1}^{n} \{H'_1 g'_i \cdot (h''_i - g''_i) + (H'_1 h'_i - H'_1 g'_i) \cdot g''_i$$
$$+ (H'_1 h'_i - H'_1 g'_i) \cdot (h''_i - g''_i)\},$$

(9.6) $$\|H_1 h - H_1 g\| \leqq \eta \Big\{ \sum_{i=1}^{n} (\|H'_1 g'_i\| + \|g''_i\|) + n\eta \Big\}.$$

同様に

(9.7) $$\|H_2 h - H_2 g\| \leqq \eta \Big\{ \sum_{i=1}^{n} (\|g'_i\| + \|H''_2 g''_i\|) + n\eta \Big\}.$$

$g'_1, \ldots, g'_n, g''_1, \ldots, g''_n$ と n とに対し，η を十分小さくすれば (9.5), (9.6), (9.7) の右辺がすべて $\leqq \varepsilon$ になるようにできる．かかる η に対して上のごとき h'_i, h''_i をとることができるから

$$\|h - g\| \leqq \varepsilon, \quad \|H_1 h - H_1 g\| \leqq \varepsilon, \quad \|H_2 h - H_2 g\| \leqq \varepsilon.$$

よって結局

$$\|f - h\| \leqq \|f - g\| + \|g - h\| \leqq 2\varepsilon,$$
$$\|Hf - Hh\| \leqq \|Hf - (H_1 + H_2)g\| + \|H_1 g - H_1 h\| + \|H_2 g - H_2 h\|$$
$$\leqq 3\varepsilon.$$

しかるに h はその形から明らかなるごとく $\{\mathfrak{D}' \cdot \mathfrak{D}''\}$ に含まれる．よって $\{\mathfrak{D}' \cdot \mathfrak{D}''\}$ は H の quasi-domain である．

よって次の定理を得る：

定理 9.1 H_1', H_2'' はそれぞれ $\mathfrak{H}'$, $\mathfrak{H}''$ における hypermax. operator で，その任意の quasi-domain を $\mathfrak{D}'$, $\mathfrak{D}''$ とすれば，前述のごとく定義された H_1', H_2'' の和 H は $\{\mathfrak{D}' \cdot \mathfrak{D}''\}$ を quasi-domain にもつ．したがって，H は $\{\mathfrak{D}' \cdot \mathfrak{D}''\}$ 内で定めれば完全に決定される．

5. 我々は H のスペクトルを調べたいのであるが，これを一般に論ずることは我々の目的外であるから，後の応用の必要上，H_1', H_2'' がともに水素型 operator (§5.3) なる場合だけを論ずることにする．

H_1' の低位固有値およびその境界を $\mu_1' < \mu_2' < \cdots < \mu_{n'}' < \overline{\mu}'$ とし，H_2'' の相当するものを $\mu_1'' < \mu_2'' < \cdots < \mu_{n''}'' < \overline{\mu}''$ とする．μ_i' の多重度を m_i'，μ_j'' の多重度を m_j'' とする．また μ_i' に相当する H_1' の固有空間を E_{1i}'，μ_j'' に相当する H_2'' の固有空間を E_{2j}'' とする．§8.4 によりこれらに相当する $\mathfrak{H}$ における固有空間，すなわち H_1 または H_2 の固有空間を E_{1i}, E_{2j} で表す．また，"残りの空間" を

$$1 - E_1'(\overline{\mu}' - 0) = \overline{E}_1', \quad 1 - E_1(\overline{\mu}' - 0) = \overline{E}_1,$$
$$1 - E_2'(\overline{\mu}'' - 0) = \overline{E}_2'', \quad 1 - E_2(\overline{\mu}'' - 0) = \overline{E}_2$$

とおけば

$$\sum_{i=1}^{n'} E_{1i}' + \overline{E}_1' = 1, \qquad \sum_{i=1}^{n'} E_{1i} + \overline{E}_1 = 1,$$
$$\sum_{j=1}^{n''} E_{2j}'' + \overline{E}_2'' = 1, \qquad \sum_{j=1}^{n''} E_{2j} + \overline{E}_2 = 1.$$

これよりまた

$$\sum_{i=1}^{n'} \sum_{j=1}^{n''} E_{1i} E_{2j} + \sum_{i=1}^{n'} E_{1i} \overline{E}_2 + \sum_{j=1}^{n''} \overline{E}_1 E_{2j} + \overline{E}_1 \overline{E}_2 = 1$$

であり，その各項は H_1 および H_2 を reduce する[8][6]．

$E_{1i}E_{2j}$ は H_1 および H_2 の固有空間であって，相当する固有値は μ'_i および μ''_j なる事は明らかである．かつ (9.4) によれば

$$\dim E_{1i}E_{2j} = \dim E'_{1i} \dim E''_{2j} = m'_i m''_j$$

である．したがって $E_{1i}E_{2j}$ は H の固有空間で相当する固有値は $\mu'_i + \mu''_j$ であり，（他に相等しい固有値をもつ固有空間がなければ）その多重度は $m'_i m''_j$ である．

次に $f \in E_{1i}\overline{E}_2$ ならば

$$(H_1 f, f) = \mu'_i (f, f)$$

であり，この f がさらに dom H_2 にも属すれば，$f \in \overline{E}_2$ だから §5.8, I. により

$$(H_2 f, f) \geqq \overline{\mu}''(f, f).$$

したがって

(9.8) $\qquad (Hf, f) \geqq (\mu'_i + \overline{\mu}'')(f, f) \geqq (\mu'_1 + \overline{\mu}'')(f, f).$

任意の $f \in \mathrm{dom}\, H_1 \cap \mathrm{dom}\, H_2$ に対して $E_{1i}\overline{E}_2 f$ は上の条件を満たすから

$$(H E_{1i}\overline{E}_2 f, E_{1i}\overline{E}_2 f) \geqq (\mu'_1 + \overline{\mu}'')\|E_{1i}\overline{E}_2 f\|^2.$$

しかるに $H E_{1i}\overline{E}_2 f = E_{1i}\overline{E}_2 H f$ であり，dom $H_1 \cap$ dom H_2 が H の quasi-domain なることを考えれば，上の式は任意の $f \in \mathrm{dom}\, H$ において成立することがわかる．したがって (9.8) も $f \in E_{1i}\overline{E}_2$ かつ $f \in \mathrm{dom}\, H$ なら成立する．

同様にして，$f \in \overline{E}_1 E_{2j}$, $f \in \mathrm{dom}\, H$ なら

(9.9) $\qquad (Hf, f) \geqq (\overline{\mu}' + \mu''_1)(f, f).$

また $f \in \overline{E}_1 \overline{E}_2$, $f \in \mathrm{dom}\, H$ なら

(9.10) $\qquad (Hf, f) \geqq (\overline{\mu}' + \overline{\mu}'')(f, f).$

今

$$\min(\overline{\mu}' + \mu''_1, \mu'_1 + \overline{\mu}'') = \overline{\mu}$$

---

[8] その意味は例えば [S] 150; または Neumann: Math. Ann. **102**(1929) 78（参考文献 [16], 78 頁）．

[6] 念のため記せば，$\mathfrak{M}$ を閉部分空間，E を対応する射影 operator として，$\mathfrak{M}$ が H を reduce する（約す）とは，$HE \supset EH$ が成り立つことである．

とおけば，(9.8), (9.9), (9.10) により ($E_{1i}\overline{E}_2$ 等が皆 H を reduce する事に注意)

$$f \perp \sum_{i=1}^{n'} \sum_{j=1}^{n''} E_{1i} E_{2j}, \; f \in \operatorname{dom} H \quad \text{なら} \quad (Hf, f) \geqq \overline{\mu}(f, f)$$

となる．

したがって $\lambda < \overline{\mu}$ なる範囲にある H のスペクトルは部分空間 $\sum_{i=1}^{n'} \sum_{j=1}^{n''} E_{1i} E_{2j}$ から来るものだけであり，これは固有値 $\mu'_i + \mu''_j$ に限ることは前述の通りである．而して $\mu'_1 + \mu''_1 < \overline{\mu}$ は明らかであるから，確かにかような固有値が少くも一つはある．のみならずもし $\mu'_1 + \overline{\mu}'' \leqq \overline{\mu}' + \mu''_1$ なら $\mu'_1 + \overline{\mu}'' = \overline{\mu}$ だから $\mu'_1 + \mu''_j$ ($j = 1, \ldots, n''$) はすべて $\overline{\mu}$ より小さい，すなわち H は $\lambda < \overline{\mu}$ なる範囲に少くも n'' 個の固有値をもつ．もし $\mu'_1 + \overline{\mu}'' \geqq \overline{\mu}' + \mu''_1$ なら H は $\lambda < \overline{\mu}$ に少くも n' 個の固有値をもつ．いずれにしても H は水素型であって，その低位固有値は $\mu'_i + \mu''_j$ ($i = 1, \ldots, n'$, $j = 1, \ldots, n''$) の中 $\overline{\mu}$ より小さいものであり（その多重度が $m'_i m''_j$），その境界は $\overline{\mu}$ である．

以上の事柄は直感的にはほとんど自明であって，量子力学においては特別の証明をまたず通用している事である．

第3章　Reducibility

　量子力学においては群論がしばしば応用される．球対称を有する力学系においては，系の運動を規定する Hamiltonian が空間の回転により不変である事を利用して，その固有関数の性質を詳しく論ずることができる．我々は後に摂動論においてかかる問題に触れるので，かかる群論に関係のある事柄を抽象的に論じておくことにする．

§10　Operator の unitary invariance

1. hypermax. operator H が unitär operator[1] U と可換 (§6.1) であるとする：

(10.1) $$HU \supset UH.$$

Stone p. 300 によれば (10.1) は U が H に属する単位分解 $E(\lambda)$ と可換なることと同等である：

(10.2) $$UE(\lambda) = E(\lambda)U.$$

これより

(10.3) $$U^{-1}E(\lambda) = E(\lambda)U^{-1}$$

が出るから，再び同じ定理により

(10.4) $$HU^{-1} \supset U^{-1}H.$$

これと (10.1) とを合せ考えれば U は $\mathrm{dom}\, H$ を $\mathrm{dom}\, H$ に $1:1$ に写像して

---

[1] unitär operator は独英併用だがそのままとする．独：unitär Operator, 英：unitary operator, 和：ユニタリ作用素．

$$HU = UH$$

であることがわかる（その意味は HU も $\mathrm{dom}\, H$ で，かつそこでだけで意味を有して UH と相等しいということである）．

(10.2) は $E(\lambda)$ が U を reduce する[1]ことを表す．

今 unitär operator よりなる群 $\mathfrak{U}$ があって，H が $\mathfrak{U}$ のすべての operator と可換ならば，上述により $E(\lambda)$ は $\mathfrak{U}$ のすべての operator を reduce する．このとき我々は $E(\lambda)$ が $\mathfrak{U}$ を reduce すると呼ぶ．

例えば原子の力学において，H が球対称ならば，$\mathfrak{U}$ として波動関数の回転を表す群をとれば，$U \in \mathfrak{U}$ なら (10.1) が成立するから $E(\lambda)$ は $\mathfrak{U}$ を reduce する．換言すれば部分空間 $E(\lambda)$ は $\mathfrak{U}$ によって不変である．同じことが任意の区間 I に対する $E(I)$ に対しても成立し，特に H の固有空間に対しても成立し，これがいわゆる群論的方法の基礎になる．

2. 特に $\mathfrak{U}$ が

(10.5) $$U_t U_s = U_{t+s}$$

を満足する 1-parameter 部分群を含むとする．すると U_t が t に関して可測という仮定の下に

(10.6) $$U_t = \int e^{it\mu} dF(\mu)$$

なる表示が可能である[2]．ただし $F(\mu)$ は一つの単位分解である．これに属する hypermax. operator を K とすれば

(10.7) $$U_t = e^{itK}$$

となる．iK は U_t に対する infinitesimal operator である．

例えば U_t が x 方向の並進群ならば K は x 方向の運動量を表す operator であり，U_t が x 軸のまわりの回転群ならば K は x 軸のまわりの角運動量成分を表す operator である．

$E(\lambda) U_t = U_t E(\lambda)$ なることと (10.6) とから容易に

$$E(\lambda) F(\mu) = F(\mu) E(\lambda)$$

が導かれる．よって §6.1 に従い H と K とは互いに可換である．

---

[1] [S] 150; Neumann: Math. Ann.102(1929) 78（参考文献[16] 78 頁）．

[2] Neumann: Ann. of Math. 33(1932) 567（参考文献[22], 567 頁）．

例えば H が並進に対して不変なら H は運動量 operator と可換であり，H が回転に対して不変なら H は角運動量の成分を表す operator と可換である（全角運動量はやや困難である．これは §39 で述べる）．これらのことは周知であるが，可換性の定義が厄介であるからここに説明を加えたのである．

§11 Unitary operator の群に対する reducibility

1. 前 § によれば，unitär operator よりなる群 $\mathfrak{U}$ に対する closed linear manifold $\mathfrak{M}$ （あるいは対応する射影 operator $P_\mathfrak{M}$）の reducibility を論ずることが大切である．

unitär operator U を $\mathfrak{M}$ が reduce するという事は

$$(11.1) \qquad P_\mathfrak{M} U = U P_\mathfrak{M}$$

により定義される[3]（U も $P_\mathfrak{M}$ も $\mathbb{B}$ に属するから domain の問題はない）．我々は (11.1) が

$$(11.2) \qquad U\mathfrak{M} = \mathfrak{M}$$

と同等であることを示そう[4]．

[3] [S]150; Neumann: Math. Ann. **102**(1929) 78（参考文献[16] 78 頁）．

[4] $U\mathfrak{M}$ は Uf ($f \in \mathfrak{M}$) なる元素の集合を表す．

(11.1) が成立すれば，任意の $f \in \mathfrak{M}$ に対し，$f = P_\mathfrak{M} f$ に注意して

$$Uf = U P_\mathfrak{M} f = P_\mathfrak{M} Uf \in \mathfrak{M}$$

だから

$$(11.3) \qquad U\mathfrak{M} \subset \mathfrak{M}$$

を得る．他方 (11.1) から $P_\mathfrak{M} U^{-1} = U^{-1} P_\mathfrak{M}$ が出るから同様にして

$$(11.4) \qquad U^{-1}\mathfrak{M} \subset \mathfrak{M}, \quad \mathfrak{M} \subset U\mathfrak{M}.$$

これら二式を合わせて (11.2) が出る．

逆に (11.2) が成立すれば，任意の $f \in \mathfrak{H}$ に対し $P_\mathfrak{M} f \in \mathfrak{M}$ だから順次に

$$U P_\mathfrak{M} f \in U\mathfrak{M} = \mathfrak{M}, \quad P_\mathfrak{M} U P_\mathfrak{M} f = U P_\mathfrak{M} f,$$

(11.5) $$P_\mathfrak{M} U P_\mathfrak{M} = U P_\mathfrak{M}$$

を得る．また (11.2) とともに $U^{-1}\mathfrak{M} = \mathfrak{M}$ であるから同様にして

$$P_\mathfrak{M} U^{-1} P_\mathfrak{M} = U^{-1} P_\mathfrak{M}.$$

両辺の adjoint operator をとり，$U^* = U^{-1}$ なることに注意すれば

(11.6) $$P_\mathfrak{M} U P_\mathfrak{M} = P_\mathfrak{M} U.$$

(11.5) と (11.6) とから (11.1) が出る．

(11.1) と (11.2) とが同等なる事は後にしばしば利用される．

2. 既述のごとく，$\mathfrak{M}$ が $\mathfrak{U}$ のすべての operator を reduce するとき $\mathfrak{M}$ は $\mathfrak{U}$ を reduce するという．もし $\{0\}$ および $\mathfrak{M}$ を除いた $\mathfrak{M}$ のいかなる部分空間も $\mathfrak{U}$ を reduce しなければ，$\mathfrak{M}$ は（$\mathfrak{U}$ に関して）既約であるという．

$\mathfrak{M}$ が既約でなく，$\mathfrak{N} \subset \mathfrak{M}$ が $\mathfrak{U}$ を reduce すれば $\mathfrak{M} - \mathfrak{N}$[2]) も $\mathfrak{U}$ を reduce することは明らかであるから，$\mathfrak{M}$ はともに $\mathfrak{U}$ を reduce する二つの直交する部分空間に分解する．$\dim \mathfrak{M} < \infty$ ならばこの方法を続けてゆけば遂に既約成分に到達し，$\mathfrak{M}$ は完全に分解する．すなわち $\mathfrak{M}$ は直交する成分に分解が可能である：

$$\mathfrak{M} = \mathfrak{M}_1 + \cdots + \mathfrak{M}_n.$$

3. 次の定理はしばしば応用される：

定理 11.1 $\mathfrak{M}, \mathfrak{N}$ がともに $\mathfrak{U}$ を reduce すれば $[P_\mathfrak{M} \mathfrak{N}]$ も同様である．特に $\mathfrak{M}, \mathfrak{N}$ の少なくも一方が有限次元なら $P_\mathfrak{M} \mathfrak{N}$ は $\mathfrak{U}$ を reduce する．

証明 $\mathfrak{M}$ または $\mathfrak{N}$ が有限次元なら $P_\mathfrak{M} \mathfrak{N}$ も同様であるから $[P_\mathfrak{M} \mathfrak{N}] = P_\mathfrak{M} \mathfrak{N}$ となる．よって前半を証明すればよい．$\mathfrak{M}' = [P_\mathfrak{M} \mathfrak{N}]$ とおく．

$U \in \mathfrak{U}$ なる任意の U をとるとき，(11.2) により $U\mathfrak{M}' = \mathfrak{M}'$ なることを示せばよく，それにはまた $U\mathfrak{M}' \subset \mathfrak{M}'$ を示せば十分である．なぜなら U とともに U^{-1} も $\mathfrak{M}, \mathfrak{N}$ により reduce されるから．

$f \in \mathfrak{M}' = [P_\mathfrak{M} \mathfrak{N}]$ とすれば次のごとき f_n $(n = 1, 2, \dots)$ がある：

$$f_n \in \mathfrak{N}, \quad P_\mathfrak{M} f_n \to f \quad (n \to \infty).$$

したがって $U \in \mathbb{B}$ なることより

---

[2]) $\mathfrak{M} - \mathfrak{N}$ は $\mathfrak{M}$ に属し $\mathfrak{N}$ に直交する元素の全体．現在は $\mathfrak{M} \ominus \mathfrak{N}$ と記されることが多い．

$$UP_\mathfrak{M} f_n \to Uf.$$

しかるに仮定により $UP_\mathfrak{M} = P_\mathfrak{M} U$ だから ((11.1))

$$P_\mathfrak{M} U f_n \to Uf.$$

また $f_n \in \mathfrak{N}$ だから,仮定により $Uf_n \in \mathfrak{N}$ ((11.2))であり,したがって $P_\mathfrak{M} U f_n \in P_\mathfrak{M} \mathfrak{N}$ となるから上の式より $Uf \in [P_\mathfrak{M} \mathfrak{N}]$,すなわち

$$U\mathfrak{M}' \subset \mathfrak{M}'$$

が示された. □

§12 Isomorphism

1. $\mathfrak{U}$ を reduce する二つの closed linear manifold $\mathfrak{M}, \mathfrak{N}$ があるとき,$\mathfrak{M}, \mathfrak{N}$ の間の $1:1$ の対応をつけて ($f, f_1, f_2 \in \mathfrak{M},\ g, g_1, g_2 \in \mathfrak{N}$)

  i) $f_1 \longleftrightarrow g_1,\quad f_2 \longleftrightarrow g_2$ なら $a_1 f_1 + a_2 f_2 \longleftrightarrow a_1 g_1 + a_2 g_2$;

  ii) $f \longleftrightarrow g,\quad U \in \mathfrak{U}$ なら $Uf \longleftrightarrow Ug$;

  iii) $f \longleftrightarrow g$ なら $\|f\| = \|g\|$

が成立するようにできるとき,$\mathfrak{M}, \mathfrak{N}$ は isomorph であると言い $\mathfrak{M} \cong \mathfrak{N}$ で表す.

 $\mathfrak{M}, \mathfrak{N}$ の対応が $1:1$ でなく,$\mathfrak{M}$ の任意の元素 f には $\mathfrak{N}$ のただ一つの元素 g が対応するが,逆に $\mathfrak{N}$ の任意の元素 g には一つ以上の $\mathfrak{M}$ の元素が対応するとき,もし i), ii) が成立すれば $\mathfrak{M}$ は $\mathfrak{N}$ に homomorph であると言い $\mathfrak{M} \sim \mathfrak{N}$ で表す.このときはもちろん iii) は仮定しない.もし $\mathfrak{M} \sim \mathfrak{N}$ でさらに iii) が成立すれば明らかに $\mathfrak{M} \cong \mathfrak{N}$ である.また $\mathfrak{M} \sim \mathfrak{N}$ でかつその対応が $1:1$ ならば $\mathfrak{M} \cong \mathfrak{N}$ であるかどうか,すぐにはわからない.条件 iii) が満たされているかどうか不明だからである.しかし $\mathfrak{M}, \mathfrak{N}$ の次元数が有限ならばこのことは確かに成立することがわかる(後述)[3].

 以下我々は常に $\mathfrak{M}, \mathfrak{N}$ は有限次元と仮定する.

2. $\mathfrak{M} \sim \mathfrak{N}$ なるとき,$\mathfrak{N}$ の元素 0 に対応する $\mathfrak{M}$ の元素の集合を $\mathfrak{M}_0$ とすれば明らかに $\mathfrak{M}_0$ も linear manifold で $\mathfrak{U}$ を reduce する.したがって $\mathfrak{M}$ が既約なら

---

[3] 定理 12.3 のことであろう.§12.2 以降 $\mathfrak{M}, \mathfrak{N}$ を有限次元としていることに注意.

$\mathfrak{M}_0 = \{0\}$ または $\mathfrak{M}_0 = \mathfrak{M}$ となる．第一の場合には対応は $1:1$ となり，第二の場合には $\mathfrak{N} = \{0\}$ となる．いずれにせよ $\mathfrak{N}$ も既約である．

定理 12.1 $\mathfrak{M}, \mathfrak{N}$ が $\mathfrak{U}$ を reduce して $\mathfrak{M}$ は既約であるとする．$\mathfrak{M} \sim \mathfrak{N}$ が二つの方法で成立すれば，これら二つの写像は 0 ならざる常数因子だけしか異ならない．

証明 上述により $\mathfrak{N} = \{0\}$ なるか，然らざれば $\mathfrak{M} \sim \mathfrak{N}$ は $1:1$ である．$\mathfrak{N} = \{0\}$ なら定理は明らかであるから，以下二つの写像は $1:1$ であるとする．$f \in \mathfrak{M}$ なるときこれら二つの写像が $f \to g$ および $f \to g'$ を与えるとすれば，$g \to g'$ により $\mathfrak{N}$ の内部において $1:1$ の写像が与えられ，これは 1. の i), ii) を満足する．この写像を $g' = \Gamma g$ とおけば i) によりこれは $\mathfrak{N}$ 内での linear operator であり，ii) により

$$\Gamma U g = U \Gamma g \quad (U \in \mathfrak{U})$$

を満たすから，Γ は $\mathfrak{U}$ のすべての operator と可換である．

$\mathfrak{N}$ は有限次元で上述により既約だから，代数学の定理[4] より Γ を表す matrix は $c\mathbf{1}$ なる形でなければならない．すなわち

$$g' = cg$$

なる複素数 c がある．$c \neq 0$ なることは明らかだからこれで証明は終わる． □

定理 12.2 $\mathfrak{M}, \mathfrak{N}$ が $\mathfrak{U}$ を reduce してともに既約であるとする．すると $\mathfrak{M} \perp \mathfrak{N}$ であるか，然らざれば $\mathfrak{M} \cong \mathfrak{N}$ である．

証明 定理 11.1 により $P_\mathfrak{M} \mathfrak{N}$ は $\mathfrak{M}$ に含まれて $\mathfrak{U}$ を reduce するから，$\mathfrak{M}$ が既約なることにより $P_\mathfrak{M} \mathfrak{N} = \{0\}$ または $P_\mathfrak{M} \mathfrak{N} = \mathfrak{M}$ である．同様に $P_\mathfrak{N} \mathfrak{M} = \{0\}$ または $P_\mathfrak{N} \mathfrak{M} = \mathfrak{N}$ である．しかるに $P_\mathfrak{M} \mathfrak{N} = \{0\}$ と $P_\mathfrak{N} \mathfrak{M} = \{0\}$ は同一の事実 $\mathfrak{M} \perp \mathfrak{N}$ を表すから，$\mathfrak{M} \perp \mathfrak{N}$ でなければ

$$P_\mathfrak{M} \mathfrak{N} = \mathfrak{M}, \quad P_\mathfrak{N} \mathfrak{M} = \mathfrak{N}$$

が同時に成立する．したがって

$$P_\mathfrak{M} P_\mathfrak{N} \mathfrak{M} = \mathfrak{M}$$

となり，$P_\mathfrak{M} P_\mathfrak{N}$ は $\mathfrak{M}$ のそれ自身への $1:1$ の写像を表す．而して U は $P_\mathfrak{M}, P_\mathfrak{N}$ と可換だから $P_\mathfrak{M} P_\mathfrak{N}$ とも可換であり，$\mathfrak{M}$ が既約なることを考えれば前の定理の証明におけると同様にして，$f \in \mathfrak{M}$ なら

---

[4] 次の定理であろう．「$\mathfrak{U}$ が $N \times N$ 行列が作る群で既約，$N \times N$ 行列 A が $\mathfrak{U}$ のすべての行列と可換ならば $A = c\mathbf{1}$．」この定理は Schur の補題（参考文献[59], p.55）の特別な場合ともみなせるが，証明は容易（A の固有空間を考えればよい）．

$$P_\mathfrak{M} P_\mathfrak{N} f = cf, \quad c \neq 0$$

なる c がある．これより $f \in \mathfrak{M}$ なら

$$\|P_\mathfrak{N} f\|^2 = (P_\mathfrak{N} f, f) = (P_\mathfrak{N} f, P_\mathfrak{N} f) = (P_\mathfrak{M} P_\mathfrak{N} f, f) = c\|f\|^2.$$

したがって $c > 0$ なることがわかり

$$\|P_\mathfrak{N} f\| = \sqrt{c}\|f\|, \quad f \in \mathfrak{M}$$

を得る．
　そこで今

$$g = \frac{1}{\sqrt{c}} P_\mathfrak{N} f$$

により $\mathfrak{M}$ から $\mathfrak{N}$ への写像を表せば $\|g\| = \|f\|$ となるからこの写像は明らかに $1:1$ であり，また linear なることは明らかであり，$P_\mathfrak{N}$ が U と可換なるにより 1. の条件 i), ii), iii) はすべて満たされている．よって $\mathfrak{M} \cong \mathfrak{N}$ である．　□

定理 12.3　$\mathfrak{M}, \mathfrak{N}$ が $\mathfrak{U}$ を reduce し，$\mathfrak{M} \sim \mathfrak{N}$ で $\mathfrak{M}$ は既約であるとすれば，実はこの対応においては常数因子を除き Norm が保存される（$f \to g$ なら $\|g\| = c\|f\|$ なる c がある）．したがって実は $\mathfrak{N} = \{0\}$ なるか，然らざれば $\mathfrak{M} \cong \mathfrak{N}$ である．

証明　もし $\mathfrak{N} = \{0\}$ なら結果は明らかである．その他の場合には始めに述べた所により $\mathfrak{M} \sim \mathfrak{N}$ の対応は $1:1$ で $\mathfrak{N}$ も既約である．以下この場合を考える．

　$\mathfrak{M} \perp \mathfrak{N}$ でなければ定理 12.2 により $\mathfrak{M} \cong \mathfrak{N}$ である．したがって定理 12.1 により与えられた対応においても常数因子を除き Norm が保存されている．

　次に $\mathfrak{M} \perp \mathfrak{N}$ の場合を考える．与えられた対応において $f \to g$ であったとし，$f+g$ なる元素の集合を考えれば，これは明らかに有限次元の linear manifold であり，$\mathfrak{U}$ を reduce することも明らかである．この linear manifold を $\mathfrak{L}$ とし，$f \to f+g$ により $\mathfrak{M}$ から $\mathfrak{L}$ への写像を定義すれば，これは明らかに linear である．また $(f,g) = 0$ により $f \neq 0$ なら $f+g \neq 0$ だからこの写像は $1:1$ である．また $Uf \to Uf + Ug$ なることも容易にわかるから，$\mathfrak{M} \sim \mathfrak{L}$ である．

　$(f, f+g) = \|f\|^2$ は $f \neq 0$ なら 0 でないから $\mathfrak{M} \perp \mathfrak{L}$ ではない．したがって上述により $\mathfrak{M} \sim \mathfrak{L}$ なる対応は常数因子を除き Norm を保存している．

　同様に $g \to f+g$ により $\mathfrak{N} \sim \mathfrak{L}$ が定義され，これも常数因子を除いて Norm が保存される．

　これら二つの場合，常数因子は 0 でないから，結局対応 $f \to g$ においても常数

因子を除き Norm は保存されている. □

3. 最後に次の定理を証明して本章を終わる.

定理 12.4 $\mathfrak{M}, \mathfrak{N}$ が $\mathfrak{U}$ を reduce して $|P_\mathfrak{M} - P_\mathfrak{N}| < 1$ ならば $\mathfrak{M} \cong \mathfrak{N}$ である. ただし $\mathfrak{M}$ (または $\mathfrak{N}$) は有限次元とする.

証明 定理 4.1 により $\mathfrak{M}, \mathfrak{N}$ の一方が有限次元なら他も同様である. 而して同定理により $\mathfrak{N} = P_\mathfrak{N} \mathfrak{M}$ であるから, $f \to g = P_\mathfrak{N} f$ により $\mathfrak{M} \sim \mathfrak{N}$ なる対応が得られるが, 問題は $\sim$ の代わりに $\cong$ を示すにある.

§11.2 により, $\mathfrak{M}$ は直交する既約成分に分解する:

$$(12.1) \qquad \mathfrak{M} = (\mathfrak{M}_1 + \cdots + \mathfrak{M}_h) + (\mathfrak{M}_{h+1} + \cdots + \mathfrak{M}_{h+k}) + \cdots$$

ただしここでは互いに isomorph なる成分をまとめて括弧に括ってある.

$P_\mathfrak{N}$ と $U \in \mathfrak{U}$ が可換なることにより

$$\mathfrak{M}_i \sim P_\mathfrak{N} \mathfrak{M}_i$$

となるから, $\mathfrak{M}_i$ が既約なることから $P_\mathfrak{N} \mathfrak{M}_i$ も同様である.

今 $P_\mathfrak{N} \mathfrak{M}_i \perp P_\mathfrak{N} \mathfrak{M}_j$ が成立しないとすれば定理 12.2 により $P_\mathfrak{N} \mathfrak{M}_i \cong P_\mathfrak{N} \mathfrak{M}_j$ となる. また $P_\mathfrak{N} \mathfrak{M} = \mathfrak{N}$ により $f \in \mathfrak{M}$ が 0 でなければ $P_\mathfrak{N} f \neq 0$ であるから, $\mathfrak{M}_i \sim P_\mathfrak{N} \mathfrak{M}_i$ は $1:1$ である. よって

$$\mathfrak{M}_i \sim \mathfrak{M}_j$$

が $1:1$ に成立する. 両者とも 0 でないから定理 12.3 により実は

$$\mathfrak{M}_i \cong \mathfrak{M}_j$$

である. したがって $\mathfrak{M}_i \cong \mathfrak{M}_j$ でないとき, すなわち $\mathfrak{M}_i, \mathfrak{M}_j$ が (12.1) の相異なる括弧の中にあるときには $P_\mathfrak{N} \mathfrak{M}_i \perp P_\mathfrak{N} \mathfrak{M}_j$ である. したがってまた

$$P_\mathfrak{N}(\mathfrak{M}_1 + \cdots + \mathfrak{M}_h) \perp P_\mathfrak{N}(\mathfrak{M}_{h+1} + \cdots + \mathfrak{M}_{h+k})$$

等が成立するから

$$\mathfrak{N} = P_\mathfrak{N} \mathfrak{M} = P_\mathfrak{N}(\mathfrak{M}_1 + \cdots + \mathfrak{M}_h) + P_\mathfrak{N}(\mathfrak{M}_{h+1} + \cdots + \mathfrak{M}_{h+k}) + \cdots$$

と書くことができる[5]. 而してこの各項が $\mathfrak{U}$ を reduce することは定理 11.1 から明

---

[5] $+$ なる記号は互いに直交する closed linear manifold に対してのみ意味があることに注意.

らかである．したがって

$$P_{\mathfrak{N}}(\mathfrak{M}_1 + \cdots + \mathfrak{M}_h) \cong \mathfrak{M}_1 + \cdots + \mathfrak{M}_h$$

等が証明されれば $\mathfrak{N} \cong \mathfrak{M}$ なることがわかるから，結局始めから $\mathfrak{M}_1, \ldots, \mathfrak{M}_n$ がすべて互いに isomorph なる場合を考えればよい．

そこで次のごとくして順次に $\mathfrak{N}_1, \mathfrak{N}_2, \ldots$ を定義する：

(12.2)
$$\begin{cases} \mathfrak{N}_1 = P_{\mathfrak{N}}\mathfrak{M}_1, \\ \mathfrak{N}_2 = P_{\mathfrak{N}-\mathfrak{N}_1}\mathfrak{M}_2 = (P_{\mathfrak{N}} - P_{\mathfrak{N}_1})\mathfrak{M}_2, \\ \mathfrak{N}_3 = P_{\mathfrak{N}-\mathfrak{N}_1-\mathfrak{N}_2}\mathfrak{M}_3 = (P_{\mathfrak{N}} - P_{\mathfrak{N}_1} - P_{\mathfrak{N}_2})\mathfrak{M}_3, \\ \cdots. \end{cases}$$

この作り方からわかる通り，$\mathfrak{N}_1 \subset \mathfrak{N}$, $\mathfrak{N}_2 \subset \mathfrak{N} - \mathfrak{N}_1$, したがって $\mathfrak{N}_2 \perp \mathfrak{N}_1$, $\mathfrak{N}_3 \subset \mathfrak{N} - \mathfrak{N}_1 - \mathfrak{N}_2$, したがって $\mathfrak{N}_3 \perp \mathfrak{N}_1 + \mathfrak{N}_2$, $\cdots$ となるから，一般に $\mathfrak{N} - \mathfrak{N}_1 - \cdots - \mathfrak{N}_i$ は意味を有し，かつ $\mathfrak{N}_i \perp \mathfrak{N}_j$ $(i \neq j)$ である．

定理 11.1 により $\mathfrak{N}_1$ は $\mathfrak{U}$ を reduce する．したがって $\mathfrak{N} - \mathfrak{N}_1$ も同様であり同じ定理により $\mathfrak{N}_2$ も $\mathfrak{U}$ を reduce する．したがって $\mathfrak{N} - \mathfrak{N}_1 - \mathfrak{N}_2$ も同様であり以下同様に進んで $\mathfrak{N}_1, \cdots, \mathfrak{N}_n$ はすべて $\mathfrak{U}$ を reduce することがわかる．

他方 (12.2) の第一式から $P_{\mathfrak{N}}\mathfrak{M}_1 \subset \mathfrak{N}_1$, 第二式から

$$P_{\mathfrak{N}}\mathfrak{M}_2 \subset \mathfrak{N}_2 + P_{\mathfrak{N}_1}\mathfrak{M}_2 \subset \mathfrak{N}_1 + \mathfrak{N}_2,$$
$$P_{\mathfrak{N}}\mathfrak{M}_3 \subset \mathfrak{N}_3 + P_{\mathfrak{N}_1}\mathfrak{M}_3 + P_{\mathfrak{N}_2}\mathfrak{M}_3 \subset \mathfrak{N}_1 + \mathfrak{N}_2 + \mathfrak{N}_3.$$

一般に

$$P_{\mathfrak{N}}\mathfrak{M}_i \subset \mathfrak{N}_1 + \cdots + \mathfrak{N}_n \quad (i = 1, \ldots, n)$$

が成立する．しかるに

$$\mathfrak{N} = P_{\mathfrak{N}}\mathfrak{M} = P_{\mathfrak{N}}(\mathfrak{M}_1 + \cdots + \mathfrak{M}_n)$$

であるから

$$\mathfrak{N} \subset \mathfrak{N}_1 + \cdots + \mathfrak{N}_n.$$

その反対は明らかだから

(12.3) $$\mathfrak{N} = \mathfrak{N}_1 + \cdots + \mathfrak{N}_n.$$

(12.2) から

(12.4) $$\dim \mathfrak{N}_i \leqq \dim \mathfrak{M}_i$$

は明らかであるから (12.3) より

$$\dim \mathfrak{N} = \sum_{i=1}^{n} \dim \mathfrak{N}_i \leqq \sum_{i=1}^{n} \dim \mathfrak{M}_i = \dim \mathfrak{M}.$$

しかるに元来 $\dim \mathfrak{N} = \dim \mathfrak{M}$ であるから，実は (12.4) において等号が成立する. $\dim \mathfrak{M}_i > 0$ だから $\dim \mathfrak{N}_i > 0$ で写像

$$\mathfrak{N}_i = P_{\mathfrak{N}-\mathfrak{N}_1-\cdots-\mathfrak{N}_{i-1}} \mathfrak{M}_i$$

は $1:1$ である. $\mathfrak{N}-\mathfrak{N}_1-\cdots-\mathfrak{N}_{i-1}$ が $\mathfrak{U}$ を reduce することより例のごとくしてこの写像により

$$\mathfrak{M}_i \sim \mathfrak{N}_i$$

なることは明らかであり，上述のごとく $\mathfrak{N}_i \neq \{0\}$ であるから定理 12.3 により

$$\mathfrak{M}_i \cong \mathfrak{N}_i$$

を得る．したがって結局

$$\mathfrak{M} \cong \mathfrak{N}$$

が示された．

第4章　Minor Operator の理論

　以上を前置きとして我々の本題に入り，本章において minor operator の理論を展開する．これは摂動論における直接の応用を目的とするものであるが，その他の目的にも大いに役立つのであって，第6章において論ずる原子の Hamiltonian operator に関する問題も全くその応用に他ならない．よって本章の理論は本書の主なる部分の基礎をなすものである [†] [1]．

§13　Minor Operator

1. 量子論においては二つの operator の和を考えることが極めて多い．考える二つの operator がともに $\mathbb{B}$ に属するときには何の問題もない．またこれらがともに hypermax. で §6.1 の意味において可換であるときにも §6 に示したように問題は大して面倒ではない．

　しかし一般にはこれは厄介な問題である．Neumann の示したごとく[1] 0 以外の共通元素をもたない domain を有する二つの hypermax. operator が存在するのであって，このような二つの operator の和なるものは考えることができない．したがって

---

[1] Journal für die reine u. angw. Math. **161** (1929) 232（参考文献 [18] 232 頁）．

[†]（**欄外注記**　この注記は通常の傍注と異なりこの頁の欄外に鉛筆で書かれているものであり，後日の注記ではないかと推測される．）
　本章および次章は少しく内容を拡張しかつ配列を変えた方がよい．
　parameter α を含む理論はすべて次章にまわし，その代わり本章ではもっと一般に minor operator 列 V_n をとり $n \to \infty$ のとき
$$|V_n(H_0 - \ell)^{-1}| \to 0$$
なるごとき場合の $H_0 + V_n$ のスペクトルを考えることに変更する [H_0 の代わりに H とせよ]．
　その方が応用も広いし統一的であろう．補遺4参照．

[1] 上の欄外注記にもかかわらず本書では原文を保持する．原文はそのままでも十分一般的であり理論が生まれる時の雰囲気が漂っている．上の欄外注記と今後ときどき出てくる欄外注記および補遺4を参考にしてより一般的な理論を作ってみるのは作用素論のよい演習課題であろう．なお，第6章に興味がある読者は定理14.1の後直ちに第6章へ進むこともできよう．しかし，本章のその後の部分には，まず §17.3 までには摂動によるスペクトルの変化に関する基本事項が要領よくまとめられており，また §17.4 以降には他書に見当たらない一つの興味ある現象について精緻できれいな理論が展開されているから，ぜひ読まれることを希望する．

和を作る問題を何の仮定もなしに論ずることはできない.

そこで我々は適当な仮定を導入しなければならなくなるが，上述のごとき容易な場合に次いで簡単なのは，二つの operator の中一方の domain が他方の domain を含む場合であろう．量子力学に現れる場合はかかる場合とばかり限らないけれども，しかしかかる場合の結果を応用して取り扱い得る場合が極めて多いのであるから，我々はまずこの場合を詳細に調べることにする.

2. H_0 は hypermax. とし，その domain を $\mathfrak{D}$ とする．別に Hermite operator V があり，その domain は $\mathfrak{D}$ を含むとする．このとき V は H_0 に対して minor operator であるという[2].

$V \in \mathbb{B}$ なら H_0 がどうであっても V は minor operator である．また $H_0 \in \mathbb{B}$ で V が H_0 に対し minor operator なら $V \in \mathbb{B}$ でなければならないことも明らかである.

複素数 ℓ が H_0 の resolvent set に属すれば，これに対し resolvent

$$R_\ell = (H_0 - \ell)^{-1}$$

が定義されて $\mathbb{B}$ に属する．特に $\Im(\ell) \neq 0$ なら常にこれが成立する．而して R_ℓ の range は H_0 の domain と一致する (§5.6)．したがって

(13.1) $$A_{0\ell} = V(H_0 - \ell)^{-1}$$

とおけばこれは $\mathfrak{H}$ 全体で定義された operator で定理 3.1 により $A_{0\ell} \in \mathbb{B}$ である．したがって $|A_{0\ell}|$ が定義される．(13.1) から

(13.2) $$V = A_{0\ell}(H_0 - \ell) \qquad (\text{in } \mathfrak{D})$$

の成立することは明らかである．したがって $\varphi \in \mathfrak{D}$ なら

(13.3) $$\|V\varphi\| \leqq |A_{0\ell}| \|(H_0 - \ell)\varphi\| \leqq |A_{0\ell}| \|H_0\varphi\| + |\ell| |A_{0\ell}| \|\varphi\|.$$

この式は $\|V\varphi\|$ が $\|H_0\varphi\|$ に比べて無限に大きくないことを示すもので ($\|H_0\varphi\| \to \infty$ のとき)，minor operator という名称はこれを表そうとするものである.

尚かかる評価式においては $\|H_0\varphi\|$ の係数 $|A_{0\ell}|$ がなるべく小さい方が便利である．ℓ が H_0 のあらゆる resolvent set の値をとるとき $|A_{0\ell}|$ の下限を γ_0 とすれば，(13.3) の $|A_{0\ell}|$ は γ_0 にいくらでも近い値をとらしめることができる．ただしその

---

[2] minor operator はその後術語として用いられなかったようで，現在，$\operatorname{dom} V \supset \operatorname{dom} H_0$ を表す術語はないようである.

場合第二項の $\|\varphi\|$ の係数はいくらでも大きくなるかもしれない.

我々は γ_0 を H_0 に対する V の　　　　3) と呼ぶことにする.

3. γ_0 を求めるには任意の実数 u を固定し $\ell = u+iv$ として $v \to \infty$ または $v \to -\infty$ としたときの $|A_{0\ell}|$ の極限を求めても同じことになる. なぜならば, 任意の ℓ に対して

$$A_{0,u+iv} = V(H_0 - u - iv)^{-1} = V(H_0-\ell)^{-1}(H_0-\ell)(H_0-u-iv)^{-1}$$
$$= A_{0\ell}(H_0-\ell)(H_0-u-iv)^{-1}$$

であるから[2],

$$|A_{0,u+iv}| \leqq |A_{0\ell}| \, |(H_0-\ell)(H_0-u-iv)^{-1}|.$$

しかるに

$$|(H_0-\ell)(H_0-u-iv)^{-1}| \leqq \sup_{-\infty < \lambda < \infty} \left| \frac{\lambda - \ell}{\lambda - u - iv} \right|$$

は ℓ, u を固定して $|v|$ を大きくすれば任意の $\varepsilon > 0$ に対し $1+\varepsilon$ より小さくなることは明らかであるから[‡]

$$|A_{0,u+iv}| \leqq (1+\varepsilon)|A_{0\ell}|.$$

したがってあらゆる ℓ に対して $|A_{0\ell}|$ の下限をとる代わりに $\varprojlim_{v \to \infty} |A_{0,u+iv}|$（また

[2] range$(H_0-u-iv)^{-1} = \mathfrak{D}$ に注意.

---

[3] 本文は 2 字分程の空白, 欄外に "「劣度」なる名は如何?" とある.「劣度」はその後用いられなかったようで, γ_0 は現在 "V の H_0 限界" と呼ばれるものである. 54 頁脚注 4) 参照.

[‡] (明らかであることの理由がここに脚注の形で挿入されている.)
$u = \Re(\ell)$ なら $|v| \geqq \Im(\ell)$ なるとき $|(\lambda-\ell)(\lambda-u-iv)^{-1}| \leqq 1$ だから問題はない. $u > \Re(\ell)$ なら, 下図のごとく ℓ と $u+iv$ とを結ぶ線分の垂直二等分線を作り, 実軸との交点を λ_0 とすれば, v が十分大なら $\lambda_0 > u$ となる. $\lambda \leqq \lambda_0$ なら上と同じ式が成り立ち, $\lambda > \lambda_0$ なら $|\lambda - u - iv| > \overline{\lambda p}$ だから $|\lambda-\ell|/|\lambda-u-iv| < |\lambda-\ell|/\overline{\lambda p} = \frac{\lambda - \Re(\ell)}{\lambda - u} < \frac{\lambda_0 - \Re(\ell)}{\lambda_0 - u}$, しかるに $v \to \infty$ なら $\lambda_0 \to \infty$ だから, v が十分大ならば $\frac{\lambda_0 - \Re(\ell)}{\lambda_0 - u} < 1 + \varepsilon$ となる.

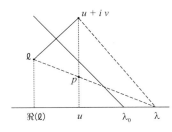
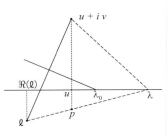

は $v \to -\infty$) をとっても同じことである．ところが上と同様にして $|A_{0,u+iv}|$ は $|v|$ とともに単調減少なることがわかるから，結局

$$(13.4) \qquad \gamma_0 = \lim_{v \to \infty} |A_{0,u+iv}| = \lim_{v \to -\infty} |A_{0,u+iv}|$$

である．

(13.3) から，任意の $\gamma' > \gamma_0$ に対し

$$(13.5) \qquad \|V\varphi\| \leqq \gamma'\|H_0\varphi\| + C\|\varphi\| \qquad (\varphi \in \mathfrak{D})$$

が成立する．C は γ' のとり方により異なるのは言うまでもない．§)

4. 逆に (13.5) が成立すれば $\gamma_0 \leqq \gamma'$ なることを示すことができる．

したがって γ_0 は (13.5) の成立するごとき γ' の下限である [4]．

任意の $f \in \mathfrak{H}$ に対し $(H_0 - iv)^{-1}f \in \mathfrak{D}$ であるから，(13.5) が成立すれば

$$\|V(H_0-iv)^{-1}f\| \leqq \gamma'\|H_0(H_0-iv)^{-1}f\| + C\|(H_0-iv)^{-1}f\|.$$

しかるに

$$|H_0(H_0-iv)^{-1}| \leqq 1, \qquad |(H_0-iv)^{-1}| \leqq \frac{1}{|v|}$$

であるから

$$\|A_{0,iv}f\| \leqq \gamma'\|f\| + \frac{C}{|v|}\|f\| = \left(\gamma' + \frac{C}{|v|}\right)\|f\|.$$

これがすべての $f \in \mathfrak{H}$ に対して成立するから

$$|A_{0,iv}| \leqq \gamma' + \frac{C}{|v|}.$$

$v \to \infty$ ならしめると

$$\gamma_0 = \lim_{v \to \infty} |A_{0,iv}| \leqq \gamma'$$

を得る．

---

§) (**欄外注記**) 次の定理を述べておいた方がよい．
定理 H_0 のある quasi-domain において V が定義され，そこで (13.5) が成立するならば $\widetilde{V}$ は H_0 に対して minor operator で，V の代りに $\widetilde{V}$ をとるなら (13.5) は $\mathfrak{D}$ 全体で成立する．

[4] 現在の用語では，ある $\gamma' \geqq 0$ と $C \geqq 0$ によって (13.5) が成立するとき，V は H_0 有界 (H_0-bounded) であるといい，(13.5) が成り立つような γ' (C は γ' によって変わってよい) の下限を V の H_0 限界 (H_0-bound) という．ここの主張によれば，γ_0 は V の H_0 限界に等しい．H_0 限界に関する公式 (13.4) は他書にあまり書かれていないようである．

特に V が有界なら (13.5) において $\gamma' = 0$ として式が成り立つから $\gamma_0 = 0$ となることに注意する.

§14　摂動をうけた operator

1.¶)　我々は上の H_0, V を用いて $H_0 + V$ なる operator を作るのであるが, 後の応用上実数の parameter α を導入して $H_\alpha = H_0 + \alpha V$ なるものを考えておくのが便利である.

我々は $H_\alpha = H_0 + \alpha V$ の domain を $\mathfrak{D}$ と定める. $\mathrm{dom}\, V \supset \mathfrak{D}$ であるから $\mathfrak{D}$ で $H_0 + \alpha V$ を作り得ることは言うまでもない.

すると H_α も Hermite operator になることは明らかであるがさらに次の基本的な定理が成り立つ.

定理 14.1　$|\alpha| < 1/\gamma_0$ なら H_α は hypermax. である[3)][5)].

注意 1　γ_0 は常に有限であるから $1/\gamma_0 > 0$ である. よって $|\alpha|$ が十分小さければ H_α は hypermax. である. 特に $\gamma_0 = 0$ なら $1/\gamma_0 = \infty$ となり H_α は任意の α に対して hypermax. である. したがって前 § の終わりの注意により, V が有界なら H_α は常に hypermax. である.

注意 2　$|\alpha| \geqq 1/\gamma_0$ なら一般には H_α が hypermax. になると主張できない. H_0 が有界でなければ $\mathfrak{D} \neq \mathfrak{H}$ である. このとき $V = H_0$ とすれば明らかに V は minor operator である. $\gamma_0 = 1$ となり $\alpha = -1$ のとき $H_\alpha = 0$ となり $\mathfrak{D} \neq \mathfrak{H}$ だからこれは hypermax. ではない.

証明　v が正の実数なら $\mathfrak{D}$ において ((13.2) に注意する)

$$(14.1) \quad H_\alpha \pm iv = H_0 \pm iv + \alpha V = H_0 \pm iv + \alpha A_{0,\mp iv}(H_0 \pm iv)$$
$$= (1 + \alpha A_{0,\mp iv})(H_0 \pm iv).$$

3) 9 頁の傍注 19) によればこの仮定をもっとゆるめて次のようにする事ができる. γ_0 は $|A_{0\ell}|$ の下限であったが今 $\gamma_{0m} = $ g.l.b. $|A_{0m}^m|^{\frac{1}{m}}$ とおけば明らかに $\gamma_{0m} \leqq \gamma_0$. あらゆる m に対する γ_{0m} の下限を $\overline{\gamma_0}$ とすれば, 定理 14.1 は γ_0 の代りに $\overline{\gamma_0}$ をとっても成立する.

¶) (欄外注記) 定理 14.1 を $\gamma_0 < 1$ なら $H + V$ は hypermax. なりと直す. その他はすべて第 5 章に移せ. ただし V 一つの代りに $V_1, V_2, \cdots, |V_n(H-\ell)^{-1}| \to 0$ なるごときものを論じておく.

5) この定理は「V の H_0 限界が 1 より小さい (即ち $\gamma_0 < 1$) なら $H_0 + V$ は hypermax.」の形で述べられることが多く, それは Kato-Rellich の定理と呼ばれる (例えば Reed-Simon の書物 (参考文献[66]) には, Theorem X.12(The Kato-Rellich Theorem) とある). 加藤先生の後年の書物 (参考文献[63], 2nd ed. p.287) には「Theorems $\cdots$ are due to Rellich [3], see also T. Kato [3], [4].」と書かれていて Priority を Rellich に帰している (Rellich[3] は本書の参考文献[77], T. Kato[3], [4] は本書の参考文献[72],[73]). 年代は Rellich の方が早いが, 病身で郷里に籠られている状況の下で独立に発見されたものである. Kato-Rellich の定理と呼ばれるようになったのは, その後加藤先生の研究が浸透するにつれて, この定理の重要性・有用性が広く認識されるようになったことにもよるのではないかと推測される.

さて $|\alpha| < 1/\gamma_0$ なら $1/|\alpha| > \gamma_0$ だから (13.4) において $u = 0$ とすれば十分大なる v に対し
$$|A_{0,iv}| < \frac{1}{|\alpha|}, \qquad |A_{0,-iv}| \leq \frac{1}{|\alpha|}$$
が成立する．換言すれば
$$|\alpha A_{0,\pm iv}| < 1.$$
したがって §3.5 の終わりに述べた所により $1 + \alpha A_{0,\pm iv}$ の range は $\mathfrak{H}$ 全体である．

(14.1) をかき直せば $\mathfrak{D}$ において
$$\frac{1}{v}H_\alpha \pm i = (1 + \alpha A_{0,\mp iv})\left(\frac{1}{v}H_0 \pm i\right).$$

H_0 は hypermax. だから $\frac{1}{v}H_0$ も同様でその domain は $\mathfrak{D}$ である．よって §5.1 により $\left(\frac{1}{v}H_0 \pm i\right)\varphi$ は φ が $\mathfrak{D}$ のあらゆる値をとるとき $\mathfrak{H}$ 全体を尽くす．$1 + \alpha A_{0,\pm iv}$ の range は $\mathfrak{H}$ だから上式より $\left(\frac{1}{v}H_\alpha \pm i\right)\varphi$ も $\mathfrak{H}$ 全体を尽くす．よって $\frac{1}{v}H_\alpha$ は hypermax. であり，したがってまた H_α も hypermax. である． □

2. 以下しばらく $|\alpha| < 1/\gamma_0$ なる範囲で考える．

H_α は hypermax. でその domain は $\mathfrak{D}$ だから，V は H_α に対しても minor operator である．したがって $\Im(\ell) \neq 0$ なるとき，

(14.1′) $$A_{\alpha\ell} = V(H_\alpha - \ell)^{-1}$$

とおけば $A_{\alpha\ell} \in \mathbb{B}$ である．

$A_{\alpha\ell}$ と $A_{0\ell}$ との間には簡単な関係がある．まず $A_{\alpha\ell} - A_{\alpha'\ell}$ を作れば
$$A_{\alpha\ell} - A_{\alpha'\ell} = V(H_\alpha - \ell)^{-1} - V(H_{\alpha'} - \ell)^{-1}$$
$$= V(H_\alpha - \ell)^{-1}\{(H_{\alpha'} - \ell) - (H_\alpha - \ell)\}(H_{\alpha'} - \ell)^{-1}$$

となる．かかる変形が許されるのは $(H_{\alpha'} - \ell)^{-1}$ の range が $\mathfrak{D}$ であり $H_{\alpha'} - \ell, H_\alpha - \ell$ の domain がともに $\mathfrak{D}$ だからである．$\mathfrak{D}$ 内で
$$(H_{\alpha'} - \ell) - (H_\alpha - \ell) = (\alpha' - \alpha)V$$

なることに注意すれば

(14.2) $$A_{\alpha\ell} - A_{\alpha'\ell} = (\alpha' - \alpha)V(H_\alpha - \ell)^{-1}V(H_{\alpha'} - \ell)^{-1}$$
$$= -(\alpha - \alpha')A_{\alpha\ell}A_{\alpha'\ell}.$$

α, α' を交換して考えれば明らかであるように,これより $A_{\alpha\ell}, A_{\alpha',\ell}$ は可換である (両方とも $\mathbb{B}$ に属するからその意味は明らかである).

特に $\alpha' = 0$ とすれば
$$A_{\alpha\ell} - A_{0\ell} = -\alpha A_{\alpha\ell} A_{0\ell},$$

(14.3) $$A_{\alpha\ell}(1 + \alpha A_{0\ell}) = A_{0\ell}.$$

あるいはまた

(14.4) $$(1 + \alpha A_{0\ell})A_{\alpha\ell} = A_{0\ell}.$$

特に $|\alpha A_{0\ell}| < 1$ ならば §3.5 により $(1 + \alpha A_{0\ell})^{-1}$ は存在して $\mathbb{B}$ に属するから

(14.5) $$A_{\alpha\ell} = A_{0\ell}(1 + \alpha A_{0\ell})^{-1} = (1 + \alpha A_{0\ell})^{-1} A_{0\ell}.$$

任意の ℓ ($\Im(\ell) \neq 0$) に対し, $|\alpha|$ を十分小さくとれば $|\alpha A_{0,\ell}| = |\alpha||A_{0,\ell}| < 1$ とすることができるから (14.5) が成立し

$$\begin{aligned} A_{\alpha\ell} - A_{0\ell} &= A_{0\ell}\{(1 + \alpha A_{0\ell})^{-1} - 1\} \\ &= A_{0\ell}(1 + \alpha A_{0\ell})^{-1}\{1 - (1 + \alpha A_{0\ell})\} \\ &= -\alpha A_{0\ell}(1 + \alpha A_{0\ell})^{-1} A_{0\ell}. \end{aligned}$$

よって (3.6) を用いて

$$|A_{\alpha\ell} - A_{0\ell}| \leqq |\alpha||A_{0\ell}|^2|(1 + \alpha A_{0\ell})^{-1}| \leqq \frac{|\alpha||A_{0\ell}|^2}{1 - |\alpha||A_{0\ell}|}.$$

これより §3.4 の意味において

(14.6) $$A_{\alpha\ell} \implies A_{0\ell} \quad (\alpha \to 0)$$

を得る.すなわち ℓ を固定すれば $A_{\alpha\ell}$ は α の関数として $\alpha = 0$ で連続 ($\mathbb{B}$) である (§3.4). $\alpha = 0$ と限らず, $|\alpha| < \frac{1}{\gamma_0}$ 全体において $A_{\alpha\ell}$ が連続 ($\mathbb{B}$) であることも全く同様に示される.

3[6]).次に α を固定して ℓ を変化させてみよう. $|\alpha| < 1/\gamma_0$ なら $1/|\alpha| > \gamma_0$ である

---

[6] 以下,60 頁の脚注記号 7) あたりまでは,その先を読むのに必ずしも必要ではない.その脚注記号の次の行の文章と脚注 7) を参照.

から (13.4) により任意の $\Re(\ell)$ に対し $\Im(\ell)$ を十分大きくとれば

$$|A_{0\ell}| < \frac{1}{|\alpha|}, \qquad |\alpha A_{0\ell}| < 1$$

ならしめることができるからやはり (14.5) が成立し

$$|A_{\alpha\ell}| \leqq |A_{0\ell}| \cdot |(1+\alpha A_{0\ell})^{-1}| \leqq \frac{|A_{0\ell}|}{1-|\alpha||A_{0\ell}|}.$$

ここで $\Im(\ell) \to \infty$ とすれば (13.4) により右辺は $\gamma_0/(1-|\alpha|\gamma_0)$ に収束する. 左辺は (13.4) と同じ理由により, H_α に対する V の γ_α に収束するから

$$\gamma_\alpha \leqq \frac{\gamma_0}{1-|\alpha|\gamma_0},$$

(14.6′) $$\frac{1}{\gamma_\alpha} \geqq \frac{1}{\gamma_0} - |\alpha| \qquad \left(|\alpha| < \frac{1}{\gamma_0}\right).$$

[4)] 今度は H_α を前の H_0 のごとく考える.

さて 1 と同様にして[4)] $|\alpha-\alpha'| < 1/\gamma_\alpha$ なら $H_{\alpha'} = H_\alpha + (\alpha'-\alpha)V$ は hypermax. である. したがって (14.6′) により

(14.7) $$|\alpha'-\alpha| < \frac{1}{\gamma_0} - |\alpha|, \qquad |\alpha'-\alpha| + |\alpha| < \frac{1}{\gamma_0}$$

なら $H_{\alpha'}$ は hypermax. なるはずである. しかしこの式が成立するためには $|\alpha'| \leqq |\alpha'-\alpha| + |\alpha| < 1/\gamma_0$ が成立せねばならないから, 何も新しいことは得られない. (14.6′) において $\geqq$ の代りに $>$ が成立するならばこの方式で H_α の hypermax. なる範囲を拡げることができる. このことをもっと詳しく調べてみよう.

始めに $\alpha \geqq 0$ なる範囲において考える. すると $\alpha < 1/\gamma_0$ なら H_α が hypermax. なることは既知である. この上端 $1/\gamma_0$ は上述により,

(14.8) $$\alpha + \frac{1}{\gamma_\alpha}$$

[5)] 上述の条件: $|\alpha'-\alpha| < 1/\gamma_\alpha$ は $\alpha' > \alpha$ なら $\alpha' < \alpha + 1/\gamma_\alpha$ となる.

によりおきかえることができる[5)]. ただし α は $\alpha < 1/\gamma_0$ なる任意の正数でよろしい. しかるに (14.8) は α の増加関数である. なぜなら (14.6′) と同じ方法により, $|\alpha'-\alpha| < 1/\gamma_\alpha$ なら

$$\frac{1}{\gamma_{\alpha'}} \geqq \frac{1}{\gamma_\alpha} - |\alpha'-\alpha|.$$

特に $\alpha' > \alpha$ なら

$$\frac{1}{\gamma_{\alpha'}} + \alpha' \geqq \frac{1}{\gamma_\alpha} + \alpha$$

を得るからである.

したがってこの方法で H_α の hypermax. なる範囲を右に拡げられるかどうか調べるには, $\alpha < 1/\gamma_0$ なるあらゆる α について調べる必要はなく, $1/\gamma_0$ に収束する任意の点列について調べればよい. かかる点列のどの点を用いても (14.8) が $1/\gamma_0$ より大きくならないならばこの方法は駄目である.

もしかかる点列の一点において (14.8) が $1/\gamma_0$ より大きくなったならば, H_α の hypermax. なる範囲はその点まで拡げられる. かくして得られた新しい範囲全体において (14.8) は依然増加関数である. したがって全く同じ方法を続けることができる.

4. この方法をもっと見渡しやすくするため, 次のようにする. まず $1/\gamma_0 = \delta_0$ とおき $\alpha_1 = \frac{1}{2}\delta_0$ として, H_α の hypermax. なる範囲を $\alpha < \delta_1$, ただし

$$\delta_1 = \alpha_1 + \frac{1}{\gamma_{\alpha_1}}$$

まで拡げる. 上述により $\delta_1 \geqq \delta_0$ である. 次に $\alpha_2 = \delta_1 - \frac{\delta_0}{2^2}$ として考える範囲の上端を

$$\delta_2 = \alpha_2 + \frac{1}{\gamma_{\alpha_2}}$$

に拡げる. すると (14.8) は $0 \leqq \alpha < \delta_1$ で増加関数であるから $\delta_2 \geqq \delta_1$ である[6]. 次に $\alpha_3 = \delta_2 - \frac{\delta_0}{2^3}$ をとり, 上端を

$$\delta_3 = \alpha_3 + \frac{1}{\gamma_{\alpha_3}}$$

に移す. 以下同様にして順次に α_n, δ_n を定義してゆく[7]. ただし

$$\alpha_n = \delta_{n-1} - \frac{\delta_0}{2^n}, \qquad \delta_n = \alpha_n + \frac{1}{\gamma_{\alpha_n}},$$

$$\delta_n \geqq \delta_{n-1}, \qquad \alpha_n \geqq \alpha_{n-1}$$

である. 任意の n に対し $0 \leqq \alpha < \delta_n$ において H_α は hypermax. である.

δ_n は増加数列であるから極限値をもつ. これを δ とする[8]. $\delta = \infty$ なら明らかに

[6] かつ $\alpha_2 = \delta_1 - \delta_0/2^2 \geqq \delta_0 - \delta_0/2 = \delta_0/2 = \alpha_1$. $\therefore \alpha_2 \geqq \alpha_1$.

[7] どこかで $\gamma_{\alpha_n} = 0$ となったらそれで止めてよい. このとき H_α は任意の α に対し hypermax. である.

[8] $0 \leqq \alpha < \delta$ において H_α は hypermax. である.

[9)] 約束により H_δ の domain は $\mathfrak{D}$ である.

$\alpha \geqq 0$ で H_α は hypermax. である. $\delta < \infty$ なら H_δ は hypermax. でなく[9], したがってこの点をこえて H_α の hypermax. なる範囲を拡げることができないことを示そう.

もし H_δ が hypermax. であるとすれば γ_δ が定義される.

$\delta_{n-1} - \alpha_n = \delta_0/2^n$ であるから, $\alpha_n < \delta$, $\alpha_n \to \delta$ $(n \to \infty)$ は明らかである. よって

$$0 < \delta - \alpha_n < \frac{1}{2\gamma_\delta}$$

なる n がある.

(14.6′) において $\alpha = 0$ の代りに $\alpha = \delta$, α の代りに α_n をとって考えれば ($|\alpha_n - \delta| < \dfrac{1}{2\gamma_\delta} < \dfrac{1}{\gamma_\delta}$ だからこれは許される)

$$\frac{1}{\gamma_{\alpha_n}} \geqq \frac{1}{\gamma_\delta} - |\delta - \alpha_n| \geqq \frac{1}{2\gamma_\delta}.$$

したがって再び上の式を用いて

$$\frac{1}{\gamma_{\alpha_n}} > \delta - \alpha_n, \qquad \frac{1}{\gamma_{\alpha_n}} + \alpha_n > \delta.$$

δ_n の定義を想起すればこれより $\delta_n > \delta$ となり δ の意味に反する.

よって H_δ は hypermax. であり得ない (もちろん H_δ の domain は $\mathfrak{D}$ としてあるのであって, H_δ は essentially hypermax. なることはあり得る). $0 \leqq \alpha < \delta$ においては H_α が hypermax. なることは明らかであるから, δ は H_α の hypermax. なる点の限界である. ただし $\alpha \geqq \delta$ なら H_α は hypermax. ではないというのではない. $\alpha = 0$ を含み, その中で到る所 H_α が hypermax. なるごとき区間の右端は δ を超えることができないという意味である.

同様に $\alpha \leqq 0$ において考えれば左の限界が得られる.

かくして $\alpha = 0$ を含みその中で H_α が hypermax. なるごとき最大の区間が得られた. 我々はこれを Δ と名付ける. Δ が $|\alpha| < 1/\gamma_0$ を含むことは明らかである[7].

Δ の存在は始めから明らかである. 上の考察はそれが比較的簡単に構成せられることを示したのである

例 定理 14.1 の注意 2 における場合を考えてみる. $\gamma_0 = 1$ である. 右の限界は ∞ で左の限界は -1 である. $\alpha < -1$ でも H_α は hypermax. であるが $\alpha = -1$ ではそうでないから (前述), これら両部分は連結できない. ただし $\alpha = -1$ のとき H_α

---

[7] H_α が hypermax. であるような α 全体は実軸上の開集合であり (定理 14.1 による), Δ はその開集合の $\{0\}$ を含む連結成分 (0 を含む最大の開区間) のことである. 以下では Δ をこのように理解しておけばおおむね十分である.

は essentailly hypermax. にはなっている．

5. 以後我々は専ら $\alpha \in \Delta$ なる α についてのみ考えることにするから一々断らない．我々は今まで $\alpha = 0$ を出発点としてきたが，$\alpha = 0$ は別に特別な点ではないことに注意する必要がある．任意の α に対し H_α は hypermax. でその domain は $\mathfrak{D}$ であるから，V は H_α に対しても minor operator であり，H_0 と H_α の間には何の違いもない．任意の α から出発して上と同じことを行えば，やはり Δ に到達することは明らかである．

同じ理由により，2. において得た結果——$A_{\alpha\ell}$ は $|\alpha| < 1/\gamma_0$ において α の関数として連続（$\mathbb{B}$）である——は Δ 全体において成立することを注意しておく．

§15　H_0 が半有界なる場合

1[†]．応用上は H_0 が半有界なる場合が重要である．いずれにしても同じことであるから，H_0 が下に有界なる場合を調べる．H_0 の下限（§5.3）を c_0 とする．我々は H_α も下に半有界であって，その下限 c_α は α の連続関数であることを示そう．ただし α の範囲は Δ である．

定理 15.1　H_0 が下に有界なら H_α も同様で，その下限を c_α とすれば c_α は α の連続関数である[8]．

証明　我々はまず $|\alpha| < 1/\gamma_0$ なる α を固定して考える．(13.4) において $u = c_0$ とすることができ，$1/|\alpha| > \gamma_0$ であるから v を十分大にすれば

$$(15.1) \qquad |A_{0\ell}| < 1/|\alpha|, \qquad |\alpha A_{0\ell}| < 1$$

が成立する．ただし $\ell = c_0 + iv$ とする．いま

$$(15.2) \qquad H_0 - c_0 = H_0', \qquad H_\alpha - c_0 = H_\alpha'$$

とおけば　H_0', H_α' も $\mathfrak{D}$ を domain とする hypermax. operator であって H_0' は positive definite である：任意の $\psi \in \mathfrak{D}$ に対し

$$(15.3) \qquad (H_0'\psi, \psi) \geqq 0.$$

[†]（欄外注記）定理 15.1 を H が下に有界なら $H + V$ も同様と直し，その他の事柄は $H + \alpha V$ の代りに $H + V_n$ をとって論じ，それができない所は第 5 章に移す．

[8] H_α（ただし $\alpha = 1$ の場合）が下に有界であることの証明と c_α に対する異なる評価が，後年の著書[63] の Chapt.V, Theorem 4.11 や参考文献[66] の Theorem X.12 にある．c_α の連続性には触れられていない．なお，脚注 9) も参照．

また
$$A_{0\ell} = V(H_0 - c_0 - iv)^{-1} = V(H_0' - iv)^{-1}$$
であるから (15.1) により

(15.4) $$|\alpha V(H_0' - iv)^{-1}| < 1.$$

我々は H_α' が下に有界であることを示すのが目的である．そのために H_α' が負のスペクトルを有すると仮定してその一点を $-\mu_\alpha$ ($\mu_\alpha > 0$) とおけば，μ_α の値には上界があることを示すことにする．

$-\mu_\alpha$ は H_α' のスペクトルに属すから，任意の $\varepsilon > 0$ に対し

(15.5) $$E_\alpha'(-\mu_\alpha + \varepsilon) - E_\alpha'(-\mu_\alpha - \varepsilon) \neq 0$$

である．ただし $E_\alpha'(\lambda)$ は H_α' に属する単位分解である．(15.5) に属する 0 でない元素が存在するからこれを normalize して φ とおけば §5.8 II. により

(15.6) $$\|(H_\alpha' + \mu_\alpha)\varphi\| \leqq \varepsilon, \qquad \|\varphi\| = 1, \quad \varphi \in \mathfrak{D}.$$

もちろん φ は α および ε に depend する．

これに対し

$$\|(H_0' + \mu_\alpha)\varphi\| = \|(H_\alpha' + \mu_\alpha - \alpha V)\varphi\|$$
$$\leqq \|(H_\alpha' + \mu_\alpha)\varphi\| + \|\alpha V\varphi\|.$$

ここで (15.6) を用い，また

$$\alpha V\varphi = \alpha V(H_0' + \mu_\alpha)^{-1}(H_0' + \mu_\alpha)\varphi,$$

$$\|\alpha V\varphi\| \leqq |\alpha V(H_0' + \mu_\alpha)^{-1}| \|(H_0' + \mu_\alpha)\varphi\|$$

と変形すれば（H_0' は positive definite だから $-\mu_\alpha < 0$ はその resolvent set に属することに注意する．V は H_0' に対してももちろん minor operator だから $V(H_0' + \mu_\alpha)^{-1}$ は存在して $\mathfrak{B}$ に属する）

$$\|(H_0' + \mu_\alpha)\varphi\| \leqq \varepsilon + |\alpha V(H_0' + \mu_\alpha)^{-1}| \|(H_0' + \mu_\alpha)\varphi\|.$$

よって

(15.7) $$(1 - |\alpha V(H_0' + \mu_\alpha)^{-1}|)\|(H_0' + \mu_\alpha)\varphi\| \leqq \varepsilon.$$

しかるに
$$\|(H_0' + \mu_\alpha)\varphi\|^2 = \|H_0'\varphi\|^2 + 2\mu_\alpha(H_0'\varphi, \varphi) + \mu_\alpha^2\|\varphi\|^2$$

だから (15.3) および $\|\varphi\| = 1$ により

$$\|(H_0' + \mu_\alpha)\varphi\|^2 \geqq \mu_\alpha^2, \qquad \|(H_0' + \mu_\alpha)\varphi\| \geqq \mu_\alpha.$$

よって (15.7) から
$$(1 - |\alpha V(H_0' + \mu_\alpha)^{-1}|)\mu_\alpha \leqq \varepsilon.$$

この式はもはや φ を含まない．ε は任意の正数であり，$\mu_\alpha > 0$ であるから

$$1 - |\alpha V(H_0' + \mu_\alpha)^{-1}| \leqq 0$$

でなければならない．

さらにこれを変形し

$$\alpha V(H_0' + \mu_\alpha)^{-1} = \alpha V(H_0' - iv)^{-1}(H_0' - iv)(H_0' + \mu_\alpha)^{-1}$$

を用いて

(15.8) $$1 \leqq |\alpha V(H_0' + \mu_\alpha)^{-1}|$$
$$\leqq |\alpha V(H_0' - iv)^{-1}| \cdot |(H_0' - iv)(H_0' + \mu_\alpha)^{-1}|.$$

$|(H_0' - iv)(H_0' + \mu_\alpha)^{-1}|$ は，H_0' のスペクトルが正の部分に限られていることにより，$0 \leqq \lambda < \infty$ における $|(\lambda - iv)(\lambda + \mu_\alpha)^{-1}|$ の上限より大でない．もし $\mu_\alpha \geqq v$ ならば $\lambda \geqq 0$ において

$$\left|\frac{\lambda - iv}{\lambda + \mu_\alpha}\right| = \left\{\frac{\lambda^2 + v^2}{\lambda^2 + 2\lambda\mu_\alpha + \mu_\alpha^2}\right\}^{1/2} \leqq 1$$

だから $|(H_0' - iv)(H_0' + \mu_\alpha)^{-1}| \leqq 1$ となり，(15.8) より

$$1 \leqq |\alpha V(H_0' - iv)^{-1}|$$

となるがこれは (15.4) に反する．したがって $\mu_\alpha < v$ でなければならず

$$\left|\frac{\lambda - iv}{\lambda + \mu_\alpha}\right| \leqq \left\{\frac{\lambda^2 + v^2}{\lambda^2 + \mu_\alpha^2}\right\}^{1/2} \leqq \left\{\frac{v^2}{\mu_\alpha^2}\right\}^{1/2} = \frac{v}{\mu_\alpha}$$

となるから $\left|(H_0' - iv)((H_0' + \mu_\alpha)^{-1}\right| \leqq v/\mu_\alpha$ であって (15.8) より

$$1 \leqq \frac{v}{\mu_\alpha} \left|\alpha V(H_0' - iv)^{-1}\right|,$$

$$\mu_\alpha \leqq v \left|\alpha V(H_0' - iv)^{-1}\right|.$$

この式は H_α' のスペクトルに下限があることを示す．

H_α もしたがって同様であって，その下限を c_α とすれば

(15.9) $$c_\alpha \geq c_0 - |\alpha|\, v\, |V(H_0' - iv)^{-1}|$$

でなければならない[9]．

v のとり方は α によって異なるが，一つの α_0 ($|\alpha_0| < 1/\gamma_0$) に対してこれを定めれば $|\alpha| \leqq |\alpha_0|$ なる α に対しては同一の v を用いることができることは (15.1) から明らかであるから，$\alpha \to 0$ を考えるには (15.9) において v を α に無関係と考えてよい．かくして

(15.10) $$\varliminf_{\alpha \to 0} c_\alpha \geqq c_0$$

を得る．

他方任意の $\varepsilon > 0$ に対し

$$E_0(c_0 + \varepsilon) \neq 0$$

なることは c_0 の定義から明らかである．ただし $E_0(\lambda)$ は H_0 に属する単位分解とする．したがって

$$E_0(c_0 + \varepsilon)\psi = \psi, \qquad \|\psi\| = 1$$

なる ψ があり，§5.8.I により

$$(H_0\psi, \psi) \leqq c_0 + \varepsilon.$$

他方 c_α は H_α の下限であるから，H_α の単位分解を $E_\alpha(\lambda)$ とすれば

$$E_\alpha(c_\alpha - 0) = 0, \qquad E_\alpha(c_\alpha - 0)\psi = 0.$$

---

[9] ここで，脚注 8) で引用した参考文献[63], Chapter V, Theorem 4.11 との比較について一言する．簡単のため $H_0 \geqq 0$, $\alpha = 1$ の場合を考える．($H_0' = H_0$, $c_0 = 0$, $H_1 = H_0 + V$．) (15.9) で v は (15.4) を満たすから H_1 のスペクトルの下限 c_1 は $c_1 \geqq -\inf_{v>0, |V(H_0-iv)^{-1}|<1} v|V(H_0-iv)^{-1}| \equiv -d$ を満たす．一方前記 Theorem 4.11 は $H_0 \geqq 0$ の場合には次のようになる．$\|Vf\| \leqq b\|H_0 f\| + a\|f\|$, $\forall f \in \mathfrak{D}$ ならば $c_1 \geqq -a/(1-b) \equiv -d'$．簡単な考察で $d \leqq d'$ がでるから，実は本書の評価の方がよい評価になっている．しかし応用上は d を求めるのは困難で d' の方が求めやすいであろう．

よって同様に
$$(H_\alpha \psi, \psi) \geqq c_\alpha.$$
すなわち
$$c_\alpha \leqq ((H_0 + \alpha V)\psi, \psi) = (H_0\psi, \psi) + \alpha(V\psi, \psi)$$
$$\leqq c_0 + \varepsilon + \alpha(V\psi, \psi).$$

ψ は α には関係ないから $\alpha \to 0$ とすれば
$$\varlimsup_{\alpha \to 0} c_\alpha \leqq c_0 + \varepsilon.$$

ε は任意であったから
$$\varlimsup_{\alpha \to 0} c_\alpha \leqq c_0.$$

これと (15.10) とから
$$\lim_{\alpha \to 0} c_\alpha = c_0$$

を得る．すなわち c_α は $\alpha = 0$ において連続である．

かくして我々は $|\alpha| < 1/\gamma_0$ なら H_α は下に有界で c_α が定義され $\alpha = 0$ でそれが連続なることを知った．

そこで §14.4 の手続を想起すれば，H_{α_1} は下に有界だから上と同じ論法により $0 \leqq \alpha < \delta_1$ において H_α は下に有界である．したがって H_{α_2} も下に有界であり再び上と同じ論法により H_α は $0 \leqq \alpha < \delta_2$ なら下に有界である．この方法を続ければ任意の n に対し $0 \leqq \alpha < \delta_n$ なら H_α は下に有界であるから，結局 $\alpha < \delta$ なら H_α は下に有界である．$\alpha \leqq 0$ においても同様であるから，結局 $\alpha \in \Delta$ なら H_α は下に有界であることになる．かくして $\alpha \in \Delta$ で c_α が定義される．

§14.5 に注意したごとく $\alpha = 0$ は何ら特別な点ではないから，$\alpha = 0$ において c_α が連続なることを証明した論法は任意の $\alpha \in \Delta$ においても成立する．よって c_α は Δ 全体で連続である．

これで証明は完全に終わった． □

2. 再び §14.4 の例を考えてみよう．H_0 が下に有界で上に有界でないとすれば $\alpha \in \Delta$ (この場合には $\alpha > -1$) では $H_\alpha = (1+\alpha)H_0$ は確かに下に有界である．$\alpha < -1$ でも H_α は hypermax. であるけれども，そこでは H_α は下に有界ではない！ この意味においても $\alpha = -1$ は自然的限界である．

3. c_α は連続であるけれども，それ以上の解析性を有するとは一般には言えない．c_α は到る所微分可能であるとも言えない．次の例はこれを示す．$\mathfrak{H}$ として $-\infty < x < \infty$ で定義された $\mathcal{L}^2(x)$ をとり

$$H_0 = x^2 \times, \qquad V = \sin\frac{1}{x} \times$$

とおく．V は有界であるからもちろん H_0 に対し minor operator である．また H_0 が下に有界であることも明らかである．その下限は 0 である．

$$H_\alpha = \left(x^2 + \alpha \sin\frac{1}{x}\right)\times$$

はすべての α に対し hypermax. で下に有界であるが，その下限は

$$c_\alpha = -|\alpha|$$

なることは容易に示される．これはもちろん連続であるが $\alpha = 0$ において微分可能ではない．

§16 H_α の連続性 ($\mathbb{B}$)[‡)]

1[§)]．再び一般の場合に戻り，まず H_α の resolvent を考える．$\Im(\ell) \neq 0$ なら $(H_\alpha - \ell)^{-1}$ は存在して $\mathbb{B}$ に属し

$$\begin{aligned}
(H_\alpha - \ell)^{-1} &- (H_0 - \ell)^{-1} \\
&= (H_\alpha - \ell)^{-1}\{(H_0 - \ell) - (H_\alpha - \ell)\}(H_0 - \ell)^{-1} \\
&= (H_\alpha - \ell)^{-1}(-\alpha V)(H_0 - \ell)^{-1} = (H_\alpha - \ell)^{-1}(-\alpha A_{0\ell})
\end{aligned}$$

なる変形が可能なることは §14.2 と同様である（(13.1) を用いて $V(H_0 - \ell)^{-1} = A_{0\ell}$ とした）．$|(H_\alpha - \ell)^{-1}| \leqq |\Im(\ell)|^{-1}$ であるから

$$|(H_\alpha - \ell)^{-1} - (H_0 - \ell)^{-1}| \leqq |\alpha| |\Im(\ell)|^{-1} |A_{0\ell}|.$$

したがって §3.4 の意味において

(16.1) $$(H_\alpha - \ell)^{-1} \Longrightarrow (H_0 - \ell)^{-1} \quad (\alpha \to 0)$$

[‡)] （欄外注記）本 § については補遺 2 および 3 を参照．
[§)] （欄外注記）ここは専ら H_α の代りに $H + V_n$ を使って論じることができる．

を得る[10] [10].

したがって，$(H_\alpha-\ell)^{-1}$ は α の関数として $\alpha=0$ で連続 ($\mathbb{B}$) である[11]．$\alpha=0$ は特別な点ではないから，上の説明はもちろん任意の $\alpha \in \Delta$ に対して成立し，$(H_\alpha-\ell)^{-1}$ は $\alpha \in \Delta$ で α の連続 ($\mathbb{B}$) の関数である．

次に H_α の Cayley 変換 (§5.6) U_α を導入する：

$$(16.2) \qquad U_\alpha = (H_\alpha - i)(H_\alpha + i)^{-1}.$$

すると明らかに

$$U_\alpha = 1 - 2i(H_\alpha + i)^{-1}$$

が成立するから上述により U_α も α の関数として連続 ($\mathbb{B}$) である．同じことが

$$(16.3) \qquad U_\alpha^* = U_\alpha^{-1} = (H_\alpha + i)(H_\alpha - i)^{-1}$$

に対しても成立する．

2. 以上は H_α の一次関数の中特別なものについて考えたが，このことは次のように拡張することができる．H_α の単位分解を $E_\alpha(\lambda)$ とし：

$$(16.4) \qquad H_\alpha = \int_{-\infty}^{\infty} \lambda \, dE_\alpha(\lambda);$$

H_α の関数 $\Phi(H_\alpha)$ は次のごとくして定義される：

$$(16.5) \qquad \Phi(H_\alpha) = \int_{-\infty}^{\infty} \Phi(\lambda) \, dE_\alpha(\lambda).$$

すると次の定理が成り立つ．

定理 16.1 $\Phi(\lambda)$ は到る所連続でかつ $\lim_{\lambda\to\infty}\Phi(\lambda)$, $\lim_{\lambda\to-\infty}\Phi(\lambda)$ がともに存在して有限でかつ相等しければ $\Phi(H_\alpha)$ は α の関数として連続 ($\mathbb{B}$) である[11]．

---

[*] 傍注 10) (16.1) が成立するためには H_α は我々のごとき特殊の形をもつ必要はない．

例えば $H_\alpha = H_0 + \alpha V_1 + \alpha^2 V_2$ なる形で V_1, V_2 がともに H_0 に対し minor であってもよい．要するに $|(H_\alpha - H_0)(H_0 - \ell)^{-1}|$ が 0 に収束すればよい．

例えば $H_\alpha = H_0 + H_\alpha^{(1)}$ で $H_\alpha^{(1)}$ が有界かつ $|H_\alpha^{(1)}| \to 0$ ($\alpha \to 0$) ならよい．

或はまた連続な α の代りに discrete な n をとり ($n=1,2\cdots$) $H_n = H_0 + H_n^{(1)}$ で $H_n^{(1)}$ が有界かつ $|H_n^{(1)}| \to 0$ ($n\to\infty$) なるときも同様に $(H_n-\ell)^{-1} \Longrightarrow (H_0-\ell)^{-1}$ ($n\to\infty$) が成立する．

10) (16.1) が成立するとき，H_α は H_0 に norm resolvent 収束するということもある（参考書[65], VIII.7 参照）．以下の定理の多くは H_α が norm resolvent 収束の意味で連続という仮定の下で成り立つであろう．

11) この定理は，参考文献[65] では Theorem VIII.20 として述べられている．証明は本書のほうが初等的でわかりやすい．

---

[10] ここにある傍注は長いので脚注 *) の位置におく．

[11] §2.4 参照；単に連続でなく連続 ($\mathbb{B}$) なることが大切である．

注意　仮定により $\Phi(\lambda)$ は有界だから $\Phi(H_\alpha) \in \mathbb{B}$ である．

証明　次の変換により変数を λ から σ にかえれば：

(16.6) $$\lambda = -\cot \pi\sigma,$$

区間 $-\infty < \lambda < \infty$ は $0 < \sigma < 1$ に移る．而して

$$\Phi(\lambda) = \Phi(-\cot \pi\sigma)$$

は $0 < \sigma < 1$ で連続で，かつ $\sigma \to 0, \sigma \to 1$ のとき相等しい有限の極限値をもつから，事実上 $0 \leqq \sigma \leqq 1$ において連続で $\sigma = 0, \sigma = 1$ で相等しい値をとるとみてよい．したがって有限な三角級数により任意の程度に近似することができる．すなわち任意の $\varepsilon > 0$ に対し

$$|\Phi(-\cot \pi\sigma) - P(e^{2\pi i\sigma}) - Q(e^{-2\pi i\sigma})| \leqq \varepsilon, \quad (0 < \sigma < 1)$$

なる多項式 P, Q がある．σ から λ に戻れば

$$\left|\Phi(\lambda) - P\left(\frac{\lambda - i}{\lambda + i}\right) - Q\left(\frac{\lambda + i}{\lambda - i}\right)\right| \leqq \varepsilon, \quad -\infty < \lambda < \infty$$

が成立する．したがって任意の α に対し（§5.6 参照）

$$\left|\Phi(H_\alpha) - P\left(\frac{H_\alpha - i}{H_\alpha + i}\right) - Q\left(\frac{H_\alpha + i}{H_\alpha - i}\right)\right| \leqq \varepsilon.$$

(16.2), (16.3) を使えば

$$|\Phi(H_\alpha) - P(U_\alpha) - Q(U_\alpha^{-1})| \leqq \varepsilon$$

がすべての α に対して成立する．したがって

$$|\Phi(H_{\alpha'}) - \Phi(H_\alpha)| \leqq 2\varepsilon + |P(U_{\alpha'}) - P(U_\alpha)|$$
$$+ |Q(U_{\alpha'}^{-1}) - Q(U_\alpha^{-1})|.$$

しかるに 1. により U_α, U_α^{-1} は連続 ($\mathbb{B}$) だから §3.4 により $P(U_\alpha), Q(U_\alpha^{-1})$ も連続 ($\mathbb{B}$) であり $\alpha' \to \alpha$ なら

$$|P(U_{\alpha'}) - P(U_\alpha)| \to 0, \quad |Q(U_{\alpha'}^{-1}) - Q(U_\alpha^{-1})| \to 0$$

が成立するから

$$\varlimsup_{\alpha' \to \alpha} |\Phi(H_{\alpha'}) - \Phi(H_\alpha)| \leqq 2\varepsilon.$$

これが任意の ε に対して成立するから左辺は 0 である．よって $\alpha' \to \alpha$ のとき $\Phi(H_{\alpha'}) \Rightarrow \Phi(H_\alpha)$ となるから $\Phi(H_\alpha)$ は連続 ($\mathbb{B}$) である． □

§17　スペクトルの変化[¶]

1. 前§の定理を用いて H_α のスペクトルが α とともに変わる有様をかなり詳しく調べることができる．その際基本になるのは次の定理である．

定理 17.1[12]　実数 $\ell' < \ell''$ が H_0 の resolvent set に属すれば[12]

$$E_\alpha(\ell'') - E_\alpha(\ell') \Longrightarrow E_0(\ell'') - E_0(\ell') \quad (\alpha \to 0).$$

特に H_0 が半有界なら[13]，H_0 の resolvent に属する実数 ℓ に対し

$$E_\alpha(\ell) \Longrightarrow E_0(\ell) \quad (\alpha \to 0).$$

証明　仮定により，ℓ' および ℓ'' の適当な近傍において $E_0(\lambda)$ は const. であるから，次のような $\ell'_0, \ell'_1 ; \ell''_0, \ell''_1$ をとることができる：

$$\ell'_0 < \ell' < \ell'_1 < \ell''_1 < \ell'' < \ell''_0$$

$$E_0(\ell'_0) = E_0(\ell') = E_0(\ell'_1), \qquad E_0(\ell''_1) = E_0(\ell'') = E_0(\ell''_0).$$

而して次のごとき三つの関数を定義する：

$$\Phi(\lambda) = \begin{cases} 1 & \ell' < \lambda \leqq \ell'', \\ 0 & \text{その他}; \end{cases}$$

$$\Phi_0(\lambda) = \begin{cases} 1 & \ell' \leqq \lambda \leqq \ell'', \\ 0 & \lambda \leqq \ell'_0, \quad \lambda \geqq \ell''_0, \\ \text{中間は連続かつ linear に結ぶ}; \end{cases}$$

$$\Phi_1(\lambda) = \begin{cases} 1 & \ell'_1 \leqq \lambda \leqq \ell''_1, \\ 0 & \lambda \leqq \ell', \quad \lambda \geqq \ell'', \\ \text{中間は連続かつ linear に結ぶ}. \end{cases}$$

[¶]　(欄外注記) 前同様な変更を行う．

[12] この定理は後年の著書[63] の VI 章 Theorem 5.10 でより一般的な仮定の下で証明されている．証明はやや大掛かりになる．さらに Theorem 5.12, 5.13 で H_0 が半有界でなくても，ある追加仮定のもとで $E_\alpha(\ell) \Longrightarrow E_0(\ell)$ が成り立つことが述べられている（Heinz の結果（参考文献[68]）とその拡張）．

[12] ℓ', ℓ'' が resolvent set に属しなければ一般に定理は成立しない．例えば $-\infty < x < \infty$ における $\mathcal{L}^2$ を $\mathfrak{H}$ とし，$H = x \times, V = 1$ とすれば $E_\alpha(\lambda) = E_0(\lambda - \alpha)$ で定理の成立せぬことは容易にわかる．

[13] 半有界という条件を除き得るか否か尚不明（脚注 12) 参照）．

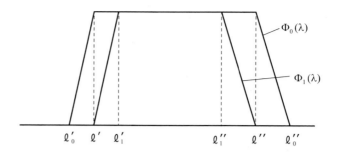

ℓ_0' 等の定義から明らかなる通り $\Phi_0(H_0)$, $\Phi_1(H_0)$ においては関数の $\ell_0' < \lambda < \ell_1'$, $\ell_1'' < \lambda < \ell_0''$ における値は関係しないから

(17.1) $$\Phi_0(H_0) = \Phi_1(H_0) = \Phi(H_0)$$

である. また $\Phi(\lambda)$ の定義から

$$\Phi(H_\alpha) = E_\alpha(\ell'') - E_\alpha(\ell')$$

であるから,我々は

(17.2) $$\Phi(H_\alpha) \Longrightarrow \Phi(H_0) \quad (\alpha \to 0)$$

を証明すればよい.

$\Phi_0(\lambda)$, $\Phi_1(\lambda)$ は連続で $\lambda \to \pm\infty$ において 0 となるから定理 16.1 を適用することができる.したがって (17.1) を考えれば

(17.3) $$\Phi_0(H_\alpha) \Longrightarrow \Phi_0(H_0) = \Phi(H_0) \quad (\alpha \to 0),$$

(17.4) $$\Phi_1(H_\alpha) \Longrightarrow \Phi_1(H_0) = \Phi(H_0) \quad (\alpha \to 0).$$

したがってまた

(17.5) $$\Phi_0(H_\alpha) - \Phi_1(H_\alpha) \Longrightarrow 0 \quad (\alpha \to 0).$$

他方において

$$\Phi_1(\lambda) \leqq \Phi(\lambda) \leqq \Phi_0(\lambda) \quad (-\infty < \lambda < \infty)$$

なることは明らかであるから

$$0 \leqq \Phi(\lambda) - \Phi_1(\lambda) \leqq \Phi_0(\lambda) - \Phi_1(\lambda) \qquad (-\infty < \lambda < \infty).$$

よって
$$|\Phi(\lambda) - \Phi_1(\lambda)| \leqq |\Phi_0(\lambda) - \Phi_1(\lambda)|$$

だから
$$\|(\Phi(H_\alpha) - \Phi_1(H_\alpha))f\|^2 = \int |\Phi(\lambda) - \Phi_1(\lambda)|^2 d(E_\alpha(\lambda)f, f)$$

等を考えれば任意の f に対し
$$\|(\Phi(H_\alpha) - \Phi_1(H_\alpha))f\| \leqq \|(\Phi_0(H_\alpha) - \Phi_1(H_\alpha))f\|$$

が成立し，したがって
$$|\Phi(H_\alpha) - \Phi_1(H_\alpha)| \leqq |\Phi_0(H_\alpha) - \Phi_1(H_\alpha)|.$$

(17.5) によりこの右辺は $\alpha \to 0$ のとき 0 に収束するから左辺も同様で
$$\Phi(H_\alpha) - \Phi_1(H_\alpha) \Longrightarrow 0.$$

これと (17.4) とから
$$\Phi(H_\alpha) - \Phi(H_0) \Longrightarrow 0, \qquad \Phi(H_\alpha) \Longrightarrow \Phi(H_0)$$

を得る，すなわち (17.2) が示された．

H_0 が下に有界ならば定理 15.1 により，十分小さい ℓ' をとればこれは H_0 の resolvent set に属し，かつ $\alpha = 0$ の近傍で
$$E_\alpha(\ell') = 0$$

とすることができる．よって直ちに結果を得る． □

2. この定理を用いて種々の関係をひき出すことができる．

定理 17.2 ℓ が H_0 の resolvent set に属すれば十分小さい α に対し [13] ℓ はまた H_α の resolvent set に属する [14]．

証明 [15] 仮定により

---

[13] 以後「$|\alpha|$ が十分小さい α」という意味で「十分小さい α」が用いられている．

[14] これは直接にも容易に証明される．

[15] ℓ が not real ならこれは明らかである．

$$\ell' < \ell < \ell'', \qquad E_0(\ell') = E_0(\ell) = E_0(\ell'')$$

なる ℓ', ℓ'' がある．かつ ℓ', ℓ'' 自身も H_0 の resolvent set に属するようにできる．これに対し定理 17.1 を適用すれば

$$E_\alpha(\ell'') - E_\alpha(\ell') \Longrightarrow E_0(\ell'') - E_0(\ell') = 0.$$

したがって α が十分小さければ

$$|E_\alpha(\ell'') - E_\alpha(\ell')| < 1$$

となる．$E_\alpha(\ell'') - E_\alpha(\ell')$ は射影 operator になるから，

$$E_\alpha(\ell'') - E_\alpha(\ell') = 0$$

となる．よって ℓ は $E_\alpha(\lambda)$ の constant interval にあるから H_α の resolvent set に属する． □

定理 17.3 [14] ℓ', ℓ'' が定理 17.1 のごとき実数ならば $E_\alpha(\ell'') - E_\alpha(\ell')$ は $\alpha = 0$ の近傍において連続 ($\mathbb{B}$) である．特に H_0 が半有界なるとき $E_\alpha(\ell)$ も同様である．

証明 $\alpha = 0$ において $E_\alpha(\ell'') - E_\alpha(\ell')$ が連続なることは既知である．定理 17.2 によれば，α が十分小さければ ℓ' も ℓ'' も H_α の resolvent set に属する．かかる範囲においては，$\alpha = 0$ の代りに $\alpha = \alpha$ に対して定理 17.1 が適用できることは明らかだから，$E_\alpha(\ell'') - E_\alpha(\ell')$ はその範囲で連続 ($\mathbb{B}$) である．H_0 が半有界なるときも全く同様である． □

定理 17.4 α のある区間において実数 ℓ'_α, ℓ''_α がともに α の連続関数であって，かつ H_α の resolvent set に属するならば $E_\alpha(\ell''_\alpha) - E_\alpha(\ell'_\alpha)$ は連続 ($\mathbb{B}$) である．特に H_0 が半有界ならば，α のある区間で連続な ℓ_α が H_α の resolvent set に属すれば $E_\alpha(\ell_\alpha)$ は連続 ($\mathbb{B}$) である．

証明 どの α も同じことであるから考える区間が $\alpha = 0$ を含むものとして $\alpha = 0$ において考える関数の連続性を示せばよい．一般の場合も全く同様である．

そこで ℓ'_0, ℓ''_0 がともに H_0 の resolvent set に属するものとする．まず ℓ'_0 について考えれば定理 17.2 の証明におけるごとく，$\mu' < \ell'_0 < \lambda'$ で

$$E_\alpha(\mu') = E_\alpha(\ell'_0) = E_\alpha(\lambda')$$

---

[14] 定理 17.3 は次の定理 17.4 の特別の場合であるが，証明は独立な形で書かれているようである．

が十分小さい α について成立するごとき μ', λ' がある．ℓ'_α は α の連続関数だから α が十分小さければ $\mu' < \ell'_\alpha < \lambda'$ となり

$$E_\alpha(\ell'_\alpha) = E_\alpha(\ell'_0)$$

が成立する．同様にして α が十分小さければ

$$E_\alpha(\ell''_\alpha) = E_\alpha(\ell''_0).$$

したがって α が十分小さければ

$$E_\alpha(\ell''_\alpha) - E_\alpha(\ell'_\alpha) = E_\alpha(\ell''_0) - E_\alpha(\ell'_0).$$

他方定理 17.1 により，$\alpha \to 0$ なら

$$E_\alpha(\ell''_0) - E_\alpha(\ell'_0) \Longrightarrow E_0(\ell''_0) - E_0(\ell'_0).$$

よって上の式により

$$E_\alpha(\ell''_\alpha) - E_\alpha(\ell'_\alpha) \Longrightarrow E_0(\ell''_0) - E_0(\ell'_0).$$

すなわち $E_\alpha(\ell''_\alpha) - E_\alpha(\ell'_\alpha)$ は $\alpha = 0$ において連続である．
H_0 が半有界なる場合も全く同様である． □

3. 定理 17.2 において ℓ が resolvent set に属する代りにスペクトルに属するときには相当する定理が成立しないことは容易に分かる．しかし次の定理は成立する：

定理 17.5 H_0 が開区間 $\lambda' < \lambda < \lambda''$ 内にスペクトルをもてば，十分小さい α に対し H_α も同じ区間内にスペクトルをもつ．

証明 仮定により

(17.6) $$E_0(\lambda'' - 0) - E_0(\lambda') \neq 0$$

である．もし定理が成立しないとすれば $\alpha_n \to 0$ $(n \to \infty)$ で

(17.7) $$E_{\alpha_n}(\lambda'' - 0) - E_{\alpha_n}(\lambda') = 0$$

なるごとき数列 α_n $(n = 1, 2, \cdots)$ がある．

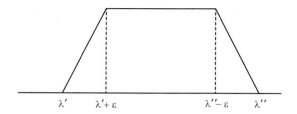

そこで図のごとき関数 $\Phi(\lambda)$ を定義する：

$$\Phi(\lambda) = \begin{cases} 1 & (\lambda' + \varepsilon \leq \lambda \leq \lambda'' - \varepsilon), \\ 0 & (\lambda \leq \lambda', \ \lambda \geq \lambda''), \\ \text{その中間では linear で連続} \end{cases}$$

ただし ε は十分小なる正数とする．この関数は定理 16.1 の仮定を満足するから

(17.8) $\qquad \Phi(H_\alpha) \Longrightarrow \Phi(H_0) \qquad (\alpha \to 0).$

$\Phi(\lambda)$ の形により

(17.9) $\qquad \Phi(H_\alpha) = \Phi(H_\alpha)\bigl(E_\alpha(\lambda'' - 0) - E_\alpha(\lambda')\bigr)$

が成立するから，$\alpha = \alpha_n$ とおけば (17.7) により $\Phi(H_{\alpha_n}) = 0$ となる．そこで (17.8) において $\alpha = \alpha_n$ として $n \to \infty$ を考えれば

(17.10) $\qquad \Phi(H_0) = 0$

を得る．

他方また $\Phi(\lambda)$ の形から

$$\Phi(H_\alpha)\bigl(E_\alpha(\lambda'' - \varepsilon) - E_\alpha(\lambda' + \varepsilon)\bigr) = E_\alpha(\lambda'' - \varepsilon) - E_\alpha(\lambda' + \varepsilon)$$

が成立するから，特に $\alpha = 0$ とおき (17.10) を考えれば

$$E_0(\lambda'' - \varepsilon) - E_0(\lambda' + \varepsilon) = 0$$

となる．ε は任意の正数だから $\varepsilon \to 0$ とすれば

$$E_0(\lambda'' - 0) - E_0(\lambda') = 0.$$

これは仮定 (17.6) に反する.　　　　　　　　　　　　　　　　　　□

4. 今度は resolvent set の個々の点でなく, 実軸上の resolvent set を構成する各区間が α とともにどう変化するかを調べる.

H_0 の resolvent set は open set であるから高々可附番個の開区間より成る[15]. 特にその区間の一端は $\pm\infty$ なることもあり得る. ただしこのようなことがおこるのは H_0 が半有界なる場合に限る. H_0 が下に有界ならばかかる区間の左端は $-\infty$ であり, 右端は §15 で導入した c_0 に他ならない. このとき H_α も下に有界であって, 相当する c_α は連続関数であった (§15). すなわち考える区間 $(-\infty, c_\alpha)$ は $\alpha \in \Delta$ の全体を通じて存在して連続的に変化するわけであり, その模様は明らかにされている. H_0 が上に有界なるときも全く同様である.

そこで以下我々はこのような場合を除き, H_α の resolvent set を構成する一つの区間をとり, それが α とともにどう変化するかを調べるに当たり, その両端ともに有限である場合を考えることにする. この場合どこから出発しても同じようにできるから簡単のために $\alpha = 0$ を出発点にえらぶ.

今 H_0 に対するこのような区間 $I_0 = (\lambda_0', \lambda_0'')$ をとる. これは $E_0(\lambda)$ の constant interval に他ならない. ただし我々はかかる区間をできる限り大きく取ったものとするからその両端 λ_0', λ_0'' は H_0 のスペクトルに属する. もちろんその内点は resolvent set に属する.

我々は I_0 を $\alpha \neq 0$ へ "接続" していくことを試みる.

I_0 の中点 $\frac{1}{2}(\lambda_0' + \lambda_0'')$ は H_0 の resolvent set に属するから, 定理 17.2 により α が十分小さければそれはまた H_α の resolvent set に属する. したがってそれは $E_\alpha(\lambda)$ の constant interval に属するから, それを含む最大の constant interval が定まる. これを $I_\alpha = (\lambda_\alpha', \lambda_\alpha'')$ とする. かくして $\alpha = 0$ のある近傍において $E_\alpha(\lambda)$ の constant interval I_α が定義され, これらはすべて $\frac{1}{2}(\lambda_0' + \lambda_0'')$ を含む.

任意の正数 ε に対し, それが十分小さければ $\lambda_0' + \varepsilon, \lambda_0'' - \varepsilon$ は H_0 の resolvent set に属するから, 定理 17.1 により

$$E_\alpha(\lambda_0'' - \varepsilon) - E_\alpha(\lambda_0' + \varepsilon) \Longrightarrow E_0(\lambda_0'' - \varepsilon) - E_0(\lambda_0' + \varepsilon).$$

右辺はもちろん 0 だから α が十分小さければ

$$|E_\alpha(\lambda_0'' - \varepsilon) - E_\alpha(\lambda_0' + \varepsilon)| < 1.$$

したがって $E_\alpha(\lambda_0'' - \varepsilon) - E_\alpha(\lambda_0' + \varepsilon)$ は 0 次元であり (定理 4.1 の系)

---

[15]「resolvent set と実軸との共通部分は高々可附番個の開区間より成る」の意.

$$E_\alpha(\lambda_0'' - \varepsilon) = E_\alpha(\lambda_0' + \varepsilon).$$

すなわち $\lambda_0' + \varepsilon, \lambda_0'' - \varepsilon$ は $E_\alpha(\lambda)$ の一つの constant interval に含まれる（少なくともその両端まで含めれば）．$\frac{1}{2}(\lambda_0' + \lambda_0'')$ は $\lambda_0' + \varepsilon, \lambda_0'' - \varepsilon$ の中間にあるから，この constant interval は I_α と一致せねばならぬ．換言すれば α が十分小さければ I_α は $(\lambda_0' + \varepsilon, \lambda_0'' - \varepsilon)$ を含むことになり

(17.11) $$\lambda_\alpha' \leqq \lambda_0' + \varepsilon, \qquad \lambda_\alpha'' \geqq \lambda_0'' - \varepsilon.$$

他方において λ_0' は H_0 のスペクトルに属するから，H_0 はもちろん開区間 $(\lambda_0' - \varepsilon, \lambda_0' + \varepsilon)$ にスペクトルをもつ．よって定理 17.5 により α が十分小さければ H_α は同じ区間にスペクトルをもつから，I_α は $\lambda_0' - \varepsilon$ までは拡がっていない．すなわち α が十分小さければ

(17.12) $$\lambda_\alpha' \geqq \lambda_0' - \varepsilon.$$

したがって α が十分小さければ (17.11), (17.12) がともに成立し

$$\lambda_0' - \varepsilon \leqq \lambda_\alpha' \leqq \lambda_0' + \varepsilon.$$

この式は

$$\lambda_\alpha' \to \lambda_0' \qquad (\alpha \to 0)$$

なることを示す．同様にして

$$\lambda_\alpha'' \to \lambda_0'' \qquad (\alpha \to 0).$$

我々はこれを

$$I_\alpha \to I_0 \qquad (\alpha \to 0)$$

と略記する．

すなわち I_α は $\alpha = 0$ において連続である．（$\lambda_\alpha', \lambda_\alpha''$ がともに連続なることを略して I_α が連続なりということにする．）I_α の定義された各点において上と同じことが成り立つことは明らかであるから，I_α はそれが定義された範囲において連続である．次の問題は I_α を α のできるだけ広い範囲に接続してゆくことである．

5. 以上により，$\alpha = 0$ から出発して，α のある近傍において I_α が定義されて α の連続関数になる．以下我々は $\alpha \geqq 0$ なる部分においてまず考え，I_α を右に接続して

ゆくことを考える[16]．

上のごとくまず I_α が定義された α の区間の上端を δ_0 とする[17]．而して

$$\alpha_1 = \frac{1}{2}\delta_0$$

とおいて，α_1 から出発して上と同じことを行う：I_{α_1} の中点 $\frac{1}{2}(\lambda'_{\alpha_1} + \lambda''_{\alpha_1})$ は H_{α_1} の resolvent set に属するから，定理 17.2 により α が α_1 に十分近ければそれは H_α の resolvent set に属する．かかる α の上端を δ_1 とすれば，4. におけると同じ方法で I_{α_1} から出発して H_α の constant interval $I_\alpha^{(1)}$ が，$\alpha_1 \leqq \alpha < \delta_1$ において定義されて連続である．この $I_\alpha^{(1)}$ が，上の区間と $\alpha < \delta_0$ との共通部分において最初の I_α と一致することは次のようにしてわかる．$I_{\alpha_1} = I_{\alpha_1}^{(1)}$ は $I_\alpha^{(1)}$ の定義だから明らかで，それらの作り方により

(17.13) $$\frac{1}{2}(\lambda'_0 + \lambda''_0), \qquad \frac{1}{2}(\lambda'_{\alpha_1} + \lambda''_{\alpha_1})$$

はともに I_{α_1} に含まれしたがって

(17.14) $$E_{\alpha_1}\Big(\frac{1}{2}(\lambda'_0 + \lambda''_0)\Big) = E_{\alpha_1}\Big(\frac{1}{2}(\lambda'_{\alpha_1} + \lambda''_{\alpha_1})\Big)$$

となる．而して $\alpha_1 \leqq \alpha < \delta_1, \alpha < \delta_0$ の共通部分では (17.13) はともに H_α の resolvent set に属することは，第一のものが I_α に，第二のものが $I_\alpha^{(1)}$ に属することから明らかである．よって定理 17.4 により

(17.15) $$E_\alpha\Big(\frac{1}{2}(\lambda'_0 + \lambda''_0)\Big) - E_\alpha\Big(\frac{1}{2}(\lambda'_{\alpha_1} + \lambda''_{\alpha_1})\Big)$$

は α の関数として連続 ($\mathbb{B}$) である．(17.13) の二つの数の大小により (17.15) あるいはその符号をかえたものが射影 operator であるから，定理 4.1 の系により (17.15) の次元数は常数であり，(17.14) によりこれは 0 でなければならぬ．すなわち (17.15) は 0 であるから，(17.13) は H_α の同一の constant interval に含まれる．よって $I_\alpha^{(1)} = I_\alpha$ でなければならない．

故にもし $\delta_1 > \delta_0$ ならば $I_\alpha^{(1)}$ は I_α を接続したものである．而して我々は $\alpha < \delta_1$ においてその全体を I_α で表してよい．これはもちろん連続である．

---

[16] このあと定理 17.6 にまとめられていることは，編注者は初めて知ることなので何人かの方に尋ねてみたがあまり知られていないことのようである．調べた範囲で文献にも見当たらない．

[17] $(\lambda'_0 + \lambda''_0)/2$ が H_α の resolvent set に属するような α の集合を仮に A とする．A は開集合で 0 を含む．0 を含み A に含まれる最大の開区間の上端が δ_0 である．$\delta_0 = \infty$ のこともあるが，そのときは §17.5 以降の議論をする必要はない．

もし $\delta_1 \leqq \delta_0$ であるならば，我々は改めて δ_0 を δ_1 と書く．するといずれの場合にも $\delta_1 \geqq \delta_0$ となり，I_α は $\alpha < \delta_1$ において定義されて連続である．

次に
$$\alpha_2 = \delta_1 - \frac{1}{2^2}\delta_0$$

とおいて同様の方法を行う：I_{α_2} の中点は H_{α_2} の resolvent set に属するから，定理 17.2 により，α が十分 α_2 に近ければそれはまた H_α の resolvent set に属する．これより前と同様に I_α の接続が定義されそれが実際に δ_1 を超えて定義されればその範囲の右端を δ_2 とし而らざれば $\delta_1 = \delta_2$ とおく．かくして $\delta_2 \geqq \delta_1$ であり I_α は $\alpha < \delta_2$ において定義されて連続となる．次に

$$\alpha_3 = \delta_2 - \frac{1}{2^3}\delta_0$$

とおいて同様な方法を続ける．かくのごとくして数列 δ_n, α_n が得られ

(17.16) $$\alpha_n = \delta_{n-1} - \frac{1}{2^n}\delta_0,$$

$$\delta_n \geqq \delta_{n-1}, \qquad したがって \qquad \alpha_n > \alpha_{n-1}$$

となり，I_α は $\alpha < \delta_n$ において定義されて連続となる．

δ_n は増加数列であり，また $\delta_{n-1} - \alpha_n = \frac{1}{2^n}\delta_0$ であるから，δ_n も α_n も同一の極限値に収束する．これを δ とする．もちろん δ は ∞ になることもある[16]．

$\alpha < \delta$ ならば I_α は定義されて連続なることは明らかである．$\delta = \infty$ ならば I_α はすべての α の正値に対し定義されて連続である．

$\delta < \infty$ ならば $\alpha \to \delta$ のとき I_α はどんな風になるであろうか？ もちろん δ が Δ の右端と一致するときはこれ以上考えられない．以下，$\delta \in \Delta$ として考える．

6. $I_\alpha = (\lambda'_\alpha, \lambda''_\alpha)$ として $\alpha \to \delta \ (\alpha < \delta)$ のとき

(17.17) $$\begin{cases} \overline{\lim} \lambda'_\alpha = \overline{\lambda}', & \underline{\lim} \lambda'_\alpha = \underline{\lambda}', \\ \overline{\lim} \lambda''_\alpha = \overline{\lambda}'', & \underline{\lim} \lambda''_\alpha = \underline{\lambda}'' \end{cases}$$

とする．もちろんこれらは $\pm\infty$ になるかもしれない．明らかに，

(17.18) $$\underline{\lambda}' \leqq \overline{\lambda}', \qquad \underline{\lambda}'' \leqq \overline{\lambda}'', \qquad \overline{\lambda}' \leqq \overline{\lambda}'', \qquad \underline{\lambda}' \leqq \underline{\lambda}''$$

である．我々は，実は

(17.19) $$\overline{\lambda}' = \overline{\lambda}'', \qquad \underline{\lambda}' = \underline{\lambda}''$$

---

[16] もちろんかかることは H_α が hypermax. なる範囲 Δ の右端が ∞ なる場合に限っておこる．

であることを示そう.

仮に $\overline{\lambda}' < \overline{\lambda}''$ であるとしてみれば, 適当な数列 $\beta_n \to \delta$ $(n \to \infty)$ $(\beta_n < \delta)$ $(n = 1, 2, \cdots)$ に対し

$$\lambda''_{\beta_n} \to \overline{\lambda}''$$

が成立するから,

$$\varlimsup_{n \to \infty} \lambda'_{\beta_n} \leqq \varlimsup_{\alpha \to \delta} \lambda'_\alpha = \overline{\lambda}' < \overline{\lambda}''$$

により, 任意の ε をとるも, 十分大なる n をとれば

(17.20) $\qquad \lambda'_{\beta_n} \leqq \overline{\lambda}' + \varepsilon, \qquad \overline{\lambda}'' - \varepsilon \leqq \lambda''_{\beta_n}$

が成立する. 今十分 ε を小さくとって

$$\overline{\lambda}' + 2\varepsilon < \overline{\lambda}'' - 2\varepsilon$$

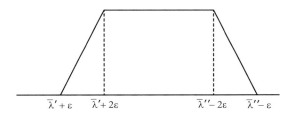

ならしめ, 例のごとく図のごとき関数 $\Phi(\lambda)$ を作る. すなわち $\Phi(\lambda)$ は $[\overline{\lambda}'+2\varepsilon, \overline{\lambda}''-2\varepsilon]$ で 1 となり, $(\overline{\lambda}'+\varepsilon, \overline{\lambda}''-\varepsilon)$ の外では 0 となり, その中間で連続かつ linear なるものとする. (17.20) によれば $(\overline{\lambda}'+\varepsilon, \overline{\lambda}''-\varepsilon)$ なる区間は I_{β_n} に含まれるから, H_{β_n} の constant interval であり, したがって

(17.21) $\qquad\qquad\qquad \Phi(H_{\beta_n}) = 0.$

他方 $\Phi(\lambda)$ は定理 16.1 の仮定を満足するから

(17.22) $\qquad\qquad\qquad \Phi(H_{\beta_n}) \Longrightarrow \Phi(H_\delta) \quad (n \to \infty)$

により ($\delta \in \Delta$ と仮定していることに注意!)

(17.23) $\qquad\qquad\qquad \Phi(H_\delta) = 0$

となる． $\Phi(H_\delta)\bigl(E_\delta(\overline{\lambda}'' - 2\varepsilon) - E_\delta(\overline{\lambda}' + 2\varepsilon)\bigr) = E_\delta(\overline{\lambda}'' - 2\varepsilon) - E_\delta(\overline{\lambda}' + 2\varepsilon)$ が成り立つから

$$E_\delta(\overline{\lambda}'' - 2\varepsilon) - E_\delta(\overline{\lambda}' + 2\varepsilon) = 0.$$

これが任意の ε に対して成立するから $\varepsilon \to 0$ とすれば

(17.24) $$E_\delta(\overline{\lambda}'' - 0) = E_\delta(\overline{\lambda}').$$

この式は $(\overline{\lambda}', \overline{\lambda}'')$ が $E_\delta(\lambda)$ の constant interval なることを示す．

　この interval を含む $E_\delta(\lambda)$ の最大の constant interval を J_δ とすれば，J_δ から出発して 4. のごとくして δ の近傍において J_α を定義することができる．ただし J_δ の中点をとる代りに，J_δ の内点たることが知れている $\frac{1}{2}(\overline{\lambda}' + \overline{\lambda}'')$ をとり，4. と同様な方法を行えば $\alpha = \delta$ の近傍で J_α が定義されて連続である．特にその中 $\alpha < \delta$ なる半近傍を考えればここでは前述により I_α も定義されていて，α としては十分大なる n に対する β_n をとることができる．(17.20) により I_{β_n} は $\frac{1}{2}(\overline{\lambda}' + \overline{\lambda}'')$ を含むから J_{β_n} と共通点を有し，したがって一致せねばならない．

　しかるに二つの連続な I_α, J_α があってそれらが一点で一致すれば，両方とも連続な範囲で到る所これらは一致せねばならない．なぜならば，この一致する α の値を α_0 とし，$\alpha > \alpha_0$ で $I_\alpha \neq J_\alpha$ の成立する点があればその下限を α' としてみる．$\alpha' = \alpha_0$ ならもちろん $I_{\alpha'} = J_{\alpha'}$ であるし，$\alpha' > \alpha_0$ なら $\alpha_0 \leqq \alpha < \alpha'$ において $I_\alpha = J_\alpha$ だから両方とも連続なることからやはり $I_{\alpha'} = J_{\alpha'}$ である．I_α も J_α も α' で連続だから $|\alpha - \alpha'|$ が十分小さければともに $I_{\alpha'} = J_{\alpha'}$ の中点を含む．したがって $I_\alpha = J_\alpha$ となる．これは α' の意味に反する．したがって I_α, J_α ともに連続なる範囲においては $I_\alpha = J_\alpha$ でなければならない．

　我々の場合に戻れば I_α と J_α は $\alpha = \delta$ の適当な近傍でかつ $\alpha < \delta$ なる部分においてともに連続でかつ少くも一点 β_n で一致するから，実はそこで到る所一致せねばならない．J_δ の方は $\alpha = \delta$ をも含めて連続なのだからこれより結局 $\alpha \to \delta$ のとき $I_\alpha \to J_\delta$ となる [17]．

　したがって $\alpha < \delta$ で α が δ に十分近ければ λ'_α は $\overline{\lambda}'$ の近所にあり，λ''_α は $\overline{\lambda}''$ の近所にあり，$\frac{1}{2}(\lambda'_\alpha + \lambda''_\alpha)$ は $\frac{1}{2}(\overline{\lambda}' + \overline{\lambda}'')$ の近所にあり，これら三つの範囲は互いに重ならず分離している．5. の α_n は $\alpha_n \to \delta$ だから十分大なる n をとれば，$\frac{1}{2}(\lambda'_{\alpha_n} + \lambda''_{\alpha_n})$ は $\alpha_n \leqq \alpha < \delta$ なるすべての α に対する I_α および J_δ の内部にあるようにできることになる．すなわち $\frac{1}{2}(\lambda'_{\alpha_n} + \lambda''_{\alpha_n})$ は $\alpha_n \leqq \alpha \leqq \delta$ なる α に対し H_α の resolvent set に属する．したがってまた δ より大なる δ' があって，それは $\alpha_n \leqq \alpha < \delta'$ なる α に対して H_α の resolvent set に属する（定理 17.2）．換言すれば，δ は 5. の手続

---

[17] したがって $\underline{\lambda}' = \overline{\lambda}' = \lim_{\alpha \to \delta} \lambda'_\alpha$, $\underline{\lambda}'' = \overline{\lambda}'' = \lim_{\alpha \to \delta} \lambda''_\alpha$ が成立することになる．

において α_n から出発して I_α を拡張定義し得る範囲内にあることになるから $\delta < \delta_n$ となり，これは δ の定義に反する．

したがって $\overline{\lambda}' < \overline{\lambda}''$ は矛盾を生ずるから (17.19) の第一式が成立する．

全く同様にして第二式も成立する．

7. 以上により，$\delta \in \Delta$ ならば (17.19)，すなわち

$$\varlimsup_{\alpha \to \delta} \lambda'_\alpha = \varlimsup_{\alpha \to \delta} \lambda''_\alpha, \qquad \varliminf_{\alpha \to \delta} \lambda'_\alpha = \varliminf_{\alpha \to \delta} \lambda''_\alpha$$

なることが分かった．我々はこれをそれぞれ $\overline{\lambda}, \underline{\lambda}$ で表すことにする．粗く言えば $\alpha \to \delta$ のとき $\lambda'_\alpha, \lambda''_\alpha$ は同一の範囲を振動するわけである．もちろんその振幅が 0 であることもある．

今度は $\alpha_n \to \delta$ $(n \to \infty)$ $(\alpha_n < \delta)$ $(n = 1, 2, \cdots)$ なる数列をとって[18]

$$\lambda'_{\alpha_n} \to \overline{\lambda} \quad (n \to \infty)$$

ならしめることができる．$\lambda''_{\alpha_n} > \lambda'_{\alpha_n}$ だから

$$\varlimsup_{n \to \infty} \lambda''_{\alpha_n} \geqq \overline{\lambda}, \qquad \varliminf_{n \to \infty} \lambda''_{\alpha_n} \geqq \overline{\lambda}.$$

他方 $\varlimsup_{\alpha \to \delta} \lambda''_\alpha = \overline{\lambda}$ だから実は

$$\lambda''_{\alpha_n} \to \overline{\lambda} \quad (n \to \infty)$$

となり

$$\lambda''_{\alpha_n} - \lambda'_{\alpha_n} \to 0 \quad (n \to \infty).$$

区間 I の巾を一般に $|I|$ で表すことにすれば，上式は

$$|I_{\alpha_n}| \to 0 \quad (n \to \infty)$$

なることを表す．

したがって $\alpha \to \delta$ なら $|I_\alpha|$ は 0 に収束する部分列を含む．したがって I_α を $\alpha = \delta$ を超えて連続に接続することは不可能である．なぜなら I_α はその性質上 $|I_\alpha| > 0$ でなければならないから．この意味において我々の到達した δ は自然的な限界である．

次に閉区間 $[\underline{\lambda}, \overline{\lambda}]$ を考えてみよう．$\underline{\lambda} = \overline{\lambda}$ なるときは，それは一点になる．我々は $[\underline{\lambda}, \overline{\lambda}]$ が全部 H_δ のスペクトルよりなることを示そう．

もし $[\underline{\lambda}, \overline{\lambda}]$ が一点でなく H_δ の resolvent set の点を含めば，それは内部に H_δ の

[18] 今度は前の α_n と異なる別の α_n である．

resolvent set の点を含む（resolvent set は open set だから）．これを ℓ とすれば定理 17.2 により，α が十分 δ に近ければ ℓ は H_α の resolvent set に属する．他方 λ'_α は $\alpha < \delta$ なら α の連続関数であって $\alpha \to \delta$ のとき $\underline{\lambda}, \overline{\lambda}$ の間を振動するのだから，どんなに δ に近い所においても $\underline{\lambda}, \overline{\lambda}$ の間にある ℓ を無限回通過する．しかるに λ'_α は H_α のスペクトルに属し，ℓ は H_α の resolvent set に属するのだからこれは矛盾である．よって $\underline{\lambda} < \overline{\lambda}$ なら $[\underline{\lambda}, \overline{\lambda}]$ はことごとく H_δ のスペクトルに属する．

もし $\underline{\lambda} = \overline{\lambda}$ でそれが H_δ の resolvent set に属するとすれば，$\ell' < \underline{\lambda} = \overline{\lambda} < \ell''$ なる適当な ℓ', ℓ'' をとれば $E_\delta(\ell') = E_\delta(\ell'')$ でかつ ℓ', ℓ'' が H_δ の resolvent set に属するようにできる．したがって定理 17.1 により $\alpha \to \delta$ なら $E_\alpha(\ell'') - E_\alpha(\ell') \Longrightarrow E_\delta(\ell'') - E_\delta(\ell') = 0$ となるから度々の論法により α が十分小さければ $E_\alpha(\ell') = E_\alpha(\ell'')$ で (ℓ', ℓ'') は H_α の constant interval となる．しかるに $\alpha \to \delta$ なら $\lambda'_\alpha \to \underline{\lambda}$ だから α が十分小さければ λ'_α は (ℓ', ℓ'') 内に入るが，λ'_α は H_α のスペクトルに属するからこれは矛盾である．したがってこの場合も $\underline{\lambda} = \overline{\lambda}$ は H_δ のスペクトルに属する．

以上の結果をまとめると次のようになる：

定理 17.6 H_0 の constant interval $I_0 = (\lambda'_0, \lambda''_0)$（$\lambda'_0, \lambda''_0$ 有限）が与えられたとき，これを連続に α の関数として $\alpha \gtreqless 0$ に接続することができる．$\alpha \geqq 0$ で考えれば次の二つの場合が可能である：

1°．H_α が hypermax. なる範囲 Δ 全体にわたって接続ができる．

2°．H_α が hypermax. なる範囲 Δ 内に自然的限界があって，それをこえて連続的に接続することはできない．α がこの限界に近づくとき，I_α の上端も下端も同一の範囲 $[\underline{\lambda}, \overline{\lambda}]$ を振動する [18]．$[\underline{\lambda}, \overline{\lambda}]$ はこの限界の α に対する H_α のスペクトルのみから成る．

$\alpha \leqq 0$ なる部分においても全く同様な二つの場合がある．

注意 前述のごとく，$\lambda'_0 = -\infty$ または $\lambda''_0 = +\infty$ の場合はもっと簡単であって，常に 1° に相当する場合のみがおこるわけである（§15）．

§14.4 の例では 1° の場合のみがおこるのみならず $|I_\alpha| \to 0$ $(\alpha \to -1)$ となることは明らかである．しかし一般に，1° が起こるときには $|I_\alpha| \to 0$，あるいは $\varliminf |I_\alpha| = 0$ とは限らない（α が Δ の限界に近づくとき）．これは簡単な例によって示すことができる [19] がここでは略す [19]．

---

[19] §46, 例 2 はそのよき例である．ただしそこで $\alpha = 0$ から出発せず $\alpha > 0$ なる点から出発して $\alpha \to 0$ なるときを考える（そこでは Δ の左端が 0 になる）．

[18] 今までの叙述から分かるように，区間 $[\underline{\lambda}, \overline{\lambda}]$ の中で振動するという意味ではない．振動して振動の下端は $\underline{\lambda}$ に，上端は $\overline{\lambda}$ に近づくという感じである．

[19] 定理 17.6 の 2° の場合で $\underline{\lambda} < \overline{\lambda}$ であるような実例が作れるのか編注者には分からない．（一般の形の H_α で H_α が強連続（任意の f に対して $H_\alpha f$ が連続）の条件の下なら簡単な例が作れる．）

§18 正常固有値群の変化

1. 前§の結果を応用して応用上最も重要な孤立固有値が α とともにどう変化するかを調べる.

一般に hypermax. operator の固有値が孤立していて（すなわち閉集合たるスペクトルの孤立点なること），かつ有限の多重度をもつとき，これを<u>正常固有値</u>と呼ぶことにする．而してその点と，残りのスペクトルとの距離をその<u>孤立度</u>と呼ぶことにする．§5.4 にのべた水素型スペクトルの低位固有値はすべて正常固有値である．

我々は H_0 がいくつかの正常固有値を有しこれらは相並んでいるものとする．換言すれば λ のある区間があって，その中には H_0 の正常固有値が有限個ある外 H_0 のスペクトルがないものとする．我々はこれらの固有値を

$$(18.1) \qquad \mu_{01} < \mu_{02} < \cdots < \mu_{0n}$$

とし，その多重度をそれぞれ

$$(18.2) \qquad m_1, m_2, \cdots, m_n$$

とする．その和

$$(18.3) \qquad m = m_1 + \cdots + m_n$$

を固有値群の<u>全多重度</u>と呼ぶことにする．尚このような正常固有値の集まりを<u>正常固有値群</u>と呼ぶことにする．

(18.1) よりも大なる部分にある H_0 のスペクトルの下限を λ_0'', (18.1) よりも小さい部分にある H_0 のスペクトルの上限を λ_0' とすれば

$$(18.4) \qquad \lambda_0' < \mu_{01}, \qquad \mu_{0n} < \lambda_0''$$

であって仮定により $(\lambda_0', \lambda_0'')$ 内には (18.1) 以外のスペクトルはない．我々は λ_0', λ_0'' を考える正常固有値群の下境界および上境界，合わせて単に境界と呼ぶ．λ_0', λ_0'' は H_0 のスペクトルに属し

$$(18.5) \qquad \dim\bigl(E_0(\lambda_0'' - 0) - E_0(\lambda_0')\bigr) = m$$

である．λ_0', λ_0'' はそれ自身 H_0 の正常固有値である場合もある．かかる場合にはそ

れを (18.1) に加えて考える正常固有値群を増大することができるが, 我々は n を有限と考えているから, この方法は無制限に続けることができない. 例えば H_0 が水素原子の Hamiltonian operator である場合には, 負の部分に無数の正常固有値が並んでいるが, それらを同時に考えることは困難なので, その中の n 個をとれば, λ_0'' に相当するものは常にそれ自身正常固有値である.

尚 λ_0', λ_0'' の一方は $-\infty$ または ∞ であることもある. H_0 が水素型なら $\lambda_0' = -\infty$ ととることができる.

我々は α が 0 から出発して変化するときこれらの正常固有値群がどう変ってゆくかを調べるのが目的である.

2. 二つの開区間

$$(18.6) \qquad I_0' = (\lambda_0', \mu_{01}), \qquad I_0'' = (\mu_{0n}, \lambda_0'')$$

は §17.4 以下で述べたごとき constant interval であるから, これに対して同所の理論を適用することができる. 我々はまず $\alpha \geq 0$ において考え, I_0', I_0'' を接続して行ったものとする. そうすると定理 17.6 に述べたごとき意味において, α の自然的限界 δ', δ'' に到達する. ただし同定理の 1° の場合が起こるならば相当する δ' または δ'' は, Δ の端の点を意味することにする. 例えば $\lambda_0' = -\infty$ なら δ' は確かにそうである[20].

もし δ', δ'' がともに Δ の端に一致すれば, I_0', I_0'' は $\alpha \geq 0$ でかつ Δ 内到る所連続な I_α', I_α'' に接続されたことになる[20]. したがって I_α', I_α'' の内点にそれぞれ ℓ_α', ℓ_α'' をえらび, ともに α の連続関数ならしめることができる (I_α' 等が有限なら ℓ_α' 等はその中点とすればよい. もし $\lambda_0' = -\infty$ なら, 例えば ℓ_α' を I_α' の右端から一定距離だけ左の点とすればよい). したがって定理 17.4 により $E_\alpha(\ell_\alpha'') - E_\alpha(\ell_\alpha')$ は α の連続 ($\mathbb{B}$) な関数となるから, 定理 4.1 の系によりその次元数は const. である. $\alpha = 0$ のときそれは m に等しいから, 常に

$$(18.7) \qquad \dim\bigl(E_\alpha(\ell_\alpha'') - E_\alpha(\ell_\alpha')\bigr) = m$$

である. このことは H_α が I_α', I_α'' で挟まれた部分に多重度を考えて m 個の固有値を有することを示す (m は有限だから $E_\alpha(\lambda)$ は考える部分で不連続的にのみ変化せざるを得ず, 点スペクトルのみを有するから). したがってこれらの固有値はすべて正常固有値であって, 1. においてのべた意味において正常固有値群をなし, その境界は λ_α', λ_α'' である. ただし

---

[20] 同定理の後の注意参照.

[20] すぐ後の補遺も参照.

(18.8) $$I'_\alpha = (\lambda'_\alpha, \mu'_\alpha), \qquad I''_\alpha = (\mu''_\alpha, \lambda''_\alpha)$$

により $\lambda'_\alpha, \lambda''_\alpha$ を定義する．$\mu'_\alpha, \mu''_\alpha$ はこの固有値群の中それぞれ最小のものおよび最大のものになるわけである．特に $\mu'_0 = \mu_{01}, \mu''_0 = \mu_{0n}$ である．

$\lambda'_\alpha, \lambda''_\alpha$ は α の連続関数であるから

(18.9) $$I_\alpha = (\lambda'_\alpha, \lambda''_\alpha)$$

とおけば I_α も連続である．よって連続な I_α が定義されて H_α はその中に全多重度 m なる正常固有値群を有することとなり，事態は十分明らかになった．尚これらの固有値群も連続的に変化するのみならず，実は α の解析関数になるのであるが，これは次章で論ずる．

補遺 I'_α, I''_α は別々に定義されたものだからまず

(18.10) $$I'_\alpha < I''_\alpha$$

なることを示しておかねばならなかった．ただしこの式の意味は，I'_α に属する任意の数が，I''_α のそれより小さいこと，換言すれば区間 I'_α が区間 I''_α より左にあることを表す．もちろん両者は境を接してもよい．

(18.10) は $\alpha = 0$ なら確かに成立している．もし (18.10) の成立しない点があればその下限がある（もちろん $\alpha \geqq 0$ で考えている）．これを α_0 とすれば，I'_α, I''_α の連続性により (18.10) は $\alpha = \alpha_0$ で成立している．換言すれば

$$\lambda'_{\alpha_0} < \mu'_{\alpha_0} \leqq \mu''_{\alpha_0} < \lambda''_{\alpha_0}$$

である．α_0 の意味により，α_0 より大で α_0 にいくらでも近い所に $\mu'_\alpha > \mu''_\alpha$ なる α がある．他方 $\lambda'_\alpha, \lambda''_\alpha$ の連続性により，α が α_0 に十分近ければ $\lambda'_\alpha < \lambda''_\alpha$ である．したがって α_0 に十分近く I'_α, I''_α が重なり合うごとき α がある．I'_α, I''_α の定義によりこれらは一致せねばならず $\lambda'_\alpha = \mu''_\alpha, \mu'_\alpha = \lambda''_\alpha$ となるが，これは $\lambda'_\alpha, \mu''_\alpha$ 等が連続で $\lambda'_{\alpha_0} < \mu''_{\alpha_0}$ なることに反する．よって (18.10) は常に成立している．

3. 次に δ' または δ'' の少なくとも一方が Δ の内点になる場合を考える．この場合をさらに $\delta' = \delta''$ なる場合と $\delta' \neq \delta''$ なる場合に分かつ．ここではまず $\delta' = \delta''$ の場合を考える．

このとき $\alpha < \delta'$ なら I'_α, I''_α がともに定義されて連続だから，2. と全く同一の考察が適用できて，(18.9) により定義された I_α も連続でその中に全多重度 m なる H_α の正常固有値群が存在することがわかる．

問題は $\alpha \to \delta'$ なるときの有様である.

定理 17.6 によれば $\alpha \to \delta'$ のとき I'_α の上端下端はともに共通なある区間 $[\underline{\lambda}', \overline{\lambda}']$ を振動し, 同様に I''_α は区間 $[\underline{\lambda}'', \overline{\lambda}'']$ を振動し, これらの閉区間はすべて $H_{\delta'}$ のスペクトルのみから成る.

$\underline{\lambda}'$ 等の意味は詳しくかけば $\alpha \to \delta'$ のとき

(18.11)
$$\begin{cases} \underline{\lim} \lambda'_\alpha = \underline{\lim} \mu'_\alpha = \underline{\lambda}', & \overline{\lim} \lambda'_\alpha = \overline{\lim} \mu'_\alpha = \overline{\lambda}', \\ \underline{\lim} \mu''_\alpha = \underline{\lim} \lambda''_\alpha = \underline{\lambda}'', & \overline{\lim} \mu''_\alpha = \overline{\lim} \lambda''_\alpha = \overline{\lambda}'' \end{cases}$$

である. したがって

(18.12)
$$\underline{\lambda}' \leqq \overline{\lambda}', \quad \underline{\lambda}'' \leqq \overline{\lambda}'', \quad \underline{\lambda}' \leqq \underline{\lambda}'', \quad \overline{\lambda}' \leqq \overline{\lambda}''$$

であるが, このとき次の二つの場合だけが可能である:

i) $\underline{\lambda}' = \overline{\lambda}'$, $\underline{\lambda}'' = \overline{\lambda}''$, 換言すれば I'_α, I''_α はそれぞれ一点に収縮する.

ii) $\overline{\lambda}' = \overline{\lambda}''$, $\underline{\lambda}' = \underline{\lambda}''$, 換言すれば I'_α, I''_α の四つの端はすべて同一の区間を振動する[21]).

次にこの二つの場合だけしか可能でないことを示そう.

そのためにまず $\underline{\lambda}'' < \overline{\lambda}''$ ならば $\overline{\lambda}' = \overline{\lambda}''$ でなければならぬことを示そう.

もし $\overline{\lambda}' < \overline{\lambda}''$ であると仮定すれば §17.6 とほとんど同様な考察があてはまる. 類似を明瞭にするために我々の I_α をとって考えれば (18.11) は (17.17) と同じであり, ただ我々の I_α が §17 の I_α と異なるのは, そこでは I_α は $E_\alpha(\lambda)$ の constant interval であったのに対し, 今度は I_α が全多重度 m の固有値を含むことだけである. したがって今度は (17.21) は成立しないが, その代り次のように考えればよい. 一般に (17.21) における関数 $\Phi(\lambda)$ は次の性質をもつ:H を任意の hypermax. operator, その単位分解を $E(\lambda)$ とすれば

$$\Phi(H)\bigl(E(\overline{\lambda}'' - \varepsilon) - E(\overline{\lambda}' + \varepsilon)\bigr) = \Phi(H),$$
$$\Phi(H)\bigl(E(\overline{\lambda}'' - 2\varepsilon) - E(\overline{\lambda}' + 2\varepsilon)\bigr) = E(\overline{\lambda}'' - 2\varepsilon) - E(\overline{\lambda}' + 2\varepsilon)$$

の成立することは容易にわかるから, $\Phi(H)$ は §4.4 の意味において

$$E(\overline{\lambda}'' - 2\varepsilon) - E(\overline{\lambda}' + 2\varepsilon), \qquad E(\overline{\lambda}'' - \varepsilon) - E(\overline{\lambda}' + \varepsilon)$$

の間にある. しかるに (17.22) によれば n が十分大なるとき

$$|\Phi(H_{\beta_n}) - \Phi(H_\delta)| < 1$$

---

[21]) したがって $\alpha < \delta'$ において確かに I_α 内に存在する全多重度 m の正常固有値群もすべてこの区間を振動する.

であるから，定理 4.2 により

(18.13) $\quad \dim(E_\delta(\overline{\lambda}'' - 2\varepsilon) - E_\delta(\overline{\lambda}' + 2\varepsilon)) \leqq \dim(E_{\beta_n}(\overline{\lambda}'' - \varepsilon) - E_{\beta_n}(\overline{\lambda}' + \varepsilon))$

となる．§17 においてはこの右辺は 0 であるから左辺も 0 となったが，今度は（δ の代りに δ' をとって）右辺の次元数は m を超えないから

(18.14) $\quad \dim(E_{\delta'}(\overline{\lambda}'' - 2\varepsilon) - E_{\delta'}(\overline{\lambda}' + 2\varepsilon)) \leqq m$

なる結果を得る．これが任意の ε に対して成立するから

(18.15) $\quad \dim(E_{\delta'}(\overline{\lambda}'' - 0) - E_{\delta'}(\overline{\lambda}')) \leqq m$

となる．

しかるに定理 17.6 によれば区間 $[\underline{\lambda}'', \overline{\lambda}'']$ は $H_{\delta'}$ のスペクトルのみより成る．今この区間は一点ではないとしたから，この区間はほとんどすべての点が[22] $H_{\delta'}$ の連続スペクトルに属する．今また $\overline{\lambda}' < \overline{\lambda}''$ としているから区間 $(\overline{\lambda}', \overline{\lambda}'')$ は $(\underline{\lambda}'', \overline{\lambda}'')$ と共通点をもち，したがってその中には $H_{\delta'}$ の連続スペクトルが無数にあるはずであるが，これは (18.15) に矛盾する．

かくして $\underline{\lambda}'' < \overline{\lambda}''$ なら $\overline{\lambda}' = \overline{\lambda}''$ なることが分かった．

しかるにこのとき，$\underline{\lambda}' \leqq \underline{\lambda}''$ により，$\underline{\lambda}' < \overline{\lambda}'' = \overline{\lambda}'$ すなわち $\underline{\lambda}' < \overline{\lambda}'$ となるから，上と全く同じ理由により（あるいはまた H_α の代りに $-H_\alpha$ を考えることにより）$\underline{\lambda}' = \underline{\lambda}''$ でなければならない．すなわち $\underline{\lambda}'' < \overline{\lambda}''$ なら $\underline{\lambda}' < \overline{\lambda}'$ で ii) の場合が成立する．したがってまた同様に $\underline{\lambda}' < \overline{\lambda}'$ なら $\underline{\lambda}'' < \overline{\lambda}''$ で ii) が成立する．

したがって $\underline{\lambda}'' = \overline{\lambda}''$ なら $\underline{\lambda}' = \overline{\lambda}'$ でなければならない．これは i) の場合である．

かくして i), ii) の場合だけが可能であることがわかった．

ii) の場合には §17 と全く同様にして $\alpha \to \delta'$ のとき $\underline{\lim} |I_\alpha| = 0$ となるから極めて特異性が高いわけであって，一般には δ' をこえて先へ考察を進めることは不可能である．その中特に $\underline{\lambda}'' < \overline{\lambda}''$ なるとき，すなわち真に振動がおこる場合を <u>特異な場合</u> と呼ぶことにする[23]．

i) の場合には I'_α も I''_α もそれぞれ一点に収束するからかような特異性はこれらの二点が一致しない限りおこらない．これらの二点が一致するときには $\lim |I_\alpha| = 0$ であるから，やはり一般にはこれ以上考えを進めることができない．

残る所は i) において I'_α, I''_α が相異る二点に収束する場合である．これらの二点をそれぞれ $\lambda' (= \underline{\lambda}' = \overline{\lambda}'), \lambda'' (= \underline{\lambda}'' = \overline{\lambda}'')$ とすれば，$H_{\delta'}$ は区間 (λ', λ'') には高々有限個の固有値しかもたない．詳しく言えば

[22] もし固有値があればそれを除いて．

[23] 後にわかるように (§28) このときは $\alpha = \delta$ が関数論的な意味において特異点になる．

$$(18.16) \qquad \dim(E_{\delta'}(\lambda'' - 0) - E_{\delta'}(\lambda')) \leqq m - 2$$

である[24]．特に左辺は 0 になるかもしれない．

これを証明するには，今の場合は $\alpha \to \delta'$ のとき

$$(18.17) \qquad \lambda'_\alpha \to \lambda', \qquad \lambda''_\alpha \to \lambda'', \qquad \lambda' < \lambda''$$

であるから $\lambda' = \overline{\lambda'}, \lambda'' = \overline{\lambda''}$ に注意すれば先に考えた場合に相当し (18.13) が成立する．しかも (18.17) により部分列 β_n と限らず一般に $\alpha < \delta'$ で α が十分 δ' に近ければ

$$(18.18) \quad \dim(E_{\delta'}(\lambda'' - 2\varepsilon) - E_{\delta'}(\lambda + 2\varepsilon)) \leqq \dim(E_\alpha(\lambda'' - \varepsilon) - E_\alpha(\lambda' + \varepsilon))$$

が成立する．しかるにどんな $\varepsilon > 0$ に対しても，$I'_\alpha \to \lambda', I''_\alpha \to \lambda''$ を考えれば[25]，α が十分 δ' に近づけば I'_α, I''_α は区間 $[\lambda' + \varepsilon, \lambda'' - \varepsilon]$ の外に出てしまう．而して H_α は I'_α と I''_α との間に全多重度 m の固有値をもつだけであり，しかも I'_α の上端，I''_α の下端はスペクトル，したがって固有値であることを考えれば，α が十分小さければ $[\lambda' + \varepsilon, \lambda'' - \varepsilon]$ に H_α は高々 $m - 2$ なる全多重度の固有値群をもつにすぎない．すなわち

$$\dim(E_\alpha(\lambda'' - \varepsilon) - E_\alpha(\lambda' + \varepsilon)) \leqq m - 2.$$

したがって (18.18) により

$$(18.19) \qquad \dim(E_{\delta'}(\lambda'' - 2\varepsilon) - E_{\delta'}(\lambda' + 2\varepsilon)) \leqq m - 2.$$

ε は任意であるから $\varepsilon \to 0$ とすれば (18.16) が得られる．

4. 次には $\delta' \neq \delta''$ で少なくとも一方[26]が Δ に属する場合を考える．いずれにしても同じことだから $\delta' > \delta''$ とすれば，$\delta'' \in \Delta$ である．

このとき I'_α, I''_α は $0 \leqq \alpha < \delta''$ で連続であるから，この範囲では再び 2. と同じことが成立し，I_α も連続で H_α は I_α の内部に全多重度 m なる正常固有値群をもつ．

問題は $\alpha \to \delta''$ なるときの有様である．

I'_α の方は $0 \leqq \alpha \leqq \delta''$ でも連続だから単に $I'_\alpha \to I'_{\delta''}$ となるのみでその両端が振動することはない．

I''_α は定理 17.6 に従い，仮定により 2° の場合がおこる．すなわち I''_α の両端は $[\underline{\lambda''}, \overline{\lambda''}]$ の間を振動する．換言すれば，

$$\underline{\lim} \mu''_\alpha = \underline{\lim} \lambda''_\alpha = \underline{\lambda''}, \qquad \overline{\lim} \mu''_\alpha = \overline{\lim} \lambda''_\alpha = \overline{\lambda''}$$

[24] したがって $m = 1$ なら特異な場合がおこる．(もちろん $\delta' = \delta'' \in \Delta$ なる現在の仮定の下に)．然らざれば i) で $\lambda' = \lambda''$ なる場合がおこるだけである．

[25] $I'_\alpha \to \lambda'$ は I'_α の両端が一点 λ' に収束することを表す．

[26] したがってその小さい方が．

で $[\underline{\lambda}'', \overline{\lambda}'']$ は $H_{\delta''}$ のスペクトルのみより成る．他方 $I'_{\delta''}$ は $H_{\delta''}$ の resolvent set のみより成り，かつ

$$\mu'_\alpha \leqq \mu''_\alpha, \qquad \varliminf_{\alpha \to \delta''} \mu'_\alpha \leqq \varliminf_{\alpha \to \delta''} \mu''_\alpha$$

により

$$\lambda'_{\delta''} < \mu'_{\delta''} \leqq \underline{\lambda}''.$$

もし $\underline{\lambda}'' < \overline{\lambda}''$ であるとすれば，3．において $\overline{\lambda}' = \overline{\lambda}''$ を示したごとくして $\mu'_{\delta''} = \overline{\lambda}''$ なることが導かれることになるが，これは $\mu'_{\delta''} \leqq \underline{\lambda}'' < \overline{\lambda}''$ と矛盾する．したがって $\underline{\lambda}'' = \overline{\lambda}''$ でなければならない．すなわちこのときは I''_α は実は一点に収縮するのであって振動はおこらない．

そこで $\alpha \to \delta''$ のとき $I''_\alpha \to \lambda''$ とかき，また $\lambda'_{\delta''} = \lambda'$, $\mu'_{\delta''} = \mu'$ と略記することにすれば，3．の終わりと全く同様にして (18.16) に対して

$$(18.19a) \qquad \dim(E_{\delta''}(\lambda'' - 0) - E_{\delta''}(\lambda')) \leqq m - 1$$

が得られる．すなわち I_α は $\alpha = \delta''$ まで接続されて，$I_{\delta''}$ の内部にはやはり正常固有値群があり，その全多重度は $m - 1$ を超えない．

以上を整理すれば次のようになる．

定理 18.1 [27]) 前述のごとくして三つの区間 I'_0, I''_0, I_0 を定義する．I'_0, I''_0 は $E_0(\lambda)$ の constant interval であり，I_0 はその中に全多重度 m なる H_0 の正常固有値群をもつ．これらを $\alpha \geqq 0$ に接続するとき，次の場合がおこる：

1° Δ 全体にわたり I'_α, I''_α, したがって I_α も連続的に接続可能なるとき．このとき H_α は I_α 内に常に全多重度 m の正常固有値群を有する．

2° 一点 $\delta > 0, \delta \in \Delta$ があって[28]) $\alpha < \delta$ ならば $I'_\alpha, I''_\alpha, I_\alpha$ が連続的に接続されて 1° と同じことが成立するが，$\alpha \to \delta$ なるとき I'_α は一点に収束し，I''_α は $\alpha = \delta$ を含めて連続である．したがって I_α は $\alpha = \delta$ を含めて連続で，I_δ の内部には H_δ の正常固有値群のみがあり，その全多重度は高々 $m - 1$ である（特別の場合には I_δ 内には全然スペクトルのないこともある）．I_δ の両端はこれらの正常固有値群の境界に他ならない．

3° 一点 $\delta > 0, \delta \in \Delta$ があり，2°において I'_α, I''_α を交換した事柄が成立する．

4° 一点 $\delta > 0, \delta \in \Delta$ があり，$\alpha < \delta$ なら $I'_\alpha, I''_\alpha, I_\alpha$ が連続的に接続されて 1° と同じことが成立するが，$\alpha \to \delta$ なるとき，I'_α, I''_α はともにそれぞれ一点に収束しこれらの点は<u>相異なる</u>．よって I_α は $\alpha = \delta$ を含めて連続となり，I_δ の内部には H_δ は正常固有値群のみを有し，その全多重度は高々 $m - 2$ である（特別の場合には I_δ

[27]) 以下の δ なる量の下界を与え得る一例については定理 21.4 の注意参照．

[28]) 先の δ' のに代りに δ とす．

の内部には全然 H_δ のスペクトルはないこともある）．I_δ の両端はその境界である．

　5° 一点 $\delta > 0, \delta \in \Delta$ があり，$\alpha < \delta$ では 1° と同じことが成立するが $\alpha \to \delta$ のとき I'_α, I''_α の四つの端は皆同一の区間 $[\underline{\lambda}, \overline{\lambda}]$ を振動する[29]．而して $\lim\limits_{\alpha \to \delta} |I_\alpha| = 0$ である．したがって I_α は $\alpha = \delta$ まで接続できない．特に $\underline{\lambda} = \overline{\lambda}$ なることもある．このとき I_α は一点に収束する．この場合を除き，真に振動がおこる場合を特異な場合と呼ぶ．

　$\alpha \leqq 0$ においても全く同様なことが成り立つ．

注意 $\alpha < \delta$ において全多重度 m の正常固有値がどう変わるかは何も述べてないが実はこれらは連続的に変化するのみならず，α の解析関数になる．その証明は第 5 章で与える．

　2°, (3°) の場合に $\alpha \to \delta$ なるとき少なくとも一つの固有値が失われる．これは実は I_δ の上端（または下端）に収束することになるが，これも後に示す．4° の場合には $\alpha \to \delta$ のとき少なくとも二個の固有値が失われるが，実はこれらは I_δ の両端に収束することになる．

5. 前の結果において，1° の場合はその上論ずる必要はなく，5° の場合はそれ以上一般には論ずることができないが，2°, 3°, 4° の場合はさらに $\alpha = \delta$ を超えて先へ考えることができる．すなわち I_δ を今までの I_0 と同様に考えて $\alpha \geqq \delta$ に接続してゆけばよい．するとまた定理 18.1 の五つの場合のいずれかに達する．その中 1°, 5° がおこればそれで終わり，2°, 3°, 4° がおこればさらに同様にして先へ進む．その度ごとに全多重度が減少するから，遂には 1°, 5° の場合に達するか，あるいは 2°, 3°, 4° において全多重度 0 なる場合に達し，それから先は興味がなくなる．つまりこのときは I_δ 等に相当するものは constant interval になるから，それから先は定理 17.6 の領分であり，そこの 1°, 2° のいずれかが起こることになる．

6. 我々は定理 18.1 において 2° ～ 5° のおこる場合を，考える正常固有値群が $\alpha \to \delta$ において外部のスペクトルと接触すると呼ぶことにしよう．すると定理 18.1 の結果は簡単に言えば正常固有値群はそれが外部のスペクトルと接触するまでその全多重度が不変であるということになる．

　上の注意で述べた通り，外部との接触が起らぬ限りこれらは α の連続関数になる．ただしこれらの正常固有値群は相互の間では交叉がおこることがあり，したがってその数[30] は一定でないから，それが連続であるという意味は詳しく規定せねばならない．

　考える範囲内に一点 α_0 をとり，そのときのこれらの正常固有値群を

---

[29] このとき $[\underline{\lambda}, \overline{\lambda}]$ はすべて H_δ のスペクトルに属する．

[30] もちろん相異なるものの数の意．

$$\mu_{\alpha_0 1} < \mu_{\alpha_0 2} < \cdots < \mu_{\alpha_0 n}, \quad その多重度 \quad m_1, \cdots, m_n$$

とする (n は α_0 により異なる[31]). α が十分 α_0 に近ければ H_α はそれぞれ $\mu_{\alpha_0 i}$ の近所に全多重度 m_i なる正常固有値群を有し (これが I_α 内の H_α の正常固有値群の全体である), それらは $\alpha \to \alpha_0$ のとき $\mu_{\alpha_0 i}$ に収束する. これが上述の連続性の意味である.

これを証明するには便宜上 $\alpha_0 = 0$ として考え, かつ始めから $n = 1$ としてよいことは明らかである. よって μ_{01} を単に μ_0 と書く. μ_0 の近所の点は H_0 の resolvent set に属するから

$$\ell' < \mu_0 < \ell'',$$
$$E_0(\ell') = E_0(\mu_0 - 0), \quad E_0(\mu_0) = E_0(\ell'')$$

なる ℓ', ℓ'' を H_0 の resolvent set から取ることができる. 定理 17.1 と定理 4.1 とによれば α が十分小さければ

$$\dim(E_\alpha(\ell'') - E_\alpha(\ell')) = m$$

となる. すなわち H_α も $[\ell', \ell'']$ に丁度 m 重の正常固有値群を有する. ℓ', ℓ'' はいくらでも μ_0 に近く取れるから, これらの固有値群は $\alpha \to 0$ のとき μ_0 に収束せねばならない.

同時に $E_\alpha(\ell'') - E_\alpha(\ell') \Rightarrow E_0(\ell'') - E_0(\ell') = E_0(\mu_0) - E_0(\mu_0 - 0)$ なることは, 相当する全部分空間が μ_0 に対する H_0 の固有空間に収束することを示す[32].

§19 二三の注意

1. H_α のスペクトルのその他の事柄については, 次章において H_α の正常固有値が α の解析関数である事を証明してから調べるのが好都合である.

ただ次の事だけ注意しておく. 定理 17.1 は ℓ', ℓ'' が H_0 の resolvent set の場合でないと一般に成立しない. 任意の ℓ', ℓ'' をとったのでは一様収束 $\Rightarrow$ はもちろん単なる収束 $\to$ も証明できない[33]. しかし λ が $E_0(\lambda)$ の不連続点でないという仮定をすれば

$$E_\alpha(\lambda) \to E_0(\lambda) \quad (\alpha \to 0)$$

は成立する. やや詳しく, $\|E_0(\lambda)f\|^2$ の不連続点を除いて

$$E_\alpha(\lambda)f \to E_0(\lambda)f \quad (\alpha \to 0)$$

[31) したがって (18.1) の n とは別である.

32) 我々の結果は専ら (16.1) を基礎とするものであるから, H_α が我々のごとき形でなく, 67 頁の傍注 10) にのべたごとき場合にも全く同様に成立する.
例えば ($n = 1, 2, \cdots$)
$H_n = H_0 + H_n^{(1)}$,
$|H_n^{(1)}| \to 0 \ (n \to \infty)$
のごとき場合にも固有値およびその部分空間の収束が証明される. この結果は特別の場合として Courant-Hilbert, I. S.128 の定理を含む. また同書 S.364 の定理 8 も我々の理論の特別の場合となるであろう.

33) ℓ' 等が H_0 の固有値になるとこのことが起り得る.

が成立する．

　これらの諸関係は V が minor operator よりももう少し一般な operator のときでも成立するのでその証明は後章に譲る[34]．

　とにかく minor operator の場合は一様収束 $\Rightarrow$ を十分利用できるのがその都合のよい点である．

2. 尚今までの主な部分は §16.1 において示した関係 $(H_\alpha - \ell)^{-1} \Rightarrow (H_0 - \ell)^{-1}$ から導き出された結果が大部分である．したがって必ずしも $H_\alpha = H_0 + \alpha V$ なる形でなくても，上の式が成立するような H_α ならばほとんどすべての結果はそのまま成立することになる（91頁傍注 *32)* 参照）．

[34] §49 参照．

第5章　Minor Perturbation（第一種）

摂動論は量子力学において極めて重要な近似方法である．それにもかかわらずその数学的基礎付けは未だなされていない[1]．本章においては最も簡単な場合として，摂動 operator が前章に述べた minor operator である場合の第一種の摂動論を研究する．この場合は十分満足すべき結果に到着し，前章の理論をさらに詳しく完成することとなる．本章の理論はそれ自身においても興味があり，また一般な摂動論の基礎ともなるほか，次章の Hamilton operator の理論にも有用である．

§20　主定理

1. 第一種の摂動論の問題は形式的に言えば次のごとくである．

$$(20.1) \qquad H_\alpha = H_0 + \alpha V$$

において[2] H_0 が正常固有値 μ_0 を有する場合，H_α も μ_0 の付近に正常固有値を有

---

[1] ここにある傍注は長いので，脚注 *) の位置におく．

[2] この形は応用上やや狭すぎるかもしれないが，量子力学においては大抵これで間に合う．Zeemann 効果等は α^2 の項をも含むが，そのような形のものも本質的に何の相違もない．

もっと一般的には H_α が右のように α について "linear" でなく，単に α について "連続" という仮定だけをする場合である．ただしその "連続性" の意味は適当に規定されねばならないが，かかる場合は一般に巾級数展開は望まれないから本章では取り扱わない（前章においてはかかる場合をも取扱い得る）．

古典物理学では (20.1) の形では足りない．§30.4 参照．

---

*) 傍注 1) 摂動論に関する文献は無数にあり，量子力学に関する書物はすべてこれを取り上げているが，すべては形式的で数学的に取り扱われていない．

Kemble はその著書の第 11 章で，摂動論の可能なるための条件につき多少の吟味を試みてはいるが，想像の範囲を出でず確定的な条件を導入していない．而して結局展開の可能性を仮定して取り扱っているにすぎない．

尚古典物理学においても摂動論は重要である．Rayleigh, Theory of Sound, I, p.113[#1] にその理論はあるがこれも形式的である（古典物理学では我々の形 (20.1) よりもっと一般的な形が必要である）．ただし Rayleigh はその形式的な理論を無反省には用いていないことは注目すべきである（例えば同上 p.206 および p.297 以下）．

Courant-Hilbert も摂動論を論じている（S.34, S.296）[#2] がやはり形式的で，その適用可能性の証明はしていない．Wilson は量子力学に関連して摂動論の収束を問題にしたただ一人ではないかと思うが，満足すべき結果は得ていない[#3]．のみならずその方法は十分数学的であると認められない．なお Hilbert はその積分方程式の最初の論文[#4] においてすでに摂動論的考察を試みている（もちろん我々のと目的は異なる）が極めて簡単で詳しい議論をしていない．特に級数が巾級数に展開できる事に対する正確な証明を与えていない[#5]．

[#1] 参考文献[7]．[#2] 参考文献[3]，34 頁，296 頁．[#3] 加藤先生の初期の論文[71],[72] と後年の著書に A. H. Wilson の論文（参考文献[26],[27]）が引用されている．それらの論文は本書第 9 章でいう「第 2 種の摂動論」に関係しているように見え，第 9 章でも Wilson がでてくる．ここの Wilson はこの A. H. Wilson であろうか．[#4] 参考文献[12] であろうか．[#5] 96 頁の †) も参照．

することが期待されるが，これを α の巾級数に表そうとするのが摂動論である．

これは極めて素朴な考えであって一般的には必ずしも成立するものではない．我々は第 7 章において種々の特異性の現れる場合の例をあげることにする．本章では前章に引き続いて V が H_0 に対して minor operator である場合の理論を展開する．この場合は実際上のごとき素朴な期待が満足されることになる．本章では V を摂動と見なすことに重きをおいてこれを minor perturbation と呼ぶ．

2. そこで本章の全体を通じ H_0 および V は固定されたものとする．V が H_0 に対し minor perturbation なることの定義は便宜上再説すれば

$$\text{domain}\, V \supset \text{domain}\, H_0 = \mathfrak{D}$$

なることである．前章の結果によれば，このとき $\mathfrak{D}$ において定義した (20.1) は α のある範囲 Δ（開区間で $|\alpha| < 1/\gamma_0$ を含む！ γ_0 は §13.2 で定義した数で $\gamma_0 \geqq 0$, $\gamma_0 < \infty$）において hypermax. である．

尚我々は第一種の摂動論を取り扱うので，H_0 は少くも一つの正常固有値 μ_0 を有するものとし，その多重度を m, その孤立度を d とする (§18.1)．我々は最初しばらくは専らこの一つの μ_0 についてのみ考えを進める．

元来 μ_0 を正常固有値と限定するのは次の理由による．第一に多重度が ∞ なる固有値に対しては必ずしも摂動論は成立しない．例えば $H_0 = 1$ とし，V として任意の連続スペクトルのみを有する hypermax. operator でかつ有界なものをとってみよう．H_0 は $\mu_0 = 1$ を固有値にもつがその多重度は ∞ である．他方 $H_\alpha = 1 + \alpha V$ は明らかに連続スペクトルのみをもち，固有値をもたない．よって摂動論は考えられない．

また H_0 の固有値 μ_0 が有限の多重度を有しても，それが孤立していないと，他のスペクトルと共鳴を起こして複雑な結果を生ずるであろう．形式的な公式はとにかく第二項においてすでに "発散" するおそれがある．よって差し当たりこのような場合を省くことにする．

3. 我々は差し当たり次の定理を証明するのが目的である[3]．

[3] この定理の証明は本章の大部分を占める (§21–§27).

定理 20.1 μ_0 が H_0 の正常固有値でその多重度が m ならば H_α も α が十分小さい限り μ_0 の近所に全多重度 m の正常固有値群を有し，その各固有値は $\alpha = 0$ の近傍において α の巾級数に展開可能である．これらの固有値に対する H_α の固有空間も同じく α の巾級数に展開される．

注意 1 H_α が μ_0 の近所にかかる正常固有値群を有して連続なることはすでに §18.6

で述べた．しかしそこでは，H_α が確かに μ_0 の近所に正常固有値を有する α の範囲を explicit に与えなかったが，本章では粗いながらそれを explicit に与えることを試みる．またそれらが巾級数に展開できる範囲，すなわち収束半径についても簡単な場合には explicit な式を与えることができる．

注意2 固有空間の巾級数展開という意味は，固有空間に対応する射影 operator が §3.5 の意味における級数に展開できるということである．通常は固有元素の展開を求めることが行われているが，固有元素は一義的に定まらないものだから取扱いが不便である．ただし我々の結果を用いて，固有元素を適当に選べばそれを α の巾級数に表し得ることは容易に示される．

注意3 上の結果はもちろん有限次元の Euclid 空間内の Hermite operator に対する摂動論を包括し，その可能性を証明するものである[4][5]．有限次元の場合には，Hermite matrix H_α の固有値は α の代数関数になることは明らかであるから，それが α の解析関数になることは自明であると言えるかもしれないが，H_0 に対する固有値を求める方程式が重根をもつ場合，すなわち固有値の多重度が 1 より大きい場合には $\alpha = 0$ がその特異点でないかどうか直ちに明らかではない．実際 $H_0 + V$ が Hermite operator でなければ $\alpha = 0$ は特異点になり得るのである[6]．

注意4 もっと一般に我々の理論は V が有界なる場合を包括している．特に H_0 も V も有界なら摂動論は可能である．すなわち我々の定理は $\mathbb{B}$ 内の Hermite operator に対する摂動論の可能性を証明する．この点においても $\mathbb{B}$ の operator は極めて normal なるものであって，種々の特異性を呈するのは専ら有界ならざる operator に限るのである．

注意5 これらの点から見れば上の定理はかなり広いものとも言えるが，応用上の立場から見ると未だ不十分である．実際量子力学における摂動論本来の問題で，上の定理の仮定 (V: minor perturbation) を満足するような例はほとんどない[7][8]．

もちろん物理学上の問題においては，見方によっては摂動 V は常に有界なものと見なすことが可能であるから，その意味においては上の定理は適用できるが，実はかくのごとく V を cut off する仕方によってその結果が変わることになればこの定

---

*)傍注 6) 例えば 2 次元空間で $H_0 = \begin{pmatrix} 0 & 0 \\ 1 & 0 \end{pmatrix}$，$V = \begin{pmatrix} 0 & 1 \\ 0 & 0 \end{pmatrix}$ とせよ．$H_\alpha = \begin{pmatrix} 0 & \alpha \\ 1 & 0 \end{pmatrix}$ となりその固有値は $\lambda^2 - \alpha = 0$ の根となる．その根は $\pm\sqrt{\alpha}$ だから $\alpha = 0$ は特異点である．この H_0 は Hermite 的でない．もし $H_0 = \begin{pmatrix} 1 & 0 \\ 0 & 1 \end{pmatrix}$ とすれば H_α も確かに固有値 1 をもち $\alpha = 0$ で特異性をもたないが，このとき固有値は 1 重である（この Matrix は全部で 1 つしか固有値をもたぬ）．したがってやはり V が Hermite 的なる場合とは異る．

[4] 有限次元の摂動論については Courant-Hilbert, I, S.34. ただしそこでは縮退のない場合しかやってない．

[5] §28 によればこのとき固有値は実軸に沿ってどこまでも解析接続が可能なること，換言すれば実軸上には特異点が存在しないことが知られる．

[6] ここにある傍注は長いので，脚注 *) の位置におく．

[7] 重要でない例ならあるかもしれないが．
 古典物理学においてはある．例えば Courant-Hilbert, S.296 の場合は V が有界なる場合であるから我々の定理に含まれる．
 Rayleigh の取り扱っている場合 (Theory of Sound, p.112) は我々の問題 (20.1) とやや形を異にするから別に調べなければならないが，少しの拡張により我々の結果が適用できることが示される (§30.4).

[8] 少しはある．ヘリウム原子のスペクトル等，もし収束するならば．

理は何の意味ももたないのだから，一般にはやはりこれだけでは不足であると言わねばならない．

注意 6 定理 20.1 は $\alpha = 0$ の近傍における局所的な性質を述べているにすぎない．摂動論本来の目的にはこれだけで十分であるが，実は解析接続によって結果をもっと拡張し，前章の理論を完成することができる．このことは原子の operator の研究に当たって重要であって，定理 20.1 の証明が終わった後にこの問題に移る[9]．

[9] §28 以後．

§21 固有値の連続性

1. H_α に属する単位分解を $E_\alpha(\lambda)$ とすることは前と同じ：

$$(21.1) \qquad H_\alpha = \int_{-\infty}^{\infty} \lambda dE_\alpha(\lambda).$$

μ_0 が多重度 m, 孤立度 d なる正常固有値なることは次の諸式で表される[1]：

$$(21.2) \qquad E_0(\mu_0 - d) = E_0(\mu_0 - 0), \qquad E_0(\mu_0) = E_0(\mu_0 + d - 0).$$

さらに μ_0 に対する H_0 の固有空間を

$$(21.3) \qquad F_0 = E_0(\mu_0) - E_0(\mu_0 - 0)$$

とおけば，(21.2) により

$$(21.4) \qquad F_0 = E_0(\mu_0 + d - 0) - E_0(\mu_0 - d)$$

と書くこともでき

$$(21.5) \qquad \dim F_0 = m < \infty$$

である．

[†] (**欄外コメント** §20 の最後の頁の欄外に傍注とは違う形で書き込まれているコメントがある．93 頁の脚注*) の続きのようにも読めるが，脚注としてここにおく．)
ヒルベルト（前述）が取り扱ったのは H_0 も V も vollstetig（もっと詳しくは "finite norm" の場合）なる場合で彼は H_0 の固有値が多重なる場合に摂動論的な手段を用いている．而して本来この場合にこそ巾級数展開可能の証明が必要であるのに，彼はそれを自明のごとく考えているのは（結局それが正しいにしても）不完全と言わねばならぬ．

[1] 正確に言うと孤立度は (21.2) を満たす $d > 0$ の最大値である．

次に我々は

(21.6) $$S = \int' \frac{1}{\lambda - \mu_0} dE_0(\lambda)$$

なる operator を導入する．ただし $\int'$ は $\lambda = \mu_0$ を除いて積分することを意味するから，我々の場合には

(21.7) $$S = \left[\int_{-\infty}^{\mu_0 - d} + \int_{\mu_0 + d - 0}^{\infty}\right] \frac{1}{\lambda - \mu_0} dE_0(\lambda)$$

と書くこともできる．あるいはまた

(21.8) $$s(\lambda) = \begin{cases} \dfrac{1}{\lambda - \mu_0} & |\lambda - \mu_0| \geqq d, \\ 0 & |\lambda - \mu_0| < d \end{cases}$$

なる関数を用いれば

$$S = s(H_0)$$

と書くこともできる．S はもちろん Hermite operator である．

$\lambda = \mu_0 \pm d$ の少なくとも一方は H_0 のスペクトルに属するから，H_0 のスペクトルにおける $|s(\lambda)|$ の上限は $1/d$ であり，したがって (§5.6) $S \in \mathbb{B}$ で

(21.9) $$|S| = \frac{1}{d}$$

である．また (21.4) により

(21.10) $$F_0 = \Phi(H_0), \qquad \Phi(\lambda) = \begin{cases} 1 & |\lambda - \mu_0| < d, \\ 0 & |\lambda - \mu_0| \geqq d \end{cases}$$

なることを考えれば，$s(\lambda)\Phi(\lambda) = 0$ だから

(21.11) $$SF_0 = F_0 S = 0, \qquad S = S(1 - F_0) = (1 - F_0)S.$$

また $s(\lambda)(\lambda - \mu_0) = 1 - \Phi(\lambda)$ だから

(21.12) $$(H_0 - \mu_0)S = 1 - F_0, \qquad S(H_0 - \mu_0) = 1 - F_0.$$

ただしこの第二式は $\mathfrak{D}$ の中で成立する式である．

また S は H_0 の resolvent と同様で S の range は $\mathfrak{D}$ の中に含まれることは明らか

である $((21.12))$. また F_0 の range ももちろん $\mathfrak{D}$ の中にあるから定理 3.1 により

(21.13) $$VS \in \mathbb{B}, \qquad VF_0 \in \mathbb{B}.$$

したがって $|VS|, |VF_0|$ は存在することに注意する.

2. 我々はここで二三の量を導入する.

(21.14) $$\begin{cases} d'(\alpha) = |\alpha| \cdot |VF_0|, \\ d''(\alpha) = (1 - |\alpha| \cdot |VS|)d\,; \quad \text{for} \quad |\alpha| < \dfrac{1}{|VS|}, \end{cases}$$

(21.15) $$\begin{cases} F'_\alpha = E_\alpha(\mu_0 + d'(\alpha)) - E_\alpha(\mu_0 - d'(\alpha) - 0), \\ F''_\alpha = E_\alpha(\mu_0 + d''(\alpha) - 0) - E_\alpha(\mu_0 - d''(\alpha))\,; \quad \text{for} \quad |\alpha| < \dfrac{1}{|VS|}. \end{cases}$$

すると次の定理が成立する（以下 $\alpha \in \Delta$ で考えることもちろんである）.

定理 21.1 F'_α は少なくとも m 次元を有する.

証明 もし $\dim F'_\alpha < m = \dim F_0$ ならば定理 1.1 により次のごとき ψ がある:
$$F_0 \psi = \psi, \quad F'_\alpha \psi = 0, \quad \|\psi\| = 1.$$

第一式から $\psi \in \mathfrak{D}$ なることがわかる. よって $H_\alpha \psi$ は存在し, $H_0 \psi = \mu_0 \psi$ だから $H_\alpha \psi = (H_0 + \alpha V)\psi = \mu_0 \psi + \alpha V \psi$,
$$\|(H_\alpha - \mu_0)\psi\| = \|\alpha V \psi\| = \|\alpha V F_0 \psi\| \leq |\alpha|\,|VF_0|.$$

他方 §5.8, II. により
$$\|(H_\alpha - \mu_0)\psi\| > d'(\alpha).$$

したがって
$$d'(\alpha) < |\alpha|\,|VF_0|.$$

これは $d'(\alpha)$ の定義に反する.

□

定理 21.2 $|\alpha| < |VS|^{-1}$ なら F''_α は高々 m 次元しか有しない.

証明 もし $\dim F''_\alpha > m = \dim F_0$ とすれば前と同様にして

$$F_0\psi = 0, \quad F''_\alpha\psi = \psi, \quad \|\psi\| = 1$$

なる ψ がある．第二式から $\psi \in \mathfrak{D}$ なることがわかり，§5.8, III により ((21.15) と (21.4) とは同形である！).

(21.16)
$$\begin{cases} \|(H_0 - \mu_0)\psi\| \geqq d, \\ \|(H_\alpha - \mu_0)\psi\| < d''(\alpha), \end{cases}$$

(仮定により $d''(\alpha) > 0$ なることに注意)．

$F_0\psi = 0$ だから $\psi = (1 - F_0)\psi$, かつ $\psi \in \mathfrak{D}$ だから (21.12) の第二式により

$$\psi = S(H_0 - \mu_0)\psi$$

と書くことができて

$$(H_\alpha - \mu_0)\psi = (H_0 - \mu_0)\psi + \alpha V\psi = (H_0 - \mu_0)\psi + \alpha VS(H_0 - \mu_0)\psi,$$

$$\|(H_\alpha - \mu_0)\psi\| \geqq \|(H_0 - \mu_0)\psi\| - \|\alpha VS(H_0 - \mu_0)\psi\|$$
$$\geqq \|(H_0 - \mu_0)\psi\| - |\alpha|\,|VS|\|(H_0 - \mu_0)\psi\|$$
$$= (1 - |\alpha|\,|VS|)\|(H_0 - \mu_0)\psi\|.$$

(21.16) と考え合せれば
$$d''(\alpha) > (1 - |\alpha|\,|VS|)d.$$

これは $d''(\alpha)$ の定義に反する． □

3. 先に進む前に $|VS|$, $|VF_0|$ が 0 なる場合を除外しておいたほうが都合がよい．それでかかる場合をまず片付けておく．

まず $|VS| = 0$ なら $VS = 0$ であるから，任意の $f \in \mathfrak{H}$, $\varphi \in \mathfrak{D}$ に対し

$$0 = (\varphi, VSf) = (V\varphi, Sf) = (SV\varphi, f).$$

これがあらゆる f に対し成立するから

$$SV\varphi = 0 \quad (\varphi \in \mathfrak{D}).$$

左から $H_0 - \mu_0$ を乗ずると (21.12) により

$$(1 - F_0)V\varphi = 0, \qquad V\varphi = F_0 V\varphi.$$

すなわち，$\varphi \in \mathfrak{D}$ なら $V\varphi$ は F_0 に属する．特に $F_0\varphi \in \mathfrak{D}$ は明らかであるから

$$VF_0\varphi = F_0 V F_0 \varphi, \qquad (F_0 V F_0)^* = F_0 V F_0$$

となり，V は F_0 なる m 次元空間内の Hermite operator である．したがってその中で固有値表示が可能である．$F_0 V F_0$ の固有値を μ_i' $(i = 1, \cdots, k)$，相当する固有空間を F_i' とすれば

$$F_0 = \sum_{i=1}^{k} F_i', \qquad F_i' F_j' = 0 \quad (i \neq j),$$

$$F_0 V F_0 = \sum_{i=1}^{k} \mu_i' F_i'.$$

すると
$$H_\alpha F_i' = (H_0 + \alpha V) F_i' = (H_0 F_0 + \alpha F_0 V F_0) F_i'$$
$$= (\mu_0 + \alpha \mu_i') F_i'.$$

すなわち F_i' は H_α の固有空間であってその固有値は $\mu_0 + \alpha \mu_i'$ である．$\sum_i \dim F_i' = m$ だからそれらの全多重度は m で，α が十分小さければすべて μ_0 の近所にある．他方定理 21.2 によれば，μ_0 の近所には全多重度 m より多くの固有値はないから，これらがそのすべてである．而して

$$\mu_0 + \alpha \mu_i', \qquad F_i'$$

は明らかに α の巾級数である（前者は 1 次で終わり，後者は 0 次で終わる）．すなわちこのとき定理 20.1 は証明されている．

次に $|VF_0| = 0$，したがって $VF_0 = 0$ ならもっと簡単で

$$H_\alpha F_0 = (H_0 + \alpha V) F_0 = \mu_0 F_0$$

となるから μ_0, F_0 は H_α の固有値および固有空間でもある．すなわちこのときはやはり α の巾級数展開が成立し，固有値も固有関数も 0 次で終わる．この他に μ_0 の近所に H_α の固有値がないことは同じく定理 21.2 が示す．

4. 以上により $|VS| = 0, |VF_0| = 0$ なる二つの場合は済んだから，以後常に

$|VS| > 0$, $|VF_0| > 0$ と仮定する．而して次の量を導入する[2]：

(21.17)
$$\begin{cases} \delta_0 = \dfrac{1}{|S||VF_0| + |VS|}, \\ \theta = \dfrac{|S||VF_0|}{|S||VF_0| + |VS|} = |S||VF_0| \cdot \delta_0 = \dfrac{1}{d}|VF_0| \cdot \delta_0. \end{cases}$$

まず次の関係は明らかである．

(21.18) $$0 < \theta < 1, \qquad \delta_0 < \dfrac{1}{|VS|}.$$

我々は §13.2 の γ_0 に対し $|VS| \geqq \gamma_0$ なることを示そう．

$\ell = \mu_0 + iv$ とおけば $(v > 0)$

$$A_{0\ell} = V(H_0 - \ell)^{-1} = (VF_0 + V(1 - F_0))(H_0 - \ell)^{-1}$$
$$= VF_0(H_0 - \ell)^{-1} + V(1 - F_0)(H_0 - \ell)^{-1}.$$

この第一項は

$$|VF_0(H_0 - \ell)^{-1}| \leqq |VF_0| \cdot |(H_0 - \ell)^{-1}| \leqq |VF_0|\dfrac{1}{v}.$$

第二項は (21.12) を用いて

$$|V(1 - F_0)(H_0 - \ell)^{-1}| = |VS(H_0 - \mu_0)(H_0 - \ell)^{-1}|$$
$$\leqq |VS||(H_0 - \mu_0)(H_0 - \mu_0 - iv)^{-1}|.$$

$|(H_0 - \mu_0)(H_0 - \mu_0 - iv)^{-1}|$ は $-\infty < \lambda < \infty$ のときの $|(\lambda - \mu_0)(\lambda - \mu_0 - iv)^{-1}|$ の上限より大きくないから，1 より大でない．したがって上式は $\leqq |VS|$ となり

$$|A_{0\ell}| \leqq \dfrac{1}{v}|VF_0| + |VS|.$$

v は任意であるから

$$\lim_{v \to \infty} |A_{0\ell}| \leqq |VS|.$$

左辺は (13.4) により γ_0 に他ならないから

(21.19) $$\gamma_0 \leqq |VS|, \qquad \dfrac{1}{|VS|} \leqq \dfrac{1}{\gamma_0}$$

を得る．

したがって $|\alpha| < 1/|VS|$ なる区間は $|\alpha| < 1/\gamma_0$ に含まれるから Δ に含まれる．

---

[2] 次式の δ_0, θ について．(α, λ) 平面の第 1 象限における 2 直線 $\lambda = \mu_0 + d'(\alpha)$, $\lambda = \mu_0 + d''(\alpha)$ の交点が $(\delta_0, \mu_0 + \theta d)$ である（$|S| = 1/d$ に注意）．これに注意しておくと以後読みやすい．

すなわち

(21.20) $\quad\quad\quad\quad\quad |\alpha| < 1/|VS| \quad$ なら $\quad \alpha \in \Delta.$

特に (21.18) により

(21.21) $\quad\quad\quad\quad\quad\quad\quad \pm\delta_0 \in \Delta$

である.

さらに我々は (21.14) と (21.17) とから

(21.22) $\quad\quad \begin{cases} \theta d - d'(\alpha) = (\delta_0 - |\alpha|)|VF_0|, \\ d''(\alpha) - \theta d = (\delta_0 - |\alpha|) \cdot |VS| \cdot d \end{cases}$

が出ることを注意しておく.

よって $|\alpha| < \delta_0$ なら (21.21) によりもちろん $\alpha \in \Delta$ であり, (21.22) により

(21.23) $\quad\quad\quad\quad d'(\alpha) < \theta d < d''(\alpha) \quad\quad (|\alpha| < \delta_0)$

が成立する. したがって (21.15) により

(21.24) $\quad\quad\quad\quad\quad F'_\alpha \leqq F''_\alpha \quad\quad (|\alpha| < \delta_0)$

となる. 他方定理 21.1, 21.2 によれば一般に

(21.25) $\quad\quad\quad\quad\quad \dim F'_\alpha \geqq m \geqq \dim F''_\alpha$

であるから[10], (21.24), (21.25) がともに成立するためには

(21.26) $\quad\quad\quad\quad F'_\alpha = F''_\alpha, \quad \dim F'_\alpha = \dim F''_\alpha = m$

でなければならない[11].

m は有限だから, F''_α の定義を考えれば, H_α は $\mu_0 - d''(\alpha) < \lambda < \mu_0 + d''(\alpha)$ に全多重度 m の正常固有値群を有する. 而してその境界はもちろん μ_0 から少くも $d''(\alpha)$ の距離にある. 他方 F'_α の定義を考えれば, H_α は $\mu_0 - d'(\alpha) \leqq \lambda \leqq \mu_0 + d'(\alpha)$ に全多重度 m の正常固有値群を有する. $d'(\alpha) < d''(\alpha)$ により, この区間は前の区間に含まれるから, 実は前の正常固有値群と後の正常固有値群とは同じものである. よって次の定理を得る:

---

[10] $|\alpha| < \delta_0$ だからもちろん $|\alpha| < 1/|VS|$.

[11] $F_\alpha \equiv F'_\alpha = F''_\alpha$ とおけば, F_0 と F_α との中一方に含まれて他方に直交する元素は 0 以外にはない. これは定理 21.1 と 21.2 の証明からわかる.

定理 21.3 $|\alpha| < \delta_0$ ならば $d'(\alpha) < \theta d < d''(\alpha)$ で H_α は閉区間 $|\lambda - \mu_0| \leqq d'(\alpha)$ に全多重度 m なる正常固有値群を有し，その境界は $|\lambda - \mu_0| \geqq d''(\alpha)$ にある．したがって $d'(\alpha) < |\lambda - \mu_0| < d''(\alpha)$ なる範囲[12]は H_α の resolvent set に属し，$\mu_0 \pm \theta d$ はそこに含まれる．

[12] この二つの範囲は定理 18.1 の I'_α, I''_α に含まれる．

5. $d'(\alpha), d''(\alpha)$ の定義 (21.14) から明らかなる通り $\alpha \to 0$ のとき $d'(\alpha) \to 0$, $d''(\alpha) \to d$ であるから上の定理から直ちに

定理 21.4 $\alpha \to 0$ のとき上述の正常固有値群は μ_0 に収束しその境界は $|\lambda - \mu_0| \geqq d$ なる λ に収束する．

注意 境界が収束することは上の定理だけからはわからないが，このことは §17 において既知である．尚この定理はすでに §18.6 において証明したものであるが，今度の結果は定理 21.3 により模様が前よりも詳しくわかる点において便利である．特に定理 18.1 における δ なる量はいずれにせよ我々の δ_0 より小さくないことは明らかである．すなわち我々の δ_0 は定理 18.1（ただし $\alpha = 0$ における正常固有値群がただ一つの固有値から成る特別の場合）における δ の下限を explicit に与えている．

§22 基本方程式

1. 前 § により $|\alpha| < \delta_0$ なら H_α は $|\lambda - \mu_0| \leqq d'(\alpha)$ に全多重度 m なる正常固有値群を有し，その境界は $|\lambda - \mu_0| \geqq d''(\alpha)$ にあることがわかった．我々はこの固有値群が α の巾級数に展開可能なることを以下順次に証明する．$d'(\alpha) < \theta d < d''(\alpha)$ で θd は α によらないから，これらの固有値が $|\alpha| < \delta_0$ なら $|\lambda - \mu_0| < \theta d$ にあり，その境界が $|\lambda - \mu_0| > \theta d$ にあることを注意しておくのが便利である．

我々は H_0 の resolvent R_ℓ を導入する：

$$(22.1) \qquad R_\ell = (H_0 - \ell)^{-1} = \int_{-\infty}^{\infty} \frac{1}{\lambda - \ell} dE_0(\lambda).$$

我々は H_0 以外の H_α の resolvent は考えないから，suffix 0 をつける必要はない．ℓ が H_0 の resolvent set に属すれば R_ℓ は存在して $\mathbb{B}$ に属する．我々の仮定においては

$$(22.2) \qquad |\ell - \mu_0| < d$$

で $\ell \neq \mu_0$ なら ℓ は resolvent set に属するから R_ℓ は存在する．以下我々はかかる実数の ℓ だけを考えることにする．(21.3) の F_0 を利用すれば

$$(22.3) \qquad R_\ell = \frac{1}{\mu_0 - \ell} F_0 + \overline{R}_\ell,$$

$$(22.4) \qquad \overline{R}_\ell = \int' \frac{1}{\lambda - \ell} dE_0(\lambda) \equiv \left[\int_{-\infty}^{\mu_0 - d} + \int_{\mu_0 + d - 0}^{\infty} \right] \frac{1}{\lambda - \ell} dE_0(\lambda)$$

となり，$\overline{R}_\ell$ は (22.2) において（$\ell = \mu_0$ でも）存在する．$\ell = \mu_0$ なるときの $\overline{R}_\ell$ は前に定義した S に他ならない．$\overline{R}_\ell$ は S と同様な性質を有する：

$$(22.5) \qquad \begin{cases} V\overline{R}_\ell \in \mathbb{B}, \qquad \overline{R}_\ell F_0 = F_0 \overline{R}_\ell = 0, \\ \overline{R}_\ell = \overline{R}_\ell (1 - F_0) = (1 - F_0)\overline{R}_\ell, \\ \overline{R}_\ell (H_0 - \ell) = 1 - F_0 \quad (\text{in } \mathfrak{D}), \qquad (H_0 - \ell)\overline{R}_\ell = 1 - F_0. \end{cases}$$

$\overline{R}_\ell$ は $(\ell - \mu_0)$ の巾級数に展開できる．

$$\frac{1}{\lambda - \ell} = \sum_{\nu=0}^{n-1} \frac{(\ell - \mu_0)^\nu}{(\lambda - \mu_0)^{\nu+1}} + \frac{(\ell - \mu_0)^n}{(\lambda - \mu_0)^n (\lambda - \ell)}$$

であるから

$$S^\nu = \int' \frac{1}{(\lambda - \mu_0)^\nu} dE_0(\lambda), \qquad \overline{R}_\ell S^n = \int' \frac{1}{(\lambda - \ell)(\lambda - \mu_0)^n} dE_0(\lambda)$$

なることを利用すれば

$$(22.6) \qquad \overline{R}_\ell = \sum_{\nu=0}^{n-1} (\ell - \mu_0)^\nu S^{\nu+1} + (\ell - \mu_0)^n \overline{R}_\ell S^n.$$

$|S| = d^{-1}$ に注意すれば

$$|(\ell - \mu_0)^n \overline{R}_\ell S^n| \leqq |\overline{R}_\ell|(|\ell - \mu_0|d^{-1})^n.$$

したがって $|\ell - \mu_0| < d$ (22.2) なる範囲においてはこの値は $n \to \infty$ のとき 0 に収束するから §3.5 の意味において

$$(22.7) \qquad \overline{R}_\ell = \sum_{\nu=0}^{\infty} (\ell - \mu_0)^\nu S^{\nu+1}.$$

かつ右辺が絶対収束することも同様にしてわかる．

2. そこで次の恒等式を証明する[13]：

---

[13] (22.9) において $\overline{R}_\ell$ の代りに S をとっても以下全く同様にでき，その方が式がやや簡単でさえある．しかし §24 の収束半径の所で評価が少し悪くなるので $\overline{R}_\ell$ を用いた．

$$(22.8) \qquad (H_\alpha - \ell)F_0 = (\mu_0 - \ell)F_0 + \alpha V F_0,$$

$$(22.9) \qquad (H_\alpha - \ell)\overline{R}_\ell = 1 - F_0 + \alpha V \overline{R}_\ell.$$

これは H_α, F_0, $\overline{R}_\ell$ の定義から直ちに証明される．第二式においては (22.5) を用いればよい．尚これらの式の各項は $\mathbb{B}$ に属する operator なることに注意する．(22.9) をさらに変形するに当たり，$(1 + \alpha V \overline{R}_\ell)^{-1}$ を求める必要がある．

(22.6) から

$$V\overline{R}_\ell = \sum_{\nu=0}^{n-1} (\ell - \mu_0)^\nu V S^{\nu+1} + (\ell - \mu_0)^n V \overline{R}_\ell S^n.$$

この剰余項に対し前と同様に

$$|(\ell - \mu_0)^n V \overline{R}_\ell S^n| \leqq |V\overline{R}_\ell| \bigl(|\ell - \mu_0| d^{-1}\bigr)^n$$

が成立するから，(22.2) においては同じく §3.5 の意味において

$$(22.10) \qquad V\overline{R}_\ell = \sum_{\nu=0}^{\infty} (\ell - \mu_0)^\nu V S^{\nu+1}$$

が成立して右辺は絶対収束する．而して §3.5 により

$$(22.11) \qquad |V\overline{R}_\ell| \leqq \sum_{\nu=0}^{\infty} |\ell - \mu_0|^\nu |VS| |S|^\nu = \frac{|VS|}{1 - |\ell - \mu_0||S|}.$$

さて §3.5 によれば $(1 + \alpha V \overline{R}_\ell)^{-1}$ は $|\alpha V \overline{R}_\ell| < 1$ なら存在する．そのためには

$$\frac{|\alpha| |VS|}{1 - |\ell - \mu_0||S|} < 1,$$

すなわち

$$(22.12) \qquad |\alpha| |VS| + |\ell - \mu_0| |S| < 1$$

なら十分で $(1 + \alpha V \overline{R}_\ell)^{-1}$ は存在して $\mathbb{B}$ に属し

$$(22.13) \qquad \begin{aligned} (1 + \alpha V \overline{R}_\ell)^{-1} &= \sum_{n=0}^{\infty} (-1)^n \alpha^n (V\overline{R}_\ell)^n \\ &= \sum_{n=0}^{\infty} (-1)^n \alpha^n \left\{ \sum_{\nu=0}^{\infty} (\ell - \mu_0)^\nu V S^{\nu+1} \right\}^n. \end{aligned}$$

(22.10) は絶対収束するから $\{\ \ \}^n$ は展開して $\ell - \mu_0$ の巾級数とすることができ (§3.5)

$$(22.14) \quad (1 + \alpha V \overline{R}_\ell)^{-1} = \sum_{n=0}^\infty (-1)^n \alpha^n \sum_{\nu=0}^\infty (\ell - \mu_0)^\nu X_{n\nu}$$

なる形に書くことができる．ただし $X_{n\nu}$ は VS と S との正係数の多項式であることに注意する（$VS^{\nu+1} = VS \cdot S^\nu$ なることに注意！）．

(22.14) の右辺は二重級数としても絶対収束する．何となれば (22.10) は $\sum (\ell - \mu_0)^\nu |VS| |S|^\nu$ を majorant にもつ (§3.6)．したがって $(V\overline{R}_\ell)^n$ は $\left(\sum (\ell - \mu_0)^\nu |VS| |S|^\nu\right)^n$ を majorant にもつ (§3.6)．したがって (22.14) は結局次のごとき majorant を有し，これは (22.12) において絶対収束するからである：

$$(22.15) \quad \begin{aligned} & \sum_{n=0}^\infty \alpha^n \left\{ \sum_{\nu=0}^\infty (\ell - \mu_0)^\nu |VS| |S|^\nu \right\}^n \\ &= \sum_{n=0}^\infty \alpha^n \left\{ \frac{|VS|}{1 - (\ell - \mu_0)|S|} \right\}^n = \frac{1}{1 - \dfrac{\alpha |VS|}{1 - (\ell - \mu_0)|S|}} \\ &= \frac{1 - (\ell - \mu_0)|S|}{1 - \alpha|VS| - (\ell - \mu_0)|S|}. \end{aligned}$$

よって我々は (22.12) なる仮定の下に (22.9) の右から $(1 + \alpha V \overline{R}_\ell)^{-1}$ を乗ずると

$$(22.16) \quad (H_\alpha - \ell)\overline{R}_\ell(1 + \alpha V \overline{R}_\ell)^{-1} = 1 - F_0(1 + aV\overline{R}_\ell)^{-1}.$$

(22.8) と (22.16) とが我々の出発点となる[3]．

3. 1. に述べたごとく $|\alpha| < \delta_0$ ならば我々の考える H_α の正常固有値群は $|\lambda - \mu_0| < \theta d$ なる範囲にある．その全多重度は m だから，その数[14]はもちろん m より大きいことはないが，その正確な数は未だ不明である．のみならずこの数が α とともにどう変わるかも未だわかっていない（実はこの数は α が十分小さくかつ $\alpha \neq 0$ なら一定であることが後に示されるのであるが）．そのため取り扱いがやや不便である．

そこで我々は次のような方法をとる．$|\alpha| < \delta_0$ なる任意の α に対し考える正常固有値群の中から一つを選んでこれを μ_α と名づける．相当する固有空間を E_α とする[15]：

---

[14] 相異なるものの数．

[15] ただし $\alpha \neq 0$ として．

[3] $F_0 = 0$, したがって $\overline{R}_\ell = R_\ell$ のときには (22.16) は $R_\ell(1 + \alpha V R_\ell)^{-1} = (H_\alpha - \ell)^{-1}$ となる．これはレゾルベントの摂動を表す関係式としてよく用いられる式である．

$$(22.17) \qquad E_\alpha = E_\alpha(\mu_\alpha) - E_\alpha(\mu_\alpha - 0).$$

かかる μ_α は α の連続関数なるごとく選ぶことができることは定理 21.4 を α の各々の値に対し適用すれば明らかであるが，我々は別にそのことを要求しない．ただ α の各々の値に対し上のごとき μ_α, E_α をとったものとする．すると

$$(22.18) \qquad (H_\alpha - \mu_\alpha)E_\alpha = 0, \qquad E_\alpha(H_\alpha - \mu_\alpha) = 0$$

が成り立つ．ただし第二式は $\mathfrak{D}$ 内において成立する式である．

上述により，いずれにせよ $|\alpha| < \delta_0$ なら $|\mu_\alpha - \mu_0| < \theta d = \theta/|S|$ であるから

$$(22.19) \qquad |\alpha| |VS| + |\mu_\alpha - \mu_0| |S| < 1 \quad (\text{左辺は } < \delta_0|VS| + \theta = 1)$$

となる（(21.17) 参照）から，我々の α, μ_α は (22.12) を満足する（$\ell = \mu_\alpha$ とおけば）．したがって (22.8), (22.16) は $\ell = \mu_\alpha$ とおいて成立する[16]：

$$(22.20) \qquad (H_\alpha - \mu_\alpha)F_0 = (\mu_0 - \mu_\alpha)F_0 + \alpha V F_0,$$

$$(22.21) \qquad (H_\alpha - \mu_\alpha)\overline{R}_{\mu_\alpha}(1 + \alpha V \overline{R}_{\mu_\alpha})^{-1} = 1 - F_0(1 + \alpha V \overline{R}_{\mu_\alpha})^{-1}.$$

これらの式に左から E_α を乗ずると (22.18) により左辺は 0 となり

$$(22.22) \qquad -(\mu_\alpha - \mu_0)E_\alpha F_0 + \alpha E_\alpha V F_0 = 0,$$

$$(22.23) \qquad E_\alpha = E_\alpha F_0(1 + \alpha V \overline{R}_{\mu_\alpha})^{-1}.$$

(22.23) を (22.22) の第二項に代入すれば

$$-(\mu_\alpha - \mu_0)E_\alpha F_0 + \alpha E_\alpha F_0(1 + \alpha V \overline{R}_{\mu_\alpha})^{-1} V F_0 = 0.$$

あるいは E_α を括り出して

$$(22.24) \qquad E_\alpha\{-(\mu_\alpha - \mu_0)F_0 + \alpha F_0(1 + \alpha V \overline{R}_{\mu_\alpha})^{-1} V F_0\} = 0.$$

これらが我々の基本方程式である．(22.23), (22.24) は上述のごとき μ_α, E_α が満足すべき方程式である．

4. 逆に (22.23) および (22.24) を満足する実数 μ_α と射影 operator E_α とがあっ

---

[16] これら二つの式は恒等式であることに注意．

[17] ただし $E_\alpha \neq 0$ とする.

たとすれば[17] これらは (22.18) を満足することが示される．ただしその際 μ_α は (22.19) を満足するものとする（したがって $(1+\alpha V \overline{R}_{\mu_\alpha})^{-1}$ は存在して (22.13) を用いて表される）.

これを示すには (22.23) と (22.24) とから逆に (22.22) が出るから逆に (22.20), (22.21) の左辺に E_α を乗じたものが 0 になることに注意する（(22.20), (22.21) は恒等式である！）すなわち

$$(22.25) \qquad E_\alpha(H_\alpha - \mu_\alpha)F_0 = 0,$$

$$(22.26) \qquad E_\alpha(H_\alpha - \mu_\alpha)\overline{R}_{\mu_\alpha}(1+\alpha V \overline{R}_{\mu_\alpha})^{-1} = 0.$$

(22.26) に右から $1+\alpha V \overline{R}_{\mu_\alpha}$ を乗じ，さらにその右から $H_0 - \mu_\alpha$ を乗ずると (22.5) により $\overline{R}_{\mu_\alpha}(H_0 - \mu_\alpha) = 1 - F_0$ (in $\mathfrak{D}$) だから

$$E_\alpha(H_\alpha - \mu_\alpha)(1 - F_0) = 0 \quad (\text{in } \mathfrak{D}).$$

これと (22.25) とを加えれば

$$E_\alpha(H_\alpha - \mu_\alpha) = 0 \quad (\text{in } \mathfrak{D}).$$

これは (22.18) の第二式である．第一式を出すには次のようにする．任意の $f \in \mathfrak{H}$, $\varphi \in \mathfrak{D}$ に対し

$$(E_\alpha(H_\alpha - \mu_\alpha)\varphi, f) = 0$$

だから，仮定により μ_α が実数で，E_α が射影 operator なることを使えば順次に

$$((H_\alpha - \mu_\alpha)\varphi, E_\alpha f) = 0, \qquad (H_\alpha \varphi, E_\alpha f) = (\varphi, \mu_\alpha E_\alpha f).$$

これがすべての $\varphi \in \mathfrak{D}$ に対して成立するから，H_α が hypermax. なることにより (§5.1)

$$E_\alpha f \in \mathfrak{D}, \qquad H_\alpha E_\alpha f = \mu_\alpha E_\alpha f$$

でなければならない．f は任意であるから

$$H_\alpha E_\alpha = \mu_\alpha E_\alpha.$$

これは (22.18) の第一式である．而してこの式は μ_α が H_α の固有値であり，E_α は相当する固有空間に <u>含まれている</u> ことを示す.

もちろんこれだけでは E_α がその固有空間に一致するということは言えないが，後にみるごとく我々の目的にはこれだけで十分である．要するに (22.23) および (22.24) が (22.19) なる条件の下に (22.18) と同等であるという点を注意することが大切である．

§23　縮退のない場合の主定理の証明

1. 我々はここで特に簡単なる場合として $m=1$ なる場合，すなわち縮退がない場合を片付けておきたい．この場合は一般の場合に比べて特に容易に結果を得るから，一般の場合に興味を有しない読者はこれをもって満足してもよいであろう（このときには前§の最後の考察は不用である）．

　このとき F_0 は一次元であり，考える H_α の正常固有値群もただ一つの固有値より成ることは言うまでもないから，前§で述べた μ_α および E_α は一義的に定まっている．尚便宜上 E_α を F_α と書くことにすれば[18] これももちろん 1 次元であって (22.24) が成立する：

(23.1) $\qquad F_\alpha\{-(\mu_\alpha-\mu_0)F_0 + \alpha F_0(1+\alpha V\overline{R}_{\mu_\alpha})^{-1}VF_0\} = 0.$

[18] かくすれば $\alpha=0$ のとき F_α は我々の F_0 と一致する．

F_α に属する規格化された元素を φ_α とすれば，これは H_α の固有値 μ_α に対する固有元素である．ただし φ_α は位相因子だけは不定であり，また φ_α が α とともに連続的に変わるかどうかは未だ不明である．いずれにせよ (23.1) の φ_α に関する平均値をとれば，$F_\alpha \varphi_\alpha = \varphi_\alpha$ および F_α が射影 operator なることに注意して

$$-(\mu_\alpha-\mu_0)(F_0\varphi_\alpha,\varphi_\alpha) + \alpha(F_0(1+\alpha V\overline{R}_{\mu_\alpha})^{-1}VF_0\varphi_\alpha,\varphi_\alpha) = 0.$$

第二項において F_0 を右側に移し，$F_0 = P_{[\varphi_0]}$ なることしたがって

(23.2) $\qquad F_0\varphi_\alpha = (\varphi_\alpha,\varphi_0)\varphi_0 \equiv c_\alpha\varphi_0$

なることに注意すれば

(23.3) $\qquad |c_\alpha|^2\{-(\mu_\alpha-\mu_0) + \alpha((1+\alpha V\overline{R}_{\mu_\alpha})^{-1}V\varphi_0,\varphi_0)\} = 0.$

しかるに c_α は 0 でない．なぜなら，(22.23) の adjoint operator を作れば

$$F_\alpha = ((1+\alpha V\overline{R}_{\mu_\alpha})^{-1})^* F_0 F_\alpha.$$

これを φ_α に作用させれば

(23.4) $$\varphi_\alpha = \bigl(1 + \alpha(V\overline{R}_{\mu_\alpha})^*\bigr)^{-1} F_0 \varphi_\alpha = \bigl(1 + \alpha(V\overline{R}_{\mu_\alpha})^*\bigr)^{-1} c_\alpha \varphi_0$$

だから $\varphi_\alpha \neq 0$ なるにより $c_\alpha \neq 0$ である[19]。

[19] このような計算を行わなくても，これは p.102, 傍注 11) から直ちに出る結果である．

したがって (23.3) を $|c_\alpha|^2$ で割って

$$-(\mu_\alpha - \mu_0) + \alpha\bigl((1 + \alpha V\overline{R}_{\mu_\alpha})^{-1} V\varphi_0, \varphi_0\bigr) = 0.$$

(22.14) により（§3.5 参照）

(23.5) $$\bigl((1 + \alpha V\overline{R}_{\mu_\alpha})^{-1} V\varphi_0, \varphi_0\bigr) = \sum_{n=0}^{\infty} (-1)^n \alpha^n \sum_{\nu=0}^{\infty} (\mu_\alpha - \mu_0)^\nu (X_{n\nu} V\varphi_0, \varphi_0)$$

だから

(23.6) $$\mu_\alpha - \mu_0 = \alpha \sum_{n=0}^{\infty} (-1)^n \alpha^n \sum_{\nu=0}^{\infty} (\mu_\alpha - \mu_0)^\nu (X_{n\nu} V\varphi_0, \varphi_0).$$

これが μ_α の満足すべき方程式である．

2. 右辺を仮に $\alpha G(\alpha, \mu_\alpha - \mu_0)$ と書けば

(23.7) $$\mu_\alpha - \mu_0 = \alpha G(\alpha, \mu_\alpha - \mu_0)$$

となり，$G(\alpha, \ell - \mu_0)$ は α と $\ell - \mu_0$ との巾級数であって，(22.15) により次のごとき majorant をもつ：

(23.8) $$\|V\varphi_0\| \frac{1 - (\ell - \mu_0)|S|}{1 - \alpha|VS| - (\ell - \mu_0)|S|}.$$

したがって陰関数の定理により (23.7) は $\alpha = 0$ の近傍において μ_0 の近傍の μ_α の値を α の一価正則関数として決定する．しかるに我々の μ_α は確かに μ_0 の近所（すなわち $|\alpha| < \delta_0$ なら $|\mu_\alpha - \mu_0| < \theta d$）にあって (23.7) を満足するのだから，十分小さい α に対しこの正則関数と一致せねばならない．換言すれば十分小さい α に対し μ_α は巾級数に展開可能である．これを

(23.9) $$\mu_\alpha = \mu_0 + \alpha \mu^{(1)} + \alpha^2 \mu^{(2)} + \cdots$$

とすればその係数は，これを (23.7) に代入して係数を比較して求めればよい．今最初の数項を求めてみよう．

(22.13) から

$$
(23.10) \quad (1+\alpha V\overline{R}_{\mu_\alpha})^{-1} = 1 - \alpha\bigl(VS + (\mu_\alpha - \mu_0)VS^2 + \cdots\bigr) \\
\qquad\qquad + \alpha^2\bigl(VS + (\mu_\alpha - \mu_0)VS^2 + \cdots\bigr)^2 - \cdots.
$$

したがって (23.6) の初めの項は

$$
\mu_\alpha - \mu_0 = \alpha(V\varphi_0, \varphi_0) - \alpha^2(VSV\varphi_0, \varphi_0) - \alpha^2(\mu_\alpha - \mu_0)(VS^2 V\varphi_0, \varphi_0) \\
+ \alpha^3(VSVSV\varphi_0, \varphi_0) + \cdots.
$$

よって (23.9) の初めの数項は

$$
(23.11) \quad \mu_\alpha = \mu_0 + \alpha(V\varphi_0, \varphi_0) - \alpha^2(VSV\varphi_0, \varphi_0) \\
+ \alpha^3\{(VSVSV\varphi_0, \varphi_0) - (V\varphi_0, \varphi_0)(VS^2 V\varphi_0, \varphi_0)\} + \cdots.
$$

これはもちろん通常の方法で得る結果と一致する．α の一次の項についてはこれは明らかであり，2 次の項の係数は

$$
-(VSV\varphi_0, \varphi_0) = -(SV\varphi_0, V\varphi_0) = -\int' \frac{1}{\lambda - \mu_0} d\|E_0(\lambda)V\varphi_0\|^2
$$

と書き直してみれば明らかであろう．

3. 次に μ_α に対する固有元素の展開を求める．

上に得た展開 (23.9) はもちろん絶対収束するから，これを (22.14)（ただしそこで ℓ の代りに μ_α としたもの）の右辺に代入して自由に整頓してよろしい (§3.5):

$$
(23.12) \quad (1+\alpha V\overline{R}_{\mu_\alpha})^{-1} = \sum_{n=0}^{\infty} \alpha^n X_n.
$$

ここに X_n は $X_{n\nu}$ と (23.9) の係数 $\mu^{(n)}$ との多項式，したがって結局 VS, V, および $\mu^{(n)}$ の多項式である．これを (23.4) に代入すれば

$$
\varphi_\alpha = c_\alpha \sum_{n=0}^{\infty} \alpha^n X_n^* \varphi_0.
$$

前述のごとく $c_\alpha \neq 0$ だからこの因子は重要でなく，

$$
(23.13) \quad \varphi_\alpha^* = \sum_{n=0}^{\infty} \alpha^n X_n^* \varphi_0
$$

も φ_α と同様 H_α の固有元素である．ただしこれは規格化されてはいない．規格化を無視すればこれをもって固有元素の展開式が得られたことになる．必要があれば規格化することも容易で

$$(23.14) \qquad \frac{1}{\|\varphi_\alpha^*\|}\varphi_\alpha^* = \frac{\sum \alpha^n X_n^* \varphi_0}{\|\sum \alpha^n X_n^* \varphi_0\|}$$

とすれば α が十分小さければこれを α の巾級数に展開し得ることは明らかである．

(23.10) に (23.11) を代入してその adjoint をとれば

$$(1+\alpha V\overline{R}_{\mu_\alpha})^{-1*} = 1 - \alpha(VS)^* \\ + \alpha^2\{(VSVS)^* - (V\varphi_0, \varphi_0)(VS^2)^*\} + \cdots .$$

これを φ_0 に作用させ

$$(VS)^*\varphi_0 = SV\varphi_0, \quad (VSVS)^*\varphi_0 = SVSV\varphi_0,$$
$$(VS^2)^*\varphi_0 = S^2 V\varphi_0$$

に注意すれば[20]

$$(23.15) \qquad \varphi_\alpha^* = \varphi_0 - \alpha SV\varphi_0 + \alpha^2\{SVSV\varphi_0 - (V\varphi_0, \varphi_0)S^2V\varphi_0\} + \cdots$$

が φ_α^* の展開の初めの諸項である．これを規格化したものは

$$\frac{1}{\|\varphi_\alpha^*\|}\varphi_\alpha^* = \varphi_0 - \alpha SV\varphi_0 \\ + \alpha^2\{SVSV\varphi_0 - (V\varphi_0, \varphi_0)S^2V\varphi_0 - \frac{1}{2}\|SV\varphi_0\|^2 \varphi_0\} + \cdots$$

となる．もちろんこれでも位相因子だけは不定である．

以上をもって我々の定理 20.1 は $m=1$ のときには完全に証明された．ただし F_α の展開式は出してないが，これは一般の場合に譲る．もちろん直接上の式から出すこともできるが，その必要はないから略す．

§24 収束半径（縮退のない場合）

1. 前§では μ_α および φ_α^* が $\alpha = 0$ の近傍で α の巾級数に展開可能であることをもって満足したが，今度はもう少し立ち入って収束半径の下界を求めることを試みる．

以下しばらく方程式 (23.7) において μ_α の代りに ℓ と書き，α も ℓ も複素数とし

---

[20] 任意の $f \in \mathfrak{H}$ に対し
$((VS)^*\varphi_0, f)$
$= (\varphi_0, VSf)$
$= (V\varphi_0, Sf)$
$= (SV\varphi_0, f).$
したがって
$(VS)^*\varphi_0 = SV\varphi_0.$
その他も同様．

て考える．ただしこれらは (22.12) すなわち

(24.1) $$|\alpha||VS| + |\ell - \mu_0||S| < 1$$

を満足するものとする．すると $G(\alpha, \ell - \mu_0)$ は majorant (23.8) をもつ．

今任意の η（ただし $0 < \eta < 1$）をとり

(24.2) $$|\alpha| < \frac{1-\eta}{|VS|}, \qquad |\ell - \mu_0| < \frac{\eta}{|S|} = \eta d$$

によって α, ℓ の変域を制限すれば (24.1) は満足されている．

任意の ρ（ただし $0 < \rho < \eta d$）に対し，$|\ell - \mu_0| = \rho$ なる ℓ に対しては (23.7), (23.8) により

(24.3) $$|\alpha G(\alpha, \ell - \mu_0)| \leqq |\alpha| \|V\varphi_0\| \frac{1-\rho|S|}{1-|\alpha||VS|-\rho|S|}$$

である．これは (23.8) を展開すれば正係数になることから容易にわかる．

そこで今

(24.4) $$\rho = r\|V\varphi_0\| \frac{1-\rho|S|}{1-r|VS|-\rho|S|}$$

により r を決定すれば

(24.5) $$r = \frac{\rho(1-\rho|S|)}{\|V\varphi_0\|(1-\rho|S|) + \rho|VS|} > 0$$

となり[21]，$|\alpha| < r, |\ell - \mu| = \rho$ なら (24.3) により[22]

(24.6) $$|\alpha G(a, \ell - \mu_0)| < r\|V\varphi_0\| \frac{1-\rho|S|}{1-r|VS|-\rho|S|} = \rho.$$

今 $|\alpha| < r$ なる α を固定しておけば ℓ の関数

(24.7) $$(\ell - \mu_0) - \alpha G(\alpha, \ell - \mu_0)$$

は $|\ell - \mu_0| = \rho$ なる円周上において (24.6) によりその第二項の絶対値は ρ より小であり，第一項の絶対値はもちろん ρ に等しい．したがって関数論における Rouché の定理により $|\ell - \mu_0| < \rho$ なる円内にあるその零点の数は，同円内にある $\ell - \mu_0$ の零点の数すなわち 1 に等しい．換言すれば $|\alpha| < r$ なら $|\ell - \mu_0| < \rho$ なる条件の下に (24.7) の零点はただ一つ定まる．これが α の関数として $|\alpha| < r$ において正則なることは関数論で知られている．

[21] したがって (24.4) の分母も正である．したがって $|\alpha| < r, |\ell - \mu| = \rho$ なら (24.1) は満足される．したがって η を適当にとっておけば (24.2) も満足される．

[22] $\|V\varphi_0\| = |VF_0|$ だから仮定により $\|V\varphi_0\| > 0$.

[23)] $(\sqrt{|S|}\|V\varphi_0\|+\sqrt{|VS|})^2 \leqq 2(|S|\|V\varphi_0\|+|VS|)$ だから $r \geqq \delta_0/2$.

我々は r の値をなるべく大きくするのが有利であるから，(24.5) が最大になるような ρ および相当する r を決定すれば[23)]

$$(24.8) \qquad r = \frac{1}{\left(\sqrt{|S|}\|V\varphi_0\|+\sqrt{|VS|}\right)^2},$$

$$(24.9) \qquad \rho = \frac{\sqrt{|S|}\|V\varphi_0\|}{\sqrt{|S|}\|V\varphi_0\|+\sqrt{|VS|}}d.$$

これらの値が $\rho|S|+r|VS|<1$ を満足することは容易に検証されるから，これに対し

$$\rho < \frac{\eta}{|S|}, \qquad r < \frac{1-\eta}{|VS|}$$

を満足する η $(0<\eta<1)$ がある．

よってあらかじめ (24.8), (24.9) のごとき r, ρ をとり，これに対し上のごとき η をとり，これを (24.2) における η として上の考察を行えばすべてが許される．

2. 以上においては我々の本来の目的たる μ_α を一応離れて (24.7) の零点を調べてきたが，我々の μ_α も (23.7) により (24.7) の零点である．ただしその際 $|\alpha|<\delta_0$ なる制限をつけている．δ_0 と (24.8) の r とを比較すれば δ_0 の定義 (21.17) から直ちに明らかな通り ($\|V\varphi_0\|=|VF_0|$ に注意！) $r<\delta_0$ であるから $|\alpha|<r$ なら μ_α は (24.9) の零点である．而して定理 21.3 により

$$|\mu_\alpha - \mu_0| \leqq d'(\alpha) = |\alpha||VF_0| < r\|V\varphi\|$$

であるが (24.8), (24.9) から $r\|V\varphi\|<\rho$ なることがわかるから

$$|\alpha|<r\ (<\delta_0) \quad \text{なら} \quad |\mu_\alpha-\mu_0|<\rho$$

が成立する．

すなわち μ_α は $|\alpha|<r$ において (24.7) の零点でありしかも $|\mu_\alpha-\mu_0|<\rho$ を満足するから前述の正則関数と一致せねばならない．換言すれば μ_α は少くも $|\alpha|<r$ において α の巾級数に展開可能である．かくして (23.9) の収束半径の下界が得られた．これは (24.8) で与えられる．

規格化されない固有関数 φ_α^* (23.15) も同じ収束半径を有することは前 § の考察から明らかである．

[24)] 後の研究によれば収束半径は $\frac{1}{\sqrt{2}}\delta_0$ より小さくないようである（而して一般には δ_0 より大きくできないことは次の例から分かる）．詳しく言えば (24.8) の代わりに $\{(|S|\|V\varphi_0\|)^{2/3}+|VS|^{2/3}\}^{-3/2}$ とすることができるのである．

3. 収束半径は (24.8) より一般に大きくとれるかどうか不明であるが[24)]，我々の評価はかなり粗いものであるから，多くの場合にはもっと大きくなるであろうこと

は想像されるところである.

しかし一般には，収束半径は $2r$ より大きいと主張することはできない．この事は次の例によって示される．$\mathfrak{H}$ の代わりに 2 次元の Euclid 空間をとり，そこに完全直交系 φ_0, φ_1 をとって

$$H_0\varphi_0 = 0, \quad H_0\varphi_1 = \varphi_1, \quad V\varphi_0 = \varphi_1, \quad V\varphi_1 = \varphi_0$$

とする．matrix で表せば

$$H_0 = \begin{pmatrix} 0 & 0 \\ 0 & 1 \end{pmatrix}, \quad V = \begin{pmatrix} 0 & 1 \\ 1 & 0 \end{pmatrix}.$$

今 φ_0 をもって我々の φ_0 とすれば $\mu_0 = 0$ である．$S = P_{[\varphi_1]}$ となることも容易にわかる．$\|V\varphi_0\| = \|\varphi_1\| = 1$ であり，また

$$f = a_0\varphi_0 + a_1\varphi_1$$

なら

$$VSf = VP_{[\varphi_1]}f = Va_1\varphi_1 = a_1\varphi_0,$$

$$\|VSf\|^2 = |a_1|^2 \leq \|f\|^2.$$

特に $f = \varphi_1$ なら等号が成立するから $|VS| = 1$ である．よって (24.8) より

$$r = \frac{1}{4}$$

となる．他方 μ_α を決定する式は $\begin{vmatrix} -\mu_\alpha & \alpha \\ \alpha & 1-\mu_\alpha \end{vmatrix} = 0$, すなわち

$$\mu_\alpha^2 - \mu_\alpha - \alpha^2 = 0$$

だから

$$\mu_\alpha = \frac{1}{2}\left(1 \pm \sqrt{1+4\alpha^2}\right)$$

となり，その収束半径は明らかに $\frac{1}{2}$ であって $2r$ に等しい．

Euclid 空間は Hilbert 空間ではないけれども，この結果をそのまま Hilbert 空間に拡張することは trivial である．

4. 特に V が有界なるときは

$$\|V\varphi_0\| \leqq |V|, \quad |VS| \leqq |V||S|$$

なる粗い評価を行えば

$$r \geqq \frac{1}{4} \cdot \frac{1}{|V||S|} = \frac{d}{4|V|}.$$

したがって $|\alpha| < d/4|V|$, すなわち

$$|\alpha V| < \frac{1}{4}d$$

なら巾級数展開が成立する．$|\alpha V|$ は摂動項の"大きさ"と言ってよいから，次の結果を得る：

摂動項の大きさが μ_0 の"孤立距離"d の $1/4$ より小さければ摂動論の級数は収束する．

<u>この評価は極めて粗い（特に $\|V\varphi_0\|$ を $|V|$ でおきかえるのは不必要に粗い！）けれども，極めて簡単であって，μ_0 の孤立度 d のみをもって表され，遠方のスペクトルを全然含んでいないところは注目すべきであろう</u>．

尚上の係数も一般には $1/4$ より大きく取れるかどうか不明であるが，これは一般には $1/2$ より大きくすることはできない[25]．このことも **3.** に述べた例が示している．（$\alpha = 1, |V| = 1, |\alpha V| = |\alpha|$ だから）．

[25] 後の研究によれば係数は正に $1/2$ ととることができることが判明した（ノート XIII, p.48 or 49）．（編注．ノート XIII は遺品の研究ノート A13(1947) のこと．）

§25 Reduction Process

1. 今度は $m \geqq 1$ なる一般の場合を考える．しかし $m = 1$ の場合のように簡単に始末をつけることができない．それはなぜかというのに，今度はいわゆる縮退があって，これに摂動が加わった結果固有値が一般に分裂を起こすことになるが，その分裂は一般に摂動級数の第何項において起こり第何項において完結するかあらかじめわかっていない[4]．他方において級数の第 n 項を explicit に求めることは到底不可能であるから，$m = 1$ の場合のごとく簡単に結果を得ることができないのである[26]．

そのため我々は前のように方程式 (22.24) が μ_α の満たすべき方程式であるという必要条件だけで済ますことができない．我々はその逆の道を取り (22.23) および (22.24) を満足するごとき μ_α および E_α を α の巾級数として実際に構成するという方法に従う．ここにおいて §22.4 に注意した事柄が役に立つわけである．すなわちこのような μ_α および E_α を作ることができれば，それらは (22.18) を満足すること

[26] この事情は従来の取り扱いにおいても同様である．多くの書物は第一次の項で縮退が完全にとれる場合しか取り扱っていない．任意の場合を取り扱った書物はない．
我々は完全のため最も一般的な場合を取り扱い，それに対する摂動論を展開する．そのため議論がやや面倒になることはやむを得ないと思う．
上述のごとき特別の場合で満足するなら，もっと簡単にできることは言うまでもない．

[4] ここで言う分裂とは，次のようなことを指していると思われる．複数個の巾級数の第 n 次までの係数はすべて一致しているが，第 $n+1$ 次においては異なる係数が現われるとき，分裂が起こったと言い，ある次数で分裂した級数の一つの群で，以降の係数がすべて一致するとき，分裂はそこで完結したと言っているようである．

になるから μ_α は H_α の固有値であり，E_α は相当する固有空間 に含まれる ことがわかるのである．もし我々がこのような μ_α, E_α をいくつか作ることができ，それらの E_α の次元数の和が丁度 m になることを示すことができれば，§21 によりその他に μ_0 の近所に H_α の固有値はないのであるから，実はそれら E_α は μ_α に相当する固有空間そのものと 一致する ことがわかるわけである．かくして目的の定理 20.1 が証明されることになる．

このような μ_α, E_α を構成することは単に形式的な計算にすぎないが，それらが実際に収束することを示すには majorant の方法を専ら利用する．

以上がこれから用いる方法の大筋である．

2. 我々の出発点は (22.23), (22.24) である．すなわち

$$(25.1) \qquad E_\alpha = E_\alpha F_0 \bigl(1 + \alpha V \overline{R}_{\mu_\alpha}\bigr)^{-1},$$

$$(25.2) \qquad E_\alpha \bigl\{ -(\mu_\alpha - \mu_0) F_0 + \alpha F_0 \bigl(1 + \alpha V \overline{R}_{\mu_\alpha}\bigr)^{-1} V F_0 \bigr\} = 0.$$

今簡単のため

$$(25.3) \qquad \beta^{(0)} = \mu_\alpha - \mu_0$$

とおけば，(22.14) により $(1 + \alpha V \overline{R}_{\mu_\alpha})^{-1}$ は α と $\beta^{(0)}$ との巾級数で (22.15) なる majorant をもつ．よって §3.7 に述べた意味において α と $\beta^{(0)}$ との正則関数である（ただしその際 μ_α が α の関数であることを考えず α と $\beta^{(0)}$ とを独立変数と考えて）．その収束半径は §22 に従い容易に与えることができるが，今はその必要はない．要するに正なる収束半径を有する majorant をもつという点さえ注意すればよい．その explicit な形も我々の考察には不用であるが，ただ (22.14) からわかる通り

$$(25.4) \qquad (1 + \alpha V \overline{R}_{\mu_\alpha})^{-1} = 1 - \alpha \Phi_0'(\alpha, \beta^{(0)})$$

なる形に表され，$\Phi_0'(\alpha, \beta^{(0)})$ も同一の収束半径を有する正則関数であることに注意する．また

$$(25.5) \qquad F_0 (1 + \alpha V \overline{R}_{\mu_\alpha})^{-1} V F_0 = \Phi_0(\alpha, \beta^{(0)})$$

とおけば $V F_0 \in \mathbb{B}$ なるによりこれも $\alpha, \beta^{(0)}$ の正則関数である．かつ $\Phi_0(\alpha, \beta^{(0)})$ は $\alpha, \beta^{(0)}$ の実数値に対しては Hermite operator である．このことは例えば (22.13) の第一行を見れば明らかである．なぜなら α^n の係数は

$$F_0(V\overline{R}_{\mu_\alpha})^n V F_0 = F_0 V \overline{R}_{\mu_\alpha} V \overline{R}_{\mu_\alpha} \cdots V \overline{R}_{\mu_\alpha} V F_0$$

と書いてみればその Hermite 性は明らかであるから.

(25.4), (25.5) をそれぞれ (25.1), (25.2) に代入すれば

(25.6) $$E_\alpha\{1 - F_0 + \alpha F_0 \Phi'_0(\alpha, \beta^{(0)})\} = 0,$$

(25.7) $$E_\alpha\{-\beta^{(0)} F_0 + \alpha F_0 \Phi_0(\alpha, \beta^{(0)}) F_0\} = 0.$$

この第二式で $\Phi_0(\alpha, \beta^{(0)})$ の左右から F_0 を乗ずることは不用であるけれども，こう書いておく方が後に都合がよい.

3. $F_0 \Phi_0(0,0) F_0$ は m 次元部分空間における Hermite operator だから主軸変換が可能であって，その相異なる固有値を $\mu_1^{(1)}, \mu_2^{(1)}, \cdots$ とすれば

(25.8) $$\begin{cases} F_0 \Phi_0(0,0) F_0 = \sum_p \mu_p^{(1)} F_p^{(1)}, & (\mu_p^{(1)} \neq \mu_q^{(1)} \ (p \neq q)), \\ F_0 = \sum_p F_p^{(1)} \end{cases}$$

なる形に表される．ただし $F_p^{(1)}$ は F_0 に含まれる部分空間の射影 operator であって

(25.9) $$F_p^{(1)} = F_p^{(1)} F_0 = F_0 F_p^{(1)}, \qquad F_p^{(1)} F_q^{(1)} = 0 \quad (p \neq q)$$

を満足する.

以上は実は第一次における固有値の分裂を表しているのである（後述）.

今 $\mu_p^{(1)}$ の中から任意の一つをとり，これを $\mu^{(1)}$ と書く[27]. 相当する固有空間 $F_p^{(1)}$ を単に $F^{(1)}$ と書く．而してさらに

(25.10) $$\beta^{(0)} = \alpha(\mu^{(1)} + \beta^{(1)})$$

とおいて $\Phi_0(\alpha, \beta^{(0)})$ に代入し

(25.11) $$\Phi_0(\alpha, \beta^{(0)}) = \Phi_0(0,0) + \alpha \Phi''_1(\alpha, \beta^{(1)})$$

により $\Phi''_1(\alpha, \beta^{(1)})$ を定義する．すると §3.7 IV. により $\Phi''_1(\alpha, \beta^{(1)})$ も $\alpha, \beta^{(1)}$ を変数として正則関数である[28].

(25.10) および (25.11) を (25.7) に代入して α で割れば

---

[27] 他の $\mu_p^{(1)}$ は不用なのではない. 今はとにかく固有値を一つ作ることを試みているから一つだけ考えるのである. 残りはまたあとで考える.

[28] $\beta^{(1)}$ が小さいかどうか実は未だ不明である. 以下は全く形式的に計算し，その吟味は 4. において行う.

$$E_\alpha\{-(\mu^{(1)}+\beta^{(1)})F_0 + F_0\Phi_0(0,0)F_0 + \alpha F_0\Phi_1''(\alpha,\beta^{(1)})F_0\} = 0.$$

(25.8) を代入すれば

(25.12) $$E_\alpha\left\{\sum_p (\mu_p^{(1)} - \mu^{(1)} - \beta^{(1)})F_p^{(1)} + \alpha F_0\Phi_1''(\alpha,\beta^{(1)})F_0\right\} = 0.$$

今

(25.13) $$\overline{R}^{(1)}(\beta^{(1)}) = {\sum_p}' \frac{1}{\mu_p^{(1)} - \mu^{(1)} - \beta^{(1)}} F_p^{(1)}$$

とおけば[29]（$\sum'$ は $\mu_p^{(1)} = \mu^{(1)}$ なる p を除いて加えることを示す），これは $\beta^{(1)}$ が十分小さければ（すなわち $\mu_p^{(1)} \neq \mu^{(1)}$ なる $\mu_p^{(1)}$ に対する $|\mu_p^{(1)} - \mu^{(1)}|$ の最小値より $|\beta^{(1)}|$ が小さければ）存在して $\mathbb{B}$ に属し次の性質を有する．

(25.14) $$\begin{cases} \overline{R}^{(1)}(\beta^{(1)}) \cdot F^{(1)} = F^{(1)} \cdot \overline{R}^{(1)}(\beta^{(1)}) = 0, \\ \overline{R}^{(1)}(\beta^{(1)}) = (F_0 - F^{(1)})\overline{R}^{(1)}(\beta^{(1)}) = \overline{R}^{(1)}(\beta^{(1)}) \cdot (F_0 - F^{(1)}), \\ \overline{R}^{(1)}(\beta^{(1)}) \sum_p (\mu_p^{(1)} - \mu^{(1)} - \beta^{(1)})F_p^{(1)} \\ \quad = \sum_p (\mu_p^{(1)} - \mu^{(1)} - \beta^{(1)})F_p^{(1)} \cdot \overline{R}^{(1)}(\beta^{(1)}) = F_0 - F^{(1)}, \\ \overline{R}^{(1)}(\beta^{(1)}) \text{ は } \beta^{(1)} \text{ の関数とみて正則関数であり} \\ \beta^{(1)} \text{ が実なら Hemite 的である．} \end{cases}$$

[29] $\overline{R}^{(1)}(\beta^{(1)})$ は §22 の $\overline{R}_\ell$ に照応する．
(22.9) で $\overline{R}_\ell$ の代わりに S を使ってもよいように (25.15) でも $\overline{R}^{(1)}(\beta^{(1)})$ の代わりに $\overline{R}^{(1)}(0)$ を用いてもよいし，その方がやや簡単でもあるが大した違いはない．

これらは $\overline{R}^{(1)}(\beta^{(1)})$, $\mu^{(1)}$, $F^{(1)}$ 等の定義から直ちに証明される．

(25.12) の右から $\overline{R}^{(1)}(\beta^{(1)})$ を乗ずると (25.14) を用いて

(25.15) $$E_\alpha\{F_0 - F^{(1)} + \alpha F_0\Phi_1''(\alpha,\beta^{(1)})\overline{R}^{(1)}(\beta^{(1)})\} = 0.$$

あるいは $\{\ \}$ 内の最後の項において $F_0 = F_0 - F^{(1)} + F^{(1)}$ と書き直せば

(25.16) $$\begin{aligned}E_\alpha\{&(F_0 - F^{(1)})[1 + \alpha\Phi_1''(\alpha,\beta^{(1)})\overline{R}^{(1)}(\beta^{(1)})] \\ &+ \alpha F^{(1)}\Phi_1''(\alpha,\beta^{(1)})\overline{R}^{(1)}(\beta^{(1)})\} = 0.\end{aligned}$$

§3.7 により $\alpha\Phi_1''(\alpha,\beta^{(1)})R^{(1)}(\beta^{(1)})$ も正則関数であり，$\alpha = 0$ のとき 0 となるから同所の III により

$$[1 + \alpha\Phi_1''(\alpha,\beta^{(1)})\overline{R}^{(1)}(\beta^{(1)})]^{-1}$$

も存在して正則関数である．よってこれを上の式の右から乗ずると

$$(25.17) \quad E_\alpha\{F_0 - F^{(1)} + \alpha F^{(1)}\Phi_1''(\alpha,\beta^{(1)})\overline{R}^{(1)}(\beta^{(1)}) \cdot$$
$$[1 + \alpha\Phi_1''(\alpha,\beta^{(1)}) \cdot \overline{R}^{(1)}(\beta^{(1)})]^{-1}\} = 0.$$

そこで

$$(25.18) \quad \Phi_1'(\alpha,\beta^{(1)}) \equiv \Phi_1''(\alpha,\beta^{(1)})\overline{R}^{(1)}(\beta^{(1)}) \cdot [1 + \alpha\Phi_1''(\alpha,\beta^{(1)}) \cdot \overline{R}^{(1)}(\beta^{(1)})]^{-1}$$

とおけば §3.7 によりこれも $\alpha, \beta^{(1)}$ の正則関数となり

$$(25.19) \quad E_\alpha\{F_0 - F^{(1)} + \alpha F^{(1)}\Phi_1'(\alpha,\beta^{(1)})\} = 0.$$

また (25.12) の右から $F^{(1)}$ を乗ずると

$$(25.20) \quad E_\alpha\{-\beta^{(1)}F^{(1)} + \alpha F_0\Phi_1''(\alpha,\beta^{(1)})F^{(1)}\} = 0.$$

第二項で前のごとく $F_0 = F_0 - F^{(1)} + F^{(1)}$ とおけば

$$(25.21) \quad E_\alpha\{-\beta^{(1)}F^{(1)} + \alpha F^{(1)}\Phi_1''(\alpha,\beta^{(1)})F^{(1)}$$
$$+ \alpha(F_0 - F^{(1)})\Phi_1''(\alpha,\beta^{(1)})F^{(1)}\} = 0.$$

(25.19) から

$$E_\alpha(F_0 - F^{(1)}) = -\alpha E_\alpha F^{(1)}\Phi_1'(\alpha,\beta^{(1)})$$

が得られるからこれを (25.21) の最後の項に代入すれば

$$(25.22) \quad E_\alpha\{-\beta^{(1)}F^{(1)} + \alpha F^{(1)}\Phi_1''(\alpha,\beta^{(1)})F^{(1)}$$
$$- \alpha^2 F^{(1)}\Phi_1'(\alpha,\beta^{(1)})\Phi_1''(\alpha,\beta^{(1)})F^{(1)}\} = 0.$$

そこでまた

$$(25.23) \quad \Phi_1(\alpha,\beta^{(1)}) \equiv \Phi_1''(\alpha,\beta^{(1)}) - \alpha\Phi_1'(\alpha,\beta^{(1)})\Phi_1''(\alpha,\beta^{(1)})$$

とおけばこれも $\alpha, \beta^{(1)}$ の正則関数で

$$(25.24) \quad E_\alpha\{-\beta^{(1)}F^{(1)} + \alpha F^{(1)}\Phi_1(\alpha,\beta^{(1)})F^{(1)}\} = 0$$

を得る．

$\Phi_1'(\alpha,\beta^{(1)}), \Phi_1(\alpha,\beta^{(1)})$ については正則関数であることの他に次の点に注意する．

まず (25.18) の右辺を展開してみれば各項は一番右に $R^{(1)}(\beta^{(1)})$ なる因子をもつから，(25.14) により（恒等的に！）

(25.25) $$\Phi_1'(\alpha, \beta^{(1)}) = \Phi_1'(\alpha, \beta^{(1)}) \cdot (F_0 - F^{(1)})$$

が成立する．

次に $\alpha, \beta^{(0)}$ が実数なら $\Phi_0(\alpha, \beta^{(0)})$ は Hermite operator であったから，(25.10)，(25.11) により（$\mu^{(1)}$ は実数！）$\Phi_1''(\alpha, \beta^{(1)})$ は $\alpha, \beta^{(1)}$ が実数なら Hermite operator である．よって (25.23) の第一項は Hermite operator である．その第二項においては (25.18) を展開した式を代入してみれば Φ_1'', $R^{(1)}$ が Hermite operator なることから，やはり Hermite operator になることは容易にわかる（前に $\Phi_0(\alpha, \beta^{(0)})$ の Hermite 性を証明した時と全く同様）．よって

(25.26) $\quad\quad \alpha, \beta^{(1)}$ が実なら $\Phi_1(\alpha, \beta^{(1)})$ は Hermite operator.

4. 以上の計算は全く形式的であったから，その論理的関係を吟味する必要がある．ただし形式的と言っても，$\Phi_1(\alpha, \beta^{(1)})$ や $\Phi_1'(\alpha, \beta^{(1)})$ が正則関数であり，したがって正なる収束半径を有する majorant をもつということはわかっている．形式的というのは各方程式の論理的関係と (25.10) なるおきかえの妥当性とが問題になるにすぎない．

実際上の式の導き方は演繹的でない！　(25.7) が成立するためには (25.10) において $\beta^{(1)}$ が小さいことは必要ではないのだから，(25.7) から (25.24) 等の成立することを論証することはできない．

しかしその逆は可能である．すなわち (25.19) と (25.24) とが成立すれば（もちろん $\Phi_1(\alpha, \beta^{(1)})$ や $\Phi_1'(\alpha, \beta^{(1)})$ その他が正則なるごとき小さい $\alpha, \beta^{(1)}$ に対して成立すればの意）逆にさかのぼって (25.7) の成立することが分かる．これを次に示そう．

(25.24) は (25.21) と同一であるから，さらに (25.19) が成立すれば (25.21) したがって (25.20) が成立する．他方 (25.19) は (25.17) に等しく，これから (25.16) が出ることは明らかであり，これは (25.15) と同等である．しかるに (25.15) は (25.12) の右から $R^{(1)}(\beta^{(1)})$ を乗じて作った式であるから，さらにその右から

$$\sum_p (\mu_p^{(1)} - \mu^{(1)} - \beta^{(1)}) F_p^{(1)}$$

を乗ずれば，(25.14) を用いて，結局 (25.12) の右から $F_0 - F^{(1)}$ を乗じた式が得られる．他方 (25.20) は (25.12) の右から $F^{(1)}$ を乗じた式であるから，この二つを加

えれば (25.12) の右から F_0 を乗じた式が得られる．けれどもこれは (25.12) それ自身に他ならないことは (25.12) の形から明らかである．

次に (25.12) に α を乗じ，(25.10) によって $\beta^{(0)}$ を定めれば (25.7) に達することも明らかである．

かくして (25.19), (25.24) の二式が十分小さい $\alpha, \beta^{(1)}$ に対して成立するならば，(25.10) によって定めた $\beta^{(0)}$ に対し (25.7) が成立することとなる．

したがって (25.7) を満足する $E_\alpha, \beta^{(0)}$ を求めるためには，(25.19), (25.24) を満足する $E_\alpha, \beta^{(1)}$ を求めれば十分である．しかるに我々の目的は (25.6), (25.7) を満足する $E_\alpha, \beta^{(0)}$ を求めることを目的としてきたのだから，結局 (25.6), (25.19), (25.24) の三式を満足する $E_\alpha, \beta^{(1)}$ を求めればよいことになる．

5. ところが (25.6) は (25.19) と，(25.7) は (25.24) と全く同一の形をもつ．この類似を完全ならしめるには

$$(25.27) \qquad F^{(-1)} = 1, \qquad F^{(0)} = F_0$$

とおきさえすればよい．したがって **3.** において (25.7) から (25.19) と (25.24) を導いた（論理的にはその逆であるが）手続きを (25.24) に適用することができる：部分空間 $F^{(1)}$ における Hermite operator $F^{(1)}\Phi_1(0,0)F^{(1)}$ の固有値および固有空間を $\mu_p^{(2)}$ および $F_p^{(2)}$ とし，$\mu_p^{(2)}$ の中から任意の一つを選んでこれを $\mu^{(2)}$，対応する $F_p^{(2)}$ を $F^{(2)}$ と書き，

$$(25.28) \qquad \beta^{(1)} = \alpha(\mu^{(2)} + \beta^{(2)})$$

等とおいて全く同様な方法を繰り返せばよい．その結果再び

$$E_\alpha\{F^{(1)} - F^{(2)} + \alpha F^{(2)}\Phi_2'(\alpha, \beta^{(2)})\} = 0,$$

$$E_\alpha\{-\beta^{(2)}F^{(2)} + \alpha F^{(2)}\Phi_2(\alpha, \beta^{(2)})F^{(2)}\} = 0$$

なる二つの式に到達する．而してその論理的関係は，これらの二式が成立すれば（十分小さい α と $\beta^{(2)}$ とに対して！），(25.28) によって定めた $\beta^{(1)}$ は (25.24) を満足するということになる．

この過程を仮に reduction process と呼ぶことにすれば，これは任意に続けてゆくことができる．一般に r 個の reduction process を続けた後の式は [5]

---

[5] 次の式の式番号 $(25.29r)$ の r はパラメータで，(15.290) と引用されるときには $(25.29r)$ の式で $r = 0$ としたものを指す．

$(25.29r)$ $\qquad E_\alpha\{F^{(r-1)} - F^{(r)} + \alpha F^{(r)}\Phi_r'(\alpha, \beta^{(r)})\} = 0,$

$(25.30r)$ $\qquad E_\alpha\{-\beta^{(r)} F^{(r)} + \alpha F^{(r)}\Phi_r(\alpha, \beta^{(r)}) F^{(r)}\} = 0$

なる形を有し，$\Phi_r'(\alpha, \beta^{(r)})$, $\Phi_r(\alpha, \beta^{(r)})$ は $\alpha, \beta^{(r)}$ の正則関数である[30] ほか，

$(25.31r)$ $\qquad \Phi_r'(\alpha, \beta^{(r)}) = \Phi_r'(\alpha, \beta^{(r)}) \cdot (F^{(r-1)} - F^{(r)}),$

$(25.32r)$ $\qquad \Phi_r(\alpha, \beta^{(r)})$ は Hermite operator ($\alpha, \beta^{(r)}$ 実なるとき)

なる性質をもつ．$\beta^{(r+1)}$ は

$(25.33r)$ $\qquad \beta^{(r)} = \alpha(\mu^{(r+1)} + \beta^{(r+1)})$

により定義され，ここに $\mu^{(r+1)}$ は

$(25.34r)$ $\qquad F^{(r)} \Phi_r(0, 0) F^{(r)}$

なる有限次元の Hermite operator の固有値の一つ [31] であり，相当する固有空間が $F^{(r+1)}$ である．したがって

(25.35) $\qquad F_0 = F^{(0)} \geqq F^{(1)} \geqq \cdots \geqq F^{(r-1)} \geqq F^{(r)} \geqq \cdots$

である．尚以上の関係は $r = 0$ のときにも成立することに注意する．ただし $F^{(0)}$, $F^{(-1)}$ は (25.27) で定義され，(25.29 0), (25.30 0) はそれぞれ (25.6), (25.7) に他ならず，(25.31 0) は (25.4) と (22.5) とから明らかである．尚 (25.32 0), (25.33 0), (25.34 0) は既知である．

これらの諸式の論理的関係は次の通りである：十分小さい $\beta^{(r)}$ と α とに対して $(25.29r)$, $(25.30r)$ が成立すれば，$(25.33r)$ で定めた $\beta^{(r-1)}$ に対して $(25.30r\text{-}1)$ が成立することになる．

したがって今 $(25.29r)$ が $r = 0, 1 \cdots, N$ に対し十分小さい $\alpha, \beta^{(N)}$ に対して成立し，さらに $(25.30N)$ が同様な $\alpha, \beta^{(N)}$ に対して成立するならば，順次にさかのぼって結局 $(25.29 0)$, $(25.30 0)$ の成立することがわかる [32]．なぜなら $\alpha, \beta^{(N)}$ を十分小さくとれば，その他の $\beta^{(r)}$ ($r < N$) も任意に小さくできるからである．而してその際種々の式の変型が許されることは，Φ_r, Φ_r' 等がそれぞれ正則関数で適当な majorant を有することにより保証されるわけである．

---

[30] これらの explicit な形を求めることは，r が小さいときはできないことはないが，一般には到底その煩に耐えない．我々はそれが §3.7 の意味において $\alpha, \beta^{(r)}$ の正則関数なることを知れば十分なのである．

[31] 今はとにかく一つの固有値をとっておけばよい．別な固有値に対しても同様な方法が適用でき，それによりいくつかの H_α の固有値が得られることになるが，これについては §27 の終わりに述べる．

[32] この関係を図示すれば次のようになる．$(25.29r)$, $(25.30r)$ をそれぞれ (A_r), (B_r) と略記すれば

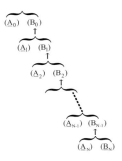

[33] 換言すれば $F^{(r-1)}\Phi_{r-1}(0,0)F^{(r-1)}$ が $F^{(r-1)}$ における const. operator, すなわち $cF^{(r-1)}$ なる形になる場合である.

6. 終わりに $F^{(r)} = F^{(r-1)}$ なる場合, すなわち第 r 回目の reduction process において"分裂"が起こらない場合[33]を注意しておく. このときは 3 の計算についてみれば $F^{(1)} = F^{(0)}$ であり $\overline{R}^{(1)}(\beta^{(1)}) = 0$ となるから (25.15), したがって (25.19) は $0 = 0$ となって不用であり, (25.20) は (25.12) と同一, したがって (25.24) も (25.12) と同一となり, (25.12) は (25.9) を α で割った式に他ならないから, 結局 (25.24) は (25.7) と因子 α だけしか異ならない. 一般の r の場合にこれを移せば (25.29r) は $0 = 0$ となり (これは (25.31r) により明らかである), (25.30r) は (25.30r-1) を α で割った式にすぎない.

§26 固有値の展開

1. 上述の reduction process をどこまでも続けていったものとする. そうすると (25.35) が成立するが, F_0 は m 次元で m は有限だから不等式 > が無限回成立することはできず, ある番号 N から先は[34]等号のみが成立せねばならない. すなわち

[34] この N を決定することは一般には有限回の操作では不可能であろう.
しかしそれを決定するのに大いに有効な方法がある (§29).

$$(26.1) \qquad F^{(0)} \geqq F^{(1)} \geqq \cdots \geqq F^{(N-1)} > F^{(N)} = F^{(N+1)} = \cdots .$$

ここに N は 0 でもあり得る.

(25.33r) を順次に適用すれば

$$(26.2) \quad \begin{aligned} \beta^{(0)} &= \alpha\bigl(\mu^{(1)} + \beta^{(1)}\bigr) = \alpha\mu^{(1)} + \alpha^2\bigl(\mu^{(2)} + \beta^{(2)}\bigr) = \cdots \\ &= \alpha\mu^{(1)} + \alpha^2\mu^{(2)} + \cdots + \alpha^N\bigl(\mu^{(N)} + \beta^{(N)}\bigr) \end{aligned}$$

であり, $\mu^{(r)}$ は $F^{(r-1)}\Phi_{r-1}(0,0)F^{(r-1)}$ の固有値の中から選び出されたものであって一般にこの選び方はいくつかあったわけであるが, 分裂の起こらないときにはその選び方は一通りしかない. 第 $(N+1)$ 回以後の reduction process においては分裂はもはや起らないのであるから, $\mu^{(N+1)}$ 以後は一義的に定まるわけである.

これらの $\mu^{(N+n)}$ $(n = 1, 2, \cdots)$ はまた次のごとくしても求めることができる. $r > N$ においては分裂が起こらないから, §25.6 の注意により, $(25.30N+n)$ と $(25.30N+n-1)$ とは因子 α を異にするだけである. したがって (25.30N) と (25.30N+n) とは因子 α^n を異にするだけである. このことは

$$(26.3) \qquad \beta^{(N)} = \alpha\mu^{(N+1)} + \alpha^2\mu^{(N+2)} + \cdots + \alpha^n\bigl(\mu^{(N+n)} + \beta^{(N+n)}\bigr)$$

を $(25.30N)$ に代入すると, その左辺したがって

(26.4) $$-\beta^{(N)}F^{(N)} + \alpha F^{(N)}\Phi_N(\alpha,\beta^{(N)})F^{(N)}$$

が形式的に α^n なる因子をもつことを示す．他方 (26.3) の最後の項 $\beta^{(N+n)}$ を含む項は α^n を含むから α^{n-1} 以前の項には無関係である．すなわち α^{n-1} 以前の項は丁度 0 になるのであるが，その際 $\beta^{(N+n)}$ の項は関係していない．このことは <u>形式的な無限級数</u>

(26.5) $$\beta^{(N)} = \alpha\mu^{(N+1)} + \alpha^2\mu^{(N+2)} + \cdots$$

を代入して <u>形式的に</u> α の巾で整頓すれば (26.4) が 0 になることを示す．

2. さて $\Phi_N(\alpha,\beta^{(N)})$ は正則関数であるから，α, $\beta^{(N)}$ の巾級数であって，これは

(26.6) $$\Phi_N(\alpha,\beta^{(N)}) = \sum_{p,q}\alpha^p\beta^{(N)q}X_{pq}, \qquad X_{pq}\in\mathbb{B}$$

なる形を有し，かつ majorant:

(26.7) $$\phi_N(\alpha,\beta^{(N)}) = \sum_{p,q}\alpha^p\beta^{(N)q}x_{pq}, \qquad |X_{pq}|\le x_{pq}$$

を有する．而してこれが 0 ならざる収束半径を有する．

今 (26.6) に (26.5) を代入し形式的に α の巾に整頓すれば

(26.8) $$\Phi_N(\alpha,\beta^{(N)}) = W_1 + \alpha W_2 + \cdots + \alpha^{n-1}W_n + \cdots$$

となり，W_n は X_{pq} および $\mu^{(N+1)},\cdots,\mu^{(N+n-1)}$ の多項式で[35]その係数は正である：

(26.9) $$W_n = P_n(X_{pq};\mu^{(N+1)},\cdots,\mu^{(N+n-1)}).$$

かつ P_n は X_{pq} については一次である．

$\Phi_N(\alpha,\beta^{(N)})$ は α, $\beta^{(N)}$ が実数なるとき Hermite operator であるから X_{pq} は Hermite operator なることに注意する[36]．

すると (26.4) は次の形をとる：

(26.10)
$$\alpha\bigl(-\mu^{(N+1)}F^{(N)} + F^{(N)}W_1F^{(N)}\bigr) + \alpha^2\bigl(-\mu^{(N+2)}F^{(N)} + F^{(N)}W_2F^{(N)}\bigr)$$
$$+ \cdots + \alpha^n\bigl(-\mu^{(N+n)}F^{(N)} + F^{(N)}W_nF^{(N)}\bigr) + \cdots.$$

これが形式的に 0 にならねばならない．

したがってまず既知の operator ($W_1 = \Phi_N(0,0)$ である！)

---

[35] (26.5) は α の一次の項から始まることに注意！ また $\mu^{(N+n)}$ 以後の項は α^n 以上の巾を含むから (26.8) の α^{n-1} の係数 W_n の中には入ってこない．

[36] このことは $f,g\in\mathfrak{H}$ に対し
$(\Phi_N(\alpha,\beta^{(N)})f,g)$
$= (f,\Phi_N(\alpha,\beta^{(N)})g)$
がすべての実なる α, $\beta^{(N)}$ に対し成立することより
$(X_{pq}f,g) = (f,X_{pq}g)$
を得て導かれる．

$$F^{(N)}W_1F^{(N)}$$

は $c_1 F^{(N)}$ なる形でなければならぬ（然らざれば (26.10) の第一項は 0 になることができない）．これより $\mu^{(N+1)} = c_1$ を得る．この $\mu^{(N+1)}$ の値を (26.9) に代入すれば W_2 が求まり，これに対して

$$F^{(N)}W_2F^{(N)}$$

は $c_2 F^{(N)}$ なる形でなければならない．これより $\mu^{(N+2)} = c_2$ を得る．以下同様にして $\mu^{(N+n)}$ が順次に決定される．

このとき第一に $F^{(N)}W_n F^{(N)}$ は常に $c_n F^{(N)}$ なる形にならねばならぬ．然らざれば (26.10) は形式的に 0 になることができず，上述の N に対する仮定に反することになる．第二に c_n は常に実数である，なぜなら前述のごとく X_{pq} は Hermite operator だから，$\mu^{(N+1)}, \cdots, \mu^{(N+n-1)}$ が実数なら (26.9) により W_n は Hermite operator となり（P_n は X_{pq} につき一次なることに注意！）したがって $c_n = \mu^{(N+n)}$ も実数となる．c_1 が実数なることは同じ理由で（$W_1 = X_{00}$ だから）明らかだから，これより順次にすべての c_n の実数なることがわかる．

3. かくして $\mu^{(N+n)}$ は決定するが，この $\mu^{(N+n)}$ に対し (26.5) が絶対収束することを示さねばならない．そのため $\Phi_N(\alpha, \beta^{(N)})$ の majorant (26.7) をとり

$$(26.11) \qquad -\widetilde{\beta} + \alpha \phi_N(\alpha, \widetilde{\beta}) = 0$$

なる方程式を考える（ただし混同を避ける代わりに $\widetilde{\beta}$ なる変数を用いた）．$\phi_N(\alpha, \widetilde{\beta})$ は $\alpha, \widetilde{\beta}$ の巾級数でその係数は正であり，収束半径は 0 でないから (26.11) は $\widetilde{\beta}$ を α の陰関数として決定する．これは $\alpha = 0$ の近傍で一価正則であって

$$(26.12) \qquad \widetilde{\beta} = \alpha \widetilde{\mu}^{(1)} + \alpha^2 \widetilde{\mu}^{(2)} + \cdots$$

のごとく展開可能である．その係数を求めるにはこれを (26.11) に代入して α の係数を 0 とおけばよい．まず $\phi_N(\alpha, \widetilde{\beta})$ にこれを代入して α の巾に整理すると

$$(26.13) \qquad \phi_N(\alpha, \widetilde{\beta}) = w_1 + \alpha w_2 + \cdots + \alpha^{n-1} w_n + \cdots$$

となり，ここに w_n は $\phi_N(\alpha, \widetilde{\beta})$ の係数 x_{pq} と $\widetilde{\mu}^{(1)}, \widetilde{\mu}^{(2)}, \cdots, \widetilde{\mu}^{(n-1)}$ との多項式であるが，その多項式は (26.9) の多項式と全然同一であることに注意する：

$$(26.14) \qquad w_n = P_n(x_{pq}; \widetilde{\mu}^{(1)}, \widetilde{\mu}^{(2)}, \cdots, \widetilde{\mu}^{(n-1)}).$$

而して (26.11) は

$$\alpha(-\widetilde{\mu}^{(1)}+w_1)+\alpha^2(-\widetilde{\mu}^{(2)}+w_2)+\cdots+\alpha^n(-\widetilde{\mu}^{(n)}+w_n)+\cdots=0$$

となるから直ちに

(26.15) $$\widetilde{\mu}^{(n)}=w_n$$

を得る．これと (26.14) とから $\widetilde{\mu}^{(n)}$ は逐次決定することができる．

そこで我々は

(26.16) $$|\mu^{N+n}|\leqq\widetilde{\mu}^{(n)}$$

なることを示そう．

$n=1$ に対しては

$$|\mu^{(N+1)}|=|c_1|=c_1|F^{(N)}|=|F^{(N)}W_1F^{(N)}|\leqq|W_1|=|P_1(X_{pq})|$$
$$\leqq P_1(|X_{pq}|)\leqq P_1(x_{pq})=w_1=\widetilde{\mu}^{(1)}$$

によりこれは成立し，一般に (26.16) が 1 から $n-1$ までの添数に対し成立することがわかっていれば

$$|\mu^{(N+n)}|=|c_n|=|c_nF^{(N)}|=|F^{(N)}W_nF^{(N)}|\leqq|W_n|$$
$$=|P_n(X_{pq};\mu^{(N+1)},\cdots,\mu^{(N+n-1)})|$$
$$\leqq P_n(|X_{pq}|;|\mu^{(N+1)}|,\cdots,|\mu^{(N+n-1)}|)$$
$$\leqq P_n(x_{pq};\widetilde{\mu}^{(1)},\cdots,\widetilde{\mu}^{(n-1)})=w_n=\widetilde{\mu}^{(n)}$$

により n に対しても成立することが証明される．

(26.12) は $\alpha=0$ の近傍で絶対収束するのだから (26.16) により (26.5) も絶対収束する．而して $\Phi_N(\alpha,\beta^{(N)})$ の mjorant が $\phi_N(\alpha;\beta^{(N)})$ なることを考えれば，(26.5) を (26.4) に代入して項を整理することは許されるから，前述のごとくそれが形式的に 0 になるのだから，実はそれは形式的のみならず真に 0 とならねばならない．

(26.4) は (25.30N) の { } 内に他ならない．よって <u>(26.5) は E_α の如何にかかわらず (25.30N) を満足する</u> という注目すべき結果を得る．

(26.5) を (25.33r) に入れて順次に $\beta^{(N-1)},\beta^{(N-2)},\cdots$ が求まる．特に (26.2) に代入すれば

(26.17) $$\beta^{(0)}=\alpha\mu^{(1)}+\alpha^2\mu^{(2)}+\cdots+\alpha^N\mu^{(N)}+\alpha^{N+1}\mu^{(N+1)}+\cdots$$

[37) かくして我々は固有値を固有空間（もしくは固有元素）と切離して独立に求めることができた。
　これは通常行われている摂動論に比べて大なる簡単化である。そこでは固有値と固有元素の各項を交互に求めてゆかねばならぬ。]

が得られる．$\mu_0 + \beta^{(0)}$ が固有値の一つを表すことはやがて判明する[37]．

§27　固有空間の展開

1. 今度は固有空間 E_α を決定する番である．

前 § で得た $\beta^{(N)}$ ((26.5)) は上述のごとく E_α の如何にかかわらず $(25.30N)$ を満足する．すなわち我々は固有空間は全然考えないで独立に固有値を求め得たのである（それが固有値なることの証明はまだできていないが）．

したがって §25.5 に述べるところに従い $(25.29r)$ $(r = 0, 1, \cdots, N)$ を満足するように射影 operator E_α を定めることができれば我々の当面の目的は達せられることになる．

ところがこれらの $N+1$ 個の式 $(25.29r)$ $(r = 0, 1, \cdots, N)$ はそれらを加えて得るただ一つの式

$$(27.1) \qquad E_\alpha \left\{ 1 - F^{(N)} + \alpha \sum_{r=0}^{N} F^{(r)} \Phi'_r(\alpha, \beta^{(r)}) \right\} = 0$$

と同等なのである．なぜならば (27.1) の右から $F^{(r-1)} - F^{(r)}$ を乗ずると

$$(1 - F^{(N)})(F^{(r-1)} - F^{(r)}) = F^{(r-1)} - F^{(r)}$$

および $(25.31r)$ により

$$\Phi'_s(\alpha, \beta^{(s)})(F^{(r-1)} - F^{(r)}) = \Phi'_s(\alpha, \beta^{(s)})(F^{(s-1)} - F^{(s)})(F^{(r-1)} - F^{(r)})$$
$$= \begin{cases} 0 & r \neq s \\ \Phi'_r(\alpha, \beta^{(r)})(F^{(r-1)} - F^{(r)}) = \Phi'_r(\alpha, \beta^{(r)}) & r = s \end{cases}$$

によって丁度 $(25.29r)$ が得られるからである．

そこで我々は (27.1) を満足する射影 operator E_α を求めればよい．ただしそこの $\beta^{(r)}$ には §26 で得られた値を代入して整頓したものとし[38]

$$(27.2) \qquad \sum_{r=0}^{N} F^{(r)} \Phi'_r(\alpha, \beta^{(r)}) = K_1 + \alpha K_2 + \cdots + \alpha^{n-1} K_n + \cdots$$

とする．$\Phi'_r(\alpha, \beta^{(r)})$ は $\alpha, \beta^{(r)}$ の正則関数であり，$\beta^{(r)}$ は α の項から始まる α の巾級数だから (27.2) も十分小さい α に対し絶対収束する．

我々は E_α に対し絶対収束巾級数を仮定する：

[38) それが許されるのは $\Phi_r(\alpha, \beta^{(r)})$ が $\alpha, \beta^{(r)}$ の正則関数であって Majorant を有すること，および $\beta^{(r)}$ は α の項から始まる巾級数だから十分小さい α に対しいくらでも小さくなることによる．]

(27.3) $$E_\alpha = T^{(0)} + \alpha T^{(1)} + \alpha^2 T^{(2)} + \cdots, \qquad T^{(N)} \in \mathbb{B}.$$

E_α が射影 operator なるためには $E_\alpha^* = E_\alpha$, $E_\alpha^2 = E_\alpha$ なることが必要かつ十分である. よって

(27.4) $$T^{(n)*} = T^{(n)}.$$

(27.5) $$\begin{cases} T^{(0)^2} = T^{(0)}, \\ T^{(0)}T^{(1)} + T^{(1)}T^{(0)} = T^{(1)}, \\ \quad\vdots \\ T^{(0)}T^{(n)} + T^{(1)}T^{(n-1)} + \cdots + T^{(n)}T^{(0)} = T^{(n)}, \\ \quad\vdots \end{cases}$$

さらに (27.3), (27.2) を (27.1) に代入すれば

$$(T^{(0)} + \alpha T^{(1)} + \alpha^2 T^{(2)} + \cdots)(1 - F^{(N)} + \alpha K_1 + \alpha^2 K_2 + \cdots) = 0.$$

展開して α の係数を 0 とおけば

(27.6) $$T^{(n)}(1 - F^{(N)}) = -T^{(0)}K_n - T^{(1)}K_{n-1} - \cdots - T^{(n-1)}K_1.$$

以上の諸式から $T^{(n)}$ を決定することができる.

まず (27.4), (27.5) から $T^{(0)*} = T^{(0)}$, $T^{(0)^2} = T^{(0)}$ だから $T^{(0)}$ は射影 operator で, (27.6) で $n = 0$ とすれば

$$T^{(0)}(1 - F^{(N)}) = 0, \qquad T^{(0)} = T^{(0)}F^{(N)}$$

だから $T^{(0)} \leqq F^{(N)}$ である. よって我々は $T^{(0)}$ をなるべく "大" にするため

(27.7) $$T^{(0)} = F^{(N)}$$

と仮定する.

(27.5) より

$$T^{(n)}T^{(0)} \\ = (1 - T^{(0)})T^{(n)} - (T^{(1)}T^{(n-1)} + T^{(2)}T^{(n-2)} + \cdots + T^{(n-1)}T^{(1)}).$$

(27.7) を代入して
$$T^{(n)}F^{(N)} = (1-F^{(N)})T^{(n)} - (T^{(1)}T^{(n-1)} + \cdots + T^{(n-1)}T^{(1)}).$$

第一項は (27.4) により $\left(T^{(n)}(1-F^{(N)})\right)^*$ と書くことができるから (27.6) により
$$(1-F^{(N)})T^{(n)} = -K_n^*T^{(0)} - K_{n-1}^*T^{(1)} - \cdots - K_1^*T^{(n-1)}.$$

したがって

(27.8)
$$T^{(n)}F^{(N)} = -\sum_{i=1}^{n} K_i^* T^{(n-i)} - \sum_{i=1}^{n-1} T^{(i)}T^{(n-i)}.$$

これと (27.6) と加えると

(27.9)
$$T^{(n)} = -\sum_{i=1}^{n} T^{(n-i)} K_i - \sum_{i=1}^{n} K_i^* T^{(n-i)} - \sum_{i=1}^{n-1} T^{(i)} T^{(n-i)}.$$

この右辺は $T^{(0)}, T^{(1)}, \cdots, T^{(n-1)}$ のみを含み $T^{(n)}$ を含まないから，これにより順次 $T^{(1)}, T^{(2)}, \cdots$ が決定される．

2. ただし注意すべきことは，$T^{(n)}$ は (27.9) を満たすことは必要であるが，それが十分であるかどうか上の計算だけでは未だ不明なることである[39]．我々は (27.9) により逐次定義された $T^{(n)}$ が実際 (27.4), (27.5), (27.6) を別々に満足するかどうか検証しなければならない．

まず (27.4) が成立することは，$T^{(0)} = E^{(N)}$ なることから出発して容易に帰納法で示される．

次に (27.9) の右から $1-F^{(N)}$ を乗ずる．すると右辺の第一項は不変である．なぜならば (27.2) の右から $1-F^{(N)}$ を乗じても (25.31r) により不変であるから，$K_n(1-F^{(N)}) = K_n$ が成立するからである．したがって残りの二項が 0 となることが示されれば (27.6) が導かれたことになる．(27.6) が出れば (27.9) から (27.6) を減じて (27.8) が出，$T^{(n)}$ が Hermite operator なることを用いて先の計算を逆にたどれば (27.5) を得ることになり目的を達する．

よって問題は
$$\sum_{i=1}^{n} K_i^* T^{(n-i)}(1-F^{(N)}) + \sum_{i=1}^{n-1} T^{(i)} T^{(n-i)}(1-F^{(N)}) = 0$$

を証明することである．$T^{(0)}(1-F^{(N)}) = 0$ なることを用いれば第一項で $i=n$ に

---

[39] (27.4), (27.5), (27.6) を満足する $T^{(n)}$ の存在が知られているなら（したがって E_α が (27.3) のごとく展開可能なることが知られているなら）以上で十分であるが，我々はこれからそれを示さねばならぬのだから．

相当する項は棄ててよく，結局

$$\sum_{i=1}^{n-1}(K_i^* + T^{(i)})T^{(n-i)}(1-F^{(N)}) = 0 \tag{27.10}$$

を証明すればよい．

そのために再び帰納法を用いる．$n=1$ のときは (27.10) の左辺には項がないから成立している．そこで n の代りに $1,2,\cdots,n-1$ とした式はすでに証明されているとして (27.10) を証明すればよい．上述のごとく (27.10) が成立すれば (27.6), (27.8) が成立するのだから，これらは n の代りに $1,2,\cdots,n-1$ とすれば成立していることを注意する．そこで $i \geq 1$ なら (27.6) により

$$T^{(n-1)}(1-F^{(N)}) = -\sum_{j=1}^{n-i} T^{(n-i-j)} K_j$$

となるから

$$-\sum_{i=1}^{n-1}(K_i^* + T^{(i)})T^{(n-i)}(1-F^{(N)})$$
$$= \sum_{i=1}^{n-1}(K_i^* + T^{(i)})\sum_{j=1}^{n-1} T^{(n-i-j)} K_j$$
$$= \sum_{j=1}^{n-1}\left\{\sum_{i=1}^{n-j}(K_i^* + T^{(i)})T^{(n-j-i)}\right\} K_j.$$

上述により (27.8) が $n-1$ 以下に対し成立するから，$j \geq 1$ に対し

$$T^{(n-j)}T^{(0)} = -\sum_{i=1}^{n-j} K_i^* T^{(n-j-i)} - \sum_{i=1}^{n-j-i} T^{(i)} T^{(n-j-i)}.$$

これを書き直せば

$$\sum_{i=1}^{n-j}(K_i^* + T^{(i)})T^{(n-j-i)} = 0$$

となるからこれを上の式に代入すれば (27.10) が得られる．

かくして我々の $T^{(n)}$ は (27.5), (27.6), (27.7) を満たすことが確かめられた．

3. 以上で我々の E_α は形式的には(27.1) を満足していることが証明されたから，今度は (27.3) が §3.5 の意味において絶対収束することを示そう．

(27.9) により $|K_i^*| = |K_i|$ を用いて

$$|T^{(n)}| \leqq 2\sum_{i=1}^{n} |K_i||T^{(n-i)}| + \sum_{i=1}^{n} |T_i||T^{(n-i)}|.$$

$|T^{(0)}| = |F^{(N)}| = 1$ により

(27.11) $$|T^{(n)}| \leqq 2|K_n| + \sum_{i=1}^{n-1}(2|K_i| + |T^{(i)}|)|T^{(n-i)}|.$$

この $|T^{(n)}|$ と比較するため，次のごとき正数列 $\tau^{(n)}$ を定義する：

(27.12) $$\begin{cases} \tau^{(1)} = 2|K_1|, \\ \tau^{(n)} = 2|K_n| + \sum_{i=1}^{n-1}(2|K_i| + \tau^{(i)})\tau^{(n-i)}, & (n \geqq 2). \end{cases}$$

すると

(27.13) $$|T^{(n)}| \leqq \tau^{(n)}$$

が成立する．$n = 1$ に対してこれは明らかであり，n の代りに $1, 2, \cdots, n-1$ に対して成立することが証明されれば (27.11) により

$$|T^{(n)}| \leqq 2|K_n| + \sum_{i=1}^{n-1}(2|K_i| + \tau^{(i)})\tau^{(n-i)} = \tau^{(n)}$$

により n に対しても成立するから，(27.13) は一般に成立する．

したがって (27.3) が絶対収束するためには

(27.14) $$z = \sum_{n=1}^{\infty} \alpha^n \tau^{(n)}$$

が絶対収束すれば十分である．それを示すためにさらに

(27.15) $$\zeta = \sum_{n=1}^{\infty} \alpha^n |K_n|$$

とおくと，形式的に

$$\begin{aligned}(z + 2\zeta)z &= \sum_{n=1}^{\infty} \alpha^n(\tau^{(n)} + 2|K_n|) \sum_{n=1}^{\infty} \alpha^n \tau^{(n)} \\ &= \sum_{n=2}^{\infty} \alpha^n \sum_{i=1}^{n-1}(\tau^{(i)} + 2|K_i|)\tau^{(n-i)} \\ &= \sum_{n=2}^{\infty} \alpha^n(\tau^{(n)} - 2|K_n|) = \sum_{n=1}^{\infty} \alpha^n(\tau^{(n)} - 2|K_n|) \\ &= z - 2\zeta. \end{aligned}$$

すなわち
$$z^2 - (1-2\zeta)z + 2\zeta = 0,$$

(27.16) $$z = \frac{1}{2}\{1 - 2\zeta \pm \sqrt{1 - 12\zeta + 4\zeta^2}\}.$$

$\alpha = 0$ のとき $z = \zeta = 0$ となるから複号は負号をとらねばならぬ.

(27.2) は絶対収束するから, (27.15) も同様であり, それを (27.16) に代入して展開すれば同じく絶対収束級数を得る. すると上の形式的計算が許されるから, (27.16) は実際我々の z と一致する. かくして (27.14) は十分小さい α に対して絶対収束することが証明された.

4. これで我々の E_α の式 (27.3) は十分小さい α に対し絶対収束することが証明された. したがって 1. における計算は正しいことがわかり, E_α は単に形式的にのみならず, 真に (27.1) を満足することが知られる.

かくして我々の $\beta^{(0)}$ (26.17) と E_α (27.5) とは (25.6), (25.7) を満足する. (25.3) から μ_α を定めれば

(27.17) $$\mu_\alpha = \mu_0 + \alpha\mu^{(1)} + \alpha^2\mu^{(2)} + \cdots$$

となり, 既述の結果によりこれは H_α の固有値であって, E_α はその固有空間に含まれる部分空間である.

以上により我々は H_α の一つの固有値を構成することができた.

E_α は相当する固有空間そのものと一致するかどうかは未だ不明であるが, 明らかにこれは α の関数として連続 ($\mathbb{B}$) であるから, 定理 4.1 の系によりその次元数は α に依らない常数であって $\alpha = 0$ のときの値に等しい, すなわち

(27.18) $$\dim E_\alpha = \mathrm{const} = \dim F^{(N)}$$

なることに注意する.

5. 今までの方法でとにかく一つの固有値が構成された. その他の固有値を作ることも容易である.

今までは分裂が起こるごとに生ずる $F^{(r)}\Phi_r(0,0)F^{(r)}$ の固有値の中ただ一つをとり他は棄てたのであるが, これらの各々を考えるとすべての固有値が得られることになるのである.

この分裂の過程を考え直してみると, 次のようになる. 第一回の分裂において, $F_0 = F^{(0)}$ がいくつかの部分空間に分裂し

$$F^{(0)} = \sum_p F_p^{(1)}$$

となり，相当する $F^{(0)}\Phi_0(0,0)F^{(0)}$ の固有値が $\mu_p^{(1)}$ であった．次に $F_p^{(1)}$ の各々がいくつかの部分空間に分かれて

$$F_p^{(1)} = \sum_q F_{pq}^{(2)}$$

となり，相当する $F_p^{(0)}\Phi_1(0,0)F_p^{(0)}$ の固有値を $\mu_{pq}^{(2)}$ とする（Φ_1 は実は μ_p 等に depend する）．この方法を続けてゆけば一般に

(27.19) $\qquad F^{(0)} \geqq F_p^{(1)} \geqq F_{pq}^{(2)} \geqq \cdots\cdots$

なる階段的分類を生ずる．それに対して

(27.20) $\qquad \mu_p^{(1)}, \quad \mu_{pq}^{(1)}, \quad \cdots$

等の固有値を生ずる．我々が今まで考えてきたのは実は (27.19) の一本の枝にすぎない．前と同様に (27.19) 全体を考えても，分裂は無限に続くことはできないから，あるところから先は実は分裂が起こらない．かくして各分枝はそれ以上分裂しない究極の末端に達する．これが今まで考えてきた $F^{(N)}$ に他ならず，実はこのようなものが他にもいくつかあるわけである．今までと記号を変えてこれらを単に

(27.21) $\qquad F_{01}, F_{02}, \cdots, F_{0k}$

と表すことにすれば，上の作り方から次のことは明らかである：

(27.22) $\qquad F_{01} + F_{02} + \cdots + F_{0k} = F_0, \qquad F_{0i}F_{0j} = 0 \quad (i \neq j).$

したがってまた

(27.23) $\qquad k \leqq m, \qquad \sum_{i=1}^{k} \dim F_{0i} = \dim F_0 = m.$

(27.21) の各々に対して今まで考えた方法で固有値 μ_α と射影 operator E_α とが定まる．F_{0i} に対する μ_α を $\mu_{\alpha i}$, E_α を $F_{\alpha i}$ とかき直すことにし

(27.24) $\qquad \begin{cases} \mu_{\alpha i} = \mu_0 + \alpha \mu_i^{(1)} + \alpha^2 \mu_i^{(2)} + \cdots, \\ F_{\alpha i} = F_{0i} + \alpha T_i^{(1)} + \alpha^2 T_i^{(2)} + \cdots, \end{cases} \quad (i = 1, \cdots, k)$

とする. $\mu_i^{(1)}$ は (27.20) の $\mu_p^{(1)}$ を何度か重複して取ったものであり, $\mu_i^{(2)}$ はそこの $\mu_{pq}^{(1)}$ を何度か重複して取ったものに他ならない. とにかく重要なことは

$$\mu_0, \mu_i^{(1)}, \mu_i^{(2)}, \cdots$$

なる数列は i が異なれば必ず第何項目かにおいて相異なるということである. したがって $\mu_{\alpha i}$ は i が異なれば相異なる巾級数であり, したがって α が十分小さくかつ $\alpha \neq 0$ ならばすべては相異なる.

次に (27.18) により

$$\dim F_{\alpha i} = \dim F_{0i}$$

だから (27.23) により

$$\sum_{i=1}^{k} \dim F_{\alpha i} = m$$

となる. 我々の得た固有値の全多重度はこれにより少なくとも m である. しかるにこれらの固有値は $\alpha \to 0$ のとき μ_0 に収束するから, 定理 21.3 により, その全多重度は m より大なることはできず, μ_0 の近所の固有値は以上で尽くされている. したがって $F_{\alpha i}$ は実は $\mu_{\alpha i}$ に相当する固有空間に含まれているのみならず, それと一致するのである. 而して $\dim F_{\alpha i}$, すなわち $\mu_{\alpha i}$ の多重度は一定である.

かくして我々は定理 20.1 の完全な証明に到達した.

ついでながら注意すべきは, 上述により我々の固有値は α が十分小さく $\alpha \neq 0$ ならすべて相異なること, したがって我々の正常固有値群の数は（相異なるもののみを数えて！）α が十分小さく $\alpha \neq 0$ なら一定常数 k に等しいということである. k は究極の分裂数に他ならない.

6. 以上では $\mu_{\alpha i}$ や $F_{\alpha i}$ を展開することができることを示しただけで収束半径の explicit な値を与えなかった. このことを一般の場合に行うことはほとんど不可能に近いと思われるが, 簡単な場合, 例えば第一次 α の項で完全な分裂が起こる場合等には, §24 と同様な方法で収束半径の下界を求めることもできる. しかしこのような場合でも計算はかなり面倒になり, その上結果も大して役に立たないから, ここでは省略する[40].

§28 解析接続

1. 前 § において我々の主要な定理 (20.1) の証明は済んだが, そこでは $\alpha = 0$ の

---

[40] 応用上は収束半径よりも, 有限項でとめたときの誤差のほうが大切である. これについては第7章（§57）で論ずる.

近傍においてだけ問題を取り扱っている．$\alpha = 0$ の近傍において正則な $\mu_{\alpha i}$ と $F_{\alpha i}$ とがどこまで解析的に接続できるかということが次に来る問題である．実際我々はそれらの収束半径を explicit に与えなかったから，巾級数展開が α のいかなる範囲において成立するかが不明であってこの点で我々の結果は満足し難い．他方収束半径を §24 の方法によって求めることは一般に困難であり，また我々の問題の性質上 $\mu_{\alpha i}$ を実数ならざる α に対して考えることも困難であるから正則関数 $\mu_{\alpha i}$ の特異点を求めることも望み難い．

そこで我々はただ $\mu_{\alpha i}$ が実軸に沿うてどこまで解析接続が可能であるかを調べることにし，収束半径ないし特異点に関しては追求しないことにする．

定理 21.3 によれば，$|\alpha| < \delta_0$ ならば H_α は $|\lambda - \mu_0| < \theta d$ なる範囲に全多重度 m なる正常固有値群を有し，その境界は $|\lambda - \mu_0| > \theta d$ なる範囲にある．したがって $|\alpha| < \delta_0$ なる区間に我々の $\mu_{\alpha i}$ は解析接続の可能なることが期待されるが以下述べるごとくこの期待は肯定的に満足されるのである．すなわち我々は $\alpha = 0$ における巾級数展開はいかなる範囲において成立するか簡単には述べ難いが（$m = 1$ のときは粗いけれどもその範囲の下界を与えた）しかし $\mu_{\alpha i}$ はとにかく $|\alpha| < \delta_0$ に亘って確かに正則なのである[41]．したがって特にその数は一般に α の如何によらず k 個であって，ただこれら k 個の相異なる正則関数の中いくつかの値が一致するごとき特別な点においてのみその数は k 個より小さくなる（もちろん全多重度は常に m である）．このような場合はそれ故例外的な場合と見なすべきものであり，特に $k > 1$ ならば $\alpha = 0$ もかかる例外点と考えられる．換言すればその縮退は偶然的縮退と考うべきものである（尤もこれも摂動 V に相対的な概念でしかないが）．

我々がここで特に注意しておきたいのは，我々の k 個の正則関数は別々の正則関数[42]であって，実数の分岐点を有するごとき k 価関数の k 個の分枝ではないということである．前の諸§の結果を考えればこのことは明らかであるが，minor perturbation 以外の摂動に対しては $\alpha = 0$ を特異点にもつごとき正則関数たる（例えば $\alpha > 0$ で）固有値も現れてくるので特に注意しておく[43]．

2. 上述の解析接続を論ずるに当たり，我々は直ちに問題を拡張して始めから，今までのごときただ一個の H_0 の正常固有値を考える代わりに，有限個の正常固有値から成る正常固有値群から出発するのが便利である[44]．それはなぜかというと，今まで考えたような一つの正常固有値 μ_0 でも，α が変化すれば k 個の正常固有値群 $\mu_{\alpha 1}, \cdots, \mu_{\alpha k}$ に分裂したのであるから，それがただ一つになるのは $\alpha = 0$ なるただ一点に限ることとなり，解析接続を考えるに当たっては何等の意味をもたなくなるからである．

[41] 而してその多重度は $|\alpha| < \delta_0$ 全体に亘って一定である．

[42] 実軸上で考える限りにおいて．実軸外までも考えるなら，一つの多価関数の分枝になることもあるし，また別々の一価関数になることもある．

[43] 例えば第 7 章，§46，例 1, 2, 4 を見よ．他方 H.O. でない operator の摂動論においてもこのような場合が起こる（傍注 6）の例）．

[44] 応用上重要なる水素型 operator の低位固有値 (§5.3) に対しては以下の考察が直接応用される．

3. そこで初めから我々は正常固有値群が与えられたものとし，その全多重度を m，境界を λ_0', λ_0'' と命名する．それらの固有値を

(28.1) $$(\lambda_0' <) \mu_{01} < \mu_{02} < \cdots < \mu_{0n} (< \lambda_0'')$$

とし[45]，各々の多重度を

(28.2) $$m_1, m_2, \cdots, m_n$$

として

[45] この μ_{0i} は従来の $\mu_{\alpha i}$ とは無関係！

(28.3) $$\sum_{i=1}^n m_i = m$$

が成立する．

これら n 個の固有値の各々に対し今までの理論が適用できる．すなわち摂動が加わるとそれらの各々はそれぞれ k_i 個より成る正常固有値群に分裂してそれらはすべて $\alpha = 0$ の近傍において α の巾級数に展開される．詳しく言えば，α が十分小さくなれば μ_{0i} の近傍には H_α は全多重度 m_i なる正常固有値群を有して，その相異なるものの数は α が十分小さくかつ $\alpha \neq 0$ なら一定数 k_i であり，これら k_i 個の正常固有値は $\alpha = 0$ の近傍で α の巾級数に展開できる．同じことが相当する H_α の固有空間に対しても成立する．

n は有限であるから，α が十分小さくなれば上述の事柄が $i = 1, \cdots, n$ に対し同時に成立する．そこで

(28.4) $$k = \sum_{i=1}^n k_i$$

とおけば，我々は全体として k 個の固有値を得，α が十分小さければこれらはすべて相異なり，各々は α の正則関数であり，その全多重度は $\sum m_i$ すなわち m に等しい．

他方において

(28.5) $$I_0 = (\lambda_0', \lambda_0'')$$

なる区間を定義すれば定理 18.1 により，この区間は α の近傍において連続的に接続ができて I_α が定義され，I_α の内部には H_α は丁度全多重度 m なる正常固有値群を有する．I_α は連続であり，上述の k 個の固有値は $\alpha \to 0$ のときもちろんそれぞれ $\mu_{01}, \cdots, \mu_{0n}$ に収束し，これらは I_0 の内部にあるのだから，α が十分小さければそ

れらは I_α の内部にある．したがって我々の得た正則関数としての k 個の固有値は実は定理 18.1 に述べられた正常固有値群に他ならない．これを逆に言えば，定理 18.1 の正常固有値群は α が十分小さければ k 個の正則関数によって表されることがわかる．前の結果によれば相当する固有空間も同様に $\alpha = 0$ の近傍で α の巾級数に展開されることは明らかである．而してその固有空間の次元数は前 § により α に無関係な常数であるから，上述の k 個の固有値は α が十分小さく ($\alpha \neq 0$) なら実際互いに相異なり，その各多重度は α によらない常数であり，その総和は m となる．これで $\alpha = 0$ の近傍における固有値並みに固有空間の有様は明らかとなった．

4. もっと広い α の範囲を考えるには定理 18.1 が役に立つ．その結果によれば上述の区間 I_α は $\alpha = 0$ の左右に連続的に接続することができ，左右において定理 18.1 に述べたごとき限界[46]につき当る．この限界内の開区間を $\mathbf{\Delta}$[6] と書くことにすれば 同定理によりこれは次の性質を有する：

i) $\mathbf{\Delta} \subset \Delta$, $\alpha = 0$ は $\mathbf{\Delta}$ に含まれる．
ii) $\alpha \in \mathbf{\Delta}$ において I_α は連続である．
iii) $\alpha \in \mathbf{\Delta}$ で H_α は I_α の内部に全多重度 m の正常固有値群を有しその境界は I_α の両端と一致する．

$\mathbf{\Delta}$ の端が Δ の端と一致するときはそれ以上考えることはできないし，そうでないときには $\mathbf{\Delta}$ は上述の性質を有する α の自然限界で，それより大きくすることができないことは定理 18.1 の示すことである．

さてこの $\mathbf{\Delta}$ の内部においては $\alpha = 0$ は決して特別な点ではない．任意の I_α は I_0 と同一の性質——その中に全多重度 m なる正常固有値群を有し，I_α の両端はその境界である——を有する．したがって上に $\alpha = 0$ において考えたことは任意の $\alpha = \alpha_0 \in \mathbf{\Delta}$ に対しても成立する．すなわちかかる α_0 の適当な近傍において我々の正常固有値群はいくつかの正則関数によって表され，固有空間についても同様である．ただしその正則関数の数が $\alpha = 0$ の場合の数 k と同一であるかどうかはまだわからない．いずれにせよ我々はかくのごとき α_0 の近傍を $\mathbf{\Delta}(\alpha_0)$ で表し，そこで得られる固有値を表す正則関数の数，換言すれば α_0 の近傍でかつ $\alpha \neq \alpha_0$ なる α に対する相異なる固有値の数（これがそのような範囲で一定であることは前と同じ）を $k(\alpha_0)$ で表すことにする．$k(0)$ は前述の k に他ならない．

我々はまずかかる二つの $\mathbf{\Delta}(\alpha_1)$, $\mathbf{\Delta}(\alpha_2)$ が互いに重なり合う場合を考える．$\mathbf{\Delta}(\alpha_1)$ においては I_α 内の H_α の正常固有値群は $k(\alpha_1)$ 個の正則関数で表され，$\mathbf{\Delta}(\alpha_2)$ 内で

---

[46] $\alpha > 0$ の部分では同定理に述べた δ である．$\alpha < 0$ でも相当する量がある．

[6] 原ノートでは $\mathbf{\Delta}$ の中央に・をおいた記号 $\mathbf{\Delta}$ が用いられているが，$\mathbf{\Delta}$ で代用する．なお，$\mathbf{\Delta}$ は限界内のある開区間ではなく限界いっぱいにとった開区間の意である．

は I_α 内の H_α の正常固有値群は $k(\alpha_2)$ 個の正則関数で表される．$\Delta(\alpha_1)$ と $\Delta(\alpha_2)$ の共通部分においては，これらは同一の正常固有値群を表すのだから互いに全体として一致せねばならぬ．そのためには各々が正則関数である以上，$k(\alpha_1)$ 個の正則関数と $k(\alpha_2)$ 個の正則関数とは，互いに一つずつ一致せねばならないことは明らかである．したがってまず $k(\alpha_1) = k(\alpha_2)$ でなければならず，かつこれら二つの正則関数の群は互いに他の解析接続になっていなければならない．

したがってまた相当する固有空間を表す級数も，同一の固有値に対する固有空間として（これら固有値の中ある者が互いに一致することは例外的であるからほとんどすべての点で一致し，したがって連続性によりすべての点で）互いに一致せねばならぬ．すなわち固有空間の式も相互に解析接続 (§3.6) になっている．したがって特に $\Delta(\alpha_1)$ と $\Delta(\alpha_2)$ の全体に亘って連続 ($\mathbb{B}$) でありその多重度は一定である．したがって上述の $k(\alpha_1) = k(\alpha_2)$ 個の固有値の各々は $\Delta(\alpha_1) \cup \Delta(\alpha_2)$ の全体に亘って正則関数であるのみならず，その多重度が一定である．

そこで今度は $\boldsymbol{\Delta}$ 内に含まれる任意の閉区間 $\overline{\boldsymbol{\Delta}}$ を考える．その各点において上記のごとき閉区間 $\Delta(\alpha)$ が定義されているのだから，被覆定理によって実はその中の有限個によって $\overline{\boldsymbol{\Delta}}$ 全体が覆われる．それらを $\Delta_1, \Delta_2, \cdots, \Delta_r$ とすれば，Δ_i と Δ_{i+1} ($i = 1, 2, \cdots, r-1$) とが互いに重なり合うとして差し支えない．前述の通り Δ_i における固有値並みに固有空間を表す正則関数群は Δ_{i+1} におけるものと解析接続ができるから，実はこれらは $\Delta_1, \Delta_2, \cdots, \Delta_r$ の全体，したがって $\overline{\boldsymbol{\Delta}}$ の全体に亘って解析接続が可能である．$\overline{\boldsymbol{\Delta}}$ は任意の閉区間でよかったから，結局これらの固有値および固有空間を表す関数群は $\boldsymbol{\Delta}$ 全体に亘って解析接続が可能である．

したがってこれらの関数群の数は $\boldsymbol{\Delta}$ 全体において一定であり $k(\alpha) = \mathrm{const.}$ となるから，$k(0)$ すなわち k に等しい．また固有空間を表す式はもちろん $\boldsymbol{\Delta}$ 全体で連続 ($\mathbb{B}$) となるからその次元数は一定であり，したがって k 個の固有値の多重度は不変である．

したがって $\boldsymbol{\Delta}$ 内において相異なる固有値の数は一般に k であって，特別の場合としてこれらの固有値を表す正則関数が交叉する場合に限り k より小さくなる．かかる場合は特別な場合であって，$\boldsymbol{\Delta}$ 内で高々可付番個の点においてしか起こらない．もっと詳しく言えば，$\boldsymbol{\Delta}$ 内の任意の閉区間 $\overline{\boldsymbol{\Delta}}$ において有限個の点においてしか起こらない．

何となれば $\overline{\boldsymbol{\Delta}}$ 内において，相異なる固有値が k より小さい点が無数にあったとする．かかる点では k 個の正則関数の中少くもいずれか二つは一致する値をもつ．しかるに k 個の関数の中二つをとるとり方は $\frac{1}{2}k(k-1)$ 通りしかないから有限であって，上のごとき一致が無数に起こるならば，ある特定の二つの関数が一致する度数も無数にならなければならない．$\overline{\boldsymbol{\Delta}}$ 内でこれら二つの関数は正則なのであるから，

一致の定理によりそれらは $\overline{\Delta}$ 全体で一致し，したがってまた Δ 全体で一致せねばならないが，これはそれらが別の関数であることに反する．

この意味において，かかる一致が起こるのは例外的，偶然的な場合と見ることができる．すなわち<u>偶然的縮退</u>と称すべきである．これに対して，これら k 個の固有値は一般には各々が 1 より大なる多重度をもっているわけであるが，この縮退は Δ 全体を通じて保存されるのだから<u>固有の縮退</u>と見なすべきである．もちろんこのような概念は摂動 V に相対的な概念であるから H_0 のある固有値を捉えてその縮退が偶然的であるかどうかを問うことは無意味である（適当な摂動を加えれば任意の固有値は完全にその縮退を解くことができることは明らかである）．

5. 今度は Δ の外へこれらの正則関数を解析接続することを考えよう．

そのために Δ の右端が Δ の右端に一致しないものとしてこれを δ と名づける．これは定理 18.1 の δ と同一で，仮定により 1° 以外の場合が起こる．

2°, 3°, 4° の場合には，いずれにせよ I_α は $\alpha = \delta$ まで，したがって $\alpha = \delta$ をこえて接続することができる．而して I_δ の内部には H_δ の正常固有値群があり，その全多重度は 2°, 3° の場合には $m - 1$ 以下，4° の場合には $m - 2$ 以下である（したがって $m = 1$ なら 4° は起こらない）．ただしこれらは 0 になることもあり得る．

明瞭のために 2° の場合を考えてみよう．I_δ 内にある H_δ の正常固有値群の全多重度を $m^{(1)}$ とすれば上述の通り $m^{(1)} \leq m - 1$ である．いずれにしてもそれらは正常固有値群なのだから，この§の 3. と同じ考察が $\alpha = 0$ の代わりに $\alpha = \delta$ をとって成立することは明らかであり，H_α は $\alpha = \delta$ の近傍においてこれらの H_δ の正常固有値群の付近に全多重度 $m^{(1)}$ の正常固有値群を有し，それらは $k^{(1)}$ 個の正則関数で表される（$m^{(1)} = 0$ のときは $k^{(1)} = 0$ と考えておけばよい）．特にこのことは $\alpha = \delta$ の左側 $(\alpha < \delta)$ においても成立するはずであるが，そこでは I_α 内に k 個の正則関数で表される全多重度 m なる正常固有値群があることは既知であるから，第一に明らかなことは，前の $k^{(1)}$ 個の正則関数の群は，後の k 個の正則関数の群の一部分を成すということである．第二にそれらの全多重度が相等しくないこと $(m^{(1)} < m)$ は，前者が後者の真の部分であって全体ではないということである（すなわち $k^{(1)} < k$）．これを逆に言えば，Δ 内における k 個の正則関数のうちの一部分 $k^{(1)}$ 個は $\alpha = \delta$ をこえて接続が可能であるということになる．

然らばその残りはどうなったのであろうか？ これを調べるために仮に $I_\delta = J_\delta$ とおき，§18 の方法でこれを $\alpha = \delta$ の左に連続的に接続したものを J_α と名づける．すると前述の通り α が十分 δ に近ければ J_α 内にある H_α の正常固有値の数は $k^{(1)}$ で，その全多重度は $m^{(1)}$ である．したがって残りの固有値 $k - k^{(1)}$（その全多重度

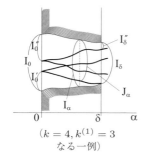

($k = 4, k^{(1)} = 3$ なる一例)

$m - m^{(1)}$) は J_α の外にある（外とは J_α の両端をも含めて[47]）．一方これらは I_α の中にあり，$\alpha \to \delta$ のとき $I_\alpha \to J_\delta$, $J_\alpha \to J_\delta$ なることを考えれば，これら $k - k^{(1)}$ 個の固有値は J_δ の両端のいずれかに収束せねばならぬ（それは連続なのだから J_δ の両端を振動することはできない）．他方それらは $J_\delta = I_\delta$ の上端に収束することはできない．なぜなら，もしそうだとすれば k 個の正常固有値の中の最大値ももちろん I_δ の上端に収束し，定理 18.1 の I''_α は 0 に収束せねばならぬことになるがこれは考えている 2° の場合に反するからである．

すなわち $k - k^{(1)}$ 個の固有値は $\alpha \to \delta$ のとき I_δ の下端に収束してそこ[7]で外部のスペクトルと接触することになる（§18.6），したがってそれらは $\alpha = \delta$ で正常固有値でなくなるかも知れず，あるいはそもそも固有値でさえなくなるかもしれない．いずれにせよ詳しいことは外部のスペクトルを知らなければわからない．残りの $k^{(1)}$ 個の固有値は（それらは存在せぬこともある）$\alpha \to \delta$ のとき I_δ の内部に収束し，さらに $\alpha = \delta$ をこえてその右に解析接続してゆくことができ，もちろんその多重度も変化しない（交叉する特別の場合を除き）．

以上 2° の場合を考えたが，3° の場合は I_δ の上端と下端とを入れかえたにすぎない．4° の場合は $k - k^{(1)}$ 個の固有値の中の一部は I_δ の上端に収束し，他は下端に収束する．而して実際両方ともそのようなものが少なくとも一つは存在していることも容易にわかる．残りの $k^{(1)}$ 個は，それが存在すれば $\alpha = \delta$ をこえて解析接続ができることは前と同様である．

かくして $\alpha = \delta$ をこえて接続されるものに対して全く上と同様な考察を加えることができるわけである．

終わりに 5° の場合を考えよう．このときはいずれにせよ外部のスペクトルが（1字不詳）に迫ってきて $\alpha \to \delta$ のとき両者が接触すると考えることができるから，その間に挟まれた k 個の固有値もそれにしたがって特異性を呈するわけである．その中でも簡単な場合は I_α が一点に収束する場合であって，このときは k 個の固有値も同じ点に収束せざるを得ず比較的事態は明瞭である．I_α が一点に収束せぬときは，I_α の上端下端ともに同一の範囲 $[\underline{\lambda}, \overline{\lambda}]$ を振動するのだから，その間に挟まれた k 個の固有値も同じく $[\underline{\lambda}, \overline{\lambda}]$ を振動することになり，$\alpha = \delta$ はこれらの解析関数の特異点となるわけである．したがってこのときはもはや正則関数としての固有値は接続することは不可能である．

以上をまとめると次のようになる．これは定理 18.1 の完成である．

定理 28.1 定理 18.1 の場合には，α が十分小さければ，I_α 内に存在する正常固有

[47] I_α, J_α は開区間である．

---

[7] 2 字分空白になっているところに「そこ」を補った．

値群の各固有値は α の巾級数として表され，相当する固有空間についても同様である．これらの巾級数の数を k とすれば，α が十分小さく $\alpha \neq 0$ なら実際上の正常固有値群は k 個の固有値より成る．これら k 個の固有値の多重度は α によらず一定である．

これらの固有値は解析接続が可能である．詳しく言えば，定理 18.1 により I'_α および I''_α を連続に接続し得るごとき α の開区間を Δ とすれば，この範囲で H_α は I_α 内に全多重度 m なる正常固有値群を有するが，それらは実は Δ 内において α の k 個の正則関数により表され，相当する固有空間についても同様である．これらの各々は Δ 内において交叉することもあるが，そのような点は例外的で Δ 内の任意の閉区間に有限個しかない．かかる例外的な点を除けば相異なる固有値の数は k 個であり，各々の多重度は一定で交叉が起こっても変化することはない（各々は正則関数だから交叉が起こっても互いに混同するおそれはない）．

α が Δ の端の点 δ に収束すると，定理 18.1 の各場合に応じ次のような有様を呈する．

1°．このとき δ は Δ に属しないから考えない．

2°．k 個の固有値の中少くも 1 個は I_δ の下端に収束し外部のスペクトルと接触する．残りの固有値は（もしあれば）I_δ の内部に収束し，これらはさらに $\alpha = \delta$ をこえて解析接続ができる，固有空間についても同様である．

3°．2° において I_δ の下端を上端でおきかえればよい．

4°．k 個の固有値の中少なくも 1 個は I_δ の上端に，少なくとも 1 個は I_δ の下端に収束する（$k = 1$ ならこの場合は起らない）．残りの固有値は（もしあれば）I_δ の内部に収束し，これらはさらに $\alpha = \delta$ をこえて解析接続ができる，固有空間についても同様である．

5°．この場合をさらに二つに分つ．I_α が $\alpha \to \delta$ のとき一点に収束するときには k 個の固有値も同じ点に収束する．すなわちこれらは上下の両外部と同時に接触する．

I_α の両端が真に振動するとき（すなわち特異な場合）には k 個の固有値もすべて同じ範囲を振動し $\alpha = \delta$ はそれらの正則関数の特異点であって，$\alpha = \delta$ をこえて解析接続を行うことは不可能である．

6. この最後の "特異な場合" は全然手のつけようがないからこれ以上考えない．2°，3°，4° において $\alpha = \delta$ においても正則なることが分かっている固有値についてもこれ以上考える必要はない[48]．残る問題は外部との接触を起こした固有値の運命である．接触した外部のスペクトルが連続スペクトルなら問題は甚だ困難であるが，それが同じく正常固有値であるならば何等の特異性も起こるものではない．実際かか

---

[48] 上と同様にしてさらに右側に接続してよいから．

る現象は内部で（すなわち k 個の正常固有値同志の間で）しばしば起こっている事柄と同じである．

ただし接触した外部のスペクトルが正常固有値であるという意味は正確に規定されねばならない．我々はこれを次のように考えればよい．

再び明瞭のため 2° の場合をとることにする．I_δ の下端に収束する固有値を調べるのが我々の目的である．I_δ の下端はもちろん H_δ のスペクトルに属する．これが H_δ の正常固有値なる場合，我々は"接触する外部のスペクトルが正常固有値である"ということにする．

このときは例によりこの正常固有値から出発して固有値の巾級数展開が成立するのだから，この点に収束して行った始めの固有値もその巾級数の中に含まれていなければならない．したがってこれは $\alpha = \delta$ をこえて解析接続が可能である．尚この固有値が左から I_δ の下端に近づくときには，他にも下方からこの下端に近づいて来る正常固有値があるはずであり，これが前者と接触する外部のスペクトルに他ならないわけである[49]．したがって上のごとき言葉を使っても正当であると考える．

3°, 4° の場合にも事情は全く同一である．

5° の第一の場合には，k 個固有値はすべて上と下との両方の外部のスペクトルと同時に接触して一点に収束するわけである．この点がもし H_δ の正常固有値であるならば我々は上と同じく，k 個の固有値が接触せる外部のスペクトルは正常固有値であると呼ぶ．このときも上と全く同様にしてこれら k 個の固有値はすべて $\alpha = \delta$ をこえて解析接続が可能であることがわかる．かつ $\alpha = \delta$ の左側において I_α の両端は実は H_α の正常固有値であることも上と同様で，上のごとき呼び方が正当化される．以上をまとめれば

定理 28.2 前の定理の 2°, 3°, 4° および 5° の第一の場合において，外部と接触した固有値は，もし接触せる外部のスペクトルが正常固有値である場合には，さらに $\alpha = \delta$ をこえて解析接続が可能である．固有空間についても同様である．

7. 前述によれば固有値の分裂が起こるのは実は例外的であり，ほとんどすべての点においては正常固有値はそれ以上分裂を起こさない一つの正則関数で表されている．したがって我々は実は多くの固有値を同時に考えないでも，一つの正則関数を，あるいはもっと印象的に言えば一本の固有値を追跡してゆくこともできるわけである．するとその途中においてこの固有値は他のスペクトルと遭遇することもあるが，それが同様な正常固有値であり，そのようなものが有限個だけやって来て接触しあるいは相交わる限り何等の特異性も起こらず，その先へ追跡を続けてゆくことができるわけである．

[49] したがって下方から無数の正常固有値が近づいてきて同時に接触するごとき場合は除外される．

α の関数としての正則関数なる正常固有値を仮に <u>要素的正常固有値</u> と呼ぶことにすれば極めて粗く次のごとく言うことができる；

定理 28.3 各要素的正常固有値は α の解析関数であって，それは連続スペクトルか，あるいは ∞ 次元の固有値か，あるいは無数の固有値と同時に接触する場合を除き，どこまでも追跡してゆくことができる．

その厳密な意味は上のごとく解釈されねばならない（定理 28.2）．

§29 固有空間の Reducibility

1. 本章を終わるに当たり，固有空間の reducibility について簡単に述べておく．一つの unitär operator の群 $\mathfrak{U}$ が与えられたものとする．H_0 が $\mathfrak{U}$ の各元素と可換ならば，H_0 の単位分解 $E_0(\lambda)$ は $\mathfrak{U}$ を reduce する（§10.1）．

H_0 とともに V も $\mathfrak{U}$ の各元素と可換ならば H_α も同様である．何となれば $\varphi \in \mathrm{dom}\, H_0$ なら，H_0 と $\mathfrak{U}$ の任意の元素 U とが可換なるにより（§6.1）

$$U\varphi \in \mathrm{dom}\, H_0 = \mathfrak{D}, \qquad H_0 U\varphi = U H_0 \varphi.$$

V が U と可換ならば

$$VU\varphi = UV\varphi.$$

したがって

$$H_\alpha U\varphi = (H_0 + \alpha V)U\varphi = U(H_0 + \alpha V)\varphi = U H_\alpha \varphi.$$

$\mathrm{dom}\, H_\alpha = \mathfrak{D}$ だからこれより H_α と U とが可換なることがわかる（§6.1）．

したがって H_α の単位分解 $E_\alpha(\lambda)$ は $\mathfrak{U}$ を reduce する．

したがってまた H_α の任意の固有空間は $\mathfrak{U}$ を reduce する．

我々は §28 で考えるごとき任意の要素的正常固有値（§28.7）および相当する固有空間をとる．明瞭のために §27.5 の記号を用いこれらを

$$\mu_{\alpha i}, \qquad F_{\alpha i}$$

と書き $\alpha = 0$ の近傍で考えることにする．$F_{\alpha i}$ は α の連続 ($\mathbb{B}$) な関数であるから α が十分小さければ例のごとく

$$|F_{\alpha i} - F_{0 i}| < 1$$

となる．したがって定理 12.4 により

$$F_{\alpha i} \cong F_{0i}.$$

すなわち $F_{\alpha i}$ と F_{0i} とは isomorph である（もちろん $F_{\alpha i}$ は H_α の固有空間だから $\mathfrak{U}$ を reduce する[50]）．

同様にして $F_{\alpha i}$ の解析接続全体を考えれば，上と同様にして α と α' とが十分近ければ $F_{\alpha i}$ と $F_{\alpha' i}$ とは isomorph である．$F_{\alpha i}$ が正則な α の区間において任意の閉区間をとれば被覆定理により有限個の近傍をもってこれを覆い，その各々の中では $F_{\alpha i}$ が任意の二つの α に対し互いに isomorph なるようにできるから，上の閉区間全体で，$F_{\alpha i}$ は任意の二つの α に対し互いに isomorph である．したがってまた $F_{\alpha i}$ はそれが正則なる区間内の任意の二つの α に対して互いに isomorph なることが分かる．

特に $F_{\alpha i}$ は任意の一点において既約ならばすべての α に対して既約である．

これらの事実は例えば原子の Hamiltonian operator の回転群に対する性質に対して重要な意味をもつ．

2. 特にこれらの性質は摂動による固有値の分裂が起こるかどうか，起こるとすれば何個に分裂することが可能であるかという問題に対して甚だ重要である．

これらの分裂が起こる有様は §25, §26 の考察により理論的には調べられているけれども，第何次に至って分裂過程が終わるかということは一般には有限の検査によっては分からなかった．特別なる場合として，第何次かにおいて縮退が完全になくなり，§27 における上述の F_{0i} がすべて 1 次元（したがって $k = m$）になることが分かればそれ以後分裂が起らぬことは言うまでもないが，それ以外の場合においてはどこまでいってもその先で分裂が起こるかもしれないから，有限個の分裂過程を調べるだけでは何とも決定することができないわけである．

かかる場合に上のごとき reducibility の考察が役に立つことが多い．上のごとく H_0 も V も $\mathfrak{U}$ を reduce する場合を考える．したがって F_0 (§21~§27) は $\mathfrak{U}$ を reduce するが，もしそれが既約ならば分裂は全然起こらない．何となれば分裂が起こって前のごとく $F_{\alpha i}$ ($i = 1, \cdots, k$) なる H_α の固有空間が得られたとすれば $F_{\alpha i}$ は H_α を reduce する．特に F_{0i} もそうであるが

$$F_0 = \sum_{i=1}^{k} F_{0i}$$

であるから F_0 が既約なることに反する．

---

[50] $\mu_{\alpha i}$ の中のいずれかが一致すれば $F_{\alpha i}$ は固有空間全体でないから直接には $F_{\alpha i}$ が $\mathfrak{U}$ を reduce することは出ないが，そのような点は高々可付番個であるから，連続性の考察により常に $F_{\alpha i}$ が $\mathfrak{U}$ を reduce することが分かる．

特に F_{0i} はしかり．

また F_0 が既約でなくても，例えばそれが第一回の分裂において

$$F_0 = \sum_{p=1} F_p^{(1)}$$

のごとく分かれ，$F_p^{(1)}$ の各々が既約なることが分かれば，それ以上分裂が起こり得ないことは上と同様にして保証される．

かかる方法によって実用上十分広い場合に亘り，分裂がどこで完結するかを決定し得るであろう．原子の問題において回転群に対する reducibility はその典型的な例である．尤もかかる場合何を H_0 にとるかが問題であり，したがって H_0 に対する問題自身が解けていないと無意味になるけれども．

§30 定理の拡張

1. 巾級数展開という意味においての摂動論が適用できるための一つの十分条件として我々は minor perturbation を得たわけであるが，この条件はもちろん必要ではない．次のごとき簡単な例がこれを示す：

H_0 は正常固有値を有する有界ならざる hypermax. operator で $V = H_0^2$ とする．このとき V は H_0 に対し minor perturbation ではないが，H_0 の任意の正常固有値 μ_0 と対応する固有空間 F_0 に対し

$$\mu_0 + \alpha \mu_0^2, \qquad F_0$$

はそれぞれ $H_\alpha = H_0 + \alpha H_0^2$ の固有値と固有空間を与えるから，巾級数展開は可能になっている．

しかしこの場合には F_0 が H_0 にも V にもともに固有空間であるという意味において trivial である．もっと一般的であるが同様な事情が成立するのは，H_0 と V とをともに reduce する部分空間 $\mathfrak{M}$ があって，H_0, V を $\mathfrak{M}$ の中の operator と考える場合に我々の仮定（V が H_0 に対し minor operator）が成立する場合である．このとき万事を $\mathfrak{M}$ の中で考えればよいから，$\mathfrak{M}$ の中にある H_0 の固有値に対しては我々の定理がそのまま成立する．

もちろんかかる場合 $\mathfrak{H} - \mathfrak{M}$ における有様に対しては何も言うことができない．そして H_α は μ_0 の付近に全多重度 m 以上の固有値をもつかも知れず，あるいはそこに連続スペクトルをもつかもしれない．これらが $\mathfrak{H} - \mathfrak{M}$ の部分からやって来ることはもちろん可能である．上述の簡単な例でも，H_0 のスペクトルの模様によってはこ

のようなことが起こり得る[51]）.

2. 我々は専ら $H_\alpha = H_0 + \alpha V$ なる形の摂動を取り扱ってきたが，もっと一般に

$$(30.1) \qquad H_\alpha = H_0 + \alpha V_1 + \alpha^2 V_2$$

なる形の摂動を考えなければならない場合もある．このときも V_1, V_2 がともに H_0 に対し minor operator ならば今までと全く同様な理論を建設することができるであろう．結果の公式が少し変わるだけで新しいことは何もない．

Zeeman 効果の operator は上の形をもつ場合の一例であるが，このときは V_1, V_2 は minor operator になっていない．

3. 我々の minor perturbation の理論はまず完全と見てよく，かかる摂動は望み得る限りの解析性を示すわけである．そして数学的にはそれ自身において興味があり，また応用上は原子の operator の理論に対して極めて有効な方法を提供することは次章で示す通りであるが，本来の摂動論として量子力学で取り扱われる問題の中，我々の理論が直接適用できるような問題は一つもない．このことは応用上はもっと広い摂動を取り扱わねばならないことを示すものであり，量子力学の問題の困難さを表している．例えば Zeemann 効果の摂動にしても，Stark 効果の摂動にしても我々の仮定したごとき簡単なものではない．それにしてもこれらの operator は hypermax. であることが分かる（次章）からまだよいようなものであるが，場の理論に現れる operator に至ってはそのことすらわかっていないで，到る所に"発散の困難"を惹起しつつある始末の悪い operator である．我々はかような operator を数学的に取り扱い得るまでには未だ到っていないが，しかし minor perturbation よりももう少し広い一般的な operator に対する摂動論を考えてみなければならない．それによってこれらの問題に対しても何らかの暗示が得られるかもしれない．これは第 7 章において試みる．

4. 量子力学においては固有値問題として $H\varphi = \lambda\varphi$ なる形のものだけしか現れないから，上のごとき摂動論で十分であるが，古典的数理物理学においては

$$(30.2) \qquad H\varphi = \lambda K\varphi$$

なる形の固有値問題が現れる．ここに K は適当な条件を満足する Hermite operator である．例えば弦の振動の問題において，弦の線密度が一様でないときには上のような形の問題になる．

このとき $K^{\frac{1}{2}}, K^{-\frac{1}{2}}$ 等の存在を仮定すれば（例えば K が positive definite でかつ

---

[51]) 例えば H_0 が $0, \pm 1, \pm 2, \cdots$ を固有値にもつ場合．§59 参照．

K が固有値 0 をもたないとき) $K^{\frac{1}{2}}\varphi = \varphi'$ とおけば上式は

(30.3) $$H'\varphi' = \lambda\varphi', \qquad H' = K^{-\frac{1}{2}}HK^{-\frac{1}{2}}$$

と変換される．このとき K にさらに適当な条件を加えておけば $K^{-\frac{1}{2}}HK^{-\frac{1}{2}}$ も H とともに hypermax. になることが示されるから，結局 (30.2) なる問題は通常の $H\varphi = \lambda\varphi$ と別に変わりはない．

けれども (30.2) に対して摂動論的考察を行うときには少し事情が変わってくる．そのために

(30.4) $$H_\alpha = H_0 + \alpha V, \qquad K_\alpha = K_0 + \alpha U$$

とおいて固有値問題

(30.5) $$H_\alpha \varphi_\alpha = \mu_\alpha K_\alpha \varphi_\alpha$$

なるものを考えるときには，これは我々が今までに考えてきた $(H_0+\alpha V)\varphi_\alpha = \mu_\alpha \varphi_\alpha$ と同形でなく，もっと複雑である[52]．(30.5) を (30.3) の形に直せば

(30.6) $$H'_\alpha = \mu_\alpha \varphi_\alpha, \qquad H'_\alpha = K_\alpha^{-\frac{1}{2}} H_\alpha K_\alpha^{-\frac{1}{2}}$$
$$= (K_0+\alpha U)^{-\frac{1}{2}}(H_0+\alpha V)(K_0+\alpha U)^{-\frac{1}{2}}$$

となるから，$(K_0+\alpha U)^{-\frac{1}{2}}(H_0+\alpha V)(K_0+\alpha U)^{-\frac{1}{2}}$ なる複雑な問題を考えねばならなくなる．

したがって古典物理学においては我々の考えるごとき，$H_0+\alpha V$ なる operator に対する摂動論のみでは足りない[†]．

しかし (30.6) も我々の方法と同一の方法で取り扱うことができる．ただし

$$K_0 \in \mathbb{B}, \quad K_0^{-1} \in \mathbb{B}, \quad K_0 \text{は positive definite}, \quad U \in \mathbb{B}$$

と仮定し，V は H_0 に対して minor perturbation であると仮定する[53]．すると我々の場合と同様な取扱いができ，固有値 $\mu_{\alpha i}$ に対し巾級数展開の成立することを証明することができる．また $\mu_{\alpha i}$ に対応する H'_α の固有空間 $F'_{\alpha i}$ に対しては巾級数展開が可能であるかどうか一般に不明であるが[54]，$K_\alpha^{\frac{1}{2}} F'_{\alpha i} K_\alpha^{\frac{1}{2}}$ に対してはそれが可能なことが証明される．

我々は量子論への応用を主とするからこれらの事実の証明は省略する．

[$(K_0+\alpha U)^{-\frac{1}{2}}$ を α の巾級数に展開することができれば問題は簡単になるであろうが，これが可能であるかどうかわからない．K_0 と V が可換ならば問題はないけれども．]

[†] (ここに次の**欄外追記**が記されている．)
$(K_0+\alpha U)^{-1/2}$ は α の巾級数に展開可能なのがわかったので，この問題は解決したように思われる [1947,12,24]．

[52] Rayleigh: Theory of Sound, I, p.113 の摂動論はこの形である．

[53] Rayleigh の上記の一般論の次にある例 (p.115) はこの仮定を満足している．

[54] K_0 と U とが可換ならばこれはできる．Rayleigh の上記の例においてはそうなっている．

第6章　原子（分子，イオン）の Hamiltonian の研究

　本章においては量子力学における任意の原子，分子，およびイオンの Hamiltonian operator の研究をなす．中心題目はこれらの operator が hypermax. なること（その詳細な意味については本文参照）の証明にある．Neumann の基礎的理論において要請されている通り，量子力学に現れる Hamiltonian operator は hypermax. でなければならないのであるが，実際の問題において果してそうなっているかどうかは，極めて簡単な場合を除き知られておらなかったようである．水素原子のごとき，explicit に問題が解き得る場合にこのことは明らかに知られるのであるが[1]，その方法は複雑な一般の原子，分子等には到底適用することはできない．一般の場合に対する解決が得られなかったのは，この辺に原因があるものと思われる．

　しかし純粋に Hilbert 空間の operator 論の立場に立って考えれば問題は決して困難のものではなく，むしろ簡単に解決されるのである．従来この解決が得られなかったのは Schrödinger 方程式を専ら微分方程式と考えて取り扱ってきたためであろうと思う．けれども Hamiltonian を Hilbert 空間の operator と考える立場に立てば，固有関数の存在は少くも Helium の場合には厳密に証明されるのである．しかも実用上にもそれだけで十分なのである．

　Hilbert 空間の operator 論としても，与えられた Hermite operator が hypermax. であるかどうかということは一般に困難なのであって，抽象的な考察だけでは解決されないのが普通である．我々の場合のごとき一見複雑な operator が比較的簡単にその hypermax. なることを知ることを許すのは，第一に Coulomb 力による位置のエネルギーを表す operator が，運動のエネルギーを表す operator に対して minor operator（第5章）なることにより，第二に運動エネルギー operator は Plancherel の定理によってすでにその性質が明らかにされていることによる．このために，ほとんど特殊的な考察を費すことなく，一般的な考察のみによって用を弁じ得るのである．

　本章で取り扱うその他の問題は，上の結果から必然的に導かれる "境界条件" に対する考察を始めとし，角運動量，Zeemann 効果，Stark 効果，Dirac の相対論的波

[1] 果してそうか? Handb. d. Phys. の Bethe の H 原子の項にはこのことに何等言及していない（参考文献[10]）．

動方程式等の operator の研究である．特に境界条件に関しては従来不明であった事項に関し明快な解決を与えることができたと信ずる．

§31　任意の原子，分子，およびイオンの Hamiltonian の意味

1. 我々は $s+1$ 個の粒子を有する原子，分子，あるいはイオンの Hamiltonian から始める．これらは形式的に

$$(31.1) \quad H = -\sum_{i=0}^{s} \frac{1}{2m_i}\left(\frac{h}{2\pi}\right)^2 \nabla_i^2 + \sum_{i<j}^{0,s} \frac{e_i e_j}{r_{ij}} \quad (h : \text{Planck 常数})$$

で表される．ただし我々は相互作用としては Coulomb 力のみを考えている[2]．m_i および e_i は第 i 番目の粒子の質量および電荷を表し，∇_i^2 は第 i 番目の粒子の座標に関する Laplacian，r_{ij} は i 番目と j 番目の粒子の距離である：

$$\nabla_i^2 = \frac{\partial^2}{\partial x_i^2} + \frac{\partial^2}{\partial y_i^2} + \frac{\partial^2}{\partial z_i^2},$$
$$r_{ij} = \{(x_i - x_j)^2 + (y_i - y_j)^2 + (z_i - z_j)^2\}^{\frac{1}{2}}. \quad (i,j = 0, 1, \cdots, s)$$

[2] 一様な磁場を入れてもよい（Zeemann 効果）．これは後に別に取り扱う．

(31.1) なる operator は空間における並進によって変わらないから，全系の重心の運動を分離することができる．これを分離して，適当に選んだ一粒子（番号 0）に対する相対運動を表す operator を作れば

$$(31.2) \quad H = -\sum_{i=1}^{s} \beta_i \nabla_i^2 - \beta_0 (\text{grad}_1 + \cdots + \text{grad}_s)^2 + \sum_{i=1}^{s} \frac{e_i}{r_i} + \sum_{i<j} \frac{e_{ij}}{r_{ij}},$$
$$\beta_i > 0 \ (i = 1, \cdots, s), \quad \beta_0 \geqq 0$$

なる形となる．ただし次の点において一般化を行っている．

(31.2) の e_i は実は (31.1) の $e_0 e_j$ の形であり，e_{ij} は $e_i e_j$ の形であるが，便宜上我々はこれを独立な量として取り扱い上のように置いた．

また $\beta_0 > 0$ であるが $\beta_0 = 0$ をも含めることにした．これは $\beta_0 = 0$ とおき，さらに $e_i = 0 \ (i = 1, \cdots, s)$ とおけば (31.2) は (31.1) と同型になり単に $s+1$ が s になっただけになる．かく (31.1) を同時に含むことができるように $\beta_0 = 0$ をも許して考える．さらに我々は

$$(31.3) \quad \beta_1 \leqq \beta_2 \leqq \cdots \leqq \beta_s$$

と仮定する．もちろんこれで一般性を失うものではない．

2. そこで我々は以下専ら (31.2) を考えてゆくことにするが，今までは (31.2) を全く形式的に取り扱って来た．我々の本題に入るには (31.2) の意味を明確に規定せねばならない．と言って全然勝手にこれを規定することはもちろん許されない．一般に承認されている (31.2) の意味に矛盾するような規定が許されないことは言うまでもない．

我々の目的は (31.2) が hypermax. なることを示すことにあるが，上述の通り (31.2) は明確に規定されておらず，その domain のごときも曖昧であるから，そのままで (31.2) が hypermax. になることはあり得ない．hypermax. になし得るには，いずれにせよこれを明確に規定し，適当に拡張することが必要である．

ところが (31.2) は実なる operator であるから，適当にこれを規定し（すなわち Hermite operator になるよう）しかる後これを適当に拡張すれば必ず hypermax. になることは Neumann の示す通りである．[1]

したがって我々の問題は (31.2) を hypermax. に拡張することが可能であるかということではなく（これはすでに分かっている！），その拡張が一義的であるかどうかということに帰着する．換言すれば，一般に承認されているごとき意味において (31.2) が essentially hypermax. であるかどうかということである．

もしこの意味においての (31.2) が essentially hypermax. でないとすればそれは多くの仕方で hypermax. operator に拡張されることになり，固有値問題の解は不定であることになり，量子力学における operator として不完全なものと言わねばならない．

我々の目的はしたがって (31.2) が essentially hypermax. なることを示すにある．ただしその際 (31.2) は一般に承認されている意味に矛盾しないよう解釈されねばならない．それにはまずこの一般に承認されている意味とは何であるか，これを考えてみなければならない．

(31.2) は微分演算子であるから，作用される関数が 2 回微分可能でなければ意味がない．ただしポテンシャルエネルギーが ∞ になるごとき点において微分可能でなくてもよいと考えられている．また (31.2) の作用される関数は無限遠方において十分早く 0 になり，ポテンシャルエネルギーが ∞ になるごとき点では ∞ になってもよいがあまり早く ∞ になってはならないことが要求されている．これらの條件は (31.2) の Hermite 性を保証せんがためである．

---

[1] 著者の論文（参考文献[73]）では [N] 88, [S] 361 が引用されている．実なる operator の一般的な定義は [S], 360 にある．(31.1) のような operator が実とは f が dom H に属すれば $\bar{f}$ も dom H に属し，$H\bar{f} = \overline{Hf}$ が成り立つことを言う．実な Hermite operator は hypermax. な拡張を持つ（[S] 361, Theorem 9.14）．

このように述べてみても (31.2) の意味は依然として明瞭ではない. (31.2) を作用し得べき関数と作用すべからざる関数との境界が明確ではないからである. しかし我々はその明瞭な境界を知る必要はない. いずれにせよ次の二つの事柄は一般に承認されている所である[3].

　i) (31.2) は Hermite operator である.
　ii) (31.2) は次のごとき関数の class $\mathfrak{D}^*(x_1,\cdots,z_s)$ に対しては作用することができ，表式通りの意味をもつ：$\mathfrak{D}^*$ に属する関数 f は到る所連続で，到る所連続な 2 階までの微分商を有し，かつ f もその 2 階までの微分商もすべてこれにどんな $x_1,\cdots,z_s$ の多項式を乗じても無限遠方では 0 に収束する[4]（我々は後に到って便宜上 $\mathfrak{D}^*$ にこれ以上の制限を加えることになる）.

この二条件を仮定すれば我々は H が essentially hypermax. であり，したがって一義的に hypermax. operator に拡張されることを証明することができ，かつかかる hypermax. operator の domain を明瞭に述べることも可能である. 以下しばらく我々はこれを証明することを目的とする[5].

3. 尚我々は (31.2) においてスピンおよび対称性は全く考えないことにするが，これは何等の不完全をも意味するものではない. スピンによる磁気的相互作用を考える場合は別であるが，そうでない場合にはスピンを導入することは，我々の Hilbert 空間と，有限次元 Euclid 空間との複合空間 (§7) を作ることに他ならず，operator(31.2) は本質的には変わらない. その上で適当な対称性を考えて波動関数を制限することは，ある種の簡単な交換演算子に対して不変な部分空間をとって考えることに他ならない（かかる部分空間は上述の複合空間における (31.2) を reduce する）から，本質的に新しいことは何も出てこないのである. よって我々は不必要な複雑さを避けるため，スピンおよび対称性は全く考えないで進むことにする.

§32　配位空間と運動量空間

1. 我々の問題においては，従来考えてきた抽象 Hilbert 空間 $\mathfrak{H}$ は $3s$ 次元 Euclid 空間において定義される関数の空間 $\mathcal{L}^2(x_1,y_1,z_1,\cdots,z_s)$ となる (§1.4). 我々はこれを場合により $\mathcal{L}^2(\mathfrak{r}_1,\cdots,\mathfrak{r}_s)$ と略記し（$\mathfrak{r}_i$ は x_i,y_i,z_i を成分とするベクトル），また混同のおそれがないときには単に $\mathcal{L}^2(\mathfrak{r})$ と略記することもある. $3s$ 次元の Euclid 空間 $(\mathfrak{r}_1,\cdots,\mathfrak{r}_s)$ を $\mathcal{R}$ と書き，これを配位空間と呼ぶ.

　量子力学では配位空間の他に運動量空間を大いに利用する. 本章においても運動

---

[3] domain に関するある程度の要求はもちろん不可欠である. どんな operator でも，それが有界ならざる限り，その domain をあまりに狭く制限すると essentailly hypermax. でなくなるものである. Neumann: Math. Ann 102(1929), 107 （参考文献[16], 107 頁, Satz 48）.

[4] かかる関数は有界であるから $\dfrac{1}{r_i}$ 等を作用させることができる. かつかかる二つの関数 f,g に対し Hermite 性の条件 $(Hf,g)=(f,Hg)$ の成立することは初等的な事実である.

[5] §32–§37.

量空間を自由に駆使する必要があるので，その厳密な定義を与えることから始める．

運動量空間は本質的には Plancherel の定理によって与えられる Plancherel 変換[2])よりなる空間に他ならない．Plancherel の定理[6]) によれば，任意の $f(\mathfrak{r}_1,\cdots,\mathfrak{r}_s) \in \mathcal{L}^2(\mathfrak{r}_1,\cdots,\mathfrak{r}_s)$ に対し次の性質を有する関数 $F(\mathfrak{p}_1,\cdots,\mathfrak{p}_s) \in \mathcal{L}^2(\mathfrak{p}_1,\cdots,\mathfrak{p}_s)$ が $1:1$ に対応する[7])（$\mathcal{L}^2(\mathfrak{p}_1,\cdots,\mathfrak{p}_s)$ は $3s$ 次元空間 $p_{1x}, p_{1y}, p_{1z}, \cdots, p_{sz}$ において定義された $\mathcal{L}^2$ である．p_{ix}, p_{iy}, p_{iz} をまとめて $\mathfrak{p}_i$ で表す）．この対応を

$$f(\mathfrak{r}_1,\cdots,\mathfrak{r}_s) \sim F(\mathfrak{p}_1,\cdots,\mathfrak{p}_s)$$

なる記号で表せば[8])

i) $\int\cdot\cdot\int |f(\mathfrak{r}_1,\cdots,\mathfrak{r}_s)|^2 d\mathfrak{r}_1\cdots d\mathfrak{r}_s = \int\cdot\cdot\int |F(\mathfrak{p}_1,\cdots,\mathfrak{p}_s)|^2 d\mathfrak{p}_1\cdots d\mathfrak{p}_s;$

ii) $f_1 \sim F_1$, $f_2 \sim F_2$ なら $a_1 f_1 + a_2 f_2 \sim a_1 F_1 + a_2 F_2$:
　　　(a_1, a_2 は複素数)；

iii) $f(\mathfrak{r}_1,\cdots,\mathfrak{r}_s) \in \mathcal{L}^{12}(\mathfrak{r}_1,\cdots,\mathfrak{r}_s)$ なら

$$F(\mathfrak{p}_1,\cdots,\mathfrak{p}_s) = (2\pi)^{-\frac{3}{2}s} \int\cdot\cdot\int f(\mathfrak{r}_1,\cdots,\mathfrak{r}_s) e^{-i(\mathfrak{p}_1\mathfrak{r}_1+\cdots+\mathfrak{p}_s\mathfrak{r}_s)} d\mathfrak{r}_1\cdots d\mathfrak{r}_s;$$

iv) $F(\mathfrak{p}_1,\cdots,\mathfrak{p}_s) \in \mathcal{L}^{12}(\mathfrak{p}_1,\cdots,\mathfrak{p}_s)$ なら

$$f(\mathfrak{r}_1,\cdots,\mathfrak{r}_s) = (2\pi)^{-\frac{3}{2}s} \int\cdot\cdot\int F(\mathfrak{p}_1,\cdots,\mathfrak{p}_s) e^{i(\mathfrak{p}_1\mathfrak{r}_1+\cdots+\mathfrak{p}_s\mathfrak{r}_s)} d\mathfrak{p}_1\cdots d\mathfrak{p}_s.$$

ただし $\mathcal{L}^{12}(\mathfrak{r}_1,\cdots,\mathfrak{r}_s)$ は $\mathcal{L}^2(\mathfrak{r}_1,\cdots,\mathfrak{r}_s)$ に属して同時に $\mathcal{L}^1(\mathfrak{r}_1,\cdots,\mathfrak{r}_s)$ に属する関数，すなわち

$$\int\cdot\cdot\int |f(\mathfrak{r}_1,\cdots,\mathfrak{r}_s)|^2 d\mathfrak{r}_1\cdots d\mathfrak{r}_s, \quad \int\cdot\cdot\int |f(\mathfrak{r}_1,\cdots,\mathfrak{r}_s)| d\mathfrak{r}_1\cdots d\mathfrak{r}_s$$

がともに存在する関数の集合を表す．$\mathcal{L}^{12}(\mathfrak{p}_1,\cdots,\mathfrak{p}_s)$ についても全く同様．

我々は $(\mathfrak{p}_1,\cdots,\mathfrak{p}_s)$ を座標とする Euclid 空間（$3s$ 次元！）を運動量空間と呼び，$F(\mathfrak{p}_1,\cdots,\mathfrak{p}_s)$ を $f(\mathfrak{r}_1,\cdots,\mathfrak{r}_s)$ の運動量空間における表示と呼ぶ．f と F との対応は $1:1$ であるから，これらに共通な抽象的な実体を考えて $f(\mathfrak{r}_1,\cdots,\mathfrak{r}_s)$ および $F(\mathfrak{p}_1,\cdots,\mathfrak{p}_s)$ をそのそれぞれ配位空間における表示，および運動量空間における表示と考えてもよいわけである[9])．我々は便宜上かかる言い表し方を使うこともある．

---

[2]) ここに言う Plancherel 変換は現在では Fourier 変換と呼ばれている．

[6]) 例えば Bochner: Vorlesungen über Fouriersche Integrale, p.173 以下および p.197（参考文献[2]）．

[7]) $f(\mathfrak{r}_1,\cdots,\mathfrak{r}_s)$ の代りに単に $f(\mathfrak{r})$ と書くことあり，$F(\mathfrak{p}_1,\cdots,\mathfrak{p}_s)$ に対してもまた同様．

[8]) 単位を適当に選んで $\frac{h}{2\pi} = 1$ としたものとする．ここに h は Planck 常数．

[9]) 略してそれぞれ $\mathfrak{r}$ 表示および $\mathfrak{p}$ 表示と書く．

2. 基本的な性質 i)–iv) から導き出される性質は次のごときものである．まず i) から任意の $f \sim F$, $g \sim G$ に対し

$$\int f\overline{g}d\mathfrak{r} = \int F\overline{G}d\mathfrak{p}$$

が成立つ．我々は抽象 Hilbert 空間の記号を借用して[10]

$$\int f\overline{g}d\mathfrak{r} \quad \text{を} \quad (f,g) \quad \text{あるいは} \quad (f(\mathfrak{r}), g(\mathfrak{r})),$$

$$\int F\overline{G}d\mathfrak{p} \quad \text{を} \quad (F,G) \quad \text{あるいは} \quad (F(\mathfrak{p}), G(\mathfrak{p}))$$

等と略記する．特に

$$\sqrt{(f,f)} \quad \text{を} \quad \|f\| \quad \text{或は} \quad \|f(\mathfrak{r})\|,$$

$$\sqrt{(F,F)} \quad \text{を} \quad \|F\| \quad \text{或は} \quad \|F(\mathfrak{p})\|$$

等と略記する．これに反し

$$f_n(\mathfrak{r}) \to f(\mathfrak{r})$$

なる記号は専ら各点（もしくはほとんどすべての点）における収束を表すに用い，平均収束を表すには

$$\int |f_n - f|^2 d\mathfrak{r} \to 0, \quad \text{或は} \quad \|f_n - f\| \to 0$$

等と書いて区別することにする．

$\mathcal{L}^{12}(\mathfrak{r})$ に属しない関数 $f(\mathfrak{r})$ に対しては iii) のような簡単な関係はないが，例えば球の外部 $\mathfrak{r}_1^2 + \cdots \mathfrak{r}_s^2 \geqq n^2$ において $f(\mathfrak{r})$ を 0 とした関数を $f_n(\mathfrak{r})$ とすればこれは $\mathcal{L}^{12}(\mathfrak{r})$ に属するから対応する $F_n(\mathfrak{p})$ に対し

$$F_n(\mathfrak{p}) = (2\pi)^{-\frac{3}{2}s} \int \cdots \int f_n(\mathfrak{r}) e^{-i(\mathfrak{p}_1\mathfrak{r}_1 + \cdots + \mathfrak{p}_s\mathfrak{r}_s)} d\mathfrak{r}$$

$$= (2\pi)^{-\frac{3}{2}s} \int \cdots \int_{\mathfrak{r}_1^2 + \cdots + \mathfrak{r}_s^2 \leqq n^2} f(\mathfrak{r}) e^{-i(\mathfrak{p}_1\mathfrak{r}_1 + \cdots + \mathfrak{p}_s\mathfrak{r}_s)} d\mathfrak{r}$$

が成立する．他方 $\|f_n - f\| \to 0$ $(n \to \infty)$ であるから i), ii) により $\|F_n - F\| \to 0$ となるから F は F_n の平均収束の極限として求められる．この関係は往々

$$F(\mathfrak{p}) = \text{l.m.} (2\pi)^{-\frac{2}{3}s} \int \cdots \int f(\mathfrak{r}) e^{-i(\mathfrak{p}_1\mathfrak{r}_1 + \cdots + \mathfrak{p}_s\mathfrak{r}_s)} d\mathfrak{r}$$

[10] $d\mathfrak{r}_1 \cdots d\mathfrak{r}_s$ をまとめて $d\mathfrak{r}$ とかくことあり．$d\mathfrak{p}$ についても同様．

のごとく記される[3]．同様に

$$f(\mathfrak{r}) = \text{l.m.}\,(2\pi)^{-\frac{2}{3}s} \int\cdots\int F(\mathfrak{p})e^{-i(\mathfrak{p}_1\mathfrak{r}_1+\cdots+\mathfrak{p}_s\mathfrak{r}_s)}d\mathfrak{r}.$$

§33　運動エネルギー operator

1. 我々は次のものを考える力学系の運動エネルギー operator と呼ぶ：

(33.1) $\qquad T = \beta_1\mathfrak{p}_1^2 + \cdots + \beta_s\mathfrak{p}_s^2 + \beta_0(\mathfrak{p}_1 + \cdots + \mathfrak{p}_s)^2.$

ただし β_i は §31 に与えた量で

(33.2) $\qquad \beta_0 \geqq 0, \qquad 0 < \beta_1 \leqq \beta_2 \leqq \cdots \leqq \beta_s$

である．(33.1) の明確な意味は次の通りである．
　T の domain は次のごとき $\mathfrak{p}$ 表示 $\Phi(\mathfrak{p}_1,\cdots,\mathfrak{p}_s)$ を有する元素よりなる：

(33.3) $\qquad \begin{aligned}&\{\beta_1\mathfrak{p}_1^2 + \cdots + \beta_s\mathfrak{p}_s^2 + \beta_0(\mathfrak{p}_1 + \cdots + \mathfrak{p}_s)^2\}\Phi(\mathfrak{p}_1,\cdots,\mathfrak{p}_s) \\ &\quad \in \mathcal{L}^2(\mathfrak{p}_1,\cdots,\mathfrak{p}_s)\end{aligned}$

換言すれば

(33.4) $\qquad \begin{aligned}&\int\cdots\int \{\beta_1\mathfrak{p}_1^2 + \cdots + \beta_s\mathfrak{p}_s^2 + \beta_0(\mathfrak{p}_1 + \cdots + \mathfrak{p}_s)^2\}^2 \\ &\qquad \cdot |\Phi(\mathfrak{p}_1,\cdots,\mathfrak{p}_s)|^2 d\mathfrak{p}_1\cdots d\mathfrak{p}_s < \infty.\end{aligned}$

かかる元素に対し T は

(33.5) $\qquad \begin{aligned}&T\Phi(\mathfrak{p}_1,\cdots,\mathfrak{p}_s) \\ &\quad = \{\beta_1\mathfrak{p}_1^2 + \cdots + \beta_s\mathfrak{p}_s^2 + \beta_0(\mathfrak{p}_1 + \cdots + \mathfrak{p}_s)^2\}\Phi(\mathfrak{p}_1,\cdots,\mathfrak{p}_s)\end{aligned}$

により定義される．あるいは $\mathfrak{r}$ 表示 $\varphi(\mathfrak{r}_1,\cdots,\mathfrak{r}_s) \sim \Phi(\mathfrak{p}_1,\cdots,\mathfrak{p}_s)$ について言えば $T\varphi(\mathfrak{r}_1,\cdots,\mathfrak{r}_s)$ は (33.5) に対応する $\mathfrak{r}$ 表示として定義される．
　したがって T は $\mathfrak{p}$ 表示においてはいわゆる diagonal になっている．換言すれば T は $\mathfrak{p}$ 表示においては乗法的 operator であるからそれが hypermax. なることはほとんど自明であり，証明を要しないであろう．

---
[3] l.m. は l.i.m. と記されることが多い．

上のごとく定義された T の domain を $\mathfrak{D}(\mathfrak{p})$ と書く．$\mathfrak{r}$ 表示において $\mathfrak{D}(\mathfrak{p})$ に対応する関数の集合を $\mathfrak{D}(\mathfrak{r})$ と書く[4]．抽象的には単にこれを $\mathfrak{D}$ と書くこともある．$\mathfrak{D}(\mathfrak{p})$ と $\mathfrak{D}(\mathfrak{r})$ とはもちろん同じ形の関数よりなるものではないことを注意する．

2. $\mathfrak{D}(\mathfrak{p})$ を表す条件は (33.4) であるがこれはもっと簡単にすることができる．(33.2) によれば

$$(33.6) \quad \begin{aligned} 0 &\leqq \beta_1(\mathfrak{p}_1^2 + \cdots + \mathfrak{p}_s^2) \leqq \beta_1\mathfrak{p}_1^2 + \cdots + \beta_s\mathfrak{p}_s^2 + \beta_0(\mathfrak{p}_1 + \cdots + \mathfrak{p}_s)^2 \\ &\leqq (\beta_s + s\beta_0)(\mathfrak{p}_1^2 + \cdots + \mathfrak{p}_s^2) \end{aligned}$$

が成立するから（Schwarz の不等式を用いる）(33.4) は次の条件と同等である：

$$(33.7) \quad \int\cdots\int (\mathfrak{p}_1^2 + \cdots + \mathfrak{p}_s^2)^2 |\Phi(\mathfrak{p}_1,\cdots,\mathfrak{p}_s)|^2 d\mathfrak{p}_1\cdots d\mathfrak{p}_s < \infty.$$

したがって $\mathfrak{D}$ は β_i の値には無関係である．

特に $\beta_0 = 0, \beta_1 = \beta_2 = \cdots = \beta_s = 1$ なる場合の T を T_0 とする：

$$(33.8) \quad T_0 = \mathfrak{p}_1^2 + \cdots + \mathfrak{p}_s^2.$$

すると T_0 の domain も $\mathfrak{D}$ であって，(33.6) から容易にわかる通り $\Phi \in \mathfrak{D}$ なら

$$(33.9) \quad 0 \leqq \beta_1(T_0\Phi, \Phi) \leqq (T\Phi, \Phi) \leqq (\beta_s + s\beta_0)(T_0\Phi, \Phi).$$

あるいは $\mathfrak{r}$ 表示で表せば $\varphi \in \mathfrak{D}$ なら

$$(33.10) \quad 0 \leqq \beta_1(T_0\varphi, \varphi) \leqq (T\varphi, \varphi) \leqq (\beta_s + s\beta_0)(T_0\varphi, \varphi).$$

尚

$$0 \leqq p_{1x}^2 \leqq 1 + p_{1x}^4 \leqq 1 + (\mathfrak{p}_1^2 + \cdots + \mathfrak{p}_s^2)^2$$

等により $\Phi(\mathfrak{p}) \in \mathfrak{D}(\mathfrak{p})$ なら $p_{1x}\Phi(\mathfrak{p})$ 等も $\mathcal{L}^2(\mathfrak{p})$ に属することに注意する．換言すれば operator p_{1x} 等は $\mathfrak{D}$ において定義されている．

3. 後の必要上 $\sqrt{T_0}$ なる operator を定義しておく．

$\mathfrak{p}$ 表示において

$$(33.11) \quad \int\cdots\int (\mathfrak{p}_1^2 + \cdots + \mathfrak{p}_s^2)|\Phi(\mathfrak{p}_1,\cdots,\mathfrak{p}_s)|^2 d\mathfrak{p}_1\cdots d\mathfrak{p}_s < \infty$$

---

[4] $\mathfrak{D} = \mathfrak{D}(\mathfrak{r})$ は，現在 Sobolev 空間と呼ばれ，記号 $H^2(\mathbb{R}^{3s})$, $W_2^2(\mathbb{R}^{3s})$ 等で表されている関数空間そのものである．ここは定義だけだが，進むにつれて，$\mathfrak{D}(\mathfrak{r}) = H^2(\mathbb{R}^{3s})$ の諸性質が展開される．この時代にこの空間が独自に導入，展開されていることの意義については付録 2 の 6. を見られたい．

の成立するごとき関数 $\Phi(\mathfrak{p}_1,\cdots,\mathfrak{p}_s) \in \mathcal{L}^2(\mathfrak{p}_1,\cdots,\mathfrak{p}_s)$ の集合を $\mathfrak{D}^{\frac{1}{2}}(\mathfrak{p})$ で表すとき，$\sqrt{T_0}$ の domain は $\mathfrak{D}^{\frac{1}{2}}(\mathfrak{p})$ であって，そこで

(33.12) $$\sqrt{T_0}\Phi(\mathfrak{p}) = \sqrt{\mathfrak{p}_1^2+\cdots+\mathfrak{p}_s^2}\,\Phi(\mathfrak{p}_1,\cdots,\mathfrak{p}_s)$$

によって $\sqrt{T_0}$ を定義する．

$\sqrt{T_0}$ も hypermax. であって次のことは明らかである：

(33.13) $$\begin{cases} \mathfrak{D}^{\frac{1}{2}} \supset \mathfrak{D}, \\ \sqrt{T_0}\mathfrak{D} = \mathfrak{D}^{\frac{1}{2}} \quad \text{(左辺は}\sqrt{T_0}\varphi\;(\varphi\in\mathfrak{D})\text{ なる元素の集合)}, \\ \sqrt{T_0}\sqrt{T_0} = T_0 \quad (\text{in } \mathfrak{D}). \end{cases}$$

4. T あるいは T_0 の domain $\mathfrak{D}$ の $\mathfrak{p}$ 表示 $\mathfrak{D}(\mathfrak{p})$ は前述の通り簡単に (33.7) で表されるが，その $\mathfrak{r}$ 表示 $\mathfrak{D}(\mathfrak{r})$ はそんなに簡単ではない．これについては後に調べるが，その前に $s=1$ なる場合（水素類似原子）[5] について $\mathfrak{D}(\mathfrak{r})$ の重要な性質を述べておこう（以下添数 1 を略す）．

$\Phi(\mathfrak{p}) \in \mathfrak{D}(\mathfrak{p})$ なら Schwarz の不等式により

$$\left\{\int |\Phi(\mathfrak{p})|d\mathfrak{p}\right\}^2 \leq \int |\Phi(\mathfrak{p})|^2(1+\mathfrak{p}^4)d\mathfrak{p} \int \frac{d\mathfrak{p}}{1+\mathfrak{p}^4}$$

であるが仮定により右辺は有限である．よって

$$\int |\Phi(\mathfrak{p})|d\mathfrak{p} < \infty$$

となり $\Phi(\mathfrak{p})$ は $\mathcal{L}^{12}(\mathfrak{p})$ に属する．よって §32.1 により

$$\varphi(\mathfrak{r}) = (2\pi)^{-\frac{3}{2}}\int \Phi(\mathfrak{p})e^{i\mathfrak{p}\mathfrak{r}}d\mathfrak{p}$$

となる．これより周知のごとく $\varphi(\mathfrak{r})$ は有界でかつ一様に連続なることがわかる [6]．これは $\mathfrak{D}(\mathfrak{r})$ の重要な性質であって，後に水素類似元素に対する微分方程式の境界条件を論ずる際に必要となる[†]．

---
[5] これは本書における水素類似原子の"定義"である．水素型原子の operator は 16 頁で定義された水素型 operator であるが，後者はずっと広い範囲のものを指していることに注意されたい．

[6] これは付録 2 の 6. で述べられている Sobolev 埋め込み定理の最も簡単な場合である．

[†] (欄外コメント この頁欄外に書かれているコメントを再現しておく.)

$\varphi(\mathfrak{r})$ はこれ以上良好なる性質をもつかどうか分からぬ．これをもっと詳しく調べるには角運動量一定の各部分空間においてやるのがよい．

$s \geqq 2$ なるときの $\mathfrak{D}(\mathfrak{r})$ はこのような簡単な性質をもたない.

§34　関数空間 $\mathfrak{D}^*$

1. 前述の通り T の domain $\mathfrak{D}(\mathfrak{r})$ はその性質が十分明らかでなく，次 § で示すようにかなり厄介な性質をもつ．そのため取り扱い上種々不便がある．そこで我々は $\mathfrak{D}(\mathfrak{r})$ の部分集合で実用上十分なる解析性をもち，しかも $\mathfrak{D}(\mathfrak{r})$ の代用として役に立つだけの一般性を有する関数空間を導入することにする．

我々は後の必要上，今まで考えてきた $3s$ 次元の空間 $(\mathfrak{r}_1, \cdots, \mathfrak{r}_s)$ の代わりに一般の k 次元空間 $(x_1, \cdots, x_k)$ をとり，そこで定義された $\mathcal{L}^2(x_1, \cdots, x_k)$ の中で考える．この中で次のごとき条件を満足する関数 $f(x_1, \cdots, x_k)$ の集合を $\mathfrak{D}^*(x_1, \cdots, x_k)$ と名づける：

　i) $f(x_1, \cdots, x_k)$ は何回でも微分可能で，$f(x_1, \cdots, x_k)$ およびこれらの微分商はすべて到る所連続である．

　ii) $f(x_1, \cdots, x_k)$ およびそのすべての微分商は，それに任意の多項式 $P(x_1, \cdots, x_k)$ を乗じても，$|x_1| + \cdots + |x_k| \to \infty$ のとき 0 に収束する．

かかる関数は十分良好な性質をもち，応用上自由に駆使できる．[7]　i), ii) からさらに次のごとき性質が導かれる．

　I. $\mathfrak{D}^*(x_1, \cdots, x_k)$ は linear space である.

　II. $\mathfrak{D}^*(x_1, \cdots, x_k)$ の関数を任意の変数で微分し，あるいはこれに任意の多項式を乗じてもやはり $\mathfrak{D}^*(x_1, \cdots, x_k)$ に属する．

　　以上二つの性質は i), ii) から直ちに出る．

　III. $\mathfrak{D}^*(x_1, \cdots, x_k) \subset \mathcal{L}^{12}(x_1, \cdots, x_k)$.

　（証明）$f(x_1, \cdots, x_k) \in \mathfrak{D}^*(x_1, \cdots, x_k)$ とすれば i) により

$$(1 + x_1^2) \cdots (1 + x_k^2) f(x_1, \cdots, x_k)$$

は到る所連続で，ii) によりこれは遠方で 0 に収束するから有界である．よって

---

[7] $\mathfrak{D}^*(x_1, \cdots, x_k)$ は現在急減少関数の空間と呼ばれ通常 $\mathcal{S}(R^k)$ で表される空間と全く同一である．$\mathcal{S}(R^k)$ は戦後 L. Schwartz の超関数理論とともに普及した空間であるが，それとは独立に導入されたものと推測される．（付録 2, 6. も参照．）$\mathfrak{D}^*(x_1, \cdots, x_k)$ に関する以下の説明は，記号の違いと稠密性の証明（脚注 9）参照）を除いて，現在の標準的な説明と大きな違いはない．$\mathcal{S}$ に馴染んでおられる読者は $\mathfrak{D}^* = \mathcal{S}$ と銘記されたい．

$$|f(x_1,\cdots,x_k)| \leq \frac{M}{(1+x_1^2)\cdots(1+x_k^2)}$$

なる定数 M があるから $f(x_1,\cdots,x_k) \in \mathcal{L}^{12}(x_1,\cdots,x_k)$ である.

2. 次に我々は $\mathfrak{D}^*(x_1,\cdots,x_k)$ の Plancherel 変換を $\mathfrak{D}^*(p_1,\cdots,p_k)$ とする. 換言すれば $f(x_1,\cdots,x_k) \in \mathfrak{D}^*(x_1,\cdots,x_k)$ なるごとき $f(x_1,\cdots,x_k)$ に対する Plancherel 変換 $F(p_1,\cdots,p_k)$ の集合を $\mathfrak{D}^*(p_1,\cdots,p_k)$ とする. もちろん $\mathfrak{D}^*(p_1,\cdots,p_k) \subset \mathcal{L}^2(p_1,\cdots,p_k)$ である. III. によれば $f(x_1,\cdots,x_k) \in \mathfrak{D}^*(x_1,\cdots,x_k)$ ならば (§32.1 iii))

$$(34.1) \quad F(p_1,\cdots,p_k) = (2\pi)^{-\frac{k}{2}}\int\cdots\int f(x_1,\cdots,x_k)e^{-i(p_1x_1+\cdots+p_kx_k)}dx_1\cdots dx_k$$

となる[11]. 我々はこの $F(p_1,\cdots,p_k)$ が前の i), ii) と全く同様な条件をもつことを示そう. まず III. により $F(p_1,\cdots,p_k)$ が有界で連続なることは明らかである. 次に任意の $\ell=1,\cdots,k$ に対し $x_\ell f(x_1,\cdots,x_k)$ も II. により $\mathfrak{D}^*(x_1,\cdots,x_k)$ に属するから III. により $x_\ell f \in \mathcal{L}^{12}(x_1,\cdots,x_k)$ であり, したがって (34.1) は p_ℓ で微分することができ, その際積分記号の中で微分してよろしい. すなわち

$$(34.2) \quad -\frac{1}{i}\frac{\partial F}{\partial p_\ell} = (2\pi)^{-\frac{k}{2}}\int\cdots\int x_\ell f(x_1,\cdots,x_k)e^{-i(p_1x_1+\cdots+p_kx_k)}dx_1\cdots dx_k.$$

$x_\ell f \in \mathfrak{D}^*(x_1,\cdots,x_k)$ によりこの式は $\partial F/\partial p_\ell \in \mathfrak{D}^*(p_1,\cdots,p_k)$ なることを示す. すなわち $\mathfrak{D}^*(p_1,\cdots,p_k)$ の関数は一回微分可能で, その微分商も $\mathfrak{D}^*(p_1,\cdots,p_k)$ に属するから, 結局何回でも微分可能で, これらの微分商はすべて到る所連続である. すなわち前の i) に相当する条件は満たされている.

次に ii) に相当する条件が満されていることを示すには, これを $F(p_1,\cdots,p_k)$ について示せば十分である (その微分商も $\mathfrak{D}^*(p_1,\cdots,p_k)$ に属するから). そのために (34.1) で部分積分を行えば $f(x_1,\cdots,x_k)$ の性質 ii), III. により

$$(2\pi)^{\frac{k}{2}}F(p_1,\cdots,p_k) = \frac{1}{ip_\ell}\int\cdots\int \frac{\partial f}{\partial x_\ell}e^{-i(p_1x_1+\cdots+p_kx_k)}dx_1\cdots dx_k$$

となり, $\partial f/\partial x_\ell$ も $\mathfrak{D}^*(x_1,\cdots,x_k)$ に属するから $p_\ell F(p_1,\cdots,p_k)$ も $\mathfrak{D}^*(p_1,\cdots,p_k)$ に属する. したがって結局 $F(p_1,\cdots,p_k)$ に任意の多項式 $P(p_1,\cdots,p_k)$ を乗じても $\mathfrak{D}^*(p_1,\cdots,p_k)$ に属する[12]. 特に, 与えられた多項式 $P(p_1,\cdots,p_k)$ に対し

$$P(p_1,\cdots,p_k)(p_1^2+\cdots+p_k^2)F(p_1,\cdots,p_k)$$

---

[11] もちろん Plancherel 変換は $3s$ 次元と限らず任意の k 次元空間において成立する.

[12] $\mathfrak{D}^*(x_1,\cdots,x_k)$ とともに $\mathfrak{D}^*(p_1,\cdots,p_k)$ も linear である.

160   第 6 章 原子（分子，イオン）の Hamiltonian の研究

も $\mathfrak{D}^*(p_1,\cdots,p_k)$ に属するから特にそれは有界である．したがって $P(p_1,\cdots,p_k)$ $F(p_1,\cdots,p_k)$ は $|p_1|+\cdots+|p_k|\to\infty$ のとき 0 に収束する．

かくして我々は次の性質を得た：

IV．$\mathfrak{D}^*(x_1,\cdots,x_k)$ は Plancherel 変換により不変である．換言すれば $\mathfrak{D}^*(x_1,\cdots,x_k)$ の Plancherel 変換を $\mathfrak{D}^*(p_1,\cdots,p_k)$ とすれば，これも i), ii) と同じ条件を満足する関数の全体よりなる[13]．

[13] この逆の部分も上と同様にして導かれる．Plancherel 変換は可逆的だから．

したがって $\mathfrak{D}^*(p_1,\cdots,p_k)\subset\mathcal{L}^{12}(p_1,\cdots,p_k)$ となるから (34.1), (34.2) と同様に

$$(34.3)\quad \begin{aligned}&f(x_1,\cdots,x_k)\\&=(2\pi)^{-\frac{k}{2}}\int\cdots\int F(p_1,\cdots,p_k)e^{i(p_1x_1+\cdots+p_kx_k)}dp_1\cdots dp_k,\end{aligned}$$

$$(34.4)\quad \frac{1}{i}\frac{\partial f}{\partial x_\ell}=(2\pi)^{-\frac{k}{2}}\int\cdots\int p_\ell F(p_1,\cdots,p_k)e^{i(p_1x_1+\cdots+p_kx_k)}dp_1\cdots dp_k.$$

3． 次に我々は二つの Euclid 空間 $(x_1,\cdots,x_h)$ および $(x_{h+1},\cdots,x_k)$ から "積空間" $(x_1,\cdots,x_h,x_{h+1},\cdots,x_k)$ を作るとき，$\mathfrak{D}^*$ がどうなるかを考える．このとき三つの Hilbert 空間 $\mathcal{L}^2(x_1,\cdots,x_h)$, $\mathcal{L}^2(x_{h+1},\cdots,x_k)$ および $\mathcal{L}^2(x_1,\cdots,x_k)$ は第 2 章に述べたような関係にあり，そこの記号を用いて

$$\mathcal{L}^2(x_1,\cdots,x_k)=[\mathcal{L}^2(x_1,\cdots,x_h)\cdot\mathcal{L}^2(x_{h+1},\cdots,x_k)]$$

のごとく表されることは明らかである．この時次の関係が成り立つ：

V[14]．$\mathfrak{D}^*(x_1,\cdots,x_k)\supset\{\mathfrak{D}^*(x_1,\cdots,x_h)\cdot\mathfrak{D}^*(x_{h+1},\cdots,x_k)\}$．

ただし $\mathfrak{D}^*(x_1,\cdots,x_h)$ は h 次元 Euclid 空間 $(x_1,\cdots,x_h)$ において定義された前述の $\mathfrak{D}^*$ であり，その他も同様である．

[14] 逆に任意の $\varphi(x_1,\cdots,x_k)\in\mathfrak{D}^*(x_1,\cdots,x_k)$ において $x_1,\cdots,x_k$ の中一部分例えば $(x_{h+1},\cdots,x_k)$ を固定して φ を $x_1,\cdots,x_h$ の関数と見ればそれは $\mathfrak{D}^*(x_1,\cdots,x_h)$ に含まれている．その証明は容易である．

V．を示すには，$\mathfrak{D}^*(x_1,\cdots,x_k)$ が linear space なることを考えれば

$$(34.5)\quad f(x_1,\cdots,x_h)\in\mathfrak{D}^*(x_1,\cdots,x_h),\quad g(x_{h+1},\cdots,x_k)\in\mathfrak{D}^*(x_{h+1},\cdots,x_k)$$

なるとき

$$(34.6)\quad f(x_1,\cdots,x_h)g(x_{h+1},\cdots,x_k)$$

が $\mathfrak{D}^*(x_1,\cdots,x_k)$ に属すること，したがって i), ii) を満足することを示せばよい．(34.5) により f,g の各々は連続であるからその積も連続であることは明らかである．また (34.6) を任意回数微分しても全く同じ形をもち，その因子は同じく (34.5) を満

足することは明らかであるから，i) は成立している．ii) を示すには同じ理由により，(34.6) に任意の多項式 $P(x_1,\cdots,x_k)$ を乗じたものが遠方で 0 に収束することを示せばよい．それにはまた多項式の代わりに単項式を乗じたものを考えれば十分である．しかるに $x_1,\cdots,x_k$ の単項式は，$x_1,\cdots,x_h$ の単項式と $x_{h+1},\cdots,x_k$ の単項式との積だから，かかるものを (34.6) に乗じても (34.6) は同様な積の形をもち，その因子は依然 (34.5) を満足する．それ故結局 (34.6) が遠方で 0 に収束することを示せば十分である．

仮定により f, g は有界であるから，

(34.7) $$|f| \leqq C, \qquad |g| \leqq C$$

なる C がある．またどんな $\varepsilon > 0$ に対しても，十分大なる N をとれば

(34.8) $$\begin{cases} |x_1|+\cdots+|x_h| \geqq N & なら \quad |f(x_1,\cdots,x_h)| \leqq \varepsilon/C, \\ |x_{h+1}|+\cdots+|x_k| \geqq N & なら \quad |g(x_{h+1},\cdots,x_k)| \leqq \varepsilon/C \end{cases}$$

が成立する．したがって

$$|x_1|+\cdots+|x_h|+|x_{h+1}|+\cdots+|x_k| \geqq 2N$$

なら (34.8) の少なくとも一方が成立する．いずれにしても (34.7), (34.8) により

$$|fg| \leqq |f|\cdot|g| \leqq C\cdot\frac{\varepsilon}{C} = \varepsilon$$

が成立する．よって ii) も満たされることが証明された．

4. 特に $k=1$ なる一次元の場合を考えてみよう．このとき

(34.9) $$\varphi_n(x) = c_n e^{-x^2/2} H_n(x) \qquad (n=0,1,2,\cdots)$$

なる Hermite 直交関数系を考える．ここに $H_n(x)$ は Hermite 多項式で，c_n は規格化因子である．$H_n(x)$ は多項式であり，$e^{-x^2/2}$ なる因子のあることを考えれば，(34.9) が $\mathfrak{D}^*(x)$ に属することは明らかである．而して $\varphi_n(x)$ が $\mathcal{L}^2(x)$ において完全直交系を作ることは周知の通りであるから，$\mathfrak{D}^*(x)$ は $\mathcal{L}^2(x)$ において稠密である．したがって §7.2 によれば $\{\mathfrak{D}^*(x_1)\cdot\mathfrak{D}^*(x_2)\}$ は $\mathcal{L}^2(x_1,x_2)$ において稠密となるから，V. により $\mathfrak{D}^*(x_1,x_2)$ も $\mathcal{L}^2(x_1,x_2)$ において稠密である．この方法を繰り返せば $\mathfrak{D}^*(x_1,\cdots,x_k)$ は $\mathcal{L}^2(x_1,\cdots,x_k)$ において稠密である．すなわち

VI. $\mathfrak{D}^*(x_1,\cdots,x_k)$ は $\mathcal{L}^2(x_1,\cdots,x_k)$ において稠密である．

このことはもちろん直接にも証明できる. (34.9) を用いて

$$(34.10) \qquad \varphi_{n_1}(x_1) \cdot \cdots \cdot \varphi_{n_k}(x_k) \qquad (n_1, \cdots, n_k \text{ は 0 または自然数})$$

なる関数を作ればこれは $\mathcal{L}^2(x_1, \cdots, x_k)$ において完全直交系をなし, かつ $\mathfrak{D}^*(x_1, \cdots, x_k)$ に含まれていることは明らかであるから[15)8)9)].

5. 次に

$$(34.11) \qquad e^{-a(x_1^2+\cdots+x_k^2)} P(x_1, \cdots, x_k) \qquad (a > 0)$$

なる関数を考える. ただし $P(x_1, \cdots, x_k)$ は多項式である.

まず (34.11) が $\mathfrak{D}^*(x_1, \cdots, x_k)$ に含まれていることは明らかである.

次に (34.11) において $a = \frac{1}{2}$ とおき, $P(x_1, \cdots, x_k)$ があらゆる多項式をとるものとすれば, 生ずる関数の集合は明らかに linear であり, かつ (34.9) を考えればそれは (34.10) を含む. (34.10) は $\mathcal{L}^2(x_1, \cdots, x_k)$ における完全直交系であるから, この関数の集合[16)] は $\mathcal{L}^2(x_1, \cdots, x_k)$ において稠密である.

しかるに (34.11) の形から明らかなるごとく, $a = \frac{1}{2}$ なる値は何等特別な意味を有しない. したがって任意の $a > 0$ を固定して, (34.11) において $P(x_1, \cdots, x_k)$ があらゆる多項式をとれば, 生ずる関数の集合は $\mathfrak{D}^*(x_1, \cdots, x_k)$ に含まれてしかも $\mathcal{L}^2(x_1, \cdots, x_k)$ において稠密である.

今度は (34.11) の代わりに

$$(34.12) \qquad P_0(x_1, \cdots, x_k) e^{-a(x_1^2+\cdots+x_k^2)} P(x_1, \cdots, x_k) \qquad (a > 0)$$

なる形の関数を考える. ここに $P_0(x_1, \cdots, x_k)$ は任意の多項式 (ただし 0 とは異なる) で固定されたものとし, $P(x_1, \cdots, x_k)$ があらゆる多項式をとるものとする. a は前と同様任意でよいが固定されたものとする. すると (34.12) も $\mathcal{L}^2(x_1, \cdots, x_k)$ において稠密である.

それを示すには, (34.12) が linear space を作ることは明らかだから, もし

$$(34.13) \qquad \psi(x_1, \cdots, x_k) \in \mathcal{L}^2(x_1, \cdots, x_k)$$

が (34.12) のすべてと直交するなら $\psi = 0$ でなければならないことを示せばよい.

[15)] (34.10) 全体の作る linear manifold (closed にあらず!) を $\mathfrak{D}^{**}$ とすれば, $\mathfrak{D}^{**}$ はもちろん $\mathfrak{D}^*$ に含まれる.

この $\mathfrak{D}^{**}$ もその $\mathfrak{p}$ 表示と $\mathfrak{r}$ 表示とが同型であるという特質をもつ. のみならず $\mathfrak{D}^{**}$ も I. から VIII. までの性質をすべて有することは容易にわかる. したがって我々は $\mathfrak{D}^*$ の代わりに $\mathfrak{D}^{**}$ を用いても間に合うのであるが, $\mathfrak{D}^{**}$ の関数はやや特殊にすぎて不自然だから $\mathfrak{D}^*$ を用いた. しかし $\mathfrak{D}^{**}$ を用いたほうが都合のよい問題もある.

[16)] これは傍注 15) にのべた $\mathfrak{D}^{**}$ に他ならない.

[8)] $\mathfrak{D}^{**}$ は傍注の中で定義されているが, 後に度々出てくることになるから注意.

[9)] 現在 $\mathfrak{D}^*$ の稠密性の証明は, その部分集合である C_0^∞ の稠密性を Friedrichs の mollifier を用いて示すことによることが多いが, mollifier が普及していなかったと思われる当時において, Hermite 直交関数系の完全性を用いて $\mathfrak{D}^*$ の稠密性が証明されていることは注目される.

$$\int\cdots\int \overline{\psi(x_1,\cdots,x_k)}P_0(x_1,\cdots,x_k)$$
$$e^{-a(x_1^2+\cdots+x_k^2)}P(x_1,\cdots,x_k)dx_1\cdots dx_k=0$$

ならばこれを書き直して

(34.14)
$$\int\cdots\int\left\{\overline{\psi(x_1,\cdots,x_k)}P_0(x_1,\cdots,x_k)e^{-\frac{a}{2}(x_1^2+\cdots+x_k^2)}\right\}$$
$$e^{-\frac{a}{2}(x_1^2+\cdots+x_k^2)}P(x_1,\cdots,x_k)dx_1\cdots dx_k=0$$

としてみれば $P_0(x_1,\cdots,x_k)e^{-\frac{a}{2}(x_1^2+\cdots+x_k^2)}$ は有界な関数であるから (34.13) により (34.14) の { } 内も $\mathcal{L}^2(x_1,\cdots,x_k)$ に属する．(34.14) はこれがすべての

$$e^{-\frac{a}{2}(x_1^2+\cdots+x_k^2)}P(x_1,\cdots,x_k)$$

に直交することを示す．ところが上述によりこれは $\mathcal{L}^2(x_1,\cdots,x_k)$ において稠密であるから，そのすべてに直交する $\mathcal{L}^2(x_1,\cdots,x_k)$ の関数は 0 である．すなわち

$$\psi(x_1,\cdots,x_k)\overline{P_0(x_1,\cdots,x_k)}e^{-\frac{a}{2}(x_1^2+\cdots+x_k^2)}=0$$

がほとんどすべての点で成立する．$e^{-\frac{a}{2}(x_1^2+\cdots+x_k^2)}$ は到る所 0 でなく，また $P_0(x_1,\cdots,x_k)$ は多項式で恒等的に 0 ではないから，その零点は測度 0 である．したがってほとんど到る所

$$\psi(x_1,\cdots,x_k)=0$$

でなければならない．よって次の定理を得る（(34.11) が $\mathfrak{D}^*(x_1,\cdots,x_k)$ に含まれるから）．

VII[17]．$P_0(x_1,\cdots,x_k)$ が 0 ならざる多項式ならば，$P_0(x_1,\cdots,x_k)f(x_1,\cdots,x_k)$ $(f(x_1,\cdots,x_k)\in\mathfrak{D}^*(x_1,\cdots,x_k))$ なる関数の集合は $\mathcal{L}^2(x_1,\cdots,x_k)$ において稠密である．

注意 1 $P_0(x_1,\cdots,x_k)$ は実は多項式でなくてもよい．上の証明から明らかなように，適当な一つの a に対して $P_0(x_1,\cdots,x_k)e^{-\frac{a}{2}(x_1^2+\cdots+x_k^2)}$ が有界であり，かつ $P_0(x_1,\cdots,x_k)$ の零点の測度が 0 でありさえすれば，どんな関数（もちろん可測な）でもよい．例えば $P_0(x_1,\cdots,x_k)$ が多項式なら $\sqrt{P_0(x_1,\cdots,x_k)}$ のごときものもこの条件を満足する．

注意 2 $\mathfrak{D}^*(p_1,\cdots,p_k)$ が $\mathfrak{D}^*(x_1,\cdots,x_k)$ と全く同型の関数から成ることを考えれば $\mathfrak{D}^*(p_1,\cdots,p_k)$ においても全く同様な定理が成立つ．

[17] 上の証明において $a=1/2$ とおけば VII. は $\mathfrak{D}^*$ の代わりに $\mathfrak{D}^{**}$ としても成立することを知る．

6. 我々の本来の問題に戻り，$3s$ 次元空間 $(\mathfrak{r}_1,\cdots,\mathfrak{r}_s)$ で考えることにし，ここで上述のごとき $\mathfrak{D}^*(\mathfrak{r}_1,\cdots,\mathfrak{r}_s)$, $\mathfrak{D}^*(\mathfrak{p}_1,\cdots,\mathfrak{p}_s)$ を定義する．

$\mathfrak{D}^*(\mathfrak{p}_1,\cdots,\mathfrak{p}_s)$ の関数に対しては (33.7) の成立することは明らかであるから，$\mathfrak{D}^*(\mathfrak{p}_1,\cdots,\mathfrak{p}_s) \subset \mathfrak{D}(\mathfrak{p})$ である．換言すれば T あるいは T_0 は $\mathfrak{D}^*(\mathfrak{p}_1,\cdots,\mathfrak{p}_s)$ において定義されている．今

$$f(\mathfrak{r}_1,\cdots,\mathfrak{r}_s) \sim F(\mathfrak{p}_1,\cdots,\mathfrak{p}_s) \in \mathfrak{D}^*(\mathfrak{p}_1,\cdots,\mathfrak{p}_s)$$

ならば前述により $f(\mathfrak{r}_1,\cdots,\mathfrak{r}_s) \in \mathfrak{D}^*(\mathfrak{r}_1,\cdots,\mathfrak{r}_s)$ で (34.4) より

$$(34.15) \quad \begin{cases} \dfrac{1}{i}\dfrac{\partial f}{\partial x_\ell} \sim p_{\ell x}F, & \dfrac{1}{i}\dfrac{\partial f}{\partial y_\ell} \sim p_{\ell y}F, & \dfrac{1}{i}\dfrac{\partial f}{\partial z_\ell} \sim p_{\ell z}F; \\ -\dfrac{\partial^2 f}{\partial x_\ell^2} \sim p_{\ell x}^2 F, & -\dfrac{\partial^2 f}{\partial y_\ell^2} \sim p_{\ell y}^2 F, & -\dfrac{\partial^2 f}{\partial z_\ell^2} \sim p_{\ell z}^2 F \end{cases}$$

なることは明らかであるから

$$(34.16) \quad T_0 f(\mathfrak{r}_1,\cdots,\mathfrak{r}_s) = -\sum_{\ell=1}^{s} \nabla_\ell^2 f(\mathfrak{r}_1,\cdots,\mathfrak{r}_s)$$

となる．同様にして $T \in \mathfrak{D}^*(\mathfrak{r}_1,\cdots,\mathfrak{r}_s)$ においては

$$(34.17) \quad T = -\sum_{i=1}^{s} \beta_i \nabla_i^2 - \beta_0 (\mathrm{grad}_1 + \cdots + \mathrm{grad}_s)^2$$

によって表されることは明らかである．而して T が $\mathfrak{D}^*(\mathfrak{r}_1,\cdots,\mathfrak{r}_s)$ を $\mathfrak{D}^*$ 内へ移すことも明らかである．

(34.15) により

$$\int\cdots\int \left|\frac{\partial f}{\partial x_\ell}\right|^2 d\mathfrak{r}_1\cdots d\mathfrak{r}_s = \int\cdots\int p_{\ell x}^2 |F|^2 d\mathfrak{p}_1\cdots d\mathfrak{p}_s$$

等が成立するから

$$(34.18) \quad |\mathrm{grad}_\ell f|^2 = \left|\frac{\partial f}{\partial x_\ell}\right|^2 + \left|\frac{\partial f}{\partial y_\ell}\right|^2 + \left|\frac{\partial f}{\partial z_\ell}\right|^2$$

と略記すれば

$$(34.19) \quad \int\cdots\int \sum_{\ell=1}^{s} |\mathrm{grad}_\ell f|^2 d\mathfrak{r}_1\cdots d\mathfrak{r}_s = \int\cdots\int (\mathfrak{p}_1^2 + \cdots + \mathfrak{p}_s^2)|F|^2 d\mathfrak{p}_1\cdots d\mathfrak{p}_s.$$

この右辺は $\|\sqrt{T_0}F\|^2 = \|\sqrt{T_0}f\|^2$ に他ならないから（§33.4）

$$
(34.20) \quad \begin{aligned} \|\sqrt{T_0}f\|^2 &= \int\cdots\int \sum_{\ell=1}^{s} |\mathrm{grad}_\ell f|^2 d\mathfrak{r}_1 \cdots d\mathfrak{r}_s \\ &= \int\cdots\int \left\{ \left|\frac{\partial f}{\partial x_1}\right|^2 + \cdots + \left|\frac{\partial f}{\partial x_s}\right|^2 \right\} d\mathfrak{r}_1 \cdots d\mathfrak{r}_s. \end{aligned}
$$

以上は trivial な事柄であるが，次にもっと重要な $\mathfrak{D}^*(\mathfrak{r}_1, \cdots, \mathfrak{r}_s)$ の性質を述べる．例のごとく $\mathfrak{D}^*(\mathfrak{r}_1, \cdots, \mathfrak{r}_s)$, $\mathfrak{D}^*(\mathfrak{p}_1, \cdots, \mathfrak{p}_s)$ を抽象的に $\mathfrak{D}^*$ と書けば

VIII. $\mathfrak{D}^*$ は T, T_0, および $\sqrt{T_0}$ の quasi-domain である（§5.5 参照）．

換言すれば任意の $\varphi \in \mathfrak{D} = \mathrm{dom}\, T$ および正数 ε に対し

$$\|\varphi - f\| \leqq \varepsilon, \qquad \|T\varphi - Tf\| \leqq \varepsilon$$

なる $f \in \mathfrak{D}^*$ がある．T_0, $\sqrt{T_0}$ に対しても同様である．

証明　$\varphi(\mathfrak{r}_1, \cdots, \mathfrak{r}_s) \sim \Phi(\mathfrak{p}_1, \cdots, \mathfrak{p}_s)$ として $\mathfrak{p}$ 表示 Φ について考える．まず T の場合を考える．$\Phi(\mathfrak{p}_1, \cdots, \mathfrak{p}_s) \in \mathfrak{D}(\mathfrak{p})$ なら (33.4) が成立するから今

$$(34.21) \quad P_0(\mathfrak{p}_1, \cdots, \mathfrak{p}_s) = 1 + \beta_1 \mathfrak{p}_1^2 + \cdots + \beta_s \mathfrak{p}_s^2 + \beta_0(\mathfrak{p}_1 + \cdots + \mathfrak{p}_s)^2$$

とおけば

$$(34.22) \quad P_0(\mathfrak{p}_1, \cdots, \mathfrak{p}_s) \Phi(\mathfrak{p}_1, \cdots, \mathfrak{p}_s) \in \mathcal{L}^2(\mathfrak{p}_1, \cdots, \mathfrak{p}_s).$$

$P_0(\mathfrak{p}_1, \cdots, \mathfrak{p}_s)$ は $p_{1x}, p_{1y}, p_{1z}, \cdots, p_{sz}$ の多項式であるから VII. が成立し $P_0(\mathfrak{p}_1, \cdots, \mathfrak{p}_s) F(\mathfrak{p}_1, \cdots, \mathfrak{p}_s)$ は F があらゆる $\mathfrak{D}^*(\mathfrak{p}_1, \cdots, \mathfrak{p}_s)$ の関数を変化するとき $\mathcal{L}^2(\mathfrak{p}_1, \cdots, \mathfrak{p}_s)$ で稠密であるから，(34.22) により，任意の $\varepsilon > 0$ に対し

$$\|P_0 \Phi - P_0 F\| \leqq \varepsilon$$

なる $F(\mathfrak{p}_1, \cdots, \mathfrak{p}_s) \in \mathfrak{D}^*(\mathfrak{p}_1, \cdots, \mathfrak{p}_s)$ がある．これを書きかえれば

$$\int\cdots\int \left\{1 + \beta_1 \mathfrak{p}_1^2 + \cdots + \beta_s \mathfrak{p}_s^2 + \beta_0(\mathfrak{p}_1 + \cdots + \mathfrak{p}_s)^2\right\}^2$$
$$|\Phi(\mathfrak{p}_1, \cdots, \mathfrak{p}_s) - F(\mathfrak{p}_1, \cdots, \mathfrak{p}_s)|^2 d\mathfrak{p}_1 \cdots d\mathfrak{p}_s \leqq \varepsilon^2.$$

したがって

$$\int\cdots\int |\Phi(\mathfrak{p}_1, \cdots, \mathfrak{p}_s) - F(\mathfrak{p}_1, \cdots, \mathfrak{p}_s)|^2 d\mathfrak{p}_1 \cdots d\mathfrak{p}_s \leqq \varepsilon^2,$$

$$\int\cdots\int\{\beta_1\mathfrak{p}_1^2+\cdots+\beta_s\mathfrak{p}_s^2+\beta_0(\mathfrak{p}_1+\cdots+\mathfrak{p}_s)^2\}^2$$
$$\cdot|\Phi(\mathfrak{p}_1,\cdots,\mathfrak{p}_s)-F(\mathfrak{p}_1,\cdots,\mathfrak{p}_s)|^2d\mathfrak{p}_1\cdots d\mathfrak{p}_s\leqq\varepsilon^2.$$

換言すれば
$$\|\Phi-F\|\leqq\varepsilon,\qquad\|T\Phi-TF\|\leqq\varepsilon.$$

これは証明すべき式を $\mathfrak{p}$ 表示で表したものに他ならない．

T_0 は T の特別の場合であるから改めてやる必要はない．

$\sqrt{T_0}$ の場合には $P_0(\mathfrak{p}_1,\cdots)$ として
$$P_0(\mathfrak{p}_1,\cdots,\mathfrak{p}_s)=\sqrt{1+\mathfrak{p}_0^2+\cdots+\mathfrak{p}_s^2}$$

をとって考えれば全く同様に証明ができる (VII. 注意 1. 参照)． □

§35 T の domain $\mathfrak{D}(\mathfrak{r})$ (補遺 5. 参照)

T の domain は前述のごとく $\mathfrak{p}$ 表示で考えれば極めて簡単に (33.7) なる性質により特徴づけられるが，$\mathfrak{D}(\mathfrak{r})$ においてはどうなるであろうか．$\mathfrak{D}(\mathfrak{r})$ においてこれを直接特徴づけることが望ましい．次の定理はこの問題に答えるものである[18)10)]．

定理 35.1 $\mathfrak{D}(\mathfrak{r})$ は次のごとき $\varphi(\mathfrak{r}_1,\cdots,\mathfrak{r}_s)\in\mathcal{L}^2(\mathfrak{r}_1,\cdots,\mathfrak{r}_s)$ の全体に他ならない：

　i) ほとんどすべての $(y_1,z_1,x_2,\cdots,z_s)$ に対し，$\varphi(x_1,y_1,z_1,\cdots,z_s)$ は x_1 の関数として absolutely continuous である．したがってかかる $(y_1,z_1,\cdots,z_s)$ に対し $\partial\varphi/\partial x_1$ は存在する[19)]が，これもまた同じ $(y_1,\cdots,z_s)$ に対し absolutely continuous で，したがって $\partial^2\varphi/\partial x_1^2$ が存在する．

　全く同じことが x_1 の代わりに $y_1,z_1,\cdots,z_s$ をとっても成立する．

　ii) よって $\partial^2\varphi/\partial x_1^2,\cdots,\partial^2\varphi/\partial z_s^2$ はほとんどすべての $(x_1,\cdots,z_s)$ で定義されている[20)]が，これらがすべて $\mathcal{L}^2(\mathfrak{r}_1,\cdots,\mathfrak{r}_s)$ に属する．

注意 1 x_1 の関数として absolutely continuous という意味は，詳しく言えば，absolutely continuous な関数と同等である（ほとんどすべての x_1 において一致する）ということである．而して $\partial\varphi/\partial x_1$ はかかる同等な関数に対して作ることを意味する．$\partial^2\varphi/\partial x_1^2$ についても同様[21)]．

[18)] この定理によれば $\mathfrak{D}(\mathfrak{r})$ の関数はほとんど到る所偏微分可能で $\nabla^2\varphi$ が存在するということができるが，"ほとんど到る所"なる制限がつくのが厄介である．このため例えば $s\geqq 2$ のときは φ は連続であるとさえ言えない．実際到る所不連続なるごとき $\mathfrak{D}$ の関数が存在する（次の注意 4.）．

[19)] ほとんどすべての x_1 に対して．

[20)] 上述のごとき定義の仕方が unique であることは証明を要するのではないか？

[21)] かつこの同等な関数は $x_1,y_1,\cdots,z_s$ の各々について別々のものとみなければならない．

[10)] 次の定理は §36 以降の主要部分を読むのには必要ない．にもかかわらずそれがここに置かれていることには，自ら導入した関数族 $\mathfrak{D}$ の関数の性質を探求して止まない強い意志が感じられる．定理 35.1 のような定理はあまりポピュラーではないようだが，最近の邦書では参考文献[57]の第 3 章に記述がある．補遺 5. では $3(s-1)$ 次元部分空間上への L^2 トレース定理が論じられている．

注意 2 ii) において $\partial^2\varphi/\partial x_1^2, \cdots, \partial^2\varphi/\partial z_s^2$ が 別々に $\mathcal{L}^2(\mathfrak{r}_1, \cdots, \mathfrak{r}_s)$ に属すると いうことが大切である. $\mathfrak{D}(\mathfrak{r})$ は β_i にはよらないから T として T_0 をとって考えれ ば, $(\nabla_1^2 + \cdots + \nabla_s^2)\varphi$ が $\mathcal{L}^2(\mathfrak{r}_1, \cdots, \mathfrak{r}_s)$ に属すればよいようにちょっと考えられる がそうではない‡) このことは例えば β_i を変化させて考えてみてもわかる. 特に $(\nabla_1^2 + \cdots + \nabla_s^2)\varphi$ は $\mathcal{L}^2(\mathfrak{r}_1, \cdots, \mathfrak{r}_s)$ に属するが $\partial^2\varphi/\partial x_1^2$ 等は別々には $\mathcal{L}^2(\mathfrak{r}_1, \cdots, \mathfrak{r}_s)$ に属さないような例があるから注意せねばならない. 例えば $s = 1$ なる場合（添数 1 を略す）

$$\varphi = \frac{e^{-ar}}{r} \qquad (a > 0)$$

なる関数は $r = 0$ 以外において解析的であり,

$$\nabla^2 \varphi = a^2 \varphi$$

を満たす. $\varphi \in \mathcal{L}^2(\mathfrak{r})$ なることは明らかであるから $\nabla^2 \varphi$ も $\mathcal{L}^2(\mathfrak{r})$ に属する. しかし φ は $\mathfrak{D}(\mathfrak{r})$ に属さない. それは $\partial^2\varphi/\partial x^2$ 等が別々に $\mathcal{L}^2(\mathfrak{r})$ に属さないからである. あるいは次のように考えてもこのことは明らかである：もし上の φ が $\mathfrak{D}(\mathfrak{r})$ に属すれ ば T_0 は $-a^2$ なる負の固有値を持つことになり, a は任意であるから矛盾を生ずる.

注意 3 (33.7) から見れば $\mathfrak{D}(\mathfrak{p})$ したがって $\mathfrak{D}(\mathfrak{r})$ が空間の回転に関して不変なこ とは明らかであるが, 定理 35.1 にはこの不変性が現れていない. これはこの定理の 欠点である.

注意 4[11]　$s = 1$ のときは $\mathfrak{D}$ の関数はとにかく連続であることは前に示した (§33.4).

$s \geqq 2$ になるとこれは成立しない. 例えば $s = 2$ のとき

$$R = \sqrt{\mathfrak{r}_1^2 + \mathfrak{r}_2^2}$$

とおいて

$$\varphi = \frac{e^{-aR}}{R^k}$$

---

‡)（欄外追記　この位置に後日のものと思われる追記がある. それをここに置く.）

しかし φ が到る所二回連続微分可能で, $\varphi \in \mathcal{L}^2$, $(\nabla_1^2 + \cdots + \nabla_s^2)\varphi \in \mathcal{L}^2$ ならば $\varphi \in \mathfrak{D}$ なること がわかる. このことは微分 operator の理論から結果する.

もっと一般に, $\varphi, \varphi_{x_1 x_1}$ etc. $\in \mathcal{L}^2$ が局所的に成立し, かつ全局的に $\varphi, (\nabla_1^2 + \cdots)\varphi \in \mathcal{L}^2$ な らばよいことがわかった (1948.3.).

一般に n 次元で考えるなら $n = 4$ のときに同様なことが起こる：$\varphi = (\log 1/r)^\alpha$ とすれば $\partial\varphi/\partial r = -(\alpha/r)(\log 1/r)^{\alpha-1}, \partial^2\varphi/\partial r^2 = (\alpha/r^2)(\log 1/r)^{\alpha-1} + (\alpha(\alpha-1)/r^2)(\log 1/r)^{\alpha-2}$. 故 に $T\varphi \sim (1/r^2)(\log 1/r)^{\alpha-1}$. 故に $2\alpha - 2 < -1$ なら, すなわち $\alpha < 1/2$ なら $T\varphi \in \mathfrak{H}$ となる. 他 方 $0 < \alpha$ なら φ は $r = 0$ で ∞ になる. 故に $0 < \alpha < 1/2$ としておけば左と同様なことが起こる （もちろん $r \to \infty$ においては φ を適当に変えておく. ）

[11] 注意 4 は原ノートの本文中ではなく, 欄外に書かれていて, 後日に書き加えられたものかもしれ ないがここに挿入する.

とおけば $k < 1$ なら定理 35.1 は成立していることは明らかであるから, φ は $R = 0$ で ∞ になり得る.

原点は特別な点でないから任意の点において ∞ になる $\mathfrak{D}$ の関数があり得る. 今有理点の全体に番号をつけて $P_1, P_2, \cdots$ とし, P_i で上のごとく ∞ になる $\mathfrak{D}$ の関数を φ_i とする. すると $\varphi_i \in \mathfrak{D}$ だから $T_0 \varphi_i$ は存在する. 今

$$\sum_{i=1}^{\infty} c_i (\|\varphi_i\| + \|T_0 \varphi_i\|) < \infty$$

なるごとき正数列 c_i をとり

$$\varphi = \sum_{i=1}^{\infty} c_i \varphi_i$$

とおけば

$$\|T_0 \varphi\| \leqq \sum c_i \|T_0 \varphi_i\|, \qquad \|\varphi\| \leqq \sum c_i \|\varphi_i\|$$

だから $\varphi \in \mathfrak{D}$ である. $\varphi(\mathfrak{r}_1, \mathfrak{r}_2)$ の値を求めるには上の級数の適当な部分和がほとんど到る所収束することを使えばわかる通り, φ は任意の点の近傍で有界でない. すなわち φ は到る所不連続である（而してこの性質は零集合における値の変化によって除くことはできない）.

証明 次に定理 35.1 の証明を与える.

1°. 我々はまず一次元の場合に同じ定理を証明する. すなわち $\varphi(x) \in \mathcal{L}^2(x)$, $\Phi(p) \in \mathcal{L}^2(p)$, $\varphi(x) \sim \Phi(p)$ なるとき, $\Phi(p) \in \mathfrak{D}(p)$ すなわち

$$\int p^4 |\Phi(p)|^2 dp < \infty$$

なることは, $\varphi(x)$ および $\partial \varphi / \partial x$[12] が absolutely continuous でかつ $\partial^2 \varphi / \partial x^2 \in \mathcal{L}^2(x)$ なることと同等であることを証明する.

そのために我々は $(1/i) \partial / \partial x$ なる operator を導入する. この operator は Stone により詳細に調べられており[22], その domain として absolutely continuous でかつ $\partial \varphi / \partial x \in \mathcal{L}^2(x)$ なるごとき $\varphi \in \mathcal{L}^2(x)$ の集合をとれば hypermax. であって, p 表示においては $p \times$ なる乗法的 operator になることが知られている. 今この operator を P と書くことにすれば, P^2 も hypermax. であって（§5.6）p 表示においては $p^2 \times$ なる乗法的 operator となるから, その domain は我々の $\mathfrak{D}(p)$ である. しかるに他方から考えれば P^2 なる operator の domain は $P\varphi \in \operatorname{dom} P$ なるごとき φ の全体

[22] [S] 441.

---
[12] 以下, 1 変数の微分にも d でなく ∂ が用いられるがそのままとする.

に他ならないから，上述の x 表示における $\mathrm{dom}\, P$ の知識から $\mathrm{dom}\, P^2$ の知識は直ちに出る．すなわち $\varphi \in \mathrm{dom}\, P^2$ なら第一に $\varphi \in \mathrm{dom}\, P$ は必要であってしたがって

$$\varphi \text{ は absolutely continuous で } \partial \varphi / \partial x \in \mathcal{L}^2(x)$$

であり，$P\varphi = (1/i)\partial \varphi/\partial x$ となる．これがさらに $\mathrm{dom}\, P$ に属するから

$$\partial\varphi/\partial x \text{ は absolutely continuous で } \partial^2\varphi/\partial x^2 \in \mathcal{L}^2(x)$$

となる[23]．よって $\partial \varphi / \partial x \in \mathcal{L}^2(x)$ なる条件を除けば我々の条件と一致する．したがって，我々の条件から $\partial \varphi / \partial x \in \mathcal{L}^2(x)$ が導き得ることが示されれば問題は終わるわけである．

[23] 而して $\|\partial^2\varphi/\partial x^2\|^2 = \|P^2\varphi\|^2 = \int p^4 |\Phi|^2 dp$.

すなわち我々のなすべきことは

$$\varphi,\; \partial\varphi/\partial x \text{ が absolutely continuous で,}\; \varphi \in \mathcal{L}^2(x),\; \partial^2\varphi/\partial x^2 \in \mathcal{L}^2(x)$$

ならば $\partial \varphi/\partial x \in \mathcal{L}^2(x)$ なることを示すことである．

このときもし，$\partial \varphi / \partial x \in \mathcal{L}^2(x)$ が成立しないとすれば

$$\int_{-\infty}^{\infty} \left|\frac{\partial \varphi}{\partial x}\right|^2 dx = \infty$$

となる．したがって $\int_{-\infty}^{0}$ または $\int_{0}^{\infty}$ のいずれか一方は ∞ となる．いずれでも同じことであるから

$$\int_{0}^{\infty} \left|\frac{\partial \varphi}{\partial x}\right|^2 dx = \infty$$

とする．$\partial \varphi/\partial x$ が absolutely continuous なることから，$a < \infty$ なら $\int_0^a \left|\frac{\partial\varphi}{\partial x}\right|^2 dx$ は存在し

$$\int_0^a \left|\frac{\partial \varphi}{\partial x}\right|^2 dx = \int_0^a \frac{\partial \varphi}{\partial x}\frac{\partial \overline{\varphi}}{\partial x} dx = \left[\frac{\partial \varphi}{\partial x}\overline{\varphi}\right]_0^a - \int_0^a \frac{\partial^2 \varphi}{\partial x^2}\overline{\varphi} dx.$$

φ と $\overline{\varphi}$ を交換した式も成立するから，加えて 2 で割れば

$$\int_0^a \left|\frac{\partial \varphi}{\partial x}\right|^2 dx = \frac{1}{2}\left[\frac{\partial}{\partial x}|\varphi|^2\right]_0^a - \frac{1}{2}\int_0^a \frac{\partial^2 \varphi}{\partial x^2}\overline{\varphi}dx - \frac{1}{2}\int_0^a \varphi\frac{\partial^2 \overline{\varphi}}{\partial x^2}dx.$$

$a \to \infty$ とすれば，右辺の終わりの二項は $\varphi \in \mathcal{L}^2(x),\, \partial^2\varphi/\partial x^2 \in \mathcal{L}^2(x)$ により収束する．左辺は ∞ になるから右辺の第一項も ∞ となる．換言すれば

$$\frac{\partial}{\partial x}|\varphi|^2 \to \infty \qquad (x \to \infty).$$

したがってもちろん $|\varphi|^2 \to \infty \ (x \to \infty)$ となり，$\varphi \in \mathcal{L}^2(x)$ に矛盾する．

これで一次元の場合は済んだ．

2°．一般の場合には "partial Plancherel transformation" を用いて上の場合に reduce する．その方針は次のごとくである．

まず証明すべき i) において x_1 についての場合を考えることにし，簡単のため x_1 の代りに x と書き，残りの $3s-1$ 個の変数 $y_1, z_1, \cdots, z_s$ の代わりに単に y と書くことにする．而して y を固定して $\varphi(x,y)$ を x のみの関数とみてその Plancherel 変換を $\phi(p,y)$ と書く：

$$\varphi(x,y) \sim \phi(p,y).$$

次に $\phi(p,y)$ において p を固定して y の関数と考えてその Plancherel 変換が

$$\phi(p,y) \sim \Phi(p,q)$$

となるであろうと期待される[24]．この $\phi(p,y)$ を partial Plancherel transform と呼ぶ．

[24] q は $p_{1y}, p_{1z}, \cdots, p_{sz}$ をまとめて表したもの．

まず上のようなことが実際可能であることを示す．

任意の $f(x,y) \in \mathcal{L}^2(x,y)$ は

(35.1) $$\iint |f(x,y)|^2 dxdy < \infty$$

を満足するから，ほとんどすべての y に対して

(35.2) $$\int |f(x,y)|^2 dx < \infty \quad \text{すなわち} \quad f(x,y) \in \mathcal{L}^2(x)$$

が成立する（Fubini の定理）．

今 $f(x,y)$ において $|x| \geq n$ なる領域を cut して 0 とおいた関数を $f_n(x,y)$ とすれば (35.2) の成立するごとき y に対しては $f_n(x,y) \in \mathcal{L}^{12}(x)$ となるから

(35.3) $$\phi_n(p,y) = \lambda_1 \int f_n(x,y) e^{-ipx} dx$$

なる積分が定義できる．ただし $\lambda_1 = (2\pi)^{-1/2}$ である．$\phi_n(p,y)$ はほとんどすべての y においてすべての p に対し定義されているから，ほとんどすべての (p,y) に対し定義された関数である．而して $f_n(x,y)e^{-ipx}$ は三つの変数 x, y, p に関してもちろん可測であり，かつ x については $-\infty < x < \infty$，y, p については任意の有限区間

において積分可能であるから，Fubini の定理により $\phi_n(p,y)$ は任意の有限区間で積分可能であり，したがって可測である．

次に (35.3) は y を固定して $\phi_n(p,y)$ が $f_n(x,y)$ の Plancherel 変換なることを表すから，(35.3) の成立する y に対し

$$(35.4) \qquad \int |\phi_n(p,y)|^2 dp = \int |f_n(x,y)|^2 dx.$$

かかる式がほとんどすべての y に対し成立し，$f_n(x,y) \in \mathcal{L}^2(x,y)$ だから右辺は y で積分可能となり，したがって左辺も積分可能で

$$(35.5) \qquad \iint |\phi_n(p,y)|^2 dp dy = \iint |f_n(x,y)|^2 dx dy.$$

これは $\phi_n(p,y) \in \mathcal{L}^2(p,y)$ なることを示す．

(35.5) と同様にして

$$\iint |\phi_n(p,y) - \phi_m(p,y)|^2 dp dy = \iint |f_n(x,y) - f_m(x,y)|^2 dx dy$$

が成立する．$f_n(x,y)$ の作り方により，$m, n \to \infty$ のとき右辺は 0 に収束するから左辺も同様である．したがって $\phi_n(p,y)$ は平均収束する．その極限を $\phi(p,y)$ とすればこれは $\mathcal{L}^2(p,y)$ に属し

$$(35.6) \qquad \iint |\phi_n(p,y) - \phi(p,y)|^2 dp dy \to 0 \quad (n \to \infty).$$

これを書き直せば

$$\int dy \int |\phi_n(p,y) - \phi(p,y)|^2 dp \to 0.$$

これはほとんどすべての y で定義された関数 $\int |\phi_n(p,y) - \phi(p,y)|^2 dp$ の積分が 0 に収束することを示すから，n の適当な部分列 n_ν をとれば

$$(35.7) \qquad \int |\phi_{n_\nu}(p,y) - \phi(p,y)|^2 dp \to 0 \quad (\nu \to \infty)$$

がほとんどすべての y に対して成立することを示す．しかるに (35.3) によりほとんどすべての y に対し

$$(35.8) \qquad f_n(x,y) \sim \phi_n(p,y)$$

であり，また $f_n(x,y)$ の作り方により，(35.3) の存在する y に対しては

$$\int |f_n(x,y) - f(x,y)|^2 dx \to 0 \quad (n \to \infty)$$

なることを考えれば (35.7), (35.8) からほとんどすべての y に対し

(35.9) $$f(x,y) \sim \phi(p,y)$$

なることが出る．したがって

(35.10) $$\int |f(x,y)|^2 dx = \int |\phi(p,y)|^2 dp$$

がほとんどすべての y に対し成立するから，これを y で積分して

(35.11) $$\iint |f(x,y)|^2 dxdy = \iint |\phi(p,y)|^2 dpdy$$

を得る．

以上 $f(x,y)$ から部分的な Plancherel 変換 $\phi(p,y)$ を作ったのと全く同じ方法で，$\phi(p,y)$ から部分的な Plancherel 変換 $F'(p,q)$ を作ることができる．今度は y は実は一つの変数ではなく，$3s-1$ 個の変数をまとめたものであるが，そのことは上の方法に全然影響を及ぼさないことは明らかである．かくして $F'(p,q) \in \mathcal{L}^2(p,q)$ で

$$\phi(p,y) \sim F'(p,q) \quad \text{(ほとんどすべての } p\text{)}$$

(35.12) $$\int |\phi(p,y)|^2 dy = \int |F'(p,q)|^2 dq \quad \text{(ほとんどすべての } p\text{)}$$

(35.13) $$\iint |\phi(p,y)|^2 dpdy = \iint |F'(p,q)|^2 dpdq$$

を得る．

そこでこの $F'(p,q)$ が $f(x,y)$ の "全"Plancherel 変換 $F(p,q)$ と一致することを示そう．そのためにまず $f(x,y) \in \mathcal{L}^{12}(x,y)$ なる場合を考える．すると

$$\int |f(x,y)| dxdy < \infty, \quad \int |f(x,y)|^2 dxdy < \infty$$

だから Fubini の定理により，ほとんどすべての y に対し

$$\int |f(x,y)| dx < \infty, \quad \int |f(x,y)|^2 dx < \infty, \quad \text{すなわち} \quad f(x,y) \in \mathcal{L}^{12}(x).$$

したがってかかる y に対しては

(35.14)
$$\phi(p,y) = \lambda_1 \int f(x,y) e^{-ipx} dx,$$
$$|\phi(p,y)| \leqq \lambda_1 \int |f(x,y)| dx.$$

したがってまた
$$\int |\phi(p,y)| dy \leqq \lambda_1 \int |f(x,y)| dx dy < \infty$$
であるからほとんどすべての p に対し
$$\phi(p,y) \in \mathcal{L}^{12}(y)$$
となり，したがって

(35.15)
$$F'(p,q) = \lambda_2 \int \phi(p,y) e^{-i(qy)} dy.$$

ただし $\lambda_2 = (2\pi)^{-\frac{3s-1}{2}}$ であり，q は $p_{1y}, p_{1z}, \cdots, p_{sz}$ をまとめたもので
$$(qy) = p_{1y} y_1 + p_{1z} z_1 + \cdots + p_{sz} z_s$$
の意味である．

(35.14) を (35.15) に代入すれば
$$F'(p,q) = \lambda_1 \lambda_2 \iint f(x,y) e^{-i(px+(qy))} dx dy.$$
しかるに $f(x,y) \in \mathcal{L}^{12}(x,y)$ なるときはこれは $F(p,q)$ に他ならない．よって
$$F'(p,q) = F(p,q)$$
は $f(x,y) \in \mathcal{L}^{12}(x,y)$ なら成立する．

一般の場合にこれを示すには

(35.16)
$$\iint |f(x,y) - f_n(x,y)|^2 dx dy \to 0 \quad (n \to \infty)$$

なる $f_n(x,y) \in \mathcal{L}^{12}(x,y)$ をとる（この f_n は前の f_n とは別）．すると

(35.17)
$$\iint |F(p,q) - F_n(p,q)|^2 dp dq \to 0 \quad (n \to \infty)$$

である．他方 (35.11) と (35.13) とから一般に

$$\iint |f(x,y)|^2 dxdy = \iint |F'(p,q)|^2 dpdq$$

を得るが，$f(x,y)$ と $F'(p,q)$ との関係は linear だから

(35.18) $\qquad \iint |f(x,y) - f_n(x,y)|^2 dxdy = \iint |F'(p,q) - F'_n(p,q)|^2 dpdq.$

(35.16) によりこの右辺は $n \to \infty$ のとき 0 に収束する．しかるに $F'_n(p,q) = F_n(p,q)$ は既知であるから

$$\iint |F'(p,q) - F_n(p,q)|^2 dpdq \to 0 \qquad (n \to \infty).$$

これと (35.17) から

$$F'(p,q) = F(p,q) \qquad (ほとんど到る所)$$

を得た．これで我々の目的を達した．

　　3° 上の結果をまとめると次のようになる：任意の $\varphi(x,y) \in \mathcal{L}^2(x,y)$ に対し

(35.19) $\qquad \varphi(x,y) \sim \phi(p.y) \qquad$ (ほとんどすべての y に対し)

なる部分的 Plancherel 変換 $\phi(p,y) \in \mathcal{L}^2(p,y)$ が対応し，さらにこれに対し

(35.20) $\qquad \phi(p,y) \sim \Phi(p,q) \qquad$ (ほとんどすべての p に対し)

が成立する．ただし $\Phi(p,q)$ は $\varphi(x,y)$ の全 Plancherel 変換である．而して

(35.21) $\qquad \int |\varphi(x,y)|^2 dx = \int |\phi(p,y)|^2 dp \qquad$ (ほとんどすべての y)，

(35.22) $\qquad \int |\phi(p,y)|^2 dy = \int |\Phi(p,q)|^2 dq \qquad$ (ほとんどすべての p)，

(35.23) $\qquad \iint |\varphi(x,y)|^2 dxdy = \iint |\Phi(p,q)|^2 dpdq = \iint |\phi(p,y)|^2 dpdy$

が成立する．

　　そこで我々の問題に返り $\Phi(p,q) \in \mathfrak{D}(\mathfrak{p})$ すなわち

(35.24) $\qquad \int \cdots \int (\mathfrak{p}_1^2 + \cdots + \mathfrak{p}_s^2)^2 |\Phi|^2 d\mathfrak{p}_1 \cdots d\mathfrak{p}_s < \infty$

が成立すればもちろん

(35.25) $$\int\cdots\int p_{1x}^4|\Phi|^2 d\mathfrak{p}_1\cdots d\mathfrak{p}_s < \infty$$

は成立する．我々の略記法で書けば，これは

(35.26) $$\iint p^4|\Phi(p,q)|^2 dpdq < \infty$$

に他ならない．この中 q に関する積分を先に行い，(35.22) を用いればこれは次式に等しい：

(35.27) $$\iint p^4|\phi(p,y)|^2 dpdy < \infty.$$

したがって Fubini の定理により

$$\int p^4|\phi(p,y)|^2 dp < \infty \qquad (ほとんどすべての y)$$

となる．これは 1° で考えた一次元の問題に他ならず（y を固定して考える）(35.19) と 1° の結果を合せ考えれば，ほとんどすべての y に対して $\varphi, \partial\varphi/\partial x$ は x の関数として absolutely continuous であり，かつ

$$\partial^2\varphi/\partial x^2 \in \mathcal{L}^2(x) \quad \text{すなわち} \quad \int\left|\frac{\partial^2\varphi}{\partial x^2}\right|^2 dx < \infty$$

となる．而して 1° により

$$\int\left|\frac{\partial^2\varphi}{\partial x^2}\right|^2 dx = \|P^2\varphi\|^2 = \int p^4|\phi(p,y)|^2 dp$$

であるから

$$\iint\left|\frac{\partial^2\varphi}{\partial x^2}\right|^2 dxdy = \iint p^4|\phi(p,y)|^2 dpdy.$$

(35.27) によりこれは $< \infty$ だから $\partial^2\varphi/\partial x^2 \in \mathcal{L}^2(x,y)$ となる．

これを本来の書き方に表せば $\frac{\partial^2\varphi}{\partial x_1^2} \in \mathcal{L}^2(\mathfrak{r}_1,\cdots,\mathfrak{r}_s)$ に他ならない．

その他の変数についても同様であるから，これで i), ii) が必要なることが証明された．

十分なることを示すには逆に辿ればよい．すなわちまず x_1 に対して考えれば，再び上の略記法を用いて，i) によりほとんどすべての y に対し $\varphi, \partial\varphi/\partial x$ が absolutely continuous であり，ii) により $\partial^2\varphi/\partial x^2 \in \mathcal{L}^2(x,y)$ となるから

$$\iint\left|\frac{\partial^2\varphi}{\partial x^2}\right|^2 dxdy < \infty$$

を得る．したがってほとんどすべての y に対し

$$\int \left|\frac{\partial^2 \varphi}{\partial x^2}\right|^2 dx < \infty.$$

よって y を固定して考えれば一次元の問題となるから 1° が適用できて φ は P^2 の domain に含まれることになり

$$\int p^4 |\phi(p,y)|^2 dp = \|P^2 \varphi\|^2 = \int \left|\frac{\partial^2 \varphi}{\partial x^2}\right|^2 dx < \infty$$

を得る．これを y で積分すれば

$$\iint p^4 |\phi(p,y)|^2 dpdy = \iint \left|\frac{\partial^2 \varphi}{\partial x^2}\right|^2 dxdy < \infty.$$

左辺は (35.22) を用いて変型できて

$$\iint p^4 |\Phi(p,q)|^2 dpdq < \infty$$

となる．これを本来の記法に改めれば

$$\int \cdots \int p_{1x}^4 |\Phi(\mathfrak{p}_1, \cdots, \mathfrak{p}_s)|^2 d\mathfrak{p}_1 \cdots d\mathfrak{p}_s < \infty.$$

同様な式が $p_{1y}, p_{1z}, \cdots, p_{sz}$ に対して成立するのだから

$$\int \cdots \int (p_{1x}^4 + p_{1y}^4 + \cdots + p_{sz}^4)|\Phi(\mathfrak{p}_1, \cdots, \mathfrak{p}_s)|^2 d\mathfrak{p}_1 \cdots d\mathfrak{p}_s < \infty.$$

Schwarz の不等式により

$$(\mathfrak{p}_1^2 + \cdots + \mathfrak{p}_s^2)^2 = (p_{1x}^2 + p_{1y}^2 + \cdots + p_{sz}^2)^2$$
$$\leqq 3s(p_{1x}^4 + p_{1y}^4 + \cdots + p_{sz}^4)$$

なることを考えれば結局 (35.24) を得る．これで i), ii) が十分なることが証明され，定理 35.1 の証明は完成する． □

§36　Coulomb Potential

1. 我々の問題における Coulomb Potential は

(36.1) $$V = V(\mathfrak{r}_1, \cdots, \mathfrak{r}_s) = \sum_{i=1}^{s} \frac{e_i}{r_i} + \sum_{i<j}^{1,s} \frac{e_{ij}}{r_{ij}}$$

である[25]. 我々はこれを $\mathcal{L}^2(\mathfrak{r}_1, \cdots, \mathfrak{r}_s)$ における operator と見て次のように定義する.

(36.2) $$V\varphi(\mathfrak{r}_1, \cdots, \mathfrak{r}_s) = V(\mathfrak{r}_1, \cdots, \mathfrak{r}_s)\varphi(\mathfrak{r}_1, \cdots, \mathfrak{r}_s).$$

ただしその domain は右辺が $\mathcal{L}^2(\mathfrak{r}_1, \cdots, \mathfrak{r}_s)$ に属するごとき $\varphi(\mathfrak{r}_1, \cdots, \mathfrak{r}_s) \in \mathcal{L}^2(\mathfrak{r}_1, \cdots, \mathfrak{r}_s)$ の全体と定義する. かく定義された V は乗法的 operator であるから hypermax. なることは明らかである ($V(\mathfrak{r}_1, \cdots, \mathfrak{r}_s)$ が ∞ になる点は $r_i = 0$ および $r_{ij} = 0$ なる点だけであるから空間 $(\mathfrak{r}_1, \cdots, \mathfrak{r}_s)$ における測度は 0 であって, 許し得るものである).

この § の目的は V が運動エネルギー operator T に対して minor operator であり, しかも T に比べて "無限に小さい" と見なし得る場合であることを示すにある.

2. そのためにまず次の定理を証明しておく.

補助定理 $\varphi(x, y, z)$ は $\mathcal{L}^2(x, y, z)$ に属して到る所連続であり, かつ到る所連続な第一階微分商を有するものとする. $A_1(x, y, z), A_2(x, y, z), A_3(x, y, z)$ は実数値をとる関数で到る所連続ならば[13]

(36.3) $$\int \frac{1}{r^2}|\varphi(x,y,z)|^2 dxdydz \leqq 4\int \left\{ \left|\frac{1}{i}\frac{\partial \varphi}{\partial x} + A_1(x,y,z)\varphi\right|^2 \right.$$
$$\left. + \left|\frac{1}{i}\frac{\partial \varphi}{\partial y} + A_2(x,y,z)\varphi\right|^2 + \left|\frac{1}{i}\frac{\partial \varphi}{\partial z} + A_3(x,y,z)\varphi\right|^2 \right\} dxdydz.$$

注意 仮定により $\varphi(x, y, z)$ は $r = 0$ の近傍で有界であるから左辺の積分は有限である. 右辺の積分は発散してもよいとする.

証明 A_1, A_2, A_3 がすべて 0 でかつ φ が実関数なる場合は Courant-Hilbert [26] にある. 一般の場合も証明は同様である.

$\psi = r^{\frac{1}{2}}\varphi$ とおけば $\varphi = r^{-\frac{1}{2}}\psi$ だから $r \neq 0$ なら

---

[25] 特に e_i の中一つを残し他をすべて 0 とすれば $1/r_i$ を得, e_{ij} の中の一つを残して他を 0 とおけば $1/r_{ij}$ を得る.

[26] S 388 (参考文献[3], 388 頁の意).

---

[13] $A_1 = A_2 = A_3 = 0$ のとき (36.3) は Hardy の不等式と呼ばれる. これから展開される方法の一つの特徴については 185 頁の脚注 14) でちょっと触れる (付録 2, 6. も参照).

$$\left|\frac{1}{i}\frac{\partial \varphi}{\partial x} + A_1\varphi\right|^2 = \left(\frac{1}{i}r^{-\frac{1}{2}}\frac{\partial \psi}{\partial x} - \frac{1}{2i}r^{-\frac{3}{2}}\frac{x}{r}\psi + A_1 r^{-\frac{1}{2}}\psi\right)$$

$$\cdot \left(-\frac{1}{i}r^{-\frac{1}{2}}\frac{\partial \overline{\psi}}{\partial x} + \frac{1}{2i}r^{-\frac{3}{2}}\frac{x}{r}\overline{\psi} + A_1 r^{-\frac{1}{2}}\overline{\psi}\right)$$

$$= \left(\frac{1}{i}r^{-\frac{1}{2}}\frac{\partial \psi}{\partial x} + A_1 r^{-\frac{1}{2}}\psi\right)\left(-\frac{1}{i}r^{-\frac{1}{2}}\frac{\partial \overline{\psi}}{\partial x} + A_1 r^{-\frac{1}{2}}\overline{\psi}\right)$$

$$+ \frac{1}{4}r^{-3}\frac{x^2}{r^2}\psi\overline{\psi} - \frac{1}{2i}r^{-\frac{3}{2}}\frac{x}{r}\psi\left(-\frac{1}{i}r^{-\frac{1}{2}}\frac{\partial \overline{\psi}}{\partial x} + A_1 r^{-\frac{1}{2}}\overline{\psi}\right)$$

$$+ \frac{1}{2i}r^{-\frac{3}{2}}\frac{x}{r}\overline{\psi}\left(\frac{1}{i}r^{-\frac{1}{2}}\frac{\partial \psi}{\partial x} + A_1 r^{-\frac{1}{2}}\psi\right)$$

$$= \left|\frac{1}{i}r^{-\frac{1}{2}}\frac{\partial \psi}{\partial x} + A_1 r^{-\frac{1}{2}}\psi\right|^2 + \frac{1}{4}r^{-3}\frac{x^2}{r^2}|\psi|^2 - \frac{1}{2}r^{-2}\frac{x}{r}\left(\psi\frac{\partial \overline{\psi}}{\partial x} + \frac{\partial \psi}{\partial x}\overline{\psi}\right),$$

すなわち

$$\left|\frac{1}{i}\frac{\partial \varphi}{\partial x} + A_1\varphi\right|^2 \geqq \frac{1}{4r^2}\frac{x^2}{r^2}|\varphi|^2 - \frac{1}{2r^2}\frac{x}{r}\frac{\partial}{\partial x}|\psi|^2.$$

よって

$$\left|\frac{1}{i}\frac{\partial \varphi}{\partial x} + A_1\varphi\right|^2 + \left|\frac{1}{i}\frac{\partial \varphi}{\partial y} + A_2\varphi\right|^2 + \left|\frac{1}{i}\frac{\partial \varphi}{\partial z} + A_3\varphi\right|^2$$

$$\geqq \frac{1}{4r^2}|\varphi|^2 - \frac{1}{2r^2}\frac{\partial}{\partial r}|\psi|^2.$$

ただし $\partial/\partial r$ は極座標を用いたときの r による偏微分を表す．したがって (36.3) を導くには

$$I(R) = \int_{r \leqq R}\frac{1}{r^2}\frac{\partial}{\partial r}|\psi|^2 dxdydz$$

が適当な数列 $R = R_n$ を通って $R \to \infty$ なるとき 0 に収束することを示せば十分である．極座標を用いれば

$$I(R) = \iiint_{r \leqq R}\frac{\partial}{\partial r}|\psi|^2 dr \sin\theta \, d\theta d\phi.$$

$|\psi|^2 = r|\varphi|^2$ は連続微分可能であるから積分の順序は任意であり，まず r について積分して $r = 0$ のとき $|\psi|^2 = 0$ なることに注意すれば

$$I(R) = \iint_{r=R}|\psi|^2 \sin\theta \, d\theta d\phi = R\iint_{r=R}|\varphi|^2 \sin\theta \, d\theta d\phi.$$

したがって $I(R) \geqq 0$ であって

$$\int_0^\infty I(R)RdR = \int_0^\infty R^2 dR \iint_{r=R} |\varphi|^2 \sin\theta\, d\theta d\phi = \int |\varphi|^2 dxdydz.$$

$\varphi \in \mathcal{L}^2(x, y, z)$ により右辺は存在するから

$$\int_0^\infty I(R)RdR < \infty.$$

したがって適当な数列 $R_n \to \infty\ (n \to \infty)$ をとれば $I(R_n) \to 0$ でなければならないことは明らかである．これで証明は終わる．

3. この補助定理により我々は次の定理を導く．§34 の $\mathfrak{D}^*(\mathfrak{r}_1, \cdots, \mathfrak{r}_s)$ を導入すれば $\mathfrak{D}^*$ の関数はすべて有界であり，他方 $1/r_i$, $1/r_{ij}$ はそれが ∞ になる点の近傍で積分可能であるから $\mathfrak{D}^* \subset \mathrm{dom}\, V$ である．もっと詳しく考えて

定理 36.1 任意の $\varphi(\mathfrak{r}_1, \cdots, \mathfrak{r}_s) \in \mathfrak{D}^*(\mathfrak{r}_1, \cdots, \mathfrak{r}_s)$ に対し

$$\int\cdots\int \frac{1}{r_\ell^2}|\varphi|^2 d\mathfrak{r}_1\cdots d\mathfrak{r}_s \leq 4\int\cdots\int\left\{\left|\frac{1}{i}\frac{\partial\varphi}{\partial x_\ell} + \frac{A}{2}y_\ell\varphi\right|^2 + \left|\frac{1}{i}\frac{\partial\varphi}{\partial y_\ell} - \frac{A}{2}x_\ell\varphi\right|^2 \right.$$
$$\left. + \left|\frac{\partial\varphi}{\partial z_\ell}\right|^2\right\} d\mathfrak{r}_1\cdots d\mathfrak{r}_s, \quad (\ell = 1, 2, \cdots, s).$$

ただし A は実の常数とする[27]．

[27] A を含む項は後に Zeemann 効果に応用するため入れておく．当分の目的には不用である．

証明 $\varphi \in \mathfrak{D}^*$ だから $\partial\varphi/\partial x_\ell$ も $x_\ell\varphi$, $y_\ell\varphi$ もすべて $\mathfrak{D}^*$ に属し (§34) 右辺の積分は存在する．

特に今 $\mathfrak{r}_1, \cdots, \mathfrak{r}_s$ の中 $\mathfrak{r}_\ell$ 以外のものを固定して考えれば，§34, 傍注 14) により $\mathfrak{r}_\ell$ の関数として $\varphi(\mathfrak{r}_1, \cdots, \mathfrak{r}_s) \in \mathfrak{D}^*(\mathfrak{r}_\ell)$ であるからもちろん $\mathfrak{r}_\ell$ に関して前の補助定理が適用され $A_1 = \frac{A}{2}y_\ell$, $A_2 = \frac{-A}{2}x_\ell$, $A_3 = 0$ とおけば

$$\int \frac{1}{\mathfrak{r}_\ell^2}|\varphi|^2 d\mathfrak{r}_\ell \leq 4\int \left\{\left|\frac{1}{i}\frac{\partial\varphi}{\partial x_\ell} + \frac{A}{2}y_\ell\varphi\right|^2 + \left|\frac{1}{i}\frac{\partial\varphi}{\partial y_\ell} - \frac{A}{2}x_\ell\varphi\right|^2 + \left|\frac{\partial\varphi}{\partial z_\ell}\right|^2\right\} d\mathfrak{r}_\ell.$$

これをその他の変数で積分すれば直ちに上の定理を得る．したがって特に φ は $\dfrac{1}{r_\ell}$ の domain 内にあることは明らかである．

定理 36.2 任意の $\varphi(\mathfrak{r}_1, \cdots, \mathfrak{r}_s) \in \mathfrak{D}^*(\mathfrak{r}_1, \cdots, \mathfrak{r}_s)$ に対し

$$\int\cdots\int \frac{1}{r_{k\ell}^2}|\varphi|^2 d\mathfrak{r}_1\cdots d\mathfrak{r}_s \leq 4\int\cdots\int \left\{\left|\frac{1}{i}\frac{\partial\varphi}{\partial x_\ell} + \frac{A}{2}y_\ell\varphi\right|^2\right.$$
$$\left. + \left|\frac{1}{i}\frac{\partial\varphi}{\partial y_\ell} - \frac{A}{2}x_\ell\varphi\right|^2 + \left|\frac{\partial\varphi}{\partial z_\ell}\right|^2\right\} d\mathfrak{r}_1\cdots d\mathfrak{r}_s \quad \begin{pmatrix} k, \ell = 1, 2, \cdots, s \\ k \neq \ell \end{pmatrix}$$

(ただし A は実の常数). 右辺において ℓ の代りに k としてもよい.

証明 右辺の積分が存在することは前と同様である. いずれにせよ同じことだから以下 $\ell = 1, k = 2$ として証明する.

$\mathfrak{r}_1 = \mathfrak{r}_2 + \mathfrak{r}'_1$ なる変換を行い

$$\varphi(\mathfrak{r}_1, \cdots, \mathfrak{r}_s) = \varphi(\mathfrak{r}_2 + \mathfrak{r}'_1, \mathfrak{r}_2, \cdots, \mathfrak{r}_s) = \varphi'(\mathfrak{r}'_1, \mathfrak{r}_2, \cdots, \mathfrak{r}_s)$$

とおく. $\varphi'(\mathfrak{r}'_1, \cdots, \mathfrak{r}_s)$ も $\varphi(\mathfrak{r}_1, \cdots, \mathfrak{r}_s)$ と同様な解析性を有し

(36.4) $$\varphi'(\mathfrak{r}'_1, \mathfrak{r}_2, \cdots, \mathfrak{r}_s) \in \mathfrak{D}^*(\mathfrak{r}'_1, \mathfrak{r}_2, \cdots, \mathfrak{r}_s)$$

なることは明らかである[28]. かつ

(36.5) $$\frac{\partial \varphi'}{\partial x'_1} = \frac{\partial \varphi}{\partial x_1}$$

等も明らかである.

今 $\varphi'(\mathfrak{r}'_1, \mathfrak{r}_2, \cdots, \mathfrak{r}_s)$ において $\mathfrak{r}_2, \cdots, \mathfrak{r}_s$ を固定してこれを $\mathfrak{r}'_1$ の関数とみればこれは $\mathfrak{D}^*(\mathfrak{r}'_1)$ に属するから補助定理において $A_1 = \frac{A}{2}(y'_1 + y_2)$, $A_2 = \frac{-A}{2}(x'_1 + x_2)$, $A_3 = 0$ とおくことにより

$$\int \frac{1}{\mathfrak{r}'^2_1}|\varphi'|^2 d\mathfrak{r}'_1 \leq 4 \int \left\{ \left| \frac{1}{i}\frac{\partial \varphi'}{\partial x'_1} + \frac{A}{2}(y'_1 + y_2)\varphi' \right|^2 \right. \\ \left. + \left| \frac{1}{i}\frac{\partial \varphi'}{\partial y'_1} - \frac{A}{2}(x'_1 + x_2)\varphi' \right|^2 + \left| \frac{\partial \varphi'}{\partial z'_1} \right|^2 \right\} d\mathfrak{r}'_1$$

を得る. ここで $\mathfrak{r}_1 = \mathfrak{r}_2 + \mathfrak{r}'_1$ により変数を $\mathfrak{r}_1$ にかえれば (36.5) を用い

$$\int \frac{1}{|\mathfrak{r}_1 - \mathfrak{r}_2|^2}|\varphi|^2 d\mathfrak{r}_1 \\ \leq 4 \int \left\{ \left| \frac{1}{i}\frac{\partial \varphi}{\partial x_1} + \frac{A}{2}y_1\varphi \right|^2 + \left| \frac{1}{i}\frac{\partial \varphi}{\partial y_1} - \frac{A}{2}x_1\varphi \right|^2 + \left| \frac{\partial \varphi}{\partial z_1} \right|^2 \right\} d\mathfrak{r}_1.$$

これを残りの変数で積分すれば求むる式を得る.

番号 $1, 2$ は交換しても構わないことは明らかである.

この定理より, 特に φ は $1/\mathfrak{r}_{k\ell}$ の domain 内にあることも明らかである. したがってもちろん φ は V の domain 内にある. すなわち

定理 36.3 $\mathfrak{D}^*(\mathfrak{r}_1, \cdots, \mathfrak{r}_s) \subset \mathrm{dom}\, V$.

---

[28] $|\mathfrak{r}'_1| + |\mathfrak{r}_2| = |\mathfrak{r}_1 - \mathfrak{r}_2| + |\mathfrak{r}_2| \to \infty$ なら $|\mathfrak{r}_1| + |\mathfrak{r}_2| \to \infty$ なることに注意.

4. これらの結果により $\|V\varphi\|$ の評価を求めることができる.

定理 36.1 において $A=0$ とおけば右辺は (34.20) の右辺の一部分に相当するから

$$\left\|\frac{1}{r_\ell}\varphi\right\|^2 \leqq 4\|\sqrt{T_0}\,\varphi\|^2 \quad (\varphi \in \mathfrak{D}^*)$$

を得る. 同様に定理 36.2 から[29]

$$\left\|\frac{1}{r_{k\ell}}\varphi\right\|^2 \leqq 4\|\sqrt{T_0}\,\varphi\|^2 \quad (\varphi \in \mathfrak{D}^*).$$

[29] 実はこの右辺の 4 は 2 とすることもできる. しかし我々の目的にはどうでもよい.

すなわち $\varphi \in \mathfrak{D}^*$ ならば

(36.6) $\qquad \left\|\dfrac{1}{r_\ell}\varphi\right\| \leqq 2\|\sqrt{T_0}\,\varphi\|, \qquad \left\|\dfrac{1}{r_{k\ell}}\varphi\right\| \leqq 2\|\sqrt{T_0}\,\varphi\|$

が成立するから

$$V\varphi = \left(\sum_{\ell=1}^{s}\frac{e_\ell}{r_\ell} + \sum_{k<\ell}^{1,s}\frac{e_{k\ell}}{r_{k\ell}}\right)\varphi$$

により

$$\|V\varphi\| \leqq \left(\sum_{\ell=1}^{s}|e_\ell| + \sum_{k<\ell}^{1,s}|e_{k\ell}|\right)2\|\sqrt{T_0}\,\varphi\|.$$

すなわち

(36.7) $\qquad \|V\varphi\| \leqq C\|\sqrt{T_0}\,\varphi\| \quad (\varphi \in \mathfrak{D}^*)$

なる定数 C がある.

5. この結果は直ちに $\mathfrak{D}^*$ 以外へ拡張することができる. §34, VIII. によれば $\mathfrak{D}^*$ は $\sqrt{T_0}$ の quasi-domain であるから, 任意の $\varphi \in \mathfrak{D}^{\frac{1}{2}} = \mathrm{dom}\,\sqrt{T_0}$ に対し

$$\|\varphi_n - \varphi\| \to 0, \quad \|\sqrt{T_0}\,\varphi_n - \sqrt{T_0}\,\varphi\| \to 0 \quad (n \to \infty), \quad \varphi_n \in \mathfrak{D}^*$$

なる $\varphi_n \ (n=1,2,\cdots)$ がある.

$\varphi_n - \varphi_m \in \mathfrak{D}^*$ であるから (36.7) により $V(\varphi_n - \varphi_m)$ は存在して

$$\|V(\varphi_n - \varphi_m)\| \leqq C\|\sqrt{T_0}(\varphi_n - \varphi_m)\|.$$

仮定により $\|\sqrt{T_0}(\varphi_n - \varphi_m)\| \to 0 \ (m,n \to \infty)$ であるから

$$\|V(\varphi_n - \varphi_m)\| \to 0 \quad (m,n \to \infty),$$

したがって $V\varphi_n$ は $n \to \infty$ のとき平均収束する．かつ $\|\varphi_n - \varphi\| \to 0$ であるから，V が hypermax. したがってもちろん closed operator なることを考えれば

$$\varphi \in \mathrm{dom}\, V, \qquad V\varphi = \lim_{n\to\infty} V\varphi_n \quad \text{（平均収束！）}$$

でなければならない．再び (36.7) を用いて

$$\|V\varphi_n\| \leqq C\|\sqrt{T_0}\,\varphi_n\|$$

において $n \to \infty$ とすれば，$\|V\varphi_n - V\varphi\| \to 0$, $\|\sqrt{T_0}\,\varphi_n - \sqrt{T_0}\,\varphi\| \to 0$ により $\|V\varphi_n\| \to \|V\varphi\|$, $\|\sqrt{T_0}\,\varphi_n\| \to \|\sqrt{T_0}\,\varphi\|$ であるから

(36.8) $$\|V\varphi\| \leqq C\|\sqrt{T_0}\,\varphi\| \qquad (\varphi \in \mathrm{dom}\,\sqrt{T_0} = \mathfrak{D}^{\frac{1}{2}})$$

が得られた [30]．もちろん上述により

(36.9) $$\mathfrak{D}^{\frac{1}{2}} = \mathrm{dom}\,\sqrt{T_0} \subset \mathrm{dom}\,V$$

である．

[30] 特に $V = 1/r_\ell$ なら $C = 2$ とすることができる．これは (36.6) から明らかである．

6. 我々は $\mathfrak{D} = \mathrm{dom}\,T$ 内で考えれば十分である．(33.13) により $\mathfrak{D} \subset \mathfrak{D}^{\frac{1}{2}}$ であるから (36.9) により

(36.10) $$\mathrm{dom}\,V \supset \mathrm{dom}\,T = \mathfrak{D}$$

となり，<u>V は T に対し minor operator である</u>．而して (33.13) により $\varphi \in \mathfrak{D}$ なら

(36.11) $$\|\sqrt{T_0}\,\varphi\|^2 = (\sqrt{T_0}\,\varphi, \sqrt{T_0}\,\varphi) = (\sqrt{T_0}\sqrt{T_0}\,\varphi, \varphi) = (T_0\varphi, \varphi)$$

であるから (36.8) により

(36.12) $$\|V\varphi\| \leqq C(T_0\varphi, \varphi)^{\frac{1}{2}}.$$

(33.10) により

$$(T_0\varphi, \varphi) \leqq \frac{1}{\beta_1}(T\varphi, \varphi)$$

であるから

(36.13) $$\|V\varphi\| \leqq \frac{C}{\sqrt{\beta_1}}(T\varphi, \varphi)^{\frac{1}{2}}.$$

さらに
$$(T\varphi,\varphi)^{\frac{1}{2}} \leqq \|T\varphi\|^{\frac{1}{2}}\|\varphi\|^{\frac{1}{2}}$$

なることに注意し Schwarz の不等式を用いれば

$$(T\varphi,\varphi)^{\frac{1}{2}} \leqq \|T\varphi\|^{\frac{1}{2}}\|\varphi\|^{\frac{1}{2}} \leqq \frac{1}{2}\left(\varepsilon\|T\varphi\| + \frac{1}{\varepsilon}\|\varphi\|\right).$$

ここに ε は任意の正数である．(36.13) に代入して

$$\|V\varphi\| \leqq \frac{C}{2\sqrt{\beta_1}}\left(\varepsilon\|T\varphi\| + \frac{1}{\varepsilon}\|\varphi\|\right).$$

そこで
$$\frac{C}{2\sqrt{\beta_1}}\varepsilon = \gamma'$$

とおけば

(36.14) $$\|V\varphi\| \leqq \gamma'\|T\varphi\| + \frac{C^2}{4\beta_1\gamma'}\|\varphi\| \qquad (\varphi \in \mathfrak{D})$$

なる結果に達する．ε は任意にとり得るから γ' も任意の正数ならしめ得ることに注意する．したがって §13.4 により，T に対する V の γ_0 は

(36.15) $$\gamma_0 = 0$$

となる．

§37 Schrödinger operator が essentially hypermax. なることの証明.

1. V は T に対して minor operator であるから，第 4 章の定理が応用できる．すなわち我々は

(37.1) $$H = T + V$$

なる operator を定義し，その domain を $\mathfrak{D}$ と約束する．

定理 14.1 によれば，$T + \alpha V$ は $|\alpha| < 1/\gamma_0$ なら hypermax. である．しかるに (36.15) により $1/\gamma_0 = \infty$ であるから，$T + \alpha V$ は任意の実数 α に対して hypermax. である．特に $\alpha = 1$ とおけば (37.1) は hypermax. である[31]．

[31] 特に T は正値したがって下に有界だから H も下に有界である．

T も V も我々は十分詳しく研究してあり，特にそれらがともに $\mathfrak{D}^*$ において意味を有し，T はそこでは普通の微分 operator となり (34.17) で表されることを知っている．我々はこの $\mathfrak{D}^*$ が H の quasi-domain であることを示そう．

$\mathfrak{D}^* \subset \mathfrak{D}$ は既知である．而して $\mathfrak{D}^*$ は T の quasi-domain なることは §34, VIII. で示した通りであるから任意の $\varphi \in \mathrm{dom}\, T = \mathfrak{D}$ に対し

$$\|\varphi_n - \varphi\| \to 0, \quad \|T\varphi_n - T\varphi\| \to 0 \quad (n \to \infty), \quad \varphi_n \in \mathfrak{D}^*$$

なるごとき φ_n $(n = 1, 2, \cdots)$ がある．(36.14) により

$$\|V(\varphi_n - \varphi)\| \leqq \gamma' \|T(\varphi_n - \varphi)\| + \frac{C^2}{4\beta_1 \gamma'} \|\varphi_n - \varphi\|$$

が成立するから

$$\|V\varphi_n - V\varphi\| \to 0 \quad (n \to \infty)$$

も成立する．したがって

$$H\varphi_n - H\varphi = (T\varphi_n - T\varphi) + (V\varphi_n - V\varphi)$$

により

$$\|H\varphi_n - H\varphi\| \to 0 \quad (n \to \infty)$$

となる．これと $\|\varphi_n - \varphi\| \to 0$ $(\varphi_n \in \mathfrak{D}^*)$ とにより，$\mathfrak{D}^*$ は H の quasi-domain なることがわかる[32]．

2. これで我々の問題は解決することができる．

今 domain を $\mathfrak{D}^*$ に制限された operator $H = T + V$ を特に $\widehat{H}$ と表すことにすれば，$\mathfrak{D}^*$ において T は微分 operator になるのであるから $\widehat{H}$ は文字通り (31.2) により表される．

他方 Schrödinger operator (31.2) はその domain が明確に規定されていないことは先に注意した通りであるが，また一般に承認されている所に従えば §31.2 に述べた二つの条件 i), ii) は成立している．そこで用いた $\mathfrak{D}^*$ は我々の $\mathfrak{D}^*$ とは同一でないけれども，とにかく我々の $\mathfrak{D}^*$ を包含していることは明らかである．よって仮に Schrödinger operator (31.2) を H_S と書くことにすれば，H_S は我々の $\mathfrak{D}^*$ において定義されてそこで我々の H と一致することは一般に承認された事実である．すなわち H_S は $\widehat{H}$ の拡張である:

$$H_S \supset \widehat{H}.$$

---

[32] 全く同様にして $\mathfrak{D}^{**}$ も H の quasi-domain になることがわかる．

而して H_S が Hermite operator なることも承認されているから，周知の定理により

$$\widetilde{H}_S \supset \widetilde{\widetilde{H}} \quad (かつ \widetilde{H}_S も Hermite operator).$$

ただし~は closed extension を示す記号である．

しかるに 1. に示したごとく $\mathfrak{D}^*$ は H の quasi-domain であり，このことは

$$\widetilde{\widetilde{H}} = H$$

なることに他ならない．したがって

$$\widetilde{H}_S \supset H.$$

H は hypermax. であるから実は

$$\widetilde{H}_S = H$$

でなければならない．

すなわち H_S は essenntially hypermax. であって，その一義的な hypermax. extension は我々の H に他ならない．

かくして我々は §31.2 において提出した問題を解決した．これを定理の形に述べれば

定理 37.1 任意の原子，分子，およびイオンの Schrödinger operator (31.2) は essentially hypermax. でその一義的な hypermax. extension を H とすれば H の domain は §33 において導入した $\mathfrak{D}$ である[14]．

3. かくして H は H_S により一義的に定まるのだから，我々は domain の明瞭でない H_S の代わりに hypermax. なる H を採用する[33]．以下 Schrödinger operator と言えば専ら H を意味することにする．往々これを (31.2) なる微分 operator に表すこともあるが，そのときにもやはり H を意味するものとし，一々断らない．

この意味に解した H は必ずしも普通考えるような微分 operator ではない．H の domain の関数は到る所（あるいは V の特異点を除き）微分可能であるかどうか不明であり，(31.2) は到る所（あるいは V の特異点を除き）本来の意味を有するかどうか不明である．§35 に示したごとく"ほとんど到る所"という制限をつけねばならないのであって極めて厄介である[34]．

[33] これらの事実に対し我々はまた Schrödinger operator は hypermax. であるというような言い表し方を用いる．その意味は十分明らかにしたから説明するまでもあるまい．

[34] ここにある傍注は長いので，脚注 *) の位置におく．

---

[14] この定理は 1951 年の論文（参考文献[73]）で発表された（発表が遅れた事情については付録 1 に詳しい．付録 1 ではこの定理に対する Reed–Simon（参考文献[66]）による評価も引用されている）．発表論文では定理は Coulomb 型より一般的なポテンシャル（$\mathcal{L}^2$ の関数と有界関数の和）に対して述べられ，Hardy の不等式を用いない証明が採用されている．しかし Coulomb 型に特化した §36 の方法は，(36.3) の A を通じて Zeemann 効果に応用され (§44)，V が $\sqrt{T_0}$ に関して minor であること–(36.9)–の証明を通じて Dirac 方程式に応用される (§42) という特徴を持っている（付録 2 の 6. も参照）．なお，定理 37.1 は参考書[66]の Theorem X.16, [58] の定理 4.63 等に書かれている．

*)傍注 34) H が普通の意味における微分 operator でないとすると，それは近接作用の原理に背き

したがって H が固有関数を有するとしてもそれは普通の意味における Schrödinger微分方程式 を満足するかどうか不明である[35)14)]（これらの問題は改めて微分方程式論において研究されねばならない問題である）．

特に固有値問題としての Schrödinger の 微分方程式 が解をもたないからと言って Schrödinger operator が固有値をもたないということは主張できない．量子力学において採用すべきものはもちろん後者であって前者ではないから，微分方程式だけでは量子力学には不足であると一般には考えなければならない．

もちろん H の domain 全体が十分の解析性をもたないという事実から，H の固有関数も解析的でないと主張することはできない．一般に微分 operator から作られた hypermax. operator の固有関数は十分に解析的であるのが普通であるように思われる．例えば有限区間 $0 \leq x \leq 1$ における微分 operator $(1/i)\partial/\partial x$ において境界条件として $f(0) = f(1)$ を与えるならば，それから作られた hypermax. operator の domain に属する関数は absolutely continuous なることが要求されるだけであり，したがって到る所微分可能でなくてもよいのであるが，固有関数は $e^{2\pi inx}$ なる形をもっていて解析的である．

かかる例は他にもあり，水素原子の Schrödinger operator などもその一例である．したがって一般の原子，分子等においても，その固有関数は十分の解析性をもち，例えば Coulomb Potential が ∞ になるごとき点を除いて到る所微分可能で微分方程式を満足しているのかもしれない．けれども一般的な理論からはそのようなことを示すことはできないし，粒子の数が増すにしたがって，その反対になることを想像させるような理由もある[36)]　（後 § 参照）．

4. H が hypermax. なることを知ることによって我々の根本的な問題は解決され Schrödinger operator (31.2) は理論的には完全な量子力学において許容し得べき operator であることが確実となった．

しかしながら実用上にはまだ多くの問題が残っているのであり，これらの operator の固有値を求めることは理論物理学に残された大きな宿題であることに変わりはな

[35)] その後の研究によれば，H の 固有関数 は微分方程式を満足することがわかった．よって以下述べてある事は訂正を要する．

[36)] その後の研究によれば固有関数は Coulomb Potential が ∞ になる点を除いて到る所二回連続微分可能で微分方程式を満足することがわかった．

はしないかという疑問が生ずるかもしれない．

しかし実はそのような心配はない．この点多少の議論を必要とするであろうが，ここでは次の点だけ注意しておきたい：H は普通の意味の微分 operator ではないとしても，ほとんど到る所で微分をとるごとき operator なのだから別に遠隔作用を表しているわけではない．

普通の微分 operator においても一般には特異点（Potential が ∞ になる点）においては微分不可能なることが多い．すなわちかかる点を除外して考えているのである．我々の場合でも測度 0 の集合を除外すれば，やはり微分を表しているのであってこの点において何の相違もない．ただ我々の場合の方が微分不可能なる点が「多い」かもしれないが，いずれにせよそれは測度 0 なのだから大したことではないと思う．

[14)] 傍注 35), 傍注 36) にあるその後の研究とは，参考文献[76] に到る研究を指すと推測される．「訂正を要する」とあるにもかかわらず，それなりの示唆を含むノートの原文をそのまま再現する．

い．我々の一般的な理論からはこれらの固有値を求めることはもちろん，その存在を証明することも未だできていない．

けれどもその方向に向かって一歩を進め得たことは事実であって，我々の理論を用いてヘリウム原子が固有値を有すること，しかも十分多数の固有値を有することを証明し得るのである．その方法は専ら H が hypermax. なることを用いるのであるから，我々の基本的な理論を前提としなければ不可能である．この意味において我々の理論もまた"役に立つ"と言い得る．そのような"存在の証明"のごときは実用上役に立たぬと言えばそれまでであるが，この存在の証明ができていないと例えば変分法を応用して固有値を計算するごとき方法が理論的基礎を持ち得ないことになるのである．

5. H の domain は $\mathfrak{D}$ であってこれは T の domain と同一である．すなわち H の domain は自由粒子群の場合と全く同一であって，Coulomb Potential V は何の影響をも及ぼしていない．特にこの domain は空間における並進および回転に対して不変なることはその $\mathfrak{p}$ 表示を見れば明らかであるから，Coulomb Potential の特異点のごときは domain に何の変化をも及ぼさず，domain に属する関数はかかる点において特に特異性をもつということはない．

もちろんこのことは，固有関数が $V = \infty$ なる点で，その他の点より比較的多くの特異性をもつことと矛盾するものではない（例えば水素の場合に，基底状態の固有関数は $r = 0$ で微分不可能である）．かかる点における特異性も $\mathfrak{D}$ において許されている特異性にすぎないのであって，その他の点においてたまたま特異性がより少なかったということにすぎないのである．

§38　摂動論的考察，エネルギー順位の分類[37]

1. 以上において H の hypermax. なることを示し得たのは，専ら V が T に対して minor operator であり，しかも相当する γ_0 が 0 になったことによるのである．(36.14) について考えれば，V は T に比べて"無限に小さい"と言うことができよう．すなわち Coulomb Potential は運動エネルギーに比べて，operator の立場から言えば"無限に小さい"のである．これが Coulomb Potential の致命的な性質である．

V を分解して $V = V_1 + V_2$ なる二つの部分にしたとする．ただし V_1 も V_2 も V と同様な Coulomb 型の項のみから成るものとする．例えば V_1 として $\sum e_i/r_i$ なる部分，V_2 として $\sum e_{ij}/r_{ij}$ なる部分をとるのもよく，あるいはもっと複雑な分け方をしてもよい．このとき

$$(38.1) \qquad H = T + V = (T + V_1) + V_2$$

[37] この問題については Hund, Handb. d. Phys. XXIV, 1, SS.575-7（参考文献[13]）に注意せよ．尚 Weyl の本（山内訳）p.221 の脚注参照．（参考文献[9] 和訳の 221 頁．）

のごとく V_1 をまず T に加えて $T+V_1$ を作ればこれも同じく hypermax. なることは V_1 が T に比べて無限に小さいことから明らかである．このとき V_2 が $(T+V_1)$ に比べて無限に小さいことを示すことができる．

$\varphi \in \mathfrak{D}$ なら (36.14) と同様にして

$$(38.2) \quad \|V_1\varphi\| \leqq \gamma'\|T\varphi\| + K'\|\varphi\|$$

なる γ', K' があり，γ' はいくらでも小さく取れる．したがって

$$\|(T+V_1)\varphi\| \geqq \|T\varphi\| - \|V_1\varphi\|$$
$$\geqq (1-\gamma')\|T\varphi\| - K'\|\varphi\|.$$

$\gamma' < 1$ のごとく選んでおけば

$$(38.3) \quad \|T\varphi\| \leqq \frac{1}{1-\gamma'}\|(T+V_1)\varphi\| + \frac{K'}{1-\gamma'}\|\varphi\|.$$

V_2 に対しても (38.2) と同様に

$$(38.4) \quad \|V_2\varphi\| \leqq \gamma''\|T\varphi\| + K''\|\varphi\|$$

なる式が成立するから (38.3) を代入して

$$(38.5) \quad \|V_2\varphi\| \leqq \frac{\gamma''}{1-\gamma'}\|(T+V_1)\varphi\| + \left(\frac{\gamma''K'}{1-\gamma'} + K''\right)\|\varphi\|.$$

γ'' は任意の正数ならしめ得るのだから，V_2 も $T+V_1$ に対して "無限に小さい" ことが分かる．

我々は V を上のごとく二つの部分に分け，V_2 を $T+V_1$ に対する摂動であるかのごとく考えて問題を取り扱うことが多い．例えば前述のごとく，V_1 として中心の核[38] によるポテンシャルを取り，V_2 として電子の相互作用をとるごとき場合もあり，あるいはもっと複雑に，Shield 作用を考えて適当な V_1, V_2 を選ぶ場合もある．かかる場合には上述により V_2 は $T+V_1$ に対し minor perturbation になるから第 4, 5 章の理論が適用できる．

2. しかしこのままでは T の中に

$$(38.6) \quad T_2 = \beta_0(\mathfrak{p}_1 + \cdots + \mathfrak{p}_s)^2$$

[38] 原子の場合．

なる項があり[39]，これは変数分離を許さないからこれを非摂動項 $T + V_1$ の中に入れておくことは不便が多い．β_0 は β_1 等に比して小さいのだから（原子の場合）この項は摂動項の中に入れるのが便利である．よって

(38.7) $$H = T + V = (T_1 + V_1) + (T_2 + V_2)$$

のごとく分けるのがよい．

今度は $T_2 + V_2$ は $T_1 + V_1$ に比べて無限に小さいとは言えないけれども，いずれにせよ $T_1 + V_1$ の domain は $\mathfrak{D}$ であり，T_2 も V_2 も $\mathfrak{D}$ で定義されているから $T_2 + V_2$ は $T_1 + V_1$ に対して minor operator であるから，parameter α を用いて

(38.8) $$(T_1 + V_1) + \alpha(T_2 + V_2)$$

なる operator を考えれば第 4, 5 章の理論が適用できる．而して $\alpha \geqq 0$ なる限り (38.8) は $H = T + V$ と全く同一の形をもち単に常数 β_0, e_i, e_{ij} の値が変わるにすぎない（而して β_0 に相当するものは負でない）．したがって (38.8) は $\alpha \geqq 0$ なら常に hypermax．である．特に α が 0 から 1 まで変化する間 (38.8) は常に hypermax．であるから，例えば第 4 章の定理 18.1，第 5 章の定理 28.1 を適用することができる．

V_1, V_2 を適当に選んでおけば非摂動 operator $T_1 + V_1$ は簡単で性質の明らかな operator とすることができる．例えば度々述べたように V_1 として核によるポテンシャルのみをとれば

(38.9) $$T_1 + V_1 = \sum_{i=1}^{s} \left(-\beta_i \nabla_i^2 + \frac{e_i}{r_i} \right)$$

となり，これは変数分離を許してその各々が水素類似原子の operator と同型であるから，そのスペクトルは容易に知ることができる[40]．これに摂動 $\alpha(T_2 + V_2)$ が加わったものとすれば，それらの固有値（それらがすべて正常固有値なることは簡単に分かる（例えば §9.5 の方法で））は α の解析関数として変化するから[41]これを $\alpha = 1$ に向かって追跡してゆくことができる．その途中でかかる固有値同士が交叉することがあってもこのことは続けてゆくことができる．ただしそれが例えば連続スペクトルと接触を起こすようなことが起これば，それから先も追跡が可能であるかどうか不明である．

もし $\alpha = 1$ に到達するまでこのような接触が起こらなければ，その固有値は $\alpha = 1$ まで解析的に接続されたのであって，他の固有値と偶然的に相交わるための偶然的縮退を除けばその多重度も $\alpha = 0$ から $\alpha = 1$ まで保存され，また V が T ととも

[39] 原子の問題では β_0 が小さいのでこの項は普通無視される．

[40] しかし変数分離が可能なのはかかる分け方だけではない．(38.9) はむしろ非実用的である．実際には内部電子による Shield 等を考えて適当な V_1 を選ぶべきである．

[41] 定理 28.1.

に回転に対する普遍性のごとき何らかの unitär 群に対する不変性をもつ場合, 分割 T_1+V_1, T_2+V_2 の各々にかかる不変性を与えておけば, 考える固有値に対する固有空間も, $\alpha=0$ から $\alpha=1$ までこの群に対する表現としての構造は不変のまま, 連続的に変わってくる (§29).

かかる連続的推移により $T+V$ のスペクトルが T_1+V_1 のスペクトルから変化してきたものとすれば, 上述の通り固有値は α の解析関数として変化するから, 相互に交叉することはあっても見失うことはなく, また連続スペクトル等と接触せぬ限り途中で消滅することもない. したがって $T+V$ の固有値と T_1+V_1 の固有値とは, 互いに明確に対応をつけることができるわけであって, T_1+V_1 の固有値をもって相当する $T+V$ の固有値を標識することが可能である. 特に T_1+V_1 が変数分離を許すようなものに選ばれてあれば, T_1+V_1 に関してはいわゆる一電子模型が完全に成立するのであって, かかる立場から T_1+V_1 の固有値を分類しておけば上述の対応によってその分類は $T+V$ の固有値に対しても通用し得るのである. したがって $T+V$ それ自身は変数分離を許さなくても, その固有値を標識するのにあたかも変数分離が可能である場合のごとき用語を用いることが可能となる. このことは実際に行われていることであって, 一電子模型による分類はこの方法を利用したものに他ならず, 我々の理論はそれに対する厳密なる基礎を与えるものである.

もちろん以上の考えは昔から行われた考えであって, (38.8) の固有値が α とともに連続的に変化して $\alpha=0$ から $\alpha=1$ に移り, その際多重度はもちろんその群論的性質が不変なることは何人も想像する所であり, かかる問題を取り扱うに当たっては当然のこととして仮定されてきた所である. しかしその厳密な証明は未だなされていなかったように思われる. 我々の理論はこのような取り扱いの正当なることを示すとともに, 上の固有値が単に α の連続関数なるのみならず, 解析関数として変化することをも示し得たのである. この点までは何人もこれを仮定するには至っていなかったごとくである (尤もこれを仮定しなければ交叉が起こるとき identity を失うおそれがあるのだが).

3. もちろん上に述べたことは概観であって, まだ残された問題は多々ある. 上のごとき"解析接続"が $\alpha=0$ から出発して $\alpha=1$ まで実際に続けることができるかどうか, その途中で連続スペクトル等と接触するようなことはないかどうか, あるいはまた途中で連続スペクトルから新たな固有値が派生してくるようなことはないかどうか, これらの問題を解明しなければ上述の事柄は完全に解決されたということはできない. この意味において我々の理論は未だ理想には遠いけれども, 問題の基礎的な部分に関して従来の取り扱いより一歩を進め, 根拠を確実にすることができたと信ずる.

尚実際にはこの他にスピンと対称性とを考慮しなければならないから問題はもう少し複雑なものとなるが，本質的な相違はないものと思う．

§39　運動量と角運動量との operator：交換関係

1. 閉じた力学系においては運動量と角運動量とが運動の常数として重要なる意味をもつ．そこでこれらの量を表す operator に対し考察してみたい．

運動量の方は特に簡単であって特に考察する必要はない．全運動量の成分は運動量表示において

$$\mathfrak{P} = \mathfrak{p}_1 + \cdots + \mathfrak{p}_s$$

により表され，エネルギー T とともに "diagonal" になっているし，その形から（$\mathfrak{p}$ 表示で考えて）hypermax. なることも明瞭である．全運動量の "大きさ" $\mathfrak{p}^2$ は普通取扱われない量であるけれども，同じく $\mathfrak{p}$ 表示において "diagonal" になっているから hypermax. なることも明らかであり，何の困難もない．さらに $\mathfrak{p}$ の各成分や $\mathfrak{p}^2$ が T あるいは H と可換（§6.1 の意味において！）であることを知ることも困難ではない（ただし H は重心の運動分離前の (31.1) とする）．

例えば $\mathfrak{p}$ の x 成分について言えば

$$P_x = \mathfrak{p}_{1x} + \cdots + \mathfrak{p}_{sx}.$$

これより

$$U_t = e^{itP_x} = e^{it(p_{1x}+\cdots+p_{sx})} = e^{itp_{1x}} e^{itp_{2x}} \cdots e^{itp_{sx}}$$

なることは容易に示される．この U_t は unitär operator であって，

$$U_t f(x_1, y_1, z_1, x_2, \cdots, z_s) = f(x_1+t, y_1, z_1, x_2+t, \cdots, z_s)$$

なることは周知の通りである．すなわち U_t は x 方向の並進を表す operator であって，P_x はそれに対する infinitesimal operator である．このことも周知の通りである．

したがって H が並進に対して不変なることから §10 の方法により H と P_x とが可換なること，換言すればそれらのそれぞれの単位分解が相互に可換なることが導かれる．重心の運動が分離できるのはこの事情によるわけである．

2. 次に角運動量について考える．重心の運動を分離する前の (31.1) はもちろん，分離後の (31.2) も，原点のまわりの回転に関して不変である．したがって §10 により，各座標軸のまわりの回転を表す 1 parameter 群と可換なることから対応する

infinitesimal operator と可換であることが導かれる．この infinitesimal operator がすなわち角運動量の三つの成分であることは周知の事実であり，上と同様にして導くことができる．角運動量の成分は

$$(39.1) \qquad L_x = \sum_{i=1}^{s}(y_i p_{iz} - z_i p_{iy}) \qquad 等$$

で与えられる．

(39.1) が H と可換であることから (39.1) の任意の一つ，例えば z 成分 L_z を H と同時に"対角線化"することができることも周知の通りであるが，L_x, L_y, L_z の三つは互いに可換でないから，このことはその中の一つに対してしか使えない．

この点が運動量と異なる所であって，これを補うために全角運動量（の平方）

$$(39.2) \qquad L^2 = L_x^2 + L_y^2 + L_z^2$$

なる operator を導入するわけである．

(39.1) はそれが 1 parameter 群の infinitesimal operator であることから容易にその hypermax. なることを証明できるけれども[42]，(39.2) にはそのような簡単な性質がないから取り扱いがやや面倒になる．以下我々は特に (39.2) の性質を調べ，その hypermax. なることを示すことを主な目的とする．

3. あらかじめ注意しておくが全角運動量 operator(39.2) は explicit に取り扱うことができ，その固有値問題は完全に解かれている．したがって改めてここで論ずる必要はないかもしれないが，次に述べる理由で二三の頁を割くことにした．

(39.2) を取り扱うに当たり二つの方法が用いられている．

その一つは適当な極座標を導入することにより，(39.2) をこれらの極座標だけの operator に変換して，微分方程式としての固有値方程式を作り，それを適当な方法，例えば級数に展開する方法で解くのである．その結果固有関数よりなる完全直交系を得るので，問題は完全に解決され[43]，(39.2) が hypermax. なることが証明される．この方法によれば固有値も固有関数も explicit に求まるから完全であり，その上望む所はないわけであるが，多粒子の場合には計算がかなり複雑であり，かつ極座標はその本質上非対称的であるという嫌いがある．

これに反しもう一つの方法は言わば matrix 的な取扱いであって[44][15]，角運動量 operator の交換関係を利用して固有値を求める方法である．この方法は巧妙で極め

---

[42] あるいは直接にやっても簡単である．

[43] この方法で Sommerfeld により解かれているようである．

[44] 例えば Dirac の本にある．そこでは始めから L^2 や L_z が点スペクトルのみをもつものと仮定してしまっている．

[15] 「Dirac の本」は参考文献[4] であろう．この本には多くの edition があるが，引用されているのは 2nd ed. の §35, §36 であろうと思われる．

て簡単であるけれども，次に述べるごとき理由により不完全である．

この方法の核心は operator の交換関係にあるのであるが，この交換関係なるものが実は曲者で，数学的には曖昧な点が多いのである．例えば最も重要な，位置を表す operator x_i 等と運動量 p_{ix} 等との交換関係

$$(39.3) \qquad x_i p_{ix} - p_{ix} x_i = i \qquad 等$$

でさえもその意味が十分明らかになっていないのである．例えば Neumann [45] は (39.3) に関する研究を発表しているがその際 (39.3) それ自身を取り扱うことは敬遠し，(39.3) から形式的に導かれる別の式を (39.3) の代わりに論じているにすぎない．この代わりの式と (39.3) とがいかなる意味において，またどの程度に同等であるかという問題については Neumann も全く触れていないくらいである．

[45] Math. Ann. 104(1931), 570（参考文献[20]）.

角運動量の場合には

$$(39.4) \qquad \begin{cases} L_x L_y - L_y L_x = i L_z, \\ L_y L_z - L_z L_y = i L_x, \\ L_z L_x - L_x L_z = i L_y \end{cases}$$

なる交換関係が存在する．しかしながらこの式の基礎は (39.3) にあるのであって，(39.3) の意味が曖昧である限り (39.4) の意味も曖昧であることを免れない．したがってかかる式を基礎にして角運動量を論ずることは数学的に厳密と言えないのである．

これらの交換関係がいかなる意味において曖昧であるかというのに，まず (39.3) について考えれば，形の上から言って右辺は $\mathbb{B}$ の operator であって $\mathfrak{H}$ 内到る所で定義されているが，左辺にある x_i も p_{ix} も $\mathbb{B}$ には属せずしたがって $x_i p_{ix}$ も $p_{ix} x_i$ も同様である．したがって (39.3) がいかなる意味を有するかということは明らかでない．これに明瞭な意味を与えるには両辺の domain に適当な規定を加えなければならない．

例えば $p_{ix} x_i$ も $x_i p_{ix}$ もともに定義されているような関数に対して (39.3) が意味を有し，両辺が等しくなる，という意味にこれを解釈するのが最も自然であろう．しかしこれだけの規定をしても (39.3) は尚多くの問題を残すのであって，例えば Neumann の取り扱った問題[46] は，(39.3) なる関係によって x_i, p_{ix} はその規約性を仮定すれば isomorphism を除いて一義的に決定されるというのであるが，実はこれは Neumann が (39.3) を直接取り扱わずにそれの代用とした式から出発したために得られた結果にすぎないのであって，上のごとく規定した (39.3) そのものからはこの結果は得られないのである．このことは例えば考えている x_i の範囲が $-\infty < x_i < \infty$ であるか，あるいは有限区間であるかに従い x_i, p_{ix} は本質的に異

[46] 同上.

第6章　原子（分子，イオン）の Hamiltonian の研究

47) 有限区間のときにはもちろん p_{ix} 等には適当な境界条件が要るが，やはり上のごとき意味において (39.3) が成立する．

なって isomorph ではないことからも明らかである [47]（第一の場合には x_i は有界でなく，第二の場合には有界である！）．

　これらの事実から考えると，角運動量を取り扱うのに (39.4) を利用して形式的な計算を行うことは危険なことであって非難の余地があるように思われる．少なくとも形式的計算を行う前にそれの可能なることを証明しておく必要がある．我々の目的はこの基礎を与えることにある．

48) $\mathfrak{D}^*$ の代わりに $\mathfrak{D}^{**}$ をとっても同じ．

4. そのために我々はまず §34 で導入した $\mathfrak{D}^*$ から出発する [48]．$\mathfrak{D}^*$ の定義あるいは II. を考え，$\mathfrak{D}^*$ においては $p_{ix} = (1/i)\partial/\partial x_i$ となることに注目すれば，$\mathfrak{D}^*$ においては p_{ix} も x_i も定義されておりこれらを operate した結果もまた $\mathfrak{D}^*$ に含まれるから，(39.1) により L_x, L_y, L_z は $\mathfrak{D}^*$ において定義されてこれらを operate した結果も $\mathfrak{D}^*$ に含まれる．したがってまた (39.2) も確かに $\mathfrak{D}^*$ においては定義されて，これを $\mathfrak{D}^*$ の関数に operate した結果もやはり $\mathfrak{D}^*$ に含まれる．したがって $\mathfrak{D}^*$ の関数に operate する限り全く形式的な取り扱いができるから，(39.3) はもちろん，(39.4) も $\mathfrak{D}^*$ においては確かに成立する．さらに形式的な計算より得られる式

$$(39.5) \qquad L^2 L_z = L_z L^2, \qquad L^2 L_x = L_x L^2, \qquad L^2 L_y = L_y L^2$$

も $\mathfrak{D}^*$ においては確かに成立している．

　そこで我々は次の operator を導入する：

$$(39.6) \qquad \begin{aligned} H' &= \frac{1}{2}\sum_{i=1}^{s}(p_{ix}^2 + p_{iy}^2 + p_{iz}^2 + x_i^2 + y_i^2 + z_i^2) \\ &= \frac{1}{2}\sum_{i=1}^{s}(\mathfrak{p}_i^2 + \mathfrak{r}_i^2). \end{aligned}$$

これは $3s$ 次元の対称な振動子に他ならない．この operator は変数分離の方法により容易に取り扱われ，その固有値は

$$(39.7) \qquad \sum_{i=1}^{s}\left(n_{ix} + n_{iy} + n_{iz} + \frac{3}{2}\right), \qquad (n_{ix}, n_{iy}, n_{iz} = 0, 1, 2)$$

であり，該当する固有関数は

$$(39.8) \qquad \prod_{i=1}^{s}\varphi_{n_{ix}}(x_i)\varphi_{n_{iy}}(y_i)\varphi_{n_{iz}}(z_i)$$

で与えられる．ただし $\varphi_n(x)$ は (34.9) により表される Hermite 直交関数系である．

(39.8) は $\mathcal{L}^2(\mathfrak{r}_1, \cdots, \mathfrak{r}_s)$ において完全直交系をなすから，(39.6) は essentailly hypermax. である．我々はこれを一義的な hypermax. operator に拡張したものとして H' は hypermax. なものと見なす．

さて (39.6) から明らかなる通り H' も $\mathfrak{D}^*$ において定義されていて，$\mathfrak{D}^*$ の関数に H' を operate すればやはり $\mathfrak{D}^*$ の関数を得る[49]．したがって $\mathfrak{D}^*$ 内においては H' と L_x 等および L^2 とに関し形式的計算が可能であって

[49] $\mathfrak{D}^*$ の代わりに $\mathfrak{D}^{**}$ をとしても全く同じ．

$$(39.9) \qquad L_x H' = H' L_x, \qquad L_y H' = H' L_y, \qquad L_z H' = H' L_z,$$

$$(39.10) \qquad L^2 H' = H' L^2$$

なる関係が $\mathfrak{D}^*$ において成立することがわかる．これは (39.6) が球対称であることの直接の結果である．

さて，H' の固有値 (39.7) の中には相等しいものがある．その中相異なるものを取り大きさの順に並べれば

$$\lambda_n = n + \frac{3}{2}s \qquad (n = 0, 1, 2, \cdots)$$

なる形をもつ．固有値 λ_n に相当する H' の固有空間を $\mathfrak{M}_n$ とすれば，$\mathfrak{M}_n$ は有限次元である．なぜならば (39.7) が λ_n に等しくなるような n_{ix} 等の取り方は有限個しかないから．かつ (39.8) は $\varphi_n(x)$ の形 (34.9) から明らかなる通り $\mathfrak{D}^*$ に属する．$\mathfrak{M}_n$ はかかるものの liner combination から成るから同じく $\mathfrak{D}^*$ に含まれている[50]．

[50] のみならず $\mathfrak{M}_n$ は実は $\mathfrak{D}^{**}$ に属する．

したがって $\varphi \in \mathfrak{M}_n$ なら (39.10) が成立し

$$L^2 H' \varphi = H' L^2 \varphi.$$

$H' \varphi = \lambda_n \varphi$ であるから

$$H' L^2 \varphi = \lambda_n L^2 \varphi.$$

よって $L^2 \varphi$ も固有値 λ_n に対応する H' の固有関数であるから $\mathfrak{M}_n$ に含まれていなければならない．

換言すれば，L^2 は $\mathfrak{M}_n$ を $\mathfrak{M}_n$ 内に移す．而して $\mathfrak{M}_n \subset \mathfrak{D}^*$ により L^2 は $\mathfrak{M}_n$ 全体で定義されているから，これを有限次元 Euclid 空間 $\mathfrak{M}_n$ の中の Hermite operator と見なすことができる．したがって $\mathfrak{M}_n$ 内では L^2 の固有値問題は完全に解けて L^2 の固有関数より成る $\mathfrak{M}_n$ の完全直交系が存在する．

他方において H' は hypermax. であるから

$$\mathfrak{M}_1 + \mathfrak{M}_2 + \cdots = \mathfrak{H}$$

である．L^2 の固有関数より成る $\mathfrak{M}_n$ の完全直交系が存在し，これがすべての n に対し成立するのだから，これらの固有関数の全体は $\mathfrak{H}$ 全体を張る．すなわち L^2 の固有関数[51]より成る $\mathfrak{H}$ の完全直交系が存在する．

[51] この固有関数は $\mathfrak{D}^{**}$ に含まれるよう取られている．而してこの固有関数の張る lin. manifold は $\mathfrak{D}^{**}$ と一致する．

5. 我々は L^2 の domain を明確に規定しておかなかったけれども，上の結果により L^2 は少なくも $\mathfrak{D}^*$ において定義しておけば essentially hypermax. である．而して点スペクトルのみを有することも同時に証明された．

以上我々は L^2 の性質としてはそれが $\mathfrak{D}^*$ を $\mathfrak{D}^*$ 内に移すことと (39.10) とを用いたにすぎない．これらの性質は L_z 等も所有しているから，L_z 等についても全然同一の結果が得られる．すなわち L_x, L_y, L_z も少くも $\mathfrak{D}^*$ において定義しておけば essentially hypermax. であって，点スペクトルのみを有する．而して L^2 と同様 $\mathfrak{M}_n$ により reduce される．

$\mathfrak{M}_n$ 内では (39.5) も成立するから，L^2 と L_z との同時的固有関数を選ぶことができることも明らかである．

以上の事柄が明らかになった上は，例えばすべてを各 $\mathfrak{M}_n$ の中で考えることにすれば形式的な計算はすべて許されるから（$\mathfrak{M}_n$ は有限次元でさえある！）交換関係を自由に駆使して議論を進めることが許される．

以上により我々は L^2 と L_z 等が (essentially) hypermax. でかつ点スペクトルのみを有することを証明し，同時に交換関係を利用して問題を自由に取り扱ってよろしいことを証明した．

終わりに一言注意したいことは，我々は H' なる operator を仲介として簡単に結果を得ることができたが，H' が L^2 等と特別の関係を有するわけではない．別な H' をとることも可能である．ただそれが球対称で，点スペクトルのみをもち，かつ固有値の多重度が有限ならばよい．

追加[16] 前述のごとく L^2 の固有関数を $\mathfrak{D}^{**}$ から取り，それらの張る linear manifold が $\mathfrak{D}^{**}$ と一致するようにできる．今これらの固有関数の中同一の固有値をもつものをまとめて $(\varphi_{\ell 1}, \varphi_{\ell 2}, \cdots)$ とし，固有値を μ_ℓ とする．対応する固有空間 $\mathfrak{M}_\ell$ は $(\varphi_{\ell 1}, \varphi_{\ell 2}, \cdots)$ が張るものである．さて $\mathfrak{D}^{**}$ においては $L^2 H = H L^2$ の成立することが容易に示される．したがって $L^2 H \varphi_{\ell i} = H L^2 \varphi_{\ell i} = \mu_\ell H \varphi_{\ell i}$ により $H \varphi_{\ell i}$ も μ_ℓ に対する固有関数であるから $\mathfrak{M}_\ell$ に属する．$\mathfrak{D}^{**}$ の関数は $\varphi_{\ell i}$ の一次結合であるからこれより $f \in \mathfrak{D}^{**}$ なら

---

[16] この「追加」は原ノートの本文中ではなく，欄外に書かれているが，便宜上本文中に挿入する．

$$HP_{\mathfrak{M}_\ell}f = P_{\mathfrak{M}_\ell}Hf$$

が成り立つ.

任意の $\varphi \in \operatorname{dom} H$ に対しては $\mathfrak{D}^{**}$ が H の quasi-domain なることにより $f_n \to \varphi$, $Hf_n \to H\varphi$, $f_n \in \mathfrak{D}^{**}$ なる f_n がある.

$$HP_{\mathfrak{M}_\ell}f_n = P_{\mathfrak{M}_\ell}Hf_n \to P_{\mathfrak{M}_\ell}H\varphi$$

かつ $P_{\mathfrak{M}_\ell}f_n \to P_{\mathfrak{M}_\ell}\varphi$ により, H が closed なることを用いて

$$P_{\mathfrak{M}_\ell}\varphi \in \operatorname{dom} H, \qquad HP_{\mathfrak{M}_\ell}\varphi = P_{\mathfrak{M}_\ell}H\varphi$$

が出る. すなわち $\mathfrak{M}_\ell$ は H を reduce する.

$\mathfrak{M}_\ell$ は L^2 の固有空間だからこの事は L^2 と H とが §6.1 の意味において可換なる事を示す. よって

<u>L^2 は H と可換 (§6.1) である. L_z 等もまた同じ.</u>

§40 水素類似原子

1. 水素類似原子の Schrödinger 方程式は厳密な解も得られ, かつ十分に論ぜられているから, ここで深く立ち入る必要はない.

ただ §37 の注意に関連して, 水素類似原子の固有関数が原点 $r=0$ なる一点を除き到る所解析的で微分方程式としての Schrödinger 方程式を満足する理由を調べてみたいと思う. このことは一般的な立場からは主張できないこと §37 に述べた通りである.

この場合は $s=1$ であり, 長さの単位およびエネルギーの単位を適当に選べば (添数 1 を略す)

(40.1) $$H = \mathfrak{p}^2 - \frac{2Z}{r}$$

とすることができる.

今 H が負の固有値[52] $-\varepsilon^2$ を有するとし, 相当する固有関数を φ とすれば

(40.2) $$H\varphi = -\varepsilon^2\varphi, \qquad (\mathfrak{p}^2 + \varepsilon^2)\varphi = \frac{2Z}{r}\varphi, \qquad \varphi \in \mathfrak{D}.$$

$\mathfrak{p}^2$ なる operator は positive definite であるから $-\varepsilon^2$ はその resolvent set に属し, したがって operator

---

[52] 以下の議論は $-\varepsilon^2 < 0$ と仮定する必要はない. もし H が正の固有値を有するとすれば, 相当する固有関数は微分方程式を満足せねばならぬことが全く同様にして出る. それには $(\mathfrak{p}^2+\varepsilon^2)^{-1}$ の代わりに例えば $(\mathfrak{p}^2+1)^{-1}$ をとって考えればよい. しかし正の固有値に対して微分方程式の解は $\mathcal{L}^2(\mathfrak{r})$ 内には存在しない. このことから逆に H は正の固有値をもたないことが分かる.

$$(\mathfrak{p}^2+\varepsilon^2)^{-1}$$

は存在して $\mathbb{B}$ に属ずる．したがって (40.2) から

(40.3) $$\varphi = (\mathfrak{p}^2+\varepsilon^2)^{-1}\frac{2Z}{r}\varphi.$$

我々は $(\mathfrak{p}^2+\varepsilon^2)^{-1}$ を積分 operator として表すことを考えよう．

$\mathfrak{p}$ 表示で考えれば $(\mathfrak{p}^2+\varepsilon^2)^{-1}$ は単なる乗法的 operator である．今任意の $f(\mathfrak{r})\in \mathcal{L}^2(\mathfrak{r})$ に対しその $\mathfrak{p}$ 表示を $F(\mathfrak{p})$ とすれば

(40.4) $$(\mathfrak{p}^2+\varepsilon^2)^{-1}f(\mathfrak{r}) \sim \frac{F(\mathfrak{p})}{\mathfrak{p}^2+\varepsilon^2}.$$

他方において $\mathfrak{p}$ の関数としての $(\mathfrak{p}^2+\varepsilon^2)^{-1}$ は $\mathcal{L}^2(\mathfrak{p})$ に属する（このことは $s \geqq 2$ の場合には成立せぬことに注意！）その $\mathfrak{r}$ 表示は

(40.5) $$+\sqrt{2\pi}\frac{e^{-\varepsilon r}}{2r} \sim \frac{1}{\mathfrak{p}^2+\varepsilon^2}$$

[53)] Bochner: Fouriersche Integrale, 176（参考文献[2]）．

により与えられる．したがって "Faltung" に関する定理[53)][17)] により

$$\int +\sqrt{2\pi}\frac{e^{-\varepsilon|\mathfrak{r}-\mathfrak{r}'|}}{2|\mathfrak{r}-\mathfrak{r}'|}f(\mathfrak{r}')d\mathfrak{r}' = \int \frac{F(\mathfrak{p})}{\mathfrak{p}^2+\varepsilon^2}e^{i\mathfrak{p}\mathfrak{r}}d\mathfrak{p}$$

がすべての $\mathfrak{r}$ に対し成立する．この右辺は $F(\mathfrak{p})/(\mathfrak{p}^2+\varepsilon^2)$（それは明らかに $\mathcal{L}^{12}(\mathfrak{p})$ に属する！）の $\mathfrak{r}$ 表示に $(2\pi)^{3/2}$ を乗じたものに他ならないから，(40.4) により

(40.6) $$(\mathfrak{p}^2+\varepsilon^2)^{-1}f(\mathfrak{r}) = +\frac{1}{4\pi}\int \frac{e^{-\varepsilon|\mathfrak{r}-\mathfrak{r}'|}}{|\mathfrak{r}-\mathfrak{r}'|}f(\mathfrak{r}')d\mathfrak{r}'.$$

よって $(\mathfrak{p}^2+\varepsilon^2)^{-1}$ は

(40.7) $$\frac{1}{4\pi}\cdot\frac{e^{-\varepsilon|\mathfrak{r}-\mathfrak{r}'|}}{|\mathfrak{r}-\mathfrak{r}'|}$$

なる対称核を有する積分 operator として表される．(40.7) を $\mathfrak{r}'$ の関数と見れば $\mathcal{L}^2(\mathfrak{r}')$ に属するから，(40.6) の右辺は任意の $f(\mathfrak{r}')$ に対して存在する．このことは $(\mathfrak{p}^2+\varepsilon^2)^{-1}$ が $\mathbb{B}$ に属するから当然のことかもしれないが，しかしすべての $\mathfrak{r}$ に対して (40.6) が存在することは注目すべきであろう．

我々の場合には (40.3) から

[17)] Faltung（独）は convolution, たたみ込み．たたみ込みの Plancherel 変換は（定数倍を除いて）Planchrel 変換の積に等しいという定理．

(40.8) $$\varphi(\mathfrak{r}) = +\frac{1}{4\pi}\int \frac{e^{-\varepsilon|\mathfrak{r}-\mathfrak{r}'|}}{|\mathfrak{r}-\mathfrak{r}'|}\frac{2Z}{\mathfrak{r}'}\varphi(\mathfrak{r}')d\mathfrak{r}'$$

となる．§33.4 で注意した通り $\varphi(\mathfrak{r})$ は連続と見てよいから，(40.8) は到る所で成り立つと見て差し支えない．かくして $\varphi(\mathfrak{r})$ に対する積分方程式が得られた．

$\varphi(\mathfrak{r})$ は連続だから，$\mathfrak{r}' \neq 0$ なら $(1/r')\varphi(\mathfrak{r}')$ は連続である．したがって Potential 論におけると同様の方法により，$r \neq 0$ なら

$$\partial\varphi/\partial x, \quad \partial\varphi/\partial y, \quad \partial\varphi/\partial z$$

は存在して連続になることが示される．したがってまた右辺の $(1/r')\varphi(\mathfrak{r}')$ も $r' \neq 0$ なら連続なる一階の導関数を有し，Hölder の条件を満す．したがってまた $r \neq 0$ なら

$$\partial^2\varphi/\partial x^2, \quad \partial^2\varphi/\partial y^2, \quad \partial^2\varphi/\partial z^2$$

も存在して

(40.9) $$\nabla^2\varphi - \varepsilon^2\varphi = -\frac{2Z}{r}\varphi$$

を満足することとなる．

かくして φ は $r = 0$ を除き到る所微分方程式を満足することがわかる．

2. 上では普通の Coulomb Potential $2Z/r$ を考えたが，これがもっと一般の Potential $V(\mathfrak{r})$ でも同様な考察ができ，もし $\varphi \in \mathrm{dom}\, V(\mathfrak{r})$, $\varphi \in \mathrm{dom}\, \mathfrak{p}^2$ なる φ に対して operator $\mathfrak{p}^2 + V(\mathfrak{r})$ が固有値 $-\varepsilon^2$ を有するとすれば，$V(\mathfrak{r})$ が連続微分可能なる点において φ は微分方程式

$$\nabla^2\varphi - \varepsilon^2\varphi = V(\mathfrak{r})\varphi$$

を満足せねばならぬこととなる．

3. 上の結果から見れば，水素類似原子の固有関数を求めるに当たって，微分方程式 (40.9) の解の中からそれを探したことは正当なことであったことがわかる．たとえこれらの固有関数が（連続スペクトルに対する"固有関数"とともに）完全系を作ることを知らなかったとしても，その他に固有関数があるかもしれないという心配は全くない．

4. しかしながら上に注意したごとく $k \geqq 2$ になると上の論法は通用しないから，すでにヘリウム原子に対してもその固有関数—その存在は次 § で証明する—が微分

方程式を（Potential が ∞ になる点を除いて到る所で）満足するかどうかが問題になってくるのである[54]．この意味において水素類似原子は極めて都合のよい，例外的な場合であるのかもしれないわけである．

5. 以上我々は水素類似原子の固有関数が存在すればそれは微分方程式 (40.9) を満たさねばならぬことを示した．固有関数が存在するかどうかは別問題である．もちろんこれは explicit に解けているから問題はないけれども，それを未知としても固有関数の存在は証明される．例えば Courant-Hilbert [55] にそれが示してある．したがって微分方程式としての (40.9) も確かに解をもつことが，それを解いてみないでもわかることになる．

[54] その後の研究によればヘリウムに対しては上の方法を少し修正した方法により同様な結果が出るようである．
　さらに任意の原子（分子，イオン）に対してもやや複雑ではあるが同様な議論が可能なることがわかった．

[55] p. 390; ただしそこでは H の hypermax. なることは仮定している．これは我々の結論により補われねばならない．

§41　ヘリウム原子

1. 一般の原子，分子，およびイオンの Schrödinger operator が hypermax. であることはわかっても，それらが固有値を有するかどうか，物理的には定常状態を持つかどうか，はまた別問題である．実験上はその存在が知れているのだから，理論的にその存在を示すことは重要な問題であるが，そのためにはもっと詳細な議論が必要であろう．

原子の場合には，電子相互間の相互作用を無視した operator は（運動エネルギー中の product term も除く）変数分離を許し，それが固有値を有することは簡単にわかるから，§38 に略述した方法により，相互作用をこれに加えて次第に大きくしてゆくと考えれば固有値は連続的に変化してゆくから相互作用が完全に加わった場合にも固有値が存在することは極めて尤もらしく思われるけれども，その途中でこれらの固有値が連続スペクトルに接触吸収されるかもしれないから確定的な判断を下すことはできない．

水素の場合には問題が explicit に解けているから問題はない．またそれを知らなくても固有値の存在が証明できることは前 § の終わりに注意した通りである．

我々は水素の固有値に関する知識を既知と見なしてヘリウム原子のスペクトルの有様を調べることにする．このとき問題を explicit に解くことはできないけれども，水素類似原子のスペクトルの知識を用いて，そのスペクトルをかなりの程度に明らかにすることができる．特にヘリウム原子が十分多数の固有値を有することを証明することができる．

この証明により Hylleraas 流の変分法の応用による基底状態の固有値計算が理論的根拠を得ることになる．

2. ヘリウム原子の Schrödinger 方程式は，重心の運動を分離した式 (31.2) において $s=2, \beta_1=\beta_2, e_1=e_2=-2e_{12}<0$ なる場合である．長さおよびエネルギーの単位を適当に選べば

(41.1) $$H = \mathfrak{p}_1^2 + \mathfrak{p}_2^2 + 2\beta \mathfrak{p}_1 \mathfrak{p}_2 - \frac{2}{r_1} - \frac{2}{r_2} + \frac{1}{r_{12}}$$

とすることができる[56]．ここに β は

$$\beta = \frac{m}{M+m}$$

で m は電子の質量，M はヘリウム原子核の質量を表す．したがって

$$\beta \approx \frac{1}{4 \times 1800}$$

の程度である．

[56] Bethe(Handb. d. Phys.) の形は $H = -\Delta_1 - \Delta_2 - 2(E + Z/r_1 + Z/r_2 - 1/r_{12})$ (参考文献[10]).

β は甚だ小さいから通常これを含む項は無視されているが，分光学の実験の精密さを考えれば無視できるかどうかは疑問であろう．我々はこれを無視しないことにするが，この項はかなり厄介な事態を惹起するものである．

(41.1) はまた次のように書くことができる：

(41.2) $$H = (1-\beta)(\mathfrak{p}_1^2 + \mathfrak{p}_2^2) + \beta(\mathfrak{p}_1 + \mathfrak{p}_2)^2 - \frac{2}{r_1} - \frac{2}{r_2} + \frac{1}{r_{12}}.$$

3. そこで我々はまず次の operator を考える：

(41.3) $$H_0 = (1-\beta)(\mathfrak{p}_1^2 + \mathfrak{p}_2^2) - \frac{2}{r_1} - \frac{2}{r_2}.$$

H_0 のスペクトルを調べるのには，それが変数分離を許すことを利用すれば簡単である．すなわち

(41.4) $$\begin{cases} H_0 = H_{01} + H_{02}, \\ H_{01} = (1-\beta)\mathfrak{p}_1^2 - \dfrac{2}{r_1}, \quad H_{02} = (1-\beta)\mathfrak{p}_2^2 - \dfrac{2}{r_2} \end{cases}$$

であって，H_{01}, H_{02} をそれぞれ $\mathcal{L}^2(\mathfrak{r}_1), \mathcal{L}^2(\mathfrak{r}_2)$ における operator に対応させることができる．第2章の理論において

$$\mathfrak{H} = \mathcal{L}^2(\mathfrak{r}_1, \mathfrak{r}_2), \quad \mathfrak{H}' = \mathcal{L}^2(\mathfrak{r}_1) \quad \mathfrak{H}'' = \mathcal{L}^2(\mathfrak{r}_2)$$

と考え,

$$(41.5)\quad\begin{cases}\mathcal{L}^2(\mathfrak{r}_1) \text{ において}\quad H'_{01} = (1-\beta)\mathfrak{p}_1^2 - \dfrac{2}{r_1}, \\ \mathcal{L}^2(\mathfrak{r}_2) \text{ において}\quad H''_{02} = (1-\beta)\mathfrak{p}_2^2 - \dfrac{2}{r_2}\end{cases}$$

とおいて §8, §9 の手続きにより $\mathcal{L}^2(\mathfrak{r}_1, \mathfrak{r}_2)$ の operator H_{01}, H_{02} はこれらの operator に対応するものであることは言うまでもない．而して §9 により H'_{01}, H''_{02} から作られた $H_{01} + H_{02}$ が我々の H_0 と一致することも改めて証明するには及ばない．

H'_{01}, H''_{02} はそれぞれ $\mathcal{L}^2(\mathfrak{r}_1), \mathcal{L}^2(\mathfrak{r}_2)$ における水素類似原子の operator に他ならないからそのスペクトルは完全に知れている．すなわち (40.1) の

$$\mathfrak{p}^2 - \frac{2Z}{r}$$

なる operator の低位固有値は

$$-\frac{Z^2}{n^2} \quad (n=1,2,\cdots) \quad (\text{その多重度は } n^2)$$

で与えられ，正の部分には連続スペクトルのみを有する．

我々の H'_{01} 等は

$$H'_{01} = (1-\beta)\left(\mathfrak{p}_1^2 - \frac{2}{(1-\beta)r_1}\right)$$

と書き直してみればわかる通り，固有値

$$(41.6)\quad (1-\beta)\cdot\left(-\frac{1}{(1-\beta)^2 n^2}\right) = -\frac{1}{(1-\beta)n^2}, \quad (n=1,2,\cdots)$$

を有してその多重度は n^2 である．また正の部分には連続スペクトルをもつ．

したがってまた H_{01}, H_{02} も同様なスペクトルをもち，その和 H_0 は §9.5 の理論を適用すれば直ちに知られる．特に H_0 は

$$(41.7)\quad -\frac{1}{1-\beta}$$

より小さい部分に点スペクトルのみを有しそれらは

$$(41.8)\quad -\frac{1}{1-\beta}\left(1+\frac{1}{n^2}\right), \quad (n=1,2,\cdots)$$

で表され [57] その多重度は

---

[57] いずれか一方の量子数が 1 でないと，相当する固有値の和は (41.7) より大きくなる．

(41.9) $$\begin{cases} n=1 & \text{なら} \quad 1, \\ n \geq 2 & \text{なら} \quad 2n^2 \end{cases}$$

である (41.7) は (41.8) の集積点であり，(41.7) およびそれより大なる数はすべて H_0 のスペクトルに属することも容易に示される．

H_0 に属する単位分解を $E_0(\lambda)$ とすれば，以上により $E_0(\lambda)$ は

(41.10) $$\lambda < -\frac{1}{1-\beta}$$

なら有限次元である.

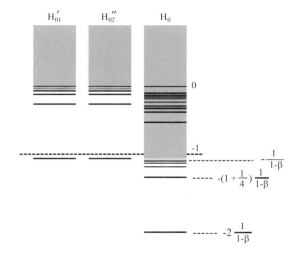

4. 次に H_0 と H とを比較する．H_0 も H も §31〜§37 の一般論の形を有するから，それはともに hypermax. でその domain はともに $\mathfrak{D}(\mathfrak{r}_1, \mathfrak{r}_2)$ である．ただし $\mathfrak{D}(\mathfrak{r}_1, \mathfrak{r}_2)$ はこれを $\mathfrak{p}$ 表示で表せば (33.7) により

$$\iint (\mathfrak{p}_1^2 + \mathfrak{p}_2^2)^2 |\Phi(\mathfrak{p}_1, \mathfrak{p}_2)|^2 d\mathfrak{p}_1 d\mathfrak{p}_2 < \infty$$

なるごとき関数 $\Phi(\mathfrak{p}_1, \mathfrak{p}_2) \in \mathcal{L}^2(\mathfrak{p}_1, \mathfrak{p}_2)$ より成る．

而して
$$H = H_0 + \beta(\mathfrak{p}_1 + \mathfrak{p}_2)^2 + \frac{1}{r_{12}}$$

であるから明らかに $\varphi \in \mathfrak{D}$ なら

$$(H\varphi, \varphi) \geq (H_0 \varphi, \varphi)$$

が成立する（我々はこれが成立するように H_0 を選んだのである）.

したがって H の単位分解を $E(\lambda)$ とすれば §5.8, IV が適用されるから任意の λ に対し

$$\dim E(\lambda) \leqq \dim E_0(\lambda)$$

が成立する．特に (41.10) により

(41.11) $\quad\quad \lambda < -\dfrac{1}{1-\beta} \quad$ なら $\quad \dim E(\lambda) < \infty$

を得る．したがって H は $\lambda < -1/(1-\beta)$ には高々点スペクトルのみをもち，特に $\lambda \leqq -1/(1-\beta) - \varepsilon$ $(\varepsilon > 0)$ には高々正常固有値群のみを有する．それらはもし集積点をもつとしても，それは $\lambda = -1/(1-\beta)$ 以外にはない．

5. しかしこれだけでは H が $\lambda < -1/(1-\beta)$ に真に固有値を有するかどうか未だ不明である[58]．このことを示すには次の事実による：

N 次元の linear manifold $\mathfrak{M}_N$ があって，その中で到る所

(41.12) $\quad\quad (H\varphi, \varphi) < -\dfrac{1}{1-\beta}(\varphi, \varphi)$

が成立すれば（ただし $\varphi = 0$ を除く）

(41.13) $\quad\quad \dim E\left(-\dfrac{1}{1-\beta} - 0\right) \geqq N$

である．

なぜならばもし (41.13) が成立しないとすれば，$\dim \mathfrak{M}_N = N$ だから §1.1 により次のごとき φ がある：

$$\varphi \in \mathfrak{M}_N, \quad E\left(-\dfrac{1}{1-\beta} - 0\right)\varphi = 0, \quad \varphi \neq 0.$$

この第二の式によれば §5.8, I. と同様にして

$$(H\varphi, \varphi) \geqq -\dfrac{1}{1-\beta}(\varphi, \varphi)$$

であり，他方 $\varphi \in \mathfrak{M}_N$ により (41.12) が成立するから矛盾を生ずる．

したがって上のごとき linear manifold $\mathfrak{M}_N$ を作ることができれば，4 により $\lambda < -1/(1-\beta)$ には点スペクトルのみしかないことが既知なのであるから，確かに少なくとも N 個の[59]点スペクトルがそこにあることが知られることになる．

[58] $\dim E(\lambda)$ は (41.11) において 0 かもしれないから．

[59] 多重度を含めて！

6. そこで問題は上のごとき $\mathfrak{M}_N$ を実際に作ることである．そのために改めて H を次のように直す：

$$H = H_1 + H_2 + V;$$

(41.14)
$$\begin{cases} H_1 = \mathfrak{p}_1^2 - \dfrac{2}{r_1}, \\ H_2 = \mathfrak{p}_2^2 - \dfrac{1}{r_2}, \\ V = 2\beta\,\mathfrak{p}_1 \cdot \mathfrak{p}_2 + \dfrac{1}{r_{12}} - \dfrac{1}{r_2}. \end{cases}$$

その物理的意味は次の通りである：H_1 を $\mathcal{L}^2(\mathfrak{r}_1)$ で考えれば水素類似原子の operator を表し，今の場合ヘリウム・イオンを表す．H_2 はこれを $\mathcal{L}^2(\mathfrak{r}_2)$ で考えれば，shield されたヘリウム核による外部電子の operator で同様に水素類似原子である．V は相互作用の項と見なす．

前と同様にして H_1 を $\mathcal{L}^2(\mathfrak{r}_1)$ の operator と見てこれを H_1' とすれば固有値

(41.15)
$$-\frac{1}{n^2} \qquad (n=1,2,\cdots)$$

を有する．我々は特にその基底状態のみを考え，その固有関数を $\varphi_0(\mathfrak{r}_1)$ とすれば

(41.16)
$$\varphi_0(\mathfrak{r}_1) = \frac{1}{\sqrt{\pi}} e^{-r_1}$$

なることは周知の通りである．同様に H_2 を $\mathcal{L}^2(\mathfrak{r}_2)$ の operator とみてこれを H_2'' とすればその固有値は

(41.17)
$$-\frac{1}{4n^2}, \qquad (n=1,2,\cdots)$$

であって，その固有関数を

(41.18)
$$\psi_{n\ell m}(\mathfrak{r}_2), \qquad \begin{pmatrix} n = 1,2,\cdots \\ \ell = 0,1,\cdots,n-1 \\ m = 0,\pm 1,\cdots,\pm\ell \end{pmatrix}$$

とする．ここに n は全量子数，ℓ は角運動量，m は磁気量子数を表すことは常の通りである．

そこで今

$$\chi(\mathfrak{r}_1, \mathfrak{r}_2) = \varphi_0(\mathfrak{r}_1)\psi(\mathfrak{r}_2) \tag{41.19}$$

とおく．ここに $\psi(\mathfrak{r}_2)$ は (41.18) の一次結合であるが，その詳細な形は未定としておく．すると $H_1'\varphi_0 = -\varphi_0$ により

$$(H_1\chi, \chi) = (H_1'\varphi_0, \varphi_0)(\psi, \psi) = -(\psi, \psi) \tag{41.20}$$

であり，また

$$(H_2\chi, \chi) = (\varphi_0, \varphi_0)(H_2''\psi, \psi) = (H_2''\psi, \psi) \tag{41.21}$$

が成立する．次に

$$(\mathfrak{p}_1 \cdot \mathfrak{p}_2 \chi, \chi) = -(\mathrm{grad}_1 \cdot \mathrm{grad}_2 \chi, \chi)$$
$$= -(\mathrm{grad}_1 \varphi_0, \varphi_0) \cdot (\mathrm{grad}_2 \psi, \psi)$$

となるが φ_0 は球対称であるから $(\mathrm{grad}_1 \varphi_0, \varphi_0) = 0$ となり[60]

$$(\mathfrak{p}_1 \cdot \mathfrak{p}_2 \chi, \chi) = 0.$$

したがって

$$(V\chi, \chi) = \left(\left(\frac{1}{r_{12}} - \frac{1}{r_2}\right)\chi, \chi\right) \tag{41.22}$$

となる．これを詳しく書けば

$$(V\chi, \chi) = \int |\psi|^2 d\mathfrak{r}_2 \int \left(\frac{1}{r_{12}} - \frac{1}{r_2}\right)|\varphi_0|^2 d\mathfrak{r}_1. \tag{41.23}$$

右辺の第一の積分は explicit に計算することができるけれども今はその必要はない．φ_0 は球対称であって，まず $r_1 = \mathrm{const.}$ なる球面上でこの積分を行えば

$$|\varphi_0|^2 \left(\int \frac{1}{r_{12}} dS_1 - \frac{1}{r_2}\int dS_1\right)$$

となり，第一項はその球面上の一様な電荷分布による potential の $\mathfrak{r}_2$ における値であり，第二項はその電荷が中心に集中したときの potential の $\mathfrak{r}_2$ における値に他ならない．したがって $r_1 < r_2$ ならこの値は 0 であり，$r_1 > r_2$ なら第一項は $(1/r_1)\int dS_1$ となるから上の式は負となる．

"電荷分布"は球対称でしかもどこまでも拡がっているから ((41.16))，任意の $\mathfrak{r}_2$

---

[60] 球対称でなくても 0 になる．一般に束縛された電子では運動量の平均値は 0 である (Bethe, Handb. d. Phys, S. 372) (参考文献[10], 372頁)．尤も波動関数が実でないとこうは言えぬか？

に対し (41.23) の第一の積分も負となるから結局

(41.24) $$(V\chi, \chi) < 0, \qquad (\psi \neq 0)$$

となる．

(41.20), (41.21), (41.24) を加えれば

(41.25) $$(H\chi, \chi) = (H_1\chi, \chi) + (H_2\chi, \chi) + (V\chi, \chi)$$
$$< (H_2''\psi, \psi) - (\psi, \psi)$$

を得る．

今 (41.18) において $n = 1, 2, \cdots, n$[18] なるものの全体をとり，それが張る linear manifold を $\mathfrak{M}_n''$ とする．その次元数を N とすれば明らかに

(41.26) $$N = \sum_{n'=1}^{n} \sum_{\ell=0}^{n'-1} (2\ell+1) = \sum_{n'=1}^{n} n'^2 = \frac{1}{6}n(n+1)(2n+1).$$

而してかかる $\psi_{n'\ell m}$ に対する H_2'' の固有値は (41.17) により $-\frac{1}{4n'^2}$ であるからそれらはすべて $-\frac{1}{4n^2}$ より大でない．換言すれば $\mathfrak{M}_n''$ は $E_2''(-\frac{1}{4n^2})$ に含まれる．ただし $E_2''(\lambda)$ は H_2'' の単位分解である．よって §5.8, I. により $\psi \in \mathfrak{M}_n''$ なら

(41.27) $$(H_2''\psi, \psi) \leqq -\frac{1}{4n^2}(\psi, \psi).$$

さて今 $\varphi_0(\mathfrak{r}_1)\psi(\mathfrak{r}_2), (\psi(\mathfrak{r}_2) \in \mathfrak{M}_n'')$ なるごとき元素の集合を $\mathfrak{M}_N$ とすればこれは $\mathcal{L}^2(\mathfrak{r}_1, \mathfrak{r}_2)$ における linear manifold でその次元数は N なること明らかである．而して $\chi \in \mathfrak{M}_N$ なら (41.25), (41.27) により

$$(H\chi, \chi) < -\left(1 + \frac{1}{4n^2}\right)(\psi, \psi) = -\left(1 + \frac{1}{4n^2}\right)(\chi, \chi).$$

したがって今

(41.28) $$-\left(1 + \frac{1}{4n^2}\right) \leqq -\frac{1}{1-\beta}$$

なるよう n を選んでおけば (41.12) を満足する $\mathfrak{M}_N$ を得られることになり，目的を達する．

7. (41.28) を解けば

---
[18] この式で n が二重の意味で使われているが，読み分けるのに困難はないからそのままとする．

$$1 + \frac{1}{4n^2} \geq \frac{1}{1-\beta}, \qquad n^2 \leq \frac{1-\beta}{4\beta}$$

を得る．β の近似値を代入すれば

$$n^2 \leq 1800$$

となる．したがって $n = 42$ ととることができ，これを (41.26) に代入すれば

$$N = 25585$$

を得る[61]．

_{61) ここにある傍注は長いので脚注 *) の位置に置く．}

したがって **5.** によれば H は $\lambda < -1/(1-\beta)$ なる部分に多重度を含めて少くも 25585 個の固有値を有することは確実である．

もちろんこの数には大して重要性がないけれども，これによりヘリウム原子が固有値を確かに有し，しかも十分多数に有することを示し得たわけである．我々の目的には差し当たりこの事実だけでたくさんである．

8. 今までの結果によれば H のスペクトルに関して次のことがわかった：

$\lambda < -\frac{1}{1-\beta}$ には点スペクトルのみしかなく，しかも多重度を考えて少なくとも 25585 個の固有値は存在する．

他方において次のことは容易に示すことができる：

$\lambda \geq -1$ はすべて H のスペクトルに属し，したがって可付番個の点（H の固有値）を除きすべて連続スペクトルである．

残りの範囲

$$(41.29) \qquad -\frac{1}{1-\beta} \leq \lambda < -1$$

の有様は不明である．そこには点スペクトルのみがあるか，連続スペクトルもあるかわからない．しかしこれは重要な問題であって，H の連続スペクトルの始まる点が (41.29) 内にあるか，$\lambda = -1$ に一致するかはヘリウムの ionization potential と

_{*)傍注 61) 実はこれでも実際の半分しか得られていないであろうと思われる．我々は電子 1 と 2 とを交換したものを考えなかったから．}

_{しかしこれら両方を考えると上のような取り扱いができなくなるので我々の方法ではこれだけしか得られない．}

_{もっと詳しい計算をすればよいであろうが，我々の目的にはその必要はない．}

_{我々の結果は Singlet または Triplet の少なくも一方は十分多数にあることを示すが両方ともに多数あるかどうかは教えない．この点で未だ不満足なものである．最低状態はもちろん singlet だから singlet は少なくも一つはある．しかし triplet の方については全然分からぬ．これらの点を調べるには exchange integral の評価が必要である．}

直接関係をもつこととなる．

　（尤も現在のところ分光学の実験の精密さに比べれば β の値は無視し得ないけれども，理論式に現れる諸常数：電子の質量，電荷，プランクの常数等の精密度に対しては β を無視しても差し支えないだろうから，まだ上の事柄は問題にするには足りないかもしれない）．

　さらに連続スペクトルの始まる点より下に固有値が無数にあるか（水素の場合のごとく），あるいは有限しかないかということも重要な問題である．$\beta = 0$ なら 7. の N は任意に大きくすることができるから固有値は無数にあることがわかるけれども，$\beta > 0$ だからこのことは不明である．

　固有値が無数にあってそれが $\lambda = -1$ に集積し，この点から連続スペクトルが始まるというのが尤もらしく思われるけれども，未だその証明はできない．

9. 次に以上のスペクトルの分類を試みる．

　そのためには始めから全角運動量の一定な部分空間において考えるのが便利である．

　§39 の理論からわかる通り角運動量の大きさ L^2 と H とは可換であり，L^2 の固有空間は H を reduce する．したがって L^2 の固有空間をその固有値の順に並べて $\mathfrak{M}_\mathrm{S}, \mathfrak{M}_\mathrm{P}, \mathfrak{M}_\mathrm{D}, \cdots$ とすれば（スペクトルの習慣に従う），H はそれらの部分空間の各々の中での operator と考えることができ，その中で hypermax. である．

　これらの部分空間の各々において前と全く同一の考察があてはまる．ただし H_0 および $H_1 + H_2$ のスペクトルを考えるときには，これらの部分空間内におけるスペクトルをとって考えればよい．いずれにせよ $\mathfrak{M}_\mathrm{S}$ においては量子数 n は 1 から始まるが，$\mathfrak{M}_\mathrm{P}, \mathfrak{M}_\mathrm{D}, \cdots$ においては n がそれぞれ 2, 3, $\cdots$ から始まることに注意すればよい．而して (41.18) における $\psi_{n\ell m}$ においてはそれぞれの場合の ℓ ($\ell = 0, 1, 2, \cdots$) を一つとることが必要なことは言うまでもない．

　かくすればこれら各部分空間において H が固有値を有することが示されるわけである．ただし $\ell \geqq 42$ の場合を除く．このとき $n > 42$ となるから 7 で与える n の限界を超えてしまうからである．而して角運動量 ℓ を有する部分空間において存在することが知られる固有値の数は多重度を考えて，少くも

$$(2\ell + 1)(42 - \ell)$$

により与えられる．したがって $\ell = 0, 1, 2, \cdots$ とすれば（多重度を考えて）

　　　　　　S： 42　　　F： 273
　　　　　　P： 123
　　　　　　D： 200

等の固有値の存在は確実である[62])（ℓ のみならず磁気量子数 m まで考えてもよい）．

[62) これらの多重度は $(2\ell+1)$ であって，したがって相異なるものの数は少なくも $42-\ell$ はある．したがって S: 42; P: 41; D: 40; $\cdots$．]

10. これ以上細かい分類，例えば S の固有値ならばそれが 1s2s であるか 1s3s であるかという問題については摂動論的な考えを導入せねばならぬ．H は変数分離が可能ではないから，本来の意味においてかような一電子模型は考えられないが，§38 に述べたごとき意味においてかかる分類が可能となる．すなわち適当な非摂動 operator を考え（変数分離を許すごとき）それから H が連続的に変わって実際のものになると考え，H の固有値はこの非摂動 operator のいかなる固有値から連続的に（実は解析的に）変わってきたものであるかを調べ，その出発点たる非摂動 operator の固有値の型によって H の固有値を分類するのである．

この場合問題になるのは非摂動 operator として何をとるかにある．理論的には (41.3) の H_0 をとるのがよいであろう．あるいはそこで β の項を棄てて

$$\mathfrak{p}_1^2 + \mathfrak{p}_2^2 - \frac{2}{r_1} - \frac{2}{r_2}$$

をとる方が簡単でよいかもしれない．

しかしかかる選び方は物理的な現実に適合しないという欠点がある．物理的には (41.14) の $H_1 + H_2$ をとる方がはるかに実際に近い．その代わりこれは番号 1, 2 に関して非対称であるという難点がある．実際の固有関数はもちろん $\mathfrak{r}_1, \mathfrak{r}_2$ に関し対称または逆対称なのであるからかかる非摂動 operator をとることは面白くない．これを適当に対称化することができればよいのであるが，そのことは不可能であろう．

そこで我々は，実際にはやや遠いけれども (41.3) の H_0 を非摂動 operator と見なすことにする．すなわち

$$H = H_0 + \beta(\mathfrak{p}_1 + \mathfrak{p}_2)^2 + \frac{1}{r_{12}}$$

とおき，$\beta(\mathfrak{p}_1 + \mathfrak{p}_2)^2 + \frac{1}{r_{12}}$ を摂動と見て

$$H_\alpha = H_0 + \alpha\left(\beta(\mathfrak{p}_1 + \mathfrak{p}_2)^2 + \frac{1}{r_{12}}\right)$$

とおく．而して α が 0 から 1 まで変わるとき H_α のスペクトルがどう変わるかを調べるわけである．

§38 により確かに上の摂動は minor perturbation であり $0 \leqq \alpha \leqq 1$ において H_α は hypermax. であるから固有値は α の解析関数として変化する．のみならずこの H_α はやはり球対称であるから全角運動量は運動の const. であって $\mathfrak{M}_S, \mathfrak{M}_P, \cdots$ 等の各々の内部において考えることができる．而して H_α をその内部における operator と考えても，摂動が minor であることは明らかであるから，ここでも固有値が正則

関数として変化することはもちろんである．さらにこの摂動は positive definite であるから 4. により $\dim E_\alpha(\lambda)$ は λ を一定にして考えれば α の減少関数であり（$E_\alpha(\lambda)$ は H_α の単位分解），したがってこれらの正則関数は $0 \leqq \alpha \leqq 1$ において広義の増加関数なることも容易にわかる．$\mathfrak{M}_S$ 等の内部で考えてももちろんこのことは成立する．すなわち α が 0 から変化してゆけばこれらの固有値はすべて増加してゆく．

また $0 \leqq \alpha \leqq 1$ において H_α は $\lambda < -1/(1-\beta)$ に点スペクトルのみを有することおよびそれらが正常固有値のみであることは 4. と全く同様に示される．したがってこれらの固有値はそれが $-1/(1-\beta)$ なる範囲にある限り，解析接続が可能である[63]．而してそれが増加関数なることを考えれば，$H = (H_\alpha)_{\alpha=1}$ の固有値は必ず H_0 の固有値と連結されるものであることは明らかである．すなわち我々の模型においては，$\lambda < -1/(1-\beta)$ にあるその固有値（すなわち 7. で考えたもの）は必ず H_0 の固有値に対応せしめ得て，H_0 のスペクトル分類をもってそれを標識することができる．

他方 H_0 のスペクトル中 $\lambda < -1/(1-\beta)$ にあるものは必ず一方の電子は 1s なる記号をもつことは明らかである（而らざればそれは $\lambda \geqq -1/(1-\beta)$ にあることになる）．したがって我々の H の固有値中，S, P, D, $\cdots$ に属するものはすべてそれぞれ 1s ns, 1s np, 1s nd, $\cdots$ なる記号をもつことになる．

以上のことだけは明らかとなったが，この n があらゆる値 ($n = 1, 2, \cdots$) をとり得るかどうかは未だわからない[64]．H_0 の固有値から出発して α を増してゆくときそれは増加関数になるが，$\alpha = 1$ に達する前に $\lambda = -1/(1-\beta)$ をこえるようなことがあれば，それから先はどうなるか我々の理論からはわからない．かかるものがあるならばそれに対応する H の固有値は我々の考えている範囲にはないことになる．

したがって我々の固有値の中例えば S に属するものが，我々の方法で下から順に 1s 1s, 1s 2s, 1s 3s, $\cdots$ なる記号をもつかどうか不明である[65]．H_α の固有値が α が変化するとき，一つが他を追いこしてその上に出るようなことがないことが示されればこの問題は解決するのであるがそれも今の所不明である．

かくして我々の結果は未だ不満足なるものである．

11. ただし H の基底状態が 1s 1s であることだけは証明することができる．なぜならば 6. の $\mathfrak{M}_N$ において $n = 1$（したがって $N = 1$）とすれば $\mathfrak{M}_1$ は一次元で $\chi \in \mathfrak{M}_1$ ($\chi \neq 0$) なら

$$(H\chi, \chi) < -\left(1 + \frac{1}{4}\right)(\chi, \chi)$$

を得る．したがって H の基底状態の固有値は $\left(1 + \frac{1}{4}\right)$ よりも小さい[66]．

他方において H_0 の基底状態の固有値は -2 であり，その上の固有値はすべて

[63] §28.7

[64] このことはわからなくても大して困らないかもしれない．全量子数 n は角運動量を表す s, p, d, $\cdots$ 等の記号に比べれば重要性は少ないから．

[65] 6. において考えた (41.18) の n, ℓ, m はこの問題に直接関係があるのではない．そこでは単に固有値の数を問題にしたにすぎず，そのための方便として (41.18) を考えたにすぎない．

[66] Hylleraas 等によりもっと詳しい上界が与えられていることは周知である．

$-\left(1+\frac{1}{2^2}\right) = -\left(1+\frac{1}{4}\right)$ より小さくない．したがってそれから出発した H_α の固有値[67]はやはり $-\left(1+\frac{1}{4}\right)$ より小さくないから，H の基底状態の固有値に達することはできない．したがって H の基底状態の固有値は同じく H_0 の基底状態の固有値に対応せざるを得ぬ．すなわち記号 1s 1s をもつ．

12. 以上我々の結果は未だ十分とは言えないけれども，とにかくヘリウム原子の operator が確かに固有値を有すること，したがってヘリウム原子が定常状態を有するということだけは数学的に厳密に証明されたのである．

元来ヘリウム原子の Schrödinger Hamiltonian は固有値をもたず，したがってヘリウム原子の定常状態の存在は数学的に導くことができないと推測を抱いている学者の一派があった．例えば Kemble[68] のごときは，微分方程式としての Schrödingier 方程式が，Potential の特異点において十分な正則性をもった解をもたないようにみえる所から，基底状態の存在に疑問をもち，ひいては Coulomb Potential にさえ疑問をもって場合によりこれを修正するのがよいであろうとまで言っている．

我々の結果はかかる疑問を追い払うものであって重要な意味をもつものと思う．特に Coulomb Potential に対する不信用は全然その根拠を失ったと言うことができる．

もちろん Coulomb 力が数学的な意味において，$r \to 0$ なる極限までそのままの形において成立すると考えるのは物理的に愚かなことである．少なくも電子半径程度の大きさの所でそれが修正をうけ，あるいはそれから先は全然その意味を失うというのが真実であろう．けれども実際に $r \to 0$ までそれが成立するものと考えて問題が完全に解ける場合と，適当な cut off を行わないと問題が解けない場合とでは大きな違いがあるのである．第一の場合は問題が実は $r \to 0$ における potential の有様には大して影響されないということを表すのであって，実際には上記のごとき cut off が行われねばならぬに相違ないが，その cut off がどの辺でいかように行われようと，それが r の十分小さい所で行われる限り，結果にほとんど影響がなく，あたかも $r \to 0$ まで同一式の Potential が成立すると考える場合と変わらない結果を与えるということを示すものである[69]．

これに反して，cut off を入れて初めて解が存在し，cut off を行わなければ言わば問題が"発散"するという場合には，cut off の入れ方によって解の性質が本質的に左右されると考えなければならない．したがって cut off を入れて解の存在は保証し得ても，その入れ方によって解は異なり，(ある程度まで) 任意の結果が得られることとなるであろう[70]，かくして問題は解けたこととは見なし得ないわけであって，与えられた operator は不完全なるものと見なさなければならなくなる．

この意味において，我々の結果が Coulomb 力を修正する必要がないことを示し

---

[67] それは α の増加関数である！

[68] The Fundamental Principle of Quantum Mechanics, 210–11 (参考文献[5])．

[69] このことは物理的直観にはほとんど自明のことと思われるが，厳密な証明を与えることもできる．しかしここには省略する．

[70] たとえば cut off の入れ方により任意の固有値が現れ得るようなことになろう．

得たことは，物理的にも重要な意味を有するのである．

13. 尚前にも注意した通り (§37.3)，我々は固有値したがって固有関数の存在を証明したけれども，このことは固有関数が微分方程式としてのSchrödinger方程式を（例えばCoulomb力の特異点以外の到る所で）満足することを必ずしも意味するものではない．これは大いにありそうなことではあるけれども[71)19)]，一般的な理論からは導くことができない．我々の主張し得ることは，固有関数が $\mathfrak{D}(\mathfrak{r})$ に属するということ，したがってそれが定理35.1のごとき関数であり，ほとんど到る所 微分方程式を満足するということだけである．したがってCoulomb Potentialの特異点以外にも，微分不可能なる点が存在しているかもしれないのである．

水素類似原子の場合には，問題をexplicitに解いてみなくても，固有関数は $r=0$ を除いて到る所微分方程式を満足せねばならないことを示すことができた (§40)．しかしそこで用いた論法はすでにヘリウム原子の場合には適用しないのである．ヘリウム原子の場合にこの問題に解答を与えるためにはさらに特殊な研究を必要とする．

したがってKemble等の言うごとく，微分方程式 に解が存在しないということはあるいは事実であるかもしれない．たとえそれが事実であっても，このことは理論的にも実用的にも 何等の障害となるものではない．理論的には我々の示したごとく固有関数は実際に存在しているのであり，それは微分方程式の解ではないにしても，ともかく微分方程式により一義的に決定されたものなのである（なんとなれば我々のSchrödinger operatorはこの微分方程式から一義的に定まったのであるから）．Kemble等が困難を感じたのは，固有関数は微分方程式の解でなければならぬと考えて問題を狭く扱いすぎたために他ならない．また実用上から考えても同じことである．たとえ固有関数が微分方程式を満足することが示されたとしても，水素類似原子の場合のごとくそれをexplicitに正確に解くことができる自信を有する人はあるまい．だとすれば我々はいずれにせよ適当な近似法をもって問題を解く他ないのであるが，そのためには真の固有関数が到る所で微分方程式を満足するか，あるいはほとんど到る所で満足するかということはどうでもよいことになるわけである．むしろそんなことよりも，十分な解析性を有する関数の集合 $\mathfrak{D}^*$ が H のquasi-domainであるということの方が実用上はるかに重要な意義をもつであろう．なぜなら任意の固有関数 φ $(H\varphi = \lambda\varphi)$ に対して

$$\varphi_n \to \varphi, \quad H\varphi_n \to H\varphi, \quad (n \to \infty), \quad \varphi_n \in \mathfrak{D}^*$$

なる φ_n $(n=1,2,\cdots)$ があるのだから

---

19) 傍注 71) にもかかわらず，以下原文の通りとする．

71) その後の研究によればこれは確実らしい．
　確かにそうなることが判明した．
　したがって以下は訂正する方がよい．
　[編注 傍注35)．脚注14)参照．]

$$(H\varphi_n, \varphi_n) \to (H\varphi, \varphi) = \lambda(\varphi, \varphi) = \lambda$$

なる関係により，固有関数も固有値も，$\mathfrak{D}^*$ の関数を用いて任意の近似度において求められることになるからである．

14. Hylleraas 等によるヘリウムの基底状態のエネルギーの計算も同様な方法である．この方法は始めから実験との良い一致を示した点で有効であったが，その理論的基礎は我々の結果によって初めて与えられるのである．

周知の通り変分法による問題の取扱いには，最低の固有値が実際に存在するということが既知でない限り無意味である[72]．Hylleraas 等の方法はこの最低の固有値の存在を仮定しているのであって，その存在の証明は別に与えられねばならぬのである．Kemble 等の疑ったように最低固有値が存在せぬならば Hylleraas 流の計算はうそであると言わねばならぬのである．

我々の結果によりこの方法の正当性が保証されるとともに，その実験値との良好な一致は Schrödinger 方程式が正しいものであること，特に Coulomb 力が正しいものであることを証明するものであるということができる．我々の理論はそれに対する内的な基礎を与え，Hylleraas 等の結果はその外的支持を与えるものと言うべきであろう．

§42 Dirac の相対論的波動方程式

1. 今まで我々は Schrödinger Hamiltonian ばかりを考えてきたが，今度は順序として Dirac の相対論的 Hamiltonian を考えることにする．

元来 Dirac の波動方程式は相対論的な要求から生まれたものであり，したがって x, y, z, t の四次元空間において考えなければその本質に沿わないわけであるけれども，水素原子のエネルギーを求めるごとき場合，時間を考えないで取り扱うことができるのは周知の通りである．かく時間を考えずに取り扱うときは Dirac の Hamiltonian operator を考えることができ，これは今までと同様一つの Hilbert 空間の operator と考えることができる．

我々はこの Dirac operator が hypermax. なることを示し，関連する二三の問題を論ずることにする．実はこの問題には explicit な解が得られており，その hypermax. なることはそれより知られるわけであるが，直接の簡単な証明を与えることも無意味ではないであろう．また我々の方法によれば Schrödinger operator の場合との相違がどこにあるかを明瞭に知ることができて，いわゆる"境界条件"に関する従来の不明瞭な事柄に光明を与えることができる（次§）．

[72] cf. Kemble: p.208 （参考文献[5]）．

2. 水素原子に対する Dirac の Hamiltonian は形式的に

(42.1)
$$H = c(\vec{\alpha}\mathfrak{p}) + mc^2\beta - \frac{e^2}{r}$$
$$= \frac{1}{i}c\hbar(\vec{\alpha}, \text{grad}) + mc^2\beta - \frac{e^2}{r}$$

で表される.ただし $\vec{\alpha} = (\alpha_x, \alpha_y, \alpha_z)$ および β は 4 行 4 列の matrix で

$$\alpha_x = \begin{pmatrix} 0 & 0 & 0 & 1 \\ 0 & 0 & 1 & 0 \\ 0 & 1 & 0 & 0 \\ 1 & 0 & 0 & 0 \end{pmatrix}, \quad \alpha_y = \begin{pmatrix} 0 & 0 & 0 & -i \\ 0 & 0 & i & 0 \\ 0 & -i & 0 & 0 \\ i & 0 & 0 & 0 \end{pmatrix},$$

$$\alpha_z = \begin{pmatrix} 0 & 0 & 1 & 0 \\ 0 & 0 & 0 & -1 \\ 1 & 0 & 0 & 0 \\ 0 & -1 & 0 & 0 \end{pmatrix}, \quad \beta = \begin{pmatrix} 1 & 0 & 0 & 0 \\ 0 & 1 & 0 & 0 \\ 0 & 0 & -1 & 0 \\ 0 & 0 & 0 & -1 \end{pmatrix}$$

なる形をもつ.

今長さの単位を Compton 波長 $\hbar/mc$,エネルギーの単位を電子の静止質量 mc^2 に選ぶと (42.1) は簡単に次のようになる:

(42.2)
$$H = \frac{1}{i}(\vec{\alpha}, \text{grad}) + \beta - \frac{b}{r} = (\vec{\alpha}, \mathfrak{p}) + \beta - \frac{b}{r}.$$

今度は $\mathfrak{p} = \frac{1}{i}\text{grad}$ とおいてある.b は

(42.3)
$$b = \frac{e^2}{c\hbar} = \frac{1}{137}$$

であっていわゆる微細構造常数に等しい[73]).

[73]) 水素以外の場合は $b = \frac{Ze^2}{c\hbar} = \frac{Z}{137}$ となる.Z は原子番号である.

3. 波動関数は四つの成分をもち,これを $\varphi_k(\mathfrak{r})$ $(k = 1, \cdots, 4)$ とすれば

(42.4)
$$\int \sum_{k=1}^{4} |\varphi_k(\mathfrak{r})|^2 d\mathfrak{r} = 1$$

のごとく規格化されたものが物理的な意味をもつ.したがって今までの場合との類似により

(42.5)
$$\int \sum_{k=1}^{4} |\varphi_k(\mathfrak{r})|^2 d\mathfrak{r} < \infty$$

[74)] [S] 30.

なるごときあらゆる $\varphi_k(\mathfrak{r})$ $(k = 1, \cdots, 4)$ の集合を考えるのが至当である．かかる $\varphi_k(\mathfrak{r})$ の集合は Hilbert 空間をなすことが知られている[74]．以下これを $\mathfrak{H}$ で表すことにする．

$\varphi_k(\mathfrak{r})$ $(k = 1, \cdots, 4)$ なる四成分を表すベクトルを $\boldsymbol{\varphi}(\mathfrak{r})$ で表すのが便利である．而して各点 $\mathfrak{r}$ において

$$(42.6) \qquad \boldsymbol{\varphi}(\mathfrak{r}) \cdot \boldsymbol{\psi}(\mathfrak{r}) = \sum_{k=1}^{4} \varphi_k(\mathfrak{r}) \overline{\psi_k(\mathfrak{r})}$$

と書き，

$$(42.7) \qquad (\boldsymbol{\varphi}, \boldsymbol{\psi}) = \int \boldsymbol{\varphi}(\mathfrak{r}) \cdot \boldsymbol{\psi}(\mathfrak{r}) d\mathfrak{r}$$

なる記号を用いる．後者は $\mathfrak{H}$ におけるスカラー乗積である．

(42.5) により $\varphi_k(\mathfrak{r}) \in \mathcal{L}^2(\mathfrak{r})$ $(k = 1, \cdots, 4)$ であるから，§32 によりその $\mathfrak{p}$ 表示が存在する．これを $\Phi_k(\mathfrak{p})$ とする：

$$(42.8) \qquad \varphi_k(\mathfrak{r}) \sim \Phi_k(\mathfrak{p}), \qquad (k = 1, \cdots, 4).$$

$\Phi_k(\mathfrak{p})$ $(k = 1, \cdots, 4)$ を成分とするベクトルを $\boldsymbol{\Phi}(\mathfrak{p})$ と書き，前のごとく

$$(42.9) \qquad \boldsymbol{\Phi}(\mathfrak{p}) \cdot \boldsymbol{\Psi}(\mathfrak{p}) = \sum_{k=1}^{4} \Phi_k(\mathfrak{p}) \overline{\Psi_k(\mathfrak{p})},$$

$$(42.10) \qquad (\boldsymbol{\Phi}, \boldsymbol{\Psi}) = \int \boldsymbol{\Phi}(\mathfrak{p}) \cdot \boldsymbol{\Psi}(\mathfrak{p}) d\mathfrak{p}$$

と書く．(42.8) により

$$\int \varphi_k(\mathfrak{r}) \overline{\psi_k(\mathfrak{r})} d\mathfrak{r} = \int \Phi_k(\mathfrak{p}) \overline{\Psi_k(\mathfrak{p})} d\mathfrak{p}, \qquad (k = 1, \cdots, 4)$$

であるから (42.6), (42.7), (42.9), (42.10) により

$$(42.11) \qquad (\boldsymbol{\varphi}, \boldsymbol{\psi}) = (\boldsymbol{\Phi}, \boldsymbol{\Psi})$$

が成り立つ．我々は $\boldsymbol{\Phi}(\mathfrak{p})$ を $\phi(\mathfrak{r})$ の $\mathfrak{p}$ 表示と呼び，これを

$$(42.12) \qquad \boldsymbol{\varphi}(\mathfrak{r}) \sim \boldsymbol{\Phi}(\mathfrak{p})$$

なる記号で表す. $\boldsymbol{\Phi}(\mathfrak{p})$ の全体をもやはり $\mathfrak{H}$ と書く.

4. まず運動エネルギー operator

(42.13) $$T = (\vec{\alpha}\mathfrak{p}) + \beta$$

を考える. 我々はこれを次のごとく定義する. $\mathfrak{p}$ 表示において T は

(42.14) $$T\boldsymbol{\Phi}(\mathfrak{p}) = p_x\alpha_x\boldsymbol{\Phi}(\mathfrak{p}) + p_y\alpha_y\boldsymbol{\Phi}(\mathfrak{p}) + p_z\alpha_z\boldsymbol{\Phi}(\mathfrak{p}) + \beta\boldsymbol{\Phi}(\mathfrak{p})$$

により定義される. ただし T の domain は (42.14) の右辺が $\mathfrak{H}$ に属するごとき $\boldsymbol{\Phi}(\mathfrak{p}) \in \mathfrak{H}$ の全体より成るものとし, これを $\mathfrak{D}(\mathfrak{p})$ と書く. その $\mathfrak{r}$ 表示を $\mathfrak{D}(\mathfrak{r})$ と書き, 抽象的には単にこれを $\mathfrak{D}$ とも書く [20].

(42.14) において $\mathfrak{p}$ を固定すれば右辺は $\boldsymbol{\Phi}(\mathfrak{p})$ に 4 行 4 列の matrix を operate したものにすぎない. この matrix を $T_\mathfrak{p}$ と書けば

(42.15) $$T_\mathfrak{p} = p_x\alpha_x + p_y\alpha_y + p_z\alpha_z + \beta.$$

而して (42.14) は

(42.16) $$T\boldsymbol{\Phi}(\mathfrak{p}) = T_\mathfrak{p}\boldsymbol{\Phi}(\mathfrak{p})$$

と書くことができる ($T_\mathfrak{p}$ は単に $\mathfrak{p}$ を固定したときの T に他ならないが, T はその性質上関数としての $\boldsymbol{\Phi}(\mathfrak{p})$ に作用するものだから区別した).

$T_\mathfrak{p}$ は明らかに 4 行 4 列の Hermite matrix であって容易に対角線化することができる. すなわち規格直交の固有ベクトルを $\boldsymbol{X}_\mathfrak{p}^{(k)}$ とすれば ($k = 1, \cdots, 4$)

(42.17) $$T_\mathfrak{p}\boldsymbol{X}_\mathfrak{p}^{(k)} = \pm\sqrt{1+\mathfrak{p}^2}\boldsymbol{X}_\mathfrak{p}^{(k)}, \qquad (k = 1, \cdots, 4)$$

となることは周知の通りである. ただし $k = 1, 2$ に対しては $+$ を, $k = 3, 4$ に対しては $-$ をとる. 規格直交という性質は

(42.18) $$\boldsymbol{X}_\mathfrak{p}^{(k)} \cdot \boldsymbol{X}_\mathfrak{p}^{(\ell)} = \delta_{k\ell}$$

で表される.

---

[20] §33 では, そこの運動エネルギー operator の domain を $\mathfrak{D}$ で表している. しかし, ここの $\boldsymbol{\Phi} \in \mathfrak{D}$ の成分 Φ_k が $\mathfrak{D}$ の関数というわけではない (§42.4 の最後参照).

以上全く $\mathfrak{p}$ を固定していることに注意する．したがって $\mathfrak{p}$ の関数としての $\boldsymbol{X}_{\mathfrak{p}}^{(k)}$ は考えていない．これが $\mathfrak{p}$ の連続関数になるようとることもできるけれども，(42.18) により $\boldsymbol{X}_{\mathfrak{p}}^{(k)}$ は $\mathfrak{H}$ に属しないことを注意せねばならぬ．

任意の $\boldsymbol{\Phi}(\mathfrak{p})$ は $\mathfrak{p}$ を固定すれば $\boldsymbol{X}_{\mathfrak{p}}^{(k)}$ の一次結合として表される：

$$(42.19) \qquad \boldsymbol{\Phi}(\mathfrak{p}) = \sum_{k=1}^{4} \rho_k(\mathfrak{p}) \boldsymbol{X}_{\mathfrak{p}}^{(k)}.$$

同様にして

$$(42.20) \qquad \boldsymbol{\Psi}(\mathfrak{p}) = \sum_{k=1}^{4} \sigma_k(\mathfrak{p}) \boldsymbol{X}_{\mathfrak{p}}^{(k)}.$$

ならば (42.18) により

$$(42.21) \qquad \boldsymbol{\Phi}(\mathfrak{p}) \cdot \boldsymbol{\Psi}(\mathfrak{p}) = \sum_{k=1}^{4} \rho_k(\mathfrak{p}) \overline{\sigma_k(\mathfrak{p})}.$$

また (42.17) により

$$(42.22) \qquad T_{\mathfrak{p}} \boldsymbol{\Phi}(\mathfrak{p}) = \sum_{k=1}^{4} \pm \sqrt{1+\mathfrak{p}^2} \rho_k(\mathfrak{p}) \boldsymbol{X}_{\mathfrak{p}}^{(k)}.$$

したがって

$$(42.23) \quad T_{\mathfrak{p}} \boldsymbol{\Phi}(\mathfrak{p}) \cdot T_{\mathfrak{p}} \boldsymbol{\Phi}(\mathfrak{p}) = (1+\mathfrak{p}^2) \sum_{k=1}^{4} |\rho_k(\mathfrak{p})|^2 = (1+\mathfrak{p}^2) \boldsymbol{\Phi}(\mathfrak{p}) \cdot \boldsymbol{\Phi}(\mathfrak{p}).$$

したがって $\boldsymbol{\Phi} \in \mathfrak{D}$ なる条件は $T_{\mathfrak{p}} \boldsymbol{\Phi}(\mathfrak{p})$ が $\mathfrak{H}$ に属することであるから

$$\int (1+\mathfrak{p}^2) \boldsymbol{\Phi}(\mathfrak{p}) \cdot \boldsymbol{\Phi}(\mathfrak{p}) d\mathfrak{p} < \infty.$$

(42.9) または (42.21) を用いてこれを表せば

$$\int (1+\mathfrak{p}^2) \sum_{k=1}^{4} |\Phi_k(\mathfrak{p})|^2 d\mathfrak{p} < \infty,$$

$$\int (1+\mathfrak{p}^2) \sum_{k=1}^{4} |\rho_k(\mathfrak{p})|^2 d\mathfrak{p} < \infty.$$

そのための必要かつ十分なる条件は

(42.24) $$\int (1+\mathfrak{p}^2)|\Phi_k(\mathfrak{p})|^2 d\mathfrak{p} < \infty, \quad (k=1,\cdots,4),$$

または

(42.25) $$\int (1+\mathfrak{p}^2)|\rho_k(\mathfrak{p})|^2 d\mathfrak{p} < \infty, \quad (k=1,\cdots,4)$$

である．これは $\Phi_k(\mathfrak{p})$ あるいは $\rho_k(\mathfrak{p})$ が $\mathfrak{D}^{\frac{1}{2}}(\mathfrak{p})$ (§33.3) に属することを示す．この点が Schrödinger の運動エネルギーとの大きな相違である．

5. この T が hypermax. なることを示そう．それには

$$(T\boldsymbol{\Phi}, \boldsymbol{\Psi}) = (\boldsymbol{\Phi}, \boldsymbol{\Psi}^*)$$

がすべての $\boldsymbol{\Phi} \in \mathfrak{D}$ に対し成立するごとき $\boldsymbol{\Psi}, \boldsymbol{\Psi}^*$ があれば $\boldsymbol{\Psi} \in \mathfrak{D}, \boldsymbol{\Psi}^* = T\boldsymbol{\Psi}$ でなければならぬことを示せばよい（T が Hermite operator なることは明らかだから）．

(42.22) および (42.21) を用いて上式を書き直せば

$$\int \sum_{k=1}^{4} \pm\sqrt{1+\mathfrak{p}^2}\rho_k(\mathfrak{p})\overline{\sigma_k(\mathfrak{p})}d\mathfrak{p} = \int \sum_{k=1}^{4} \rho_k(\mathfrak{p})\overline{\sigma_k^*(\mathfrak{p})}d\mathfrak{p}.$$

ただし $\boldsymbol{\Phi}, \boldsymbol{\Psi}$ は (42.19), (42.20) で表されるとし，$\boldsymbol{\Psi}^*$ に対しては同様に $\sigma_k^*(\mathfrak{p})$ なる成分を用いる．この式を書きかえれば

$$\int \sum_{k=1}^{4} \rho_k(\mathfrak{p})\bigl(\pm\sqrt{1+\mathfrak{p}^2}\,\overline{\sigma_k(\mathfrak{p})} - \overline{\sigma_k^*(\mathfrak{p})}\bigr)d\mathfrak{p} = 0.$$

これが (42.25) を満足するごとき任意の $\rho_k(\mathfrak{p})$ に対して成立せねばならぬことから，容易に

(42.26) $$\sigma_k^*(\mathfrak{p}) = \pm\sqrt{1+\mathfrak{p}^2}\sigma_k(\mathfrak{p}), \quad (\text{ほとんど到る所！}) \quad (k=1,\cdots,4)$$

が出る．$\sigma_k^*(\mathfrak{p}) \in \mathcal{L}^2(\mathfrak{p})$ であるから $(\boldsymbol{\Psi}^* \in \mathfrak{H}!)$

$$\int (1+\mathfrak{p}^2)|\sigma_k(\mathfrak{p})|^2 d\mathfrak{p} < \infty, \quad (k=1,\cdots,4)$$

となり，$\boldsymbol{\Psi} \in \mathfrak{D}$ となる．したがって (42.26) は

$$\boldsymbol{\Psi}^* = T\boldsymbol{\Psi}$$

なることを示す．

6. 次に Coulomb Potential $-b/r$ が T に対して minor operator になることを示そう．

$-b/r$ の operator としての定義は改めて説明する程のこともない．

(42.23) により $\Phi \in \mathfrak{D}$ なら

$$(42.27) \quad \begin{aligned} \|T\boldsymbol{\Phi}\|^2 &= \int (1+\mathfrak{p}^2)\boldsymbol{\Phi}(\mathfrak{p}) \cdot \boldsymbol{\Phi}(\mathfrak{p}) d\mathfrak{p} \\ &= \int (1+\mathfrak{p}^2) \sum_{k=1}^{4} |\Phi_k(\mathfrak{p})|^2 d\mathfrak{p}. \end{aligned}$$

前述のごとく $\Phi_k(\mathfrak{p}) \in \mathfrak{D}^{\frac{1}{2}}(\mathfrak{p})$ であるから §33.3 の記号を用いて $\int \mathfrak{p}^2 |\Phi_k(\mathfrak{p})|^2 d\mathfrak{p} = \|\sqrt{T_0}\Phi_k\|^2$ である．したがって $\varphi_k \sim \Phi_k$ なら (36.8) により（傍注 30)）

$$\int \frac{1}{r^2} |\varphi_k(\mathfrak{r})|^2 d\mathfrak{r} \leqq 4 \int \mathfrak{p}^2 |\Phi_k(\mathfrak{p})|^2 d\mathfrak{p},$$

$$\int \sum_{k=1}^{4} \frac{1}{r^2} |\varphi_k(\mathfrak{r})|^2 d\mathfrak{r} \leqq 4 \int \mathfrak{p}^2 \sum_{k=1}^{4} |\Phi_k(\mathfrak{p})|^2 d\mathfrak{p}.$$

(42.27) により

$$\int \sum_{k=1}^{4} \frac{1}{r^2} |\varphi_k(\mathfrak{r})|^2 d\mathfrak{r} \leqq 4(\|T\boldsymbol{\Phi}\|^2 - \|\boldsymbol{\Phi}\|^2).$$

よって $\frac{1}{r}$ なる operator は確かに $\mathfrak{D}$ において定義されており

$$(42.28) \quad \left\|\frac{1}{r}\boldsymbol{\varphi}\right\| \leqq 2\sqrt{\|T\boldsymbol{\varphi}\|^2 - \|\boldsymbol{\varphi}\|^2} \leqq 2\|T\boldsymbol{\varphi}\|$$

を得る．

かくして $1/r$ は T に対して minor operator である．相当する γ_0 は (42.28) により (§13.4)

$$(42.29) \quad \gamma_0 \leqq 2$$

を満たす．したがって $\mathfrak{D}$ において定義された operator

$$(42.30) \quad H = T - \frac{b}{r}$$

は $|b| < 1/2$ なら確かに hypermax. である．

尚このとき $\varphi_k \in \mathfrak{D}^*$ $(k=1,\cdots,4)$ なるごとき $\boldsymbol{\varphi}$ の全体を $\mathfrak{D}^*$ で表すことにすれば $\mathfrak{D}^*$ が H の quasi-domain なることは §37 と全く同様にして示されるからここに

は繰り返さない．したがって Schrödinger operator と同様に Dirac operator (42.2) も元来その domain が明確に規定されてはいなかったけれども，ともかくそれが $\mathfrak{D}^*$ において定義されていることは明らかであり，かつそれが Hermite operator なることも承認されている所であるから，再び §37 と同様にして我々の (42.30) は与えられた (42.2) から一義な拡張として定まることが証明される．

このことを以下簡単に (42.2) は hypermax. であると言い，(42.2) は (42.30) と同一の意味を有するものと約束する．

7. 以上の事柄が成立するのは上述のごとく $|b| < 1/2$ なる範囲においてである．我々の b は $1/137$ に等しいからこのことは確かに成立している．すなわち水素原子に対する Dirac 方程式は hypermax. である．

水素以外の場合には核の charge が Ze となるから，b に相当するものは

$$b = \frac{Z}{137}$$

となり $|b| < 1/2$ になるためには $|Z| \leqq 68$ でなければならぬ[21]．

したがって我々の結果は $Z > 69$ なる原子に対しては失敗する．もちろんそのとき H が hypermax. でないというのではないが，第4章の一般論においては，H_α の hypermax. なるべき α の範囲を与える explicit な条件は $|\alpha| < 1/\gamma_0$ だけしか知られていないから，これ以上のことを主張するにはさらに詳細な研究をしなければならないのである．

かくして我々の方法はこの場合には Schrödinger operator の場合程満足な結果を与えない．

§43 境界条件について

1. 量子力学においては固有値問題を解くに当たり種々の条件：連続性の条件や境界条件等が課せられる．我々はこれらを一括して境界条件と呼ぶことにし，我々の立場からこの問題を研究する．

我々のごとく抽象 Hilbert 空間において問題を取り扱いその中で与えられた Hermite operator もしくは hypermax. operator に対して固有値問題を考える立場に

---

[21] ここまでの結果は加藤先生の著書[63] の Chapter V, Theorem 5.10 に書かれている．さらにに引き続く Remark では，同書 Chapter 6 の form の理論を使うと，ある集合の上での essential hypermax. という形で，$|b| < 2/\pi$ したがって $|Z| \leqq 87$ まで改良できることが述べられている．その後山田修宣氏（参考文献[80]）が $|b| < \sqrt{3}/2$ したがって $|Z| \leqq 118$ まで改良されることを示している．

立てばもちろん境界条件のごときものは考える必要もなければ考える余地もない．$H\varphi = \lambda\varphi$ が解をもてばそれが固有値および固有元素を与えるのだし，解がなければ固有値もないだけのことである．

抽象 Hilbert 空間でなく，本章におけるがごとく関数空間 $\mathcal{L}^2(\mathfrak{r}_1, \cdots, \mathfrak{r}_s)$ において考える場合においても，一度 operator H が与えられてしまえば事情は全く同様であって，境界条件を改めて考える余地はない．

境界条件を考えねばならぬのは次の二つの場合においてである：

i) 何らかの方法により[75)]Hermite operator を定義しようとする場合に，その Hermite 性を保証するためにはその domain を適当に制限せねばならぬ場合が多い．このとき境界条件を用いてこの制限を加えることが多い．

ii) ある Hermite operator（特に hypermax. operator）の固有値問題 $H\varphi = \lambda\varphi$ が関数空間において微分方程式の形をとる場合が多いが，しかし多くの場合この微分方程式それだけでは $H\varphi = \lambda\varphi$ と同等ではない．したがって微分方程式の解がそのまま $H\varphi = \lambda\varphi$ の解になるのではない．微分方程式の解の中から $H\varphi = \lambda\varphi$ の解を選択するに当たって一つの標準を与えるのが境界条件である[§)]．

2. 我々が以下主に問題にするのは ii) の場合であるが，その前に i) について簡単に注意する．周知の通り有限の領域で考える問題においては境界条件が大きな役割をもつことは古典物理学以来変わりがない．我々の原子の問題においては考える空間は無限に拡がり，境界というものがないから，境界条件は無限遠における関数の有様と，potential の特異点におけるその有様とが主なるものとなる．まず波動関数が $\mathcal{L}^2(\mathfrak{r})$ に属さねばならぬということが，これらの点における一つの境界条件を与える．さらに (31.1) あるいは (31.2) のごとき微分 operator が与えられた場合，それに Hermite 性を与えるためにも境界条件が要る．

[75)] 多くの場合微分 operator を元として．

[§)] **欄外コメント** 原ノートのここの頁と次の頁の欄外に，心覚えのメモかもしれないコメントが一つずつ置かれている．それらを以下 [†)], [‡)] として再現する．

[†)]Bethe(Handb. d. Phys. S.278)（参考文献[10] 278 頁）は Radial wave function R $(u = R(r)\cdot Y(\theta,\phi))$ が $r = 0$ で有限 という条件を用いて水素原子の解を求めている．それに対する根拠はあげていない．

Bethe は相対論的方程式の解においてもこの辺ぼんやりしている．$r = 0$ で ∞ になることは注意しているがそれに対して何も注釈していない．

[‡)]Pauli(Handb. d.Phys.) は Operator の Hermite 性を根拠にしてかなり詳しく論じている（p.121 以下）．その結果
1 次元の問題では $\partial u/\partial x$ および u は連続（ただし磁場は省略する）．
3 次元の問題では $u = \bar{u}/r^\alpha$ （$\bar{u}$ regular）とすれば $\alpha < 1$ でなければならぬ.
（このとき u は実は有界でなければならぬ事を Pauli は知らない）

しかし Pauli は上の本で Neumann の理論をかなり詳しく紹介している (S.129–30, 142–3.)．特に hypermax. でない例 $\left(0 \leqq x < \infty \text{ の } \frac{1}{i}\frac{\partial}{\partial x}\right)$ についても詳しく述べているにもかかわらず operator の hypermaximality を特に要求していないのはなぜだろうか？

例えば一個の粒子に関する問題において §35 に述べたような関数

(43.1) $$\varphi = \frac{e^{-ar}}{r}$$

のごときは $\mathcal{L}^2(\mathfrak{r})$ に属するし，また $r = 0$ を除き到る所微分可能でもあり，さらに $\nabla^2 \varphi$ も $\mathcal{L}^2(\mathfrak{r})$ に属するのであるから，少なくも自由粒子の場合にはこれを Hamiltonian H の domain に入れてもよさそうに思われるが，かかるものを許すときは H の Hermite 性が失われるので H の domain には入れないのである．かくのごとく operator が単に形式的な微分 operator として与えられているとき，それから Hermite operator を作り出すときには適当な方法によってその domain を制限せねばならぬことになる．境界条件はかかる場合に用いられるわけであって，現在の例においては例えば φ が $1/r$ の程度において ∞ になることは許されないとするごときがその一例である．

3. しかし我々は原子等の問題においてすでに H を完全に規定してそれが hyper-max. であることも証明したのであるから，i) の問題は大して重要でない．実用上重要なのは ii) の場合である．理論的には固有値問題は $H\varphi = \lambda\varphi$ で表され，他に何の注釈も要らないわけであるけれども，実際上にはそう簡単にはゆかない．手近な例で言えば，水素原子の固有値を求めるに当たり，我々は差し当たり $H\varphi = \lambda\varphi$ を解くのに H を微分 operator と見なすわけである（それが正しいことは §40 で示した）．固有関数は $r = 0$ を除き到る所微分方程式を満たさねばならぬということは既知である (§40)．あるいはそれが既知でないとしても，そのように仮定して取り掛かるのが当然の方法である．けれども微分方程式の解がすべて $H\varphi = \lambda\varphi$ の解でないことは言うまでもない．したがって微分方程式の解の中から $H\varphi = \lambda\varphi$ の解をえり分けるには何らかの標準がなければならぬ．これが境界条件に他ならない．

その場合まず必要な条件として $\varphi \in \mathcal{L}^2(\mathfrak{r})$ が要ることは言うまでもない．さらにもっと詳しく，$\varphi \in \mathrm{dom}\, H$ なることも必要である．逆に $\varphi \in \mathrm{dom}\, H$ で φ が微分方程式を満足すれば，それが $H\varphi = \lambda\varphi$ の解になることも大いなる困難なくして確かめられる．したがって微分方程式の解から $H\varphi = \lambda\varphi$ の解を選び出す基準は $\varphi \in \mathrm{dom}\, H$ なることである[76]．

よって $\varphi \in \mathrm{dom}\, H$ を境界条件と称することにすれば，これが必要かつ十分なる条件であるから，これは完全な境界条件であると言い得る．

しかしながら従来は $\mathrm{dom}\, H$ が完全に知られていなかったのでかかる完全なる境界条件を与えることができずあるいは憶測により，あるいはうまい結果を得んがために ad hoc に適当な境界条件を付してきたのである．この意味において従来の境

[76] このことは水素の場合と限らず一般に成立する．ただし微分方程式の解で $\varphi \in \mathrm{dom}\, H$ なるものがないかもしれない．そのときはこの条件は結局使われないわけである．

界条件（連続条件その他も含む）は不完全なるのみならず，また無根拠でもあったのである．

我々の $\varphi \in \text{dom}\, H$ は完全でありかつ確実な根拠の上に立つのであるけれども，$\text{dom}\, H$ そのものは簡単な性質をもっていないから，実用上はさらにもっと利用しやすい条件でおきかえることが望ましい．もちろんそうすれば必要かつ十分なる境界条件を与えることはできないであろうが，必要条件および十分条件は別々に与えることができることは言うまでもない．かかる条件は完全ではないかもしれないがしかし確実な根拠を有するのであって，従来の条件とは出発点を異にするわけである．

4. 我々の $\text{dom}\, H$ は $\mathfrak{p}$ 表示においては (33.7) で表される（Schrödinger operator の場合）．それが $\mathfrak{H}$ に属することを同時に explicit に表そうとすれば

$$(43.2) \qquad \int \cdots \int (1 + \mathfrak{p}_1^2 + \cdots + \mathfrak{p}_s^2)^2 |\Phi(\mathfrak{p}_1, \cdots, \mathfrak{p}_s)|^2 d\mathfrak{p}_1 \cdots d\mathfrak{p}_s < \infty$$

とすればよい．これが完全なる境界条件に他ならない．

あるいはまた $\mathfrak{r}$ 表示で考えれば $\text{dom}\, H$ は定理 35.1 で表される．この方は (43.2) よりもさらに厄介であるから，差し当たり (43.2) について考えることにしよう．

(43.2) は $\Phi(\mathfrak{p}_1, \cdots, \mathfrak{p}_s)$ が $\mathfrak{p}$ 空間の遠方で十分早く 0 になることを表しているが，どのように 0 になるかということは言い難く，単にこれを (43.2) で表すより他ない．しかしそのための必要条件や十分条件をいくつか与えることはもちろん可能である．あるいは $\Phi(\mathfrak{p}_1, \cdots, \mathfrak{p}_s)$ が実際求まるなら (43.2) により直接それが採用すべきものかどうかを決定することができる．

特に (43.2) は Coulomb 力の存在およびその強さには無関係であることに注意せねばならなぬ（これは V が T に比し minor operator なることの当然の結果である）．したがってこの条件は $\mathfrak{p}$ 空間においてはもちろん，$\mathfrak{r}$ 空間においても並進，および回転に対して不変である．特に注意すべきことは

(43.3) 　　Coulomb Potential の特異点において特別の境界条件は存在しない

ということである．かかる特異点もその他の点も全く同一の条件下にある．

もちろん固有関数が Coulomb Potential の特異点において，その他の点よりも多くの特異性を示すことはあり得ることであるが，それは微分方程式そのものから来る結果である．かかる特異性といえどもそれは $\text{dom}\, H$ の関数が任意の点で所有することを許される特異性にすぎないのであって，Coulomb Potential の特異点だからそれだけの特異性をもってよい，という理由によるのではない．たまたまその他の点における特異性がより少なかったというだけのことにすぎない．

以上一般の場合について若干の注意を加えたが，一般には微分方程式そのものが困難で解けないのだから，境界条件を問題にせねばならぬ場合は実際上存在しない．そこで以下水素類似原子の Schrödinger operator および Dirac operator の場合につき詳しく論ずる．

5. まず水素類似原子の Schrödinger 方程式の場合を考えれば，$s=1$ なるために $\mathrm{dom}\,H$ は特に簡単なる性質をもつ：§33.4 に述べた通り $\mathrm{dom}\,H$ の関数は有界かつ一様連続でなければならない．これが一つの必要なる境界条件を与えるものである[77]（もちろん $r=0$ を含めて有界かつ一様連続なることに注意）．この有界という条件は Schrödinger が初めて与えたものであって歴史的に有名なものである．これを Schrödinger の条件と呼ぶことにしよう．すなわち Schrödinger の条件が正しかったことが（結果からでなく演繹的に！）証明された．

しかしかかる性質はヘリウムの場合にはすでに存在しない．したがってヘリウムに対して Schrödinger の条件を設定することは恐らく正しくないであろう．

6. 次に Dirac operator の場合を考えると，$\mathrm{dom}\,H$ は $\mathfrak{D}$ に他ならないから，その条件は (42.24) で与えられる[78]：

$$(43.4) \qquad \int (1+\mathfrak{p}^2)|\Phi_k(\mathfrak{p})|^2 d\mathfrak{p} < \infty \qquad (k=1,\cdots,4).$$

ただし $Z \leqq 68$ と仮定する．

(43.4) は (43.2) よりはるかに弱いものであることを注意せねばならぬ．したがって今度は $\varphi_k(\mathfrak{r})$ が有界という条件は出てこない！実際上の条件を満足して $r\to 0$ のとき $\varphi_k(\mathfrak{r}) \to \infty$ となることが可能である．しかし $\mathfrak{D}$ においては $1/r$ なる operator は定義されているのであるから，$\varphi_k(\mathfrak{r})$ は $r^{-1/2}$ 以上の速さで ∞ になることは許されない．

したがって Schrödinger の条件は成立せず，例えば上のごとき条件でこれをおきかえなければならない．

実際に Dirac operator の基底状態の固有関数は $r \to 0$ のとき ∞ になることが知られている．その程度を $r^{-\rho}$ とすれば

$$\rho = 1 - \sqrt{1-\left(\frac{Z}{137}\right)^2}$$

で与えられている．これが $< 1/2$ となる条件は $|Z| \leqq 118$ である．したがって我々の仮定 $Z \leqq 68$ なら確かに上の条件は満足されている．

逆に $Z \leqq 68$ なら我々の方法で $\rho < 1/2$ を予言することができるのであるが，$Z > 68$ のときにはもちろん何事も主張できない．

[77] その他多くの必要条件，十分条件をあげることができるが煩わしいから略す．直接定理 35.1 を用いるのがかえって簡単であろう．

[78] この場合も (43.2) を $\mathfrak{r}$ 表示で表せば定理 35.1 と同様に表すことができる．その定理における $\partial^2\varphi/\partial x^2$ 等を $\partial\varphi/\partial x$ でおきかえればよい．

尚 $Z \geqq 119$ なら $\rho \geqq 1/2$ となるから, H は hypermax. であるとしてもその domain は我々の $\mathfrak{D}$ と一致しないか, もしくは相当する "固有関数" を棄てねばならぬかのいずれかである.

Dirac operator の場合には Z の値に従い種々性質が変わることは注目すべき所である. これは運動エネルギー T が $\mathfrak{p}$ と同程度であって $\mathfrak{p}^2$ と同程度でないことによるのであろう.

7. 我々は $\operatorname{dom} H$ を完全に知っているから, 従来の諸家の与えた境界条件が正しいかどうかを批判することができる.

まず, Schrödinger の条件が水素類似原子に対しては正しいことは前述の通りであり, またそれが Dirac 原子に対しては正しくないことも述べた. これらのことは周知の事実であるが, それは結果から知られていたにすぎない. その本質的な理由は従来不明であった. 我々の立場からそれが明らかになったと言うことができると思う.

近頃境界条件に対し種々の議論をなしているのは Kemble [79] である. Kemble はその著書において実に種々雑多なる境界条件を与えている. しかもその数の多いこと, 煩瑣なることは誠に驚くべきものがあるが, それらが全く無根拠なるに至っては実に何とも言いようがない. その半は尤もらしさの想像から与えられたものであり, 他は結果をうまく得るためにこしらえたものにすぎない. 我々はそれらが正しいかどうか判定することができるが, 大して意味がないことであるからやめておく.

[79] Kemble の本の次の所を見よ：p.78–81, p.125–128, p.197–201 (参考文献[5]).

§44 Zeemann 効果

1. 今まで我々は粒子に働く力としては Coulomb 力だけしか考えてこなかったが, 今度は磁場が作用する場合を考える. もちろん任意の磁場を考えることは不可能であるから, 応用上最も重要なる場合として, 一様な磁場の働く場合, すなわち Zeemann 効果を取り扱う.

この場合にも任意の原子, 分子, イオンに対する Schrödinger operator が hypermax. になることを証明することができる. 以下この証明が本§の目的である. 尚 Dirac operator の場合にも同様な取り扱いができるがこれは省略することとする.

磁場の方向を z 方向にとり, その強さを A とすればベクトル・ポテンシャルは

$$(44.1) \qquad A_x = -\frac{1}{2} Ay, \qquad A_y = \frac{1}{2} Ax, \qquad A_z = 0$$

で与えられる. $A = 0$ とすれば磁場のない場合であり, 今まで考えてきた場合に他ならないから, 後者は Zeemann 効果の特別な場合と見なされるわけであり, Zeemann

効果を論じておけば特にやる必要はないように思われるが，実は $A \neq 0$ と $A = 0$ とでは operator に本質的な相違があるので，別々に取り扱う必要があるのである．

まず今度は重心の運動を分離することができないから，相対座標でなく，絶対座標について考えねばならなくなる．したがって形式的 Schrödinger operator は (31.1) に相当して

$$(44.2) \quad H = \sum_{i=1}^{s} \beta_i \left\{ \left(\frac{1}{i}\frac{\partial}{\partial x_i} + e_i \frac{A}{2} y_i\right)^2 + \left(\frac{1}{i}\frac{\partial}{\partial y_i} - e_i \frac{A}{2} x_i\right)^2 + \left(\frac{1}{i}\frac{\partial}{\partial z_i}\right)^2 \right\} + \sum_{i<j}^{1,s} \frac{e_{ij}}{r_{ij}}.$$

ただし今度は粒子の数を始めから s とした[80]．

[80] e_i, e_{ij} 等は独立な量と見なす．

もちろん z 方向の重心の運動だけは分離することができる．これを分離すれば残りは同様な式にさらに (31.2) における β_0 の項に相当する項の中 z 成分だけが現れて，形がやや複雑になるだけである．取り扱いはそのような項があってもなくても全く同様にできるから，簡単のため分離を行わない式 (44.2) について以下考察することとする．

(44.2) を二つの部分に分け

$$(44.3) \quad \begin{cases} H = T' + V : \\ T' = \sum_{i=1}^{s} \beta_i \left\{ \left(\frac{1}{i}\frac{\partial}{\partial x_i} + e_i \frac{A}{2} y_i\right)^2 + \left(\frac{1}{i}\frac{\partial}{\partial y_i} - e_i \frac{A}{2} x_i\right)^2 + \left(\frac{1}{i}\frac{\partial}{\partial z_i}\right)^2 \right\} \\ V = \sum_{i<j}^{1,s} \frac{e_{ij}}{r_{ij}} \end{cases}$$

とする．

我々の方法は T'（の一義的な拡張）が hypermax. なることを示し，それに対して V が minor operator なることを示して目的を達するもので，§31〜§37 と同様に進行する．

2. まず 2 次元の問題：

$$(44.4) \quad \begin{aligned} T_2' &= \left(\frac{1}{i}\frac{\partial}{\partial x} + e\frac{A}{2} y\right)^2 + \left(\frac{1}{i}\frac{\partial}{\partial y} - e\frac{A}{2} x\right)^2 \\ &= -\frac{\partial^2}{\partial x^2} - \frac{\partial^2}{\partial y^2} + \frac{eA}{i}\left(y\frac{\partial}{\partial x} - x\frac{\partial}{\partial y}\right) + \frac{e^2 A^2}{4}(x^2 + y^2) \end{aligned}$$

から出発する．A の一次の項がなければこれは 2 次元の対称な振動子の式であり，A の一次の項は z 軸のまわりの角運動量の成分に比例するからこれら両部分は可換である（その詳しい意味は §39.4 参照）．かつ T_2' の固有値問題は explicit に解くこと

もできて，T'_2 は点スペクトルのみをもち，その固有関数は 2 次元の Hermite 直交関数系[81]) の一次結合で表され，それが完全直交系をなすことは容易に知れる所である（§39.4 と同様）．

したがって T'_2 は少なくとも $\mathfrak{D}^*(x,y)$ において定義しておけば essentially hypermax. であり，その一義的な拡張を再び T'_2 で表すことにすれば，T'_2 は $\mathfrak{D}^*(x,y)$ を quasi-domain にもつ．

[81] 詳しく言えば Hermite 直交関数において argument を $e\dfrac{A}{\sqrt{2}}x$ 等としたるもの．

3. 次に T'_2 のごとき operator を各粒子に対して作ってその和をとる：

$$(44.5) \qquad T'_{2s} = \sum_{i=1}^{s} \beta_i \left\{ \left(\frac{1}{i}\frac{\partial}{\partial x_i} + \frac{e_i A}{2} y_i \right)^2 + \left(\frac{1}{i}\frac{\partial}{\partial y_i} - \frac{e_i A}{2} x_i \right)^2 \right\}.$$

これに対し第 2 章の変数分離の理論があてはまる[82])．(44.5) の各 summand は前述によりそれぞれの $\mathcal{L}^2(x_i, y_i)$ において hypermax. で $\mathfrak{D}^*(x_i, y_i)$ を quasi-domain に有するから，その和[83]) たる T'_{2s} も $\mathcal{L}^2(x_1, y_1, x_2, y_2, \cdots, y_s)$ において hypermax. で，$\{\mathfrak{D}^*(x_1, y_1) \cdot \mathfrak{D}^*(x_2, y_2) \cdot \cdots \cdot \mathfrak{D}^*(x_s, y_s)\}$ を quasi-domain にもつ．§34, V. によれば

[82] 定理 9.1.

[83] "和" は定理 9.1 のごとき意味にとる．

$$\mathfrak{D}^*(x_1, y_1, \cdots, x_s, y_s) \supset \{\mathfrak{D}^*(x_1, y_1) \cdot \cdots \cdot \mathfrak{D}^*(x_s, y_s)\}$$

であり，T'_{2s} が $\mathfrak{D}^*(x_1, y_1, \cdots, x_s, y_s)$ において定義されていることは明らかであるから，$\mathfrak{D}^*(x_1, y_1, \cdots, x_s, y_s)$ は T'_{2s} の quasi-domain である．

4. 他方 z 座標に関する T' の部分[84])：

$$\sum_{i=1}^{s} \beta_i \left(\frac{1}{i}\frac{\partial}{\partial z_i} \right)^2 = \sum_{i=1}^{s} \beta_i p_{iz}^2$$

[84] 重心の z 軸方向の運動を分離しておけば，項の数が一つ減る代わりに product term が現れる．しかし取り扱いは全く同様である．

が hypermax. なることは明らかでありそれが $\mathfrak{D}^*(z_1, \cdots, z_s)$ を quasi-domain にもつことも §34, VIII. と全く同様にして示される．

したがって再び第 2 章の変数分離の定理 9.1 を用いれば，

$$T' = T'_{2s} + \sum_{i=1}^{s} \beta_i p_{iz}^2$$

は $\mathcal{L}^2(\mathfrak{r}_1, \cdots, \mathfrak{r}_s)$ において hypermax. であって[85])，その quasi-domain として $\{\mathfrak{D}^*(x_1, y_1, \cdots, x_s, y_s) \cdot \mathfrak{D}^*(z_1, \cdots, z_s)\}$ をとることができる．再び §34, V. により

[85] T' の意味は定理 9.1 のごとき意味とし，したがって hypermax. となる．

$$\mathfrak{D}^*(\mathfrak{r}_1,\cdots,\mathfrak{r}_s) \supset \{\mathfrak{D}^*(x_1,y_1,\cdots,x_s,y_s)\cdot\mathfrak{D}^*(z_1,\cdots,z_s)\}$$

であり，かつ T' が $\mathfrak{D}^*(\mathfrak{r}_1,\cdots,\mathfrak{r}_s)$ において定義されていることは明らかであるから $\mathfrak{D}^*(\mathfrak{r}_1,\cdots,\mathfrak{r}_s)$ も T' の quasi-domain である．

5. 次に V が T' に対して minor operator であることを示そう．

そのためには定理 36.2 が直ちに役に立つ．同定理によれば $\varphi(\mathfrak{r}_1,\cdots,\mathfrak{r}_s) \in \mathfrak{D}^*(\mathfrak{r}_1,\cdots,\mathfrak{r}_s)$ ならば

$$\left\|\frac{1}{r_{k\ell}}\varphi\right\|^2 \leqq 4\left\|\left(\frac{1}{i}\frac{\partial}{\partial x_\ell}+e_\ell\frac{A}{2}y_\ell\right)\varphi\right\|^2 + 4\left\|\left(\frac{1}{i}\frac{\partial}{\partial y_\ell}-e_\ell\frac{A}{2}x_\ell\right)\varphi\right\|^2 + 4\left\|\frac{1}{i}\frac{\partial\varphi}{\partial z}\right\|^2$$
$$= 4\left\|\left(p_{\ell x}+e_\ell\frac{A}{2}y_\ell\right)\varphi\right\|^2 + 4\left\|\left(p_{\ell y}-e_\ell\frac{A}{2}x_\ell\right)\varphi\right\|^2 + 4\|p_{\ell z}\varphi\|^2.$$

k と ℓ とを交換した式も成立するから加えて 2 で割れば[86]

[86] 前のごとく $0 < \beta_1 \leqq \beta_2 \leqq \cdots \leqq \beta_s$ とする．

$$\left\|\frac{1}{r_{k\ell}}\varphi\right\|^2 \leqq 2\left\|\left(p_{\ell x}+e_\ell\frac{A}{2}y_\ell\right)\varphi\right\|^2 + 2\left\|\left(p_{\ell y}-e_\ell\frac{A}{2}x_\ell\right)\varphi\right\|^2 + 2\|p_{\ell z}\varphi\|^2$$
$$\quad + 2\left\|\left(p_{kx}+e_k\frac{A}{2}y_k\right)\varphi\right\|^2 + 2\left\|\left(p_{ky}-e_k\frac{A}{2}x_k\right)\varphi\right\|^2 + 2\|p_{kz}\varphi\|^2$$
$$\leqq 2\frac{1}{\beta_1}\sum_{i=1}^{s}\beta_i\left\{\left\|\left(p_{ix}+e_i\frac{A}{2}y_i\right)\varphi\right\|^2 + \left\|\left(p_{iy}-e_i\frac{A}{2}x_i\right)\varphi\right\|^2 + \|p_{iz}\varphi\|^2\right\}.$$

$\varphi \in \mathfrak{D}^*$ だからもちろん

$$\left\|\left(p_{ix}+\frac{A}{2}y_i\right)\varphi\right\|^2 = \left(\left(p_{ix}+\frac{A}{2}y_i\right)\varphi,\left(p_{ix}+\frac{A}{2}y_i\right)\varphi\right) = \left(\left(p_{ix}+\frac{A}{2}y_i\right)^2\varphi,\varphi\right)$$

等は成立するから

$$\left\|\frac{1}{r_{k\ell}}\varphi\right\|^2 \leqq \frac{2}{\beta_1}\sum_{i=1}^{s}\left(\beta_i\left\{\left(p_{ix}+e_i\frac{A}{2}y_i\right)^2 + \left(p_{iy}-e_i\frac{A}{2}x_i\right)^2 + p_{iz}^2\right\}\varphi,\varphi\right)$$
$$= \frac{2}{\beta_1}(T'\varphi,\varphi).$$

(44.6) $$\left\|\frac{1}{r_{k\ell}}\varphi\right\| \leqq \sqrt{\frac{2}{\beta_1}}\sqrt{(T'\varphi,\varphi)}.$$

したがって

$$\|V\varphi\| = \left\|\sum_{i,j}^{1,s}\frac{e_{ij}}{r_{ij}}\varphi\right\| \leqq \sum_{i,j}^{1,s}|e_{ij}|\left\|\frac{1}{r_{ij}}\varphi\right\|$$

により

$$(44.7) \qquad \|V\varphi\| \leqq C'\sqrt{(T'\varphi,\varphi)}, \qquad (\varphi \in \mathfrak{D}^*)$$

なる C' がある．

(44.7) は直ちに $\mathrm{dom}\,T'$ 全体に拡張される．その方法は §36.5 と全く同様であるからここには繰り返さない．要するにその方法で

$$(44.8) \qquad \begin{cases} \mathrm{dom}\,V \supset \mathrm{dom}\,T', \\ \|V\varphi\| \leqq C'\sqrt{(T'\varphi,\varphi)}, \qquad (\varphi \in \mathrm{dom}\,T') \end{cases}$$

なる結果が得られる．

6. (44.8) により V は T' に対し minor operator なることがわかるのみならず

$$\|V\varphi\| \leqq C'\sqrt{(T'\varphi,\varphi)} \leqq C'\|T'\varphi\|^{\frac{1}{2}}\|\varphi\|^{\frac{1}{2}}$$

に Schwarz の不等式を用いて

$$\|V\varphi\| \leqq \frac{C'}{2}\Big(\varepsilon\|T'\varphi\| + \frac{1}{\varepsilon}\|\varphi\|\Big)$$

を得る．ここに ε は任意の正数をとってよい．$\dfrac{C'}{2}\varepsilon = \gamma'$ とおけば

$$\|V\varphi\| \leqq \gamma'\|T'\varphi\| + \frac{C'^2}{4\gamma'}\|\varphi\|, \qquad (\varphi \in \mathrm{dom}\,T')$$

となる．したがって §13.4 により V の T' に対する γ_0 は

$$\gamma_0 = 0$$

でなければならぬ（γ' は任意の正数にとり得るから）．すなわちここでも V は T' に比べて "無限に小さい" と見なすことができる．

よって定理 14.1 により，$\mathrm{dom}\,T'$ において定義された operator $T' + \alpha V$ は任意の α に対して hypermax. であるから，特に $\alpha = 1$ とすれば

$$(44.9) \qquad H = T' + V \qquad (\text{その domain は } \mathrm{dom}\,T' \text{ とする})$$

は hypermax. である[87]．

これより §37 と全く同一の方法により，H が $\mathfrak{D}^*$ を quasi-domain に有することが導かれ，したがって元来与えられた operator (44.2) はその domain が明確に規定

---

[87] T' が正値なることは明らかであるから，H は下に有界である．

されていなかったけれども，ともかくそれが $\mathfrak{D}^*$ で定義されていることは何人も承認する所であるから，(44.2) は確かに essentially hypermax. であって，(44.9) を一義的な拡張にもつことがわかる．

この意味において (44.2) は hypermax. であると言っても差し支えなく，我々は以後常に (44.2) を (44.9) と同一の意味に解するものと約束する．

7. 以上の方法は磁場がないときと同様であったが，H の domain に関しては大きな違いがある．今度は $\operatorname{dom} H = \operatorname{dom} T'$ であって，磁場がないときの $\operatorname{dom} H = \mathfrak{D}$ とは異なっている．今度は $\operatorname{dom} H$ を簡単に言い表すことは困難である．特にそれがどの程度まで微分 operator と一致するかということは大切な問題であるが，ここでは立ち入らないことにする．尚 $\operatorname{dom} H = \operatorname{dom} T'$ は A の値によっても変化するであろうと思われる．この辺の所は尚残された問題である．

8. 上の取り扱いにおいては T' に対して V が minor operator であることを利用した．換言すれば operator として V が T' に比べて "小さい" として取り扱ったのである．しかし実際の問題としては，小さいのは実は A を含む項であって，通常はこの項を摂動と見なすわけである．したがって A を含む項がその他の項に比べて minor operator になっていれば，第 5 章の摂動論が適用できて甚だ都合がよいのであるが，実は遺憾ながらそうなってはいない．

したがって我々は Zeemann 効果の Schrödinger operator が hypermax. であることを示し得たに止まり，もっと実際的な問題たる，その固有値が parameter A とともにどう変わるかという問題に対しては，何等の解明を与えることができなかった．この問題はさらに特殊の研究を必要とする．特に A を小さい量として形式的な摂動論を適用する通常の方法が数学的に許し得るかどうか，ということは重要な問題として残されている．我々は次章において第 5 章よりも一般的な摂動論を取り扱うことにするが，その理論は Zeemann 効果に適用することができて[88]，満足な結果を与える (§60)．

[88] ただし水素類似原子の場合で，かつ核の質量を ∞ とした場合．

§45 Stark 効果（水素類似原子）

1. Zeemann 効果についてはそれの operator が任意の原子，分子，およびイオンの場合につき hypermax. であることを示し得たが，Stark 効果の場合には未だこのことを一般に証明することができない．以下水素類似原子の場合について，それが hypermax. になることを証明する．

Zeemann 効果の場合と異なり，Stark 効果においては静電場を表す operator は座標に対して linear であるから重心の運動は容易に分離することができ，重心の運動は

相対座標の運動の式と同型となる[89]．特に中性原子の場合には重心は一様な等速運動をすることは明らかである．したがって相対運動だけを取り扱っておけば十分である．

水素類似原子における相対運動を表す operator は，適当な単位を選べば

$$(45.1) \qquad H = -\nabla^2 - \frac{2}{r} + Ex, \qquad (E \text{ は常数})$$

とすることができる．ただし電場の方向を x 軸にとってある．E は言わば "reduced field" で，電子と核との質量比に関係するが，これは小さいから実際の field と同一視して差し支えない．

H が hypermax. なることを示すには今までと同様，Coulomb Potential $-2/r$ がその他の部分に比べて minor operator であることを利用する．実は Ex が摂動項なのであるからこれが残りの項に比べて minor operator になれば甚だ都合がよいけれども，そうなっていないことは Zeemann 効果の場合と同様である．

$-2/r$ が残りの項に対して minor operator なることの証明は少し面倒である．これを数段に分かつ．

2. まず $-\infty < x < \infty$ なる一次元空間における $\mathcal{L}^2(x)$ において定義された微分 operator

$$(45.2) \qquad T_1 = \frac{1}{i}\frac{\partial}{\partial x}$$

を考える．その p 表示は明らかに $T_1 = p$ となる．したがってその domain として $\int p^2|\Phi(p)|^2 dp < \infty$ なるごとき $\Phi(p) \in \mathcal{L}^2(p)$ をとっておけば T_1 は hypermax. である．$\mathrm{dom}\, T_1$ の x 表示は Stone によれば[90]，$\varphi(x)$ が absolutely continous でかつ $\partial\varphi/\partial x \in \mathcal{L}^2(x)$ なるごとき $\varphi(x) \in \mathcal{L}^2(x)$ より成り，$T_1\varphi = \frac{1}{i}\partial\varphi/\partial x$ となる．

次に一つの実数 a をとり

$$(45.3) \qquad U = e^{iax^3} \times$$

とおけばこれは $\mathcal{L}^2(x)$ における一つの unitär operator を表すことは明らかである．而して

$$(45.3) \qquad T_1' = U^{-1} T_1 U$$

のごとく T_1 を変換すれば，明らかに T_1' も hypermax. であってその domain は T_1 の domain を U^{-1} で変換したものに他ならない．すなわち $\mathrm{dom}\, T_1'$ は

[89] もちろん Coulomb 力がないから尚簡単である．

[90] [S] 441.

$$\psi(x) = e^{-iax^3}\varphi(x), \qquad (\varphi(x) \in \mathrm{dom}\, T_1)$$

なる形の関数から成るから, $\psi(x)$ はとにかく absolutely continuous である. 而して

(45.5)
$$\begin{aligned}
T_1'\psi(x) &= e^{-iax^3}T_1\varphi(x) = e^{-iax^3}\frac{1}{i}\frac{\partial\varphi}{\partial x} \\
&= e^{-iax^3}\frac{1}{i}\frac{\partial}{\partial x}\bigl(e^{iax^3}\psi(x)\bigr) \\
&= \frac{1}{i}\frac{\partial\psi}{\partial x} + 3ax^2\psi(x) = \Bigl(\frac{1}{i}\frac{\partial}{\partial x} + 3ax^2\Bigr)\psi(x)
\end{aligned}$$

となる. $\partial\varphi/\partial x \in \mathcal{L}^2(x)$ なることは (45.5) の右辺が $\mathcal{L}^2(x)$ に属することと同等である. すなわち T_1' の domain は (45.5) の右辺が $\mathcal{L}^2(x)$ に属するごときすべての absolutely continuous な $\psi(x) \in \mathcal{L}^2(x)$ より成り, これに対し T_1' は (45.5) で定義される. 而してかかる T_1' は上述により hypermax. である.

さて再び T_1 に戻りこれを p 空間で考えれば, これは p を乗ずる operator であるから, §34, VIII. と全く同様にして T_1 は $\mathfrak{D}^*(p)$ を quasi-domain にもつ (そこの $P_0(p)$ として $\sqrt{1+p^2}$ をとればよい). x 表示で考えれば T_1 は $\mathfrak{D}^*(x)$ を quasi-domain にもつ. T_1' の domain は $U^{-1}\mathrm{dom}\, T_1$ であるから, T_1' は $U^{-1}\mathfrak{D}^*(x)$ を quasi-domain にもつ. なぜならば $\psi(x) \in \mathrm{dom}\, T_1'$ なら $\psi(x) = U^{-1}\varphi(x)$, $\varphi(x) \in \mathrm{dom}\, T_1$ であるから, $\mathfrak{D}^*(x)$ が T_1 の quasi-domain になるにより任意の $\varepsilon > 0$ に対し

$$\|\varphi(x) - f(x)\| \leqq \varepsilon, \quad \|T_1\varphi(x) - T_1 f(x)\| \leqq \varepsilon, \quad f(x) \in \mathfrak{D}^*(x)$$

なる $f(x)$ がある. すると $g(x) = U^{-1}f(x)$ とおけば

$$\|\psi(x) - g(x)\| = \|U^{-1}(\varphi(x) - f(x))\| = \|\varphi(x) - f(x)\| \leqq \varepsilon,$$

$$\begin{aligned}
\|T_1'\psi(x) - T_1'g(x)\| &= \|U^{-1}T_1 U(U^{-1}\varphi(x) - U^{-1}f(x))\| \\
&= \|T_1(\varphi(x) - f(x))\| \leqq \varepsilon
\end{aligned}$$

となり, $g(x) \in U^{-1}\mathfrak{D}^*(x)$ だから T_1' は $U^{-1}\mathfrak{D}^*(x)$ を quasi-domain にもつ.

しかるに $f(x) \in \mathfrak{D}^*(x)$ なら $g(x) = U^{-1}f(x) = e^{-iax^3}f(x)$ も §34.1 の i), ii) を満足することは明らかであるから, $g(x) \in \mathfrak{D}^*(x)$ である. 逆に $g(x) \in \mathfrak{D}^*(x)$ なら $f(x) = e^{iax^3}g(x)$ も $\mathfrak{D}^*$ に属することが同様にして出る. したがって $U^{-1}\mathfrak{D}^*(x) = \mathfrak{D}^*(x)$ となり, T_1' は $\mathfrak{D}^*(x)$ を quasi-domain にもつことになる.

234　第6章　原子（分子，イオン）の Hamiltonian の研究

3. †)　今度は同じく $-\infty < x < \infty$ における $\mathcal{L}^2(x)$ において微分 operator

$$(45.6) \qquad T_2 = -\frac{\partial^2}{\partial x^2} + Ex, \qquad (E \text{ は実数で 0 でない})$$

を考える．その domain は差し当たり未定としておく[91]．

(45.6) を考える代わりにその p 表示を考えた方が簡単である．そこでは形式的に

$$(45.7) \qquad T_2 = p^2 - \frac{1}{i}E\frac{\partial}{\partial p}$$

となる．しかるにこれは **2.** において考えた T_1' と同型で，ただ x が p になり，常数が変わっているにすぎない．これは

$$(45.8) \qquad T_2 = -E\left(\frac{1}{i}\frac{\partial}{\partial p} - \frac{1}{E}p^2\right)$$

と書きかえて (45.5) と比較すれば明らかである．したがって **2.** の結果により，p 表示において T_2 の domain を

$$\frac{1}{i}\frac{\partial \Phi(p)}{\partial p} - \frac{p^2}{E}\Phi(p) \in \mathcal{L}^2(p)$$

なるごとき absolutely continuous な $\Phi(p) \in \mathcal{L}^2(p)$ と規定すれば T_2 は hypermax. である．あるいは同じことであるが，(45.7) を operate した結果が再び $\mathcal{L}^2(p)$ に属するごとき absolutely continuous な $\Phi(p)$ の全体が T_2 の domain で T_2 は (45.7) で定義せられる（したがって $\mathrm{dom}\, T_2$ の p 表示は大して面倒ではないがとにかく E に依存して変わることを注意する）．而して **2.** により T_2 は $\mathfrak{D}^*(p)$ を quasi-domain にもつ．

p 表示から x 表示に移れば T_2 の x 表示が得られる．その domain は x 表示でどのように表されるかちょっと分からない[92]が，我々はそれを知る必要はない．ともかく $\mathfrak{D}^*(p)$ の x 表示は $\mathfrak{D}^*(x)$ であるから，T_2 は $\mathfrak{D}^*(x)$ を quasi-domain にもち，

---

[91] もちろん T_2 は例えば $\mathfrak{D}^*(x)$ においては定義されている．

[92] 特にほとんど到る所で $\partial^2/\partial x^2$ が存在するかどうかちょっとわからない．

---

†) (欄外注記　この頁の欄外に以下の注記がなされている．)

　ここの方法は Ex なる特殊な potential に対してしか適用できず，甚だ窮屈なる方法である．

　実はこんな苦しい方法を用いなくても，(45.6) が hypermax. で $\mathfrak{D}^*$ を quasi-domain にもつ事は出てくる．その方法は微分方程式的で，Ex のごとく linear でなくても使える．例えば $\sim x^m, m \leqq 2$ ならよいことが分かる．

　（編注．この注記がいつ頃のものかで何を指すのか明らかでない．上記の (45.6) が hypermax. で $\mathfrak{D}^*$ を quasi-domain にもつことは，加藤先生後年の著書[63] の p.479 に述べられていて，そこでは 1962 年の池部晃生氏との共著論文（参考文献[69]）と Stummel の 1956 の論文が引用されている．[69] は係数に特異性をもつ偏微分作用素の自己共役性についての基本文献の一つである．なお，上記の $\sim x^m$, $m \leqq 2$ に関する記述は，[69] の Theorem 3 に確かに含まれている．

　しかし[69] を読みこなすのも簡単なことではないから，「窮屈」ではあってもこの節本文の記述が残っているのはありがたい．）

$\mathfrak{D}^*(x)$ においては T_2 は微分 operator としての本来の意味 (45.6) を保持することは明らかである．我々の目的にはこれだけ分かっておればよい．

4. 上述により (45.6) が（上に述べたごとき意味において）hypermax. であり，$\mathfrak{D}^*(x)$ を quasi-domain に有することを知った．他方において

$$-\frac{\partial^2}{\partial y^2} - \frac{\partial^2}{\partial z^2} \equiv p_y^2 + p_z^2$$

なる operator は §33, §34 と同様にして hypermax. で $\mathfrak{D}^*(y,z)$ を quasi-domain にもつことは明らかである．よってこれらそれぞれ $\mathcal{L}^2(x)$ および $\mathcal{L}^2(y,z)$ における operator から，§9 における意味において $\mathcal{L}^2(x,y,z)$ におけるその "和"

(45.9) $\qquad T_3 = -\dfrac{\partial^2}{\partial x^2} + Ex - \dfrac{\partial^2}{\partial y^2} - \dfrac{\partial^2}{\partial z^2} = -\nabla^2 + Ex$

を作れば（定理 9.1 参照），それは hypermax. であって $\{\mathfrak{D}^*(x)\cdot\mathfrak{D}^*(y,z)\}$ を quasi-domain にもつ．§34, V. により $\mathfrak{D}^*(x,y,z) \supset \{\mathfrak{D}^*(x)\cdot\mathfrak{D}^*(y,z)\}$ であり，T_3 が $\mathfrak{D}^*(x,y,z)$ において定義されていることはもちろんであるから T_3 は $\mathfrak{D}^*(x,y,z)$ を quasi-domain にもち，そこで微分 operator としての本来の意味 (45.9) をもつ．

T_3 は hypermax. であり，その domain はもちろん明確に定まったものであるけれどもそれを簡単に言い表すことは困難である．これは Ex なる項があるからであって，3. によれば T_2 の domain は E によって変わるから，T_3 の domain も E によって変わるであろう．いずれにせよ，我々の目的には T_3 が hypermax. で $\mathfrak{D}^*(x,y,z)$ を quasi-domain に有するということだけで十分である．

5. 次の問題は Coulomb Potential $-2/r$ が T_3 に対し minor operator なることを示すにある．そのために次の補助定理を用いる．

補助定理 1 $f(x,y,z)$ は球 $r < R$ において二回連続微分可能とする．$0 < \rho < R$ なる ρ に対し

$$A(\rho) = \int_{r\leqq\rho} |f(\mathfrak{r})|^2 d\mathfrak{r}, \qquad B(\rho) = \int_{r\leqq\rho} |\operatorname{grad} f(\mathfrak{r})|^2 d\mathfrak{r},$$

$$C(\rho) = \int_{r\leqq\rho} |\nabla^2 f(\mathfrak{r})|^2 d\mathfrak{r}$$

とおけば[93] 次の関係がある：$0 < \rho < \rho_1 < R$ なる ρ, ρ_1 に対し

$$B(\rho) \leqq \frac{1}{(\rho_1 - \rho)^2}\Big(A(\rho_1) + \rho_1^2 \sqrt{A(\rho_1)C(\rho_1)}\Big).$$

[93] $|\operatorname{grad} f|^2$ は次の量の略記である：
$\big|\dfrac{\partial f}{\partial x}\big|^2 + \big|\dfrac{\partial f}{\partial y}\big|^2 + \big|\dfrac{\partial f}{\partial z}\big|^2$.

注意 境界条件が全然ないことに注意. 例えば $r = \rho$ において $f(\mathfrak{r}) = 0$ というような境界条件があればもっと簡単で $B(\rho)$ を $A(\rho), C(\rho)$ で容易に評価することができるのであるが, それを仮定しないので上のようにやや複雑な式となる. 尚我々の目的には不用であるが, 3次元と限らず n 次元の場合にも全く同一の式が成り立つことを注意しておく.

証明
$$|\operatorname{grad} f|^2 = \left|\frac{\partial f}{\partial x}\right|^2 + \left|\frac{\partial f}{\partial y}\right|^2 + \left|\frac{\partial f}{\partial z}\right|^2$$
$$= \frac{\partial f}{\partial x}\frac{\partial \overline{f}}{\partial x} + \frac{\partial f}{\partial y}\frac{\partial \overline{f}}{\partial y} + \frac{\partial f}{\partial z}\frac{\partial \overline{f}}{\partial z}$$

であるから Green の定理により

$$B(\rho) = \int_{r \leqq \rho} |\operatorname{grad} f|^2 d\mathfrak{r} = \int_{r=\rho} f\frac{\partial \overline{f}}{\partial r}dS - \int_{r \leqq \rho} f\nabla^2 \overline{f} d\mathfrak{r}.$$

ただし dS は球面 $r = \rho$ の面積素片を表す. この式で f と $\overline{f}$ とを交換してもよいから, 交換した式と上の式とを平均すれば

$$B(\rho) = \frac{1}{2}\int_{r=\rho} \frac{\partial}{\partial r}|f|^2 dS - \frac{1}{2}\int_{r \leqq \rho} f\nabla^2 \overline{f} d\mathfrak{r} - \frac{1}{2}\int_{r \leqq \rho} \overline{f}\nabla^2 f d\mathfrak{r}.$$

そこで
$$D(\rho) = \int_{r=\rho} \frac{\partial}{\partial r}|f|^2 dS$$

とおけば

$$\left|B(\rho) - \frac{1}{2}D(\rho)\right| \leqq \frac{1}{2}\left|\int_{r \leqq \rho} f\nabla^2 \overline{f} d\mathfrak{r}\right| + \frac{1}{2}\left|\int_{r \leqq \rho} \overline{f}\nabla^2 f d\mathfrak{r}\right|.$$

Schwarz の不等式により

$$(45.10) \quad \left|B(\rho) - \frac{1}{2}D(\rho)\right| \leqq \left\{\int_{r \leqq \rho} |f|^2 d\mathfrak{r}\right\}^{\frac{1}{2}} \left\{\int_{r \leqq \rho} |\nabla^2 f|^2 d\mathfrak{r}\right\}^{\frac{1}{2}} = \sqrt{A(\rho)C(\rho)}.$$

他方において極座標 r, θ, ϕ を導入し

$$\rho^2 \int |f(\rho, \theta, \phi)|^2 \sin\theta d\theta d\phi$$

を ρ で微分すれば ($\sin\theta d\theta d\phi = d\omega$ と書く)

$$\frac{\partial}{\partial \rho}\left(\rho^2 \int |f(\rho,\theta,\phi)|^2 d\omega\right)$$
$$= \rho^2 \int \frac{\partial}{\partial \rho}|f(\rho,\theta,\phi)|^2 d\omega + 2\rho \int |f(\rho,\theta,\phi)|^2 d\omega.$$

最後の項は負でないから

$$\frac{\partial}{\partial \rho}\left(\rho^2 \int |f(\rho,\theta,\phi)|^2 d\omega\right) \geqq \int \frac{\partial}{\partial \rho}|f(\rho,\theta,\phi)|^2 \cdot \rho^2 d\omega = \int_{r=\rho} \frac{\partial}{\partial r}|f|^2 dS.$$

右辺は上に定義した $D(\rho)$ に他ならない．この式を 0 から ρ まで積分すれば

$$\rho^2 \int |f(\rho,\theta,\phi)|^2 d\omega \geqq \int_0^\rho D(\rho')d\rho'.$$

これを再び 0 から ρ まで積分すれば左辺は

$$\int_0^\rho \rho'^2 d\rho' \int |f(\rho',\theta,\phi)|^2 d\omega = \int_{\lambda \leqq \rho} |f|^2 d\mathfrak{r} = A(\rho)$$

となるから

$$A(\rho) \geqq \int_0^\rho d\rho'' \int_0^{\rho''} D(\rho')d\rho'.$$

右辺を変型して

(45.11) $$A(\rho) \geqq \int_0^\rho D(\rho')(\rho - \rho')d\rho'.$$

(45.10) から

$$B(\rho) \leqq \frac{1}{2}D(\rho) + \sqrt{A(\rho)C(\rho)}$$

が出るからこれに $\rho_1 - \rho$ を乗じて 0 から ρ_1 まで積分すれば

$$\int_0^{\rho_1} B(\rho)(\rho_1 - \rho)d\rho$$
$$\leqq \frac{1}{2}\int_0^{\rho_1} D(\rho)(\rho_1 - \rho)d\rho + \int_0^{\rho_1} \sqrt{A(\rho)C(\rho)}(\rho_1 - \rho)d\rho.$$

(45.11) によれば右辺の第一項は $\frac{1}{2}A(\rho_1)$ より大でない．第二項においては $A(\rho)$, $C(\rho)$ が正の増加関数なること，および $\int_0^{\rho_1}(\rho_1 - \rho)d\rho = \frac{1}{2}\rho_1^2$ を用いて

$$\int_0^{\rho_1} B(\rho)(\rho_1 - \rho)d\rho \leqq \frac{1}{2}A(\rho_1) + \frac{1}{2}\rho_1^2 \sqrt{A(\rho_1)C(\rho_1)}.$$

他方 $B(\rho)$ も正で ρ の増加関数であるから任意の $\rho_0 < \rho_1$ に対し

$$\int_0^{\rho_1} B(\rho)(\rho_1-\rho)d\rho \geqq \int_{\rho_0}^{\rho_1} B(\rho)(\rho_1-\rho)d\rho \geqq B(\rho_0)\int_{\rho_0}^{\rho_1}(\rho_1-\rho)d\rho$$
$$= B(\rho_0)\frac{(\rho_1-\rho_0)^2}{2}$$

となり
$$B(\rho_0)\frac{(\rho_1-\rho_0)^2}{2} \leqq \frac{1}{2}A(\rho_1) + \frac{1}{2}\rho_1^2\sqrt{A(\rho_1)C(\rho_1)}.$$

ρ_0 を ρ と書き直せばこれが証明すべき式に他ならない. □

補助定理 2 $f(x,y,z)$ は球 $r < R$ において一回連続微分可能とすれば, 補助定理 1 の $A(\rho), B(\rho)$ は定義される. さらに $\rho < R$ に対し

$$F(\rho) = \int_{r\leqq\rho} \frac{1}{r^2}|f(\mathfrak{r})|^2 d\mathfrak{r}$$

は存在して $0 < \rho < \rho_1 < R$ なら

$$F(\rho) \leqq \frac{4}{\rho_1^2 - \rho^2}\left(A(\rho_1) + \rho_1^2 B(\rho_1)\right).$$

注意 もし $f \in \mathcal{L}^2(x,y,z)$ ならこの式で $\rho_1 \to \infty$ ならしむれば $A(\rho_1)$ は有界だから, もし $B(\rho_1)$ も $\rho \to \infty$ のとき収束するなら $F(\rho) \leqq 4B(\infty)$ となる. したがってまた $F(\infty) \leqq 4B(\infty)$ を得る. $B(\infty) = \infty$ ならもちろんこれは成立する. これは §36.2 の補助定理で $A_1 = A_2 = A_3 = 0$ とした場合に他ならない.

証明 上記 §36.2 の補助定理の証明において

$$|\operatorname{grad} f|^2 \geqq \frac{1}{4r^2}|f|^2 - \frac{1}{2r^2}\frac{\partial}{\partial r}r|f|^2$$

なる式を導いた. これを $r \leqq \rho$ で積分すれば

(45.12) $$\frac{1}{4}\int_{r\leqq\rho}\frac{1}{r^2}|f|^2 d\mathfrak{r} \leqq \int_{r\leqq\rho}|\operatorname{grad} f|^2 d\mathfrak{r} + \frac{1}{2}I(\rho).$$

ただし $I(\rho)$ も同所で定義した量で [22], 同所から明らかな通り

$$\int_0^{\rho_1} I(\rho)\rho d\rho = \int_{r\leqq\rho_1}|f|^2 d\mathfrak{r} = A(\rho_1)$$

が成り立つ. (45.12) の右辺の第一項は $B(\rho)$ に他ならないから, (45.12) に ρ を乗じて積分すれば (左辺は定義により $F(\rho)$ である)

---

[22] §36.2 では $I(\rho)$ は $\psi = r^{1/2}\varphi$ に対して定義されている. ここの f はそこの φ に当たる.

$$\frac{1}{4}\int_0^{\rho_1} F(\rho)\rho d\rho \leqq \int_0^{\rho_1} B(\rho)\rho d\rho + \frac{1}{2}A(\rho_1).$$

$B(\rho)$ は ρ の増加関数であるから $\int_0^{\rho_1} B(\rho)\rho d\rho \leqq B(\rho_1)\cdot \rho_1^2/2$ であるから

$$\int_0^{\rho_1} F(\rho)\rho d\rho \leqq 2A(\rho_1) + 2\rho_1^2 B(\rho_1).$$

また $F(\rho)$ も ρ の増加関数であるから，$\rho_0 < \rho_1$ なら

$$\int_0^{\rho_1} F(\rho)\rho d\rho \geqq \int_{\rho_0}^{\rho_1} F(\rho)\rho d\rho \geqq F(\rho_0)\int_{\rho_0}^{\rho_1} \rho d\rho = F(\rho_0)\frac{\rho_1^2 - \rho_0^2}{2}$$

となり

$$F(\rho_0)\frac{\rho_1^2 - \rho_0^2}{2} \leqq 2A(\rho_1) + 2\rho_1^2 B(\rho_1).$$

これは証明すべき式において ρ の代わりに ρ_0 と書いたものに他ならない． □

6. これらの補助定理を用い，まず $\mathfrak{D}^*(x,y,z)$ において $\left\|\frac{1}{r}f\right\|$ の評価を求めることができる．$f \in \mathfrak{D}^*$ ならばもちろん $\left\|\frac{1}{r}f\right\|$ は存在し

$$\left\|\frac{1}{r}f\right\|^2 = \int \frac{1}{r^2}|f(\mathfrak{r})|^2 d\mathfrak{r} = \left[\int_{r\leqq 1} + \int_{r\geqq 1}\right]\frac{1}{r^2}|f(\mathfrak{r})|^2 d\mathfrak{r}.$$

第一の積分は上に定義した記号で $F(1)$ であり，第二の積分においては $\frac{1}{r^2} \leqq 1$ であるから

(45.13) $$\left\|\frac{1}{r}f\right\|^2 \leqq F(1) + \int_{r\geqq 1}|f(\mathfrak{r})|^2 d\mathfrak{r} \leqq F(1) + \|f\|^2.$$

次に補助定理 2 において $\rho = 1, \rho_1 = 2$ とおけば

$$F(1) \leqq \frac{4}{3}A(2) + \frac{16}{3}B(2).$$

補助定理 1 において $\rho = 2, \rho_1 = 3$ とおけば

$$B(2) \leqq A(3) + 9\sqrt{A(3)C(3)}.$$

これを上の式に代入し，$A(2) \leqq A(3) \leqq A(\infty) = \|f\|^2$ なることに注意すれば

(45.14)
$$F(1) \leqq \frac{4}{3}\|f\|^2 + \frac{16}{3}\|f\|^2 + 48\|f\|\sqrt{C(3)}$$
$$= \frac{20}{3}\|f\|^2 + 48\|f\|\sqrt{C(3)}.$$

次に $\sqrt{C(\rho)}$ は次のごとく評価できる：

$$\sqrt{C(\rho)} = \left\{ \int_{r \leqq \rho} |\nabla^2 f(\mathfrak{r})|^2 d\mathfrak{r} \right\}^{\frac{1}{2}}$$
$$\leqq \left\{ \int_{r \leqq \rho} |\nabla^2 f(\mathfrak{r}) - Exf(\mathfrak{r})|^2 d\mathfrak{r} \right\}^{\frac{1}{2}} + \left\{ \int_{r \leqq \rho} |Exf(\mathfrak{r})|^2 d\mathfrak{r} \right\}^{\frac{1}{2}}.$$

しかるに $\nabla^2 f - Exf = -T_3 f$ であり ((45.9))，第二項の積分においては $|x| \leqq r \leqq \rho$ であるから

$$\sqrt{C(\rho)} \leqq \left\{ \int_{r \leqq \rho} |T_3 f(\mathfrak{r})|^2 d\mathfrak{r} \right\}^{\frac{1}{2}} + |E|\rho \left\{ \int_{r \leqq \rho} |f(\mathfrak{r})|^2 d\mathfrak{r} \right\}^{\frac{1}{2}}.$$

右辺の積分は空間全部にとってももちろんよいから

$$\sqrt{C(\rho)} \leqq \|T_3 f\| + |E|\rho\|f\|.$$

ここで $\rho = 3$ とおき (45.14) に代入すれば

$$F(1) \leqq \frac{20}{3}\|f\|^2 + 48\|f\|\{\|T_3 f\| + 3|E|\|f\|\}.$$

これを (45.13) に代入すれば

$$\left\|\frac{1}{r}f\right\|^2 \leqq \left(\frac{23}{3} + 144|E|\right)\|f\|^2 + 48\|f\| \cdot \|T_3 f\|.$$

Schwarz の不等式により任意の $\varepsilon > 0$ に対し

$$2\|f\| \cdot \|T_3 f\| \leqq \varepsilon^2 \|T_3 f\|^2 + \frac{1}{\varepsilon^2}\|f\|^2$$

であるから

$$\left\|\frac{1}{r}f\right\|^2 \leqq 24\varepsilon^2 \|T_3 f\|^2 + \left(\frac{23}{3} + 144|E| + \frac{24}{\varepsilon^2}\right)\|f\|^2,$$
$$\left\|\frac{1}{r}f\right\| \leqq \sqrt{24}\varepsilon\|T_3 f\| + \left\{\frac{23}{3} + 144|E| + \frac{24}{\varepsilon^2}\right\}^{\frac{1}{2}}\|f\|.$$

$\sqrt{24}\varepsilon = \gamma'$ とおけば

(45.15) $\qquad \left\|\dfrac{1}{r}f\right\| \leqq \gamma'\|T_3 f\| + \left\{\dfrac{23}{3} + 144|E| + \dfrac{576}{\gamma'^2}\right\}^{\frac{1}{2}}\|f\|.$

ここで γ' は任意の正数ならしめ得る．

7. (45.15) は任意の $f \in \mathfrak{D}^*(\mathfrak{r})$ に対して成立する. 4. により $\mathfrak{D}^*$ は T_3 の quasi-domain であるから, 例のごとく §36.5 の方法で (45.15) は拡張され,

$$(45.16) \qquad \operatorname{dom} T_3 \subset \operatorname{dom} \frac{1}{r}.$$

および $f \in \operatorname{dom} T_3$ ならやはり (45.15) の成立することが導かれる.

したがって operator $1/r$ は T_3 に対しても minor operator であって, その γ_0 は (45.15) の γ' が任意なる所から

$$\gamma_0 = 0$$

である. これより例のごとく定理 14.1 により

$$(45.17) \qquad H = T_3 - \frac{2}{r}, \qquad (\text{その domain は } \operatorname{dom} T_3 \text{ とする})$$

は hypermax. なることが結果する.

而して $\mathfrak{D}^*$ が T_3 の quasi-domain なることと (45.15) とを用いて $\mathfrak{D}^*$ はまた H の quasi-domain であることも §37 と全く同様にして結論される.

例により与えられた Stark 効果の operator (45.1) はその domain が明確に規定されていないけれども, とにかくそれが $\mathfrak{D}^*$ において定義されていることは明瞭な事実であるから, 再び §37 と同一論法により (45.1) は essentailly hypermax. であり, その一義的な拡張たる hypermax. operator は (45.17) と一致する.

かくして我々の目標に達した. 以上の事実を簡単に表して Stark 効果の Schrödinger operator (45.1) は hypermax. であると言い, (45.1) を (45.17) と同一の意味に解することにする.

8. 終わりに二三の注意を述べる.

$1°$ 前述のごとく H の domain は $\operatorname{dom} T_3$ に等しいが $\operatorname{dom} T_3$ は簡単に言い表すことが困難である, かつそれは E の値によって変わるであろうと思われる. $E = 0$ の場合には $\operatorname{dom} H$ の関数は有界かつ一様連続であったが (§43.5), $E \neq 0$ のときにもこれが成立するかどうか簡単には分からない.

$2°$ H の中で E を含む項は残りの部分に比べて minor operator でないから E の項を摂動として取り扱う場合には, 第5章の minor perturbation の理論は適用できない. のみならずこの場合 potential $-\dfrac{2}{r} + Ex$ は一方の側に落下しているから定常状態は存在し得ないであろう. 核に結ばれていた電子も次第に外部に浸透してしまうであろう. したがって数学的な意味で固有値は存在しないであろう. かかる問題に摂動論を適用することは数学的には正しくないわけである. しかし物理的には実

は "weak quantization" が行われているわけであるから，形式的摂動論も正しいエネルギー準位を与えるものと想像される．この辺の問題については特別の研究を要する．

　3° 我々が H の hypermax. なることを証明した方法の主要なる点は，外からの potential Ex が linear であることと，Ex が大きい所では Coulomb 力が小さく，Coulomb 力が大きい所では Ex が小さいことの二点である．第一の事柄は粒子がいくつあっても成立するが，第二の点は多粒子系に対しては成立しない，例えばヘリウム原子では x も $1/r_{12}$ もともに大きい所が存在するから上の方法を適用することはできない．

9. 以上をもって本章を終わるが，本章において取り扱った operator は原子物理学の operator をほとんど網羅しているが，そのすべてが hypermax. で $\mathfrak{D}^*$ を quasi-domain にもつことは注目すべきである．換言すれば，これらの operator は $\mathfrak{D}^*$ においてさえ定義しておけば essentially hypermax. となって，一義的に固有値問題を決定し得るし，実用上にも $\mathfrak{D}^*$ の関数を利用して近似的に固有値問題を解き得るはずであることに注目すべきである[94]．

---

[94] 例えばいわゆる Minimalfolge (Courant-Hilbert, I, 149)（参考文献[3]）を作るには $\mathfrak{D}^*$ の関数を用いれば十分であることがこれより出る．

第7章　一般の第一種摂動論

　第5章において展開したminor perturbationの理論はほぼ完全に論じ尽くすことができ，満足し得る理論であったが，応用上から見て仮定が狭きにすぎたのはすでに述べた所である．本章ではこれを補う目的をもって，もっと一般的な摂動を論ずることにする．一般的とは言ってももちろん全然仮定なしに論ずることはできない．初めになるべく少ない仮定を用いて論じ，次第に仮定を加えて詳しい結果を得るように進む．本章において最も注意すべきは，摂動論を巾級数と考えることはもはや許されないということである．摂動論はここでは漸近展開——それも広い意味におけるもの，すなわち有限項の漸近展開——と考えなければならないということである．その意味において展開し得る項の数が大ならば大なるだけ応用上の取り扱いが楽になることになる．我々はかかる展開が可能なるためのいくつかの十分条件を与えることができる．これはもちろんminor perturbationに比べればはるかに緩いものであるけれども，応用上は未だ十分とは言い難いことは甚だ遺憾である．尤も本章の結果によれば実際問題の多くのものにかなりの暗示が得られることは確かである．

§46　二三の例

1. 本章においては再び抽象的なHilbert空間 $\mathfrak{H}$ に戻り，第5章の続きとして第一種の摂動論を取り扱う．第5章においてはminor perturbationを論じたが，今度はもっと仮定を緩くすることを試みる．

　その前に摂動論の取り扱い方を再び反省してみると，形式的に

$$H_\alpha = H_0 + \alpha V$$

なるoperatorを作り，H_0 の固有値問題が解けているときに H_α の固有値問題を解くに当たってその固有値および固有関数を α の巾級数に表そうとするのがその方法

であった．かかる取り扱いをなさんとする直観的な基礎は，α が小さければ H_α は H_0 と僅かしか違わないだろうから，その固有値あるいは固有関数も H_0 の固有値あるいは固有関数と僅かしか違わないであろう．したがって α が十分小さければ α の巾級数に展開できるだろう，というにある．

かかる素朴な考えはもちろん一般に通用するものではない．α が小さくても αV は必ずしも小さいと見るわけにはゆかないことが多い．V が有界でないときには，α がどんなに小さくても，αV 小さい所かむしろ "無限に大きい" と考えなければならぬ場合が多い．このときもし H_0 も "無限に大きく" て，その程度が V と同程度またはそれ以上であるならば，αV は α が小さくなれば H_0 に比べて小さいと考えることができるであろう．したがって上のごとき素朴な期待が満足されると考えられるであろう[1]．事実第 5 章で取り扱った minor perturbation はかかる場合に他ならないのである．

しかし今度考えようとする摂動は minor perturbation よりももっと一般的なものであるから，上のごとき期待が満足されるとは限らないのも当然である．

このことはまた別の方面から考えてみても分かる．第 5 章の結果によれば，minor perturbation のときには上のごとき期待通りの結果が得られて，H_0 の正常固有値 μ_0 に相当する H_α の固有値 μ_α は (23.11) で与えられる．すなわち

$$(46.1) \qquad \mu_\alpha = \mu_0 + \alpha(V\varphi_0, \varphi_0) - \alpha^2(VSV\varphi_0, \varphi_0) + \cdots.$$

ただし簡単のため μ_0 の多重度を 1 とし，相当する固有元素を φ_0 とした．これは minor perturbation の場合であるが，一般の場合にも，もし全く形式的に摂動論の公式をあてはめれば全く同一の式が出るはずである．しかしながら形式的にはこうなっても，実はその各項の係数は存在しているかどうか分からない．例えば第一項 $(V\varphi_0, \varphi_0)$ は $V\varphi_0$ が存在しなければ意味がない，すなわち φ_0 が $\mathrm{dom}\,V$ に属していなければ意味がない[2]．したがってもし φ_0 が $\mathrm{dom}\,V$ に属していないような場合には，上の形式的な公式は使うことができない．第二項以下についても同様である．もちろん形式的な公式がそのまま使えないからと言って，巾級数展開が不可能であるとはすぐには言えないが，少なくも不可能であることが確からしくなる．

我々は実際そうなっていることを二三の例をもって示し，一般なる摂動に対しては形式的摂動論が適用できないことをあらかじめ明らかにしておきたい．尚これらの例は一部分においては第 4, 5 章の minor perturbation の理論に対する例証をも与えることに注意されたい．

2. 例 1 $\mathfrak{H}$ として $0 \leqq x \leqq 1$ において定義された $\mathcal{L}^2(x)$ をとり

---

[1] Kemble はその著（参考文献[5]）p.381 において，V が H_0 に対して新たな特異性を導入しないならば摂動論が成立するであろうという推測をのべている．これは結局 V が H_0 に対し minor ならばということと同様な意味となるであろう．もちろん Kemble はその推測の正しいことを証明してはいない．

[2] 具体的な関数空間等においては $V\varphi_0$ は存在しなくても $(V\varphi_0, \varphi_0)$ には意味をつけることができることが多い（§56.2 参照）．しかしこのことは問題の本質を変えるものではない．

46 二三の例

$$H_0 = \frac{1}{i}\frac{\partial}{\partial x}, \quad \text{ただし境界条件：} \quad f(1) = f(0)e^{i\theta}, \quad (0 \leqq \theta < 2\pi)$$

$$V = -\frac{\partial^2}{\partial x^2}, \quad \text{ただし境界条件：} \quad f(0) = f(1) = 0$$

とおく．

これらの operator は $\partial/\partial x$ 等の意味を適当に規定すれば hypermax. になる．あるいはこのことは H_0, V の固有値問題を explicit に解いてみれば明らかで

H_0 の固有値は $\quad 2\pi n + \theta$, $\quad$ 固有関数は $\quad e^{i(2\pi n+\theta)x} \quad\quad (n = 0, \pm 1, \pm 2, \cdots)$,

V の固有値は $\quad \pi^2 n^2$, $\quad$ 固有関数は $\quad \sqrt{2}\sin n\pi x \quad\quad (n = 0, 1, 2, \cdots)$.

H_0 も V もその固有関数は $0 \leqq x \leqq 1$ で analytic であるから，それらの normal quasi-domain[3] はともに analytic な関数のみから成る.   [3] §5.5 参照.

今 V の normal quasi-domain に属する $f(x)$ をとれば $f(0) = f(1) = 0$ によりそれが $\operatorname{dom} H_0$ に属することは明らかであり

$$\|H_0 f\|^2 = \int_0^1 \left|\frac{\partial f}{\partial x}\right|^2 dx = \left.\frac{\partial f}{\partial x}\overline{f}\right|_0^1 - \int_0^1 \frac{\partial^2 f}{\partial x^2}\overline{f} dx = -\int_0^1 \frac{\partial^2 f}{\partial x^2}\overline{f} dx.$$

すなわち

(46.2) $$\|H_0 f\|^2 = (Vf, f).$$

この結果は直ちに §36.5 の方法により $\operatorname{dom} V$ の任意の f に拡張できる．すなわち

(46.3) $$\operatorname{dom} H_0 \supset \operatorname{dom} V$$

で $f \in \operatorname{dom} V$ なら (46.2) が成立する．これよりまた

(46.4) $$\|H_0 f\| \leqq \|Vf\|^{\frac{1}{2}}\|f\|^{\frac{1}{2}} \leqq \frac{\varepsilon}{2}\|Vf\| + \frac{1}{2\varepsilon}\|f\|, \quad (f \in \operatorname{dom} V)$$

が任意の $\varepsilon > 0$ に対して成立する．

(46.3) により H_0 は V に対して minor perturbation であり（第 4, 5 章の場合と反対になることに注意！），(46.4) により相当する γ_0 は 0 となるから，$\operatorname{dom} V$ において定義された Hermite operator

$$V + \frac{1}{\alpha}H_0$$

は $\alpha \neq 0$ なる限り hypermax. である．したがってこれに α を乗じた

$$H_\alpha = H_0 + \alpha V$$

も $\alpha \neq 0$ なら（$\mathrm{dom}\, V$ をその domain として）hypermax. である（$\alpha = 0$ のときはそれは $\mathrm{dom}\, V$ を domain としたのでは hypermax. ではないのみならず，essentially hypermax. ですらない；$\mathrm{dom}\, V$ は全然 θ に関係がないが，H_0 は θ に関係して定められている）．

H_α の固有値も explicit に解けて $(\alpha \neq 0)$

固有値　$\alpha n^2 \pi^2 - \dfrac{1}{4\alpha}$,　　固有関数　$\sqrt{2} e^{-i\frac{x}{2\alpha}} \sin n\pi x$,　　$(n = 1, 2, \cdots)$

となる．これによれば $\alpha \to 0$ のとき H_α の固有値は H_0 の固有値に収束せぬのみならず，$\alpha > 0$ で 0 に近づけば $-\infty$ に，$\alpha < 0$ から近づけば $+\infty$ に発散する（$\alpha \to 0$ のとき H_α の固有値が H_0 の固有値に収束しないことは始めから明らかである．なぜなら H_0 の固有値は θ に関係するが，H_α は全然 θ なる量に無関係だから偶然にある θ の値に対してこのことが起こり得る場合は別として一般に不可能である）．

したがってかかる問題に摂動論を応用するごときは全然論外である（のみならず実は不可能でもある．H_0 の固有関数はすべて $\mathrm{dom}\, V$ に属さないから (46.1) の $V\varphi_0$ を作ることができず，第一項がすでに存在しない．しかし第 0 次の項も実は無意味なのである[4]．これは形式的な式には現れ得ない事柄である）．

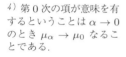

[4] 第 0 次の項が意味を有するということは $\alpha \to 0$ のとき $\mu_\alpha \to \mu_0$ なることである．

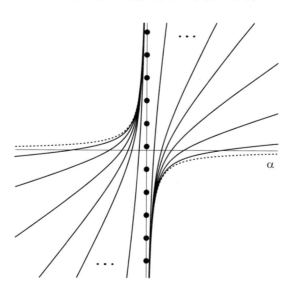

しかしこの例でも $\alpha \neq 0$ なる点における有様は極めて尋常である．$\alpha \neq 0$ なる

一点 α を固定すれば，$\operatorname{dom} H_\alpha = \operatorname{dom} V$ であるから，V は H_α に対しては minor operator である（H_0 に対しては然らず！）．よってかかる α から出発すれば第 4, 5 章の理論がそのまま適用される．例えば $\alpha > 0$ なる一点から出発すれば $\alpha > 0$ なる半無限区間を通じて H_α は hypermax. となるから，これがそこの基本区間 Δ に相当する．而してそこの理論の通りに，H_α は $\alpha > 0$ を通じて下に有界であり，その下限は $\alpha\pi^2 - \frac{1}{4\alpha}$ であって α の連続関数である．また，H_α の固有値 $\alpha n^2\pi^2 - 1/4\alpha$ も $\alpha > 0$ を通じて α の解析関数であり，$\alpha = 0$ はその特異点になっているがこれも第 5 章の理論を検証している．$\alpha < 0$ なる半無限区間においても全く同様な関係が成り立つ．しかし $\alpha > 0$ と $\alpha < 0$ なる両部分は特異点 $\alpha = 0$ で隔てられ連結することができない．

要するにこの問題では $\alpha = 0$ だけが特異点なのであって，ここだけは摂動論が成立せぬのみならず，H_0 は H_α ($\alpha \neq 0$) とは全然関係なく遊離している．

例 2 前と同様 $0 \leqq x \leqq 1$ で考え

$$H_0 = -\frac{\partial^2}{\partial x^2}, \quad \text{ただし境界条件 } f'(0) = hf(0),\ f'(1) = -hf(1),\ (h \geqq 0),$$
$$V = \frac{\partial^4}{\partial x^4}, \quad \text{ただし境界条件 } f(0) = f'(0) = f(1) = f'(1) = 0$$

とおく．

H_0 も V も $\partial^2/\partial x^2$ 等を適当に解釈すれば hypermax. になる．その固有値問題を explicit に解くこともできて，その結果は例 1 のように簡単には表せないけれども，とにかく H_0 の固有値を μ_{0n} とすれば

(46.5) $$(n-1)^2\pi^2 \leqq \mu_{0n} \leqq n^2\pi^2 \quad (n = 1, 2, \cdots)$$

なることが知られている[5]．$h = 0$ のとき μ_{0n} は最小で $(n-1)^2\pi^2$ に等しく，$h = \infty$ のとき μ_{0n} は最大で $n^2\pi^2$ に等しい．

[5] 例えば Courant-Hilbert, I, 356（参考文献[3], 356頁）．

いずれにせよ H_0 も V も点スペクトルのみをもち，その固有関数は $0 \leqq x \leqq 1$ で analytic だからそれらの normal quasi-domain は analytic な関数のみから成る．今 V の normal quasi-domain に属する $f(x)$ をとれば境界条件 $f(0) = f'(0) = f(1) = f'(1) = 0$ により，それが H_0 の domain に属することは明らかであり，

$$\|H_0 f\|^2 = \int_0^1 \left|\frac{\partial^2 f}{\partial x^2}\right|^2 dx = \left.\frac{\partial^2 f}{\partial x^2}\frac{\overline{\partial f}}{\partial x}\right|_0^1 - \int_0^1 \frac{\partial^3 f}{\partial x^3}\frac{\overline{\partial f}}{\partial x} dx$$
$$= -\left.\frac{\partial^3 f}{\partial x^3}\overline{f}\right|_0^1 + \int_0^1 \frac{\partial^4 f}{\partial x^4}\overline{f} dx = (Vf, f)$$

を得る．これより前と同様にして

$$\mathrm{dom}\, H_0 \supset \mathrm{dom}\, V$$

で $f \in \mathrm{dom}\, V$ なら

$$\|H_0 f\| \leqq \|Vf\|^{\frac{1}{2}} \|f\|^{\frac{1}{2}} \leqq \frac{\varepsilon}{2} \|Vf\| + \frac{1}{2\varepsilon} \|f\|.$$

ここに ε は任意の正数である.

したがってここでも H_0 は V に対し minor operator であり, 相当する γ_0 は 0 となるから, $\mathrm{dom}\, V$ において定義された

$$H_\alpha = H_0 + \alpha V = \alpha\Bigl(V + \frac{1}{\alpha} H_0\Bigr)$$

は $\alpha \neq 0$ なら hypermax. である ($\alpha = 0$ のときは H_0 はそれを $\mathrm{dom}\, V$ に制限すればここでも essentially hypermax. ですらない. それは H_0 は h に depend するのに $\mathrm{dom}\, V$ は h に無関係だからである).

H_α の固有値問題も explicit に解くことができるが, 計算が面倒だから省略する. とにかくそれが点スペクトルのみを有することは明らかであろう.

今度は例 1 と比べるとかなり相違している. それは H_0 も V もともに positive definite なることによるのである.

我々はまず $\alpha \neq 0$ なる任意の α を固定してみれば, $\mathrm{dom}\, H_\alpha = \mathrm{dom}\, V$ であるから, 例 1 と同様 V は H_α に対し minor operator であり, $\alpha > 0$ または $\alpha < 0$ なる半無限区間の各々で第 4, 5 章の理論が適用できることは例 1 と同様である. V は positive definite で H_0 が V に対し minor operator なることから $V + \frac{1}{\alpha} H_0$ も下に有界であり[6], したがって H_α は $\alpha > 0$ なら下に有界 (実は positive definite), $\alpha < 0$ なら上に有界である.

次に $\alpha \geqq 0$ なる部分を詳しく調べてみよう. このとき $\alpha_1 < \alpha_2$ なる二つの値に対する $H_{\alpha_1}, H_{\alpha_2}$ を比較すれば §5.8, IV が適用できて (V が positive definite なるため),

$$\dim E_{\alpha_1}(\lambda) \geqq \dim E_{\alpha_2}(\lambda)$$

となる. ただし $E_\alpha(\lambda)$ は H_α に属する単位分解である (この式で $\alpha_1 = 0$ でもよいことに注意). これにより H_α の固有値は $0 \leqq \alpha$ において α の増加関数 (広義の) である. 而して H_α が positive definite なるためこれらの固有値はすべて負でなく, かつ $\alpha > 0$ では解析関数でありしたがって混同するおそれがないことを考えれば, $\alpha \to 0$ ($\alpha > 0$) なるときこれらの固有値はすべて一定の負ならざる極限値をもち, それらは H_0 の固有値より小さくない (この点が例 1 の場合と違う). このことは h の如何によらず成立するから, H_α の固有値を $\mu_{\alpha n}$ ($n = 1, 2, \cdots$) とすれば (46.5)

[6] 任意の $\alpha \neq 0$ に対して! 特に $\alpha > 0$ なら positive definite である.

により
$$\lim_{\substack{\alpha \to 0 \\ (\alpha > 0)}} \mu_{\alpha n} \geqq n^2 \pi^2 \geqq \mu_{0n}$$

でなけらばならぬ．したがって $h = \infty$ なる場合を除き，$\mu_{\alpha n}$ は $\alpha \to 0$ のとき決して μ_{0n} には収束しない．換言すれば，摂動 αV が加わるとき，H_0 の固有値は連続的に変化せず突然有限の変化を起こす．したがってもちろん摂動論を適用する事は問題外である．その第 0 次の項からすでに意味をもたなくなる．

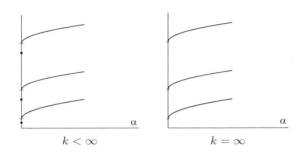

$\mu_{\alpha n}$ の $\alpha = 0$ の近所の有様を調べると
$$\mu_{\alpha n} = n^2 \pi^2 + O(\alpha^{\frac{1}{2}})$$

となっている[7]．したがって $h = \infty$ のときに限り $\mu_{\alpha n} \to \mu_{0n}$ $(\alpha \to 0)$ が成立しているが，しかし $\mu_{\alpha n} - \mu_{0n} = O(\alpha^{\frac{1}{2}})$ であるからもちろん $\mu_{\alpha n}$ は $\alpha = 0$ で α の巾級数には展開し得ないから，巾級数展開を目的とする摂動論は成立しない．

$\alpha < 0$ なるときの有様はもっと面倒であるから省略するが，このときは例 1 の $\alpha < 0$ の部分と似た形になるのではないかと思われる．

上の問題は古典物理学的解釈ができる．H_0 は両端において弾性的に束縛された（特に $h = 0$ なら両端自由，$h = \infty$ なら両端固定）弦の運動を表す operator に他ならない．V は剛性によるエネルギーを有する棒の運動を表す，ただし両端が clamp されている場合である．したがって H_α は $\alpha > 0$ なら剛性による小さな補正を加えた弦の運動を表す式と見られるわけである．ただし両端は今度は clamp された場合である．かかる "clamp" が弾性的束縛を表す H_0 の「補正」を表すということは実は物理的に考えられない事柄である[8]（clamp と弾性的束縛とは別々の現象だから）．したがって上のごとき異常な突然の変化が起こっているのも当然であろう．$h = \infty$ のときにはともかくも数学的には連続的な移り行きを表しているが，それが物理的にそうなるべき理由があるかどうかよく分からない．直観的にはそうなるのが当然

[7] Rayleigh: Theory of Sound, I. p.300（参考文献[7], I, 300 頁）．

[8] 少なくも $h = \infty$ の時を除き．

であるようにも思われるが，数学的には $h=\infty$ も $h<\infty$ も別に境界条件にしたがって H_0 の本質に違いはないように思われるが[9][†]．

以上二つの例は例 2 における $h=\infty$ の場合を除き，H_0 の固有値が H_α の固有値と連続的な変わりゆきを示さず，H_0 は H_α $(\alpha>0)$ から全く遊離している点において甚だしい特異性を示す．特に例 2 において $h<\infty$ なるとき，H_0 の固有値の近所には，$(\alpha>0$ で) α が小さいとき H_α の固有値が全然ない．上述のごとくかかる問題には摂動論などは到底考えることはできない．

今その理由を考えてみるのに，H_0 の domain は H_α $(\alpha>0)$ の domain すなわち $\mathrm{dom}\,V$ に比べて広すぎて，H_0 の固有関数はことごとく $\mathrm{dom}\,H_\alpha = \mathrm{dom}\,V$ の関数と性質を異にし（境界条件がずっと緩やかである！），言わば $\mathrm{dom}\,V$ の手の届かない所にある（その数学的な意味は後に述べる[10]）ためであると考えられる．換言すれば H_0 の固有関数は $\mathrm{dom}\,V$ からあまりに遊離しすぎているためであると考えられる．

3. そこでこの点に注意して，考える H_0 の固有関数に適当な条件を加えるときは上のごとき甚だしい特異性は現れないことがわかる（後述）のであるが，しかし上のごとき特異性が現れ得る唯一のものではない．次の例に示すごとき別種の特異性も存在する．

例 3 $\mathfrak{H}$ として $-\infty<x<\infty$ における $\mathcal{L}^2(x)$ をとり

$$H_0 = 1 - P_{[\varphi_0]}, \quad \text{ただし } \varphi_0(x) \text{ は } \mathcal{L}^2(x) \text{ の関数で到る所 } 0 \text{ でない}$$
$$\text{連続関数とする．ただし } \|\varphi_0\|=1 \text{ とする．}$$

$$V = x\times$$

とおく．

H_0 も $P_{[\varphi_0]}$ とともに射影 operator であるから，そのスペクトルは二つの固有値 $0,1$ のみからなり，前者は 1 重で φ_0 を固有関数にもち，後者は ∞ の多重度を有し，相当する固有空間は φ_0 に直交するすべての関数より成る．

H_0 はしたがって水素型 operator であって（§5.3），低位固有値はただ一つである．H_0 は極めて粗い意味において一般の水素型 operator，したがって量子力学に現れる多くの operator の模型と考えることができよう．かかる operator において最低固有値だけを考えるに当たり，残りのスペクトルが一点に集中したと見て簡単化を行えば H_0 の形のものを得るから．したがって H_0 はその形は普通でないが量子力学的であると言ってよいであろう．

---

[9] なおこの辺の物理的事情については Rayleigh: Theory of Sound, I. p.297 以下参照．

[10] §48.6.

[†] 欄外コメント 正値 Hermite 形式の理論によればこれを理解する事ができると思う．

H_0 は有界であり, V は hypermax. であるから $\alpha \neq 0$ なら

$$V + \frac{1}{\alpha} H_0$$

は $\mathrm{dom}\, V$ で定義しておけば hypermax. である. したがって

$$H_\alpha = H_0 + \alpha V = \alpha\left(V + \frac{1}{\alpha} H_0\right)$$

は $\alpha \neq 0$ なら $\mathrm{dom}\, V$ をその domain として hypermax. である. H_0 の domain は $\mathfrak{H}$ 全体であるから, $\mathrm{dom}\, V$ で考えた H_0 は hypermax. ではないが, H_0 は有界であるからとにかくそれは essentially hypermax. である. <u>この点は例 1, 例 2 の場合と異なる</u>.

H_0 の固有値 $\mu_0 = 0$ を考えてみよう. 素朴な期待に従い H_α も 0 の近所に固有値 μ_α をもつとしてそれを求めてみよう. 相当する固有関数を φ_α とすれば

$$H_\alpha \varphi_\alpha = (H_0 + \alpha V)\varphi_\alpha = \varphi_\alpha - (\varphi_\alpha, \varphi_0)\varphi_0 + \alpha x \varphi_\alpha = \mu_\alpha \varphi_\alpha$$

であるから

(46.6) $$\varphi_\alpha(x) = \frac{c_\alpha}{1 - \mu_\alpha + \alpha x}\varphi_0(x), \qquad c_\alpha = (\varphi_\alpha, \varphi_0)$$

でなければならぬ(詳しく言えばほとんど到る所).

しかるに我々は $\varphi_0(x)$ が到る所 0 でない連続関数であると仮定したから, $\alpha \neq 0$ なら (46.6) の分母は $x = -(1 - \mu_\alpha)/\alpha$ において 0 となり φ_α は $\mathcal{L}^2(x)$ に属することはできない.

したがって H_α は固有値を一つももたない.

実は H_α は $-\infty$ から ∞ に拡がる連続スペクトルを有することが容易にわかる.

H_α は固有値をもたず, H_0 の固有値 $\mu_0 = 0$ は摂動が加わったため消滅してしまったのであるから, もちろん摂動論を使うことは意味がない. しかも例 1, 2 の場合と異なり, <u>このことは形式的摂動論を使っていたのでは全然分からない</u>点において危険である. なぜなら例えば $\varphi_0(x)$ として遠方で十分速く 0 になる関数をとっておけば, (46.1) の第一次の項の $V\varphi_0$ は確かに存在するし, さらに $\varphi_0(x)$ を適当にとっておけば第二, 第三次の項がすべて存在することもある. それにもかかわらず固有値は実は存在しないのだから, 摂動論は無意味なのである.

尚注意すべきことは Stark 効果の operator はこの例によく似ていることである. 上述のごとく H_0 は水素類似原子の Hamiltonian operator の粗い模型と考えることができるから, この例はかかる原子の Stark 効果の模型と考えられるわけである. し

たがって Stark 効果においても数学的な意味において固有値は存在せず，したがって摂動論を使うことはできないであろう．ただし前章にも述べた通り物理的には weak quantization なる現象があるから別に考えなければならない．

次に上の問題によく似た次の例を考える．

例 4 例 3 と同様でただ $V = x \times$ の代わりに $V = x^2 \times$ としたもの．

今度も $\mathrm{dom}\, V$ において定義された $H_\alpha = H_0 + \alpha V$ は $\alpha \neq 0$ なら hypermax. であることは前と全く同様である．前のようにして固有値 μ_α および固有関数 φ_α が存在するものとすれば (46.6) と同様にして

$$(46.7) \qquad \varphi_\alpha(x) = \frac{c_\alpha}{1 - \mu_\alpha + \alpha x^2} \varphi_0(x), \qquad c_\alpha = (\varphi_\alpha, \varphi_0)$$

でなければならない．今度は $x^2 \geqq 0$ により，もし α と $1 - \mu_\alpha$ が同符号ならば (46.7) の分母は 0 とならず $\varphi_\alpha \in \mathcal{L}^2(x)$ となり得る．μ_α を決める式は

$$c_\alpha = (\varphi_\alpha, \varphi_0) = c_\alpha \int_{-\infty}^{\infty} \frac{|\varphi_0(x)|^2}{1 - \mu_\alpha + \alpha x^2} dx$$

すなわち

$$(46.8) \qquad \int_{-\infty}^{\infty} \frac{|\varphi_0(x)|^2}{1 - \mu_\alpha + \alpha x^2} dx = 1.$$

$\alpha < 0$ ならこれを満足する μ_α はない．なぜなら $1 - \mu_\alpha$ が負でなければ (46.7) は $\mathcal{L}^2(x)$ に属しないし，もし負であれば (46.8) の左辺は負となって (46.8) は満足されないからである．すなわち $\alpha < 0$ なら H_α は固有値を全然もたない．

$\alpha > 0$ なら (46.8) を満たす μ_α が一つかつただ一つ存在する．なぜなら，(46.8) の左辺は $0 \leqq \mu_\alpha < 1$ なる領域において μ_α の連続関数であるが，$\mu_\alpha = 0$ のとき 1 より小さく，μ_α が増せば単調に増加して $\mu_\alpha \to 1$ のとき ∞ となるからその途中ただ一点において 1 に等しくなる，これが求むる μ_α の値に他ならない．かつかく定められる μ_α は $\alpha \to 0\ (\alpha > 0)$ のとき $\mu_0 = 0$ に収束することも明らかである．したがって $\alpha \geqq 0$ なる半無限区間を考える限り事態は極めて尋常である．

かつ $\alpha > 0$ においては μ_α は α の解析関数である．なぜなら $\alpha > 0$ なる α を一つ固定してこれを出発点と考えれば，$\mathrm{dom}\, V = \mathrm{dom}\, H_\alpha$ により V は H_α に対して minor perturbation であるから，第 4, 5 章の理論が $\alpha > 0$ 全体に対して適用されるからである．尚 V が positive definite なることを考えれば例のごとく §5.8, IV. を用いて μ_α は α の増加関数である（これは (46.8) からも明らかである）．しかも $\mu_\alpha < 1$ なることが (46.8) から出るからこの μ_α は H_α のその他のスペクトル（それ

は同じく §5.8, IV. により $\lambda \geqq 1$ なる部分にある）と接触せず，したがって $\alpha > 0$ 全体において α の解析関数である．

我々本来の興味は $\alpha \to 0$ なる所にあるのだから $\alpha \to 0$ $(\alpha > 0)$ のときの μ_α の有様をもう少し詳しく調べてみよう．特にそれが形式的摂動論の示すごとき巾級数に展開できるかどうか調べてみよう．

そのためには $\varphi_0(x)$ の形を explicit に与えないと論ずることができないから，まず

i) $$\varphi_0(x) = \frac{c_k}{(1+x^2)^{k/2}}, \quad (k \text{ は正の整数})$$

とおいてみよう．c_k は規格化因子である．

かくすれば (46.8) は explicit に計算でき，それを解いて μ_α を求めることができる．その結果は μ_α を $\alpha = 0$ の近傍（ただし $\alpha \geqq 0$）で $\alpha^{\frac{1}{2}}$ の巾級数に展開することができる．而してその形は

(46.9) $$\mu_\alpha = \mu_0 + \alpha \mu^{(1)} + \alpha^2 \mu^{(2)} + \cdots + \alpha^{k-1} \mu^{(k-1)} + \alpha^{k-\frac{1}{2}} \mu^{(k-\frac{1}{2})} + \cdots$$

のごとく α^{k-1} の項までは α の巾のみが続くが，$\alpha^{k-\frac{1}{2}}$ の項から $\alpha^{\frac{1}{2}}$ の奇数巾が現れてくる．特に $k=1$ のときには簡単に計算できて

(46.10) $$\mu_\alpha = \alpha^{\frac{1}{2}}\left(1+\frac{\alpha}{4}\right)^{\frac{1}{2}} - \frac{\alpha}{2} = \alpha^{\frac{1}{2}} - \frac{1}{2}\alpha + \frac{1}{8}\alpha^{\frac{3}{2}} - \frac{1}{128}\alpha^{\frac{5}{2}} + \cdots$$

となり $\alpha^{\frac{1}{2}}$ の項から始まる．

したがって $\alpha = 0$ は確かに μ_α の特異点であって，その付近で μ_α を α の巾級数に展開する事はできない．

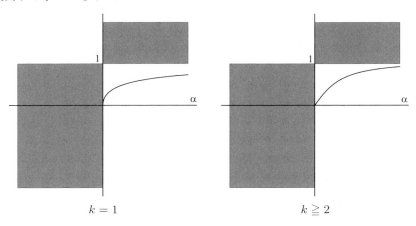

次に

ii) $$\varphi_0(x) = \frac{c_k |x|^{\frac{1}{2}}}{(1+x^2)^{\frac{k+1}{2}}} \qquad (k \text{ は正の整数})$$

とおいてみる．(46.8) はやはり explicit に計算できる．今度は μ_α は $\alpha = 0$ の近傍で（ただし $\geqq 0$）α と $\alpha \log \alpha$ との二重巾級数に表される．ただしその形は

(46.11)
$$\begin{aligned}\mu_\alpha &= \mu_0 + \alpha \mu^{(1)} + \alpha^2 \mu^{(2)} + \cdots \\ &\quad + \alpha^{k-1} \cdot \alpha \log \alpha \{Q_0(\alpha) + \alpha \log \alpha \, Q_1(\alpha) + (\alpha \log \alpha)^2 Q_2(\alpha) + \cdots\}\end{aligned}$$

なる形である．ここに $Q_i(\alpha)$ は α の巾級数を表す．特に $k=1$ なら α の小さいとき最大なる項は $-\alpha \log \alpha$ から[11] 始まることがわかる．

いずれにせよ μ_α は α の巾級数に展開することはできない．

大体の模様はやはり前の頁の図と同様である．

以上の諸例の結果を見れば，minor perturbation と限らない一般の摂動においては巾級数展開のごときは到底望み得ないことが明らかとなったであろう．

[11] 係数も正しい．

§47 漸近展開としての摂動論

前 § の諸例において示した通り，一般の摂動においては巾級数展開のごときことは到底成立しないことがわかる．のみならず種々様々なる特異性が現れる．H_0 と V とが共通 domain を有せぬため $H_0 + \alpha V$ が定義できないような甚だしい場合は論外として[1]，$H_\alpha = H_0 + \alpha V$ が定義できて hypermax. になることがわかっている場合においても例1のごとく H_α の固有値が $\alpha \to 0$ のとき全然収束せぬ場合があり，また例2のごとく収束はするが H_0 の固有値には収束せぬ場合もある．さらに例3のごとく H_0 は正常固有値を有するが $\alpha \neq 0$ なら H_α は全然固有値を有せぬこともある．例4においては $\alpha \geqq 0$ なら H_α は固有値を有するが $\alpha < 0$ においては固有値がない．$\alpha \geqq 0$ の状況はかなり尋常であるがそれでも $\alpha = 0$ は特異点で，そこを中心として固有値を巾級数に表すことはできない，等々．

かくのごとき事情の下においては，巾級数展開を求めるという意味において摂動論を考えることは事実上不可能である．無理にそれを固守すれば取り扱い得る場合が極めて狭くなり，事実上 minor perturbation の範囲を一歩も出られなくなるであろう．むしろ我々は巾級数の意味を解釈し直して

[1] 問題が半有界で H_α が2次形式 (quadratic form) の理論を用いて定義できる場合には，加藤先生のその後の論文[71],[72],[75] などで統一的に扱われている．

(47.1) $$\mu_\alpha = \mu_0 + \alpha\mu^{(1)} + \cdots + \alpha^n \mu^{(n)} + o(\alpha^n)$$

なる形の展開を求めるという意味に考えなければならない．これは広い意味における漸近展開に他ならない．

かくして minor perturbation より広い摂動を考えるに当たっては，摂動論とは巾級数展開を求むるものではなくて，漸近展開を求めることを目的とするものであると言わなければならぬ．我々は摂動論を以下この意味に解することにする．実用上から見ても実はこれで十分なのであって，たとえ巾級数展開が可能であった所で我々は無限級数を作ることは事実上できないのだから，実際は有限項で止めねばならないのである．minor perturbation の場合と言えども，この新しい見地から見直した方が実用的なのである．

さらに広い見地に立てば (47.1) でも十分でなく

(47.2) $$\mu_\alpha = \mu_0 + \alpha^{\nu_1}\mu^{(1)} + \alpha^{\nu_2}\mu^{(2)} + \cdots + \alpha^{\nu_n}\mu^{(n)} + o(\alpha^{\nu_n}),$$
$$0 < \nu_1 < \nu_2 < \cdots < \nu_n$$

なる形の展開を求めることが望ましいわけである．ここに $\nu_1, \nu_2, \cdots$ は正の整数と限らない．

しかしながらかような展開は取り扱いが困難であるだけでなく，このようなものを考え始めたら際限がないであろう．前 § の例 4 を考えれば $\alpha\log\alpha$ の巾による展開も考えたくなるであろう．その他あらゆる場合を考えてみるのでは到底やりきれないから，我々は専ら (47.1) のごとき展開を目標とすることにする．

ただ (47.2) の場合が実際に現れ得るということは十分注意せねばならぬ点である．前 § の例 4 の i) において $k = 1$ のときには (47.2) は $\alpha^{\frac{1}{2}}$ の項から始まるわけであるが，かかる場合は (47.1) に対して得られる公式を形式的に適用して済まし得るものではない．無理にこれを行えばいわゆる発散の困難を引き起こさざるを得ない．"発散"を起こすから固有値が存在せぬというのではなく，固有値は存在しているが形式的に公式にあてはめることができないのである．発散の困難と呼ばれる多くの問題の中に，このような場合があるのではないかどうか我々は大いに反省せねばならぬ点であると思う．

以上の考えの下に我々は (47.1) なる展開を得ることをもって摂動論の目的とするが，今までは専ら二三の例を頼りとして形式的に問題を考えてきた．これらの事柄をもっと厳密に規定するのが次の問題である．例えば H_α とはいかに定義されるものか，μ_α とはそのいかなる固有値か，等々の事柄を明瞭にせねばならない．第 5 章

の minor perturbation においてはその仮定により万事が具合よく進んだが，今度はそのような仮定を用いないためこれらの事柄を慎重に吟味しながら進まねばならぬ．まず H_α なる operator を定義すること自身が簡単な問題ではない．

§48　H_α を定義するに必要なる仮定

1. 我々は再び二つの Hermite operator H_0 と V とから出発する．前者は無摂動 operator であり，後者は摂動である．H_0 はその性質上 hypermax. であると仮定する．

すでに §13 の始めにも述べた通り，$H_0 + \alpha V$ なる operator が定義されて Hermite operator になるためには，V は全然任意ではあり得ない．最小限の要求としても H_0 および V の domain の共通部分が $\mathfrak{H}$ において稠密であることは要求せねばならぬ．そこで我々はまず次の仮定を導入する：

I. $\mathrm{dom}\, H_0 \cap \mathrm{dom}\, V = \mathfrak{D}_0$ とすれば $\overline{\mathfrak{D}}_0$ は $\mathfrak{H}$ で稠密である．

この仮定をすれば $\overline{\mathfrak{D}}_0$ において定義された operator $H_0 + \alpha V$ は任意の α に対して Hermite operator であることは言うまでもない．

2. しかしこれだけでは未だ十分ではない．Hermite operator に対しては必ずしも固有値問題が解けるとは限らない．しかも量子力学における operator は hypermax. なることが要求せられる．そのためには上のごとく $\overline{\mathfrak{D}}_0$ において定義された $H_0 + \alpha V$ が essentially hypermax. でなければ困る．もしそうでないとするならば，$H_0 + \alpha V$ に対する固有値問題は不能であるか，然らざれば不定となり，いずれにせよ $H_0 + \alpha V$ なる operator は固有値問題を解くのに不完全であるからである．

したがって我々はいずれにせよ $H_0 + \alpha V$ が essentially hypermax. であることを必要とするから，V に対して適当な仮定を加えてそのことを証明するか，もしくは始めからそれを仮定してしまうか，いずれかの道をとらねばならない．

第 4, 5 章の minor perturbation の理論においては minor という仮定からそれを証明することができた（実はこのとき $H_0 + \alpha V$ は，α が十分小さければそのまま hypermax. になった）のであるが，一般には与えられた Hermite operator が hypermax. もしくは essentially hypermax. なることを証明することは困難な問題であって多くの場合特殊の研究を要し，一般的な仮定からこれを導くことは困難であり，無理にそれを行おうとすれば勢い V に強い条件を課さねばならぬことになるであろう．そこで我々は始めから $H_0 + \alpha V$ が essentially hypermax. であることを仮定することにし，その仮定が満たされているかどうかの検証はこれを個々の場合

に委ねることにする．

ただしこの場合考える α の範囲についても制限を加えておいた方がよい．minor perturbation の場合においても $\alpha = 0$ のある近傍において $H_0 + \alpha V$ が hypermax. になることしか保証し得なかった（実際任意の α に対しては essentially hypermax. にもなると限らないことは，前 § の例 1, 2 において $\alpha > 0$ なる点から出発して $\alpha = 0$ に及んでみればわかる）．したがって今の場合にも $H_0 + \alpha V$ が essentially hypermax. なることを仮定するに当たって，あまりの多くを要求せぬため α の範囲を限定しておくのが当然である．元来 $\alpha = 0$ の近所で考えるのが摂動論の目的であるから $\alpha = 0$ のある近傍において上のことを仮定するのが当然であろうが，我々はもう少し仮定を弱めて $\alpha = 0$ のある半近傍（近傍の中 $\alpha \geqq 0$ または $\alpha \leqq 0$ なる半分）においてのみこのことを仮定することにする．その理由はかかる半近傍においてのみ摂動論が適用可能なる場合が実際上多く（§46 の例 2 および例 4 参照），その結果我々はかかる半近傍においてしか問題を取り扱わない場合が多いからである．もし $\alpha \geqq 0$ でも $\alpha \leqq 0$ でもともにこの仮定が満たされているときには別々にそれを取り扱えばよいから何の不便もない．

かくして我々はある半近傍 $\alpha \geqq 0$ において以下考えることにする（$\alpha \leqq 0$ のときにも全く同様にゆくはずであるから改めて書くには及ばない）．尚 $\alpha = 0$ のときには H_0 が hypermax. なることは始めから仮定されている所だから改めて何事も仮定するには及ばない．以上の考察により我々は次の第二の仮定を導入する：

II．$\overline{\mathfrak{D}}_0$ において定義された Hermite operator $H_0 + \alpha V$ は $0 < \alpha < \delta$ なる開区間において essentially hypermax. である．

我々は $H_0 + \alpha V$ の一義的な拡張たる hypermax. operator を H_α と書くことにする：$H_\alpha = (H_0 + \alpha V)^\sim$．

3． 例えば前 § において考えた四つの例においてはすべてこの仮定が満たされていたことは同所で示した通りである（実はそこでは $H_0 + \alpha V$ はそのまま hypermax. であった）．これらの例はわざわざこしらえた例であるが，量子力学における例としては，§45 で論じた Stark 効果はこの条件を満たしている．ただし (45.1) において $H_0 = -\nabla^2 - \frac{2}{r}, V = x, \alpha = E$ とおくこともちろんである．このとき明らかに $\overline{\mathfrak{D}}_0 \supset \mathfrak{D}^*$ であり，$H = H_\alpha$ は hypermax. で $\mathfrak{D}^*$ を quasi-domain にもつことは §45 で示した通りであるからもちろん $\overline{\mathfrak{D}}_0$ で定義された $H_0 + \alpha V$ は essentially hypermax. になっている（しかも α は任意！）．また §44 の Zeemann 効果の場合は $H_\alpha = H_0 + \alpha V$ の形でなく $H_\alpha = H_0 + \alpha V_1 + \alpha^2 V_2$ なる形を有するからちょっと形は異なるが，しかしそれも任意の α に対して $\overline{\mathfrak{D}}_0$ において定義しておけば（こ

こでは $\overline{\mathfrak{D}}_0 = \mathrm{dom}\, H_0 \cap \mathrm{dom}\, V_1 \cap \mathrm{dom}\, V_2$ とすればよい）essentially hypermax. になる．なぜなら $\overline{\mathfrak{D}}_0 \supset \mathfrak{D}^*$ は明らかであり H_α も $\mathfrak{D}^*$ を quasi-domain にもつことを §44 で示したからである．

これらの例によれば II. の仮定は多くの場合に満たされていることを想像しても誤りではあるまい（これが満たされなければ問題は不完全なのである！）．

4. 仮定 II. においては $\alpha = 0$ なる点と $\alpha > 0$ とを区別した所に注意を要する．$\alpha > 0$ なるときには H_α は H_0 と V とから作られなければならなかったから II. のごとき仮定を必要としたのであるが，$\alpha = 0$ においては H_0 は始めから与えられたもので V には無関係に定義されているのだから，II. のごとき仮定は不用であったのである．

この事情により $\alpha = 0$ と $\alpha > 0$ とに大きな違いが現れてくる．それは $\overline{\mathfrak{D}}_0$ は H_α の quasi-domain である $(\alpha > 0)$ が H_0 の quasi-domain であるとは限らないということである．この点において $\alpha = 0$ は一種の特異点なのである．

この点をもっと詳しく調べるため，

$$(48.1) \qquad \mathrm{dom}\, H_\alpha \cap \mathrm{dom}\, V = \overline{\mathfrak{D}}_\alpha$$

と書けば，仮定 II は $\mathrm{dom}\, H_\alpha \supset \overline{\mathfrak{D}}_0$ なることを示すから

$$\overline{\mathfrak{D}}_\alpha \supset \overline{\mathfrak{D}}_0$$

は考えているすべての α に対して成立する．$\overline{\mathfrak{D}}_0$ は H_α の quasi-domain である $(\alpha > 0)$ から，$\alpha > 0$ ならもちろん $\overline{\mathfrak{D}}_\alpha$ は H_α の quasi-domain である．しかるに $\alpha = 0$ のときに限りこのことは成立するとは限らないから，$\alpha = 0$ は特異性をもつ．

さらに $\overline{\mathfrak{D}}_0$ 内においては，任意の α, α' に対し

$$H_\alpha + (\alpha' - \alpha)V = H_0 + \alpha V + (\alpha' - \alpha)V = H_0 + \alpha' V = H_{\alpha'}$$

が成立する．しかるにこの式の左辺は実は $\overline{\mathfrak{D}}_\alpha$ において意味を有して Hermite operator であり，右辺は $\alpha' > 0$ なら hypermax. でかつ $\overline{\mathfrak{D}}_0 \subset \overline{\mathfrak{D}}_\alpha$ を quasi-domain にもつ．したがって上式より直ちに

$$H_\alpha + (\alpha' - \alpha)V \subset H_{\alpha'}, \qquad (\alpha' > 0)$$

が得られる [12]．ただし左辺は $\overline{\mathfrak{D}}_\alpha$ において定義されるものとする．したがって特に

$$\overline{\mathfrak{D}}_\alpha \subset \mathrm{dom}\, H_{\alpha'}, \qquad (\alpha' > 0).$$

また $\overline{\mathfrak{D}}_\alpha \subset \mathrm{dom}\, V$ であるから

---

[12] 一般に H_1, H_2 なる二つの Hermite operator があり，H_2 はさらに hypermax. であるとする．このとき $\mathrm{dom}\, H_1 \cap \mathrm{dom}\, H_2 = \overline{\mathfrak{D}}$ が H_2 の quasi-domain でかつ $\overline{\mathfrak{D}}$ で $H_1 = H_2$ が成立すれば
$$H_1 \subset H_2$$
である．
なぜなら domain を $\overline{\mathfrak{D}}$ に制限した H_2 を $\overline{H_2}$ とすれば
$$H_1 \supset \overline{H_2}$$
だから
$$\widetilde{H}_1 \supset \widetilde{\overline{H_2}}.$$
しかるに $\overline{\mathfrak{D}}$ が H_2 の quasi-domain なることにより $\widetilde{\overline{H_2}} = H_2$ だから
$$\widetilde{H}_1 \supset H_2.$$
H_2 は hypermax. だから実は
$$\widetilde{H}_1 = H_2$$
でなければならぬ，すなわち
$$H_1 \subset H_2.$$

$$\overline{\mathfrak{D}}_\alpha \subset \mathrm{dom}\, H_{\alpha'} \cap \mathrm{dom}\, V = \overline{\mathfrak{D}}_{\alpha'}, \qquad (\alpha' > 0)$$

が成立する．$\alpha > 0$ ならこの逆も成立するから

(48.2) $$\overline{\mathfrak{D}}_\alpha = \overline{\mathfrak{D}}_{\alpha'}, \qquad (\alpha > 0,\ \alpha' > 0)$$

を得る．かくして $\alpha > 0$ なら $\overline{\mathfrak{D}}_\alpha$ は α によらないことがわかった．よってこれを単に $\overline{\mathfrak{D}}$ と書くことにすれば

(48.3) $$\overline{\mathfrak{D}}_0 \subset \overline{\mathfrak{D}}$$

となる．一般に $\subset$ の代わりに等号は成立しないであろう．ここにも $\alpha = 0$ の特異性が現れている．

特に $\alpha = 0$ の代わりに任意の $\alpha > 0$ をとり H_α を無摂動 operator のごとく考えて今までと同じ取扱をするときには，$\overline{\mathfrak{D}}_0 \subset \overline{\mathfrak{D}}_\alpha = \overline{\mathfrak{D}}$ で $\overline{\mathfrak{D}}_0$ が $H_{\alpha'}$ $(\alpha' > 0)$ の quasi-domain なのだからもちろん $\overline{\mathfrak{D}}_\alpha$ は $H_{\alpha'}$ の quasi-domain になるから，I., II. に相当する仮定は満たされていることになる．

我々は I, II を満足する摂動 V を，H_0 に対し<u>許し得る摂動</u>と呼ぶことにすれば，上述により V はまた任意の H_α $(\alpha > 0)$ に対しても許し得る摂動になることがわかる．のみならず $\overline{\mathfrak{D}}_\alpha$ が H_α の quasi-domain なることにより V は H_0 に対するよりも H_α に対して $(\alpha > 0)$ より特異性の少ない摂動である．

5. これらの事情から見て次の定義を導入することは至当であろう：V が許し得る摂動である他，$\overline{\mathfrak{D}}_0$ が H_0 に対しても quasi-domain になっているとき，V は（H_0 に対し）regular perturbation であるという．然らざる場合に V は（H_0 に対し）singular perturbation であるという．

この定義はとにかく許し得る V に対してのみなされていることに注意（したがって単に $\overline{\mathfrak{D}}_0$ が H_0 の quasi-domain であるだけでは足りず，仮定 II をも満たしていることを必要とする．尤も $\overline{\mathfrak{D}}_0$ が H_0 の quasi-domain ということだけから II が導かれるなら別だが，恐らくそう簡単ではあるまい．その反証もちょっとあげられないが）．

かかる定義を導入すると上述の結果は次のようにも言い表される：

(48.4) $\quad V$ が H_0 に対し許し得る摂動であるならば，V は H_α $(\alpha > 0)$ に対しても許し得る摂動であるのみならず，H_α に対しては regular perturbation である．

この定理の中に $\alpha = 0$ の特異性がその全貌を現している．

尚我々は次の定理に注意する：

(48.5) 　　　V が H_0 に対し許し得る摂動でかつ H_0 が有界ならば V は
　　　　　　H_0 に対し regular perturbation である.

なぜなら H_0 が有界なら $\mathfrak{H}$ において稠密なる $\overline{\mathfrak{D}}_0$ は H_0 の quasi-domain になるからである.

　後に示すごとく，regular perturbation は種々の点においてよい性質をもつ．§46 の例 1, 例 2 は直ちに分かる通り V が H_0 に対し singular perturbation なる場合であったのであって，その特異性はこのことに帰着すると言ってよい．これに反し例 3, 例 4 は H_0 が有界なることから知れる通り，regular perturbation なる場合である．例 3 は regular perturbation でも未だ相当の特異性が現れ得ることを示すものである.

6. 多くの実際問題においては摂動は regular である．3. で考えた Stark 効果および Zeemann 効果においても，$\overline{\mathfrak{D}}_0 \supset \mathfrak{D}^*$ で H_0 が $\mathfrak{D}^*$ を quasi-domain にもつことにより，摂動は regular である.

　よって我々は始めから regular perturbation だけを調べることしてもよさそうであるが，なるべく一般性を得るために singular なる場合をも棄てないことにした．その代わり §46, 例 1, 例 2 のごとき特異性を避けるために次のごとき集合 $\widetilde{\mathfrak{D}}_0$ を導入する.

　仮に $\overline{\mathfrak{D}}_0$ なる domain に制限した H_0 を $\overline{H}_0$ と書くことにすればもちろんこれも Hermite operator である．したがってその closure $\widetilde{\overline{H}}_0$ をもつ．我々は $\widetilde{\overline{H}}_0$ の domain を $\widetilde{\mathfrak{D}}_0$ とする．もちろん $H_0 \supset \overline{H}_0$ だから $H_0 \supset \widetilde{\overline{H}}_0$, $\mathrm{dom}\, H_0 \supset \widetilde{\mathfrak{D}}_0$ である．regular perturbation は $H_0 = \widetilde{\overline{H}}_0$, $\widetilde{\mathfrak{D}}_0 = \mathrm{dom}\, H_0$ なる場合に他ならない.

　定義により $\widetilde{\mathfrak{D}}_0$ は次のごとき $\varphi \in \mathrm{dom}\, H_0$ の集合にほかならない．任意の $\varepsilon > 0$ に対し

(48.6) 　　　　　$\|\varphi - f\| \leqq \varepsilon$, 　$\|H_0\varphi - H_0 f\| \leqq \varepsilon$, 　$f \in \overline{\mathfrak{D}}_0$

なる f が存在するごとき.

　§46 の例 1, 例 2 において特異性が現れるのは，H_0 の固有関数がすべて $\widetilde{\mathfrak{D}}_0$ の外にあることがその一つの原因である．前にそれが $\mathrm{dom}\, V$ からあまりに離れすぎていると述べたのはこの意味である.

7. regular perturbation における一つの性質を述べておこう．4. において $\alpha' = 0$ ととることもできるから，このときには (48.3) の代わりに

(48.7) $$\overline{\mathfrak{D}}_0 = \overline{\mathfrak{D}}$$

が成立する．これは必要条件であるが，逆は成立せず，(48.7) が成立しても V は H_0 に対し regular とは言えない（例えば §46, 例 1, 例 2 においては $\overline{\mathfrak{D}}_0 = \overline{\mathfrak{D}} = \mathrm{dom}\, V$ であるが V は regular ではない）．

§49　Regular Perturbation [‡]

1. 本 § では regular perturbation の場合の H_α のスペクトルに関し重要なる結果を導く．§46, 例 3 の示すごとく regular という仮定だけでは未だ摂動論本来の題目に入ることはできないのであるが，その前に尚研究すべき事が二三あるので摂動論はしばらく後まわしとして H_α のスペクトルに関する一般的な事柄を述べる．特に，応用上重要なる摂動はすべて regular なるものと考えられるから以下の事柄は十分一般的である．

§48.5 で述べたごとく regular perturbation V の定義は第一にそれが H_0 に対して許しうる摂動（したがって I., II. を満たすこと）であり，第二に $\overline{\mathfrak{D}}_0 = \mathrm{dom}\, H_0 \cap \mathrm{dom}\, V$ が H_0 の quasi-domain なることである．このことは言いかえれば $\overline{\mathfrak{D}}_0$ に domain を制限した H_0 が essentially hypermax. であるということだから，任意の $\Im(\ell) \neq 0$ なる ℓ に対して

(49.1) $$(H_0 - \ell)\overline{\mathfrak{D}}_0 = \overline{\mathfrak{R}_{0\ell}}$$

で定義された $\overline{\mathfrak{R}_{0\ell}}$ は $\mathfrak{H}$ で稠密である．この式から逆に

(49.2) $$(H_0 - \ell)^{-1}\overline{\mathfrak{R}_{0\ell}} = \overline{\mathfrak{D}}_0$$

が成立する．

今 $f \in \overline{\mathfrak{R}_{0\ell}}$ なる f をとれば (49.2) により $(H_0-\ell)^{-1}f \in \overline{\mathfrak{D}}_0$ だから $H_0(H_0-\ell)^{-1}f$, $V(H_0-\ell)^{-1}f$ がともに定義され，したがって $(H_0+\alpha V)(H_0-\ell)^{-1}f = H_\alpha(H_0-$

[‡] 欄外注記　原ノートのこの位置に二つの欄外注記がある．それを以下に [§], [¶] として再現する．

[§] この § の事柄は大部分新しい事ではなく，Stone, p.365 以下に大抵出ている．ただ大切な式 (49.14) を Stone は出していない．Stone は $E_\alpha(\lambda)$ の弱収束を出している．$E_\alpha(\lambda), E_0(\lambda)$ は P. O. だからこれより強収束はただ一歩にすぎない（編注．P. O. は projection operator(=射影 operator) の略記）．

[¶] この § の議論において仮定 II は必要でない．単に H_α が $H_0+\alpha V$ の任意の self-adjoint extension であれば足りる．
以下摂動論はこの意味に解すればすべて成立し，したがって仮定 II. は不用なのではあるまいか．

$\ell)^{-1}f$ も定義されていて

$$(H_\alpha - \ell)(H_0 - \ell)^{-1}f = (H_0 - \ell + \alpha V)(H_0 - \ell)^{-1}f$$
$$= f + \alpha V(H_0 - \ell)^{-1}f.$$

H_α は hypermax. だから（§48, 仮定 II.）$(H_\alpha - \ell)^{-1}$ は存在して $\mathbb{B}$ に属する．これを上式の左から乗ずると

$$(H_0 - \ell)^{-1}f = (H_\alpha - \ell)^{-1}f + \alpha(H_\alpha - \ell)^{-1}V(H_0 - \ell)^{-1}f.$$

すなわち

$$(H_\alpha - \ell)^{-1}f - (H_0 - \ell)^{-1}f = -\alpha(H_\alpha - \ell)^{-1}V(H_0 - \ell)^{-1}f.$$

$|(H_\alpha - \ell)^{-1}| \leqq |\Im(\ell)|^{-1}$ に注意すれば

$$\|(H_\alpha - \ell)^{-1}f - (H_0 - \ell)^{-1}f\| \leqq |\alpha||\Im(\ell)|^{-1}\|V(H_0 - \ell)^{-1}f\|.$$

したがって $\alpha \to 0$ なるとき

(49.3) $$(H_\alpha - \ell)^{-1}f \to (H_0 - \ell)^{-1}f.$$

これは $f \in \overline{\mathfrak{R}_{0\ell}}$ なら成立する．

しかるに前述のごとく $\overline{\mathfrak{R}_{0\ell}}$ は $\mathfrak{H}$ で稠密であり，しかも $(H_\alpha - \ell)^{-1}$ が一様に有界 $\left(|(H_\alpha - \ell)^{-1}| \leqq |\Im(\ell)|^{-1}\right)$ なることを用いれば，(49.3) は任意の $f \in \mathfrak{H}$ に拡張できる．任意の $\varphi \in \mathfrak{H}$ と $\varepsilon > 0$ とに対し

$$\|\varphi - f\| \leqq \varepsilon, \qquad f \in \overline{\mathfrak{R}_{0\ell}}$$

なる f があるから

$$\|(H_\alpha - \ell)^{-1}\varphi - (H_0 - \ell)^{-1}\varphi\|$$
$$\leqq \|(H_\alpha - \ell)^{-1}(\varphi - f)\| + \|(H_\alpha - \ell)^{-1}f - (H_0 - \ell)^{-1}f\|$$
$$\quad + \|(H_0 - \ell)^{-1}(f - \varphi)\|$$
$$\leqq 2\varepsilon|\Im(\ell)|^{-1} + \|(H_\alpha - \ell)^{-1}f - (H_0 - \ell)^{-1}f\|.$$

(49.3) により

$$\varlimsup_{\alpha \to 0} \|(H_\alpha - \ell)^{-1}\varphi - (H_0 - \ell)^{-1}\varphi\| \leqq 2\varepsilon |\Im(\ell)|^{-1}.$$

ε は任意であるから，左辺は 0 でなければならず

$$(H_\alpha - \ell)^{-1}\varphi \to (H_0 - \ell)^{-1}\varphi, \qquad (\alpha \to 0)$$

が成立する．φ は任意であったから結局

(49.4) $$(H_\alpha - \ell)^{-1} \to (H_0 - \ell)^{-1}, \qquad (\alpha \to 0)$$

なる重要な結果を得る．

minor perturbation のときには，(16.1) に示すごとく上式で $\to$ の代わりに $\Rightarrow$ とした式が得られた．minor perturbation における種々の結果はそれから導かれたものである (§16～§18)．今度は $\Rightarrow$ がもっと弱い収束 $\to$ でおきかえられているのでもちろん minor perturbation の場合のような都合のよい結果は得られない（例えば §46, 例 3 を見よ！）．しかし (49.4) から H_α のスペクトルに関する二三の結果が得られる．

2.[†] H_α に属する単位分解を E_α とすれば

$$(H_\alpha - \ell)^{-1} = \int_{-\infty}^{\infty} \frac{1}{\lambda - \ell} dE_\alpha(\lambda)$$

となるから (49.4) は

$$\int \frac{1}{\lambda - \ell} dE_\alpha(\lambda) \to \int \frac{1}{\lambda - \ell} dE_0(\lambda), \qquad (\alpha \to 0)$$

となる．したがって任意の $f \in \mathfrak{H}$ に対し

(49.5) $$\int \frac{1}{\lambda - \ell} d(E_\alpha(\lambda)f, f) \to \int \frac{1}{\lambda - \ell} d(E_0(\lambda)f, f).$$

ここに $(E_\alpha(\lambda)f, f)$ は正の実数でかつ λ の増加関数であり

$$0 \leqq (E_\alpha(\lambda)f, f) \leqq (f, f)$$

[†] **欄外コメント** 原ノートのこのあたりにコメントが二つ記されている．それを以下に [‡], [§] として再現する．[‡] と [§] は別のときに記されたように見える．

[‡] この項は Stone p.171 の辺と大して異ならない．

[§] 以下の理論においては (49.4) は必要ではなく，もっと弱い条件

$$(H_\alpha - \ell)^{-1} \xrightarrow[弱]{} (H_0 - \ell)^{-1}$$

だけで十分である．なぜなら 2. 以下では (49.5) が出発点となっているからである．

により一様に有界である．

今任意の数列 $\alpha_n \to 0$ $(n \to \infty)$ が与えられたものとする（ただし $\alpha_n > 0$）．するとその適当な部分列 α'_n を取れば

$$(49.6) \qquad \rho_n(\lambda) = (E_{\alpha'_n}(\lambda)f, f)$$

が収束するようにできることは周知の通りである．ただしここに収束するという意味は，同じく増加関数 $\rho'(\lambda)$ があって，その不連続点を除き

$$(49.7) \qquad \rho_n(\lambda) \to \rho'(\lambda), \qquad (n \to \infty)$$

が成立するということである[2]．

$$\int \frac{1}{\lambda - \ell} d\rho_n(\lambda) = \int \frac{\rho_n(\lambda)}{(\lambda - \ell)^2} d\lambda$$

と書き直せば $\rho_n(\lambda)$ が一様に有界なることから

$$\int \frac{1}{\lambda - \ell} d\rho_n(\lambda) \to \int \frac{\rho'(\lambda)}{(\lambda - \ell)^2} d\lambda = \int \frac{1}{\lambda - \ell} d\rho'(\lambda)$$

となる．他方 $(E_0(\lambda)f, f) = \rho_0(\lambda)$ とおけば (49.5) から

$$\int \frac{1}{\lambda - \ell} d\rho_n(\lambda) \to \int \frac{1}{\lambda - \ell} d\rho_0(\lambda).$$

よって

$$\int \frac{1}{\lambda - \ell} d\rho'(\lambda) = \int \frac{1}{\lambda - \ell} d\rho_0(\lambda)$$

が任意の ℓ $(\Im(\ell) \neq 0)$ に対して成立する．

Stone によれば[13] $\int (\lambda - \ell)^{-1} d\rho_0(\lambda)$ により $\rho_0(\lambda)$ は加法的定数と，不連続点における値とを除き一義的に定まるから

$$(49.8) \qquad \rho'(\lambda) = \rho_0(\lambda) + c$$

が $\rho_0(\lambda)$ の不連続点を除き成立せねばならない．(49.6) により

$$0 \leqq \rho_n(\lambda) \leqq (f, f)$$

---

[13] [S] 163.

[2] Helly の選出定理．例えば参考書[52],[62] 参照．$\rho_n(\lambda)$ は定義により右連続だが，$\rho'(\lambda)$ も右連続としているのであろう．$\rho'(\lambda)$ の右連続を要求しなければ，すべての点で収束するようにできる．尚，ここの ρ' は一つの関数を表す記号で，関数 ρ の微分という意味ではないことに注意．

だから (49.7) により
$$0 \leqq \rho'(\lambda) \leqq (f,f)$$
すなわち
$$0 \leqq \rho_0(\lambda) + c \leqq (f,f)$$
である．$\rho_0(\lambda)$ の定義により $\lambda \to -\infty$ なら $\rho_0(\lambda) \to 0$, $\lambda \to \infty$ なら $\rho_0(\lambda) \to (f,f)$ であるから
$$0 \leqq c \leqq (f,f), \qquad 0 \leqq (f,f) + c \leqq (f,f).$$
これより $c \geqq 0$, $c \leqq 0$, したがって $c = 0$ となる．したがって (49.7), (49.8) により
$$\rho_n(\lambda) \to \rho_0(\lambda), \quad \text{すなわち} \quad (E_{\alpha'_n}(\lambda)f, f) \to (E_0(\lambda)f, f)$$
が $(E_0(\lambda)f, f)$ の不連続点を除いて成立する．

α_n は任意の数列 ($\alpha_n \to 0$) であり，それに対して適当な部分列 α'_n をとれば上の式が成立するのだから実は

(49.9) $$(E_\alpha(\lambda)f, f) \to (E_0(\lambda)f, f)$$

が右辺の不連続点を除いて成立せねばならない[14]．

3. 次に任意の $f, g \in \mathfrak{H}$ に対し
$$4\Re(E_\alpha(\lambda)f, g) = (E_\alpha(\lambda)(f+g), f+g) - (E_\alpha(\lambda)(f-g), f-g)$$
が成立するから，(49.9) を用いて

(49.10) $$\Re(E_\alpha(\lambda)f, g) \to \Re(E_0(\lambda)f, g)$$

を得る．ただし除外点は $(E_0(\lambda)(f+g), f+g)$, $(E_0(\lambda)(f-g), f-g)$ の不連続点である．したがっていずれにせよ $E_0(\lambda)f, E_0(\lambda)g$ の不連続点を除外しておけば上の式は成立する．

さらに任意の f に対し

(49.11) $$\|E_\alpha(\lambda)f - E_0(\lambda)f\|^2 = (E_\alpha(\lambda)f - E_0(\lambda)f, E_\alpha(\lambda)f - E_0(\lambda)f)$$
$$= (E_\alpha(\lambda)f, f) + (E_0(\lambda)f, f) - 2\Re(E_\alpha(\lambda)f, E_0(\lambda)f)$$

において，最後の項を考えるのに，(19.10) において $g = E_0(\mu)f$ とおけば

---

[14] (49.9) が成立せぬとすれば $(E_0(\lambda)f, f)$ の連続点 λ_0 があって $(E_\alpha(\lambda_0)f, f)$ が $(E_0(\lambda_0)f, f)$ に収束しないから，適当な数列 α_n をとり $(\alpha_n \to 0, (n \to \infty))$ $\lim_{n\to\infty}(E_{\alpha_n}(\lambda_0)f, f) \neq (E_\alpha(\lambda_0)f, f)$ ならしめることができる．この α_n のどんな部分列をとっても同様であるから上述の結果に矛盾する．

$$(49.12) \qquad \Re(E_\alpha(\lambda)f, E_0(\mu)f) \to \Re(E_0(\lambda)f, E_0(\mu)f)$$

[15] λ を変数と考えて！

を得る．ただし除外点として $E_0(\lambda)f, E_0(\lambda)E_0(\mu)f$ の不連続点[15]をとっておけばよい．しかるに $E_0(\lambda)E_0(\mu)f = E_0(\mu)E_0(\lambda)f$ により，その不連続点は $E_0(\lambda)f$ の不連続点に含まれるから，結局 $E_0(\lambda)f$ の不連続点を除き (49.12) は成立つ．μ は任意であるから特に $\mu = \lambda$ とおけば

$$\Re(E_\alpha(\lambda)f, E_0(\lambda)f) \to \Re(E_0(\lambda)f, E_0(\lambda)f) = (E_0(\lambda)f, f)$$

が $E_0(\lambda)f$ の不連続点を除き成立する．同じ条件の下に (49.9) も成立するからこれらを (49.11) に代入して

$$\|E_\alpha(\lambda)f - E_0(\lambda)f\|^2 \to 0.$$

すなわち

$$(49.13) \qquad E_\alpha(\lambda)f \to E_0(\lambda)f, \qquad (\alpha \to 0)$$

が右辺の不連続点を除いて成立する．

したがってまた $E_0(\lambda)$ の不連続点すなわち H_0 の固有値を除けば (49.13) は任意の f に対して成立するから

$$(49.14) \qquad E_\alpha(\lambda) \to E_0(\lambda), \qquad (\alpha \to 0)$$

が H_0 の固有値を除いて成立する．

4． 以上 $\alpha = 0$ において考えてきたが，$\alpha > 0$ なるときも V は H_α に対して regular perturbation であるから（このことは V が singular でも成立つ！(48.4) 参照）$(H_\alpha - \ell)^{-1}$ および $E_\alpha(\lambda)$ は任意の α において連続である（ただし後者に対しては上のごとき除外点をつけて）．かくして次の定理を得る．

定理 49.1 V が H_0 に対して許し得る摂動ならば

$$(H_\alpha - \ell)^{-1} \quad (\Im(\ell) \neq 0) \quad \text{および} \quad E_\alpha(\lambda)$$

は $0 < \alpha < \delta$ において α の連続関数である．ただし λ が H_α の固有値になるごとき α の値を除く．

特に V が H_0 に対し regular perturbation ならば上の区間 $0 < \alpha < \delta$ は $0 \leqq \alpha < \delta$ でおきかえることができる．

注意 この定理は V が H_0 に対し minor perturbation ならばもちろん成立する．

我々はこのことを必要としなかったから第4章では別に証明せず，§19 において一言注意しておいた．

5. (49.14) を用いて今の場合にも定理 17.5 が成立することを示すことができる：

定理 49.2 H_0 が開区間 $\lambda' < \lambda''$ にスペクトルをもてば，十分小さい α に対し H_α も同じ区間にスペクトルをもつ．ただし V は H_0 に対し regular とする．

証明 仮定により
$$E_0(\lambda'' - 0) - E_0(\lambda') \neq 0$$
であるから，$\lambda' < \lambda'_c < \lambda''_c < \lambda''$ なるごとき λ'_c, λ''_c を $E_0(\lambda)$ の連続点の中から選んで

(49.15) $$E_0(\lambda''_c) - E_0(\lambda'_c) \neq 0$$

ならしめることができる．したがって (49.14) により

(49.16) $$E_\alpha(\lambda''_c) - E_\alpha(\lambda'_c) \to E_0(\lambda''_c) - E_0(\lambda'_c) \neq 0.$$

したがって α が十分小さければ
$$E_\alpha(\lambda''_c) - E_\alpha(\lambda'_c) \neq 0$$
なることは容易に導かれるから[16] H_α も $\lambda' < \lambda < \lambda''$ にスペクトルを有する． □

この定理により，§46, 例2 のごとき特異性は，V が regular ならば起こり得ないことがわかる．

これに反し定理 17.2 のごときは今の場合には成立しない．H_0 の resolvent set に属するが任意の $\alpha > 0$ に対し H_α のスペクトルに属するごとき点は存在し得ることは，例3 の示す所である．あるいは例4 の $\alpha < 0$ の場合にも同様である．

[16] (49.15) により $(E_0(\lambda''_c) - E_0(\lambda'_c))f \neq 0$ なる f がある．(49.16) により $(E_\alpha(\lambda''_c) - E_\alpha(\lambda'_c))f \to ((E_0(\lambda''_c) - E_0(\lambda'_c))f \neq 0$ だから α が十分小なら $(E_\alpha(\lambda''_c) - E_\alpha(\lambda'_c))f \neq 0$
∴ $E_\alpha(\lambda''_c) - E_\alpha(\lambda'_c) \neq 0$.

§50 摂動論の問題

1. ここで我々は摂動論の本題に入り摂動論において目指す所をはっきり規定することにしよう．

一般の場合を考え，V は H_0 に対し許し得る摂動とする．換言すれば §48 における二つの仮定 I, II が満足されているとする．さらに摂動論を考えるためには，第5

章と同様 H_0 が少なくとも一つの正常固有値 μ_0 を有するものと仮定し，その多重度を m，孤立度を d とする．μ_0 に対応する H_0 の固有空間を $\mathfrak{M}_0$ と書き，対応する射影 operator を §21 と同様 F_0 とする．

我々はまず摂動 αV が加わるとき固有値 μ_0 がどう変わるか，ということを調べるのが目的である．詳しく言えば

 1°． α が十分小さければ H_α も μ_0 の近所に <u>丁度</u> 全多重度 m なる正常固有値群を有するであろうか？

 2°． もし有するとすればそれらの各々は

$$\mu_\alpha = \mu_0 + \alpha\mu^{(1)} + \cdots + \alpha^n \mu^{(n)} + o(\alpha^n)$$

なる形に表されるであろうか？ 表されるとすれば n の値はどの位大きくとることができるか？

 3°． もし 2°．が成立するなら，考える H_α の正常固有値の中で α^n の項まで一致するものをまとめ，相当する固有空間を加えてこれを仮に $F_{\alpha i}$ と書くとき

$$F_{\alpha i} = F_{0i} + \alpha T_i^{(1)} + \cdots + \alpha^{r_i} T_i^{(r_i)} + o(\alpha^{r_i})$$

なる形に表し得るであろうか？ できるなら r_i の値はどの位大きく取れるであろうか？

我々はこれらの問題に答えなければならない．もし 1° が肯定的に答えられなかったらそれだけで摂動論は適用できないと考えなければならぬ．なぜなら H_α も μ_0 の近所に多重度を考えて丁度 m 個の固有値を有するのでなければ，問題はあまりに特異的で尋常な摂動論の手に負えないものと見てよいだろうから[17]．1° が肯定されて初めて 2° の問題を考えることができる．その際適当な n に対して 2° が成立する場合初めて我々は摂動論なるものを考えることができるわけである．2° が成立するとき我々は第 n 次の展開が成立するということにする（このとき 3° はどうであってもよいとする．3° においては r_i が 2° の n より小さいのが普通である）．特に $n=0$ なら 2° は固有値が連続なることを表す．

2. 1° が成立せぬとき，もしくは 1° が成立しても 2° が $n=0$ としても成立せぬ場合には摂動論は全然意味を失うわけである．§46 の例 1 の場合には 1° が成立しない，なぜなら α が小さいとき H_0 の固有値 μ_0 の近所に m （このときは 1）以上の固有値があるからである．しかもこれらの固有値はすべて $\alpha \to 0$ $(\alpha > 0)$ のとき $-\infty$ に発散してしまう．同じく例 2 において $h < \infty$ なら 1° が成立しない．H_0 の固有

[17] 後にこの制限を少しゆるめて，H_α が μ_0 の近所に m より大なる全多重度の正常固有値群をもつごとき場合も取り扱うことにする．ただし $\alpha \to 0$ のときその中丁度 m 重のものだけが μ_0 に収束するごとき場合である（§59）．

値 μ_0 の近所に H_α の固有値はないし，あっても μ_0 に収束しないから 2° が ($n = 0$ に対しても）成立しない．いずれにしてもこれら二つの場合には摂動論は適用できない（ただし例 2 で $h = \infty$ のときは例外，このとき 1° は成立し，2° で $n = 0$ としたものが成立している．すなわち最も弱い展開が成立している）．同じく例 3 においては 1° が成立しない．なぜなら H_α は全然固有値をもたないから．したがってやはり摂動論は無意味である．例 4 においては $\alpha \geqq 0$ なら 1° が成立し，2° も場合に応じ適当な n に対して成立している（i), ii) の場合ともに $n = k-1$ に対して）．したがってここに至って我々は初めて摂動論の適用される場合に出会うわけである．k が大なる程高次の展開まで求めることができるわけである．

3. 以上で我々は摂動論において目的とする所を明らかにしたが，上の諸例の示すごとく，V が許し得る摂動であるというだけの仮定では，最も低次元すなわち 0 次の展開すら成立するとは限らない．したがって我々はさらに適当な仮定を導入することを必要とする．V が H_0 に対して regular という仮定を加えれば，既述の通り例 2 のごとき場合は避けられるが，なお例 3 のごとく固有値がなくなる場合を除外することができない．

我々はこれから適当な仮定を順次に導入して，第 0 次，第 1 次，第 2 次等の展開の可能なるための十分条件を与えようと思う．

§51 固有値の数が変わらないための条件

1. 我々の第一の問題は §50 の第一の問題 1° に肯定的に答え得る条件を求めることである．H_α が μ_0 の近所に丁度全多重度 m の正常固有値群をもつということは，適当な正数 d_1 に対し $\dim(E_\alpha(\mu_0 + d_1) - E_\alpha(\mu_0 - d_1))$ が m に等しいということである．

我々はこの条件を便宜上二つに分け，上の値が m より小ならざる条件と m より大ならざる条件とに切離して論ずる．前者の方が容易な条件なのであって，例えば V が H_0 に対し regular perturbation ならばこの条件は満たされることが分かる．もっと一般に次の定理が成立する（$\mathfrak{M}_0$, F_0 等のいみは §50.1）．

定理 51.1 μ_0 に対する H_0 の固有空間 $\mathfrak{M}_0$ が $\mathfrak{M}_0 \subset \widetilde{\mathfrak{D}_0}$ を満足すれば任意の $\varepsilon > 0$ に対し

(51.1) $$F'_\alpha = E_\alpha(\mu_0 + \varepsilon) - E_\alpha(\mu_0 - \varepsilon - 0)$$

とおけば次式が成立する：

$$|(1-F'_\alpha)F_0| \to 0 \quad (\alpha \to 0), \quad \text{すなわち} \quad F'_\alpha F_0 \Rightarrow F_0.$$

注意 1　この仮定は $\mathfrak{M}_0 \subset \overline{\mathfrak{D}}_0$ なるか（したがって $\mathfrak{M}_0 \subset \text{dom}\, V$ なるか）もしくは V が H_0 に対し regular perturbation ならもちろん満たされている．

注意 2　この定理から $\dim F'_\alpha \geqq m$ が出ることはあとで示す[3]．

証明　もし $|(1-F'_\alpha)F_0| \to 0$ でないとすれば次のごとき数列 $\alpha_n \to 0\,(n \to \infty)$ と元素列 $\psi_n \in \mathfrak{H}$ とがとれるはずである：

$$(51.2) \qquad \|(1-F'_{\alpha_n})F_0\psi_n\| \geqq \eta > 0, \qquad \|\psi_n\| = 1.$$

$\|F_0\psi_n\| \leqq \|\psi_n\| = 1$, および $F_0(F_0\psi_n) = F_0\psi_n$ なることを考えれば，この式において ψ_n の代わりに $\|F_0\psi_n\|^{-1}F_0\psi_n$ をとってもよいことは明らかであるから始から

$$(51.3) \qquad F_0\psi_n = \psi_n$$

と仮定して差し支えない．

$\mathfrak{M}_0$ を張る任意の完全直交系を $\varphi_{01}, \varphi_{02}, \cdots, \varphi_{0m}$ とする．仮定によりこれらはすべて $\widetilde{\overline{\mathfrak{D}}}_0$ に属するから，$\widetilde{\overline{\mathfrak{D}}}_0$ の定義 (§48.6) により次のごとき元素列 $f_{i\nu}$ $(i=1,\cdots,m,\ \nu=1,2,\cdots)$ が存在する：

$$(51.4)\ \ f_{i\nu} \in \overline{\mathfrak{D}}_0, \quad f_{i\nu} \to \varphi_{0i}\ (\nu \to \infty), \quad H_0 f_{i\nu} \to H_0\varphi_{0i} = \mu_0\varphi_{0i}\ (\nu \to \infty).$$

尚我々は $\|\varphi_{0i}\| = 1$ と仮定するから $f_{i\nu}$ も

$$(51.5) \qquad \|f_{i\nu}\| = 1$$

を満たすものとして差し支えない．(51.4) により，$i=1,2,\cdots,m$ に対する

$$\|f_{i\nu} - \varphi_{0i}\|, \qquad \|(H_0 - \mu_0)f_{i\nu}\|$$

の最大値を ζ_ν とすれば $\zeta_\nu \to 0\ (\nu \to \infty)$ である（(51.4) より $(H_0-\mu_0)f_{i\nu} = H_0 f_{i\nu} - \mu_0 f_{i\nu} \to \mu_0\varphi_{0i} - \mu_0\varphi_{0i} = 0$ に注意）．

さて (51.3) により $\psi_n \in \mathfrak{M}_0$ だから

$$(51.6) \qquad \psi_n = \sum_{i=1}^m c_{ni}\varphi_{0i}, \qquad \sum_{i=1}^m |c_{ni}|^2 = 1$$

---

[3] 後で述べられるように，$\alpha > 0$ が十分小ならば．

のごとく表される．今

(51.7) $$g_{n\nu} = \sum_{i=1}^{m} c_{ni} f_{i\nu}$$

により $g_{n\nu}$ を定義すれば $f_{i\nu} \in \overline{\mathfrak{D}}_0$ により

$$(H_{\alpha_n} - \mu_0) g_{n\nu} = \sum_{i=1}^{m} c_{ni}(H_{\alpha_n} - \mu_0) f_{i\nu} = \sum_{i=1}^{m} c_{ni}(H_0 - \mu_0 + \alpha_n V) f_{i\nu}.$$

$i = 1, \cdots, m$ に対する $\|V f_{i\nu}\|$ の最大値を k_ν とすれば

$$\|(H_{\alpha_n} - \mu_0) g_{n\nu}\| \leqq \sum_{i=1}^{m} |c_{ni}| (\|(H_0 - \mu_0) f_{i\nu}\| + \alpha_n \|V f_{i\nu}\|)$$
$$\leqq \sum_{i=1}^{m} |c_{ni}| (\zeta_\nu + \alpha_n k_\nu).$$

$\sum_{i=1}^{m} |c_{ni}| \leqq \left\{ m \sum_{i=1}^{m} |c_{ni}|^2 \right\}^{\frac{1}{2}} = \sqrt{m}$ を用いて

(51.8) $$\|(H_{\alpha_n} - \mu_0) g_{n\nu}\| \leqq \sqrt{m}(\zeta_\nu + \alpha_n k_\nu).$$

他方 F'_α の定義 (51.1) を省みれば §5.8, II. により

$$\|(H_{\alpha_n} - \mu_0) g_{n\nu}\| \geqq \varepsilon \|(1 - F'_{\alpha_n}) g_{n\nu}\|$$
$$= \varepsilon \|(1 - F'_{\alpha_n})(g_{n\nu} - \psi_n + \psi_n)\|$$
$$\geqq \varepsilon \|(1 - F'_{\alpha_n}) \psi_n\| - \varepsilon \|(1 - F'_{\alpha_n})(g_{n\nu} - \psi_n)\|.$$

(51.2), (51.3) を用い

$$\|(H_{\alpha_n} - \mu_0) g_{n\nu}\| \geqq \varepsilon \eta - \varepsilon \|g_{n\nu} - \psi_n\|.$$

他方

$$\|g_{n\nu} - \psi_n\| = \left\| \sum_{i=1}^{m} c_{ni}(f_{i\nu} - \varphi_{0i}) \right\| \leqq \sum_{i=1}^{m} |c_{ni}| \|f_{i\nu} - \varphi_{0i}\|$$
$$\leqq \zeta_\nu \sum_{i=1}^{m} |c_{ni}| \leqq \sqrt{m} \zeta_\nu$$

を用いて

$$\|(H_{\alpha_n} - \mu_0) g_{n\nu}\| \geqq \varepsilon \eta - \varepsilon \sqrt{m} \zeta_\nu.$$

この式と (51.8) とから

$$\varepsilon\eta - \varepsilon\sqrt{m}\zeta_\nu \leqq \sqrt{m}(\zeta_\nu + \alpha_n k_\nu)$$
$$\varepsilon\eta \leqq \sqrt{m}(\zeta_\nu + \varepsilon\zeta_\nu + \alpha_n k_\nu).$$

$n \to \infty$ とすれば $\alpha_n \to 0$ であるから

$$\varepsilon\eta \leqq \sqrt{m}(1+\varepsilon)\zeta_\nu.$$

これは $\zeta_\nu \to 0$ $(\nu \to \infty)$ と矛盾する.

よって $|(1-F'_\alpha)F_0| \to 0$, すなわち $F'_\alpha F_0 \Rightarrow F_0$ でなければならない. □

この結果より次の系を得る：

系 定理 51.1 の仮定の下に α が十分小なら $\dim F'_\alpha \geqq m$ が成立する．換言すれば μ_0 の任意の近傍を取っても，α が十分小さくなれば H_α はその中に全多重度 m 以上の固有値をもつか，然らざれば連続スペクトルをもつ[18]．

[18] 我々はこのことを次のように略称する：$E_\alpha(\lambda)$ は μ_0 の近所で少なくとも m 次元をもつ．

証明 定理 51.1 により α が十分小さければ

(51.9) $$|(1-F'_\alpha)F_0| < 1$$

となる．このとき $\dim F'_\alpha \geqq m = \dim F_0$ である．もし然らずとすれば

$$F'_\alpha \psi = 0, \qquad F_0 \psi = \psi, \qquad \psi \neq 0$$

なる ψ がある．これに対して

$$(1-F'_\alpha)F_0\psi = (1-F'_\alpha)\psi = \psi$$

となるがこれは (51.9) に反する． □

2. この定理は十分一般的なる条件の下に，H_α が μ_0 の近所に確かに必要なるだけのスペクトルをもつことを保証するものである．

けれどもそのスペクトルは必要以上であるかもしれない．このスペクトルは連続スペクトルであるかも知れず（§46, 例 3 のごとき場合），あるいはそうでなくても固有値が m 個より多く（多重度を含めて）存在するかもしれない．我々はかかる場合を除外し固有値が μ_0 の近所に丁度 m 個あるようにせねばならぬわけであるが，そのためにはまた適当な仮定を導入せねばならぬわけである．

しかるにかかる結果を与えるような一般的な条件を見出すことができなかったの

で，我々は先へ進むに当たり，新たにこのことを頭から仮定してしまうことにする．すなわち我々はここで次の仮定を導入することにする：

III. 十分小さい α に対し H_α は μ_0 の近所に多重度を含めて高々 m 個の固有値を有するにすぎない．詳しく言えば α に無関係な常数 d_1 があって

$$F_\alpha = E_\alpha(\mu_0 + d_1 - 0) - E_\alpha(\mu_0 - d_1)$$

の次元数は m より大きくない．

この仮定は甚だ立ち入った仮定であって，I, II が甚だ緩いものであったのに比べて著しく制限的である．けれどもともかくこの事実が成立せぬならば§50 の 1° が肯定的に答えられぬことになり摂動論は頓挫してしまわねばならぬ．実際 §46, 例 3 のごときは μ_0 の近所に H_α のスペクトルが過剰なるために固有値が消滅してしまったものと考えられるのであって，我々はぜひともかかる場合を除外せねば先へ進めないのである．

我々は以下 III. を仮定して進むことにするから，我々の理論を個々の場合に適用せんとするならばまず I., II. の他に III. が成立していることを証明せねばならぬわけである．これは我々の理論の一大難点であるが，我々は III. なる結果を与えるような十分一般的な条件を知らない故に III. そのものを仮定してしまったのである[19]．

[19] 後に到ってこの仮定を緩和することを試みる(§59).

3. しかしこれではあまりに不親切に思われるから，あまり一般的とは言えないけれども III. なる結果を与えるための十分条件を一二調べてみよう．

まず V が minor perturbation であるときは，定理 21.2 により確かに III. は成立している．しかしこの場合はもう完全に済んでいるから何等新しいことはない．

もっと一般なる摂動で III. が成立することがわかるのは次の場合である．

定理 51.2 H_0 は水素型 operator, V は H_0 に対し許し得る摂動であるほか下に有界であるとする．H_0 の低位固有値に対する固有空間がすべて $\widetilde{\mathfrak{D}}_0$ に属すれば，これら低位固有値のすべてに対し III. が成立する[20]．

[20] 我々は $\alpha \geq 0$ で考えていることに注意．

注意 1 これらの固有空間が $\widetilde{\mathfrak{D}}_0$ に属するという仮定は，それが $\overline{\mathfrak{D}}_0$ に属するときにはもちろん満たされているが，また V が H_0 に対し regular perturbation なら満たされているから，かなり緩い仮定である．

注意 2 実はこのとき，すべての低位固有値に対し第 0 次の展開が成立しているのである．それは下の証明から直接明らかになる．かつ次 § 参照．

証明 H_0 の低位固有値を $\mu_{01} < \mu_{02} < \cdots < \mu_{0n}$，その境界を $\overline{\mu}_0$ とする．μ_{0i} の多重度を m_i とする．

[21] 本章傍注 18) 参照.

仮定によりすべての μ_{0i} $(i = 1, \cdots, n)$ に対し定理 51.1 したがってその系が成立しているから，α が十分小さくなれば $E_\alpha(\lambda)$ は μ_{0i} の近所で少なくも m_i 次元を有する[21]．したがって正数 ε をとり（ただし $\mu_{0n} + \varepsilon < \overline{\mu}_0$ とする）

$$(51.10) \qquad \dim E_\alpha(\mu_{0n} + \varepsilon) \geqq \sum_{i=1}^n m_i$$

が成立する．

他方において V は下に有界であるから V の下限を c とすれば

$$(V\varphi, \varphi) \geqq c(\varphi, \varphi), \qquad \varphi \in \operatorname{dom} V$$

が成立する．したがって特に $\varphi \in \overline{\mathfrak{D}}_0$ なら，$\alpha \geqq 0$ により

$$(H_\alpha \varphi, \varphi) = ((H_0 + \alpha V)\varphi, \varphi) = (H_0 \varphi, \varphi) + \alpha(V\varphi, \varphi)$$
$$\geqq (H_0 \varphi, \varphi) + \alpha c(\varphi, \varphi).$$

$\overline{\mathfrak{D}}_0$ は H_α の quasi-domain だから $(\alpha > 0)$ §5.8, IV が適用され

$$\dim E_\alpha(\lambda) \leqq \dim E_0(\lambda - \alpha c).$$

特に $\lambda = \mu_{0n} + \varepsilon$ とすれば

$$(51.11) \qquad \dim E_\alpha(\mu_{0n} + \varepsilon) \leqq \dim E_0(\mu_{0n} + \varepsilon - \alpha c).$$

α が十分小さくなれば，$\mu_{0n} + \varepsilon < \overline{\mu}_0$ により

$$\mu_{0n} + \varepsilon - \alpha c < \overline{\mu}_0$$

が成立するから $\overline{\mu}_0$ の意味により

$$\dim E_0(\mu_{0n} + \varepsilon - \alpha c) \leqq \dim E_0(\overline{\mu}_0 - 0) = \sum_{i=1}^n m_i.$$

したがって (51.11) から

$$\dim E_0(\mu_{0n} + \varepsilon) \leqq \sum_{i=1}^n m_i.$$

これと (51.10) とから

$$\dim E_\alpha(\mu_{0n} + \varepsilon) = \sum_{i=1}^{n} m_i$$

となる．したがって $E_\alpha(\lambda)$ は実は μ_{0i} の近所で丁度 m_i 次元を有するのでなければならぬ．詳しく言えば各 μ_{0i} に相当する定理 51.1 の F'_α を $F'_{\alpha i}$ と書けば α が十分小なら $\dim F'_{\alpha i} = m_i$ でなければならぬ．したがって III. が成立しているのみならず，(51.1) の ε は任意であるから μ_{0i} の近所にある全多重度 m_i の正常固有値群は $\alpha \to 0$ のとき μ_{0i} に収束する．すなわち §50 の 1° は肯定され，2° においては少くも $n = 0$ とおいた式が成立する． □

§52 第 0 次の展開

1. 我々は以下 I., II. の他に III. をも仮定する．すると少し条件を加えれば §50 の 1° が肯定的に答えられるのみならず 2° において $n = 0$ としたものが成り立つ，すなわち

定理 52.1 $\mathfrak{M}_0 \subset \widetilde{\mathfrak{D}}_0$ ならば十分小さい α に対し $\dim F_\alpha = m$ となる[22]．換言すれば H_α は $|\lambda - \mu_0| < d_1$ なる区間に全多重度 m なる正常固有値群を有し，その境界は $|\lambda - \mu_0| \geq d_1$ なる範囲にある．而してこれらの正常固有値は $\alpha \to 0$ のとき μ_0 に収束する．F_α はこれらの正常固有値の固有空間の和に他ならないが $\alpha \to 0$ のとき

(52.1) $\qquad |F_\alpha - F_0| \to 0$ すなわち $F_\alpha \Rightarrow F_0$

が成立する．

特に $m = 1$ なら H_α の考えている固有値に対する固有元素 φ_α を適当に選び

(52.2) $\qquad \varphi_\alpha \to \varphi_0, \quad (\alpha \to 0)$

ならしめることができる．

[22] F_α は仮定 III. において導入されたもの．

注意 この仮定 $\mathfrak{M}_0 \subset \widetilde{\mathfrak{D}}_0$ は摂動 V が H_0 に対し regular perturbation なら常に満たされている．また $\mathfrak{M}_0 \subset \overline{\mathfrak{D}}_0$ ならもちろんそれは満たされているが，そのときは実はもっと詳しく第 1 次の展開が成立することがわかる (§53)．

証明 我々の仮定の下に定理 51.1 はもちろん成立するから，そこでなしたごとく任意の $\varepsilon > 0$ に対し (51.1) の F'_α を作れば十分小さい α に対し（系参照）

$$\dim F'_\alpha \geqq m.$$

他方仮定 III によれば十分小さい α に対し

$$\dim F_\alpha \leqq m.$$

$\varepsilon < d_1$ なるごとく ε をとっておけば $F'_\alpha \leqq F_\alpha$ なのだから，十分小さい α に対し

$$F'_\alpha = F_\alpha, \qquad \dim F'_\alpha = \dim F_\alpha = m$$

でなければならぬ．m は有限だから H_α は区間 $|\lambda - \mu_0| < d_1$ に全多重度 m の正常固有値群を有し，その境界は $|\lambda - \mu_0| \geqq d_1$ にある．のみならずこれらの正常固有値群は実はもっと狭い区間 $|\lambda - \mu_0| \leqq \varepsilon$ の中にある．ε は任意にとることができ，それに対して α を十分小さくとれば上の事柄が成立するのだから，これら固有値は $\alpha \to 0$ のとき μ_0 に収束する．

次に後半の証明に移る．

$$F_\alpha - F_0 = F_\alpha(1 - F_0) + (F_\alpha - 1)F_0 = ((1 - F_0)F_\alpha)^* - (1 - F_\alpha)F_0,$$

(52.3) $$|F_\alpha - F_0| \leqq |(1 - F_0)F_\alpha| + |(1 - F_\alpha)F_0|$$

であるが，定理 51.1 によれば任意の $\varepsilon > 0$ に対して上のごとき F'_α を作れば

$$|(1 - F'_\alpha)F_0| \to 0, \qquad (\alpha \to 0).$$

F'_α の中の ε を $\varepsilon < d_1$ なるようとっておけば上述のごとく α が十分小なら $F'_\alpha = F_\alpha$ となるから

(52.4) $$|(1 - F_\alpha)F_0| \to 0, \qquad (\alpha \to 0)$$

したがって (52.1) を示すには (52.3) により

$$|(1 - F_0)F_\alpha| \to 0, \qquad (\alpha \to 0)$$

を示せばよい．

F_0 および F_α を張る完全直交系をそれぞれ $\varphi_{01}, \cdots, \varphi_{0m}$, および $\varphi_{\alpha 1}, \cdots, \varphi_{\alpha m}$ として

(52.5) $$\varphi_{\alpha p} = \sum_{q=1}^{m} c_{pq}(\alpha)\varphi_{0q} + \psi_{\alpha p}, \quad c_{pq}(\alpha) = (\varphi_{\alpha p}, \varphi_{0q}),$$

$$(p = 1, 2, \cdots, m)$$

とすれば

(52.6) $$(1 - F_0)\varphi_{\alpha p} = \psi_{\alpha p}.$$

(52.7) $$\|(1 - F_0)\varphi_{\alpha p}\|^2 = \|\psi_{\alpha p}\|^2 = 1 - \sum_{q=1}^{m} |c_{pq}(\alpha)|^2.$$

同様にして, $(\varphi_{0q}, \varphi_{\alpha p}) = \overline{c_{pq}(\alpha)}$ なることに注意すれば

(52.8) $$\|(1 - F_\alpha)\varphi_{0q}\|^2 = 1 - \sum_{q=1}^{m} |c_{pq}(\alpha)|^2.$$

(52.7) を p について, (52.8) を q について加えれば

$$\sum_{p=1}^{m} \|(1 - F_0)\varphi_{\alpha p}\|^2 = \sum_{q=1}^{m} \|(1 - F_\alpha)\varphi_{0q}\|^2 = m - \sum_{p,q}^{1,m} |c_{pq}(\alpha)|^2.$$

(52.4) により $\|(1 - F_\alpha)\varphi_{0q}\| = \|(1 - F_\alpha)F_0\varphi_{0q}\| \leqq |(1 - F_\alpha)F_0| \to 0$ だから上式の中央の辺は $\alpha \to 0$ のとき 0 に収束する. したがって左辺も同様となるから結局

(52.9) $$\|(1 - F_0)\varphi_{\alpha p}\| \to 0, \quad (\alpha \to 0), \quad (p = 1, \cdots, m).$$

尚ついでながら (52.7), (52.8) より

(52.10) $$\sum_{q=1}^{m} |c_{pq}(\alpha)|^2 \to 1, \quad \sum_{p=1}^{m} |c_{pq}(\alpha)|^2 \to 1$$

に注意する.

任意の $f \in \mathfrak{H}$ に対し $F_\alpha f$ は $\varphi_{\alpha p}$ $(p = 1, \cdots, m)$ の一次結合だから

$$F_\alpha f = \sum_{p=1}^{m} c_p \varphi_{\alpha p}, \quad \sum_{p=1}^{m} |c_p|^2 = \|F_\alpha f\|^2 \leqq \|f\|^2.$$

これに対し

$$\|(1 - F_0)F_\alpha f\| = \left\|\sum_{p=1}^{m} c_p (1 - F_0)\varphi_{\alpha p}\right\| \leqq \sum_{p=1}^{m} |c_p| \|(1 - F_0)\varphi_{\alpha p}\|$$

$$\leqq \varepsilon_\alpha \sum_{p=1}^m |c_p| \leqq \varepsilon_\alpha \sqrt{m}\left\{\sum_{p=1}^m |c_p|^2\right\}^{\frac{1}{2}} \leqq \varepsilon_\alpha \sqrt{m}\|f\|.$$

ただし ε_α は $\max\limits_{p=1,\cdots,m}\|(1-F_0)\varphi_{\alpha p}\|$ を表す．(52.9) により $\varepsilon_\alpha \to 0$ $(\alpha \to 0)$ であるから

$$|(1-F_0)F_\alpha| \leqq \varepsilon_\alpha \sqrt{m} \to 0 \quad (\alpha \to 0).$$

これで目的を達した．

終わりに $m=1$ なる場合の結果を出すには，μ_0 に対する H_0 の固有元素を φ_0 として

(52.11)
$$\varphi_\alpha = \frac{F_\alpha \varphi_0}{\|F_\alpha \varphi_0\|}$$

とおく．$\alpha \to 0$ のとき $F_\alpha \Rightarrow F_0$．$F_\alpha \varphi_0 \to F_0 \varphi_0 = \varphi_0$ だから α が十分小さければ分母 $\|F_\alpha \varphi_0\|$ は 0 でなく，φ_α は規格化された H_α の固有関数である（$\dim F_\alpha = 1$ に注意！）．$F_\alpha \varphi_0 \to \varphi_0$, $\|F_\alpha \varphi\| \to \|\varphi_0\| = 1$ により $\varphi_\alpha \to \varphi_0$ は容易に出る．□

2. 以上で定理の証明を終わるが尚二三の注意を述べる．$F_\alpha \Rightarrow F_0$ なることは F_α の全多重度 m の正常固有値群の各固有値に対する固有空間の和 が F_0 に（一様）収束することを示すものであるが，それら個々の固有空間が別々に F_0 の適当な部分空間に収束するかどうかは分からない．特に $m>1$ なる一般の場合には，H_α の固有元素を，H_0 の固有元素に収束するようにとることができるかどうか不明である．形式的な摂動論においてよく知られているように，$m>1$ のときには無摂動固有元素は始めからわかっているのではなく，摂動 operator V の matrix の $\mathfrak{M}_0$ 内部分が diagonal になるように決定されるのであるが，我々は V が $\mathfrak{M}_0$ において定義されていると仮定していない（$\mathfrak{M}_0 \subset \widetilde{\overline{\mathfrak{D}}}_0$ を仮定しているが $\mathfrak{M}_0 \subset \overline{\mathfrak{D}}_0$ を仮定せず！）から，元来この matrix を作ることができないのである．

しかしいずれにせよ考える正常固有値群に対する H_α の任意の固有元素を φ_α と書けば，$\alpha \to 0$ のときそれが $\mathfrak{M}_0$ の中に吸収されることだけは明らかである（$(1-F_0)\varphi_\alpha = (1-F_0)F_\alpha \varphi_\alpha \to 0$ により）．ただ $\mathfrak{M}_0$ の内部で φ_α は振動するかもしれないわけである．

3. 定理 52.1 によれば存在する正常固有値群は $\alpha = 0$ において（右に）連続である．$\alpha > 0$ においてもそれらは連続であろうかというにこれは肯定的に答えられる．なぜなら十分小さい α に対し定理 52.1 により F_α は $|\lambda - \mu_0| < d_1$ に全多重度 m なる正常固有値群を有している．今かかる α を一つ固定しこれを α_0 と呼び，考えている

その正常固有値群を仮に $\mu_1, \cdots, \mu_k$ とし，それらの多重度をそれぞれ $m_1, \cdots, m_k$ とすれば
$$m_1 + \cdots + m_k = m$$
である．さて $\alpha_0 > 0$ だから (48.4) により V は H_{α_0} に対し regular perturbation であるから定理 51.1 はもちろん成立しその系によれば $E_\alpha(\lambda)$ は $|\alpha - \alpha_0|$ が十分小さければ μ_i の近所で少なくも m_i 次元をもつ．したがって $|\alpha - \alpha_0|$ が十分小さければ
$$\dim F_\alpha \geqq m_1 + \cdots + m_k = m$$
となる．しかるに実は $\dim F_\alpha = m$ でなければならぬのだから，$E_\alpha(\lambda)$ は μ_1 の近所で丁度 m_i 次元を有するのでなければならぬ：換言すれば，α_0 を今までの $\alpha = 0$ のごとく考えれば，H_{α_0} の正常固有値 μ_i $(i = 1, \cdots, k)$ に対し仮定 I, II, III は満足されているのみならず，V は H_{α_0} に対して regular であるから定理 52.1 に相当するものが成立する．すなわち $|\alpha - \alpha_0|$ が十分小さければ（$\alpha > \alpha_0$ でも $\alpha < \alpha_0$ でもともに）H_α は μ_i の近所に丁度全多重度 m_i なる正常固有値群を有し，$\alpha \to \alpha_0$ のときこれらは μ_i に収束する．したがって H_α の考えている固有値はすべて $\alpha = \alpha_0$ において（左右に）連続である．

かくして次の定理を得る：

定理 52.2 定理 52.1 の場合 H_α の全多重度 m なる正常固有値群は $\alpha = 0$ のある右半近傍において連続である（$\alpha = 0$ も含めて）．したがって我々は摂動により H_0 の固有値 μ_0 が連続的に変化するということができる．

注意 minor perturbation のときには <u>相異なる</u> 固有値の数は $\alpha \neq 0$ なら α に無関係で一定であったが，今度はそうであるかどうか不明である．

4. 上述のごとく我々は考えている H_α の正常固有値群が何個の固有値より成るかを知らず，その個数が α とともにどう変わるかをも知らないのだから，取扱に困難を感ずる．そこで我々はこれらの固有値の中縮退のあるものはその多重度だけの数に数えて，これらを小さい方から

(52.12)
$$\mu_{\alpha 1} \leqq \mu_{\alpha 2} \leqq \cdots \leqq \mu_{\alpha m}$$

と名づけることにする．したがってその全体の数は m であり，その中には相等しいものがあるかもしれない．((52.12) なる書き方は第 5 章 §27.5 の場合と異なることに注意．そこでは相異なるものを $\mu_{\alpha 1}, \cdots, \mu_{\alpha k}$ と呼んだ)．

いずれにせよ (52.12) により $\mu_{\alpha 1}, \cdots, \mu_{\alpha m}$ は完全に定義された確定せる実数であって $\alpha \to 0$ のときいずれも μ_0 に収束する.

ただ困難なることには, (52.12) において相等しいものが何個ずつあるか不明でありしたがってこれらの固有値に対する固有空間がどうなるかを知ることが困難であり, またそれを書き表すのに不便を感ずる. そのために次のごとき方法を用いる.

$\mu_{\alpha p}$ に対する固有元素 $\varphi_{\alpha p}$ を適当にとり, $\varphi_{\alpha p}, \cdots, \varphi_{\alpha m}$ が規格直交系をなすようにすることはもちろん可能である. ただし $\varphi_{\alpha p}$ は一般に位相因子だけは不定なるのみならず, $\mu_{\alpha p}$ の中に相等しいものがあれば, 相当する $\varphi_{\alpha p}$ の間の一次結合だけさらに不定である. しかしいずれにせよ上のごとき $\varphi_{\alpha p}$ をとることはできる. 而して

$$\sum_{p=1}^{m} P_{[\varphi_{\alpha p}]} = F_\alpha$$

なることは明らかである.

次に (52.12) がいくつかの群に分かれ, 相異なる群に属する $\mu_{\alpha p}$ は互いに相異なるものとする. 換言すれば自然数 $1, 2, \cdots, m$ をいくつかの群 $\Delta_1, \Delta_2, \cdots, \Delta_k$ に分け

$$\Delta_1 = (1, 2, \cdots, m_1), \quad \Delta_2 = (m_1 + 1, \cdots, m_1 + m_2), \quad \cdots$$

のごとくして p, q が相異なる Δ_i に属するならば $\mu_{\alpha p} \neq \mu_{\alpha q}$ であったとする. もっと直接的に表せば

$$\mu_{\alpha 1} \leqq \mu_{\alpha 2} \leqq \cdots \leqq \mu_{\alpha m_1} < \mu_{\alpha, m_1+1} \leqq \cdots \leqq \mu_{\alpha, m_1+m_2}$$
$$< \mu_{\alpha, m_1+m_2+1} \leqq \cdots$$

のごとくなっているとする. このとき各群の内部における $\mu_{\alpha p}$ 同士は等しくても等しくなくても構わない.

このとき各群内における $\mu_{\alpha p}$ に対する固有空間の和, すなわち

(52.13)
$$\begin{cases} F'_{\alpha 1} = P_{[\varphi_{\alpha 1}]} + \cdots + P_{[\varphi_{\alpha m_1}]} = \sum_{p \in \Delta_1} P_{[\varphi_{\alpha p}]}, \\ F'_{\alpha 2} = P_{[\alpha, m_1+1]} + \cdots + P_{[\alpha, m_1+m_2]} = \sum_{p \in \Delta_2} P_{[\varphi_{\alpha p}]}, \\ \cdots\cdots \end{cases}$$

等は一義的に定まった F_α の部分空間で

$$F_\alpha = F'_{\alpha 1} + F'_{\alpha 2} + \cdots + F'_{\alpha k}$$

§53 第1次の展開

1. 今度は第1次の展開が成立するための条件を調べてみよう．形式的な展開式をみると第1次の項は $(V\varphi_0, \varphi_0)$ なる係数をもつ（$m=1$ のとき (46.1) 参照）から $V\varphi_0$ が存在しなければ第1次の展開の可能性は期待できない．$m>1$ なる一般の場合には $\mathfrak{M}_0 \subset \mathrm{dom}\, V$ したがって $\mathfrak{M}_0 \subset \overline{\mathfrak{D}}_0$ なることを仮定せねば，第一次の展開は期待できないであろう（尤も $V\varphi_0$ が存在せずとも形式的な $(V\varphi_0, \varphi_0)$ の存在する場合はある，例えば $(V\varphi_0, \varphi_0)$ を積分あるいは級数等で表し得る具体的な Hilbert 空間においてはこのことは明らかであろう．けれども我々のごとく抽象 Hilbert 空間においてはかかる場合は無理に考えれば考えられないこともないが甚だ厄介なことになるので，我々は $V\varphi_0$ 等の存在を仮定することにした¶．その代わりこれはやや強い仮定であるから，多くの場合これだけの仮定で実は第2次の展開が可能となる．次の定理の後の注意を参照）．

2. そこで我々は前§よりもさらに仮定を強くして次の定理を証明する（もちろん仮定 I, II, III は前提されている）．

定理 53.1 $\mathfrak{M}_0 \subset \overline{\mathfrak{D}}_0$ ならば m 次元空間 $\mathfrak{M}_0$ 内における Hermite operator $F_0 V F_0$ が定義され，その固有値を（多重のものは重複して数えて）

$$(53.1) \qquad \mu'_1 \leqq \mu'_2 \leqq \cdots \leqq \mu'_m$$

とすれば §52.4 で定義した H_α の固有値 $\mu_{\alpha p}$ に対し，$\alpha \to 0$ のとき

$$(53.2) \qquad \mu_{\alpha p} = \mu_0 + \alpha \mu'_p + O(\alpha^2) \qquad (p = 1, \cdots, m)$$

が成立する．

μ'_p 中相等しいものをまとめて添数 p を k 個の群：$\Delta_1, \Delta_2, \cdots, \Delta_k$ に分かつ（すなわち p, q が同一の群に属すれば $\mu'_p = \mu'_q$，而らざれば $\mu'_p \neq \mu'_q$）．すると F_0 は相当する μ_p 固有空間 $F'_{01}, F'_{02}, \cdots, F'_{0k}$ に分かれる（すなわち F'_{0i} は $p \in \Delta_i$ なる μ'_p に相当する $F_0 V F_0$ の固有空間を表す）．(53.2) によれば α が十分小さければ相異な

¶ （欄外コメント　ここに後日のものかもしれない次の注が付けられている．）
　例えば V が正値 hypermax. operator なるとき，$\sqrt{V}\varphi_0$ が存在し，かつ $\varphi_n \in \overline{\mathfrak{D}}_0$, $H\varphi_n \to H\varphi_0$, $\sqrt{V}\varphi_n \, to \sqrt{V}\varphi_0$, $\varphi_n \to \varphi_0$ なるごとき φ_n が存在すれば第一次の展開ができるであろうと思われる．この仮定はややこしい．これを簡単な仮定から導く事に成功すれば実用的になるだろう．

る μ'_p に対する $\mu_{\alpha p}$ も相異なるから，§52.4 の方法により $\mu_{\alpha p}$ も k 個の群に分かれ (52.13) により相当する固有空間の和 $F'_{\alpha 1}, \cdots, F'_{\alpha k}$ が定義されるが，これに対し

(53.3) $$|F'_{\alpha i} - F'_{0i}| = O(\alpha), \qquad (\alpha \to 0)$$

が成立する．

特に μ'_p がすべて互に相異なるときは $k = m$ となり，α が十分小なら $\mu_{\alpha p}$ もすべて相異なり，相当する固有元素 $\varphi_{\alpha p}$ を適当にとれば

$$\|\varphi_{\alpha p} - \varphi_{0p}\| = O(\alpha)$$

ならしめることができる．ここに φ_{0p} は μ'_p に対する $F_0 V F_0$ の固有元素である．

注意 このときさらに V が regular perturbation ならば実は第二次の展開が成立することがわかる（§54 参照）．

証明 (53.1) に対する $F_0 V F_0$ の固有元素から $\mathfrak{M}_0$ の規格完全直交系を作ることができる．これを $\varphi_{01}, \cdots, \varphi_{0m}$ とする．また §52.4 のごとく定めた H_α の固有元素 $\varphi_{\alpha 1}, \cdots, \varphi_{\alpha m}$ をとる．而して

$$(\varphi_{\alpha p}, \varphi_{0r}) = c_{pr}(\alpha) \qquad (p, r = 1, \cdots, m)$$

とおけば，§52.1 と全く同様に

$$\varphi_{\alpha p} = \sum_{r=1}^{m} c_{pr}(\alpha) \varphi_{0r} + (1 - F_0) \varphi_{\alpha p},$$
$$\varphi_{0r} = \sum_{p=1}^{m} \overline{c_{pr}(\alpha)} \varphi_{\alpha p} + (1 - F_\alpha) \varphi_{0r};$$

$$\sum_{r=1}^{m} |c_{pr}(\alpha)|^2 + \|(1 - F_0) \varphi_{\alpha p}\|^2 = 1,$$
$$\sum_{p=1}^{m} |c_{pr}(\alpha)|^2 + \|(1 - F_\alpha) \varphi_{0r}\|^2 = 1;$$

(53.4) $$\sum_{p=1}^{m} \|(1 - F_0) \varphi_{\alpha p}\|^2 = \sum_{r=1}^{m} \|(1 - F_\alpha) \varphi_{0r}\|^2 = m - \sum_{p,r}^{1,m} |c_{pr}(\alpha)|^2;$$

$$\text{(53.5)} \quad 1 \geqq \sum_{r=1}^{m} |c_{pr}(\alpha)|^2 \to 1, \quad 1 \geqq \sum_{p=1}^{m} |c_{pr}(\alpha)|^2 \to 1 \quad (\alpha \to 0).$$

仮定により $\varphi_{0r} \in \overline{\mathfrak{D}}_0$ であるから $H_0 \varphi_{0r} = \mu_0 \varphi_{0r}$ および $V\varphi_{0r}$ は存在し

$$\text{(53.6)} \quad (H_\alpha - \mu_0)\varphi_{0r} = (H_0 - \mu_0 + \alpha V)\varphi_{0r} = \alpha V \varphi_{0r},$$

$$\text{(53.7)} \quad (H_\alpha - \mu_0 - \alpha\mu'_r)\varphi_{0r} = \alpha(V - \mu'_r)\varphi_{0r} = \alpha(V - \mu'_r)F_0\varphi_{0r}$$
$$= \alpha(1 - F_0)V\varphi_{0r} + \alpha(F_0 V F_0 - \mu'_r)\varphi_{0r} = \alpha(1 - F_0)V\varphi_{0r}.$$

しかるに §5.8, III. によれば

$$\text{(53.8)} \quad \|(H_\alpha - \mu_0)\varphi_{0r}\| \geqq \|(1 - F_\alpha)\varphi_{0r}\| d_1.$$

同様に

$$\text{(53.9)} \quad \|(H_\alpha - \mu_0 - \alpha\mu'_r)\varphi_{0r}\| \geqq \|(1 - F_\alpha)\varphi_{0r}\|(d_1 - \alpha|\mu'_r|).$$

これらの式にそれぞれ (53.6), (53.7) を代入すれば

$$\text{(53.10)} \quad \|(1 - F_\alpha)\varphi_{0r}\| \leqq \frac{\alpha}{d_1}\|V\varphi_{0r}\|,$$

$$\text{(53.11)} \quad \|(1 - F_\alpha)\varphi_{0r}\| \leqq \frac{\alpha}{d_1 - \alpha|\mu'_r|}\|(V - \mu'_r)\varphi_{0r}\|.$$

ただし (53.11) においては α が十分小で $d_1 - \alpha|\mu'_r| > 0$ なるものとする.

(53.4) に (53.10) を代入すれば

$$\sum_{p=1}^{m} \|(1 - F_0)\varphi_{\alpha p}\|^2 \leqq \frac{\alpha^2}{d_1^2} \sum_{r=1}^{m} \|V\varphi_{0r}\|^2.$$

§3.8 において "finite norm" なる operator に対して定義したノルムを用いれば

$$\sum_{r=1}^{m} \|V\varphi_{0r}\|^2 = \|VF_0\|^2$$

とかくことができる (VF_0 は "finite norm" である！) から

$$\text{(53.12)} \quad \sum_{p=1}^{m} \|(1 - F_0)\varphi_{\alpha p}\|^2 \leqq \frac{\alpha^2}{d_1^2} \|VF_0\|^2.$$

[23) ここにある傍注は複雑な式を含むので脚注 *) の位置におく.]

したがって [23)]

$$(53.13) \quad \|(1-F_0)\varphi_{\alpha p}\| \leq \frac{\alpha}{d_1}\|VF_0\| \quad (p=1,\cdots,m).$$

他方において $(H_\alpha - \mu_{\alpha p})\varphi_{\alpha p} = 0$ であるから

$$0 = ((H_\alpha - \mu_{\alpha p})\varphi_{\alpha p}, \varphi_{0r}) = (\varphi_{\alpha p}, (H_\alpha - \mu_{\alpha p})\varphi_{0r})$$
$$= (\varphi_{\alpha p}, (H_0 - \mu_{\alpha p} + \alpha V)\varphi_{0r}) = (\varphi_{\alpha p}, (\mu_0 - \mu_{\alpha p} + \alpha V)\varphi_{0r}).$$

しかるに

$$V\varphi_{0r} = F_0 V F_0 \varphi_{0r} + (1-F_0) V F_0 \varphi_{0r}$$
$$= \mu'_r \varphi_{0r} + (1-F_0)V\varphi_{0r}$$

であるから

$$0 = (\varphi_{\alpha p}, (\mu_0 - \mu_{\alpha p} + \alpha \mu'_r)\varphi_{0r}) + (\varphi_{\alpha p}, \alpha(1-F_0)V\varphi_{0r})$$
$$= (\mu_0 + \alpha\mu'_r - \mu_{\alpha p})c_{pr}(\alpha) + \alpha((1-F_0)\varphi_{\alpha p}, V\varphi_{0r}).$$

右辺において V を $V-\mu'_r$ でおきかえてもよい（$(1-F_0)\varphi_{0r}=0$ だから）から

$$(53.14) \quad (\mu_{\alpha p} - \mu_0 - \alpha\mu'_r)c_{pr}(\alpha) = \alpha((1-F_0)\varphi_{\alpha p}, (V-\mu'_r)\varphi_{0r}).$$

(53.13) を代入すれば

$$(53.15) \quad (\mu_{\alpha p} - \mu_0 - \alpha\mu'_r)c_{pr}(\alpha) = O(\alpha^2), \quad (p,r=1,2,\cdots,m).$$

これを用いて我々は (53.2) を証明することができる.

そのためにまず任意の数列 $\alpha_n \to 0$ $(n \to \infty)$ が与えられたものとする. (53.5) によれば $\sum_{r=1}^{m} |c_{pr}(\alpha_n)|^2 \to 1$ $(n \to \infty)$ である. 今 $p=1$ とおけば少なくも一つの $r=r_1$ に対し $\varlimsup_{n\to\infty} |c_{1r_1}(\alpha_n)|^2 > 0$ でなければならない. よって α_n の適当な部分列 α'_n をとれば $\lim_{n\to\infty} |c_{1r_1}(\alpha'_n)|^2$ が存在して 0 でないようにすることができる. こ

---

*)傍注 23) (53.10) の代わりに (53.11) を用いれば (53.13) の代わりに

$$\|(1-F_0)\varphi_{\alpha p}\| \leq \alpha \left\{\sum_r \frac{\|(V-\mu'_r)\varphi_{0r}\|^2}{(d_1-\alpha|\mu'_r|)^2}\right\}^{\frac{1}{2}}$$

とすることもできる.

の α'_n と $p=2$ とに対して上と同じことを行えば, α'_n の適当な部分列 α''_n に対し $\lim_{n\to\infty}|c_{2r_2}(\alpha''_n)|^2$ が存在して 0 でないようにすることができる. この方法を m 回繰返せば, 始めの α_n の適当な部分列があって, 簡単のためこれを再び α_n と書くことにすれば, $p=1,\cdots,m$ に対し

$$\lim_{n\to\infty}|c_{pr_p}(\alpha_n)|^2 \text{ が存在して } >0$$

なるごとく r_p を決めることができる.

したがって (53.15) から

(53.16) $$\mu_{\alpha_n p}-\mu_0-\alpha_n\mu'_{r_p}=O(\alpha_n^2)$$

となり, これよりまた

$$\mu_{\alpha_n p}-\mu_0-\alpha_n\mu'_r=\alpha_n(\mu'_{r_p}-\mu'_r)+O(\alpha_n^2)$$

を得るから (53.15) に代入して $|c_{pr}(\alpha)|\leqq 1$ なることに注意すれば

(53.17) $$(\mu'_{r_p}-\mu'_r)c_{pr}(\alpha_n)=O(\alpha_n) \qquad (n\to\infty).$$

さて定理に述べるごとく添数 p を群 $\Delta_1,\Delta_2,\cdots,\Delta_k$ に分かち

$$\Delta_1=(1,\cdots,m_1), \qquad \Delta_2=(m_1+1,\cdots,m_1+m_2), \qquad \cdots$$

とする. すなわち Δ_i の元素の数を m_i とする. 而して[24]

$$i<j \quad \text{なら} \quad \Delta_i<\Delta_j.$$

[24] $\Delta_i<\Delta_j$ は Δ_i の元素はすべて Δ_j の元素より小なることを示す.

今 r_p も 1 から m までに含まれるから, $r_p\in\Delta_i$ なるごとき p の集合を $\widetilde{\Delta}_i$ とし, その元素の数を $\widetilde{m}_i$ とすれば, 任意の p はいずれかの $\widetilde{\Delta}_i$ に属するから

(53.18) $$\widetilde{m}_1+\cdots+\widetilde{m}_k=m.$$

すると $p\in\widetilde{\Delta}_i$ なら $r_p\in\Delta_i$, したがって $r\notin\Delta_i$ なら $\mu'_{r_p}\neq\mu'_r$ により (53.17) から $c_{pr}(\alpha_n)=O(\alpha_n)$ を得るから (53.5) の第一式により

$$\sum_{r\in\Delta_i}|c_{pr}(\alpha_n)|^2\to 1 \qquad (n\to\infty) \qquad (p\in\widetilde{\Delta}_i)$$

となる. これをすべての $p\in\widetilde{\Delta}_i$ について加えれば

$$(53.19) \qquad \sum_{p\in\widetilde{\Delta}_i}\sum_{r\in\Delta_i}|c_{pr}(\alpha_n)|^2 \to \widetilde{m}_i.$$

和の順序を変え

$$\sum_{p\in\widetilde{\Delta}_i}|c_{pr}(\alpha_n)|^2 \leqq \sum_{p=1}^{m}|c_{pr}(\alpha_n)|^2 \leqq 1$$

なることに注意すれば

$$\sum_{p\in\widetilde{\Delta}_i}\sum_{r\in\Delta_i}|c_{pr}(\alpha_n)|^2 \leqq \sum_{r\in\Delta_i} 1 = m_i$$

であるから (35.19) により

$$\widetilde{m}_i \leqq m_i.$$

これがすべての i に対して成立し, $\sum_i m_i = \sum \widetilde{m}_i = m$ なることを考えれば

$$\widetilde{m}_i = m_i \qquad (i=1,\cdots,k)$$

でなければならない.

また $i<j$ なら $\widetilde{\Delta}_i < \widetilde{\Delta}_j$ である. 何となれば (53.16) から

$$\mu_{\alpha_n p} - \mu_{\alpha_n q} = \alpha_n(\mu'_{r_p} - \mu'_{r_q}) + O(\alpha_n^2)$$

が成立するから $p\in\widetilde{\Delta}_i, q\in\widetilde{\Delta}_j$ なら $r_p\in\Delta_i, r_q\in\Delta_j$ となり, $i<j$ なら $\mu'_{r_p} < \mu'_{r_q}$, したがって α_n が十分小さければ上式の右辺は負となって $\mu_{\alpha_n p} < \mu_{\alpha_n q}$ となる. したがって $p<q$ でなければならない.

以上の結果により Δ_i と $\widetilde{\Delta}_i$ とは同一であることがわかる. したがって $p\in\widetilde{\Delta}_i$ なら $r_p\in\Delta_i$ により p と r_p とは同一の Δ_i に属するから

$$\mu'_{r_p} = \mu'_p$$

である. よって (53.16) は

$$(53.20) \qquad \mu_{\alpha_n p} = \mu_0 + \alpha_n \mu'_p + O(\alpha_n^2) \quad (n\to\infty), \quad (p=1,\cdots,m)$$

となる.

しかるに我々は始め任意の数列 $\alpha_n \to 0$ が与えられたとき, その中からさらに適当な部分列をとり出せば（これを再び α_n と書いて）(53.20) が成立することを示し

たのである．このことから容易に (53.2) が導かれる．これで定理前半は証明された．

3. 次に定理後半の証明に移る．定理の F'_{0i} は我々の φ_{0p} を用いて

(53.21) $$F'_{0i} = \sum_{r \in \Delta_i} P_{[\varphi_{0r}]}$$

により表される．同様に

(53.22) $$F'_{\alpha i} = \sum_{p \in \Delta_i} P_{[\varphi_{\alpha p}]}$$

となる．α が十分小なら (53.2) により，p, q が相異なる Δ_i に属すれば $\mu_{\alpha p} \neq \mu_{\alpha q}$ なのだから上式により $F'_{\alpha i}$ は一義的に定まる．また

$$\dim F'_{0i} = \dim F'_{\alpha i} = m_i$$

も明らかである．

すると

(53.23)
$$\begin{aligned}(1 - F'_{\alpha i})\varphi_{0r} &= \varphi_{0r} - \sum_{p \in \Delta_i} \overline{c_{pr}(\alpha)}\varphi_{\alpha p} \\ &= \sum_{p \notin \Delta_i} \overline{c_{pr}(\alpha)}\varphi_{\alpha p} + (1 - F_\alpha)\varphi_{0r}.\end{aligned}$$

(53.17) を出したと同様にして，(53.15) と (53.2) とから

$$(\mu'_p - \mu'_r)c_{pr}(\alpha) = O(\alpha)$$

となるから p と r が相異なる Δ_i に属すれば

(53.24) $$c_{pr}(\alpha) = O(\alpha).$$

したがって (53.23) において $r \in \Delta_i$ ならば，(53.10) を考えに入れて

$$\|(1 - F'_{\alpha i})\varphi_{0r}\| = O(\alpha) \qquad (r \in \Delta_i).$$

これより 278 頁と同様にして

$$|(1 - F'_{\alpha i})F'_{0i}| = O(\alpha)$$

を得る．$\dim F'_{\alpha i} = \dim F'_{0i} = m_i$ なることを用いれば，再び 276〜278 頁と同様に

$$|(1-F'_{0i})F'_{\alpha i}| = O(\alpha)$$

を得る．これら両式より 276 頁と同様にして

$$|F'_{\alpha i} - F'_{0i}| = O(\alpha)$$

を得る．

　終わりにすべての $m_i = 1$ なるときは F'_{0i}, $F'_{\alpha i}$ も一次元となり，φ_{0p}, $\varphi_{\alpha p}$ は位相因子を除いて一義的に定まる．今特に

(53.25) $$\varphi_{\alpha p} = \frac{1}{\|F'_{\alpha p}\varphi_{0p}\|} F'_{\alpha p}\varphi_{0p}$$

とおけば $\varphi_{\alpha p}$ はやはり $\mu_{\alpha p}$ に対する H_α の固有元素である．(53.3) により

$$\|(F'_{\alpha p} - F'_{0p})\varphi_{0p}\| = \|F'_{\alpha p}\varphi_{0p} - \varphi_{0p}\| = O(\alpha)$$

$$\|F'_{\alpha p}\varphi_{0p}\| - \|\varphi_{0p}\| = \|F'_{\alpha p}\varphi_{0p}\| - 1 = O(\alpha)$$

により $\|\varphi_{\alpha p} - \varphi_{0p}\| = O(\alpha)$ なることは明らかである．

　以上をもって定理 53.1 の証明を終わる． □

4. 定理 52.1 の場合と同様，$m_i > 1$ なら $F'_{\alpha i}$ に属する H_α の固有元素 $\varphi_{\alpha p}$ が F'_{0i} に属する H_0 の固有元素 φ_{0p} に収束するようにできるかどうか不明である．しかしとにかく $\varphi_{\alpha p}$ はそれがどのように振動するにしても $\alpha \to 0$ のとき F'_{0i} の中に吸収されるのであって，その速さは

$$\|(1-F'_{0i})\varphi_{\alpha p}\| = \|(F'_{\alpha i} - F'_{0i})\varphi_{\alpha p}\| = O(\alpha)$$

の程度である．

　上の定理を見ると，固有値の方が固有元素よりも精密に近似できることがわかる．このことはよく知られている所である．

　上の定理において，$\mu_{\alpha p}$ の誤差の項が $o(\alpha)$ となる代わりにもっと詳しく $O(\alpha^2)$ となったことは注目すべきである．このことは実は次の事情によるものであろう．形式的な公式 (46.1) について見れば α^2 の項の係数は $(VSV\varphi_0, \varphi_0)$ なる形を有するが，これは書き直せば $(SV\varphi_0, V\varphi_0)$ となる．$S \in \mathbb{B}$ であるから，この項は実は $V\varphi_0$ が存在すれば意味を有するのである．すなわち我々の定理の仮定の下においては，形式的な公式は第二項までとにかく存在するのである．

したがってあるいは第2次の展開も成立するのではないかという推測が生まれる.

次§で示すようにVがH_0に対しregularならばこの推測は確かに肯定されるのであるが,一般にはどうであるか不明である[25]．けれどもかくのごとくほとんど第二項までの展開が成立しかけている位であるから,誤差が$O(\alpha^2)$となるのも当然であると思う.

§54 第2次の展開

1. 上述のごとく前§の定理に僅かの仮定を加えると第2次までの展開が成立する. 計算があまりに複雑になることを防ぐため,以下第一次の項において縮退が完全に取れる場合,すなわち

$$(54.1) \qquad \mu'_1 < \mu'_2 < \cdots < \mu'_m$$

なる場合だけを考えることにする.

定理を述べる前に新しい量を導入する. 第5章と同様

$$S = \int' \frac{1}{\lambda - \mu_0} dE_0(\lambda)$$

とおけば (21.11), (21.12) はそのまま成立する（(21.13) の第一式は今度は成立しない）. 次に

$$(54.2) \qquad S_r = \sum_{s(\neq r)}^{1,m} \frac{1}{\mu'_s - \mu'_r} F'_{0s} = \sum_{s(\neq r)} \frac{1}{\mu'_s - \mu'_r} P_{[\varphi_{0s}]} \qquad (r = 1, \cdots, m)$$

とおけばこれは次の性質をもつ：

$$(54.3) \qquad \begin{cases} S_r \in \mathbb{B}, \quad S_r^* = S_r, \quad F_0 S_r = S_r F_0 = S_r, \\ F'_{0r} S_r = S_r F'_{0r} = 0, \\ (F_0 - F'_{0r}) S_r = S_r (F_0 - F'_{0r}) = S_r; \end{cases}$$

$$(54.4) \qquad S_r \varphi_{0s} = \begin{cases} 0 & (s = r), \\ \dfrac{1}{\mu'_s - \mu'_r} \varphi_{0s} & (s \neq r). \end{cases}$$

以上は特に証明を要しない. さらに

---

[25] Vがregularでなければ形式的な公式の第0次の項は常に存在するにもかかわらず正しくなかった．その類似から考えれば第2次の項まで存在しても必ずしもそこまで正しいとは言えないであろうと思われる.

$$S_r(F_0VF_0 - \mu'_r F_0) = \sum_{s(\neq r)} \frac{1}{\mu'_s - \mu'_r} F'_{0s} \sum_s (\mu'_s - \mu'_r) F'_{0s}$$
$$= \sum_{s(\neq r)} F'_{0s} = F_0 - F'_{0r}.$$

$S_r F_0 = S_r$ を考えれば

(54.5) $$S_r(V - \mu'_r)F_0 = F_0 - F'_{0r}.$$

同様に（あるいはこの adjoint をとって）

(54.6) $$F_0(V - \mu'_r)S_r = F_0 - F'_{0r}.$$

尚 $m = 1$ なら S_1 だけが定義されるが実は $S_1 = 0$ なることに注意する.

2.

定理 54.1 $\mathfrak{M}_0 \subset \overline{\mathfrak{D}}_0$（したがって $V\mathfrak{M}_0$ は存在！）および $SV\mathfrak{M}_0 \subset \widetilde{\overline{\mathfrak{D}}}_0$ なら (54.1) なる仮定の下に

(54.7) $$\mu_{\alpha p} = \mu_0 + \alpha \mu'_p + \alpha^2 \mu''_p + o(\alpha^2),$$
(54.8) $$\varphi_{\alpha p} = \varphi_{0p} - \alpha(1 - S_p(VF_0)^*)SV\varphi_{0p} + o(\alpha),$$
$$(p = 1, \cdots, m)$$

が成立する. ただし

(54.9) $$\mu''_p = -(SV\varphi_{0p}, V\varphi_{0p})$$

であり, $\varphi_{\alpha p}, \varphi_{0p}$ は定理 53.1 に述べたるもの[26]である.

[26] (53.25).

注意 1 $\mathfrak{M}_0 \subset \overline{\mathfrak{D}}_0$ だから $V\mathfrak{M}_0$ は存在し, したがって定理 3.1 により $VF_0 \in \mathbb{B}$, したがって $(VF_0)^*$ も存在して $(VF_0)^* \in \mathbb{B}$ である.

注意 2 $SV\mathfrak{M}_0 \subset \text{dom}\, H_0$ は明らかだから（S の range は $\text{dom}\, H_0$ に含まれる）, $SV\mathfrak{M}_0 \subset \widetilde{\overline{\mathfrak{D}}}_0$ なる仮定は V が H_0 に対し regular なら満足されている. このときは $\mathfrak{M}_0 \subset \overline{\mathfrak{D}}_0$, したがって定理 53.1 の仮定だけで [4] 実は定理 54.1 が成立する.

注意 3 $SV\mathfrak{M}_0 \subset \widetilde{\overline{\mathfrak{D}}}_0$ なる仮定はまた $SV\mathfrak{M}_0 \subset \overline{\mathfrak{D}}_0$ ならもちろん満足されているが, このときは実は第三次の展開が可能である (§55).

---
[4] 一読文意が取り難いが「regular なら定理 53.1 の仮定だけで」の意であろう.

3. 証明 はやや面倒だからこれを数段に分かつ.

まず我々の仮定の下にもちろん定理 53.1 が成立していることに注意する. 同定理の終わりに述べたごとく, 今度はすべての $m_i = 1$ と仮定したから $\varphi_{\alpha p}$ も φ_{0p} も位相因子を除いて定まり, $\|\varphi_{\alpha p} - \varphi_{0p}\| = o(\alpha)$ ならしめることができる.

仮定により $SV\varphi_{0r} \in \widetilde{\mathfrak{D}}_0$ であるから次のごとき $f_{r\nu}$ $(\nu = 1, 2, \cdots)$ が存在する:

$$f_{r\nu} \in \overline{\mathfrak{D}}_0; \quad f_{r\nu} \to SV\varphi_{0r}, \quad H_0 f_{r\nu} \to H_0 SV\varphi_{0r} \quad (\nu \to \infty).$$

今 $f'_{r\nu} = (1 - F_0)f_{r\nu}$ とすれば, $F_0 f_{r\nu} \in \mathfrak{M}_0 \subset \overline{\mathfrak{D}}_0$ であるから $f'_{r\nu}$ も $\overline{\mathfrak{D}}_0$ に属し, かつ

$$f'_{r\nu} \to (1 - F_0)SV\varphi_{0r} = SV\varphi_{0r},$$
$$H_0 f'_{r\nu} = H_0(1 - F_0)f_{r\nu} = (1 - F_0)H_0 f_{r\nu} \to (1 - F_0)H_0 SV\varphi_{0r}$$
$$= H_0(1 - F_0)SV\varphi_{0r} = H_0 SV\varphi_{0r}$$

となるから $f'_{r\nu}$ も $f_{r\nu}$ と同じ性質をもち $F_0 f'_{r\nu} = 0$ である. さらに $\|f'_{r\nu}\| \to \|SV\varphi_{0r}\|$ であるから $\|f'_{r\nu}\|^{-1}\|SV\varphi_{0r}\|f'_{r\nu} = f''_{r\nu}$ とおけばこれも $f'_{r\nu}$ と同一の性質を有して $\|f''_{r\nu}\| = \|SV\varphi_{0r}\|$ である.[5] よって $f''_{r\nu}$ を改めて $f_{r\nu}$ と書くことにすればこれは次の性質をもつ:

(54.10) $$\begin{cases} f_{r\nu} \in \overline{\mathfrak{D}}_0, \quad F_0 f_{r\nu} = 0, \quad \|f_{r\nu}\| = \|SV\varphi_{0r}\|, \\ f_{r\nu} \to SV\varphi_{0r}, \quad H_0 f_{r\nu} \to H_0 SV\varphi_{0r} \quad (\nu \to \infty). \end{cases}$$

この $f_{r\nu}$ を用いて次のごとく $g_{\alpha r\nu}$ を定義する[27),6)]:

(54.11) $$g_{\alpha r\nu} = \gamma_{\alpha r}(\varphi_{0r} + \alpha S_r(VF_0)^* SV\varphi_{0r} - \alpha f_{r\nu}).$$

ただし $\gamma_{\alpha r}$ は $\|g_{\alpha r\nu}\| = 1$ なるごとく定める. 上の式の ( ) 内の第一項は F'_{0r} に, 第二項は (54.3) により $F_0 - F'_{0r}$ に, 第三項は (54.10) により $1 - F_0$ に属するからこれらは互いに直交する. よって

$$1 = \|g_{\alpha r\nu}\|^2 = \gamma_{\alpha r}^2 (1 + \alpha^2 \|S_r(VF_0)^* SV\varphi_{0r}\|^2 + \alpha^2 \|f_{r\nu}\|^2).$$

(54.10) によれば最後の項は $\alpha^2 \|SV\varphi_{0r}\|^2$ に等しいから

---
[5] $SV\varphi_{0r} \neq 0$ なら十分大きい ν に対して $\|f'_{r\nu}\| \neq 0$. $SV\varphi_{0r} = 0$ のときは $f_{r\nu} = 0$ のみが (54.10) を満たすから $f_{r\nu} = 0$ とおく.

[6] 傍注にある $\overline{\mathfrak{D}}$ は (48.2) のすぐ後で定義されていて $\overline{\mathfrak{D}} = \mathrm{dom}\, H_\alpha \cap \mathrm{dom}\, V$ である.

[27] (54.8) の $\varphi_{\alpha p}$ は一般に $\overline{\mathfrak{D}}$ に属せず $V\varphi_{\alpha p}$ が存在しないのでこのような $g_{\alpha r\nu}$ を考えねばならなくなる.

(54.12) $$\gamma_{\alpha r} = \left(1 + \alpha^2 \|SV\varphi_{0r}\|^2 + \alpha^2 \|S_r(VF_0)^*SV\varphi_{0r}\|^2\right)^{-\frac{1}{2}}.$$

また (54.11) の第一, 二項は F_0 に属ししたがって $\overline{\mathfrak{D}}_0$ に属すること, また $f_{r\nu}$ は (54.10) により $\overline{\mathfrak{D}}_0$ に属ずることを考えれば

(54.13) $$g_{\alpha r\nu} \in \overline{\mathfrak{D}}_0, \qquad \|g_{\alpha r\nu}\| = 1.$$

なお後で使う必要上 $(g_{\alpha r\nu}, g_{\alpha s\nu})$ を計算しておく. $\|g_{\alpha r\nu}\|^2$ を計算するときと同様な考えにより, また $(\varphi_{0r}, \varphi_{0s}) = 0, (r \neq s)$ に注意して

$$(g_{\alpha r\nu}, g_{\alpha s\nu}) = \gamma_{\alpha r}\gamma_{\alpha s}\{\alpha[(\varphi_{0r}, S_s(VF_0)^*SV\varphi_{0s}) + (S_r(VF_0)^*SV\varphi_{0r}, \varphi_{0s})] \\ + \alpha^2(S_r(VF_0)^*SV\varphi_{0r}, S_s(VF_0)^*SV\varphi_{0s}) + \alpha^2(f_{r\nu}, f_{s\nu})\}.$$

この中で α の係数は 0 となる. なぜなら (54.4) を用いて

$$(\varphi_{0r}, S_s(VF_0)^*SV\varphi_{0s}) = (S_s\varphi_{0r}, (VF_0)^*SV\varphi_{0s}) \\ = \frac{1}{\mu'_r - \mu'_s}(\varphi_{0r}, (VF_0)^*SV\varphi_{0s}) = \frac{1}{\mu'_r - \mu'_s}(VF_0\varphi_{0r}, SV\varphi_{0s}) \\ = \frac{1}{\mu'_r - \mu'_s}(V\varphi_{0r}, SV\varphi_{0s}).$$

同様にして
$$(S_r(VF_0)^*SV\varphi_{0r}, \varphi_{0s}) = \frac{1}{\mu'_s - \mu'_r}(SV\varphi_{0r}, V\varphi_{0s})$$

だからその和は 0 となる. かくして

$$(g_{\alpha r\nu}, g_{\alpha s\nu}) \\ = \gamma_{\alpha r}\gamma_{\alpha s}\alpha^2\{(S_r(VF_0)^*SV\varphi_{0r}, S_s(VF_0)^*SV\varphi_{0s}) + (f_{r\nu}, f_{s\nu})\}.$$

ここで
$$|(f_{r\nu}, f_{s\nu})| \leqq \|f_{r\nu}\|\|f_{s\nu}\| = \|SV\varphi_{0r}\|\|SV\varphi_{0s}\|$$

に注意すれば (54.12) を考えて

(54.14) $$(g_{\alpha r\nu}, g_{\alpha s\nu}) = O(\alpha^2) \qquad (r \neq s)$$

を得, この O は添数 ν には無関係であることに注意する.

4. 次に $(H_\alpha - \mu_0 - \alpha\mu'_r)g_{\alpha r\nu}$ を計算する.

(54.11) 最初の二項は F_0 に属ししたがって $H_0 - \mu_0$ を乗ずると 0 になるから

$$(H_\alpha - \mu_0 - \alpha\mu'_r)g_{\alpha r\nu} = (H_0 - \mu_0)g_{\alpha r\nu} + \alpha(V - \mu'_r)g_{\alpha r\nu}$$
$$= \gamma_{\alpha r}\{-\alpha(H_0 - \mu_0)f_{r\nu} + \alpha(V - \mu'_r)\varphi_{0r}$$
$$+ \alpha^2(V - \mu'_r)(S_r(VF_0)^*SV\varphi_{0r} - f_{r\nu})\}.$$

今

(54.15) $$\begin{cases} \omega_{r\nu} = -(H_0 - \mu_0)f_{r\nu} + (V - \mu'_r)\varphi_{0r}, \\ \chi_{r\nu} = (V - \mu'_r)(S_r(VF_0)^*SV\varphi_{0r} - f_{r\nu}) \end{cases}$$

とおけば

(54.16) $$(H_\alpha - \mu_0 - \alpha\mu'_r)g_{\alpha r\nu} = \gamma_{\alpha r}\alpha(\omega_{r\nu} + \alpha\chi_{r\nu}).$$

$\omega_{r\nu}, \chi_{r\nu}$ は次の性質を有する:

(54.17) $$F_0\omega_{r\nu} = 0, \quad \omega_{r\nu} \to 0 \quad (\nu \to \infty),$$

(54.18) $$(\varphi_{0s}, \chi_{r\nu}) = \delta_{rs}\mu''_r + \xi_{sr\nu}, \quad \xi_{sr\nu} \to 0 \quad (\nu \to \infty).$$

ここで δ_{rs} は Kronecker 記号, μ''_r は (54.9) である.

以下これを示そう. まず

$$F_0\omega_{r\nu} = -F_0(H_0 - \mu_0)f_{r\nu} + F_0(V - \mu'_r)\varphi_{0r}.$$

しかるに $F_0(H_0 - \mu_0) = 0$ は F_0 の定義から明らかで, また $F_0(V - \mu'_r)\varphi_{0r} = F_0(V - \mu'_r)F_0\varphi_{0r} = F_0VF_0\varphi_{0r} - \mu'_r\varphi_{0r} = 0$ だから (54.17) の第一式は証明された. また $\nu \to \infty$ なら (54.10) により

$$\omega_{r\nu} \to -(H_0 - \mu_0)SV\varphi_{0r} + (V - \mu'_r)\varphi_{0r}$$

となるが (21.12) により $(H_0 - \mu_0)S = 1 - F_0$ なることを使えば

$$\omega_{r\nu} \to -(1 - F_0)V\varphi_{0r} + (V - \mu'_r)\varphi_{0r} = F_0V\varphi_{0r} - \mu'_r\varphi_{0r}$$
$$= F_0VF_0\varphi_{0r} - \mu'_r\varphi_{0r} = 0$$

となり (54.17) は示された.

(54.18) を示すには $\varphi_{0s} = F_0 \varphi_{0s}$ に注意して

$$(\varphi_{0s}, \chi_{r\nu}) = (\varphi_{0s}, F_0(V - \mu_r')S_r(VF_0)^*SV\varphi_{0r}) - (\varphi_{0s}, (V - \mu_r')f_{r\nu}).$$

(54.6) を用いて

$$\begin{aligned}(\varphi_{0s}, \chi_{r\nu}) &= (\varphi_{0s}, (F_0 - F_{0r}')(VF_0)^*SV\varphi_{0r}) - ((V - \mu_r')\varphi_{0s}, f_{r\nu}) \\ &= ((F_0 - F_{0r}')\varphi_{0s}, (VF_0)^*SV\varphi_{0r}) - (V\varphi_{0s}, f_{r\nu}) + \mu_r'(\varphi_{0s}, f_{r\nu}).\end{aligned}$$

$(F_0 - F_{0r}')\varphi_{0s} = \varphi_{0s} - F_{0r}'\varphi_{0s} = (1 - \delta_{rs})\varphi_{0s}$ であり,また $(\varphi_{0s}, f_{r\nu}) = (F_0\varphi_{0s}, f_{r\nu}) = (\varphi_{0s}, F_0 f_{r\nu}) = 0$ であるから

$$\begin{aligned}(\varphi_{0s}, \chi_{r\nu}) &= (1 - \delta_{rs})(VF_0\varphi_{0s}, SV\varphi_{0r}) - (V\varphi_{0s}, f_{r\nu}) \\ &= (1 - \delta_{rs})(V\varphi_{0s}, SV\varphi_{0r}) - (V\varphi_{0s}, f_{r\nu}) \\ &= -\delta_{rs}(V\varphi_{0r}, SV\varphi_{0r}) + (V\varphi_{0s}, SV\varphi_{0r} - f_{r\nu}).\end{aligned}$$

この第一項の係数は (54.9) に等しく,第二項を $\xi_{sr\nu}$ とおけば (54.10) により $\xi_{sr\nu} \to 0$ ($\nu \to \infty$) である.よって (54.18) が証明された.────

5. (54.16) から

$$\|(H_\alpha - \mu_0 - \alpha\mu_r')g_{\alpha r\nu}\| = \alpha\gamma_{\alpha r}\|\omega_{r\nu} + \alpha\chi_{r\nu}\|.$$

他方 §5.8 III. を用いて

$$\|(H_\alpha - \mu_0 - \alpha\mu_r')g_{\alpha r\nu}\| \geqq \|(1 - F_\alpha)g_{\alpha r\nu}\| \cdot (d_1 - \alpha|\mu_r'|)$$

が出るから α が十分小さければ

(54.19) $$\|(1 - F_\alpha)g_{\alpha r\nu}\| \leqq \frac{\alpha\gamma_{\alpha r}}{d_1 - \alpha|\mu_r'|}\|\omega_{r\nu} + \alpha\chi_{r\nu}\|.$$

6. 次に

(54.20) $$c_{pr\nu}(\alpha) = (\varphi_{\alpha p}, g_{\alpha r\nu}) \qquad (p, r = 1, \cdots, m)$$

とおけば $\varphi_{\alpha p}$ は F_α を張る完全直交系であるから

(54.21) $$\sum_{p=1}^{m}|c_{pr\nu}(\alpha)|^2+\|(1-F_\alpha)g_{\alpha r\nu}\|^2=\|g_{\alpha r\nu}\|^2=1.$$

また

(54.22) $$\psi_{\alpha p\nu}=\frac{1}{\alpha}\left\{\varphi_{\alpha p}-\sum_{r=1}^{m}c_{pr\nu}(\alpha)g_{\alpha r\nu}\right\}$$

とおけば

(54.23) $$\sum_{r=1}^{m}|c_{pr\nu}(\alpha)|^2+\alpha^2\|\psi_{\alpha p\nu}\|^2=1+O(\alpha^3)$$

が成り立つ．なぜならば (54.22) から（$\|g_{\alpha r\nu}\|=1$ に注意して）

$$\begin{aligned}\alpha^2\|\psi_{\alpha p\nu}\|^2=&1+\sum_{r=1}^{m}|c_{pr\nu}(\alpha)|^2\\&-\sum_{r=1}^{m}\left\{\overline{c_{pr\nu}(\alpha)}(\varphi_{\alpha p},g_{\alpha r\nu})+c_{pr\nu}(\alpha)(g_{\alpha r\nu},\varphi_{\alpha p})\right\}\\&+\sum_{r}\sum_{s(\neq r)}c_{pr\nu}(\alpha)\overline{c_{ps\nu}(\alpha)}(g_{\alpha r\nu},g_{\alpha s\nu}).\end{aligned}$$

(54.20) を用いて

(54.24) $$\alpha^2\|\psi_{\alpha p\nu}\|^2=1-\sum_{r=1}^{m}|c_{pr\nu}(\alpha)|^2+\sum_{r}\sum_{s(\neq r)}c_{pr\nu}(\alpha)\overline{c_{ps\nu}(\alpha)}(g_{\alpha r\nu},g_{\alpha s\nu}).$$

しかるに (54.11) により

(54.25) $$\begin{aligned}c_{pr\nu}(\alpha)&=\gamma_{\alpha r}(\varphi_{\alpha p},\varphi_{0r}+\alpha S_r(VF_0)^*SV\varphi_{0r}-\alpha f_{r\nu})\\&=\gamma_{\alpha r}\{c_{pr}(\alpha)+\alpha(\varphi_{\alpha p},S_r(VF_0)^*SV\varphi_{0r})-\alpha(\varphi_{\alpha p},f_{r\nu})\}.\end{aligned}$$

ただし $c_{pr}(\alpha)$ は §53 において用いたもので，今は仮定 (54.1) により (53.24) を用いて

$$c_{pr}(\alpha)=O(\alpha)\qquad(p\neq r)$$

であるから，$\|\varphi_{\alpha p}\|=1$, $\|f_{r\nu}\|=\|SV\varphi_{0r}\|$ を考えまた (54.12) を考えれば

(54.26) $$c_{pr\nu}(\alpha)=O(\alpha)\qquad(p\neq r)$$

でこの O は ν に無関係である．したがって一般に $|c_{pr\nu}(\alpha)| \leqq 1$ なることを考えれば任意の p に対し
$$c_{pr\nu}(\alpha)\overline{c_{ps\nu}(\alpha)} = O(\alpha) \qquad (r \neq s)$$
が成り立つ．したがって (54.14) を考えれば
$$c_{pr\nu}(\alpha)\overline{c_{ps\nu}(\alpha)}(g_{\alpha r\nu}, g_{\alpha s\nu}) = O(\alpha^3) \qquad (r \neq s).$$
これを (54.24) に代入すれば (54.23) を得る．

(54.21) を r について，(54.23) を p について 1 から m まで加えれば
$$\sum_{p,r}^{1,m} |c_{pr\nu}(\alpha)|^2 + \sum_{r=1}^{m} \|(1-F_\alpha)g_{\alpha r\nu}\|^2 = m,$$
$$\sum_{p,r}^{1,m} |c_{pr\nu}(\alpha)|^2 + \sum_{p=1}^{m} \alpha^2 \|\psi_{\alpha p\nu}\|^2 = m + O(\alpha^3).$$
したがって
$$\alpha^2 \sum_{p=1}^{m} \|\psi_{\alpha p\nu}\|^2 = \sum_{r=1}^{m} \|(1-F_\alpha)g_{\alpha r\nu}\|^2 + O(\alpha^3).$$
(54.19) を代入して α^2 で割れば
$$\sum_{p=1}^{m} \|\psi_{\alpha p\nu}\|^2 \leqq \sum_{r=1}^{m} \frac{\gamma_{\alpha r}^2}{(d_1 - \alpha|\mu_r'|)^2} \|\omega_{r\nu} + \alpha\chi_{r\nu}\|^2 + O(\alpha).$$
この右辺は
$$\frac{1}{d_1^2} \sum_{r=1}^{m} \|\omega_{r\nu}\|^2 + O_\nu(\alpha)$$
と書くことができる．ここに $O_\nu(\alpha)$ は $O(\alpha)$ の O が ν に depend することを表す．したがって

(54.27) $$\|\psi_{\alpha p\nu}\| \leqq \frac{1}{d_1}\left\{\sum_{r=1}^{m} \|\omega_{r\nu}\|^2\right\}^{\frac{1}{2}} + O_\nu(\alpha^{\frac{1}{2}}).$$

もちろん第一項が 0 でなければ第二項は $O_\nu(\alpha)$ としてよいが，第一項が 0 となる場合の用心のため第二項は $O_\nu(\alpha^{\frac{1}{2}})$ としておかねばならぬ．

7. $(H_\alpha - \mu_{\alpha p})\varphi_{\alpha p} = 0$ であるから

$$0 = ((H_\alpha - \mu_{\alpha p})\varphi_{\alpha p}, g_{\alpha r\nu}) = (\varphi_{\alpha p}, (H_\alpha - \mu_{\alpha p})g_{\alpha r\nu})$$
$$= (\varphi_{\alpha p}, (\mu_0 + \alpha\mu'_r - \mu_{\alpha p})g_{\alpha r\nu}) + (\varphi_{\alpha p}, (H_\alpha - \mu_0 - \alpha\mu'_r)g_{\alpha r\nu}).$$

(54.16), (54.20) を代入すれば

(54.28) $\quad (\mu_0 + \alpha\mu'_r - \mu_{\alpha p})c_{pr\nu}(\alpha) + \alpha\gamma_{\alpha r}(\varphi_{\alpha p}, \omega_{r\nu} + \alpha\chi_{r\nu}) = 0.$

我々の $\varphi_{\alpha p}$ は既述のごとく定理 53.1 に従い $\|\varphi_{\alpha p} - \varphi_{0p}\| = O(\alpha)$ なるごとく選んである. すなわち

(54.29) $\quad \varphi_{\alpha p} = \varphi_{0p} + \alpha h_{\alpha p}, \qquad \|h_{\alpha p}\| \leqq K \qquad (p = 1, \cdots, m)$

なる K がある. すると (54.28) の第二項は

$$\alpha\gamma_{\alpha r}(\varphi_{\alpha p}, \omega_{r\nu} + \alpha\chi_{r\nu})$$
$$= \alpha\gamma_{\alpha r}\{(\varphi_{0p}, \omega_{r\nu}) + \alpha(\varphi_{0p}, \chi_{r\nu}) + \alpha(h_{\alpha p}, \omega_{r\nu}) + \alpha^2(h_{\alpha p}, \chi_{r\nu})\}$$

となるが, (54.17) によれば

$$(\varphi_{0p}, \omega_{r\nu}) = (F_0\varphi_{0p}, \omega_{r\nu}) = (\varphi_{0p}, F_0\omega_{r\nu}) = 0$$

でありまた (54.18) を用いて [7]

$$\alpha\gamma_{\alpha r}(\varphi_{\alpha p}, \omega_{r\nu} + \chi_{r\nu})$$
$$= \alpha^2\gamma_{\alpha r}\{\delta_{pr}\mu''_r + \xi_{pr\nu} + (h_{\alpha p}, \omega_{r\nu}) + \alpha(h_{\alpha p}, \chi_{r\nu})\}$$
$$= \alpha^2\{\delta_{pr}\mu''_r + \xi_{pr\nu} + (h_{\alpha p}, \omega_{r\nu}) + O_\nu(\alpha)\}.$$

これを (54.28) に代入すれば

(54.30) $\quad (\mu_{\alpha p} - \mu_0 - \alpha\mu'_r)c_{pr\nu}(\alpha) = \alpha^2\{\delta_{pr}\mu''_r + \xi_{pr\nu} + (h_{\alpha p}, \omega_{r\nu}) + O_\nu(\alpha)\}.$

この式で $r = p$ とおけば

$$(\mu_{\alpha p} - \mu_0 - \alpha\mu'_p - \alpha^2\mu''_p)c_{pp\nu}(\alpha)$$
$$= \alpha^2\{(1 - c_{pp\nu}(\alpha))\mu''_p + \xi_{pp\nu} + (h_{\alpha p}, \omega_{p\nu}) + O_\nu(\alpha)\}.$$

$$(54.31) \quad \left|\frac{1}{\alpha^2}(\mu_{\alpha p} - \mu_0 - \alpha\mu_p' - \alpha^2\mu_p'')\right|$$
$$\leq \frac{1}{|c_{pp\nu}(\alpha)|}\{|\mu_p''||1 - c_{pp\nu}(\alpha)| + |\xi_{pp\nu}| + K\|\omega_{p\nu}\| + O_\nu(\alpha)\}.$$

我々の $\varphi_{\alpha p}$ は (53.25) により定義されたものとするから，§53 で用いた $c_{pp}(\alpha)$ は正の実数であって[28)]

$$\|\varphi_{\alpha p} - \varphi_{0p}\|^2 = 2(1 - c_{pp}(\alpha))$$

となるから (54.29) により

$$(54.32) \qquad c_{pp}(\alpha) = 1 - O(\alpha^2).$$

したがって (54.25) により ((54.12) に注意)

$$c_{pp\nu}(\alpha) = 1 - O(\alpha), \qquad 1 - c_{pp\nu}(\alpha) = O(\alpha).$$

これを (54.31) に代入して $\alpha \to 0$ とすれば

$$\varlimsup_{\alpha \to 0}\left|\frac{1}{\alpha^2}(\mu_{\alpha p} - \mu_0 - \alpha\mu_p' - \alpha^2\mu_p'')\right| \leq |\xi_{pp\nu}| + K\|\omega_{p\nu}\|.$$

左辺は ν に無関係であるが，右辺は (54.17), (54.18) により $\nu \to \infty$ とすれば 0 に収束する．したがって左辺は 0 でなければならず

$$\mu_{\alpha p} = \mu_0 + \alpha\mu_p' + \alpha^2\mu_p'' + o(\alpha^2)$$

を得る．かくして (54.7) は証明された．

8. 次に (54.8) を証明するため，(54.30) において $p \neq r$ とすれば

$$(\mu_{\alpha p} - \mu_0 - \alpha\mu_r')c_{pr\nu}(\alpha) = \alpha^2\{\xi_{pr\nu} + (h_{\alpha p}, \omega_{r\nu}) + O_\nu(\alpha)\}.$$

(54.7) を代入すれば

$$\{\alpha(\mu_p' - \mu_r') + O(\alpha^2)\}c_{pr\nu}(\alpha) = \alpha^2\{\xi_{pr\nu} + (h_{\alpha p}, \omega_{r\nu}) + O_\nu(\alpha)\}.$$

$$(54.33) \qquad \frac{1}{\alpha}c_{pr\nu}(\alpha) = \frac{\xi_{pr\nu} + (h_{\alpha p}, \omega_{r\nu}) + O_\nu(\alpha)}{\mu_p' - \mu_r' + O(\alpha)}.$$

[28)] $c_{pp}(\alpha) = (\varphi_{\alpha p}, \varphi_{0p}) = \|F_{\alpha p}'\varphi_{0p}\|$.

[7)] 次式の第二の等号では $\gamma_{\alpha r} = 1 + O(\alpha^2)$ ((54.12)) も用いている．

$|(h_{\alpha p}, \omega_{r\nu})| \leqq K\|\omega_{r\nu}\|$ に注意して $\alpha \to 0$ とすれば

(54.34) $$\varlimsup_{\alpha \to 0}\left|\frac{1}{\alpha}c_{pr\nu}(\alpha)\right| \leqq \frac{|\xi_{pr\nu}| + K\|\omega_{r\nu}\|}{|\mu'_p - \mu'_r|} \qquad (p \neq r).$$

次に (54.25) において $r = p$ とおき，(54.29) を代入すれば

$$(\varphi_{0p}, S_p(VF_0)^*SV\varphi_{0p}) = (S_p\varphi_{0p}, (VF_0)^*SV\varphi_{0p}) = 0,$$

$$(\varphi_{0p}, f_{p\nu}) = (F_0\varphi_{0p}, f_{p\nu}) = (\varphi_{0p}, F_0 f_{p\nu}) = 0$$

により

$$c_{pp\nu}(\alpha) = \gamma_{\alpha p}\{c_{pp}(\alpha) + O(\alpha^2)\}.$$

(54.32) を代入し (54.12) を考えれば

(54.35) $$c_{pp\nu}(\alpha) = 1 - O(\alpha^2).$$

すなわち先の式は精密化された．そこで

(54.36) $$\varphi'_{\alpha p} \equiv \varphi_{\alpha p} - (\varphi_{0p} + \alpha S_p(VF_0)^*SV\varphi_{0p} - \alpha SV\varphi_{0p})$$
$$= \varphi_{\alpha p} - \frac{1}{\gamma_{\alpha p}}g_{\alpha p\nu} - \alpha(f_{p\nu} - SV\varphi_{0p})$$

とおき，(54.22) から $\varphi_{\alpha p}$ を出して代入すれば

$$\varphi'_{\alpha p} = \sum_{r=1}^{m} c_{pr\nu}(\alpha)g_{\alpha r\nu} + \alpha\psi_{\alpha p\nu} - \frac{1}{\gamma_{\alpha p}}g_{\alpha p\nu} - \alpha(f_{p\nu} - SV\varphi_{0p})$$
$$= \left(c_{pp\nu}(\alpha) - \frac{1}{\gamma_{\alpha p}}\right)g_{\alpha p\nu} + \sum_{r(\neq p)}c_{pr\nu}(\alpha)g_{\alpha r\nu} + \alpha\psi_{\alpha p\nu}$$
$$\quad - \alpha(f_{p\nu} - SV\varphi_{0p}),$$

$$\left\|\frac{1}{\alpha}\varphi'_{\alpha p}\right\| \leqq \frac{1}{\alpha}\left|\frac{1}{\gamma_{\alpha p}} - c_{pp\nu}(\alpha)\right| + \sum_{r(\neq p)}\frac{1}{\alpha}|c_{pr\nu}(\alpha)|$$
$$\quad + \|\psi_{\alpha p\nu}\| + \|f_{p\nu} - SV\varphi_{0p}\|.$$

(54.35) により

$$\frac{1}{\gamma_{\alpha p}} - c_{pp\nu}(\alpha) = 1 + O(\alpha^2) - (1 - O(\alpha^2)) = O(\alpha^2)$$

であるから上の式で $\alpha \to 0$ とすれば，(54.34) および (54.27) を用いて

$$\varlimsup_{\alpha \to 0} \left\| \frac{1}{\alpha} \varphi'_{\alpha p} \right\| \leqq \sum_{r(\neq p)} \frac{|\xi_{pr\nu}| + K\|\omega_{r\nu}\|}{|\mu'_p - \mu'_r|} + \frac{1}{d_1} \left\{ \sum_{r=1}^{m} \|\omega_{r\nu}\|^2 \right\}^{\frac{1}{2}}$$
$$+ \|f_{p\nu} - SV\varphi_{0p}\|.$$

左辺は ν に無関係であるが，右辺は (54.17), (54.18), および (54.10) により $\nu \to \infty$ のとき 0 に収束する．したがって左辺も 0 となり

$$\|\varphi'_{\alpha p}\| = o(\alpha)$$

を得る．$\varphi'_{\alpha p}$ の定義 (54.36) を顧みればこれは (54.8) を証明している．

以上で定理は完全に証明された．

9. 上の証明はやや面倒であるが，$SV\mathfrak{M}_0 \subset \overline{\mathfrak{D}}_0$ を仮定していないのでこれはやむを得ないものと思われる．これを仮定すればもっと簡単だが，実は第 3 次まで求まる（§55）．

固有値は α^2 の項まで求められたが固有元素は α の項までしか求められない．これもよく知られた事柄である．

§55　第 3 次の展開．

今度はさらに仮定を増して $\mathfrak{M}_0 \subset \overline{\mathfrak{D}}_0$ および $SV\mathfrak{M}_0 \subset \overline{\mathfrak{D}}_0$ を仮定する．前 § と同様縮退が完全に第 1 次においてとれる場合だけを考える．

[29] 与えられた $\mathfrak{M}_0$ に対し $SV\mathfrak{M}_0 \subset \overline{\mathfrak{D}}_0$ が成立するかどうかを判定するのは一般に困難な問題であろう．

定理 55.1　$\mathfrak{M}_0 \subset \overline{\mathfrak{D}}_0$ および $SV\mathfrak{M}_0 \subset \overline{\mathfrak{D}}_0$ が成立すれば[29] (54.1) なる仮定の下に

(55.1) $\qquad\qquad\mu_{\alpha p} = \mu_0 + \alpha \mu'_p + \alpha^2 \mu''_p + \alpha^3 \mu'''_p + O(\alpha^4),$

(55.2) $\qquad\qquad\varphi_{\alpha p} = \varphi_{0p} - \alpha(1 - S_p V)SV\varphi_{0p} + O(\alpha^2)$

が成立する．ただし μ'_p, μ''_p は前と同じで

(55.3)
$$\mu'''_p = (VSV\varphi_{0p}, SV\varphi_{0p}) - (S_p VSV\varphi_{0p}, VSV\varphi_{0p}) - (V\varphi_{0p}, \varphi_{0p})\|SV\varphi_0\|^2$$

である．

注意1 $SV\mathfrak{M}_0 \subset \overline{\mathfrak{D}}_0$ は $SV\mathfrak{M}_0 \subset \mathrm{dom}\,V$ と同等である（S の range は $\mathrm{dom}\,H_0$ に含まれるから）ことに注意．

注意2 V が H_0 に対し regular なら，上の仮定の下に実は第4次の展開が成立するであろう．

証明 上の仮定の下にもちろん定理 54.1 は成立しているが，今度は仮定が多いから定理 54.1 に相当するものはもっと簡単に証明できる．すなわち (54.10) の $f_{r\nu}$ の代わりに $SV\varphi_{0r}$ を取ることができるので添数 ν は不要でありまた (54.8) にある $(VF_0)^*$ は F_0V でおきかえることができて

$$S_r(VF_0)^*SV\varphi_{0r} = S_rVSV\varphi_{0r}$$

と書くことができる．

特に (54.15) の $\omega_{r\nu}$ は始めから 0 となるから $\chi_{r\nu}$ の代わりに χ_r と書けば

(55.4) $$(H_\alpha - \mu_0 - \alpha\mu'_r)g_{\alpha r} = \alpha^2 \gamma_{\alpha r}\chi_r.$$

ただし (54.11) の $g_{\alpha r\nu}$ も ν を含まないから単に $g_{\alpha r}$ と書いた．

(54.19) に相当する式はしたがって

(55.5) $$\|(1-F_\alpha)g_{\alpha r}\| \leqq \frac{\alpha^2 \gamma_{\alpha r}}{d_1 - \alpha|\mu'_r|}\|\chi_r\|$$

となる．

また (54.18) の $\xi_{sr\nu}$ も始めから 0 となり，(54.33) は

$$\frac{1}{\alpha}c'_{pr}(\alpha) = \frac{O(\alpha)}{\mu'_p - \mu'_r + O(\alpha)}$$

となる．ただし $c_{pr\nu}(\alpha)$ の代わりに $c'_{pr}(\alpha)$ と書き，§53 の $c_{pr}(\alpha)$ との混同を防ぐ．上の式より

(55.6) $$c'_{pr}(\alpha) = O(\alpha^2) \qquad (p \neq r).$$

したがって (54.24) の最後の項は $O(\alpha^4)$ となる．そこで今度は (54.22) の代わりに

(55.7) $$\psi'_{\alpha p} = \frac{1}{\alpha^2}\left\{\varphi_{\alpha p} - \sum_{r=1}^{m} c'_{pr}(\alpha)g_{\alpha r}\right\}$$

とおけば (54.23) の代わりに

$$(55.8) \qquad \sum_{r=1}^{m} |c'_{pr}(\alpha)|^2 + \alpha^4 \|\psi'_{\alpha p}\|^2 = 1 + O(\alpha^4)$$

となるから (54.27) の代わりに

$$(55.9) \qquad \|\psi'_{\alpha p}\| = O(1)$$

を得る．したがって前 §, 8. の方法で容易に

$$(55.2) \qquad \varphi_{\alpha p} = \varphi_{0p} - \alpha SV\varphi_{0p} + \alpha S_p VSV\varphi_{0p} + O(\alpha^2)$$

が証明される．

以上の準備の下に，$(H_\alpha - \mu_{\alpha p})\varphi_{\alpha p} = 0$ から

$$0 = ((H_\alpha - \mu_{\alpha p})\varphi_{\alpha p}, g_{\alpha p}) = (\varphi_{\alpha p}, (H_\alpha - \mu_{\alpha p})g_{\alpha p})$$
$$= (\varphi_{\alpha p}, (\mu_0 + \alpha\mu'_p - \mu_{\alpha p})g_{\alpha p}) + (\varphi_{\alpha p}, (H_\alpha - \mu_0 - \alpha\mu'_p)g_{\alpha p}).$$

(55.4) を用いて

$$(\mu_{\alpha p} - \mu_0 - \alpha\mu'_p)c'_{pp}(\alpha) = \alpha^2 \gamma_{\alpha p}(\varphi_{\alpha p}, \chi_p).$$

(55.2) を代入すれば

$$(\mu_{\alpha p} - \mu_0 - \alpha\mu'_p)c'_{pp}(\alpha)$$
$$= \alpha^2 \gamma_{\alpha p}\{(\varphi_{0p} - \alpha SV\varphi_{0p} + \alpha S_p VSV\varphi_{0p}, \chi_p) + O(\alpha^2)\}$$
$$= \alpha^2 (\varphi_{0p} - \alpha SV\varphi_{0p} + \alpha S_p VSV\varphi_{0p}, \chi_p) + O(\alpha^4)$$

(54.38) により

$$c'_{pp}(\alpha) = 1 - O(\alpha^2)$$

であるからこれより

$$(55.10) \quad \mu_{\alpha p} - \mu_0 - \alpha\mu'_p = \alpha^2(\varphi_{0p} - \alpha SV\varphi_{0p} + \alpha S_p VSV\varphi_{0p}, \chi_p) + O(\alpha^4).$$

あとはこの右辺を計算すればよい．まず (54.18) において今度は $\xi_{sr\nu} = 0$ だから

$$(55.11) \qquad (\varphi_{0p}, \chi_p) = \mu''_p.$$

次に (54.15) により

$$
\begin{aligned}
(S_p & VSV\varphi_{0p} - SV\varphi_{0p}, \chi_p) \\
&= (S_pVSV\varphi_{0p} - SV\varphi_{0p}, (V - \mu'_p)(S_pVSV\varphi_{0p} - SV\varphi_{0p})) \\
&= (S_pVSV\varphi_{0p}, (V - \mu'_p)S_pVSV\varphi_{0p}) - (S_pVSV\varphi_{0p}, (V - \mu'_p)SV\varphi_{0p}) \\
&\quad - (SV\varphi_{0p}, (V - \mu'_p)S_pVSV\varphi_{0p}) + (SV\varphi_{0p}, (V - \mu'_p)SV\varphi_{0p}).
\end{aligned}
$$

この第一項において $S_p = F_0 S_p$ だから F_0 を右側に移し (54.6) を用いると

$$
\begin{aligned}
(S_pVSV\varphi_{0p}, (V - \mu'_p)S_pVSV\varphi_{0p}) &= (S_pVSV\varphi_{0p}, F_0(V - \mu'_p)S_pVSV\varphi_{0p}) \\
&= (S_pVSV\varphi_{0p}, (F_0 - F'_{0p})VSV\varphi_{0p}) = ((F_0 - F'_{0p})S_pVSV\varphi_{0p}, VSV\varphi_{0p}) \\
&= (S_pVSV\varphi_{0p}, VSV\varphi_{0p}).
\end{aligned}
$$

第二項においては $SS_p = S \cdot F_0 S_p = SF_0 \cdot S_p = 0$ を考えれば

$$
-(S_pVSV\varphi_{0p}, (V - \mu'_p)SV\varphi_{0p}) = -(S_pVSV\varphi_{0p}, VSV\varphi_{0p}).
$$

第三項もこれに等しい．したがって

$$
\begin{aligned}
(S_p & VSV\varphi_{0p} - SV\varphi_{0p}, \chi_p) \\
&= -(S_pVSV\varphi_{0p}, VSV\varphi_{0p}) + (VSV\varphi_{0p}, SV\varphi_{0p}) - \mu'_p\|SV\varphi_{0p}\|^2.
\end{aligned}
$$

$\mu'_p = (V\varphi_{0p}, \varphi_{0p})$ なることを考えればこれは (55.3) に等しいから，(55.10) より

$$
\mu_{\alpha p} - \mu_0 - \alpha\mu'_p = \alpha^2\mu''_p + \alpha^3\mu'''_p + O(\alpha^4)
$$

となり (55.1) が証明された．

以上で定理 55.1 は完全に証明された． □

§56 要約

1. 以上我々は第 3 次までの展開についてその成立するための十分条件を与えてきたがさらに高次の展開に対しても同様な条件を与えることができる．しかしその方法は今までと全く同様であり，また実際上の問題においては 3 次以上の展開を求めることは稀であるから，その必要もないであろう．

それで我々は4次以上の展開の成立する条件を求めることはやめて，今まで得られた結果について二三注意すべき点を述べることにする．

今までの結果によれば，摂動 V が H_0 に対して regular ならば，形式的な摂動論の展開式は，その項が存在する所まで実際成立するということができる．これを $m=1$ なる場合について説明すれば，形式的展開は (23.11) と同じになるはずであるから

$$(56.1) \quad \mu_\alpha = \mu_0 + \alpha(V\varphi_0, \varphi_0) - \alpha^2(VSV\varphi_0, \varphi_0) \\ + \alpha^3\{(VSVSV\varphi_0, \varphi_0) - (V\varphi_0, \varphi_0)(VS^2V\varphi_0, \varphi_0)\} + \cdots$$

である．例えばこの第二次の項の係数は $(VSV\varphi_0, \varphi_0)$ で，これはこのままでは $VSV\varphi_0$ が存在せねば意味がないけれども，これを書き直して $(SV\varphi_0, V\varphi_0)$ とすれば $V\varphi_0$ が存在しさえすれば意味をもつ．同様に α^3 の係数を書き直すならば上の式は

$$(56.2) \quad \mu_\alpha = \mu_0 + \alpha(V\varphi_0, \varphi_0) - \alpha^2(SV\varphi_0, V\varphi_0) \\ + \alpha^3\{(VSV\varphi_0, SV\varphi_0) - (V\varphi_0, \varphi_0)\|SV\varphi_0\|^2\} + \cdots$$

となる．

この形にすれば，まず φ_0 が任意ならばこの式は0次の項 μ_0 までしか存在しないが，$V\varphi_0$ が存在するならば α^2 の項まで存在するし，$VSV\varphi_0$ が存在すれば α^3 の項まで（実はここには書かないが α^4 の項まで）存在している．而して定理 52.1，定理 54.1 および定理 55.1 により実際これらの場合には (56.2) がそれぞれ α^0, α^2, および α^3（実は証明しなかったけれども α^4）まで成立することになる．

$m>1$ の場合にも式はもっと複雑になるがやはり同じことが成立している事は同じくこれらの定理の示す所である．

一般に同じことが任意の次数まで成立するものと考えられる．

2. 上で注意されることは，奇数次の展開と偶数次の展開との性質が違っていることである．引き続き V が regular なる場合を考えるに，φ_0 が任意なら第0次の展開が成立し，次に $V\varphi_0$ の存在を仮定すれば第2次の展開が成立し，$VSV\varphi_0$ の存在を仮定すれば（上では3次までしかやらなかったが実は）第四次の展開が成立し，常に偶数次の展開が成立していることは甚だ注目される所である．我々の仮定では V が regular なら，奇数次の展開は成立してもう一つ高次の偶数次の展開は成立せぬという場合は現れてこなかった．

けれども実際にこのような場合が存在しないのではない．現に §40 の例 4 は任意

の次数までの展開が実際に可能である場合を示している. 例の i) においても ii) においても, 第 $(k-1)$ 次までの展開は成立するが k 次までの展開は成立せず, ここに k は任意の自然数であって, 偶数でも奇数でもあり得るのである.

このことは我々の仮定が未だ現れ得るあらゆる場合に相応しないことを示すものである. 例えば上述の例において $k=1$ とすれば我々の定理 52.1 が成立していて[30], 実際に展開は第 0 次までしか成立しないのだからそれでよい. $k=2$ の場合には, 我々の定理 52.2 の仮定は未だ満たされていない[31] から我々は定理 52.1 をもって満足せねばならず, その結果やはり第 0 次の展開しか保証することができないのであるが, 実は第一次までの展開が成立しているのである. 同様な事情は $k=4$ の場合にも存在する.

したがって我々の定理は未だ不十分なものであって, 多くの重要な場合を尽くしていない. その主なる理由は次の点[32]にあると思う. 上の例で $k=2$ の場合には $V\varphi_0$ はなるほど存在しないが $(V\varphi_0, \varphi_0)$ は形式的に存在している, という意味は積分として

$$(56.3) \qquad (V\varphi_0, \varphi_0) = \int V\varphi_0 \cdot \overline{\varphi_0} dx$$

と書くならばこれは収束して確定せる値をとる[33]ということである. したがってこの意味においては $V\varphi_0$ が存在せぬにもかかわらず (56.2) の α の項は存在しているのであって, 実際それが正しい値を表しているのである.

しかしながら (56.3) のごときものを抽象的に取り扱うことは難しい. $V\varphi_0$ は関数としては存在しているが Hilbert 空間に属していないから, 抽象 Hilbert 空間において考える我々の立場においてはかかるものは考え難いわけである. 尤も考えている例におけるごとく V がそれ自身 hypermax. かつ positive definite である場合には

$$(56.4) \qquad (V\varphi_0, \varphi_0) = \|\sqrt{V}\varphi_0\|^2$$

と書き直すことができ, この形にすれば (56.2) の α の項の係数は $\sqrt{V}\varphi_0$ が存在しさえすれば存在するから, $V\varphi_0$ は存在しなくてもそれを考えることができる. この意味において, $\sqrt{V}\varphi_0$ の存在という仮定から第一次の展開が可能であることが導きうるように想像されるが, 未だ筆者にはその証明ができていない. これは残された一つの問題である.

3. 以上 V が regular なる場合について考えてきたが, V が singular なる場合には (56.2) が第 n 項まで存在するから実際展開が第 n 項まで成立するということは一般に不可能であろうと思われる. 少なくもこのことは $n=0$ の場合には事実であって,

---

[30] V が regular だから.

[31] $$\int_{-\infty}^{\infty} \frac{x^4 dx}{(1+x^2)^2} = \infty$$

[32] これらの事情は我々の定理における誤差の形が, 偶数次と奇数次とで相異なることにも表れている.

[33] $$\int \frac{x^2 dx}{(1+x^2)^2} < \infty$$

§46 の例 2 はこれを示すものである．定理 52.1 および定理 54.1 のごとき条件をさらにつけ加えなければ（少なくも n が偶数なるとき）このことは主張できないであろう．

4. 尚固有元素の展開は固有値の展開よりも困難であって，一般に固有値の半分の次数の展開しか得られない（このことは逆に言えば，固有値は固有元素の 2 倍の詳しさで展開できるということで，よく知られている所である）．

尤もこのことは我々は定理 54.1 以下において，縮退が第一次において完全にとれる場合を考えるから主張できる事柄であって，尚縮退が残っている場合には一般に主張できるかどうか不明である．ただしその縮退が H_0 および V に共通な何らかの対称性によるものである場合には，適当な考察によりこれらの問題は取り扱い得るであろう．

5. 最後に再び注意しておきたいのは，我々は三つの仮定 I, II, III を常に前提してきたことである．I, II は十分一般的な仮定であるから問題ではないが，III はすでに述べた通りかなり立ち入った仮定であって，個々の場合においてそれが満たされていることを検証しなければ我々の定理は使えないわけであって，この点は我々の理論の難点と称すべきものである．ただ我々は後に（§59）この制限をいささか緩和し得るごとき条件を考察するつもりである．

§57　誤差の評価

1. 実際上の問題としては誤差の評価が重要である．従来の摂動論においては正確な誤差の評価を求めた取り扱いはないようであって，大抵は省略した最初の項——それも計算したものはないようであるが——と同程度 求めた最後の項に比べては小さいものと考えて済ましているようである．

しかしながらこれはある場合には危険である．パラメーター α が実際に変数であって $\alpha \to 0$ の場合を考えるのが真の目的であるならば，今までに調べたように求めた式に比べて誤差が高次の無限小になることを知れば十分であろうが，実際上の問題においては α は固定した一定の有限値をもつのが普通である．かかる場合には今までの定理のままでは，厳密に言えば何等応用上の価値がないと言わねばならない．

本§では誤差の評価を正確に求めてみよう．我々は厳密さを本旨とするから精密さが失われ，極めて粗い評価で満足せねばならぬことはあらかじめ断っておかねばならぬ．

まず応用上最も重要と思われる §53 の場合，すなわち

$$\mu_{\alpha p} = \mu_0 + \alpha \mu'_p + O(\alpha^2) \qquad (p = 1, \cdots, m)$$

の場合を考えてみよう．ただし簡単のため μ'_p はすべて相異なるものとする．

(57.1) $$\mu_{\alpha p} = \mu_0 + \alpha \mu'_p + \alpha^2 \mu''_{\alpha p}$$

とおいて $|\mu''_{\alpha p}|$ の上界を求めるのが目的である．(57.1) を (53.14) に代入すれば

$$\{\alpha(\mu'_p - \mu'_r) + \alpha^2 \mu''_{\alpha p}\} c_{pr}(\alpha) = \alpha((1-F_0)\varphi_{\alpha p}, (V-\mu'_r)\varphi_{0r}).$$

これより

(57.2) $$c_{pr}(\alpha) = \frac{\alpha A_{pr}(\alpha)}{\mu'_p - \mu'_r + \alpha \mu''_{\alpha p}}$$

ただし

$$A_{pr}(\alpha) = \frac{1}{\alpha}((1-F_0)\varphi_{\alpha p}, (V-\mu'_r)\varphi_{0r})$$

とおいた．(53.13) を用いれば

(57.3) $$|A_{pr}(\alpha)| \leqq \frac{1}{d_1} \|VF_0\| \cdot \|(V-\mu'_r)\varphi_{0r}\|.$$

あるいは (53.13) の代わりに傍注 23) にあげた式を用いれば

(57.3)′ $$|A_{pr}(\alpha)| \leqq \left\{ \sum_{r=1}^{m} \frac{\|(V-\mu'_r)\varphi_{0r}\|^2}{(d_1 - \alpha|\mu'_r|)^2} \right\}^{\frac{1}{2}} \|(V-\mu'_r)\varphi_{0r}\|$$

とすることもできる．あるいはもっと一般に，§53 におけるこれらの式の出し方からわかる通り，(57.3)′ の μ'_r は $F_0 V F_0$ の固有値と限らず任意の実数でもよいのである[34]が一般に

[34] 特にそれらをすべて 0 とおけば (57.3) を得る．

$$\|(V-\lambda)\varphi_{0r}\|^2 = ((V-\lambda)\varphi_{0r}, (V-\lambda)\varphi_{0r})$$
$$= \|V\varphi_{0r}\|^2 - 2\lambda(V\varphi_{0r}, \varphi_{0r}) + \lambda^2 \|\varphi_{0r}\|^2 = \|V\varphi_{0r}\|^2 - 2\lambda\mu'_r + \lambda^2$$
$$= (\lambda - \mu'_r)^2 + \|V\varphi_{0r}\|^2 - \mu'^2_r$$

によれば $\|(V-\lambda)\varphi_{0r}\|^2$ は $\lambda = \mu'_r$ なるとき最小値をとるから，少なくも α が十分小さい限り (57.3)′ をとるのが最も得策である．

$c_{pr}(\alpha)$ の満足する式（282頁）

(57.4) $$\sum_{r=1}^{m} |c_{pr}(\alpha)|^2 + \|(1-F_0)\varphi_{\alpha p}\|^2 = 1$$

に (57.2) を代入すれば

$$\text{(57.5)} \qquad \frac{|A_{pp}(\alpha)|^2}{|\mu''_{\alpha p}|^2} + \sum_{r(\neq p)} \frac{\alpha^2 |A_{pr}(\alpha)|^2}{|\mu'_p - \mu'_r + \alpha \mu''_{\alpha p}|^2} + \alpha^2 |B_p(\alpha)|^2 = 1.$$

ただし (53.13) により

$$\text{(57.6)} \qquad |B_p(\alpha)| = \frac{1}{\alpha}\|(1 - F_0)\varphi_{\alpha p}\| \leqq \frac{1}{d_1}\|VF_0\|.$$

もしくは前のごとく

$$\text{(57.6)}' \qquad |B_p(\alpha)| \leqq \left\{\sum_{r=1}^m \frac{\|(V - \mu'_r)\varphi_{0r}\|^2}{(d_1 - \alpha|\mu'_r|)^2}\right\}^{\frac{1}{2}}.$$

$|A_{pr}(\alpha)|, |B_p(\alpha)|$ の上界は上のごとく分かっているから (57.5) を解けば $|\mu''_{\alpha p}|$ の上界が知れるはずである．これは一般に高次の方程式になるから，一般の場合には解くことは困難であるけれども，個々の場合に種々の量の数値がわかっているときには大した面倒なしに目的を達し得るであろう．

　ここでは極めて粗い評価を求めることにして，$r \neq p$ なるとき $|\mu_p - \mu_r|$ の最小値を d'_p とする（p を固定して考えて！）と，α が十分小なら

$$\frac{1}{|\mu'_p - \mu'_r + \alpha \mu''_{\alpha p}|} \leqq \frac{1}{d'_p - \alpha|\mu''_{\alpha p}|} \qquad (r \neq p)$$

だから (57.5) より

$$\frac{|A_{pp}(\alpha)|^2}{|\mu''_{\alpha p}|^2} + \frac{\alpha^2 \sum_{r(\neq p)} |A_{pr}(\alpha)|^2}{(d'_p - \alpha|\mu''_{\alpha p}|)^2} + \alpha^2 |B_p(\alpha)|^2 \geqq 1.$$

あるいはこれより

$$\frac{|A_{pp}(\alpha)|^2}{|\mu''_{\alpha p}|^2} + \frac{\alpha^2 \left(\sum_{r(\neq p)} |A_{pr}(\alpha)|^2 + {d'_p}^2 |B_p(\alpha)|^2\right)}{(d'_p - \alpha|\mu''_{\alpha p}|)^2} \geqq 1.$$

そこで

$$\text{(57.7)} \qquad \begin{aligned} A'_p(\alpha) &= \left\{\sum_{r(\neq p)} |A_{pr}(\alpha)|^2 + {d'_p}^2 |B_p(\alpha)|^2\right\}^{\frac{1}{2}} \\ &\leqq \left\{\sum_{r=1}^m \frac{\|(V - \mu'_r)\varphi_{0r}\|^2}{(d_1 - \alpha|\mu'_r|)^2}\right\}^{\frac{1}{2}} \left\{\sum_{r(\neq p)} \|(V - \mu'_r)\varphi_{0r}\|^2 + {d'_p}^2\right\}^{\frac{1}{2}} \end{aligned}$$

とおけば
$$\frac{|A_{pp}(\alpha)|^2}{|\mu''_{\alpha p}|^2} + \frac{\alpha^2 |A'_p(\alpha)|^2}{(d'_p - \alpha |\mu''_{\alpha p}|)^2} \geq 1.$$

したがって

(57.8) $$\frac{|A_{pp}(\alpha)|}{|\mu''_{\alpha p}|} + \frac{\alpha |A'_p(\alpha)|}{d'_p - \alpha |\mu''_{\alpha p}|} \geq 1.$$

これは $|\mu''_{\alpha p}|$ についての 2 次不等式になるから容易に解けて

(57.9)
$$|\mu''_{\alpha p}| \leq \frac{2 d'_p |A_{pp}(\alpha)|}{d'_p - \alpha(|A_{pp}(\alpha)| + |A'_p(\alpha)|) + \{d'^2_p - 2\alpha d'_p(|A_{pp}(\alpha)| + |A'_p(\alpha)|)\}^{\frac{1}{2}}}.$$

を得る．これよりまず
$$\varlimsup_{\alpha \to 0} |\mu''_{\alpha p}| \leq \varlimsup_{\alpha \to 0} |A_{pp}(\alpha)|.$$

(57.3)′ を用いれば

(57.10) $$\varlimsup_{\alpha \to 0} |\mu''_{\alpha p}| \leq \frac{1}{d_1} \left\{ \sum_{r=1}^{m} \|(V - \mu'_r)\varphi_{0r}\|^2 \right\}^{\frac{1}{2}} \cdot \|(V - \mu'_p)\varphi_{0p}\|.$$

これは α が有限なるときには使えないけれども α が十分小さければこれを用いても大した誤りはないであろう[35)8)]，ただし厳密ではない．

α が有限なるとき，例えば
$$\alpha \leq \frac{d'_p}{2(|A_{pp}(\alpha)| + |A'_p(\alpha)|)}$$

ならば
$$|\mu''_{\alpha p}| \leq 4|A_{pp}(\alpha)|$$

を得る．これに (57.3)′ を代入すれば $|\mu''_{\alpha p}|$ の評価が得られる．もちろんこれらの評価は極めて粗いものだから，個々の問題においては (57.5) を直接解くのがよい．あるいは場合によりもっと精密な結果も求め得るであろう．

§53 の場合のみならず，その他の場合も同様な方法で誤差の上界が求められるはずであるが面倒だから一々やらない．

2. 以下上の場合において $m = 1$ なる簡単な場合を特に調べてみよう．このときは (57.5) から直ちに（添数 $p = 1$ を略す）

---

35) α が有限でも分母 d_1 を少し修正すれば成立することが分かった．あるいは最初の二因子を (57.6′) の右辺でおきかえればよい (A16. p.65).

8) この傍注は後日に付けられたものであろう．A16 は遺品の研究ノート A16 (1948) のこと．

$$|\mu''_\alpha|^2 = \frac{|A_{pp}(\alpha)|^2}{1-\alpha^2|B_p(\alpha)|^2}.$$

(57.3) と (57.6) とを使えば

(57.11)
$$|\mu''_\alpha| \leq \frac{\|VF_0\|}{\{d_1^2 - \alpha^2\|VF_0\|^2\}^{\frac{1}{2}}}\|(V-\mu')\varphi_0\|$$
$$= \frac{\|V\varphi_0\|}{\{d_1^2 - \alpha^2\|V\varphi_0\|^2\}^{\frac{1}{2}}}\|(V-\mu')\varphi_0\|.$$

あるいは (57.3)′ と (57.6)′ とを使えば

(57.12)
$$|\mu''_\alpha| \leq \frac{\|(V-\mu')\varphi_0\|^2}{\{(d_1 - \alpha|\mu'|)^2 - \alpha^2\|(V-\mu')\varphi_0\|^2\}^{\frac{1}{2}}}.$$

これを用いて

(57.13)
$$\mu'_\alpha = \mu_0 + \alpha\mu' + \alpha^2\mu''_\alpha$$

となる.

　一般に (57.12) の方が (57.11) より良い評価を与えるが，α があまり小さくなくて $d_1 - \alpha|\mu'|$ が小さいときには (57.11)′ の方がよいかもしれない．尤も α が小さくなければいずれにせよ近似が悪くなるのだから，これらの事柄には大した意味はないであろう.

3. 以上の式においては d_1 なる量が重要な役割を演ずる．これは仮定 III. において導入された量であって，始めから仮定した量であるからその他の量を用いて表すことは一般にはできず，個々の場合において計算せねばならぬ量であり，その計算が誤差を求むるに当たって最も重要な計算となるであろう．特に minor perturbation の場合，および定理 51.2 が成立する場合にはそれを explicit に計算することができるがここでは省略する．特に minor perturbation の場合には，巾級数展開が可能でありしかもその majorant が計算できるのだから，誤差を求める問題は，任意の次数において可能である．すべてこれらの問題は個々の場合にやる方が簡単であるからここでは述べない.

4. 上のごとく d_1 を explicit に含まない評価を得ることもできる．最も簡単なる場合として 2. の場合をとれば

$$(H_\alpha - \mu_0 - \alpha\mu')\varphi_0 = \alpha(V-\mu')\varphi_0$$

したがって
$$\|(H_\alpha - \mu_0 - \alpha\mu')\varphi_0\| = \alpha\|(V - \mu')\varphi_0\|.$$

この式は H_α が $\mu_0 + \alpha\mu'$ から $\alpha\|(V-\mu')\varphi_0\|$ なる距離以内にスペクトルを有することを示す[36]．したがってこの範囲が区間 $(\mu_0 - d_1, \mu_0 + d_1)$ 内に含まれているならば，そのスペクトルは固有値 μ_α 以外にはあり得ず，したがって

$$|\mu_\alpha - \mu_0 - \alpha\mu'| \leqq \alpha\|(V - \mu')\varphi_0\|$$

となる．この式は（それを出すために d_1 なる量を用いはしたが）explicit に d_1 を含んではいない．

その代わりこの誤差は α の程度であって α^2 の程度ではないから (57.13) よりはもちろん一般によくないであろう．ただ d_1 を expicit に含んでいない点が特長である．

同様なことがその他の場合にも成立する．例えば定理 55.1 の場合に α^3 の項まで求めて α^4 に比例する誤差を求めれば d_1 を explicit に含む式を得るが，もし α^2 に比例する誤差で満足するならば d_1 を explicit に含まない式が得られる．

元来漸近展開においては必ずしも求め得る最高の次数まで計算するのが最も有利であるとは限らないのだから，上のような注意も無意味ではないであろう．尤も高々 3 次か 4 次の展開においては α が十分小さい限りなるべく高次まで求める方がよいことは明らかであるし，そうでないような場合にはいずれにせよ近似が悪くなるわけであるから，上の注意が役に立つことはあまりないかもしれない．

5. 以上では主に第一次の摂動で誤差が $O(\alpha^2)$ になる場合を考えたが，第二次まで展開が成立する定理 54.1 の場合は少し事情が違う．ここでも簡単のため $m = 1$ と仮定し
$$\mu_\alpha = \mu_0 + \alpha\mu' + \alpha^2\mu'' + o(\alpha^2)$$
における $o(\alpha^2)$ の評価を求めることを考えよう．このとき (54.31) から

$$\left|\frac{1}{\alpha^2}(\mu_\alpha - \mu_0 - \alpha\mu' - \alpha^2\mu'')\right|$$
$$\leqq \frac{1}{|c_\nu(\alpha)|}\{|\mu''|\cdot|1 - c_\nu(\alpha)| + |\xi_\nu| + K\|\omega_\nu\| + O_\nu(\alpha)\}$$

[36] ここにある傍注は長い式を含むので脚注 *) の位置におく．

---

*) 傍注 36) なぜなら，もしその間にスペクトルがなければ $d = \alpha\|(V-\mu')\varphi_0\|$ とするとき
$$E_\alpha(\mu_0 + \alpha\mu' + d) - E_\alpha(\mu_0 + \alpha\mu' - d - 0) = 0$$
となるから，これを φ_0 に作用させてももちろん 0 となる．したがって §5.8.III. により
$$\|(H_\alpha - \mu_0 - \alpha\mu')\varphi_0\| > \|\varphi_0\|d = d$$
となり上式に反する．

が成り立つ，ただし添数 p を省略した．この式の右辺は複雑であるけれども，与えられた α に対して ν を適当にとる（すなわち (54.10) の f_ν を適当にとる）ことにより右辺をなるべく小さくして，μ_α の誤差の有効な評価を得ることができるであろう．

すなわちここでは元素 f_ν を適当に選んで上の式の右辺をなるべく小さくするということが主要な点となる．これはいわゆる変分的方法において行われる方法とよく似ている．

またこのとき α の第一次の項までで満足することにすれば前に 2. で考えた式が通用し α^2 の程度の誤差が得られることはもちろんである．

§58　摂動論と変分的方法

1.　前 § の終わりに述べた所からみれば，摂動論と変分的方法との間に密接な関係があることは明らかであろう．

摂動論も変分的方法もともに固有値または固有元素に対する近似値を求めることを目的とする点においては何等異なる所はない．摂動論の特質は連続的に変化するものと見なされる parameter α を導入し，この α の小さい所で問題を考える所にある．

近似法としての摂動論の性格は minor perturbation の場合と本章で考えたより一般的な摂動の場合とでは本質的に異なる．前者においては考える α が級数の収束半径内にある限り固有値および固有元素はその級数によって完全に表され，任意の近似度においてこれを近似することができる．しかるに本章で考えた漸近級数としての摂動論においては，特別の場合[37]を除き，一般には固有値または固有元素の正確な値は決して与えられず，ある誤差をもって与えられるにすぎない．同じ理由により，前の場合においては巾級数によりこれらの固有値および固有関数を構成することができるが，後の場合においては，それらの存在が前もって知られておりかつその数が制限されている場合にのみそれの近似値を与え得るにすぎない．

けれどもいずれの場合においても実際上は α が十分小さくなければ摂動論は役に立たないのであって，この点において上の二つの場合は区別がない．

α が小さいかどうかということはもちろん前 § に述べたごとき方法で誤差の評価を行って初めて知り得る事柄である．而して展開が非常なる高次の項まで求め得る場合においても，その第何項まで取るのが最も有利であるかということはやはり誤差の評価から決定すべき事柄であって，ただむやみに高次の項まで取るのがよいわけでないことは，漸近級数の一般的性質である．

[37] 誤差が 0 になることがわかる場合等．

もし第何項まで取っても良好な近似が得られないという場合には α の値が大きすぎるわけであるから，我々はもはや摂動論を適用すべき根拠を失うわけである．かかる場合には摂動法と異なる近似法が用いられるべきであって，変分的方法はその一つの有力な方法となるわけである．

2. 今までの数 § を通じて摂動論を考えるに当たり中心となった考えは，適当な実数 λ と適当な $\psi \in \mathfrak{H}$ とをとって

$$(58.1) \qquad \|(H_\alpha - \lambda)\psi\|$$

をなるべく小さくすることであった[38]．この意味において摂動論も一種の変分的方法であるということができる．ただしこの場合 "小さい" という意味は摂動論においては "α の高巾" ということを意味するのである．ここに変分的方法の特殊化としての摂動論の意義が存するのである．

換言すれば我々は (58.1) において λ および ψ を α の適当な関数に選んで (58.1) がなるべく α の高次の式になるようにしてきたのである．

しかしながら α を実際に変数と考えて $\alpha \to 0$ における模様を考えることをやめて，固定された有限な α について考えることにすれば，(58.1) が小さいということと α の高巾ということとはもはや一致しないはずである．したがって λ や ψ として摂動論において与えられたものを使うのが最も有利であるという結果にはならない．α が大きくなればなるほど，摂動論の結果から離れたものを用いる方が一般に有利であることはいうまでもない．かくして α が大きくなれば問題は純然たる変分的方法の領域に移ってしまう．ただその中間の所で両方を適当に折衷したような方法を用いるのが便利なことがあるであろう．§57.5 はそのような一つの場合と考えられる．

3. 元来変分的方法というものはそれだけでは極めて漠然としており，(58.1) を最も小さくするごとき λ や ψ を選ぶというのがその要点であるけれども，ψ や λ が全然限定されないものであっては実行することができない．ψ や λ に対し適当に簡単な形を仮定して（例えば少数の parameter だけを未定係数としてもつような），初めて実際に応用ができるものである．この形としていかなるものを取るかということは別に定めなければならぬ問題である．摂動論も結局かかる変分法的な問題において ψ や λ を一定の形に限定した一つの場合に他ならないのである（すなわちともにそれらを α の巾級数の形に限定し，かつ (58.1) が "小さい" という意味を "α の高巾" という意味に限定した場合に他ならない）．かく限定したからこそ問題を確定的に取り扱うことができるようになったのであるけれども，元来 α が変数でない場合には

[38] 次の諸式を見られたい：(51.8); (53.6), (53.7): (54.16): (55.4).

それだけに不自然さがあり，α が大になるほど事実に沿わないものとなるのも，上のごとき限定からくる当然の結果としてやむを得ないのである．したがってまた α が大きい場合には摂動法に代わる別の方法が用いられねばならぬのもまた当然である．

例としてヘリウム原子の基底状態の固有値を求める問題を考えてみよう．簡単のため (41.1) において product term $2\beta\mathfrak{p}_1\cdot\mathfrak{p}_2$ を無視し，二つの電子の相互作用を V とする．V を無視すれば変数分離により問題は完全に解けるのであるから V を摂動とし [39]，parameter α を用いて摂動論を適用するならば，実際のヘリウム原子は $\alpha=1$ に相当することになる．このとき第 6 章において示した通り V は minor perturbation であるから実は巾級数展開が成立する場合なのであるが，$\alpha=1$ なる値は恐らく大きすぎて巾級数の収束半径の外にあるであろうし [40]，もし収束する範囲にあったにしても大きすぎて僅かの項をとったのでは近似が悪くなり，摂動論は役に立たない．かかる場合摂動論は無力であると言わねばならぬ．

実際にはこの問題は Hylleraas 等により変分的方法を用いて十分良好な近似をもって解かれていることは周知の通りである．ただしこの変分的方法は我々の場合のごとく (58.1) を小さくするのではなくて

$$(58.2) \qquad (H_\alpha\psi, \psi)$$

をできるだけ小さくする ψ を求めるという方法である（通常変分的方法と呼ばれているのはかかる方法である）．したがって我々の場合とはいささか考え方を異にするけれども，とにかく ψ としては摂動論で与えられるごとき関数とは全く異なるものを用いて成功している．

4. ここで上に現れた二種の変分的方法 (58.1) と (58.2) との関係を論じておきたい．

通常変分的方法と呼ばれるものは (58.2) であるが，これは実は理論的に不完全な方法である．第一にこれは水素型 operator に対してしか適用できない．尤も実際上現れるものはほとんどすべて水素型であると言ってよいから，この点は何等の制限にもならないが，第二に (58.2) は最低の固有値にしか適用できずその他の固有値に対しては他に付加条件が必要であって甚だ厄介である．そこで簡単のため以下基底状態だけに限ることにするが，この場合でも (58.2) は固有値の上界を与え得るが下界を与え得ないという欠点がある．理論的にはこれが最も重大な欠点である．

ヘリウム原子の基底状態の固有値が (58.2) により計算されていると言ってもそれはただ上界が求められているにすぎず，下界は求められていない．而してこの上界が実験値に極めて近いということが知れているだけなのであるから，実は実験値を半分だけしか説明したことにならない．理論の内部においてその計算の精度が与え

[39] あるいは (14.14) の V を摂動と見てもよい．励起状態に対してはこれを用いれば摂動論的計算が役に立つかもしれない．

[40] §41.11 に示したごとく $0 \leqq \alpha \leqq 1$ においてそれは α の正則関数なることは確実であるけれども．

られるのでなければ完全な理論とは言えない.

これに対して (58.1) はもっと理論的には勝れた方法である．適当な λ, ψ に対して

$$(58.3) \qquad \|(H_\alpha - \lambda)\psi\| = \varepsilon$$

なる値を得るとすれば，この式は λ から ε 以内に H_α のスペクトルが存在することを示す[41]．したがってあらかじめかかる範囲に H_α が一つしか固有値をもたず，その他にスペクトルがないことがわかっているならば——He の場合にはもし ε があまりに大でなければこのことを検証するのは容易である，§41 参照——実際に固有値 μ_α が $|\mu_\alpha - \lambda| \leqq \varepsilon$ を満たすことがわかる．すなわち μ_α は λ により誤差 ε 以内で近似されたことになるのであって，μ_α に対し上界のみならず下界も同時に与えられたことになるのである．

のみならずこの方法が適用できるのは基底状態とは限らない（縮退があるとやや面倒になるけれども）．また operator は水素型と限る必要がなく，考える固有値が正常固有値ならよろしい．したがって理論的には (58.1) は (58.2) に比べるとはるかに完全に近い．

しかし遺憾なことには ε の値を十分小さくすることが実際上は厄介な問題なのである．例えばヘリウム原子の基底状態に対しこの方法を適用するのに，(58.2) が十分実験値に近くなるごとき ψ と，対応する $\lambda = (H_\alpha \psi, \psi)$ とを用いても（ψ が定まればかかる λ が (58.1) を最小ならしめる，307 頁参照），(58.1) は中々小さくはならないのであって有用な結果が得られないのである[42]．これが (58.1) の最も大きな欠点である．もちろん問題によっては (58.1) も十分役に立ち得るのであって，α が十分小さいときの摂動論のごときはその良い例である．

なぜに (58.1) が (58.2) に比べて近似が悪いかを考えてみよう．

簡単のため添数 α を省略し，operator H の最低固有値を μ，その多重度を $m = 1$，孤立度を d とする．すると任意の $\psi \in \mathfrak{H}$ に対し ($\|\psi\| = 1$)

$$(H\psi, \psi) - \mu = \int (\lambda - \mu) d(E(\lambda)\psi, \psi) \geqq d \cdot \|(1 - E(\mu))\psi\|^2.$$

ただし $E(\lambda)$ は H の単位分解とする．$(H\psi, \psi)$ の μ の近似値としての誤差を

$$\varepsilon = (H\psi, \psi) - \mu$$

とすれば

$$(58.4) \qquad \|(1 - E(\mu))\psi\| \leqq \sqrt{\frac{\varepsilon}{d}}$$

[41] 本章傍注 36) 参照.

[42] もっと簡単な場合の例をあげれば，Rayleigh: Theory of Sound, I, 112 に変分的方法で一様な弦の基音の振動数が求めてあるが，そこでは一般化された放物線状の関数を仮定して

$$\frac{(H\psi, \psi) - \mu}{\mu} = 0.008$$

なる結果を得ている（μ の意味は本文を参照）．しかるにその ψ を用いて

$$\frac{\|(H - (H\psi, \psi))\psi\|}{\mu}$$

を求めてみると大体 1 の程度になる．これでは到底実用にはならない.

となる．

　他方 (58.1) に相当して
$$\|(H-\lambda)\psi\| = \varepsilon$$
なる ψ, λ があるとすれば適当な条件（すなわち $\lambda + \varepsilon < \mu + d$）の下に
$$\|(H-\lambda)\psi\| \geqq (\mu + d - (\lambda + \varepsilon))\|(1 - E(\mu))\psi\|$$
となることは §5.8 III. を用いて容易に出るから
$$\|(1 - E(\mu))\psi\| \leqq \frac{\varepsilon}{\mu + d - (\lambda + \varepsilon)}.$$
近似が十分精密なら $\varepsilon \ll d, \lambda \approx \mu$ となるから

(58.5) $$\|(1 - E(\mu))\psi\| \lessapprox \frac{\varepsilon}{d}$$

としてよい．

　真の固有元素を φ とすれば $E(\mu) = P_{[\varphi]}$ であるから $\|(1-E(\mu))\psi\|$ は ψ が φ とどの程度一致するかを表す．換言すればこれは ψ と φ との "差" と考えてよい．この量が一方は (58.4) で表され，他方は (58.5) で表される．したがって ε が小さいときには (58.5) の方が ψ に対しはるかに強い条件を表すことは明らかである．

　したがって一般に (58.2) を用いるよりも，(58.1) を用いて良い近似を得るにははるかに良い近似関数 ψ を取らなければならないのであって，ここに (58.2)[9] の実際上の困難が潜んでいるのである．

§59　条件の緩和

　我々は今まで専ら §48 で導入せる I., II., および §51 で導入せる III. なる三つの仮定の下に万事を論じてきたのであるが，度々述べた通り III. なる仮定は甚だ立ち入った仮定であってこれを験証するのは厄介な問題である．そこで何とかしてこの制限を緩和することが望ましい．

　定理 51.1 の系に示したごとく，H_0 の正常固有値 μ_0 の近所に H_α のスペクトルが必要なだけ存在する（換言すれば H_α の単位分解 $E_\alpha(\lambda)$ が μ_0 の付近で少なくとも m 次元を有する）ことを知るためには十分一般的な仮定をしておけばよいのであるが，それだけでは実はスペクトルが必要以上に多くなって例えば連続スペクトルになっ

---

[9] (58.1) のことだろうが原ノートの通りとした．

てしまうごとき場合を防ぐことができなかった．これを防止するために我々はやむを得ず仮定 III. を導入したのである．

しかし考えると仮定 III. は必要以上に強すぎると考えられる．実際は H_α が μ_0 の近所に m 個以上の固有値をもっていても格別特異的でない場合がある．H_α の固有値の中全多重度が丁度 m なるものだけが $\alpha \to 0$ のとき μ_0 に収束するが，その他にも μ_0 の近所に H_α の固有値が偶然的に存在していても差し支えないであろう．ただそれらは $\alpha \to 0$ のとき μ_0 に収束しないで例えば μ_0 以外の点に収束するという風に変化していけばよいわけである．かかるものが任意に小さい α に対して μ_0 の近所を"通過"することがあっても別に大きな特異性が現れることにはならない．

簡単な例をあげてみれば H_0 は点スペクトルのみを有して上にも下にも有界でないとし $V = H_0^2$ とすれば

$$(59.1) \qquad H_\alpha = H_0 + \alpha H_0^2$$

は明らかに $\mathrm{dom}\, H_0^2$ を domain として hypermax. であり $(\alpha \neq 0)$，H_0 の固有値を

$$(59.2) \qquad \mu_{0n} \qquad (n = 0, \pm 1, \pm 2, \cdots)$$

とすれば H_α の固有値は

$$(59.3) \qquad \mu_{\alpha n} = \mu_{0n} + \alpha \mu_{0n}^2$$

となる．特に簡単なる場合として $\mu_{0n} = n$ なる場合をとれば $\mu_{\alpha n} = n + \alpha n^2$ となる．我々は H_0 の固有値 $\mu_{00} = 0$ の近所で考えることにすれば，$\mu_{\alpha 0} = 0$ だから μ_{00} の近所に常に H_α の固有値 $\mu_{\alpha 0}$ があって $\alpha \to 0$ のとき $\mu_{\alpha 0} \to \mu_{00}$ はもちろんであるが，さらに α がどんなに小さくても $\alpha = \frac{1}{n}$（n は正の整数）なる形であれば

$$\mu_{\frac{1}{n}, -n} = -n + \frac{1}{n} n^2 = 0$$

となるからもう一つの固有値が μ_{00} の近所にあるわけである．したがって我々の仮定 III. は満たされていない．にもかかわらず我々の operator (59.1) に対する固有値 (59.3) はすべて $\alpha \to 0$ のとき H_0 の固有値 (59.2) に収束するのだから特別の特異性があるとは考えられない．このように比較的簡単なる場合をも除外せねばならぬならば，我々の理論は不完全なものと言わねばならない．

上の例では μ_{00} の近所に H_α が少くも二つの固有値をもつことしか示し得なかったが，$\mu_{0n} = n$ とする代わりに

$$\mu_{0n} = \begin{cases} 0 & (n=0), \\ 1 + \frac{1}{2} + \cdots + \frac{1}{n} & (n>0), \\ -\left(1 + \frac{1}{2} + \cdots + \frac{1}{|n|}\right) & (n<0) \end{cases}$$

とおけば α が小さくなればなる程 H_α は μ_{00} に近所に次第に多くの固有値を有することになる．しかし $\alpha \to 0$ のときにはその中ただ一つ $\mu_{\alpha 0}$ のみが μ_{00} に収束し，その他はすべて μ_{00} を通過してその外に出てしまうわけであるから，何の特異性もないと考えられる．

我々の理論は専ら仮定 III. を有効に利用してきたのであるから，上のような場合をも理論に取り入れるには我々の方法では不十分であり別の方法を案出せねばならぬであろう．けれどもある場合には我々の方法でも上のごとき場合を取り扱うことができ，今までの定理の範囲をやや拡げることができる．

その場合とは H_0 と V がともに reduce されるごとき，互いに直交する部分空間 $\mathfrak{M}_1, \mathfrak{M}_2, \cdots$ があって

$$\mathfrak{M}_1 + \mathfrak{M}_2 + \cdots = \mathfrak{H}$$

であり，かつ任意の $\mathfrak{M}_n$ の中において考えるときには仮定 III. が成立しているごとき場合である（上に述べた例は明らかにかかる場合の中最も簡単なる場合，すなわち $\mathfrak{M}_n$ 内で H_0 も H_α もただ一つの固有値を有する場合に他ならぬ）．

かかる場合には H_0 の任意の正常固有値 μ_0 は $\mathfrak{M}_1, \mathfrak{M}_2, \cdots$ のいずれかの内部において考える H_0 の固有値である（その二つ以上にわたることもあるが，いずれにせよ有限個に限る）．$\mathfrak{M}_1$ をその一つとすれば，$\mathfrak{M}_1$ において μ_0 に対し III. が成立しているならば，さらに適当な仮定の下に我々の定理の一つを用いることができて，$\mathfrak{M}_1$ における H_α の固有値として

$$\mu_\alpha = \mu_0 + \alpha \mu' + \cdots$$

なる形のものを得る．その数は丁度（多重度を含めて）$\mathfrak{M}_1$ における μ_0 の多重度に等しい．同様な事柄が，H_0 がその中で μ_0 を固有値にもつごとき部分空間 $\mathfrak{M}_2, \cdots$, $\mathfrak{M}_r$ においても成立する．$\mathfrak{M}_{r+1}, \mathfrak{M}_{r+2}, \cdots$ においては μ_0 は H_0 の resolvent set に属するから，換言すれば多重度 0 なる固有値と考えることもできる．これに対して同じく III. の成立することを仮定すれば α が小さいとき H_α は $\mathfrak{M}_{r+1}, \mathfrak{M}_{r+2}, \cdots$ 等の各々の内部では H_α は μ_0 の近所にスペクトルをもたないことになる．ただしそのための α の小さくなる程度は $\mathfrak{M}_{r+1}, \mathfrak{M}_{r+2}, \cdots$ のすべてについて一般に異な

るから，$\mathfrak{H}$ 全体としては H_α は μ_0 の近所に多重度を考えて m 個より多くの固有値を有し，あるいは連続スペクトルすら有することさえあり得る．しかしそれにもかかわらず H_α は μ_0 に収束するごとき丁度 m 個（多重度も含めて）の固有値を有することが確立されるわけである．

§60 水素類似原子の Zeemann 効果

1. 前 § に述べた方法により水素類似原子の Zeemann 効果を摂動論により厳密に取り扱うことができる．ただし我々は原子核の質量が無限大なるものと仮定し，Zeemann 効果の operator を

$$(60.1) \qquad H_A = \left(p_x + \frac{A}{2}y\right)^2 + \left(p_y - \frac{A}{2}x\right)^2 + p_z^2 - \frac{2}{r}$$
$$= \mathfrak{p}^2 - \frac{2}{r} - A(xp_y - yp_x) + \frac{A^2}{4}(x^2+y^2)$$

とする．我々はすでに (§44) H が hypermax. なることを示したが，そのときの方法とは異なり，今度は A を parameter と考えてこれを摂動論により取り扱う．

まず注意すべきことは，(60.1) は parameter A の二乗の項を含んでいるから我々が今までに考えてきた $H_\alpha = H_0 + \alpha V$ と少し形が違うけれども実はこのことは重要なことではない．我々の理論は容易にかかる場合に拡張し得るからである．

(60.1) を次のごとく記す：

$$(60.2) \qquad H_A = H_0 + AV_1 + A^2 V_2.$$

§44 で示した通り H_A は任意の A に対して hypermax. で $\mathfrak{D}^*(\mathfrak{r})$ を quasi-domain にもつ．もちろん V_1 も V_2 も $\mathfrak{D}^*(\mathfrak{r})$ において定義された operator であるから §48 の仮定 I., II.（今度は A^2 の項があるため少し訂正せねばならぬが）は満足されている．

したがって III. が満足されていることがわかればあとは簡単に進むのであるが，これが簡単に証明されない，恐らくそれは成立しないのかもしれないと思われる．

V_1 は z 軸のまわりの角運動量の成分に他ならないから，V_2 の項を棄てて $H_0 + AV_1$ だけを考えればこれは explicit に解くことができ，H_0 と同一の固有関数をもつ．しかし $A \neq 0$ ならこの operator は下に有界でないので，V_2 は下に有界なるにもかかわらず定理 51.2 を使うことができない．

そこで我々は §59 に述べた方法を用い H_0, V_1, V_2 がすべて z 軸のまわりの回転に対して不変であることに注目し，z 軸のまわりの角運動量成分が一定であるごとき

部分空間において問題を取り扱う方法をとる．我々は以下この方法を厳密に遂行してみよう．

2. z軸のまわりのϕなる角の回転を表すunitär operator をU_ϕとすれば，$f \in \mathfrak{D}^*$ならば明らかに

$$H_A U_\phi f = U_\phi H_A f$$

である．任意の$\varphi \in \text{dom}\, H_A$に対し，$\mathfrak{D}^*$が$H_A$のquasi-domainであることから

$$f_n \to \varphi, \quad H_A f_n \to H_A \varphi \quad (n \to \infty), \qquad f_n \in \mathfrak{D}^*$$

なる$f_n\ (n = 1, 2, \cdots)$があるから

$$H_A U_\phi f_n = U_\phi H_A f_n$$

において$n \to \infty$とすれば右辺は$U_\phi H_A \varphi$に収束し，したがって左辺も同じ値に収束する．他方$U_\phi f_n \to U_\phi \varphi$であるから$H_A$がclosedなることから

$$U_\phi \varphi \in \text{dom}\, H_A, \qquad H_A U_\phi \varphi = U_\phi H_A \varphi.$$

これは$H_A U_\phi \supset U_\phi H_A$，すなわち$H_A$は$U_\phi$と可換（§6.1）なることを示す．したがって§11によりH_AはU_ϕに対するinfinitesimal operator たるL_z（角運動量のz成分）と可換（§6.1の意味において）である．

特にL_zの固有空間を$\mathfrak{M}_n\ (n = 0, \pm 1, \cdots)$とし，$\mathfrak{M}_n$における$L_z$の値を$2n\pi$とすれば$L_z$がhypermax. なるにより

(60.3) $$\cdots + \mathfrak{M}_{-1} + \mathfrak{M}_0 + \mathfrak{M}_1 + \mathfrak{M}_2 + \cdots = \mathfrak{H}.$$

而してH_AがU_ϕと可換なることは$\mathfrak{M}_n$がすべてのH_Aをreduceすることに他ならないから，H_Aの固有値問題を解くにはこれを各$\mathfrak{M}_n$の内部において考えればよい．

3. そのために次の補助定理を証明する：

定理 60.1 [43] Hがhypermax. でFがHをreduceすれば，F内において定義されたHをH'と書けば，H'もhypermax. で

$$\text{dom}\, H' = F\, \text{dom}\, H.$$

証明 Hに属する単位分解を$E(\lambda)$とし，$E'(\lambda) = FE(\lambda)$とすれば仮定により$FE(\lambda) = E(\lambda)F$だから$E'(\lambda)$も射影operatorで一つの単位分解である．相当す

---

[43] Fは射影operator である．

る hypermax. operator を H' とおく.

$f \in F$ なら $f = Ff$ だから $E(\lambda)f = E'(\lambda)f$,
$$\int \lambda^2 d(E(\lambda)f, f) = \int \lambda^2 d(E'(\lambda)f, f)$$
により $f \in \text{dom } H$ と $f \in \text{dom } H'$ とは同等で,そのとき
$$Hf = \int \lambda dE(\lambda)f = \int \lambda dE'(\lambda)f = H'f$$
となるから H' は F 内で考えた H に他ならない.

$f \in \text{dom } H$ なら $Ff \in \text{dom } H$, $Ff \in F$ だから上述により $Ff \in \text{dom } H'$,すなわち $F \text{dom } H \subset \text{dom } H'$. 逆に $f \in \text{dom } H'$ なら $f \in F$ だから上述により $f \in \text{dom } H$, $f = Ff \in F \text{dom } H$,すなわち $\text{dom } H' \subset F \text{dom } H$. よって $\text{dom } H' = F \text{dom } H$ である. □

定理 60.2 $\widetilde{\mathfrak{D}}$ が H の quasi-domain なら $F\widetilde{\mathfrak{D}}$ は H' の quasi-domain である.ただし F, H, H' は前の通り.

証明 任意の $\varphi' \in \text{dom } H'$ に対し定理 60.1 により $\varphi' = F\varphi$, $\varphi \in \text{dom } H$ なる φ がある. $\widetilde{\mathfrak{D}}$ は H の quasi-domain だから任意の正数 ε に対し $\|\varphi - f\| \leqq \varepsilon$, $\|H\varphi - Hf\| \leqq \varepsilon$, $f \in \widetilde{\mathfrak{D}}$ なる f がある.これに対し $f' = Ff$ とおけば上の定理より $f' \in \text{dom } H'$ で

$$\|\varphi' - f'\| = \|F\varphi - Ff\| \leqq \|\varphi - f\| \leqq \varepsilon,$$
$$\|H'\varphi' - H'f'\| = \|H'F\varphi - H'Ff\| = \|HF\varphi - HFf\|$$
$$= \|FH\varphi - FHf\| \leqq \|H\varphi - Hf\| \leqq \varepsilon.$$

よって $F\widetilde{\mathfrak{D}}$ は H' の quasi-domain である. □

4. 第 6 章において示したごとく H_A は $\mathfrak{D}^*$ のみならず $\mathfrak{D}^{**}$ をも quasi-domain としてもつ.したがって定理 60.2 により $\mathfrak{M}_n$ 内で考えた H_A は $F_n\mathfrak{D}^{**}$ を quasi-domain としてもつ,ただし $F_n = P_{\mathfrak{M}_n}$ である.§39 に述べた所に従えば $F_n\mathfrak{D}^{**} \subset \mathfrak{D}^{**}$ なることは明らかである.

したがって $F_n\mathfrak{D}^{**}$ 内において H_A は通常の微分 operator としての意味を有し,H_0, V_1, V_2 は別々に $F_n\mathfrak{D}^{**}$ において定義されていて

$$V_1 = -L_z = -2\pi n = \text{const.}$$

となる．したがって $F_n\mathfrak{D}^{**}$ において

$$H_A = H_0 - 2\pi nA + \frac{A^2}{4}(x^2+y^2)$$

が成立する．而して $F_n\mathfrak{D}^{**}$ が $\mathfrak{M}_n$ における H_A の quasi-domain なることを考えれば，$\mathfrak{M}_n$ の中で §48 の I., II. が成立することがわかる．

ところが今度は（$\mathfrak{M}_n$ の中では）H_0 とともに $H_0 - 2\pi nA$ も下に有界であることは言うまでもない[44]から，定理 51.2 が使える．尤も今度は A の項と A^2 の項とがあって不便であるけれども，A の項 $-2\pi nA$ は単なる常数にすぎないから，これは後から付け足せばよく

$$H_A + 2\pi nA = H_0 + \frac{A^2}{4}(x^2+y^2)$$

について定理 51.2 をあてはめればよい．右辺において H_0 は水素型であり，$A^2 \geqq 0$ であり，x^2+y^2 は下に有界であり，しかも $F_n\mathfrak{D}^{**}$ は H_0 に対しても quasi-domain なることから摂動 (x^2+y^2) は H_0 に対して regular perturbation なので，定理 51.2 が適用され，A^2 が十分小さければ $H_A + 2\pi nA$ は H_0 の低位固有値に近所にその多重度と同じ全多重度の正常固有値群をもち，それらは $A \to 0$ のとき H_0 の固有値に収束する．H_A のスペクトルはそれを $-2\pi nA$ だけずらしたにすぎないのだから，H_A に対しても全く同じ事情が成立する．

かくして各 $\mathfrak{M}_n$ の内部においては I., II., III. がすべて成立するから，§52 以下の諸定理が完全に適用できる（ただし A^2 の項を含む点を注意して）．而らば第何項までの展開が成立するかを調べてみよう．A に比例する摂動 AV_1 は単なる常数であるからこれは問題にならず任意の次数まで展開可能である（といっても実は一次で終わるわけであるが）．H_0 の固有関数は遠方で指数関数的に 0 に近づくことが知られているから，$V_2 = \frac{1}{4}(x^2+y^2)$ はそれに対して operate できる．而して V_2 はもちろん regular であるから定理 54.1 の場合が成立している．すなわち固有値は A^2 の二乗すなわち A^4 まで求めることができ，誤差は $o(A^4)$ となる．実はもっと高次まで求めることができるかもしれないが，その必要はないであろう．

5. したがって Zeemann 効果は，各 $\mathfrak{M}_n$ 内で考えている限り，H_0 の低位固有値 μ_0 の近所には，$\mathfrak{M}_n$ 内における μ_0 の多重度と同数の H_A の固有値が存在し（多重度を考えて），これらは少なくも A^4 までの展開が可能である．

特にこのことは $\mathfrak{M}_n$ 内における μ_0 の多重度が 0 であっても成立することに注意する．すなわちこのとき μ_0 の近所には H_A はスペクトルをもたない．

$\mathfrak{H}$ 全体における H_A のスペクトルは各 $\mathfrak{M}_n$ 内のスペクトルを重ね合わせたものに

[44] $\mathfrak{M}_n$ の中では n は一定だから！ $\mathfrak{H}$ 全体ではこの n が $-\infty$ から ∞ まで変わるので $H_0 + AV_1$ は下に有界でなくなるのである．

すぎない[45]．したがっていずれにせよ，H_0 の任意の固有値 μ_0 の近所には H_A の固有値が<u>少くも</u> m 個存在し（m は μ_0 の多重度），その中<u>丁度</u> m 個が $A \to 0$ のとき μ_0 に収束して A^4 まで展開できる．H_A は μ_0 の近所にそれ以外にも固有値を有するかもしれないが，それらは $A \to 0$ のとき別の H_0 の固有値に収束するものである．A がいくら小さくなってもかかるものは後から後から現れてくるかもしれないが，しかしそれらは単に μ_0 を一時通過するにすぎない．而して A が小さくなればなる程それらは大なる $|n|$ に対する $\mathfrak{M}_n$ に属するものであり，$A \to 0$ なら $|n| \to \infty$ である．

これにより Zeemann 効果に対する摂動論の適用が数学的に正しいものであることが証明された．

ただ一つ残る問題は，μ_0 の近所にあって μ_0 に収束しないような固有値（そのようなものが実際あるかどうかわからないが，ないとは言えない．恐らくあるものと思われる）をいかに始末するかということである．上述のごとく，かかるものはあるとしても，A が十分小さければ，甚だ大なる $|n|$ に対する $\mathfrak{M}_n$ に属するものである．換言すれば甚だ大なる角運動量を有する状態に対応するものである．したがって選択則により，普通の小さい角運動量の固有空間の遷移による光の放出を考える場合には考える必要がない．すなわち実際上考える必要のないものであることがわかる．

§61 水素類似原子の Stark 効果

Zeemann 効果を論じた序に Stark 効果について一言しておこう．

この問題は理論的には Zeemann 効果よりもはるかに厄介である．その理由はすでに述べた通り，Stark 効果の operator は固有値を全然もたないであろうと思われるからである．尤もそのことの証明は簡単にできそうにもないが，常識的に考えてそうなることが甚だありそうである．

したがって数学的には摂動論を適用する余地はないものと思われるが，物理的には尚考うべき問題であり，結局摂動論を適用することは正しいのであろうと信ずべき理由がある．問題の本質は "weak quantization" と呼ばれる現象に他ならず次のように考えられると思う．

Stark 効果の operator は上述のごとく連続スペクトルのみを有し，それは $-\infty$ から ∞ まで拡がっているものと考えられるから，H_0 の固有値 μ_0 に対応する H_α の固有値なるものは考えられないけれども，形式的に計算して例えば第一次の項まで

[45] この言葉の意味は少し曖昧でもっと正確にせねばならぬが我々の目的にはその必要もあるまい．

を求めた "固有関数" φ_α と "固有値" μ_α とに対し

$$\|(H_\alpha - \mu_\alpha)\varphi_\alpha\| = O(\alpha) \tag{61.1}$$

が成立したとする．かくのごとき φ_α は Schrödinger の運動方程式 $\varphi_{\alpha t} = e^{-itH_\alpha}\varphi_\alpha$ にしたがって変化する[46] が (61.1) によりそれは近似的に $\varphi_{\alpha t} = e^{-it\mu_\alpha}\varphi_\alpha$ なるごとく変化し，近似的に定常状態を表すわけである．

[46] 次章参照．

しかしながら実は (61.1) が成立するのは上のごとくして求めた φ_α だけに限らないのであって，H_α が連続スペクトルをもつならば任意の実数 λ に対して

$$\|(H_\alpha - \lambda)\psi\| = \varepsilon \tag{61.2}$$

がいくらでも小さくなるような ψ が存在するはずである．かかる ψ も同じく近似的に定常状態を表しているはずである．

ところが一般にかかる ψ は H_α のスペクトルの極めて狭い部分だけに拡がりをもつ関数であるから，波束のごとき性質をもち，(61.2) の ε が小さくなればなるほど，波の拡がりは大きくなるであろう．したがってそれは原子核に束縛された電子の状態を表すことはできないであろう．

ただ (61.1) により求めた φ_α だけはその作り方から明らかな通り H_0 の固有関数 φ_0 とほとんど違わないのであるからその拡がりも原子の内部に限られ，束縛された電子を表している．この点において φ_α は (61.2) の一般の ψ と区別されるべきものであり，weakly quantized な電子を表すものと考えられる．この意味において形式的な摂動論はやはり物理的に正しい結果を与えるであろうことが推測される．

以上は極めて大体の考えの筋を述べただけであって，これを数学的に正確な形に述べてその証明を与えることは残された問題である．特に (61.1) 以外の (61.2) が束縛される電子を表し得ないということを証明することが基本的に重要な問題となる．

第8章　運動方程式

　　今までは第一種の摂動論——固有値問題を解く近似法としての摂動論——だけを考えてきたが，今度はもう一つの摂動論たる第二種の摂動論——運動方程式を解くための近似法としての——に移る．本章ではそのための準備として Schrödinger の運動方程式を研究する．普通はこの方程式は場所と時間とを変数とする微分方程式たるいわゆる波動方程式として与えられるのであるが，我々は抽象的な Hilbert 空間で考えているからそれをそのままに取り入れることができず，運動方程式の抽象化から出発しなければならない．

§62　$\mathfrak{H}$ における微積分

1. 本§においては Schrödinger の運動方程式を論ずるための準備として，実数 parameter t をもって変化する $\mathfrak{H}$ の元素 φ_t に対する微分および積分の諸性質を要約しておく[1]．

　　ある実数の集合において定義された $\varphi_t \in \mathfrak{H}$ があるとき，任意の $f \in \mathfrak{H}$ に対して (φ_t, f) が t の可測関数なるとき φ_t は可測であると言う[2]．$\psi_1, \psi_2, \cdots$ を任意の完全直交系とすれば

$$(\varphi_t, f) = \sum_{n=1}^{\infty} (\varphi_t, \psi_n)(\psi_n, f)$$

であるから，φ_t が可測なるためには (φ_t, ψ_n) $(n = 1, 2, \cdots)$ が可測ならば十分である．また

$$(\varphi_t, \varphi'_t) = \sum_{n=1}^{\infty} (\varphi_t, \psi_n) \overline{(\varphi'_t, \psi_n)}$$

により φ_t, φ'_t が可測ならば (φ_t, φ'_t) も可測である．特に φ_t が可測ならば $\|\varphi_t\| = \sqrt{(\varphi_t, \varphi_t)}$ も可測である．

　　$\|\varphi_t\|$ が t の集合 X で積分可能なるとき[1] φ_t も X で積分可能であるという[3]．こ

---
[1] 暗黙のうちに φ_t は可測としている．

[1] 以下 Bochner and Neumann: Ann. of Math. **36**(1935), 255 参照（参考文献[11]）．

[2] Bochner and Neumann, 同上 261.

[3] Bochner and Neumann; 同上 261.

のとき任意の $f \in \mathfrak{H}$ に対し $|(\varphi_t, f)| \leqq \|\varphi_t\| \cdot \|f\|$ により (φ_t, f) も積分可能であって

$$\left| \int_X (\varphi_t, f) dt \right| \leqq \int_X |(\varphi_t, f)| dt \leqq \|f\| \cdot \int_X \|\varphi_t\| dt$$

が成立する．かつ $\int_X (\varphi_t, f) dt$ が f について conjugate linear なることは明らかであるから Stone の定理 2.27 [4][2] により

(62.1) $$\int_X (\varphi_t, f) dt = (\varphi^*, f), \qquad \|\varphi^*\| \leqq \int_X \|\varphi_t\| dt$$

なるごとき φ^* が存在する．この φ^* を記号的に

(62.2) $$\varphi^* = \int_X \varphi_t dt$$

で表す．上述により

(62.3) $$\left\| \int_X \varphi_t dt \right\| \leqq \int \|\varphi_t\| dt.$$

2. 同様にして t を parameter にもつ operator $A_t \in \mathbb{B}$ があるときこれに対する可測性および積分を考えることができる．

任意の $\varphi \in \mathfrak{H}$ に対し $\varphi_t = A_t \varphi$ が上述の意味で可測なるとき A_t は可測であるという．換言すれば任意の φ, f に対し $(\varphi_t, f) = (A_t \varphi, f)$ が可測なるとき A_t は可測であるという．完全直交系 $\psi_1, \psi_2, \cdots$ に対し

$$\begin{aligned}(A_t \varphi, f) &= \sum_n (A_t \varphi, \psi_n)(\psi_n, f) = \sum_n (\varphi, A_t^* \psi_n)(\psi_n, f) \\ &= \sum_n (\psi_n, f) \sum_m (\varphi, \psi_m)(\psi_m, A_t^* \psi_n) \\ &= \sum_n (\psi_n, f) \sum_m (\varphi, \psi_m)(A_t \psi_m, \psi_n)\end{aligned}$$

だから A_t が可測なるためには $(A_t \psi_m, \psi_n)$ $(m, n = 1, 2, \cdots)$ が可測なら十分である．

$(A_t \varphi, f) = (\varphi, A_t^* f)$ により A_t が可測なることは A_t^* が可測なることと同等である．

A_t が可測でまた φ_t が可測なら $A_t \varphi_t$ は可測である．なぜならば $(A_t \varphi_t, f) = (\varphi_t, A_t^* f)$ で $\varphi_t, A_t^* f$ はともに可測であるから．

---

[4] [S] 62.

[2] 現在 F. Riesz の定理と呼ばれる定理．

次に $\mathfrak{H}$ 内到る所稠密なるごとき元素列 $f_1, f_2, \cdots$ をとったとすれば，容易にわかる通り
$$\varlimsup_{n\to\infty} \frac{\|A_t f_n\|}{\|f_n\|} = |A_t|$$
である[5]．$A_t f_n$ は可測であるから $\|A_t f_n\|$ も可測である．したがって上の式から $|A_t|$ も可測である．

$|A_t|$ が X において積分可能なるとき[3] A_t も積分可能であるという．任意の f, g に対し $|(A_t f, g)| \leq \|A_t f\| \cdot \|g\| = |A_t| \|f\| \cdot \|g\|$ により
$$\left| \int_X (A_t f, g) dt \right| \leq \int_X |(A_t f, g)| dt \leq \|f\| \|g\| \int_X |A_t| dt$$
が成立する．かつ $\int_X (A_t f, g) dt$ が f に関し linear, g に関し conjugate linear なることは明らかであるから，Stone の定理 2.28 [6] により

(62.4) $$\int_X (A_t f, g) dt = (A f, g), \quad A \in \mathbb{B}, \quad |A| \leq \int_X |A_t| dt$$

なる A が存在する．この A を記号的に

(62.5) $$A = \int_X A_t dt$$

と書けば上述により

(62.6) $$\left| \int_X A_t dt \right| \leq \int_X |A_t| dt.$$

3. 可測な φ_t や A_t の中でも我々が最もしばしば用いるのはそれらが連続なる場合である．これらの意味は第 1 章 §1 および §3 で定義したが，ここに繰り返しておく．

今度は φ_t, A_t は t のある区間 $t_1 < t < t_2$ で定義されたものとする．かかる t に対し $t' \to t$ のとき $\varphi_{t'} \to \varphi_t$，すなわち $\|\varphi_{t'} - \varphi_t\| \to 0$ なら φ_t は t において連続であるという．これがある区間のすべての t において成立すれば φ_t はその区間で連続である[7]．φ_t が連続ならもちろん (φ_t, f) は任意の f に対して連続だから φ_t は可測である．また $\|\varphi_t\|$ も連続だから，φ_t はそれが連続なるがごとき任意の閉区間において積分可能である．

φ_t が $t_1 < t < t_2$ 内の任意の閉区間において積分可能なるとき，その中に一点 t_0 をとれば

---
[3] 暗黙のうちに A_t は可測としている．

[5] すべての $f_n \neq 0$ として差し支えない．

[6] [S] 63.

[7] 二変数以上の場合も全く同様．

$$(62.7) \qquad \int_{t_0}^{t} \varphi_t \, dt$$

は t の関数として連続である．なぜなら

$$\left\| \int_{t_0}^{t'} \varphi_t \, dt - \int_{t_0}^{t} \varphi_t \, dt \right\| = \left\| \int_{t}^{t'} \varphi_t \, dt \right\| \leqq \left| \int_{t}^{t'} \|\varphi_t\| \, dt \right|$$

だから $\|\varphi_t\|$ が積分可能なることより $t' \to t$ のとき右辺は 0 に収束する．

次に A_t の連続性は，任意の $f \in \mathfrak{H}$ に対して $A_t f$ が連続なることにより定義される[8])．

A_t, φ_t がともに連続なら $A_t \varphi_t$ も連続である．なぜなら

$$A_{t'} \varphi_{t'} - A_t \varphi_t = A_{t'}(\varphi_{t'} - \varphi_t) + (A_{t'} - A_t) \varphi_t$$

において $t' \to t$ なるとき第二項が 0 に収束することは明らかであり，また第一項が 0 に収束することは，$A_{t'}$ が一様に有界なること (§3.3) に注意すれば容易にわかる．

A_t, B_t が連続なら $A_t B_t$ も連続である．これは $A_t B_t f$ において $B_t f = \varphi_t$ とおけば上述より直ちに出る．

A_t が連続なら $|A_t|$ は下に半連続である[9])．何となれば $|A_t|$ の定義により（t を固定して考えて）任意の $\varepsilon > 0$ に対し

$$\|A_{t'} f\| \geqq (1-\varepsilon)|A_t| \|f\|$$

なる $f \neq 0$ がある．この f に対し $A_{t'} f \to A_t f \ (t' \to t)$ だから

$$\|A_{t'} f\| \to \|A_t f\| \geqq (1-\varepsilon)|A_t| \|f\|.$$

したがって $|t' - t|$ が十分小さければ

$$\|A_{t'} f\| \geqq (1-\varepsilon)|A_t| \|f\| - \varepsilon \|f\| = \{(1-\varepsilon)|A_t| - \varepsilon\} \|f\|,$$
したがって $\quad |A_{t'}| \geqq (1-\varepsilon)|A_t| - \varepsilon.$

ε を小にすれば右辺はいくらでも $|A_t|$ に近くなるから

$$(62.8) \qquad \varliminf_{t' \to t} |A_{t'}| \geqq |A_t|.$$

よって $|A_t|$ は下に半連続である．

したがって $|A_t|$ は可測である．

---

[8]) 二変数以上の場合もやっておく方がよい．二変数 s, t の関数たる $A_{s,t} \in \mathbb{B}$ があるとき，任意の $f \in \mathfrak{H}$ に対し $A_{s,t} f$ が s, t の関数として連続（$\mathfrak{H}$ のノルムの意味で）なるとき $A_{s,t}$ は s, t の関数として連続なりという．

[9]) $|A_t|$ は連続と限らない．例えば単位分解 $E(\lambda)$ が到る所連続で下に有界であるとする．その下限を c とすれば $E(c) = 0, |E(c)| = 0$ であるが $\lambda > c$ なら $E(\lambda) \neq 0, |E(\lambda)| = 1$ となるから．

4. 次には φ_t の微分を考える．φ_t が $t_1 < t < t_2$ で定義されているとき，その中の一点 t において

(62.9)
$$\lim_{t' \to t} \frac{\varphi_{t'} - \varphi_t}{t' - t}$$

が存在するとき φ_t は t において微分可能であるという．而して上の極限値を $d\varphi_t/dt$ で表す．$t_1 < t < t_2$ のすべての点で φ_t が微分可能なら φ_t はこの区間で微分可能であるという．

φ_t が微分可能なるためにはそれが連続なることが必要なることはいうまでもない．

φ_t, ψ_t がともに微分可能であれば (φ_t, ψ_t) も微分可能で

(62.10)
$$\frac{d}{dt}(\varphi_t, \psi_t) = \left(\frac{d\varphi_t}{dt}, \psi_t\right) + \left(\varphi_t, \frac{d\psi_t}{dt}\right)$$

なることも容易に示される．

φ_t が微分可能で $A \in \mathbb{B}$ なら $A\varphi_t$ も微分可能で

(62.11)
$$\frac{d}{dt} A\varphi_t = A \frac{d\varphi_t}{dt}$$

である．これも $A \in \mathbb{B}$ なる性質から容易に示すことができる．

φ_t が t において微分可能かつ A_t は連続で，かつ t を固定したとき $A_{t'}\varphi_t$ が $t' = t$ で微分可能なら $A_t\varphi_t$ も t において微分可能で

(62.12)
$$\frac{d}{dt} A_t \varphi_t = A_t \frac{d\varphi_t}{dt} + \left(\frac{d}{dt'}(A_{t'}\varphi_t)\right)_{t'=t}.$$

なぜなら

$$\frac{A_{t'}\varphi_{t'} - A_t\varphi_t}{t' - t} = A_{t'} \frac{\varphi_{t'} - \varphi_t}{t' - t} + \frac{A_{t'} - A_t}{t' - t} \varphi_t$$

において $t' \to t$ のとき $A_{t'} \to A_t$, $(\varphi_{t'} - \varphi_t)/(t' - t) \to d\varphi_t/dt$ なることを考えれば第一項は $A_t d\varphi_t/dt$ に収束する．第二項は仮定により $\left(\frac{d}{dt'}(A_{t'}\varphi_t)\right)_{t'=t}$ に収束する．

5. 我々は上のごとき微分 (62.9) の他に弱微分とも言うべき $\frac{d}{dt}(\varphi_t, f)$ なる形の微分をもしばしば取り扱う．しかもそれがすべての f に対しては存在しない場合を考える．混乱を避けるためこのような微分に対し特別の記号を用いずその度ごとに $d(\varphi_t, f)/dt$ なる記号を使う．

φ_t は連続で，$f \in \mathfrak{D}$ なら（$\mathfrak{D}$ は適当な $\mathfrak{H}$ の部分集合）

(62.13)
$$\frac{d}{dt}(\varphi_t, f)$$

が存在するものとする．このとき ψ_t が微分可能でかつ $\psi_t \in \mathfrak{D}$ なら

(62.14) $$\frac{d}{dt}(\varphi_t, \psi_t) = \left(\varphi_t, \frac{d\psi_t}{dt}\right) + \left(\frac{d}{dt'}(\varphi_{t'}, \psi_t)\right)_{t'=t}$$

が成立する．これを示すには

$$\frac{(\varphi_{t'}, \psi_{t'}) - (\varphi_t, \psi_t)}{t' - t} = \left(\varphi_{t'}, \frac{\psi_{t'} - \psi_t}{t' - t}\right) + \left(\frac{\varphi_{t'} - \varphi_t}{t' - t}, \psi_t\right)$$

において $t' \to t$ とすれば仮定から直ちに結果を得る．

6. 次に微分と積分の関係を考える．φ_t が $t_1 < t < t_2$ で連続でこの区間に属する t_0, t に対し

(62.15) $$\psi_t = \int_{t_0}^{t} \varphi_t dt$$

とおけば ψ_t は $t_1 < t < t_2$ で微分可能で

(62.16) $$\frac{d\psi_t}{dt} = \varphi_t.$$

証明

$$\psi_{t'} - \psi_t = \int_t^{t'} \varphi_t dt$$

は明らかであるから

$$\frac{\psi_{t'} - \psi_t}{t' - t} - \varphi_t = \frac{1}{t' - t}\int_t^{t'} \varphi_t dt - \varphi_t = \frac{1}{t' - t}\int_t^{t'} (\varphi_s - \varphi_t)ds.$$

よって

$$\left\|\frac{\psi_{t'} - \psi_t}{t' - t} - \varphi_t\right\| \leqq \frac{1}{|t' - t|}\left|\int_t^{t'} \|\varphi_s - \varphi_t\|ds\right|.$$

φ_t は連続だから $|t' - t| \to 0$ のとき右辺は 0 に収束する．すなわち (62.16) が出る． □

逆に ψ_t が $t_1 < t < t_2$ において微分可能で $\dfrac{d\psi_t}{dt} = \varphi_t$ が同じ区間で連続なら

(62.17) $$\psi_t - \psi_{t_0} = \int_{t_0}^{t} \varphi_t dt$$

が成立する．ただし $t_1 < t_0 < t_2$．

証明 φ_t は連続だからそれは $t_1 < t < t_2$ 内の任意の閉区間で積分可能であり，したがって上の (62.16) により

$$\frac{d}{dt}\int_{t_0}^{t}\varphi_t dt = \varphi_t.$$

したがって

$$\psi_t - \int_{t_0}^{t}\varphi_t dt = \chi_t$$

とおけば

(62.18) $$\frac{d\chi_t}{dt} = 0 \qquad (t_1 < t < t_2)$$

である．これより $\chi_t = \text{const.}$ なることを示せば $\chi_t = \chi_{t_0} = \psi_{t_0}$ となるから (62.17) を得る．したがって次の定理を証明すればよい： □

(62.18) が成立すれば $\chi_t = \text{const.}$ $(t_1 < t < t_2)$ である．

証明 任意の f に対し ((62.10) を用いて)

$$\frac{d}{dt}(\chi_t, f) = \left(\frac{d\chi_t}{dt}, f\right) = 0$$

だから $(\chi_t, f) = \text{const.}$ であり，任意の $t_1 < t' < t'' < t_2$ に対し

$$(\chi_{t''} - \chi_{t'}, f) = 0.$$

特に f として $\chi_{t''} - \chi_{t'}$ をとれば，

$$\|\chi_{t''} - \chi_{t'}\|^2 = 0, \qquad \chi_{t'} = \chi_{t''}$$

したがって $\chi_t = \text{const.}$ である． □

7. 次には φ_t なる形の項を持つ無限級数

(62.19) $$\psi_t = \sum_{n=0}^{\infty}\varphi_t^{(n)}$$

を考える．その意味は部分和 $\psi_t^{(N)} = \sum_{n=0}^{N}\varphi_t^{(n)}$ が $N \to \infty$ のとき ψ_t に収束することである．

このとき，N を十分大にすれば，任意の $\varepsilon > 0$ に対し t に無関係に $\|\psi_t^{(N)} - \psi_t\| \leqq \varepsilon$ ならしめることができるなら，(62.19) は一様収束するという（この一様収束は §3.4 とはもちろん別である）．

$\varphi_t^{(n)}$ がすべて連続でかつ (62.19) が一様収束すれば ψ_t も連続である. その証明は普通の関数の場合と変わりない.

区間 $t_1 < t < t_2$ において $\varphi_t^{(n)}$ は微分可能でかつ $d\varphi_t^{(n)}/dt$ は連続であり

$$\sum_{n=0}^{\infty} \frac{d\varphi_t^{(n)}}{dt}$$

は $t_1 < t < t_2$ で一様収束してかつ $\sum_{n=0}^{\infty} \varphi_t^{(n)}$ も一点 $t = t_0$ で収束すれば, 実は $\sum_{n=0}^{\infty} \varphi_t^{(n)}$ は $t_1 < t < t_2$ で一様収束して微分可能となり

$$(62.20) \qquad \frac{d}{dt}\sum_{n=0}^{\infty} \varphi_t^{(n)} = \sum_{n=0}^{\infty} \frac{d\varphi_t^{(n)}}{dt}.$$

これも 6. の結果を用いて普通の関数の場合と同様に証明できる.

§63　Schrödinger の運動方程式

1. 以上の準備の下に量子力学における Schrödinger の運動方程式を考える. これは形式的に

$$(63.1) \qquad -\frac{1}{i}\frac{d\varphi_t}{dt} = H\varphi_t$$

で表される[10]. ここに φ_t は時刻 t における力学系の状態を表す $\mathfrak{H}$ の元素であり, H は Hamiltonian operator である.

しかし数学的には (63.1) の意味は始めから明らかではない. 普通の量子力学の取り扱いにおいては Hilbert 空間 $\mathfrak{H}$ としては関数空間 $\mathcal{L}^2(\mathfrak{r}_1, \cdots, \mathfrak{r}_s)$ が採用され, そこで (63.1) の左辺の微分は場所の変数 $\mathfrak{r}_1, \cdots, \mathfrak{r}_s$ を一定にしたときの $\partial/\partial t$ の意味に解せられている. その当否はともかくとして, 我々は抽象 Hilbert 空間 $\mathfrak{H}$ で考えているのであるから微分 d/dt をそのように解することはできない. また Hamiltonian operator H は Neumann により hypermax. なることを要求されているが, H は有界とは限らないから (63.1) の右辺は常に意味を有するかどうかも始めから明らかではない.

他方 (63.1) は形式的な解

$$(63.2) \qquad \varphi_t = e^{-itH}\varphi_0$$

をもつ (H は t を含まないと仮定する). H は hypermax. だから e^{-itH} は unitär

---

[10] 単位を適当に選び $\dfrac{h}{2\pi} = 1$ とする. ここに h は Planck の常数.

であって，(63.2) は任意の φ_0 に対して意味をもつ．

(63.2) は理論的に簡単かつ明瞭であり，かつその形は通常の形式的な理論においてもしばしば利用されるものであるから，我々は (63.2) をもって系の運動を表すものと見るのが便利である．よって 以下我々は (63.2) をもって基本方程式と見なす ことに約束する．

ついでながら (63.2) は極めて一般的な考察から導かれることを注意しておく．力学系が時刻 s において φ なる状態にあったとき，それが時刻 $s+t$ に $U_t\varphi$ なる状態に移るものとする．而して U_t は unitär operator でありそれが t のみに depend して s に depend しないことを仮定すれば，(U_t が t について可測なる仮定の下に) $U_t = e^{-itH}$ なる hypermax. operator H の存在が証明される[11]のである．したがって (63.2) なる形は十分一般的な条件だけから必然的に決定されるものと考えてよい．

[11] Neumann: Ann. of Math. **33**(1932) 567 (参考文献[22]).

2. 上述により我々は (63.2) を基本方程式とし，系の進展はこれにより記述されるものとする．(63.2) は理論的には甚だ簡単であるけれども，実用上には甚だ面倒な式なのであって，我々は問題を実際に解く手段として (63.1) の形の方程式を利用する必要がある．そのためには (63.1) がいかなる意味において (63.2) の代わりになり得るかを調べなければならない．以下これを順次に調べてゆく．

定理 63.1 $\varphi \in \operatorname{dom} H$ なら $e^{-itH}\varphi$ も $\operatorname{dom} H$ に属する（ただし t は任意である）．而して $He^{-itH}\varphi = e^{-itH}H\varphi$．

証明 §5.6 から明らかである． □

この定理によれば e^{-itH} は $\operatorname{dom} H$ を $\operatorname{dom} H$ の内部に移す．e^{-itH} の逆 operator e^{itH} についても同様であるから，e^{-itH} は $\operatorname{dom} H$ 全体を $\operatorname{dom} H$ 全体に $1:1$ に写像することがわかる．

定理 63.2 e^{-itH} は t の関数として連続である．

注意 $e^{-itH} \in \mathbb{B}$ に注意．連続の意味は §62.3 参照．

証明 $e^{-itH} = e^{-i(t-t_0)H}e^{-it_0H}$ に注意すれば $t_0 = 0$ において考えれば十分である．任意の $f \in \mathfrak{H}$ に対し

$$\|e^{-itH}f - f\|^2 = \|(e^{-itH}-1)f\|^2 = \int_{-\infty}^{\infty}|e^{-it\lambda}-1|^2 d(E(\lambda)f,f)$$
$$= \int_{-\infty}^{\infty} 4\sin^2\frac{t\lambda}{2} d(E(\lambda)f,f).$$

しかるにこの integrand は 4 より大ならず $\int d(E(\lambda)f, f) = (f, f)$ は存在するから Lebesgue の定理により $t \to 0$ を積分記号の後に移すことができ

$$\left\| e^{-itH}f - f \right\|^2 \to 0 \qquad (t \to 0).$$

すなわち $e^{-itH}f \to f$, $e^{-itH} \to 1$ $(t \to 0)$ を得るから e^{-itH} は $t = 0$ で連続である. □

定理 63.3 $\varphi \in \text{dom}\, H$ なら §62.4 の意味において $\dfrac{d}{dt}e^{-itH}\varphi$ はすべての t の値に対し存在して

$$-\frac{1}{i}\frac{d}{dt}e^{-itH}\varphi = He^{-itH}\varphi = e^{-itH}H\varphi.$$

証明

$$e^{-itH}\varphi = e^{-i(t-t_0)H}e^{-it_0H}\varphi$$

および定理 63.1 により $e^{-it_0H}\varphi \in \text{dom}\, H$ なることを考えれば, $t = 0$ において考えれば十分である.

$$(63.3) \quad \left\| \frac{e^{-itH}\varphi - \varphi}{-it} - H\varphi \right\|^2 = \left\| \left(\frac{e^{-itH} - 1}{-it} - H \right)\varphi \right\|^2$$
$$= \int_{-\infty}^{\infty} \left| \frac{e^{-it\lambda} - 1}{-it} - \lambda \right|^2 d(E(\lambda)\varphi, \varphi).$$

しかるに

$$\left| \frac{e^{-it\lambda} - 1}{-it} - \lambda \right| \leqq \frac{|e^{-it\lambda} - 1|}{|t|} + |\lambda|$$
$$= \left(\frac{2\left|\sin\frac{t\lambda}{2}\right|}{|t\lambda|} + 1 \right)|\lambda| \leqq 2|\lambda|$$

であり

$$\int \lambda^2 d(E(\lambda)\varphi, \varphi) < \infty$$

であるから (63.3) において $t \to 0$ とするにはそれを積分記号の中で行ってよい. しかるにそのとき integrand は $\to 0$ であるから左辺も 0 に収束し

$$\frac{e^{-itH}\varphi - \varphi}{-it} \to H\varphi, \qquad -\frac{1}{i}\left(\frac{d}{dt}e^{-itH}\varphi\right)_{t=0} = H\varphi.$$

これは $t = 0$ のときの求むる結果に他ならない. □

この定理によれば, 初期値 φ_0 が $\varphi_0 \in \text{dom}\, H$ を満足すれば基本式 (63.2) の φ_t は任意の t に対し (63.1) を満足することがわかる.

定理 63.3 は次の意味において逆も成り立つ:

定理 63.4　$e^{-itH}\varphi$ が少なくとも一点 t_0 において微分可能ならば $\varphi \in \mathrm{dom}\, H$ である（したがって実は到る所微分可能で定理 63.3 が成り立つ）．したがって φ が $\mathrm{dom}\, H$ に属さなければ $e^{-itH}\varphi$ は到る所微分不可能である．

証明　前と同じ理由により $t_0 = 0$ としてよい．

$$\left\|\frac{e^{-itH}\varphi - \varphi}{-it}\right\|^2 = \int \left|\frac{e^{-it\lambda} - 1}{-it}\right|^2 d(E(\lambda)\varphi, \varphi)$$
$$= \int_{-\infty}^{\infty} \frac{\sin^2 \frac{t\lambda}{2}}{\left(\frac{t\lambda}{2}\right)^2} \lambda^2 d(E(\lambda)\varphi, \varphi)$$

は仮定により $t \to 0$ のとき収束する．したがって $t \to 0$ のとき有界であるから

$$\int_{-\infty}^{\infty} \frac{\sin^2 \frac{t\lambda}{2}}{\left(\frac{t\lambda}{2}\right)^2} \lambda^2 d(E(\lambda)\varphi, \varphi) \leqq C$$

なる C がある．したがって任意の正数 a に対し

$$\int_{-a}^{a} \frac{\sin^2 \frac{t\lambda}{2}}{\left(\frac{t\lambda}{2}\right)^2} \lambda^2 d(E(\lambda)\varphi, \varphi) \leqq C.$$

$t \to 0$ とすれば左辺の integrand は一様に λ^2 に収束するから

$$\int_{-a}^{a} \lambda^2 d(E(\lambda)\varphi, \varphi) \leqq C.$$

a は任意であるから

$$\int_{-\infty}^{\infty} \lambda^2 d(E(\lambda)\varphi, \varphi) \leqq C.$$

これは $\varphi \in \mathrm{dom}\, H$ なることを示す． □

この証明から明らかなる通り，定理 63.4 の仮定はもっと緩やかにして次のようにすることができる：

定理 63.4′　一点 t_0 と $t_n \to t_0$ なる数列 t_n ($n = 1, 2, \cdots$) があって $n \to \infty$ なるとき

$$\left\|\frac{e^{-it_n H}\varphi - e^{-it_0 H}\varphi}{t_n - t_0}\right\|$$

が有界ならば $\varphi \in \mathrm{dom}\, H$ である（したがって実は $e^{-itH}\varphi$ は到る所微分可能である）．

定理 63.4 によれば φ_0 が $\mathrm{dom}\, H$ に属さなければ，(63.2) の φ_t は到る所微分不可能であるから (63.1) はもちろん考えられない．

3. $\varphi_0 \in \operatorname{dom} H$ なら (63.2) の φ_t は (63.1) を満足せねばならぬことがわかったが，逆に (63.1) から (63.2) が導けるであろうか？ これに対し次の定理がある．

定理 63.5 区間 $t_1 < t < t_2$ において到る所 (63.1) の両辺が存在して (63.1) が成立するごとき φ_t があれば

$$\varphi_t = e^{-i(t-t_0)H}\varphi_{t_0} \qquad (t_1 < t_0 < t_2) \tag{63.4}$$

が成立する．すなわち t_0 から出発するとき (63.2) と同じ式が成立する．

証明 とにかく仮定により $\varphi_{t_0} \in \operatorname{dom} H$ だから，定理 63.3 により，(63.4) で定義された φ_t は (63.1) を満足することは明らかである．したがって (63.1) の解の中，$t = t_0$ において与えられた φ_{t_0} と一致するものはただ一つしかないことを示せば問題は解決する．それには (63.1) が linear であるから，(63.1) を満足して $t = t_0$ において 0 になる解は恒等的に 0 でなければならぬことを示せばよい．しかるに (63.1) により

$$-\frac{1}{i}\frac{d}{dt}\|\varphi_t\|^2 = -\frac{1}{i}\frac{d}{dt}(\varphi_t, \varphi_t) = (H\varphi_t, \varphi_t) - (\varphi_t, H\varphi_t) = 0$$

となるから

$$\|\varphi_t\|^2 = \text{const.}$$

である．したがって $\varphi_{t_0} = 0$ なら $\|\varphi_t\|^2 = 0, \varphi_t = 0$ を得る． $\square$

この定理によれば $\varphi_0 \in \operatorname{dom} H$ なる限り (63.1) は (63.2) と同等であることがわかる．実用上は (63.2) よりも (63.1) の方が取り扱いやすいから (63.2) を使う方が便利であって，我々は (63.1) を到る所満足するような φ_t を見出すことができればよい [4]．

しかしながらこれでも未だ応用上は十分ではない．(63.1) の微分は §62.4 に述べたごときもので言わば"強微分"であり，具体的な関数空間もしくは数列の空間としての Hilbert 空間においてはあまり取り扱いよいものではない．したがって (63.1) と同等であってしかももっと検証しやすいような方程式を見出すことが実用上大切である．次にかかるものを探してみよう．

4.

定理 63.6 基本式 (63.2) の φ_t は，任意の $f \in \operatorname{dom} H$ に対し到る所

$$-\frac{1}{i}\frac{d}{dt}(\varphi_t, f) = (\varphi_t, Hf) \tag{63.5}$$

---
[4] 微妙な文章なので原文のままとする．

を満足する（初期値 φ_0 は任意！）．

証明 $\varphi_t = e^{-itH}\varphi_0$ により
$$(\varphi_t, f) = (e^{-itH}\varphi_0, f) = (\varphi_0, e^{itH}f).$$

$f \in \mathrm{dom}\, H$ ならば定理 63.3 を用いて
$$\frac{1}{i}\frac{d}{dt}e^{itH}f = e^{itH}Hf$$

であるから
$$-\frac{1}{i}\frac{d}{dt}(\varphi_t, f) = \left(\varphi_0, \frac{1}{i}\frac{d}{dt}e^{itH}f\right) = (\varphi_0, e^{itH}Hf)$$
$$= (e^{-itH}\varphi_0, Hf) = (\varphi_t, Hf)$$

となる． □

定理 63.7 H が点スペクトルのみを有するとき，任意の $f \in \mathrm{dom}\, H$ に対しある区間において (63.5) が成立するならば φ_t は基本式 (63.2) と一致せねばならぬ．

証明 H の固有値および相当する固有元素より成る規格完全直交系を
$$\lambda_1, \lambda_2, \cdots; \quad \psi_1, \psi_2 \cdots,$$
$$H\psi_n = \lambda_n \psi_n$$

とする．
$$\varphi_t = \sum_{n=1}^{\infty} a_n(t)\psi_n, \qquad a_n(t) = (\varphi_t, \psi_n)$$

とすれば
$$(\varphi_t, H\psi_n) = (\varphi_t, \lambda_n\psi_n) = \lambda_n(\varphi_t, \psi_n) = \lambda_n a_n(t).$$

したがって (63.5) は $f = \psi_n$ とおけば
$$-\frac{1}{i}\frac{d}{dt}a_n(t) = \lambda_n a_n(t).$$

したがって
$$a_n(t) = e^{-i\lambda_n(t-t_0)}a_n(t_0) \qquad (t_0 \text{ は考える区間の数})$$

となり

$$\varphi_t = \sum_{n=1}^{\infty} e^{-i\lambda_n(t-t_0)} a_n(t_0)\psi_n$$
$$= \sum_{n=1}^{\infty} e^{-i(t-t_0)H} a_n(t_0)\psi_n$$
$$= e^{-(t-t_0)H} \sum_{n=1}^{\infty} a_n(t_0)\psi_n = e^{-i(t-t_0)H}\varphi_{t_0}.$$

すなわち φ_t は (63.2) と一致する. □

H が点スペクトルを有すると限らぬ一般の場合にはこれと同じ定理を証明することができなかったが，僅かの条件を付け加えれば同様な定理が成立する:

定理 63.8 [12)][5)] 任意の $f \in \operatorname{dom} H$ に対し，ある区間内で (63.5) が成立しかつそこで $\|\varphi_t\|^2$ が積分可能なるごとき φ_t があれば，φ_t はその区間で基本式 (63.2) と一致する.

証明 Weyl の定理 (§5.4) によれば
$$H = H_1 + X$$

で X は "finite norm" であり，H_1 は hypermax. で点スペクトルのみを有するようにすることができる．もちろん $\operatorname{dom} H_1 = \operatorname{dom} H$ であり（定理 14.1），X の "finite norm" な operator としてのノルム $\|X\|$ は任意に小さくとることができる．

(63.2) で与えられる φ_t を仮に $\overline{\varphi}_t$ と書くことにすれば
$$\overline{\varphi}_t = e^{-i(t-t_0)H}\varphi_{t_0}.$$

ただし t_0 は考える区間内の一点とする．我々は $\varphi_t = \overline{\varphi}_t$ を示すのが目的であるが，定理 63.6 によれば任意の $f \in \operatorname{dom} H$ に対し
$$-\frac{1}{i}\frac{d}{dt}(\overline{\varphi}_t, f) = (\overline{\varphi}_t, Hf)$$

が成立する．我々の φ_t も同じ式を満足するから $\varphi'_t = \varphi_t - \overline{\varphi}_t$ とすれば
$$-\frac{1}{i}\frac{d}{dt}(\varphi'_t, f) = (\varphi'_t, Hf)$$

となりやはり同じ式を満たす．而して $\varphi'_{t_0} = 0$ である．我々は恒等的に $\varphi'_t = 0$ なることを示せばよい．

[12)] この仮定をゆるめて $\|\varphi_t\|^2$ の代わりに $\|\varphi_t\|$ の integrability のみを仮定し，しかも証明をずっと簡単にすることができた．補遺 7.

[5)] 補遺 7 に [1948.9.16] という日付があり，傍注 [12)] は後日に書かれたものと思われる．注にもかかわらず，原文の定理 63.8 もそのまま残す．

したがって始めから $\varphi_{t_0} = 0$ として恒等的に $\varphi_t = 0$ なることを示せばよい．そのためには $\|\varphi_t\|$ が const. であることを示せばよい．

したがって要するに我々は (63.5) が成立するとき $\|\varphi_t\| = $ const. なることを示せば十分である．

そのため上のごとき H_1 をとり，その固有値および固有関数よりなる完全直交系を

$$\lambda_1, \lambda_2, \cdots; \quad \psi_1, \psi_2 \cdots,$$

$$H_1 \psi_n = \lambda_n \psi_n$$

とする．$\psi_n \in \mathrm{dom}\, H_1 = \mathrm{dom}\, H$ であるから仮定により

$$-\frac{1}{i}\frac{d}{dt}(\varphi_t, \psi_n) = (\varphi_t, H\psi_n) = (\varphi_t, H_1\psi_n) + (\varphi_t, X\psi_n)$$
$$= \lambda_n(\varphi_t, \psi_n) + (\varphi_t, X\psi_n).$$

$(\varphi_t, \psi_n) = a_n(t)$ とおきさらに

$$(X\psi_m, \psi_n) = x_{nm}$$

とおけば

$$(\varphi_t, X\psi_n) = \sum_{m=1}^{\infty} (\varphi_t, \psi_m)(\psi_m, X\psi_n) = \sum_{m=1}^{\infty} x_{nm} a_m(t)$$

なることに注意して

$$-\frac{1}{i}\frac{d}{dt}a_n(t) = \lambda_n a_n(t) + \sum_{m=1}^{\infty} x_{nm} a_m(t).$$

今

$$b_n(t) = e^{i\lambda_n t} a_n(t)$$

とおけば

(63.6) $$-\frac{1}{i}\frac{d}{dt}b_n(t) = e^{i\lambda_n t}\left(-\frac{1}{i}\frac{d}{dt}a_n(t) - \lambda_n a_n(t)\right)$$
$$= e^{i\lambda_n t}\sum_{m=1}^{\infty} x_{nm} a_m(t) = \sum_{m=1}^{\infty} e^{i(\lambda_n - \lambda_m)t} x_{nm} b_m(t).$$

したがって

340　第 8 章　運動方程式

$$\left|\frac{d\,b_n(t)}{dt}\right| \leqq \sum_{m=1}^{\infty} |x_{nm}|\,|b_m(t)| \leqq \left\{\sum_{m=1}^{\infty} |x_{nm}|^2 \sum_{m=1}^{\infty} |b_m(t)|^2\right\}^{\frac{1}{2}}.$$

$\|\varphi_t\|^2 = \sum_{n=1}^{\infty} |a_n(t)|^2 = \sum_{m=1}^{\infty} |b_m(t)|^2$ を用いれば

$$\left|\frac{d\,b_n(t)}{dt}\right| \leqq \|\varphi_t\| \left\{\sum_{m=1}^{\infty} |x_{nm}|^2\right\}^{\frac{1}{2}}.$$

したがって

(63.7)
$$\begin{aligned}
\sum_{n=1}^{\infty} |b_n(t)| \cdot \left|\frac{db_n(t)}{dt}\right| &\leqq \|\varphi_t\| \sum_{n=1}^{\infty} |b_n(t)| \left\{\sum_{m=1}^{\infty} |x_{nm}|^2\right\}^{\frac{1}{2}} \\
&\leqq \|\varphi_t\| \left\{\sum_{n=1}^{\infty} |b_n(t)|^2 \sum_{n,m}^{1,\infty} |x_{nm}|^2\right\}^{\frac{1}{2}} \\
&= \|\varphi_t\|^2 \|X\|.
\end{aligned}$$

ただし

$$\|X\| = \left\{\sum_{n,m}^{1,\infty} |x_{nm}|^2\right\}^{\frac{1}{2}}$$

は有限である.

ところが

$$\sum_{n=1}^{N} \frac{d}{dt}|b_n(t)|^2 = \sum_{n=1}^{N} \frac{d}{dt}\left(b_n(t)\overline{b_n(t)}\right)$$
$$= \sum_{n=1}^{N} \left\{\frac{db_n(t)}{dt}\overline{b_n(t)} + b_n(t)\frac{d\overline{b_n(t)}}{dt}\right\}$$

を積分すれば

$$\sum_{n=1}^{N} |b_n(t)|^2 - \sum_{n=1}^{N} |b_n(t_0)|^2 = \int_{t_0}^{t} \sum_{n=1}^{N} \left\{\frac{db_n(t)}{dt}\overline{b_n(t)} + b_n(t)\frac{d\overline{b_n(t)}}{dt}\right\} dt$$

において (63.7) によれば

$$\left|\sum_{n=1}^{N}\left\{\frac{db_n(t)}{dt}\overline{b_n(t)} + b_n(t)\frac{d\overline{b_n(t)}}{dt}\right\}\right| \leqq 2\|\varphi_t\|^2 \|X\|$$

であるから, $\|\varphi_t\|^2$ が integrable という仮定により $N \to \infty$ を積分記号の内部に移

してよく

(63.8) $$\sum_{n=1}^{\infty} |b_n(t)|^2 - \sum_{n=1}^{\infty} |b_n(t_0)|^2 = \int_{t_0}^{t} \sum_{n=1}^{\infty} \left\{ \frac{db_n(t)}{dt} \overline{b_n(t)} + b_n(t) \frac{d\overline{b_n(t)}}{dt} \right\} dt.$$

この integrand が収束することも (63.7) の結果である．

他方 (63.6) によれば

(63.9) $$\sum_{n=1}^{\infty} \frac{db_n(t)}{dt} \overline{b_n(t)} = -i \sum_{n=1}^{\infty} \sum_{m=1}^{\infty} e^{i(\lambda_n - \lambda_m)t} x_{nm} b_m(t) \overline{b_n(t)}.$$

その共役量をとれば

$$\sum_{n=1}^{\infty} b_n(t) \frac{d\overline{b_n(t)}}{dt} = i \sum_{n=1}^{\infty} \sum_{m=1}^{\infty} e^{-i(\lambda_n - \lambda_m)t} \overline{x_{nm}} \, \overline{b_m(t)} b_n(t).$$

$\overline{x_{nm}} = x_{mn}$ に注意して添数 m, n を交換すれば

(63.10) $$\sum_{n=1}^{\infty} b_n(t) \frac{d\overline{b_n(t)}}{dt} = i \sum_{m=1}^{\infty} \sum_{n=1}^{\infty} e^{i(\lambda_n - \lambda_m)t} x_{nm} b_m(t) \overline{b_n(t)}.$$

(63.9), (63.10) は和の順序を変えることができれば符号反対で絶対値が相等しい．而して

$$\sum_{m,n}^{1,\infty} |x_{nm}| |b_m(t)| |b_n(t)| \leqq \left\{ \sum_m |b_m(t)|^2 \sum_n |b_n(t)|^2 \sum_{m,n} |x_{mn}|^2 \right\}^{\frac{1}{2}}$$

$$\leqq \|\varphi_t\|^2 \cdot \|X\| < \infty$$

によりこれは許されるから (63.8) の右辺の integrand は 0 である．左辺は $\|\varphi_t\|^2 - \|\varphi_{t_0}\|^2$ に他ならないから

$$\|\varphi_t\|^2 = \|\varphi_{t_0}\|^2.$$

これで目的を達した． □

定理 63.6 および定理 63.8 によれば $\|\varphi_t\|^2$ が integrable なる条件の下に我々の基本式 (63.2) は，(63.5) がすべての $f \in \mathrm{dom}\, H$ に対し成立することと同等である．(63.5) は (63.1) と異なり "弱微分" の形をもっているから取り扱いがやや便利であって，例えば十分厳密ならざる方法で解 φ_t を求めたときそれが真の解であるかどうかを験証するに当たっては大いに役に立つ式である[13]．いわゆる Schrödinger の微分方程式としての運動方程式は (63.2) と同等であるかどうか分からないのだから，こ

[13] 例えば §73.1 でこれを利用してある．

のような検証は実は必要なのであってそのときに (63.2) あるいは (63.1) を使うよりも (63.5) を使う方が便利なることが多い．この式で f をすべての $f \in \text{dom}\, H$ とせねばならぬのは少し厄介であって，もう少し緩和することが望ましい．また $\|\varphi_t\|^2$ が integrable なる条件を除くことができるかどうか未だ不明である．

5. 微分方程式としての Schrödinger 運動方程式がいかなる意味において，またいかなる程度に我々の基本式 (63.2) と同等であるかということは残された重要な問題である．これは微分方程式論において研究されねばならぬであろう．

第9章 第二種の摂動論

前章の準備の下に第二種の摂動論を論ずる．これは第一種の摂動論に似た所もないではないが[1]，本質的に別種の問題であって，大体において第一種の摂動論に比べて困難である．摂動 V が有界ならほとんど完全に論ずることができるが，もう少し仮定を緩くして V を minor perturbation とするともはや一般に巾級数展開が成立しなくなるのであって，第一種の場合 V が minor perturbation ならば完全な巾級数展開が可能であったことと比べると今度の問題が困難であることがわかる．しかし V が minor ならばかなりに論ずることができるが，もっと仮定を緩くすると一般的な議論はほとんど不可能になる．ただし regular perturbation の場合には，ある特別な場合に限り有用な結果が得られる．このような困難の原因の一つは，今度は parameter α の他に時間 t なる新しい変数を考えねばならぬためであろう．

第二種の摂動論はいわゆる遷移確率を求める場合に応用できるので物理的に甚だ重要である．我々もこの点に関して若干論ずることにするが，問題が数学的に[2]困難であるため十分な議論が未だできない．尚いわゆる"発散の困難"も重要なる問題の一つであるが，これについては少しの暗示を得られているにすぎない．要するに第二種の摂動の理論は第一種のそれよりも尚不完全な結果しか得られなかったが，この問題に対する一般の取り扱いが甚だ乱暴かつ危険であることを考えると，我々の理論も何らかの反省の材料を提供することができるかもしれないと思う．

（この他に Wilson の論じた場合がある．これは minor perturbation とも限らないが，しかしその特殊の仮定の故に minor perturbation よりも，否有界な perturbation 一般よりも取り扱いやすいものである．少なくとも形式的には．）

§64　Regular Perturbation の一般的性質

1. 我々の問題は，例のごとく hypermax. なることを仮定された無摂動 operator H_0 と，これに対する摂動 V とから parameter α を用いて作られた（形式的に）

---

[1] 例えば従来の摂動論の公式の第二次の項において甚だ類似した公式が現れることはよく知られている．
しかし我々はその理由を見出すことができなかったのみならず，公式は本質的に異なる形をもっている．
上のごとき類似した公式が得られるのは，第二次の摂動論において省略が行われるためであるが，その省略が正しいか否か問題である．

[2] 物理的にも困難な問題である．

$$H_\alpha = H_0 + \alpha V$$

に対して，相当する運動方程式の解

(64.1) $$\varphi_{\alpha t} = e^{-itH_\alpha}\varphi_0$$

を（できれば）α の巾級数として表そうとするものである[3]．

第一種の摂動の場合と同様，H_α なるものを定義することが最初の問題であるがこれは第7章において十分に論じた．我々はその中で V が H_0 に対し regular perturbation (§48.5) なる場合に限ることにする．すなわち V は §48 の二つの条件 I, II を満足する許し得る摂動である他に，さらに $\overline{\mathfrak{D}}_0 = \operatorname{dom} H_0 \cap \operatorname{dom} V$ が H_0 の quasi-domain であるものとする[4]．

したがって $H_0 + \alpha V$（$\overline{\mathfrak{D}}_0$ において定義された）は α を含む $\alpha = 0$ を含む $\alpha = 0$ のある半近傍において essentially hypermax. であって，その一義的な hypermax. な拡張として H_α が決定する．その性質として既知なるものは次のごとくである：

V は H_0 に対してのみならず，考えている α の範囲において H_α に対しても regular perturbation である ((48.4))．

$\overline{\mathfrak{D}}_\alpha = \operatorname{dom} H_\alpha \cap \operatorname{dom} V$ とすれば $\overline{\mathfrak{D}}_\alpha$ は実は α に無関係である．我々はこれを $\overline{\mathfrak{D}}$ と書く ((48.2), (48.7))．

H_α に対する単位分解を $E_\alpha(\lambda)$ とすれば

(64.2) $$E_\alpha(\lambda) \to E_0(\lambda) \qquad (\alpha \to 0)$$

が H_0 の固有値を除き成立する．もっと一般に $E_\alpha(\lambda)$ は λ を固定して α の関数とみれば，λ が H_α の固有値と一致せぬ限り連続である (§49.4)．

我々にとって最も重要なのは (64.2) である．以下これらから導き得る種々の関係を調べる．

2.

定理 64.1 任意の $f \in \mathfrak{H}$ に対し $(e^{-itH_\alpha}f, f) \to (e^{-itH_0}f, f)$ $(\alpha \to 0)$ が成立し，かつこの収束は t の任意の有限区間において一様である．

証明

$$(e^{-itH_\alpha}f, f) = \int_{-\infty}^{\infty} e^{-it\lambda} d(E_\alpha(\lambda)f, f)$$

において

---

[3] 第二種の摂動論は結局 (64.1) を α の巾級数（もしくは漸近級数）に展開するという問題にすぎない．こう言えば簡単であるが，これが実は難物なのであって，直接にはできない．種々の方法を考案して間接的な方法で目的を達しようとするのが摂動論である．

[4] 前述の通りこの仮定は十分一般的であって何等の制限ではない．

(64.3) $$\rho_\alpha(\lambda) = (E_\alpha(\lambda)f, f)$$

とおけば

(64.4) $$(e^{-itH_\alpha}f, f) = \int_{-\infty}^{\infty} e^{-it\lambda} d\rho_\alpha(\lambda).$$

$\rho_\alpha(\lambda)$ は正の実数でかつ λ の増加関数であるから，$(e^{-itH_\alpha}f, f)$ はいわゆる positive definite function である．ρ_α の性質の中

(64.5) $$\rho_\alpha(-\infty) = 0, \qquad \rho_\alpha(\infty) = \|f\|^2$$

でこれらの値が α に無関係なることに注意する．

今任意の $\varepsilon > 0$ が与えられたとする．$\rho_0(\lambda)$ の性質により，十分大なる正数 c をとれば

(64.6) $$\rho_0(-c) < \varepsilon, \qquad \rho_0(\infty) - \rho_0(c) < \varepsilon$$

ならしめることができる．かつ c は $E_0(\lambda)$ の連続点とすることができる．我々はかかる c をとって固定する．すると (64.2) により $\alpha \to 0$ なら

$$E_\alpha(-c) \to E_0(-c), \qquad E_\alpha(c) \to E_0(c)$$

だから

$$\rho_\alpha(-c) \to \rho_0(-c), \qquad \rho_\alpha(c) \to \rho_0(c)$$

となり，適当な正数 δ_1 をとれば $|\alpha| < \delta_1$ なら

(64.7) $$\rho_\alpha(-c) < 2\varepsilon, \qquad \rho_\alpha(\infty) - \rho_\alpha(c) < 2\varepsilon$$

ならしめることができる（$\rho_\alpha(\infty) = \rho_0(\infty)$ に注意！）．

(64.4) から

$$(e^{-itH_\alpha}f, f) = \left[\int_{-\infty}^{-c} + \int_{-c}^{c} + \int_{c}^{\infty}\right] e^{-it\lambda} d\rho_\alpha(\lambda)$$

と書けば

$$\left|\int_{-\infty}^{-c} e^{-it\lambda} d\rho_\alpha(\lambda)\right| \leq \int_{-\infty}^{-c} d\rho_\alpha(\lambda) = \rho_\alpha(-c) < 2\varepsilon \qquad (|\alpha| < \delta_1)$$

等が成り立ち，$\alpha = 0$ なら右辺は ε とすることができる．よって

$$
\begin{aligned}
(64.8)\quad &\left|(e^{-itH_\alpha}f,f)-(e^{-itH_0}f,f)\right| \\
&< 6\varepsilon + \left|\int_{-c}^{c}e^{-it\lambda}d\rho_\alpha(\lambda)-\int_{-c}^{c}e^{-it\lambda}d\rho_0(\lambda)\right| \quad (|\alpha|<\delta_1).
\end{aligned}
$$

この右辺の積分は部分積分により次のように変形できる：

$$
\int_{-c}^{c}e^{-it\lambda}d\rho_\alpha(\lambda)=e^{-itc}\rho_\alpha(c)-e^{itc}\rho_\alpha(-c)+it\int_{-c}^{c}e^{-it\lambda}\rho_\alpha(\lambda)d\lambda.
$$

したがって

$$
\begin{aligned}
\left|\int_{-c}^{c}e^{-it\lambda}d\rho_\alpha(\lambda)-\int_{-c}^{c}e^{-it\lambda}d\rho_0(\lambda)\right| &\leqq \left|e^{-itc}(\rho_\alpha(c)-\rho_0(c))\right| \\
&+\left|e^{itc}(\rho_\alpha(-c)-\rho_0(-c))\right|+|t|\cdot\left|\int_{-c}^{c}e^{-it\lambda}(\rho_\alpha(\lambda)-\rho_0(\lambda))d\lambda\right|.
\end{aligned}
$$

$|\rho_\alpha(c)-\rho_0(c)|=|\rho_0(\infty)-\rho_0(c)-(\rho_\alpha(\infty)-\rho_\alpha(c))|<3\varepsilon\ (|\alpha|<\delta_1)$ 等を考えれば上式を (64.8) に代入して

$$
\begin{aligned}
(64.9)\quad &\left|(e^{-itH_\alpha}f,f)-(e^{-itH_0}f,f)\right| \\
&< 12\varepsilon + |t|\cdot\int_{-c}^{c}|\rho_\alpha(\lambda)-\rho_0(\lambda)|d\lambda \quad (|\alpha|<\delta_1).
\end{aligned}
$$

しかるに右辺の積分の integrand はもちろん一様に有界であるから $\alpha\to 0$ を考えるときには積分記号の中で $\alpha\to 0$ としてよいが，このとき高々可付番個の点を除き $\rho_\alpha(\lambda)\to\rho_0(\lambda)$ であるから ((64.2))，積分は 0 に収束する．よって，今 $|t|\leqq\tau$ なる範囲において考えることにして，十分小さい正数 δ_2 をとれば

$$
|\alpha|<\delta_2 \quad \text{なら} \quad \int_{-c}^{c}|\rho_\alpha(\lambda)-\rho_0(\lambda)|d\lambda<\frac{\varepsilon}{\tau}
$$

ならしめることができる．かかる α に対し $|t|\leqq\tau$ で

$$
|t|\int_{-c}^{c}|\rho_\alpha(\lambda)-\rho_0(\lambda)|d\lambda\leqq\varepsilon
$$

となるから，(64.9) により

$$
|t|\leqq\tau,\ |\alpha|\leqq\mathrm{Min}(\delta_1,\delta_2) \quad \text{なら} \quad \left|(e^{-itH_\alpha}f,f)-(e^{-itH_0}f,f)\right|<13\varepsilon
$$

を得る．これで定理は証明された． □

64 Regular Perturbation の一般的性質

定理 64.2 $\alpha \to 0$ なるとき

$$e^{-itH_\alpha} \to e^{-itH_0}$$

である.

証明 まず定理 64.1 の結果を一般化する. 任意の $f, g \in \mathfrak{H}$ に対し

$$4\Re(E_\alpha(\lambda)f, g) = (E_\alpha(\lambda)(f+g), f+g) - (E_\alpha(\lambda)(f-g), f-g)$$

等により

$$\begin{aligned}
(e^{-itH_\alpha}f, g) &= \int e^{-it\lambda} d(E_\alpha(\lambda)f, g) \\
&= \frac{1}{4}\int e^{-it\lambda} d\bigl[(E_\alpha(\lambda)(f+g), f+g) - (E_\alpha(\lambda)(f-g), f-g) \\
&\qquad + i(E_\alpha(\lambda)(f+ig), f+ig) - i(E_\alpha(\lambda)(f-ig), f-ig)\bigr] \\
&= \frac{1}{4}(e^{-itH_\alpha}(f+g), f+g) - \frac{1}{4}(e^{-itH_\alpha}(f-g), f-g) \\
&\qquad + \frac{i}{4}(e^{-itH_\alpha}(f+ig), f+ig) - \frac{i}{4}(e^{-itH_\alpha}(f-ig), f-ig)
\end{aligned}$$

を得る（これは直接検証もされる）. 右辺の各項に対して定理 64.1 を適用すれば

$$(e^{-itH_\alpha}f, g)) \to (e^{-itH_0}f, g)) \qquad (\alpha \to 0)$$

が成立しかつこの収束は t の任意の有限区間において一様である.

これを用いて, 任意の $f \in \mathfrak{H}$ に対し

$$\begin{aligned}
\|e^{-itH_\alpha}f - e^{-itH_0}f\|^2 &= (e^{-itH_\alpha}f - e^{-itH_0}f, e^{-itH_\alpha}f - e^{-itH_0}f) \\
&= \|e^{-itH_\alpha}f\|^2 + \|e^{-itH_0}f\|^2 - (e^{-itH_\alpha}f, e^{-itH_0}f) \\
&\qquad\qquad - (e^{-itH_0}f, e^{-itH_\alpha}f).
\end{aligned}$$

この第一項, 第二項はともに $\|f\|^2$ であり, 第三項は前の結果により

$$(e^{-itH_\alpha}f, e^{-itH_0}f) \to (e^{-itH_0}f, e^{-itH_0}f) = \|f\|^2$$

となり, 第四項も同様だから

$$\|e^{-itH_\alpha}f - e^{-itH_0}f\|^2 \to 0 \qquad (\alpha \to 0),$$

$$e^{-itH_\alpha}f \to e^{-itH_0}f \qquad (\alpha \to 0).$$

f は任意だからこれより定理を得る. □

定理 64.3　e^{-itH_α} は t および α なる二変数の関数として連続である（任意の $f \in \mathfrak{H}$ に対し $e^{-itH_\alpha}f$ が連続という意味）.

証明　$\alpha = 0$ は何等特別な点ではなく, V は任意の H_α に対しても regular perturbation であるから[5]), $\alpha = 0$, $t = t$ において $e^{-itH_\alpha}f$ が連続なることを示せばよい.

(64.10) $$\|e^{-it'H_\alpha}f - e^{-itH_0}f\| \leqq \|e^{-it'H_\alpha}f - e^{-itH_\alpha}f\| \\ + \|e^{-itH_\alpha}f - e^{-itH_0}f\|$$

において, 定理 64.2 により, $\alpha \to 0$ のとき第二項は 0 に収束するから, 考えている t に対し, 適当な正数 δ_0 をとれば任意の $\varepsilon > 0$ に対し

(64.11) $$\|e^{-itH_\alpha}f - e^{-itH_0}f\| < \varepsilon \qquad (|\alpha| < \delta_0)$$

が成立する. また (64.10) の右辺の第一項に対しては

$$\|e^{-it'H_\alpha}f - e^{-itH_\alpha}f\|^2 = \|e^{-itH_\alpha}(e^{-i(t'-t)H_\alpha} - 1)f\|^2 \\ = \int_{-\infty}^{\infty} |e^{-i(t'-t)\lambda} - 1|^2 d(E_\alpha(\lambda)f, f) \\ = \int_{-\infty}^{\infty} 4\sin^2 \frac{(t'-t)\lambda}{2} d(E_\alpha(\lambda)f, f).$$

(64.3) を再び用いて

$$\|e^{-it'H_\alpha}f - e^{-itH_\alpha}f\|^2 = \left[\int_{-\infty}^{-c} + \int_{-c}^{c} + \int_{c}^{\infty}\right] 4\sin^2 \frac{(t'-t)\lambda}{2} d\rho_\alpha(\lambda)$$

と書く. ただし今度も考えている ε に対し (64.6), (64.7) が成立するような c をとっておく. したがって $|\alpha| < \delta_1$ なら

$$\|e^{-it'H_\alpha}f - e^{-itH_\alpha}f\|^2 \\ \leqq 4\int_{-\infty}^{-c} d\rho_\alpha(\lambda) + 4\int_{c}^{\infty} d\rho_\alpha(\lambda) + \int_{-c}^{c} 4\sin^2 \frac{(t'-t)\lambda}{2} d\rho_\alpha(\lambda) \\ < 16\varepsilon + \int_{-c}^{c} 4\sin^2 \frac{(t'-t)\lambda}{2} d\rho_\alpha(\lambda).$$

---

[5]) (48.4).

そこで
$$|t'-t| < \frac{\sqrt{\varepsilon}}{c}$$

とすれば $|\lambda| \leqq \varepsilon$ に対して $\left|\frac{(t'-t)\lambda}{2}\right| \leqq \frac{1}{2}|t'-t||\lambda| < \frac{1}{2}\sqrt{\varepsilon}$ だから

$$4\sin^2\frac{(t'-t)\lambda}{2} \leqq 4\left|\frac{(t'-t)\lambda}{2}\right|^2 < 4\cdot\frac{1}{4}\varepsilon = \varepsilon,$$

$$\int_{-c}^{c} 4\sin^2\frac{(t'-t)\lambda}{2}d\rho_\alpha(\lambda) \leqq \varepsilon\int_{-c}^{c}d\rho_\alpha(\lambda) \leqq \varepsilon\|f\|^2.$$

よって
$$\|e^{-it'H_\alpha}f - e^{-itH_\alpha}f\|^2 < \varepsilon(16 + \|f\|^2),$$

(64.12) $$\|e^{-it'H_\alpha}f - e^{-itH_\alpha}f\| < \sqrt{\varepsilon}\cdot\sqrt{16 + \|f\|^2}$$

が $|\alpha| < \delta_1$, $|t'-t| < \sqrt{\varepsilon}/c$ なら成立する.

(64.11), (64.12) を (64.10) に代入すれば,$|\alpha| < \text{Min}(\delta_0, \delta_1)$,$|t'-t| < \dfrac{\sqrt{\varepsilon}}{c}$ なら

$$\|e^{-it'H_\alpha}f - e^{-itH_0}f\| < \varepsilon + \sqrt{\varepsilon}\cdot\sqrt{16 + \|f\|^2}$$

が成立する.任意の正数 η が与えられたとき,この右辺が η より小さくなるよう ε を定め,これに対し δ_0 および c を定め,その c に対して δ_1 を定めれば $|\alpha| < \text{Min}(\delta_0, \delta_1)$, $|t'-t| < \sqrt{\varepsilon}/c$ に対して上式は η より小さくなることがわかる.したがって $e^{-itH_\alpha}f$ は $\alpha = 0$, $t = t$ において連続である. □

系 任意の $f \in \mathfrak{H}$ に対し $\alpha \to 0$ のとき

$$e^{-itH_\alpha}f \to e^{-itH_0}f$$

であるが,この収束は t の任意の有限区間で一様である.

証明 $|t| \leqq \tau$ なる範囲で考えるなら,$|t| \leqq \tau$, $0 \leqq \alpha \leqq \delta$ なる適当な領域で $e^{-itH_\alpha}f$ は連続なのだからそこで一様連続である.これより直ちに上の結果を得る. □

上の収束は定理 64.2 で示したが,それが一様なることはそこでは示さなかった.直接にできるかもしれないが上のように回り道をした方が簡単であろうか.

§65 Minor Perturbation の場合の微分方程式

1. V が regular perturbation というだけの仮定では詳しい議論が困難なので本§では V が H_0 に対し minor perturbation なる場合を詳しく論ずることにする．一般の場合はまた後に一言する．

minor perturbation は第 4 章に述べたごとく $\mathrm{dom}\,V \supset \mathrm{dom}\,H_0$ により定義せられ，この条件の下に，$\mathrm{dom}\,H_0$ において定義された $H_\alpha = H_0 + \alpha V$ は $\alpha = 0$ を含むある開区間 Δ においてそのまま hypermax. であることは先に詳しく論じた所である[6]．我々は以下専ら Δ 内においてのみ論ずるから一々断らない．minor perturbation の場合最も注意すべきことは $\mathrm{dom}\,H_\alpha$ が α に無関係に一定なることである[7]．この事情が以下の議論において致命的である．我々は第 4 章と同様この一定な domain を $\mathfrak{D}$ と書く．

[6] すなわち §48 の I, II はこのとき仮定するに及ばず証明される．また V が regular なることはいうまでもない．

[7] 一般の regular perturbation においては $\overline{\mathfrak{D}} = \mathrm{dom}\,H_\alpha \cap \mathrm{dom}\,V$ は α によらないが，$\mathrm{dom}\,H_\alpha$ は α によって変わり得る．

2. H_α に対する運動方程式の解は (63.2) により

$$(65.1) \qquad \varphi_{\alpha t} = e^{-itH_\alpha}\varphi_0$$

である．ただし初期値 φ_0 は α に無関係なものとし，この $\varphi_{\alpha t}$ を α の巾級数に展開することを試みる．

H_0 と V とは可換とは限らないから $e^{-itH_\alpha} = e^{-it(H_0+\alpha V)} = e^{-itH_0}e^{-it\alpha V}$ のように二つに分けることができない．したがって $e^{-it(H_0+\alpha V)}$ をこのまま α の巾級数に展開することは恐らく不可能であろう．

そのため我々は間接的な方法をとり，(65.1) を微分方程式に変形してそれをさらに積分方程式に直し，逐次近似法により問題を解くことを試みる．そのためにまず $\varphi_0 \in \mathfrak{D}$ と仮定すれば（$\mathrm{dom}\,H_\alpha = \mathfrak{D}$ に注意して定理 63.3 により）

$$(65.2) \qquad -\frac{1}{i}\frac{d}{dt}\varphi_{\alpha t} = H_\alpha \varphi_{\alpha t} = (H_0 + \alpha V)\varphi_{\alpha t}.$$

そこで我々は次の量を導入する：

$$(65.3) \qquad \varphi'_{\alpha t} = e^{itH_0}\varphi_{\alpha t}.$$

$\varphi_0 \in \mathfrak{D} = \mathrm{dom}\,H_\alpha$ と仮定しているから定理 63.1 により $\varphi_{\alpha t}$ も $\mathrm{dom}\,H_\alpha = \mathfrak{D}$ に属する．したがってそれは $\mathrm{dom}\,H_0 = \mathfrak{D}$ に属する．したがって仮に t を固定して t' の関数 $e^{+it'H_0}\varphi_{\alpha t}$ を考えれば定理 63.3 によりこれは t' で微分可能で

$$-\frac{1}{i}\frac{d}{dt'}(e^{+it'H_0}\varphi_{\alpha t}) = -e^{+it'H_0}H_0\varphi_{\alpha t}$$

である．これに注意すれば (62.12) を使うことができて $\varphi'_{\alpha t}$ も微分可能で

$$\begin{aligned}
-\frac{1}{i}\frac{d}{dt}\varphi'_{\alpha t} &= -\frac{1}{i}\frac{d}{dt}(e^{itH_0}\varphi_{\alpha t}) \\
&= e^{itH_0}\Big(-\frac{1}{i}\frac{d}{dt}\varphi_{\alpha t}\Big) - \frac{1}{i}\Big(\frac{d}{dt'}(e^{it'H_0}\varphi_{\alpha t})\Big)_{t'=t} \\
&= e^{itH_0}(H_0 + \alpha V)\varphi_{\alpha t} - e^{itH_0}H_0\varphi_{\alpha t} \\
&= e^{itH_0}\cdot \alpha V\varphi_{\alpha t}.
\end{aligned}$$

右辺の $\varphi_{\alpha t}$ を (65.3) により再び $\varphi'_{\alpha t}$ で表せば

(65.4) $$-\frac{1}{i}\frac{d}{dt}\varphi'_{\alpha t} = \alpha e^{itH_0}V e^{-itH_0}\varphi'_{\alpha t}.$$

あるいは右辺を $\varphi_{\alpha t}$ のままで表しておけば

(65.5) $$-\frac{1}{i}\frac{d}{dt}\varphi'_{\alpha t} = \alpha e^{itH_0}V\varphi_{\alpha t} = \alpha e^{itH_0}V e^{-itH_\alpha}\varphi_0.$$

(65.4) は $\varphi'_{\alpha t}$ に関する微分方程式であって初期条件としては

(65.6) $$t = 0 \quad \text{で} \quad \varphi'_{\alpha t} = \varphi_0$$

が与えられる．

3. (65.4) は我々の基本的な方程式であるがその意味を反省してみると，我々は運動方程式の解 (65.1) から (65.3) によって $\varphi'_{\alpha t}$ を定義すれば，$\varphi_0 \in \mathfrak{D}$ なる限り $\varphi'_{\alpha t}$ は到る所 (65.4) を満足せねばならぬことを示したのである．また $\varphi_{\alpha t} \in \mathfrak{D} = \mathrm{dom}\, H_0$ だから定理 63.1 により $\varphi'_{\alpha t} \in \mathrm{dom}\, H_0 = \mathfrak{D}$ でなければならない．

すなわち (65.4) は $\varphi'_{\alpha t}$ の満足すべき必要条件であるがこれがまた十分条件になるであろうか？ これを調べてみよう．

$t = 0$ を含むある区間において (65.4) および (65.6) を満足するごとき $\varphi'_{\alpha t}$ があったとする[8]．もしかかる $\varphi'_{\alpha t}$ はただ一つしかあり得ないことがわかれば，(65.1) から作った (65.3) がその式を満足することは既知なのだから，(65.4) を満たす $\varphi'_{\alpha t}$ は (65.3) と一致せねばならない．よって問題は (65.4) の解が unique であるかどうかに帰着する．(65.4) は linear であるから，初期条件が $t = 0$ で $\varphi'_{\alpha t} = 0$ なるとき常に $\varphi'_{\alpha t} = 0$ であることを示せばよい．(62.10) により

$$-\frac{1}{i}\frac{d}{dt}(\varphi'_{\alpha t}, \varphi'_{\alpha t}) = \Big(-\frac{1}{i}\frac{d}{dt}\varphi'_{\alpha t}, \varphi'_{\alpha t}\Big) + \Big(\varphi'_{\alpha t}, \frac{1}{i}\frac{d}{dt}\varphi'_{\alpha t}\Big)$$

[8] 詳しく言えば，その区間において $\frac{d}{dt}\varphi'_{\alpha t}$ が存在し，また $V e^{-itH_0}\varphi'_{\alpha t}$ も存在して (65.4) の両辺が等しくなるごとき $\varphi'_{\alpha t}$．

$$= \alpha(e^{itH_0}Ve^{-itH_0}\varphi'_{\alpha t}, \varphi'_{\alpha t}) - \alpha(\varphi'_{\alpha t}, e^{itH_0}Ve^{-itH_0}\varphi'_{\alpha t}).$$

この右辺が 0 になることは明らかであるから（$Ve^{-itH_0}\varphi'_{\alpha t}$ は存在すると仮定している！）

$$\frac{d}{dt}\|\varphi'_{\alpha t}\|^2 = 0, \qquad \|\varphi'_{\alpha t}\| = \text{const.}$$

これより $\varphi'_{\alpha t}$ は $t=0$ で 0 なら常に 0 でなければならぬ.

かくして $\varphi_0 \in \mathfrak{D}$ なら (65.4), (65.6) は (65.3) と同等であることがわかった[9]. 我々は (65.4) を (65.6) なる初期条件において解けば (65.3) を通して直ちに解 (65.1) を求めることができる.

4. 我々は基本式 (65.1) を $\varphi_0 \in \mathfrak{D}$ なる条件の下に微分方程式 (65.4) でおきかえたが, (65.4) の左辺の微分は強微分であるから未だ十分便利ではない. もっと緩やかな弱微分の式でこれをおきかえることができないかどうかを調べてみよう.

(65.4) が成立すれば任意の $f \in \mathfrak{D}$ に対して

$$-\frac{1}{i}\frac{d}{dt}(\varphi'_{\alpha t}, f) = \left(-\frac{1}{i}\frac{d\varphi'_{\alpha t}}{dt}, f\right) = \alpha(e^{itH_0}Ve^{-itH_0}\varphi'_{\alpha t}, f).$$

$f \in \mathfrak{D}$ だから定理 63.1 により $e^{-itH_0}f \in \mathfrak{D}$, したがって $\text{dom}\,V \supset \mathfrak{D}$ により $Ve^{-itH_0}f$ が存在することに注意すれば

$$(65.7) \qquad -\frac{1}{i}\frac{d}{dt}(\varphi'_{\alpha t}, f) = \alpha(\varphi'_{\alpha t}, e^{itH_0}Ve^{-itH_0}f). \text{[10]} \qquad (任意の \varphi_0 !)$$

逆に (65.7) があらゆる $f \in \mathfrak{D}$ に対して成立するごとき $\varphi'_{\alpha t}$ があったとする（詳しく言えば $(\varphi'_{\alpha t}, f)$ が $t=0$ を含むある区間において微分可能で (65.7) が成立するごとき $\varphi'_{\alpha t}$). このとき $\varphi_{\alpha t} = e^{-itH_0}\varphi'_{\alpha t}$ とおけば

[9] したがって (65.3) から明らかなる通り $\varphi'_{\alpha t} \in \mathfrak{D}$ でなければならぬ. このことは (65.4) そのものからは明らかではない. (65.4) が成り立つためにはもちろん $e^{-itH_0}\varphi'_{\alpha t} \in \text{dom}\,V$ なることは必要であるが $\varphi'_{\alpha t} \in \mathfrak{D}$ が必要であるかどうかは分からぬからである. それにもかかわらず上のごとく (65.4) がある区間で成立し $\varphi'_{\alpha 0} \in \mathfrak{D}$ なら常に $\varphi'_{\alpha t} \in \mathfrak{D}$ でなければならぬことになるのであって, 注目すべき事である.

[10] ここにある傍注は長いので脚注 *) の位置におく.

---

*) 傍注 10) この式をここでは $\varphi_0 \in \mathfrak{D}$ として導いたがその形を見てわかる通り φ_0 は任意であっても (65.7) は成立する. なぜなら

$$\varphi'_{\alpha t} = e^{itH_\alpha}e^{-itH_0}\varphi_0 \quad \text{だから} \quad (\varphi'_{\alpha t}, f) = (\varphi_0, e^{itH_\alpha}e^{-itH_0}f).$$

しかるに $f \in \mathfrak{D}, e^{-itH_0}f \in \mathfrak{D}$ により (62.12) が使えて

$$\frac{1}{i}\frac{d}{dt}e^{itH_\alpha}e^{-itH_0}f = e^{itH_\alpha}H_\alpha e^{-itH_0}f - e^{itH_\alpha}H_0 e^{-itH_0}f = \alpha e^{itH_\alpha}Ve^{-itH_0}f$$

となるから

$$-\frac{1}{i}\frac{d}{dt}(\varphi'_{\alpha t}, f) = \alpha(\varphi_0, e^{itH_\alpha}Ve^{-itH_0}f) = \alpha(e^{-itH_\alpha}\varphi_0, Ve^{-itH_0}f)$$
$$= \alpha(\varphi_{\alpha t}, Ve^{-itH_0}f) = \alpha(e^{-itH_0}\varphi'_{\alpha t}, Ve^{-itH_0}f) = \alpha(\varphi'_{\alpha t}, e^{itH_0}Ve^{-itH_0}f).$$

$$(\varphi_{\alpha t}, f) = (e^{-itH_0}\varphi'_{\alpha t}, f) = (\varphi'_{\alpha t}, e^{itH_0}f).$$

我々はさらに $\varphi'_{\alpha t}$ が t に関し連続であると仮定する．すると $e^{itH_0}f \in \mathfrak{D}$ に注意すれば (62.14) を上式の右辺に適用することができるから

$$\begin{aligned}
-\frac{1}{i}\frac{d}{dt}(\varphi_{\alpha t}, f) &= \left(\varphi'_{\alpha t}, +\frac{1}{i}\frac{d}{dt}e^{itH_0}f\right) - \frac{1}{i}\left(\frac{d}{dt'}(\varphi'_{\alpha t'}, e^{itH_0}f)\right)_{t'=t} \\
&= (\varphi'_{\alpha t}, e^{itH_0}H_0 f) + \alpha(\varphi'_{\alpha t}, e^{itH_0}Ve^{-itH_0}e^{itH_0}f) \\
&= (\varphi'_{\alpha t}, e^{itH_0}H_0 f) + \alpha(\varphi'_{\alpha t}, e^{itH_0}Vf) \\
&= (\varphi'_{\alpha t}, e^{itH_0}(H_0 + \alpha V)f) \\
&= (e^{-itH_0}\varphi'_{\alpha t}, H_\alpha f) = (\varphi_{\alpha t}, H_\alpha f).
\end{aligned}$$

これがすべての $f \in \mathfrak{D} = \mathrm{dom}\, H_\alpha$ に対して成立する．かつ $\varphi'_{\alpha t}$ を連続と仮定したから $\|\varphi_{\alpha t}\|^2 = \|\varphi'_{\alpha t}\|^2$ は積分可能である．よって定理 63.8 により $\varphi_{\alpha t}$ は (65.1) と一致し，$\varphi'_{\alpha t}$ は (65.3) と一致する．

かくして $\varphi'_{\alpha t}$ が連続という条件の下に，(65.7) があらゆる $f \in \mathfrak{D}$ に対し成立すれば $\varphi'_{\alpha t}$ は求める解である．

ただし (65.7) はもはや微分方程式とは言い難いから実用的ではないかも知れぬ．

§66　有界な摂動の場合の巾級数展開

1. 我々は (65.4) を解くことを次の問題とするが，その解の形式的な形を見出すために本§では V が有界である場合を考えることにする[11]．このときは V は任意の H_0 に対し minor perturbation であり，H_α は任意の α に対して hypermax. であることは既知である（第4章）から，以下の考察は任意の α および t に対して成立する．

前のように $\varphi_0 \in \mathfrak{D}$ と仮定すれば (65.4) が運動方程式と同等である（実は今の場合は任意の $\varphi_0 \in \mathfrak{H}$ に対してこのことが成立するのであるが，それは後に自然に示されるから今は $\varphi_0 \in \mathfrak{D}$ として考えてゆく）．

$\varphi'_{\alpha t}$ はもちろん t に関し連続であるから e^{-itH_0} が t の連続関数なることを考えれば $e^{-itH_0}\varphi'_{\alpha t}$ も連続であり，V が有界だから $Ve^{-itH_0}\varphi'_{\alpha t}$ も連続であり，したがって $e^{itH_0}Ve^{-itH_0}\varphi'_{\alpha t}$ も連続である．すなわち (65.4) の右辺は連続であるから，(62.17) を使って

(66.1) $$\varphi'_{\alpha t} - \varphi_0 = -i\alpha \int_0^t e^{itH_0}Ve^{-itH_0}\varphi'_{\alpha t}dt.\,^{1)}$$

[11] V が有界なるときは完全な巾級数展開が求まることを以下に示す．このとき H_0 は有界と仮定しないことに注意．

逆にこの式が成立すれば（詳しく言えば，$e^{itH_0}Ve^{-itH_0}\varphi'_{\alpha t}$ が積分可能で上式が成立すれば）(62.7) により右辺は t の連続関数だから左辺も同様となり $\varphi'_{\alpha t}$ は連続となる．したがって右辺の integrand は上のごとくして連続なることが分かるから，右辺は積分可能で，(62.16) により上式を微分すれば (65.4) が得られる．

2. (66.1) は逐次近似法により解くことができる：

$$(66.2) \quad \begin{cases} \varphi_t^{(0)} = \varphi_0 \\ \varphi_t^{(n)} = -i \int_0^t e^{itH_0} V e^{-itH_0} \varphi_t^{(n-1)} dt \quad (n \geqq 1) \end{cases}$$

とおく．$\varphi_t^{(n-1)}$ が連続ならば，上と同様にして $e^{itH_0}Ve^{-itH_0}\varphi_t^{(n-1)}$ は連続となり，$\varphi_t^{(n)}$ は微分可能（したがってもちろん連続）である．$\varphi_t^{(0)} = \varphi_0$ はもちろん微分可能だから，上の考えを順次に適用すれば $\varphi_t^{(n)}$ はすべて微分可能であって (62.16) により

$$(66.3) \quad -\frac{1}{i}\frac{d}{dt}\varphi_t^{(n)} = e^{itH_0}Ve^{-itH_0}\varphi_t^{(n-1)}.$$

また[12]）

$$\|\varphi_t^{(n)}\| \leqq \left|\int_0^t \|e^{itH_0}Ve^{-itH_0}\varphi_t^{(n-1)}\|dt\right|$$
$$\leqq \left|\int_0^t |V|\|\varphi_t^{(n-1)}\|dt\right| = |V|\left|\int_0^t \|\varphi_t^{(n-1)}\|dt\right|$$

により順次に

$$\|\varphi_t^{(0)}\| = \|\varphi_0\|,$$
$$\|\varphi_t^{(1)}\| \leqq |V|\left|\int_0^t \|\varphi_0\|dt\right| = |V||t|\|\varphi_0\|,$$
$$\|\varphi_t^{(2)}\| \leqq |V|\left|\int_0^t |V||t|\|\varphi_0\|dt\right| = \frac{1}{2}|V|^2|t|^2\|\varphi_0\|.$$

一般に

$$(66.4) \quad \|\varphi_t^{(n)}\| \leqq \frac{1}{n!}|V|^n|t|^n\|\varphi_0\|$$

となることは容易にわかる．

---

[12]) V は $\mathfrak{H}$ 全体で定義されている必要はなく，したがって $\mathbb{B}$ に属する必要はないが $\widetilde{V} \in \mathbb{B}$ は明らかである．次式の $|V|$ は $|\widetilde{V}|$ の意味に解する．

[1]) (66.1) 以降の式において，積分の上端が t である積分の積分変数にも同じ文字 t が用いられている．誤解の恐れはないのでそのままとする．

したがって今

(66.5) $$\varphi'_{\alpha t} = \sum_{n=0}^{\infty} \alpha^n \varphi_t^{(n)}$$

とおけばこれは任意の α, t に対し収束する．このことは

(66.6) $$\sum_{n=0}^{\infty} \|\alpha^n \varphi_t^{(n)}\| = \sum_{n=0}^{\infty} |\alpha|^n \|\varphi_t^{(n)}\|$$
$$\leqq \sum_{n=0}^{\infty} \frac{1}{n!} |V|^n |\alpha|^n |t|^n \|\varphi_0\| = e^{|V||\alpha||t|} \|\varphi_0\|$$

により明らかである．かつ α, t の任意の有限区間において一様収束することも同時に明らかである．

$|e^{itH_0} V e^{-itH_0}| \leqq |e^{itH_0}| |V| |e^{-itH_0}| = |V|$ なることを考えれば

$$e^{itH_0} V e^{-itH_0} \varphi'_{\alpha t} = \sum_{n=0}^{\infty} \alpha^n e^{itH_0} V e^{-itH_0} \varphi_t^{(n)}$$

が成立し，右辺は α, t の任意の有限区間で一様収束することは明らかであるから，項別積分ができて

$$\int_0^t e^{itH_0} V e^{-itH_0} \varphi'_{\alpha t} dt = \sum_{n=0}^{\infty} \alpha^n \int_0^t e^{itH_0} V e^{-itH_0} \varphi_t^{(n)} dt.$$

(66.2) を使えば

$$-i\alpha \int_0^t e^{itH_0} V e^{-itH_0} \varphi'_{\alpha t} dt = \sum_{n=0}^{\infty} \alpha^{n+1} \varphi_t^{(n+1)} = \varphi'_{\alpha t} - \varphi_0.$$

すなわち (66.5) は (66.1) を満足する．前述の通り (66.1) から (65.4) が導かれるから (66.5) が求める解に他ならない．

3. (66.2) により定義された $\varphi_t^{(n)}$ は次のように書くこともできる：[13]

(66.7) $$\begin{cases} \varphi_t^{(n)} = A_t^{(n)} \varphi_0; \\ A_t^{(0)} = 1, \\ A_t^{(n)} = -i \int_0^t e^{itH_0} V e^{-itH_0} A_t^{(n-1)} dt. \end{cases}$$

[13] 以下 V は $\widetilde{V}$ の意味に解し $V \in \mathbb{B}$ とする．

かかる積分が可能なることは $A_t^{(n-1)}$ が連続なら $e^{itH_0} V e^{-itH_0} A_t^{(n-1)}$ も連続である

ことを考えれば明らかである．而して

$$|A^{(n)}_t| \leqq \left|\int_0^t |e^{itH_0}Ve^{-itH_0}A^{(n-1)}_t|dt\right| \leqq |V|\left|\int_0^t |A^{(n-1)}_t|dt\right|$$

より前のごとく

(66.8) $$|A^{(n)}_t| \leqq \frac{1}{n!}|V|^n|t|^n$$

を得る．よって

(66.9) $$A_{\alpha t} = \sum_{n=0}^\infty \alpha^n A^{(n)}_t \qquad (\text{all } \alpha, \text{ all } t\,!)$$

は絶対収束 (§3.5) する．これを用いて (66.5) は

(66.10) $$\varphi'_{\alpha t} = \sum_{n=0}^\infty \alpha^n A^{(n)}_t \varphi_0 = A_{\alpha t}\varphi_0$$

と書くことができる．(66.8) により

(66.11) $$|A_{\alpha t}| \leqq e^{|V||\alpha||t|}$$

であるが，実は §65.3 により $|A_{\alpha t}| = 1$ である．

さて今までは $\varphi_0 \in \mathfrak{D}$ と考えてきたが，(65.1), (65.2) により

(66.12) $$\varphi'_{\alpha t} = e^{itH_0}e^{-itH_\alpha}\varphi_0$$

は任意の φ_0 に対し成立する．$\varphi_0 \in \mathfrak{D}$ なら $\varphi'_{\alpha t} = A_{\alpha t}\varphi_0$ だから

(66.13) $$e^{itH_0}e^{-itH_\alpha} = A_{\alpha t}$$

は $\mathfrak{D}$ 内で成立する．しかるにこの両辺は $\mathbb{B}$ に属し，$\mathfrak{D}$ は $\mathfrak{H}$ で稠密であることを考えれば (66.13) は実は $\mathfrak{H}$ 全体で成立する．よって

(66.14) $$\varphi'_{\alpha t} = A_{\alpha t}\varphi_0$$

は任意の $\varphi_0 \in \mathfrak{H}$ に対して成立する．(66.9) を考えれば結局任意の $\varphi_0 \in \mathfrak{H}$ に対し

(66.15) $$\varphi'_{\alpha t} = \sum_{n=0}^\infty \alpha^n A^{(n)}_t \varphi_0 = \sum_{n=0}^\infty \alpha^n \varphi^{(n)}_t \qquad (\text{all } \alpha, t\,!)$$

が成立する．これよりまた

$$\varphi_{\alpha t} = e^{-itH_0}\varphi'_{\alpha t} = \sum_{n=0}^{\infty} \alpha^n e^{-itH_0} \varphi_t^{(n)} \qquad (\text{all } \alpha, t!). \tag{66.16}$$

かくして V が有界なるときには，任意の初期値 φ_0 に対して $\varphi_{\alpha t}$ を α の巾級数に表す問題が解決された[14]．

operator の形で書けば (66.13) と (66.9) から

$$e^{-itH_\alpha} = e^{-itH_0} A_{\alpha t} = \sum_{n=0}^{\infty} \alpha^n e^{-itH_0} A_t^{(n)} \qquad (\text{all } \alpha, t!) \tag{66.17}$$

となり，$e^{-itH_\alpha} = e^{-it(H_0+\alpha V)}$ を α の巾級数に展開する問題が解決されたことになる．これが (66.7) のごとく積分を仲介にしてはじめて可能となることは興味がある．特に (66.17) は V が有界でさえあれば任意の H_0 に対し成立することに注意する．もし H_0 も有界ならば

$$e^{-it(H_0+\alpha V)} = \sum_{n=0}^{\infty} (-i)^n \frac{1}{n!} (H_0 + \alpha V)^n$$

とすることができるから，これを適当に並べかえることができれば α の巾級数になることは明らかであるが[15]，我々の H_0 は hypermax. でさえあれば任意でよいからもっと一般的である．

[14] 例えば $\varphi_t^{(1)}$ の式では $Ve^{-itH_0}\varphi_0$ なるものを考えるから，V は $\mathfrak{H}$ 全体で考えておかねばならぬ．すなわち $\widetilde{V}$ の意味に解しておかねばならない（355 頁）．
H_α そのものを定義するには $\mathfrak{D}$ 内だけで V を考えておけば十分であるが，$\varphi'_{\alpha t}$ を求むるには V を $\mathfrak{H}$ 全体に拡張した $\widetilde{V}$ が必要になることはちょっと面白い．

[15] このように直接に考えると並べかえができるかどうかを示すことも厄介な問題であろう．

§67　Minor Perturbation の場合の積分方程式

1. 前§により V が有界なら任意の初期値 φ_0 に対し $\varphi_{\alpha t}$ または $\varphi'_{\alpha t}$ に対し α の巾級数展開が可能で，しかもその収束半径は ∞ である．かくして摂動論の目的は完全に達せられたことになる（H_0 は任意であることに注意！）．

而してこの展開の各項の係数は (66.2) により逐次に計算される．

以上の結果を指針として，もっと一般な，V が minor perturbation なる場合に戻って考えてみよう．

今度は一般の任意の φ_0 に対しては $\varphi'_{\alpha t}$ 等を α の巾級数に展開することは望み得ないことをあらかじめ注意しておこう．例えば $V = H_0$ なら形式的に

$$\varphi'_{\alpha t} = e^{+itH_0} e^{-it(H_0+\alpha H_0)} \varphi_0 = e^{-it\alpha H_0} \varphi_0 = \sum_{n=0}^{\infty} \alpha^n \frac{(-it)^n}{n!} H_0^n \varphi_0$$

となるわけであるがこれはすべての H_0^n $(n = 1, 2, \cdots)$ が存在しなければ意味がない．H_0 が有界でなければこれは任意の φ_0 に対しては成立しない（もちろんこれだけのことから展開が不可能であるとは言えないが，実際不可能であることを示すことも別に困難ではない）．この場合はしかし適当な φ_0 に対しては $\varphi'_{\alpha t}$ の巾級数展開が可能であるが，後に示すごとくどんな φ_0 に対しても巾級数展開は不可能なるごとき minor perturbation V がある．したがって問題は第一種の摂動よりもはるかに困難であると言わねばならぬ．而して第 7 章におけるがごとく，一般に漸近展開を得ることをもって満足せねばならぬ．

2. 我々は再び微分方程式 (65.4) をとり，これを積分方程式に直すことを考える．もちろんそのために $\varphi_0 \in \mathfrak{D}$ と考える．今度は V が有界であると限らないから前のように簡単に進むわけにはゆかない．まず次の定理を証明する．

定理 67.1 $\varphi \in \mathfrak{D}$ なら $Ve^{-itH_\alpha}\varphi$ は二変数 α, t の関数として連続である．

証明 minor perturbation のときには $\alpha = 0$ は何等特別な点でないから (§14.5) 簡単のため $\alpha = 0, t = t_0$ なる点で $Ve^{-itH_\alpha}\varphi$ が連続なることを示せばよい．
§14.2 で導入した $A_{\alpha\ell}$ を用いて $(\Im(\ell) \neq 0)$

$$V = A_{\alpha\ell}(H_\alpha - \ell) \qquad (\text{in } \mathfrak{D}).$$

$\varphi \in \mathfrak{D}$ なら $e^{-itH_\alpha}\varphi \in \mathfrak{D}$ だから

$$Ve^{-itH_\alpha}\varphi = A_{\alpha\ell}(H_\alpha - \ell)e^{-itH_\alpha}\varphi = A_{\alpha\ell}e^{-itH_\alpha}(H_\alpha - \ell)\varphi.$$

しかるに $\varphi \in \mathfrak{D}$ だから $(H_\alpha - \ell)\varphi = (H_0 - \ell + \alpha V)\varphi$ は α の関数として連続である．また e^{-itH_α} が α, t の関数として連続なることは定理 64.3 の示す所である．$A_{\alpha\ell}$ が α の関数として連続なることは §14.2 で示した．これより $Ve^{-itH_\alpha}\varphi$ が連続なることが導かれる．これを詳しくやれば

$$\begin{aligned}
&\|e^{-itH_\alpha}(H_\alpha - \ell)\varphi - e^{-it_0 H_0}(H_0 - \ell)\varphi\| \\
&\leqq \|e^{-itH_\alpha}\{(H_\alpha - \ell)\varphi - (H_0 - \ell)\varphi\}\| + \|(e^{-itH_\alpha} - e^{-it_0 H_0})(H_0 - \ell)\varphi\| \\
&= |\alpha|\|V\varphi\| + \|(e^{-itH_\alpha} - e^{-it_0 H_0})(H_0 - \ell)\varphi\|.
\end{aligned}$$

e^{-itH_α} の連続性によりこれは $\alpha, t - t_0$ が十分小ならいくらでも小さくなる．したがってまた

$$\|A_{\alpha\ell}e^{-itH_\alpha}(H_\alpha-\ell)\varphi - A_{0\ell}e^{-it_0H_0}(H_0-\ell)\varphi\|$$
$$\leqq \|A_{\alpha\ell}\{e^{-itH_\alpha}(H_\alpha-\ell)\varphi - e^{-it_0H_0}(H_0-\ell)\varphi\}\|$$
$$+ \|(A_{\alpha\ell}-A_{0\ell})e^{-it_0H_0}(H_0-\ell)\varphi\|$$

において $A_{\alpha\ell}$ が一様に有界なることを考えれば,これも $\alpha, t-t_0$ が十分小さければいくらでも小さくなる.すなわち $Ve^{-itH_\alpha}\varphi$ は $\alpha=0, t=t_0$ で連続である. □

3. (65.4) において

$$Ve^{-itH_0}\varphi'_{\alpha t} = V\varphi_{\alpha t} = Ve^{-itH_\alpha}\varphi_0$$

なることを考えれば,$\varphi_0\in\mathfrak{D}$ なる仮定により,上の定理により上式は α, t の関数として連続である.したがって上と同様にして $e^{itH_0}Ve^{-itH_0}\varphi'_{\alpha t}$ も α, t の関数として連続である.特に α を固定すれば,t の関数として到る所連続であるから (65.4) を積分すれば (62.17) により再び

$$(67.1) \qquad \varphi'_{\alpha t} - \varphi_0 = -i\alpha\int_0^t e^{itH_0}Ve^{-itH_0}\varphi'_{\alpha t}dt$$

を得る.$\varphi_0\in\mathfrak{D}$ なる仮定の下にこれは $\varphi'_{\alpha t}$ の満足すべき方程式である.

逆に我々は (67.1) を満足する $\varphi'_{\alpha t}$ があれば(詳しく言えば,$t=0$ を含むある区間において $Ve^{-itH_0}\varphi'_{\alpha t}$ が常に存在して $e^{itH_0}Ve^{-itH_0}\varphi'_{\alpha t}$ が積分可能で (67.1) が成立するごとき $\varphi'_{\alpha t}$),それは我々の $\varphi'_{\alpha t}$ (65.3) と一致せねばならぬことを示そう.

今度も $\varphi'_{\alpha t}$ が連続なることは (67.1) から直ちに出るが,そのことから (67.1) の右辺の integrand が t の連続関数になることが V の有界な場合のように簡単には出て来ないから,§66.1 のごとく簡単に結論することができない.で少し回りみちをとる.

任意の $f\in\mathfrak{D}$ に対し,(67.1) から

$$(\varphi'_{\alpha t},f) - (\varphi_0,f) = -i\alpha\int_0^t (e^{itH_0}Ve^{-itH_0}\varphi'_{\alpha t},f)dt$$
$$= -i\alpha\int_0^t (\varphi'_{\alpha t},e^{itH_0}Ve^{-itH_0}f)dt.$$

$f\in\mathfrak{D}$ だから定理 67.1 で $\alpha=0$ として考えれば $Ve^{-itH_0}f$ は連続,したがって $e^{itH_0}Ve^{-itH_0}f$ も連続である.また上述のごとく $\varphi'_{\alpha t}$ も t の関数として連続だから上の式の integrand は t の連続関数となり,右辺は t で微分可能である.よって

$$-\frac{1}{i}\frac{\partial}{\partial t}(\varphi'_{\alpha t}, f) = \alpha(\varphi'_{\alpha t}, e^{itH_0}Ve^{-itH_0}f).$$

これがあらゆる $f \in \mathfrak{D}$ に対して成立し，かつ $\varphi'_{\alpha t}$ は t の連続関数だから §65.4 により $\varphi'_{\alpha t}$ は運動の式 (65.3) と一致せねばならない．

4. 以上により $\varphi_0 \in \mathfrak{D}$ なら (67.1) は運動方程式と同等であるから (67.1) を解けばよい．そのために §66 と同様な逐次近似法を行うのであるが，その前に形式的な展開式の各項 (66.2)（それは V が有界なら正しい式である）が今の場合どこまで存在するかを知ることが先決問題である．我々はまずこれを調べることにする．

§68 逐次近似法による各項の計算 (Minor Perturbation)

1. [†] (66.2) は形式的に

$$(68.1)\quad \begin{cases} \varphi_t^{(0)} = \varphi_0, \\ \varphi_t^{(1)} = -i\int_0^t e^{itH_0}Ve^{-itH_0}\varphi_t^{(0)}dt, \\ \varphi_t^{(2)} = -i\int_0^t e^{itH_0}Ve^{-itH_0}\varphi_t^{(1)}dt, \\ \varphi_t^{(3)} = -i\int_0^t e^{itH_0}Ve^{-itH_0}\varphi_t^{(2)}dt, \\ \quad\cdots\cdots \end{cases}$$

となる．今度は V が有界と限らないからこれらの項が皆存在するとは限らない．§67.1 で注意したごとく，$V = H_0$ で H_0 が有界でなければ，

$$\varphi_t^{(1)} = -i\int_0^t H_0\varphi_0 dt = -itH_0\varphi_0,$$
$$\varphi_t^{(2)} = -i\int_0^t (-it)H_0^2\varphi_0 dt$$

となるが $\varphi_0 \in \mathfrak{D}$ でも $H_0^2\varphi_0$ は存在すると限らないから $\varphi_t^{(2)}$ は一般に計算できない．

我々は以下 $\varphi_t^{(0)}, \varphi_t^{(1)}, \cdots$ の存在するための条件を調べてゆく．

まず $\varphi_t^{(0)}$ は問題にならない．

$\varphi_t^{(1)}$ は $\varphi_t^{(0)} = \varphi_0 \in \mathfrak{D}$ なら存在する．これは定理 67.1 により $Ve^{-itH_0}\varphi_0$ が連続

[†]（欄外コメント　この位置欄外に次のコメントあり．）
Wilson の場合は (68.1) はすべて存在する事が容易に示される．

なることから明らかである．

2. 次に $\varphi_t^{(2)}$ を考えるのに，$\varphi_0 \in \mathfrak{D}$ なる條件だけでは足りないことは上に述べた例から明らかである．我々は H_0^n $(n=1,2,\cdots)$ の domain を $\mathfrak{D}^n$ で表すことにする[16]．特に $\mathfrak{D}^1 = \mathfrak{D}$ であり

$$\mathfrak{D}^n \subset \mathfrak{D}^{n-1}$$

なることは明らかである．我々は $\varphi_0 \in \mathfrak{D}^2$ なら $\varphi_t^{(2)}$ が存在することを示そう．そのために次の定理を用いる．

[16] H_0^n も hypermax. であることに注意．したがって $\mathfrak{D}^n$ は $\mathfrak{H}$ で稠密であり，したがってもちろん leer ではない！（編注：leer は独語．英語は empty，和訳は 空．）

定理 68.1 $\varphi \in \mathfrak{D}^2$ なら $Ve^{-itH_0}\varphi$ は微分可能で

(68.2) $$-\frac{1}{i}\frac{d}{dt}Ve^{-itH_0}\varphi = Ve^{-itH_0}H_0\varphi = VH_0 e^{-itH_0}\varphi.$$

注意 $\varphi \in \mathfrak{D}^2$ だから $H_0\varphi \in \mathfrak{D}$，したがって $e^{-itH_0}H_0\varphi \in \mathfrak{D}$ なることに注意．

証明 §13.2 の $A_{0\ell}$ を用いれば $(\Im(\ell) \neq 0)$

$$V = A_{0\ell}(H_0 - \ell) \qquad (\text{in } \mathfrak{D})$$

であるから $\varphi \in \mathfrak{D}^2 \subset \mathfrak{D}$ を考えて $(e^{-itH_0}\varphi \in \mathfrak{D})$

$$Ve^{-itH_0}\varphi = A_{0\ell}(H_0 - \ell)e^{-itH_0}\varphi = A_{0\ell}e^{-itH_0}(H_0 - \ell)\varphi.$$

$\varphi \in \mathfrak{D}^2$ だから $H_0\varphi \in \mathfrak{D}$, $(H_0 - \ell)\varphi \in \mathfrak{D}$ となり，定理 63.3 により

$$-\frac{1}{i}\frac{d}{dt}e^{-itH_0}(H_0-\ell)\varphi = e^{-itH_0}H_0(H_0-\ell)\varphi$$
$$= e^{-itH_0}(H_0-\ell)H_0\varphi = (H_0-\ell)e^{-itH_0}H_0\varphi.$$

$A_{0\ell} \in \mathbb{B}$ だから (62.11) により

$$-\frac{1}{i}\frac{d}{dt}A_{0\ell}e^{-itH_0}(H_0-\ell)\varphi = A_{0\ell}\left(-\frac{1}{i}\frac{d}{dt}e^{-itH_0}(H_0-\ell)\varphi\right)$$
$$= A_{0\ell}(H_0-\ell)e^{-itH_0}H_0\varphi.$$

すなわち

$$-\frac{1}{i}\frac{d}{dt}Ve^{-itH_0}\varphi = Ve^{-itH_0}H_0\varphi$$

を得る． □

3. 今 $\varphi_0 \in \mathfrak{D}^2$ とし，別に任意の $f \in \mathfrak{D}$ をとれば

$$(e^{itH_0}Ve^{-itH_0}\varphi_0, f) = (Ve^{-itH_0}\varphi_0, e^{-itH_0}f).$$

上述により $Ve^{-itH_0}\varphi_0$ は微分可能であり，また定理 63.3 により $e^{-itH_0}f$ も微分可能だから

$$\begin{aligned}
-\frac{1}{i}\frac{d}{dt}&(e^{+itH_0}Ve^{-itH_0}\varphi_0, f) \\
&= \left(-\frac{1}{i}\frac{d}{dt}Ve^{-itH_0}\varphi_0, e^{-itH_0}f\right) + \left(Ve^{-itH_0}\varphi_0, \frac{1}{i}\frac{d}{dt}e^{-itH_0}f\right) \\
&= (Ve^{-itH_0}H_0\varphi_0, e^{-itH_0}f) - (Ve^{-itH_0}\varphi_0, e^{-itH_0}H_0f) \\
&= (e^{itH_0}Ve^{-itH_0}H_0\varphi_0, f) - (e^{itH_0}Ve^{-itH_0}\varphi_0, H_0f).
\end{aligned}$$

$\varphi_0 \in \mathfrak{D}^2$, $H_0\varphi_0 \in \mathfrak{D}$ なることを考えれば定理 67.1 により $Ve^{-itH_0}H_0\varphi_0$ は t の連続関数であるから，右辺は t の連続関数となり，これを積分すれば

$$\begin{aligned}
(e^{itH_0}&Ve^{-itH_0}\varphi_0, f) - (V\varphi_0, f) \\
&= -i\int_0^t (e^{itH_0}Ve^{-itH_0}H_0\varphi_0, f)dt + i\int_0^t (e^{itH_0}Ve^{-itH_0}\varphi_0, H_0f)dt.
\end{aligned}$$

上述のごとく $e^{itH_0}Ve^{-itH_0}H_0\varphi_0$ は連続だから

(68.3) $$\psi_t^{(1)} \equiv -i\int_0^t e^{itH_0}Ve^{-itH_0}H_0\varphi_0 dt$$

は存在する．また $\varphi_t^{(1)}$ の定義 (68.1) を想起すれば

$$\left(e^{itH_0}Ve^{-itH_0}\varphi_0, f\right) - (V\varphi_0, f) = (\psi_t^{(1)}, f) - (\varphi_t^{(1)}, H_0f).$$

これを書きかえれば

$$(\varphi_t^{(1)}, H_0f) = (\varphi_t^{(*)}, f); \qquad \varphi_t^{(*)} = \psi_t^{(1)} - e^{itH_0}Ve^{-itH_0}\varphi_0 + V\varphi_0$$

となる．これがあらゆる $f \in \mathfrak{D}$ に対して成立するのだから，H_0 が hypermax. なることにより (§5.1)

$$\begin{aligned}
\varphi_t^{(1)} &\in \mathrm{dom}\, H_0 = \mathfrak{D}, \\
H_0\varphi_t^{(1)} &= \varphi_t^*
\end{aligned}$$

でなければならぬ．すなわち $\varphi_t^{(1)} \in \mathfrak{D}$ で

(68.4) $\qquad H_0 \varphi_t^{(1)} = \psi_t^{(1)} - e^{itH_0} V e^{-itH_0} \varphi_0 + V\varphi_0 \qquad (\varphi_0 \in \mathfrak{D}^2)$

なる結果を得る．(68.3) から $\psi_t^{(1)}$ が連続であることは明らかだから $H_0 \varphi_t^{(1)}$ も連続である．

$\varphi_t^{(1)} \in \mathfrak{D}$ ($\varphi_0 \in \mathfrak{D}^2$ のとき) なることは (68.1) からは簡単にはわからないことに注意せねばならぬ[17]．

$\varphi_t^{(1)} \in \mathfrak{D}$ だから $e^{-itH_0} \varphi_t^{(1)} \in \mathfrak{D}$,

$$Ve^{-itH_0}\varphi_t^{(1)} = A_{0\ell}(H_0 - \ell)e^{-itH_0}\varphi_t^{(1)} = A_{0\ell}e^{-itH_0}\bigl(H_0\varphi_t^{(1)} - \ell\varphi_t^{(1)}\bigr)$$

となり，上述のごとく $H_0\varphi_t^{(1)}$ は連続，また $\varphi_t^{(1)}$ の連続なることは (68.1) から明らかだから $H_0\varphi_t^{(1)} - \ell\varphi_t^{(1)}$ は連続，したがって $e^{-itH_0}\bigl(H_0\varphi_t^{(1)} - \ell\varphi_t^{(1)}\bigr)$, $A_{0\ell}e^{-itH_0}\bigl(H_0\varphi_t^{(1)} - \ell\varphi_t^{(1)}\bigr)$ は順次に連続となり $Ve^{-itH_0}\varphi_t^{(1)}$ は連続となる．したがってまた $e^{itH_0}Ve^{-itH_0}\varphi_t^{(1)}$ も同様で

$$\varphi_t^{(2)} = -i\int_0^t e^{itH_0} V e^{-itH_0}\varphi_t^{(1)} dt$$

は存在する．

4. 以上を要約すれば：

$$\begin{aligned}\varphi_t^{(0)} &= \varphi_0 \quad \text{は常に存在する．}\\ \varphi_t^{(1)} &\quad \text{は } \varphi_0 \in \mathfrak{D} \text{ なら存在する．}\\ \varphi_t^{(2)} &\quad \text{は } \varphi_0 \in \mathfrak{D}^2 \text{ なら存在する．}\end{aligned}$$

これより推測すると一般に $\varphi_0 \in \mathfrak{D}^n$ なら $\varphi_t^{(n)}$ が存在しそうに思われるが，残念ながらそううまくはゆかない．すでに $\varphi_t^{(3)}$ においてこの想像は破れるのであって，$\varphi_0 \in \mathfrak{D}^3$ でも $\varphi_t^{(3)}$ は存在するとは限らない．

それはなぜかというに，3. と同様な計算を行おうとすると

$$Ve^{-itH_0}\varphi_t^{(1)} = A_{0\ell}(H_0-\ell)e^{-itH_0}\varphi_t^{(1)} = A_{0\ell}e^{-itH_0}(H_0-\ell)\varphi_t^{(1)}$$

が微分可能でないと困るのであるが，そのためには $e^{-itH_0}H_0\varphi_t^{(1)}$ が微分可能でないとまずい．ところが (68.4) において，$\varphi_0 \in \mathfrak{D}^3$ なら $H_0\varphi_0 \in \mathfrak{D}^2$ だから前の結果により $\psi_t^{(1)} \in \mathfrak{D}$ は明らかであるが，残りの項は $\mathfrak{D}$ に属することを主張できない．

[17] $e^{-itH_0}\varphi_0 \in \mathfrak{D}^2$ なることは容易にわかるが，それに V を作用して $Ve^{-itH_0}\varphi_0$ を作るとこれはもはや $\mathfrak{D}$ に属するかどうかわからない．一般には $\mathfrak{D}$ に属さない．したがって $e^{itH_0}Ve^{-itH_0}\varphi_0$ も $\mathfrak{D}$ に属さない．これを t で積分してはじめて $\mathfrak{D}$ に属することになる！

詳しく調べてみると，$\varphi_0 \in \mathfrak{D}^3$ の他に $V\varphi_0 \in \mathfrak{D}$ を仮定すれば $\varphi_t^{(3)}$ が計算できることがわかるのであるが，$V\varphi_0 \in \mathfrak{D}$ なる仮定がないとそれができない．

もちろんこれだけでは $\varphi_0 \in \mathfrak{D}^3$ なる仮定から $\varphi_t^{(3)}$ の存在が導かれないと主張することはできないが，これを示す簡単な例があるからそれは本当である．

$\mathfrak{H}$ として $\infty < x < \infty$ における $\mathcal{L}^2(x)$ をとり

$$H_0 = \frac{1}{i}\frac{\partial}{\partial x}, \quad V = \frac{1}{i}\frac{\partial}{\partial x} + v(x)$$

とおく．ただし $v(x)$ は連続かつ有界で到る所微分不可能かつ到る所 0 ならざる関数（Weierstrass の関数）とする．

H_0 は hypermax. でその domain は $\partial\varphi/\partial x \in \mathcal{L}^2(x)$ なるごときすべての absolutely continuous な $\varphi(x) \in \mathcal{L}^2(x)$ よりなる[18]．$v(x)$ は有界な operator だから，§14 により V も H_0 と同一の domain を有する hypermax. operator となり，したがって V は H_0 に対し minor perturbation である．

このとき

$$e^{itH_0}\varphi(x) = \varphi(x+t)$$

であることに注意すれば任意の $\varphi_0(x) \in \mathrm{dom}\, H_0$ に対し

$$e^{-itH_0}\varphi_0(x) = \varphi_0(x-t),$$

$$Ve^{-itH_0}\varphi_0(x) = \left(\frac{1}{i}\frac{\partial}{\partial x} + v(x)\right)\varphi_0(x-t) = \frac{1}{i}\varphi_0'(x-t) + v(x)\varphi_0(x-t),$$

(68.5) $$e^{itH_0}Ve^{-itH_0}\varphi_0(x) = \frac{1}{i}\varphi_0'(x) + v(x+t)\varphi_0(x),$$

$$\begin{aligned}\varphi_t^{(1)} &= -i\int_0^t \left\{\frac{1}{i}\varphi_0'(x) + v(x+t)\varphi_0(x)\right\}dt \\ &= -t\varphi_0'(x) - i\varphi_0(x)\int_0^t v(x+t)dt \\ &= -t\varphi_0'(x) - i\varphi_0(x)\int_x^{x+t} v(s)ds.\end{aligned}$$ [19]

$\varphi_0(x) \in \mathrm{dom}\, H_0^2$ ならこれは $\mathrm{dom}\, H_0$ に属するのだから

$$\frac{\partial}{\partial x}\varphi_t^{(1)}(x) = -t\varphi_0''(x) - i\varphi_0'(x)\int_x^{x+t}v(s)ds - i\varphi_0(x)(v(x+t) - v(x))$$

[18] [S] 441.

[19] $\mathcal{L}^2(x) = \mathfrak{H}$ の元素の積分としての $\int dt$ が普通の積分 $\int dt$ と一致することは Neumann: Ann. of Math. **36**(1935), 263 参照．

に注意して (68.5) を再び用いれば

$$e^{itH_0}Ve^{-itH_0}\varphi_t^{(1)}(x) = -\frac{1}{i}t\varphi_0''(x) - \varphi_0'(x)\int_x^{x+t} v(s)ds$$
$$-\varphi_0(x)(v(x+t)-v(x)) + v(x+t)\Big\{-t\varphi_0'(x) - i\varphi_0(x)\int_x^{x+t} v(s)ds\Big\}.$$

したがって

$$\varphi_t^{(2)}(x) = -i\int_0^t e^{itH_0}Ve^{-itH_0}\varphi_t^{(1)}(x)dt$$
$$= \int_0^t t\varphi_0''(x)dt + i\int_0^t \varphi_0'(x)dt\int_x^{x+t} v(s)ds + i\int_0^t \varphi_0(x)v(x+t)dt$$
$$- i\int_0^t \varphi_0(x)v(x)dt + \int_0^t itv(x+t)\varphi_0'(x)dt$$
$$- \int_0^t v(x+t)\varphi_0(x)dt\int_x^{x+t} v(s)ds$$
$$= \frac{1}{2}t^2\varphi_0''(x) + i\varphi_0'(x)\int_0^t dt\int_x^{x+t} v(s)ds + i\varphi_0(x)\int_0^t v(x+t)dt$$
$$- it\varphi_0(x)v(x) + i\varphi_0'(x)\int_0^t tv(x+t)dt - \varphi_0(x)\int_0^t v(x+t)dt\int_x^{x+t} v(s)ds.$$

これは $\mathfrak{D} = \text{dom}\,H_0$ に属さない. なぜならそのためには $\varphi_t^{(2)}(x)$ は absolutely continuous でなければならないが, 上の式を調べればわかる通りただ二つの項

(68.6) $$\frac{1}{2}t^2\varphi_0''(x) - it\varphi_0(x)v(x)$$

を除いた残りはすべて absolutely continuous であるが, (68.6) だけは $t \neq 0$ なら absolutely continuous ではない. このことは $\varphi_0(x) \neq 0$ なる点の近傍を考えてみれば明らかである [20].

したがって $\varphi_0(x) \in \text{dom}\,H_0^2$ で, $\varphi_0(x) \equiv 0$ ならざる限り $\varphi_t^{(2)}(x)$ は $\text{dom}\,H_0$ に属しない. 特に $\varphi_0(x) \in \text{dom}\,H_0^3$ でももちろんである. したがって $e^{-itH_0}\varphi_t^{(2)}$ も $\text{dom}\,H_0 = \text{dom}\,V$ に属さないから $Ve^{-itH_0}\varphi_t^{(2)}$ は存在しない. よって (68.1) により $\varphi_t^{(3)}$ を計算することはできない.

また $\varphi_0(x)$ が $\text{dom}\,H_0^2$ に属さなければ容易にわかる通り $\varphi_t^{(2)}$ を計算することができず, $\varphi_0(x)$ が $\text{dom}\,H_0$ に属さなければ $\varphi_t^{(1)}$ が作れない.

よってこの例では<u>いかなる φ_0 をとるも, $\varphi_0 \neq 0$ なる限り高々 $\varphi_t^{(2)}$ までしか存在せず, $\varphi_t^{(3)}$ は存在しない</u>[21].

5. 以上の事実により, $\varphi_t^{(3)}$ 以上を計算しようとするならば V が H_0 に対し minor

---

[20] $\varphi_0(x)$ は absolutely continuous だから $v(x)$ の性質により
$-it\varphi_0(x)v(x)$
は absolutely continuous にならない. また $(1/2)t^2\varphi_0''(x)$ が上の項と相殺し得るのは t の特別な値 (ただ一点) においてしか可能ではない.

[21] これより直ちに, どんな φ_0 をとっても $\varphi_{\alpha t}$ は α^2 の項までしか展開できないとするのは早すぎるが, このときは $\varphi_{\alpha t}$ の explicit な解も求まり, 実際そうなることを示すことができる.

operator というだけの仮定では足りないことがわかる．我々は，minor という仮定だけでも十分制限的なのだから，これ以上の仮定を加えることを欲しないし，$\varphi_t^{(3)}$ 以上を計算する必要があることは実際上もほとんどないであろうから，$\varphi_t^{(2)}$ までで停止することにする．

§69　第二次までの展開 (Minor Perturbation)

1. [‡)]　前 § では形式的な展開の始めの三つの項 $\varphi_t^{(0)}, \varphi_t^{(1)}, \varphi_t^{(2)}$ の形を知り，それらが存在するための十分条件を考えた．しかし $\varphi_t^{(2)}$ が存在するからと言って実際 2 次の項までの展開が成立するかどうかはすぐにはわからない．以下これを研究する．

$$\varphi_{\alpha t} = e^{-itH_0} \varphi'_{\alpha t}$$

で e^{-itH_0} は unitär であるから，$\varphi_{\alpha t}$ と $\varphi'_{\alpha t}$ との展開可能性は同等である．したがってどちらを考えてもよいから我々は場合に応じ便利な方を使う．

2.　まず第 0 次の展開を考えるのに，定理 64.3 によれば e^{-itH_α} は t, α の関数としても連続だから任意の初期値 φ_0 に対し

$$\varphi_{\alpha t} = e^{-itH_\alpha} \varphi_0,$$

(69.1)　　　$\|\varphi_{\alpha t} - \varphi_{0t}\| = \|e^{-itH_\alpha}\varphi_0 - e^{-itH_0}\varphi_0\| = o(1) \quad (\alpha \to 0)$

でしかもこの o は有限区間の t に対して一様である．

すなわち第 0 次の展開は任意の初期値に対して成立つ（定理 64.3 からわかる通り実はこのことは V が minor と限らず一般の regular perturbation でも成立する）．$\alpha = 0$ は特別な点ではないから $\varphi_{\alpha t}$ は α の連続関数である．

3.　次に第一次までの展開を考える．今度は $\varphi_t^{(1)}$ が出てくるから §68.4 に従い $\varphi_0 \in \mathfrak{D}$ と仮定する．

(69.2)　　　$e^{-itH_0}\varphi'_{\alpha t} = \varphi_{\alpha t} = e^{-itH_\alpha}\varphi_0$

に注意すれば (67.1) により

[‡)]　(**欄外コメント**　この位置欄外に次のコメントあり．)
Wilson の場合には $\varphi_t^{(n)}$ はすべて存在するけれども，任意次までの展開が成立するかどうか未だ不明である．

(69.2′) $$\varphi'_{\alpha t} = \varphi_0 - i\alpha \int_0^t e^{itH_0} V e^{-itH_\alpha} \varphi_0 dt$$
$$= \varphi_0 - i\alpha \int_0^t e^{itH_0} V e^{-itH_0} \varphi_0 dt$$
$$\quad - i\alpha \int_0^t e^{itH_0} V\left(e^{-itH_\alpha} - e^{-itH_0}\right)\varphi_0 dt.$$

かかる変型ができるのは

$$\varphi_t^{(1)} = -i \int_0^t e^{itH_0} V e^{-itH_0} \varphi_0 dt$$

が存在するからである．かくして

(69.3) $$\varphi'_{\alpha t} - \varphi_0 - \alpha \varphi_t^{(1)} = -i\alpha \int_0^t e^{itH_0} V\left(e^{-itH_\alpha} - e^{-itH_0}\right)\varphi_0 dt.$$

しかるに定理 67.1 によれば $V e^{-itH_\alpha} \varphi_0$ は α, t を変数として連続である．したがって α, t の任意の閉区間において一様に連続である．特に $\alpha = 0$ で考えれば

$$\|V e^{-itH_\alpha} \varphi_0 - V e^{-itH_0} \varphi_0\|$$

は $\alpha \to 0$ のとき，任意の t の有限区間 $|t| \leqq \tau$ において一様に 0 に収束する．したがって

$$\|e^{itH_0} V\left(e^{-itH_\alpha} - e^{-itH_0}\right)\varphi_0\| = \|V e^{-itH_\alpha} \varphi_0 - V e^{-itH_0} \varphi_0\|$$

により

$$\left\| \int_0^t e^{itH_0} V\left(e^{-itH_\alpha} - e^{-itH_0}\right)\varphi_0 dt \right\| \to 0 \quad (\alpha \to 0)$$

となる．よって (69.3) から

(69.4) $$\varphi'_{\alpha t} = \varphi_0 + \alpha \varphi_t^{(1)} + o(\alpha).$$

すなわち $\varphi_0 \in \mathfrak{D}$ なら第一次の展開が成立する[22)][23)]．

---

*)傍注 23) $o(\alpha)$ の項を出さずに $O(\alpha)$ の所だけで止めて評価した方が都合のよい事もある．(69.2′) より $\varphi'_{\alpha t} - \varphi_0 = -i\alpha \int_0^t e^{itH_0} (H_\alpha - \ell)^{-1} e^{-itH_\alpha} (H_\alpha - \ell)\varphi_0 dt$.

∴ $\quad \|\varphi'_{\alpha t} - \varphi_0\| \leqq |\alpha| \cdot |t| \cdot |A_{\alpha \ell}| \cdot \|(H_\alpha - \ell)\varphi_0\|.$

したがって $\{\alpha t \to 0, \alpha \text{ 有限}\}$ ならば $\varphi'_{\alpha t} \to \varphi_0$ なる事がわかる（ただし $\varphi_0 \in \mathfrak{D}$）．これは例えば $t \to \infty$ でも $\alpha \to 0$ で $\alpha t \to 0$ ならば $\varphi'_{\alpha t} \to \varphi_0$ すなわち $(e^{-itH_\alpha} - e^{-itH_0})\varphi_0 \to 0$ なる事を示す．$\varphi_0 \in \mathfrak{D}$ なる条件は除くことができるから結局次の結果を得る：α が有界，$\alpha t \to 0$ ならば $e^{-itH_\alpha} - e^{-itH_0} \to 0$ である．

22) かつ (69.4) の右辺の $o(\alpha)$ の o は，t の任意の有限区間において一様であることは上の出し方からわかる．

23) ここにある傍注は長いので脚注 *) の位置に置く．

これよりまた $\varphi_0 \in \mathfrak{D}$ なら

$$(69.5) \qquad \varphi_{\alpha t} = e^{-itH_0}\varphi'_{\alpha t} = e^{-itH_0}\varphi_0 + \alpha e^{-itH_0}\varphi_t^{(1)} + o(\alpha)$$
$$= \varphi_{0t} + \alpha e^{-itH_0}\varphi_t^{(1)} + o(\alpha).$$

したがって $\alpha \to 0$ のとき

$$(69.6) \qquad \frac{\varphi_{\alpha t} - \varphi_{0t}}{\alpha} = \frac{e^{-itH_\alpha} - e^{-itH_0}}{\alpha}\varphi_0 \to e^{-itH_0}\varphi_t^{(1)} \quad (\varphi_0 \in \mathfrak{D})$$

となるが，上述によりこの収束も t の任意の有限区間において一様であることに注意する．

任意の H_α も $\mathfrak{D}$ を domain にもつことを考えれば，$\varphi_0 \in \mathfrak{D}$ なら H_α を今までの H_0 のごとく考えることができるから (69.6) は一般化して

$$(69.7) \qquad \frac{\partial}{\partial \alpha}\varphi_{\alpha t} = \frac{\partial}{\partial t}e^{-itH_\alpha}\varphi_0$$
$$= -ie^{-itH_\alpha}\int_0^t e^{itH_\alpha}Ve^{-itH_\alpha}\varphi_0 dt$$
$$= -ie^{-itH_\alpha}\int_0^t e^{itH_\alpha}V\varphi_{\alpha t} dt$$

と書くことができる．特に $t = 1$ とすれば

$$(69.8) \qquad \frac{\partial}{\partial \alpha}e^{-iH_\alpha}\varphi_0 = -ie^{-iH_\alpha}\int_0^1 e^{itH_\alpha}Ve^{-itH_\alpha}\varphi_0 dt.$$

左辺のごとき簡単な式がこのような厄介な形になるのは面白い．

4. 次に第 2 次までの展開を考える．今度は $\varphi_t^{(2)}$ なる係数が現れるから $\varphi_0 \in \mathfrak{D}^2$ と仮定する (§68.4)．

初めに

$$(69.9) \qquad \frac{1}{\alpha}(Ve^{-itH_\alpha}\varphi_0 - Ve^{-itH_0}\varphi_0)$$

が $\alpha \to 0$ のとき t の任意の有限区間において一様に収束することを示そう．そのために §14.2 の $A_{\alpha\ell}$ を用い ($\Im(\ell) \neq 0$)

$$V = A_{\alpha\ell}(H_\alpha - \ell) \qquad (\text{in } \mathfrak{D})$$

に注意して

$$Ve^{-itH_\alpha}\varphi_0 - Ve^{-itH_0}\varphi_0$$
$$= A_{\alpha\ell}(H_\alpha - \ell)e^{-itH_\alpha}\varphi_0 - A_{0\ell}(H_0 - \ell)e^{-itH_0}\varphi_0$$
$$= A_{\alpha\ell}e^{-itH_\alpha}(H_\alpha - \ell)\varphi_0 - A_{0\ell}e^{-itH_0}(H_0 - \ell)\varphi_0.$$

(14.5) により α が十分小さければ

$$A_{\alpha\ell} = (1 + \alpha A_{0\ell})^{-1} A_{0\ell}$$

であるから

$$Ve^{-itH_\alpha}\varphi_0 - Ve^{-itH_0}\varphi_0$$
$$= (1 + \alpha A_{0\ell})^{-1}\{A_{0\ell}e^{-itH_\alpha}(H_\alpha - \ell)\varphi_0 - (1 + \alpha A_{0\ell})A_{0\ell}e^{-itH_0}(H_0 - \ell)\varphi_0\}$$
$$= (1 + \alpha A_{0\ell})^{-1}A_{0\ell}\{e^{-itH_\alpha}(H_\alpha - \ell)\varphi_0 - e^{-itH_0}(H_0 - \ell)\varphi_0\}$$
$$\quad - \alpha(1 + \alpha A_{0\ell})^{-1}A_{0\ell}^2 e^{-itH_0}(H_0 - \ell)\varphi_0$$
$$= (1 + \alpha A_{0\ell})^{-1}A_{0\ell}\{e^{-itH_\alpha}[(H_\alpha - \ell)\varphi_0 - (H_0 - \ell)\varphi_0]$$
$$\quad + (e^{-itH_\alpha} - e^{-itH_0})(H_0 - \ell)\varphi_0\}$$
$$\quad - \alpha(1 + \alpha A_{0\ell})^{-1}A_{0\ell}^2 e^{-itH_0}(H_0 - \ell)\varphi_0.$$

$(H_\alpha - \ell)\varphi_0 - (H_0 - \ell)\varphi_0 = \alpha V\varphi_0$ および

$$A_{0\ell}^2 e^{-itH_0}(H_0 - \ell)\varphi_0 = A_{0\ell}^2(H_0 - \ell)e^{-itH_0}\varphi_0 = A_{0\ell}Ve^{-itH_0}\varphi_0$$

に注意すれば

(69.10) $\quad \dfrac{1}{\alpha}(Ve^{-itH_\alpha}\varphi_0 - Ve^{-itH_0}\varphi_0)$
$$= (1 + \alpha A_{0\ell})^{-1}A_{0\ell}\left\{e^{-itH_\alpha}V\varphi_0 + \frac{e^{-itH_\alpha} - e^{-itH_0}}{\alpha}(H_0 - \ell)\varphi_0\right\}$$
$$\quad - (1 + \alpha A_{0\ell})^{-1}A_{0\ell}Ve^{-itH_0}\varphi_0.$$

ここで $\alpha \to 0$ を考えるに当たり，t の任意の有限区間で一様に収束することを $\underset{t}{\longrightarrow}$ なる記号で仮に表すことにすれば，まず定理 64.3 により

$$e^{-itH_\alpha}V\varphi_0 \underset{t}{\longrightarrow} e^{-itH_0}V\varphi_0.$$

$(H_0 - \ell)\varphi_0 \in \mathfrak{D}$ であるから (69.6) により（そこの φ_0 の代わりに $(H_0 - \ell)\varphi_0$ を入

れる）
$$\frac{e^{-itH_\alpha}-e^{-itH_0}}{\alpha}(H_0-\ell)\varphi_0 \xrightarrow[t]{} e^{-itH_0}(-i)\int_0^t e^{itH_0}Ve^{-itH_0}(H_0-\ell)\varphi_0 dt.$$

(68.1), (68.3) により （$\varphi_t^{(1)}$ および $\psi_t^{(1)}$ の定義）
$$\frac{e^{-itH_\alpha}-e^{-itH_0}}{\alpha}(H_0-\ell)\varphi_0 \xrightarrow[t]{} e^{-itH_0}\bigl(\psi_t^{(1)}-\ell\varphi_t^{(1)}\bigr).$$

また (14.6) を示したのと全く同様に
$$(1+\alpha A_{0\ell})^{-1} \Longrightarrow 1 \quad \text{したがって} \quad (1+\alpha A_{0\ell})^{-1} \xrightarrow[t]{} 1.$$

したがって (69.10) から（$A_{0\ell}\in\mathbb{B}$ に注意!）
$$\frac{1}{\alpha}\bigl(Ve^{-itH_\alpha}\varphi_0 - Ve^{-itH_0}\varphi_0\bigr)$$
$$\xrightarrow[t]{} A_{0\ell}\{e^{-itH_0}V\varphi_0 + e^{-itH_0}\bigl(\psi_t^{(1)}-\ell\varphi_t^{(1)}\bigr)\} - A_{0\ell}Ve^{-itH_0}\varphi_0$$
$$= A_{0\ell}e^{-itH_0}\bigl(V\varphi_0 + \psi_t^{(1)} - \ell\varphi_t^{(1)} - e^{itH_0}Ve^{-itH_0}\varphi_0\bigr).$$

ここへ (68.4) を代入すれば右辺は
$$A_{0\ell}e^{-itH_0}\bigl(H_0\varphi_t^{(1)} - \ell\varphi_t^{(1)}\bigr) = A_{0\ell}e^{-itH_0}(H_0-\ell)\varphi_t^{(1)}$$
$$= A_{0\ell}(H_0-\ell)e^{-itH_0}\varphi_t^{(1)} = Ve^{-itH_0}\varphi_t^{(1)}$$

となるから

(69.11) $$\frac{1}{\alpha}\bigl(Ve^{-itH_\alpha}\varphi_0 - Ve^{-itH_0}\varphi_0\bigr) \xrightarrow[t]{} Ve^{-itH_0}\varphi_t^{(1)}$$

となる．したがって (69.6) を参照すれば結局 V なる operator の右で (69.6) を遂行したのと同じことになる．V が有界でないからこのことは直接明らかでなく，上のような回り道を必要としたのである．

さて今度は $\varphi_0 \in \mathfrak{D}^2 \subset \mathfrak{D}$ により (69.3) はもちろん成立するから

$$\frac{1}{\alpha^2}\bigl(\varphi'_{\alpha t} - \varphi_0 - \alpha\varphi_t^{(1)}\bigr) = -i\int_0^t e^{-itH_0}\frac{V(e^{-itH_\alpha}-e^{-itH_0})\varphi_0}{\alpha}dt.$$

今度は (68.1) の $\varphi_t^{(2)}$ が存在するのだから

$$\frac{1}{\alpha^2}(\varphi'_{\alpha t} - \varphi_0 - \alpha \varphi_t^{(1)} - \alpha^2 \varphi_t^{(2)})$$
$$= -i \int_0^t e^{-itH_0} \left\{ \frac{V(e^{-itH_\alpha} - e^{-itH_0})\varphi_0}{\alpha} - V e^{-itH_0} \varphi_t^{(1)} \right\} dt.$$

ここで $\alpha \to 0$ とすれば (69.11) により右辺は 0 に収束するから

(69.12) $$\varphi'_{\alpha t} = \varphi_0 + \alpha \varphi_t^{(1)} + \alpha^2 \varphi_t^{(2)} + o(\alpha^2).$$

而してこの o も t の任意の有限区間において一様である.

すなわち $\varphi_0 \in \mathfrak{D}^2$ なら実際第二次までの展開が成立する.

上の式に e^{-itH_0} を乗ずると

(69.13) $$\varphi_{\alpha t} = \varphi_{0t} + \alpha e^{-itH_0} \varphi_t^{(1)} + \alpha^2 e^{-itH_0} \varphi_t^{(2)} + o(\alpha^2).$$

5. $\varphi_0 \in \mathfrak{D}^2$ のときには上のように第二次までの展開が成立するが, この展開は $\alpha = 0$ の近傍において成立するのであって, その他の α においては一般に成立することは主張できない. この点は第一次の展開 (69.4), (69.5) が (69.7) のごとく任意の α に対し可能なることと大いに異なる.

それはなぜかというに, <u>$\mathfrak{D}^2$ は H_0^2 の domain であるが H_α^2 $(\alpha \neq 0)$ の domain とは限らない</u> からである. 既知のごとく minor perturbation のときには任意の H_α の domain はすべて同一で $\mathfrak{D}$ であるが, H_α^2 の domain は一般に α によって異なり, $\alpha \neq 0$ なら dom H_α^2 は $\mathfrak{D}^2$ に等しくないのである. なぜなら, $f \in \mathfrak{D}^2$ が同時に dom H_α^2 に属するならば $H_\alpha f \in \text{dom } H_\alpha = \mathfrak{D}$ が必要であり, $H_\alpha f = H_0 f + \alpha V f$ において $f \in \mathfrak{D}^2$ により $H_0 f \in \mathfrak{D}$ なることを考えれば $Vf \in \mathfrak{D}$ でなければならぬ. しかしながら $f \in \mathfrak{D}^2$ から $Vf \in \mathfrak{D}$ なることは出て来ないのである. 例えば H_0 として第 6 章において考えた原子の operator における運動エネルギーをとり, V として Coulomb Potential をとってみれば, 同所で示したごとく V は minor perturbation である. 而して $f \in \mathfrak{D}^*$ なら確かに $f \in \mathfrak{D}^2$ であるが, f が原点で 0 でないような関数であると Vf は $\mathfrak{D}$ には属さない. もし属するなら $V^2 f$ が存在せねばならぬが, f が原点で 0 でなければ $V^2 f$ は Hilbert 空間に属さないからである.

かくして $\varphi_0 \in \mathfrak{D}^2$ なるとき (69.12), (69.13) は一般に $\alpha = 0$ の近傍においてのみ成り立ちその他の α には拡張できない. 別な α の近傍で考えるなら別に $\varphi_0 \in \text{dom } H_\alpha^2$ を仮定せねばならぬのである.

したがって $\varphi_0 \in \mathfrak{D}^2$ なるとき $\partial^2 \varphi_{\alpha t}/\partial \alpha^2$ が存在することは一般に証明できないであろう. そして (69.12), (69.13) は Taylor の展開ではなく, 漸近展開と考えねば

ならないであろう．

6. 以上の展開式はすべて $\alpha \to 0$ のときに成立する式であって，そのとき t は任意である．のみならず t の有限区間を考える限り，$\alpha \to 0$ のとき一様に収束し，一様な近似が成り立つ．

　この意味において摂動論は $\alpha \to 0$ のときの理論であり，<u>α が小さいときに成立する理論であって t の小さい時の理論ではない</u>．この点に関して往々にして誤解があるように思われる．もちろん t が小さい程，同一の α に対しては近似がよくなることは当然期待される所ではあるが．

7. $\varphi_t^{(1)}$ が恒等的に 0 になるのはいかなる場合かを考えてみよう．このことは

$$\int_0^t e^{itH_0} V e^{-itH_0} \varphi_0 dt = 0 \qquad \text{(all } t\text{)}$$

なることを意味する．而してこの式は $\varphi'_{\alpha t} \equiv \varphi_0$ が積分方程式 (67.1) の解であることを意味する．この解はもちろん t の連続関数であるから，§67.3 により運動の式と一致せねばならぬ．したがって

$$\varphi_{\alpha t} = e^{-itH_0} \varphi'_{\alpha t} = e^{-itH_0} \varphi_0.$$

したがって $\varphi_{\alpha t}$ は実は α に無関係である．かくして次の定理を得る．

定理 69.1 　$\varphi_{\alpha t}$ が α に無関係でなければ $\varphi_t^{(1)}$ は（それが存在すれば）任意の t に対し 0 なることはない．換言すれば（$\varphi_0 \in \mathfrak{D}$ もしくは $\varphi_0 \in \mathfrak{D}^2$ なるとき），$\varphi_{\alpha t}$ が α に無関係なる trivial な場合を除き，$\varphi_{\alpha t}$ の展開は必ず α の一次の項から始まる．

　これは minor perturbation の著しい性質である（一般の場合にも成立するかもしれないが不明）．

8. 終わりに展開式の各項を explicit に求める仕事が残っているがこれは厄介な仕事であって一般に簡単に表すことは困難であり，(68.1) で与えられるままにしておく他ない．

　ここで特別の場合として φ_0 が H_0 の固有元素で

$$(69.14) \qquad\qquad H_0 \varphi_0 = \mu_0 \varphi_0$$

なる場合だけを取り扱う．通常の摂動論でもこの場合だけしかやってない．

　第一種の摂動論の場合と異なり，μ_0 は正常固有値と限る必要はない．それは無限

大の多重度をもってもよいし（そういう場合は応用上ないが），また孤立していなくてもよい．むしろ孤立していない場合の方が第二種の摂動論の場合においては重要である．

(69.14) が成立すればもちろん $\varphi_0 \in \mathfrak{D}^2$ だから第二次までの展開は成立する．而して $e^{-itH_0}\varphi_0 = e^{-it\mu_0}\varphi_0$ であるから

$$(69.15) \quad \varphi_t^{(1)} = -i\int_0^t e^{itH_0}Ve^{-itH_0}\varphi_0 dt = -i\int_0^t e^{it(H_0-\mu_0)}V\varphi_0 dt.$$

しかるに

$$e^{it(H_0-\mu_0)}V\varphi_0 = \int_{-\infty}^{\infty} e^{it(\lambda-\mu_0)}dE_0(\lambda)V\varphi_0 dt.$$

これを t で積分するのに積分の順序を変えてよいことは容易に示されるから

$$(69.16) \quad \varphi_t^{(1)} = -i\int_{-\infty}^{\infty}\left\{\int_0^t e^{it(\lambda-\mu_0)}dt\right\}dE_0(\lambda)V\varphi_0$$
$$= \int_{-\infty}^{\infty}\frac{1-e^{it(\lambda-\mu_0)}}{\lambda-\mu_0}dE_0(\lambda)V\varphi_0.$$

ただし integrand は $\lambda = \mu_0$ において $-it$ なる値をとるものと約束する．

このときでも $\varphi_t^{(2)}$ の計算は困難である．H_0 が点スペクトルのみを有するときは大して困難でなく，通常の取り扱いと同一の結果を得るが，一般の場合には適当な新しい積分を導入しなければ不可能のように思われる．この困難は例のいわゆる連続固有値に対する表示の問題と関係したもので，甚だ厄介なる問題である．我々はこの問題には立ち入らないことにする．

§70 Regular Perturbation の場合の展開式

1. 以上我々は minor perturbation の場合を詳しく論じたが，そのときでも展開は一般には 2 次の項までしか求められなかった．第一種の摂動論において正常固有値に対し巾級数展開が成立したのと比べると，第二種の摂動論がはるかに困難であることがわかる．

minor perturbation より一般な摂動の場合にはほとんど一般的な議論は今の所不可能である．たとえ V を regular perturbation と限ってもそうである．その主なる理由は今度は $\mathrm{dom}\,H_\alpha$ が α に無関係ではないことである．

例えば $\varphi_0 \in \mathrm{dom}\,H_0$ とすれば

$$\varphi_{\alpha t} = e^{-itH_\alpha}\varphi_0$$

は（もちろん存在するが）$\mathrm{dom}\, H_\alpha$ に属するか $\mathrm{dom}\, H_0$ に属するか等の問には答えることができない．仮定を一歩進めて $\varphi_0 \in \overline{\mathfrak{D}}$ ($\overline{\mathfrak{D}} = \mathrm{dom}\, H_\alpha \cap \mathrm{dom}\, V$, これは α に無関係．§64.1 参照）とすればもちろん $\varphi_0 \in \mathrm{dom}\, H_\alpha$ だから上の式により（定理63.1）$\varphi_{\alpha t} \in \mathrm{dom}\, H_\alpha$ なることがわかるがそれが $\overline{\mathfrak{D}}$ に属するかどうかわからない．したがって $\varphi'_{\alpha t} = e^{-itH_0}\varphi_{\alpha t}$ は微分可能かどうかわからなく（$\varphi_{\alpha t} \in \mathrm{dom}\, H_0$ かどうかわからないから，§65.2 参照），あるいはまた積分方程式 (67.1) も成立することが主張できない．なぜなら

$$Ve^{-itH_0}\varphi'_{\alpha t} = V\varphi_{\alpha t}$$

が存在するかどうかわからないから．

かくして minor perturbation のときに用いた方法は成功しない．その方法を踏襲しようとすれば一々厄介な仮定を導入せねばならぬがそれでは煩わしくてやりきれないであろうと思われる．

2. ただし第 0 次の展開は V が regular なら可能である．このことは §69.2 においてすでに注意した．したがって $\varphi_{\alpha t}$ は α の連続関数であることは確実であるが，これだけではあまりに trivial で役に立たない．

3. V を regular とし，さらに初期値 φ_0 が H_0 の固有元素で

(70.1) $$H_0\varphi_0 = \mu_0\varphi_0, \quad \text{かつ} \quad \varphi_0 \in \overline{\mathfrak{D}}$$

24) $\varphi_0 \in \overline{\mathfrak{D}}$ は $\varphi_0 \in \mathrm{dom}\, V$ と同等である．

なる場合[24]には，例外的に取り扱いが簡単となる．例外的ではあるがこの場合は応用上甚だ重要であるから特別に調べる価値がある．μ_0 は正常固有値と限らず，∞ 多重度をもってもよいし，また孤立していなくてもよい．

今度は前と異なり

(70.2) $$\varphi''_{\alpha t} = e^{it\mu_0}\varphi_{\alpha t} = e^{-it(H_\alpha - \mu_0)}\varphi_0$$

なる量を導入する．$\varphi_0 \in \overline{\mathfrak{D}}$ だからもちろん $\varphi_0 \in \mathrm{dom}\, H_\alpha = \mathrm{dom}\,(H_\alpha - \mu_0)$ となり定理 63.3 により

$$-\frac{d}{dt}\varphi''_{\alpha t} = e^{-it(H_\alpha - \mu_0)}(H_\alpha - \mu_0)\varphi_0.$$

しかるに $\varphi_0 \in \overline{\mathfrak{D}}$ により

$$(H_\alpha - \mu_0)\varphi_0 = (H_0 + \alpha V - \mu_0)\varphi_0 = \alpha V \varphi_0.$$

だから
$$-\frac{1}{i}\frac{d}{dt}\varphi''_{\alpha t} = \alpha e^{-it(H_\alpha - \mu_0)} V \varphi_0.$$

この右辺はもちろん t の連続関数だからこれを積分すれば $(\varphi''_{\alpha 0} = \varphi_0)$

$$\varphi''_{\alpha t} - \varphi_0 = -i\alpha \int_0^t e^{-it(H_\alpha - \mu_0)} V \varphi_0 dt,$$

$$\varphi''_{\alpha t} - \varphi_0 + i\alpha \int_0^t e^{-it(H_0 - \mu_0)} V \varphi_0 dt$$
$$= -i\alpha \int_0^t \left(e^{-it(H_\alpha - \mu_0)} - e^{-it(H_0 - \mu_0)}\right) V \varphi_0 dt.$$

定理 64.3 により

$$e^{-it(H_\alpha - \mu_0)} V \varphi_0 \xrightarrow[t]{} e^{-it(H_0 - \mu_0)} V \varphi_0 \qquad (\alpha \to 0)$$

であるから $\alpha \to 0$ のとき前の式の右辺の積分は 0 となり

(70.3) $$\varphi''_{\alpha t} = \varphi_0 - i\alpha \int_0^t e^{-it(H_\alpha - \mu_0)} V \varphi_0 dt + o(\alpha).$$

(70.2) により $\varphi_{\alpha t}$ に戻れば

(70.4) $$\varphi_{\alpha t} = e^{-it\mu_0} \varphi''_{\alpha t}$$
$$= e^{-it\mu_0} \varphi_0 - i\alpha e^{-it\mu_0} \int_0^t e^{-it(H_\alpha - \mu_0)} V \varphi_0 dt + o(\alpha).$$

かくしてこの場合には一次までの展開の成立することが簡単に出た.

(70.3) の α の項の係数

$$-i \int_0^t e^{-it(H_\alpha - \mu_0)} V \varphi_0 dt$$

は (69.15) とよく似ているが integrand の指数関数の肩の符号が反対である！ (69.15) と同様な計算により

(70.5) $$-i \int_0^t e^{-it(H_\alpha - \mu_0)} V \varphi_0 dt = \int_{-\infty}^\infty \frac{e^{-it(\lambda - \mu_0)} - 1}{\lambda - \mu_0} dE_0(\lambda) V \varphi_0$$

となる. (70.4) の α の係数はこれに $e^{-it\mu_0}$ を乗じたものであるが, それは (69.5) に

より $e^{-itH_0}\varphi_t^{(1)}$ ($\varphi_t^{(1)}$ は (68.1)) と一致せねばならない．これは直ちに検証される．

§71 遷移確率

1. 第二種の摂動論の主なる目的は遷移確率を求めることにある．

H_0 が実スペクトルのみを有し，その固有値が $\lambda_0, \lambda_1, \lambda_2, \cdots$，相当する固有元素が $\varphi_0, \varphi_1, \cdots$ で，$\lambda_0, \lambda_1, \lambda_2, \cdots$ がすべて相異なる場合を考える．このとき φ_i ($i=0,1,\cdots$) は常数因子を除き確定する．$t=0$ において $\varphi_{\alpha t} = \varphi_0$ なるときの運動方程式の解

$$(71.1) \qquad \varphi_{\alpha t} = e^{-itH_\alpha}\varphi_0$$

で表される力学系が，時刻 t において φ_n なる状態にある確率は

$$(71.2) \qquad |(\varphi_{\alpha t}, \varphi_n)|^2$$

で与えられる．これが状態 φ_0 から φ_n への遷移確率である．

H_0 が点スペクトルのみをもたない場合にはもっと事情は複雑である．一般には我々は無摂動 operator H_0 のみをもって力学系の状態を完全に記述することができない[25]，という意味は，operator H_0 がある範囲 $(\lambda', \lambda'']$ の値をとる確率は

[25] この表現はよくない！

$$(71.3) \qquad \|(E_0(\lambda'') - E_0(\lambda'))\varphi_{\alpha t}\|^2$$

で与えられるが，我々は一般にこの値を知るだけでは十分でないのが普通である．かかる場合には H_0 と可換な他の operator をいくつか導入して，これらの operator の取る値の分布を求めることが必要である．例えば一つの自由質点について言えば，そのエネルギーがある範囲にある確率の他に，その方向がある範囲にある確率を知ることが一般に必要である．そうでないと例えば"部分断面積"等の計算ができない．

このような系の状態を標識するための可換 operator の "complete system" を厳密に導入することは我々の目的外であるからここでは立ち入らない．いずれにせよ $\varphi_{\alpha t}$ が求まればこれにより系の状態は完全に記述することができるのであるから遷移確率を求めることは個々の場合には単なる計算問題にすぎない（尤もそれが実際上は容易でないのであるが）．

我々はこれらの問題の詳細に立ち入ることを避け，ただ遷移後のエネルギー分布を表す式，および全遷移確率だけを求めることにする．

それには単に (71.3) を計算すればよい．我々は区間 $I = (\lambda', \lambda'']$ に対し

(71.4) $$E_0(I) = E_0(\lambda'') - E_0(\lambda')$$

なる記号を使う．すると (71.3) は

(71.5) $$W_{\alpha t}(I) = \|E_0(I)\varphi_{\alpha t}\|^2$$

である．これが時刻 t において無摂動エネルギー H_0 の値が I なる区間にある確率を表す．

遷移確率を求めるには初期値 φ_0 が H_0 の固有元素である場合だけを考えるのが普通であるから我々もそれを仮定する．すなわち

(71.6) $$H_0\varphi_0 = \mu_0\varphi_0$$

とする．換言すれば，系ははじめに無摂動エネルギーが確定せる値をとるごとき状態にあったものとする．

2. 我々はまず第 0 次の摂動論の結果を調べよう．そのために V は regular perturbation であるとする．すると §70.2 により

$$\|\varphi_{\alpha t} - \varphi_{0t}\| \to 0, \quad (\alpha \to 0),$$

$$E_0(I)\varphi_{\alpha t} = E_0(I)\varphi_{0t} + o(1) \quad (\alpha \to 0).$$

しかるに $\varphi_0(t) = e^{-itH_0}\varphi_0 = e^{-it\mu_0}\varphi_0$ であるから

$$E_0(I)\varphi_{\alpha t} = e^{-it\mu_0}E_0(I)\varphi_0 + o(1).$$

しかるに $E_0(I)\varphi_0$ は I が μ_0 を含めば φ_0 に等しく然らざれば 0 に等しい．今後者を仮定すれば

$$E_0(I)\varphi_{\alpha t} = o(1) \quad (\alpha \to 0) \quad (\mu_0 \notin I).$$

したがって (71.5) により

(71.7) $$W_{\alpha t}(I) = o(1) \quad (\alpha \to 0) \quad (\mu_0 \notin I).$$

すなわち時刻 t において系のエネルギーが μ_0 を含まない任意の区間 I 内にある確率は $o(1)$ の程度である．α が小さければこれはいくらでも小さくなる．このことはエネルギー保存の法則に他ならない．これを次のごとく言い表すことができよう．

定理 71.1 V が regular perturbation ならば，エネルギーは $o(1)$ 程度の範囲内において保存される．($o(1)$ は $\alpha \to 0$ のときの記号)．

この仮定（V は regular perturbation という仮定）は §48 により十分一般的なものである．而して上では φ_0 が H_0 の固有元素という以外に何の仮定もしていない．よってこの定理は極めて一般的なるものである．すなわちエネルギーは十分一般的なる場合において保存される．

上の事実は何人も直観的に自明のことと許している事実であるが，その厳密な証明は今まで与えられなかったように思われる．regular perturbation 以外において上の定理が成立つかどうかは調べてみないが，応用上は重要でない．

上の定理によればエネルギーは $o(1)$ の程度において保存されることはわかったが，これが実は $O(\alpha)$ であるか $O(\alpha^2)$ であるかあるいはもっと大きな量[2]であるかはこれだけでは何とも言えない．したがってエネルギーの保存される程度にも種々の段階があることを注意せねばならぬ．その例は以下に種々現れる．

3. 今度は同じく V が regular perturbation で, φ_0 は (71.6) を満足する他さらに

(71.8) $$\varphi_0 \in \overline{\mathfrak{D}} \qquad (\text{これは} \varphi_0 \in \operatorname{dom} V \text{ と同等})$$

を満足するものとしよう[26]．このとき (70.3) により

$$\varphi''_{\alpha t} = \varphi_0 - i\alpha \int_0^t e^{-it(H_0-\mu_0)} V\varphi_0 dt + o(\alpha)$$

が成り立つ．他方 $\varphi_{\alpha t} = e^{-it\mu_0}\varphi''_{\alpha t}$ ((70.2)) であるから

$$W_{\alpha t}(x) = \|E_0(I)\varphi_{\alpha t}\|^2 = \|e^{-it\mu_0}E_0(I)\varphi''_{\alpha t}\|^2 = \|E_0(I)\varphi''_{\alpha t}\|^2$$
$$= \left\|E_0(I)\varphi_0 - i\alpha E_0(I)\int_0^t e^{-it(H_0-\mu_0)} V\varphi_0 dt + o(\alpha)\right\|^2.$$

前のように I が μ_0 を含まないとすれば

$$E_0(I)\varphi_0 = 0.$$

(70.5) により

$$-iE_0(I)\int_0^t e^{-it(H_0-\mu_0)}V\varphi_0 dt = \int_{\lambda'}^{\lambda''} \frac{e^{-it(\lambda-\mu_0)}-1}{\lambda-\mu_0}dE_0(\lambda)V\varphi_0$$

---

[26] V が minor perturbation なら (71.8) は自然に満たされている．

[2] α の巾が大きいという意味か？

であるから

$$
\begin{aligned}
(71.9)\quad W_{\alpha t}(I) &= \left\| \alpha \int_{\lambda'}^{\lambda''} \frac{e^{-it(\lambda-\mu_0)}-1}{\lambda-\mu_0} dE_0(\lambda)V\varphi_0 + o(\alpha) \right\|^2 \\
&= \alpha^2 \int_{\lambda'}^{\lambda''} \frac{|e^{-it(\lambda-\mu_0)}-1|^2}{(\lambda-\mu_0)^2} d\|E_0(\lambda)V\varphi_0\|^2 + o(\alpha^2) \\
&= 2\alpha^2 \int_{\lambda'}^{\lambda''} \frac{1-\cos t(\lambda-\mu_0)}{(\lambda-\mu_0)^2} d\|E_0(\lambda)V\varphi_0\|^2 + o(\alpha^2).
\end{aligned}
$$

これは V が regular perturbation のときの式であるが，特に V が minor perturbation なら，(71.8) は自然に満足されているのみならず，$\varphi_0 \in \mathfrak{D}^2 = \operatorname{dom} H_0^2$ はもちろん成立しているから (69.13) が成立し上と全く同様な計算をすれば (71.9) において右辺の $o(\alpha^2)$ の代わりに $O(\alpha^3)$ とした式が得られる．

そこで

$$(71.10)\quad W_t^{(1)}(I) \equiv 2 \int_{\lambda'}^{\lambda''} \frac{1-\cos t(\lambda-\mu_0)}{(\lambda-\mu_0)^2} d\|E_0(\lambda)V\varphi_0\|^2$$

とおけば

$$(71.11)\quad W_{\alpha t}(I) = \alpha^2 W_t^{(1)}(I) + \begin{cases} o(\alpha^2) & (V:\text{ regular}), \\ O(\alpha^3) & (V:\text{ minor}) \end{cases}$$

となる．したがって μ_0 を含まない任意の区間 I への遷移確率は $O(\alpha^2)$ である．したがってこのときはエネルギーも $O(\alpha^2)$ の程度において保存されるということができる．ただし上では $\varphi_0 \in \operatorname{dom} V$ なる仮定をしていることに注意を要する．

I が μ_0 を含まないのみならず，I と μ_0 との距離 d が正ならば (71.10) において $(\lambda-\mu_0)^2 \geqq d^2$ だから

$$(71.11')\quad W_t^{(1)}(I) \leqq \frac{4}{d^2} \int_{\lambda'}^{\lambda''} d\|E_0(\lambda)V\varphi_0\|^2 = \frac{4}{d^2} \|E_0(I)V\varphi_0\|^2.$$

これは t がどんなに増しても右辺の値をこえない．したがって一般に t が大なるときは重要でなくなるであろう．この意味において，エネルギーは $O(\alpha^2)$ の項まで考えても保存されるということができる．したがって粗く言えばエネルギーは $o(\alpha^2)$ の誤差において保存されるということができよう（t 大なるとき）．

特に μ_0 が一重の固有値でかつ孤立しているならば I として μ_0 以外の全スペクトルを取っても上のことが成立するから，時間 t が大ならば α^2 の order では事実上遷

移が起らないと考えることができる．

我々は上のごとく μ_0 から正なる距離にある区間を μ_0 の <u>遠方</u> と呼ぶことにする．すると今の場合 t が大ならば，α^2 の項において遠方への遷移は無視することができる．特に他のスペクトルが遠方にだけしかなければ遷移は α^2 の程度ではおこらないと考えてよい．

通常は遠方への遷移を省略して計算を行っていることは周知の通りである．而して t が十分大ならば

$$(71.12) \qquad \frac{1 - \cos t(\lambda - \mu_0)}{(\lambda - \mu_0)^2}$$

なる関数は十分鋭い極大を $\lambda = \mu_0$ においてとるから

$$(71.13) \qquad \frac{d\|E_0(\lambda)\,V\varphi_0\|^2}{d\lambda} = \rho_0(\lambda)$$

が存在して連続でかつ $\lambda = \mu_0$ の近所で十分緩やかに変化すると仮定して近似計算を行えば $W_t^{(1)}(\infty) = W_t^{(1)}$ と書いて

$$(71.14) \qquad W_t^{(1)} \approx 2\rho_0(\mu_0) \int_{-\infty}^{\infty} \frac{1 - \cos t(\lambda - \mu_0)}{(\lambda - \mu_0)^2} d\lambda = 2\pi |t| \rho_0(\mu_0).$$

これが全遷移確率を表す式で，よく知られた公式である．尚この計算はどうせ近似式にすぎないから (71.13) も厳密に成立しなくても "巨視的に" みて成立すればよろしい．

とにかく (71.14) が成立するためには $|t|$ が十分大でなければならない．さもないと (71.12) の極大が sharp に起らない．他方において $|t|$ が大になれば一般に (71.11) の誤差の項（$o(\alpha^2)$ または $O(\alpha^3)$) が大きくなると考えねばならない．したがって (71.14) が成立するためには，まず (71.12) の極大が十分 sharp になる程 $|t|$ が大きく，次にその $|t|$ に対しても (71.11) の誤差の項が十分小さくなる程 $|\alpha|$ が小さくなければならぬ．逆に $|\alpha|$ が十分小さければかかる条件を満たす $|t|$ を見出すことができるであろう．

かくして (71.14) が役に立ち得るためには $|t|$ は余り大でも余り小でもあってはならず，$|\alpha|$ の大きさに応じて適当なものを取らねばならぬ．$|\alpha|$ が十分小なら (71.14) の成立する $|t|$ の範囲は大きくなり，$|\alpha|$ がある程度大きくなると (71.14) はどんな t に対しても成立しなくなる．

いずれにせよかかる近似式を取り扱うには多くの仮定を要するから，一般的に取り扱うことは危険で，個々の場合に適当に取り扱う方がよいと思う．

尚以上の取り扱いにおいては (71.8) なる仮定が重要な役割をつとめていることを忘れてはならない．この条件を無視して，上の結果を任意の場合に形式的に適用しようとすると甚だしい矛盾に陥るおそれがある．これについては次§に詳論する．

4. 上では φ_0 が H_0 の固有元素である場合のみを考えた．H_0 が点スペクトルのみを有するならそれでよいであろうが，そうでない場合にはこれだけでは応用上不十分である．特に H_0 が連続スペクトルのみをもつならば上のような取り扱いは意味がない．このようなときには φ_0 を近似的な固有元素として取り扱う必要があるであろうが，この場合は取扱が甚だ面倒である．これも "連続固有値" の表示の問題と関係があるのでここでは省略する．

いずれにせよ，かかる場合には特に，遷移確率の問題は単なる Schrödinger の運動方程式だけですますことはできない．そこには観測の理論なる厄介な問題があり，また統計力学的な考察をも欠かすことはできないであろう．それで本稿ではこれ以上この問題には立ち入らないことにする．

§72 摂動論に関する諸注意

1. 前にも示したように，運動方程式の解 $\varphi_{\alpha t} = e^{-itH_\alpha}\varphi_0$ は十分一般的な条件の下に α の連続関数であって，$\alpha \to 0$ なら $\varphi_{\alpha t} \to \varphi_{0t}$ となり第 0 次の展開が成立する．その結果として §71.2 に示したように，無摂動エネルギー H_0 は近似的に保存され，その誤差の精度は $\alpha \to 0$ のとき 0 に収束することがわかった．

さらに条件 (71.8) の下に第一次まで $\varphi_{\alpha t}$ の展開が可能となり，遷移確率は $O(\alpha^2)$ となることがわかり，α^2 の係数も簡単に計算できることがわかった．

しかし (71.8) が成立しないと事情はかく簡単でなく，遷移確率の第一の項は α^2 に比例すると限らない．通常は形式的に (71.11) を適用する計算のみが行われているが，それは正しくない場合がある．これは甚だ重要なことであるから，そのような例を一つあげることにする（minor perturbation のときには φ_0 が固有元素なら常に (71.11) が成り立つから，そのような心配はない．次の例は regular perturbation であるが minor ではない）．

例として §48 の例 3 と同じものをとる．すなわち $\mathfrak{H}$ として $-\infty < x < \infty$ における $\mathcal{L}^2(x)$ をとり

(72.1) $$H_0 = 1 - P_{[\varphi_0]}, \qquad V = x \times$$

とし，φ_0 としては

(72.2)
$$\varphi_0(x) = \frac{1}{\sqrt{\pi}} \frac{1}{\sqrt{1+x^2}}$$

をとる．V が regular perturbation であり $\alpha \neq 0$ なら $H_\alpha = H_0 + \alpha V$ は $\mathrm{dom}\, V$ で定義されて hypermax. なることは既知である．

運動方程式の初期値としては (72.2) をとる．明らかに

$$H_0 \varphi_0 = 0$$

で φ_0 は固有値 $\mu_0 = 0$ に対する H_0 の固有元素であり，その多重度は 1 である．

運動方程式の解 $\varphi_{\alpha t} = e^{-itH_\alpha}\varphi_0$ は次式で与えられる[27]：

(72.3)
$$\varphi_{\alpha t}(x) = e^{-itH_\alpha}\varphi_0$$
$$= \frac{(|\alpha| - i\alpha x)e^{-it-i\alpha tx} - ie^{-|\alpha|t}}{|\alpha| - i\alpha x - i} \varphi_0(x), \qquad (t \geq 0).$$

我々はまずこれを証明しよう．

$\alpha = 0$ なら上の式が $\varphi_0(x)$ に等しいことは明らかである．

$\alpha \neq 0$ のときには上の式の分数は有界であることは明らかであるから $\varphi_0(x) \in \mathcal{L}^2(x)$ により $\varphi_{\alpha t} \in \mathcal{L}^2(x)$ である．したがって $(\varphi_{\alpha t}, \varphi_0)$ は存在する．これをまず計算する．

$$(\varphi_{\alpha t}, \varphi_0) = \int_{-\infty}^{\infty} \frac{(|\alpha| - i\alpha x)e^{-it-i\alpha tx}}{|\alpha| - i\alpha x - i} |\varphi_0(x)|^2 dx - ie^{-|\alpha|t}\int_{-\infty}^{\infty} \frac{|\varphi_0(x)|^2 dx}{|\alpha| - i\alpha x - i}.$$

(72.2) を代入すると

$$(\varphi_{\alpha t}, \varphi_0) = \frac{e^{-it}}{\pi} \int_{-\infty}^{\infty} \frac{|\alpha| - i\alpha x}{|\alpha| - i\alpha x - i} \cdot \frac{e^{-i\alpha tx}}{1+x^2} dx$$
$$- \frac{1}{\pi} i e^{-|\alpha|t} \int_{-\infty}^{\infty} \frac{1}{|\alpha| - i\alpha x - i} \cdot \frac{dx}{1+x^2}.$$

第一項において

(72.4)
$$\frac{|\alpha| - i\alpha x}{|\alpha| - i\alpha x - i} = 1 + \frac{i}{|\alpha| - i\alpha x - i}$$

と変型すれば

$$(\varphi_{\alpha t}, \varphi_0) = \frac{e^{-it}}{\pi} \int_{-\infty}^{\infty} \frac{e^{-i\alpha tx}}{1+x^2} dx + \frac{i}{\pi} e^{-|\alpha|t} \int_{-\infty}^{\infty} \frac{(e^{(|\alpha|-i\alpha x-i)t} - 1)dx}{(|\alpha| - i\alpha x - i)(1+x^2)}.$$

ここで

---

[27] $t \leq 0$ のときにも同様な式が成り立つ．そのときには次の式の $|\alpha|$ 代わりに $-|\alpha|$ とすればよい．

$$\int_{-\infty}^{\infty} \frac{e^{-i\alpha tx}}{1+x^2} dx = \pi e^{-|\alpha|t} \qquad (t \geqq 0)$$

は周知であり，第二項の積分は

$$\int_{-\infty}^{\infty} \frac{e^{(|\alpha|-i\alpha x-i)t}}{1+x^2} dx = e^{(|\alpha|-i)t} \int_{-\infty}^{\infty} \frac{e^{-i\alpha tx}}{1+x^2} dx = e^{(|\alpha|-i)t} \cdot \pi e^{-|\alpha|t} = \pi e^{-it}$$

を 0 から t まで積分することにより（左辺で積分順序の変更が許されることは明らかである）

$$\int_{-\infty}^{\infty} \left\{\int_0^t e^{(|\alpha|-i\alpha x-i)t} dt\right\} \frac{1}{1+x^2} dx = \pi \int_0^t e^{-it} dt.$$

すなわち

$$\int_{-\infty}^{\infty} \frac{e^{(|\alpha|-i\alpha x-i)t}-1}{|\alpha|-i\alpha x-i} \cdot \frac{dx}{1+x^2} = \frac{\pi}{-i}(e^{-it}-1)$$

で与えられるから

(72.5) $\qquad (\varphi_{\alpha t}, \varphi_0) = e^{-|\alpha|t-it} - e^{-|\alpha|t}(e^{-it}-1) = e^{-|\alpha|t}$

なる結果を得る．

次に (72.3) より

$$|\varphi_{\alpha t}(x)| \leqq \left|\frac{|\alpha|-i\alpha x}{|\alpha|-i\alpha x-i}\varphi_0(x)\right| + e^{-|\alpha|t}\left|\frac{\varphi_0(x)}{|\alpha|-i\alpha x-i}\right|.$$

(72.4) により $(\alpha \neq 0)$

$$|\varphi_{\alpha t}(x)| \leqq \left(1 + \frac{1}{|\alpha|} + \frac{e^{-|\alpha|t}}{|\alpha|}\right)|\varphi_0(x)|.$$

したがって

$$\|\varphi_{\alpha t}\| \leqq \left(1 + \frac{1}{|\alpha|} + \frac{e^{-|\alpha|t}}{|\alpha|}\right)\|\varphi_0\|$$

となるから $\|\varphi_{\alpha t}\|^2$ は任意の t の有限区間で積分可能である[28]（$t < 0$ のときの式は書いておかなかったが対称性により同様な形をもつことは明らかである）から，定理 63.8 により，任意の $f \in \mathrm{dom}\, H_\alpha = \mathrm{dom}\, V$ に対し

(72.6) $\qquad -\frac{1}{i}\frac{\partial}{\partial t}(\varphi_{\alpha t}, f) = (\varphi_{\alpha t}, H_\alpha f)$

なることを示せば $\varphi_{\alpha t} = e^{-itH_\alpha}\varphi_0$ が証明されたことになる．

[28] 実は $\|\varphi_{\alpha t}\|^2 = 1$ となることは計算すればわかる．計算しなくても結局 $\varphi_{\alpha t} = e^{-itH_\alpha}\varphi_0$ によりそうでなければならない．

$(\varphi_{\alpha t}, f)$
$$= \left(e^{-it-i\alpha tx}\frac{|\alpha|-i\alpha x}{|\alpha|-i\alpha x-i}\varphi_0(x), f(x)\right) - ie^{-|\alpha|t}\left(\frac{\varphi_0(x)}{|\alpha|-i\alpha x-i}, f(x)\right)$$
$$= \left(\frac{|\alpha|-i\alpha x}{|\alpha|-i\alpha x-i}\varphi_0(x), e^{i(1+\alpha x)t}f(x)\right) - ie^{-|\alpha|t}\left(\frac{\varphi_0(x)}{|\alpha|-i\alpha x-i}, f(x)\right).$$

しかるに $e^{i(1+\alpha x)t}f(x)$ は $1+\alpha x$ を hypermax. operator として, $e^{i(1+\alpha x)t}f$ と同一であるから, $f \in \mathrm{dom}\, V = \mathrm{dom}\,(1+\alpha x)$ なることにより定理 63.3 を用いて

$$\frac{1}{i}\frac{d}{dt}e^{i(1+\alpha x)t}f(x) = e^{i(1+\alpha x)t}(1+\alpha x)f(x)$$

が $\mathcal{L}^2(x)$ における強微分として成立する. したがって $t > 0$ なら

(72.7)
$$-\frac{1}{i}\frac{d}{dt}(\varphi_{\alpha t}, f) = \left(\frac{|\alpha|-i\alpha x}{|\alpha|-i\alpha x-i}\varphi_0(x), e^{i(1+\alpha x)t}(1+\alpha x)f(x)\right)$$
$$-|\alpha|e^{-|\alpha|t}\left(\frac{\varphi_0(x)}{|\alpha|-i\alpha x-i}, f(x)\right)$$
$$= \left(e^{-it-i\alpha tx}\frac{|\alpha|-i\alpha x}{|\alpha|-i\alpha x-i}\varphi_0(x), (1+\alpha x)f(x)\right)$$
$$-|\alpha|e^{-|\alpha|t}\left(\frac{\varphi_0(x)}{|\alpha|-i\alpha x-i}, f(x)\right).$$

もちろんこれは $t=0$ においても右側への微分とすれば成立する.

他方
$$H_\alpha f = (H_0 + \alpha V)f = f - (f, \varphi_0)\varphi_0 + \alpha xf,$$
$$(\varphi_{\alpha t}, H_\alpha f) = -(\varphi_0, f)(\varphi_{\alpha t}, \varphi_0) + (\varphi_{\alpha t}, (1+\alpha x)f).$$

(72.5) を用いて

(72.8)
$$(\varphi_{\alpha t}, H_\alpha f) = -e^{-|\alpha|t}(\varphi_0, f)$$
$$+ \left(e^{-it-i\alpha tx}\frac{|\alpha|-i\alpha x}{|\alpha|-i\alpha x-i}\varphi_0(x), (1+\alpha x)f(x)\right)$$
$$- ie^{-|\alpha|t}\left(\frac{\varphi_0(x)}{|\alpha|-i\alpha x-i}, (1+\alpha x)f(x)\right).$$

この最後の項の ( ) は

$$\left(\frac{1+\alpha x}{|\alpha|-i\alpha x-i}\varphi_0(x), f(x)\right)$$

とすることができるから，第一項と第三項を加えると

$$-e^{-|\alpha|t}\left(\left(1+\frac{i(1+\alpha x)}{|\alpha|-i\alpha x-i}\right)\varphi_0(x), f(x)\right) = -|\alpha|e^{-|\alpha|t}\left(\frac{\varphi_0(x)}{|\alpha|-i\alpha x-i}, f(x)\right)$$

となる．したがって (72.8) は (72.7) と等しくなり，(72.6) は $t \geqq 0$ なら確かに成立している．ただし $t=0$ における微分は右側の微分である．

$t<0$ なるときの式は (72.3) を少し考えればよく $t \leqq 0$ においても同様に (72.6) が満たされることは明らかである．而して $t=0$ においての左右の微分商が一致することも明らかである[29]．したがって (72.6) は到る所で成立する．また $t=0$ なら (72.3) は $\varphi_0(x)$ に等しい．かくして (72.3) は確かに運動方程式の解である．

[29] ともに $(\varphi_{\alpha 0}, H_\alpha f)$ に等しいから．

2. 次にこの場合の解の性質を調べてみよう．(72.5) により

$$|(\varphi_{\alpha t}, \varphi_0)|^2 = e^{-2|\alpha|t} \qquad (t \geqq 0).$$

$t \leqq 0$ のときも同様であるから一般に

(72.9)
$$|(\varphi_{\alpha t}, \varphi_0)|^2 = e^{-2|\alpha||t|}$$

となる．しかるに全遷移確率は

(72.10)
$$W_{\alpha t} = 1 - |(\varphi_{\alpha t}, \varphi_0)|^2 = 1 - e^{-2|\alpha||t|}$$

で与えられる．これを展開すれば

(72.11)
$$W_{\alpha t} = 2|\alpha||t| - 2\alpha^2 t^2 + \cdots$$

となる．これらの結果は多くの点において注目すべきものである．

i) 全遷移確率は $|\alpha|$ に比例する項から始まり，摂動論の形式的な公式のごとく α^2 の項から始まるのではない．このことは §71.3 のごとき取り扱いが今の場合成立しないことを示すものであって，そこの仮定 (71.8) が今は満足されていないことを考えればこれは当然であり，怪しむには足りない．摂動論はこの場合第一次までしか適用できないのである．

ii) もしこの問題に無理に形式的摂動論を適用したならばどうなるであろうか？ 言うまでもなく "発散" がおこる．これは $|\alpha|$ の程度になるべきものを α^2 に比例する式で表そうとするのだから当然である．

ただし普通の摂動論では形式的に (71.14) を適用し，遠方への遷移を無視してし

まうからこの "発散" は表面へは現れない．その代わり今の場合 μ_0 は孤立せる固有値で他のスペクトルはすべて遠方にあるから，遠方への遷移を無視すれば $W_{\alpha t} = 0$ となる他ない．

いずれにせよ形式的摂動論は正しい結果を与えることはできず，発散するにせよ発散を cut off するにせよ当然無意味である．

iii) 上述のごとく μ_0 が孤立固有値なるため，遠方への遷移を無視する通常の方法をそのまま使うと $W_{\alpha t} = 0$ となってしまうのであるが，実は (72.11) のごとく最初の項は $|t|$ に比例している．この点において性質的には形式的摂動論の結果と一致しているが，実はそれらとは何の関係もないことは上述の通りである．

iv) 厳密な式は (72.10) であって $W_{\alpha t} = 1 - e^{-2|\alpha||t|}$, $(\varphi_{\alpha t}, \varphi_0) = e^{-|\alpha||t|}$ となり，Wigner–Weisskopf 型の減衰因子[30]がついている．これは極めて面白いが Wigner–Weisskopf の方法も結局形式的摂動論に他ならぬのであるから，この形の一致は見かけ上にすぎない．Wigner–Weisskopf の方法で $|t|$ なる因子は出るかも知れぬが $|\alpha|$ なる因子は出ないであろう！ かつ我々の場合は $e^{-|\alpha||t|}$ なる式が exact にあらゆる t に対して成立するが，もちろんこれは問題の特殊性によるもので深い意味はない．

[30] Zs. f. Phys. **63**(1930), 54 （参考文献[25]）

3. 上の例はこのように甚だ教訓的であって，形式的摂動論の公式を適用することが甚だ危険であることを教える．特に危険なのは，普通の摂動論は無反省に (71.14) を用いて遠方への遷移を cut off してしまっているから，"発散" が表面に現れず，誤りに気がつかないことである．第一種の摂動論においてはこのようなことはなく，摂動論が適用不可能なることは発散の困難となって表面化することが多いが，第二種の摂動論では (71.14) が余りに広く流通しているので困るのである．

そこで我々は (71.14) を少し吟味してみよう．

(71.8) なる仮定が満足されているときには (71.11) が成立するのだから $W_{\alpha t}$ は α^2 の項から始まり，その項に対して (71.14) を適用することはいずれにせよ大した誤差を来さない．我々の例の場合のごとく $\rho_0(\mu_0) = 0$ となる場合でも，遠方への遷移は (71.11′) に示したごとく無視して差し支えないのだからこのときは α^2 の項を 0 としてしまっても大した違いはない．

しかし (71.8) が成立しないときには様子が全然違う．このときは §71.3 の理論は通用せず，無理にこれを行えば

$$W_t^{(1)} = 2 \int_{-\infty}^{\infty} \frac{1 - \cos t(\lambda - \mu_0)}{(\lambda - \mu_0)^2} d\|E_0(\lambda) V \varphi_0\|^2$$

は一般に発散すると考えねばならぬ（$V\varphi_0$ が存在しないのだから！）．

したがって

$$\frac{1-\cos t(\lambda-\mu_0)}{(\lambda-\mu_0)^2}$$

がいかに $\lambda=\mu_0$ で sharp な極大をとるにしても，遠方の寄与を無視することはできぬ．無視することは ∞ なるものを有限の大きさに比べて小さいとすることであって全然誤りである．

しかし「遠方への遷移は無意味である．それは物理的意味をもたない．したがって cut off してよいのであり，むしろ cut off すべきものだ」という考えが行われているように見える．これは余りに独断的であると言わねばならぬ．

遠方への遷移が無意味であるとは何を根拠として言われるのであろうか．それはエネルギーを保存しない遷移だから無意味であるというのであろうか？それならば大きな誤りである．第一に考えているエネルギーは無摂動エネルギーであって系の真のエネルギーではないのだから，厳密には保存されないのが当然であり，ただ近似的にのみ保存されるにすぎないのである（而して近似的というのはもちろん parameter α の値によるのであって，α が小ならばそれだけよく保存されるのである）．而してこのことならば既に証明した所である[31]．かつ遠方への遷移が起こってもこれは依然として真である．なぜなら遠方への遷移は $|\alpha|$ もしくは α^2 もしくは α^4 等々に比例する系の一部分がこれを行うにすぎないのであって，残りの大部分ははじめの状態 φ_0 に留まっているのである．たとえ α^2 に比例する項の全部が遠方への遷移を行ったとした所で残りの $1-O(\alpha^2)$ は依然 φ_0 に残っているのである．遷移を起こす小部分の中のどの位が遠方に移り，どの位が近所に移るかということは問題ではないのである（少なくもエネルギー保存という見地からみる限り）．したがって遷移を起こす僅かの部分までがエネルギーの保存された状態に移らねばならぬという理由は a priori には存在しないのである．このことは単に (71.8) が成立するときに成立する事実にすぎない．

かつ (71.14) は $|t|$ に比例し，遷移確率は時間に比例している．このことは物理的解釈に甚だ都合がよいのであって，あたかも当然そうならねばならぬかのごとく考えられた．しかしながらこれもそうならねばならぬ理由はない．Wigner–Weisskopf 等の計算では $(\varphi_{\alpha t},\varphi_0)$ が $e^{-\frac{1}{2}\Gamma t}$ なる減衰因子をもつが，これも常に成立するものではない．Schrödinger の方程式の解が一般にこのような形になることはあり得ないのであって，例えば (71.8) なる仮定の下に余り小ならず余り大ならざる t に対して近似的に (71.14) が成立するにすぎない．$W_{\alpha t}$ が t に比例するかもしくは $1-e^{-\Gamma t}$ なる形になるという a priori な理由は存在しない．[3]

もちろん実験上の多くの場合において遷移確率は $|t|$ に比例すべきものと物理的に

[31] §71.2.

---

[3] 以下 $t\geqq 0$ とするか t を $|t|$ とすべきと思われるところが多いが，あえて原文の通りとする．

考えられることは事実である（例えば衝突の問題において遷移確率が t に比例しなければ cross section を定義することもできないであろう）．けれどもかかる場合には常に多数の同種の力学系を同時観測することが普通なのである．したがって確率が $|t|$ に比例することが一般的な事実であるとしても，その説明は統計力学に求められるべきであって，一個の系に対する Schrödinger の方程式の解にそれが直ちに現れなければならないという理由はない．

以上の事実から考えると (71.14) なる式は無理をしてもこれを導き出せねばならぬような，当然予想されねばならぬような，式ではないのである．したがって (71.14) を導き出すためにあるいは [4)] 遠方への遷移を cut off したりすることは，決して結果に依って justify されるものではない のである（従来の計算は少なくも心理的に，(71.14) の形により随分怪しい所をも見逃される傾向がある）．特にまともにやれば発散してしまう積分を無理に (71.14) の形にねじ曲げてしまうことは決して弁解の余地がない．

（ただし別の理由から，考える operator H_α そのものが信用されない場合に cut off を行うならば問題は別である．例えば場の量子力学のごときは一部分それに属するであろう．しかしかかる問題は到底数学的に論ずることができない．）

4. 同様な理由により Wigner–Weisskopf 流の計算にも大いに疑問がある．そこでは常に ∞ なる "self-energy" を無視し，また発散する積分を cut off するごときは常に行われている事柄だからである．

Wigner–Weisskopf の減衰因子 $e^{-\frac{1}{2}\Gamma t}$ については先にちょっと論じるがこれもあまり一般的に受け取ることはできない．それは t の適当な大きさのときには成立するかもしれないが $t \to \infty$ および $t \to 0$ のときには成立するとは考えられない．

$t \to \infty$ なら摂動論における誤差の方が求める項より小さいかどうかわからなくなるのだから，摂動論的方法で求めた $e^{-\frac{1}{2}\Gamma t}$ はもちろん信用できない．

また $t \to 0$ のときにそれが成立しないと思われるのは，V が minor perturbation で $\varphi_0 \in \text{dom}\, H_0$ ならば $\varphi_{\alpha t}$，したがって $(\varphi_{\alpha t}, \varphi_0)$ は到る所微分可能なのであるから，$(\varphi_{\alpha t}, \varphi_0) \sim e^{-\frac{1}{2}\Gamma t}$ が $t \to 0$ で成立するはずはない．しかるに Wigner–Weisskopf の計算では V が minor でないということは（$e^{-\frac{1}{2}\Gamma t}$ を出すときに）使っていないように思う．したがって $t \to 0$ で $e^{-\frac{1}{2}\Gamma t}$ なる因子が出てくるはずはなく，出てくるならそれは誤りである．

Neumann は Wigner 等の計算の結果を過大評価して，上述の $e^{-\frac{1}{2}\Gamma t}$ なる因子をもって $\varphi_{\alpha t}$ が微分不可能なる場合がある一例としてあげているが，上に述べた理由

[4)] 文意が取り難いがそのままとする．

によりこれは当たらない．尚 Neumann 自身も Dirac の光の放出吸収の理論を紹介するに当たり[32]，式 (71.14) が $t \to 0$ のときに成立するかのごとく述べているがこれは正しくない．

[32] N 152.

5. 要するに (71.8) を仮定する限り §71.3 の理論は正しく，(71.14) は近似的ではあるが正しいものと見なされるけれども，仮定 (71.8) がなければ事態はそのように簡単であるとは言えないのである．1. に述べた例はこのことを明瞭に示している．

この例において注目すべき事柄は 2. に述べた通りであるが尚これに関連して考えられる事柄を述べておこう．

第一に遷移はエネルギーの保存されるようなものばかりではなく，遠方への遷移も起こるのであり，これは無視することができないということである．エネルギーの保存されない遷移が物理的に何等矛盾でないことは 3. で述べたが，それが実際に起こり得ることは 1. の例の示す通りである．

実際この例では遠方以外に遷移する所がないのだから，それが無視できないことは明らかである．もしこれを無視するならば全遷移確率は 0 とならざるを得ないが，それは 0 どころではなく，第一近似において $2|\alpha||t|$ に比例するのであって $\alpha \to 0$ のときには α^2 に比例するごとき形式的な摂動論の式 (71.11) に比べればはるかに大きいのである！これを無視するならあらゆる場合に遷移確率は無視されねばなるまい．

$W_{\alpha t}$ が $|\alpha|$ の項から始まるから，α^2 の項を求める形式的な公式は発散するのである．したがって我々は一般に形式的な公式が発散するときには大いに用心せねばならぬわけである．もし α^2 を与える公式が発散したら実は $W_{\alpha t}$ は少なくも α^2 よりも低位の量であると考えねばならぬ理由がある．たとえその発散が遠方への遷移を表す部分によるものであってもである．

したがって通常の公式が遠方への遷移を常に無視して cut off しているのは全然数学的に許されない．我々はつねにそれを無視せずに計算してみて，それが発散したらその公式は使えないものと考えねばならない．遠方への遷移を cut off して発散が防げるからそれでよいと考えることは決して許されないと思う．

尤も我々の考える例は μ_0 が孤立固有値であって，遠方にしか他のスペクトルがないのだから，摂動論の使われるような多くの場合とは相当違っている．そのような例から導かれる結果は一般に押し拡めることはできぬという反対論が出るかも知れない．

しかしこの反対論は当たらないと思う．問題は遠方への遷移が無視できるか否かにあるのであって，我々の例はそれが無視できないことを示すものだからである．もし近所への（エネルギーの保存される）遷移が同時に存在するなら，それだけ遷移

確率に加わるだけで遠方への遷移がなくなるわけではない．人あるいは (71.12) の分母が大きいから近所への遷移に比べて遠方の遷移は無視できるというかもしれないが，それは前述したごとく §71.2 の理論が許される場合のことであって，それには例えば (71.8) のごとき条件がなければならず，それがなくて (71.10) が発散するような場合にはそのような議論は通用しないのである[33]．

[33] いくら極大が sharp だからと言って，∞ のものを有限のものに比べて無視することは乱暴である．

6. かくして (71.10) が発散するときには $W_{\alpha t}$ は実は α^2 よりも低次の項から始まるであろうと想像すべき理由があると思う．したがって (71.10) はもちろん，(71.14) も成立しないと考えねばならぬ．

もし (71.8) が成立し，したがって (71.14) が成立するとき $\rho_0(\mu_0) = 0$ であったらどうであろうか？ このとき α^2 の項は事実上存在しないと同様である．このとき V が minor perturbation ならその次の項は事実上 α^4 から始まることになろう (§69.4) が，V が minor と限らない場合にはそう簡単にはならない．ここでも α^4 の項を与える公式は発散することがあり得る．その場合には再び前のごとくして実際は α^4 より低次の項，例えば $|\alpha|^3$ から始まるものと考えねばならぬ．

(71.8) が成立せず，したがって §71.2 の理論が成立しないのに，無理に適用した公式 (71.14) が 0 になることはある（$\rho_0(\mu_0) = 0$ なるとき）．かかる場合 $W_{\alpha t}$ は α^4 の項から始まるものと通常は考えられている．けれども実はこのときは $W_{\alpha t}$ は $|\alpha|^3$ から始まるのかもしれないのみならず，実は $|\alpha|$ の項から始まっているのかもしれないのである（我々の例はそうである！）．

通常は専ら公式 (71.14) を適用し，これが 0 でない場合を α^2 の order の摂動と言い，(71.14) が 0 になるとき同様な α^4 を表す近似式が 0 でなければこれを α^4 の order の摂動と呼び以下同様に摂動論を分類することが行われている．

かかる分類は我々の考えからゆけば全く無意味である．かかる分類においての α^2 の摂動は実は $|\alpha|$ の order であるかも知れぬ．またかかる分類における α^4 の order の摂動と言われるものは，実は $|\alpha|^3$ の order かも知れず，あるいは α^2，あるいは $|\alpha|$ であるかも知れぬからである．いわゆる α^6 の order の摂動についても同様である．例えば我々の例はこの分類に従えばあらゆる order において 0 になる摂動であるが，実は $W_{\alpha t}$ は $|\alpha|$ から始まるのである．

したがって (71.14) が 0 になるかならぬかで摂動論の次数を分類することは許されない．もっと正しい式 (71.10) に相当するものが有限であるか発散するかにしたがって分類するのでなければならぬ．而してそれが発散したらもはや (71.11) は成立しないのである．高次の場合においても全く同様である．

7. かかる観点からすると，例えば現在の場の理論において行われている摂動論に

よる計算はほとんどすべて許されない．そこでは α^2 の order, α^4 の order, あるいは α^6 の order の摂動論等を分類しているが，実はそのいずれも既に (71.10) が発散するものばかりであって，実は $W_{\alpha t}$ はもっと低次の項，例えば $|\alpha|$ から始まるのかもしれないのである．

発散が起こるから解がないと言われないことは，我々の例からも明らかであり，また第一種の摂動論でもしばしば同様な事情に遭遇したのである．といって発散を cut してこれを無理に抑えてもそれは全然意味がない．発散が起こったならば，摂動論はその項まで成立しないということを表しているにすぎない．α^2 の項が発散すれば解はあるいは $|\alpha|$ の程度であるかもしれないのであって，そのような解は摂動論では求められないけれども，存在しないのではない．

したがって場の理論等における摂動論の取り扱いは甚だ危険であって，得られている結果は全然無意味であるかもしれない．少なくともその確率は甚だ大である．

尤も場の理論においては相互作用の表す摂動 V は甚だ特異な operator なのであって，それは regular perturbation であるかどうかわからないばかりでなく，そもそも Hermite operator であるかどうかもわからないのである．そればかりではない．V は $\{0\}$ 以外において定義されているかどうかも不明である！ それはなぜかというに，V は通常 matrix の形に表す他ないが，その matrix element は $\mathfrak{H}$ における operator として許し得る形[34]）をもっていないからである．

かかる operator に対しては全然数学的議論をすることはできない．場の理論はいずれにせよ Hilbert 空間の operator の理論としては未だ全然でき上がっていないという他ない．

もちろん量子力学中この領域においては理論は全然できていないとみてよく，原子の量子力学に適用するため完成された理論を場の理論に適用するのは単なる試みの域を脱していない．特に Hilbert 空間が場の理論を記述するのに十分であるかということにも大きな疑問があるのだから，我々としては今の所これらの問題は敬遠するの他ない．

[34]）かかる matrix は V の domain に含まれる完全直交系 φ_n ($n = 1, 2, \cdots$) をとって
$$V_{mn} = (\varphi_n, V\varphi_m)$$
のごとく定義されねばならぬ．したがって
$$\sum_{n=1}^{\infty} |V_{mn}|^2 = \|V\varphi_m\|^2 < \infty$$
とならねばならぬ．しかるに場の理論の V_{mn} はこの条件を満足していない．

補 遺

1. §3.5 我々は operator の級数としては一様収束級数だけを考えた．もっと一般には任意の $f \in \mathfrak{H}$ に対し $\sum_{n=0}^{\infty} A_n f$ が存在（強収束）するとき $A = \sum_{n=0}^{\infty} A_n$ と定義すべきであろう．したがって A は $\mathfrak{H}$ 全体で定義されている．Banach p.23[1] により A は有界である．したがって $\sum A_n$ の部分和は §3.3 の意味において $\to A$ だから一様に有界である．すなわち $|A_0 + \cdots + A_n| \leqq M$ なる定数 M がある．これより直ちに $|A_n| \leqq 2M$ を得る．

すなわち $\sum A_n$ が上のごとき意味において収束するときにはそれは一様に収束するとはもちろん限らないが（その簡単な例は $A_n = E_n$ が P. O.[2] で $E_n E_m = 0$ ($m \neq n$) なる場合がこれを与える）しかし $|A_n|$ は有界でなければならぬ．

もっと条件を弱くして任意の $f, g \in \mathfrak{H}$ に対し $\sum_{n=0}^{\infty} (A_n f, g)$ が存在するものとしてみよう．このとき $\sum_{i=0}^{n} A_i = S_n$ とおけば $(S_n f, g)$ は $n \to \infty$ のとき収束する．f を固定して g を変化させれば $(S_n f, g)$ は linear functional である．それが到る所収束するのだからその極限も同じく linear functional（有界な）でなければならぬ（Banach 同上）．すなわち $(S_n f, g) \to (f^*, g)$ なる f^* がある．すなわち $S_n f$ は f^* に弱収束する．今 $f^* = Sf$ により operator S を定義すれば S は linear operator である（有界なりや否や尚不明）．而して $(S_n f, g) \to (Sf, g)$. 他方また $(S_n f, g) = (f, S_n^* g)$ だから全く同様にして $(f, S_n^* g) \to (f, Tg)$ なる linear operator T がある．而して $(Sf, g) = (f, Tg)$ となるから $T = S^*$ である．すなわち S^* は存在して $\mathfrak{H}$ 全体で定義されているから $S \in \mathbb{B}$ である．而して S_n は S に弱収束する．したがって Banach の定理により $|S_n| \leqq M$ なる定数 M がある．これより上と同様に $|A_n| \leqq 2M$ を得る．よって

定理 S.1 $\sum_{n=0}^{\infty} (A_n f, g)$ がすべての f, g に対して収束すれば（絶対収束でなくてよい！）

---

[1] 明記されていないが，参考文献[1] のことである．

[2] P. O. は projection operator(=射影 operator) の略記．

$$\left|\sum_{n=0}^{N} A_n\right| \leqq M, \ |A_N| \leqq 2M \ \text{がすべての} \ N \ \text{に対して成立するごとき} \ M \ \text{がある}.$$

したがって $|\alpha| < 1$ なら巾級数 $|A_0| + \alpha|A_1| + \alpha^2|A_2| + \cdots$ は絶対収束する．したがってまた $A_0 + \alpha A_1 + \alpha^2 A_2 + \cdots$ も §3.5 に述べた意味において絶対収束する．よって

定理 S.2 巾級数 $\sum_{n=0}^{\infty} \alpha_n A_n$ が与えられるとき，$\sum_{n=0}^{\infty} \alpha^n(A_n f, g)$ が $\alpha = \alpha_0$ において収束するならば，$|\alpha| < |\alpha_0|$ において級数自身が §3.5 の意味において絶対収束する．

そこで与えられた巾級数に対し，普通の方法で収束半径を定めるならば——すなわち $|\alpha| < r$ なら巾級数が絶対収束（換言すれば $\sum |\alpha|^n |A_n| < \infty$）するごとき r の上限を収束半径と呼び，これを r_0 と書く——$|\alpha| > r_0$ においては級数はもちろん収束しない（換言すれば $\sum |\alpha|^n |A_n| = \infty$）が，そればかりでなく級数は最も弱い意味に考えても収束しないのである．すなわち $|\alpha| > r_0$ なら $\sum \alpha^n(A_n f, g)$ はすべての f, g に対しては収束しない．

定理 S.3 任意の巾級数 $\sum \alpha^n A_n$ に対し（もちろん $A_n \in \mathbb{B}$ とする），次のごとき収束半径 $\infty \geqq r_0 \geqq 0$ が存在する．

i) $|\alpha| < r_0$ なら級数は絶対収束する，すなわち $\sum |\alpha|^n |A_n| < \infty$.

ii) $|\alpha| > r_0$ なら級数は弱収束もしない，すなわち $\sum \alpha^n(A_n f, g)$ はすべての f, g に対しては成立しない．

したがって我々は巾級数に対しては絶対収束のみを考えても問題を狭く取り扱いすぎるという心配はない．

2. §16 において U_α, U_α^{-1} の連続（$\mathbb{B}$）なることから，§3.4 を用いて $U_\alpha^n, U_\alpha^{-n}$ したがって $P(U_\alpha)$ の連続（$\mathbb{B}$）なることを出して使った．U_α の連続（$\mathbb{B}$）性から U_α^n のそれを導く §3.4 の方法は linear でない．

ここでは，やや面倒であるが，linear な演算のみを用いて上の事を導く方法を示す．かかる方法は後に有用であると思われるから．

それには H が hypermax. なるとき，resolvent $R_\ell = (H - \ell)^{-1}$ を ℓ で微分することから始める．Stone p.139 によれば，m が H の resolvent set に属すれば

$$R_\ell = \sum_{n=0}^{\infty} (\ell - m)^n R_m^{n+1}$$

が m の近傍で成り立つ．尚これが $\mathbb{B}$ の収束の意味において成立することは同所の

証明から明らかである．これより明らかに
$$\frac{d}{d\ell}R_\ell = R_\ell^2, \quad \text{ただしその意味は} \quad \lim_{\ell \to m}\left|\frac{R_\ell - R_m}{\ell - m} - R_m^2\right| = 0$$
で[1] 微分は任意の方向に取ってよい．

さて §16 に戻り (16.1) によれば $(H_\alpha - \ell)^{-1} \Rightarrow (H_0 - \ell)^{-1}$ $(\alpha \to 0)$ すなわち $R_{\alpha\ell} \Rightarrow R_{0\ell}$ $(\alpha \to 0)$ が $\Im(\ell) \neq 0$ なら成立する．ℓ の代わりに m とおいた式を作り，差を作って $\ell - m$ で割れば
$$\frac{R_{\alpha\ell} - R_{\alpha m}}{\ell - m} \Rightarrow \frac{R_{0\ell} - R_{0m}}{\ell - m}.$$
よって $\ell \neq m$ なら
$$|R_{\alpha m}^2 - R_{0m}^2| \leq \left|R_{\alpha m}^2 - \frac{R_{\alpha\ell} - R_{\alpha m}}{\ell - m}\right|$$
$$+ \left|R_{0m}^2 - \frac{R_{0\ell} - R_{0m}}{\ell - m}\right| + \left|\frac{R_{\alpha\ell} - R_{\alpha m}}{\ell - m} - \frac{R_{0\ell} - R_{0m}}{\ell - m}\right|.$$
傍註 1) により $|R_{0m}| \leq \dfrac{1}{|\Im(m)|}$ および $|R_{\alpha m}| \leq \dfrac{1}{|\Im(m)|}$ を考えて
$$|R_{\alpha m}^2 - R_{0m}^2|$$
$$\leq 2|\ell - m|\left\{\frac{|\Im(m)|^{-3}}{1 - |\ell - m||\Im(m)|^{-1}}\right\} + \left|\frac{R_{\alpha\ell} - R_{\alpha m}}{\ell - m} - \frac{R_{0\ell} - R_{0m}}{\ell - m}\right|.$$
$\alpha \to 0$ ならしむれば
$$\varlimsup_{\alpha \to 0}|R_{\alpha m}^2 - R_{0m}^2| \leq 2|\ell - m| \cdot \frac{|\Im(m)|^{-3}}{1 - |\ell - m||\Im(m)|^{-1}}.$$
これは任意の $\ell \neq m$ に対して成立するから $\ell \to m$ ならしむれば右辺は 0 となり，左辺も 0 でなければならぬ．すなわち
$$R_{\alpha m}^2 \Rightarrow R_{0m}^2.$$
この方法を続ければ明らかに $R_{\alpha\ell}^n \Rightarrow R_{0\ell}^n$ $(n = 1, 2, \cdots)$ が出る．特に $\ell = -i$ とおき $U = 1 - 2iR_{-i}$ に注意すれば $U_\alpha^n \Rightarrow U_0^n$ が出る．同様にして $U_\alpha^{-n} \Rightarrow U_0^{-n}$ も出る[2]．

---

[1] ここにある傍註は長い式を含むので脚注 *) の位置におく．

*) 詳しくは
$$\left|\frac{R_\ell - R_m}{\ell - m} - R_m^2\right| = |(\ell - m)R_m^3 + (\ell - m)^2 R_m^4 + \cdots| \leq |\ell - m| \cdot \frac{|R_m|^3}{1 - |\ell - m||R_m|}.$$
これらの式は無限級数を用いなくても出る．

[2] 今度は linear な operation のみを用いた代わり，ある範囲のすべての ℓ を用いている点が §3.4 と異なる．

3. 上の注意によれば §16 の結果を拡張できる.

(16.1) の代わりにもっと一般な式 $(H_\alpha - \ell)^{-1} B \Rightarrow (H_0 - \ell)^{-1} B$ が与えられたとする, ただし B は $\mathbb{B}$ に属する固定された operator である. 上記の方法は linear operator のみを用いているが, 容易にわかる通りこの場合に拡張されて

$$U_\alpha^n B \Longrightarrow U_0^n B, \qquad U_\alpha^{-n} B \Longrightarrow U_0^{-n} B$$

なる結果を与える. すると定理 16.1 も容易に拡張されて, $\Phi(\lambda)$ に対する同じ仮定の下に $\Phi(H_\alpha) B$ が α の連続 ($\mathbb{B}$) な関数なることが出てくる[3].

[3] §3.4 の方法を用いたのではこれが出ない！例えば $n = 2$ のとき
$(U_\alpha^2 - U_0^2) B$
$= (U_\alpha - U_0) U_\alpha B$
$+ U_0 (U_\alpha - U_0) B$
としても第一項の始末がつかない.

4. 第 4 章のはじめに述べた変更および拡張には次の概念および定理を導入する.

§13 によれば, V が H に対して minor ならば $\|V\varphi\| \leqq a\|H\varphi\| + b\|\varphi\|$ (all $\varphi \in \text{dom } H$) なる数 a, b (ただし $a \geqq 0, b \geqq 0$) が存在する. かかる a の下限を γ としたわけであるが, a を小さくするばかりが大切なのではない. 場合により $a + b$ を小さくするほうが便利なることもある.

今 H に対する minor operator の列 $V_1, V_2, \cdots$ が与えられているとする. その各々に対し上のごとき a, b が (unique にではないが) 存在する. これを a_n, b_n とする. もし a_n, b_n を適当に選ぶことにより, $a_n + b_n \to 0$ ($n \to \infty$) ならしめることができるとき, V_n を (例えば) null sequence (of minor operators) と呼ぶことにしよう. $\gamma_n \leqq a_n \leqq a_n + b_n$ だからもちろん $\gamma_n \to 0$ であり, したがって n が十分大なら $H_n \equiv H + V_n$ は hypermax. である.

さらに 54 頁と同様にして $|V_n(H - \ell)^{-1}| \leqq a_n + \dfrac{b_n}{|\Im(\ell)|}$ なることが出るから, $|V_n(H - \ell)^{-1}| \to 0$ を得る. 逆にある ℓ に対しこれが成立すれば $a_n + b_n \to 0$ なるごとく a_n, b_n をとることができる. すなわち

V_n が null sequence なら任意の ℓ ($\Im(\ell) \neq 0$) に対し $|V_n(H - \ell)^{-1}| \to 0$ であり, 逆にある ℓ に対しこの式が成立すれば V_n は null sequence である.

null sequence に対しては定理 15.1 をはじめ, §16 の大部分, §17 の前半等に相当する定理が成立する.

null sequence の一例として, H を 3 次元の運動エネルギー, もしくは水素原子 operator とし, $V_n = V_n(\mathfrak{r}) = \begin{cases} \dfrac{1}{r} & r \leqq \dfrac{1}{n} \\ 0 & r > \dfrac{1}{n} \end{cases}$ とおいたものがある. これは dom H の関数が有界で, その上界が $\|H\varphi\|$ と $\|\varphi\|$ との 1 次式で表し得ることから出る.

5. $\mathfrak{D}(\mathfrak{r})$ の関数の他の性質 (§35).

$\varphi \in \mathfrak{D}(\mathfrak{r})$ ならば $\int |\varphi(\mathfrak{r}_1, \cdots, \mathfrak{r}_s)|^2 d\mathfrak{r}_2 \cdots d\mathfrak{r}_s$ はほとんど到る所存在して有界で

あり
$$\int |\varphi(\mathfrak{r}_1,\cdots,\mathfrak{r}_s)|^2 d\mathfrak{r}_2\cdots d\mathfrak{r}_s \leqq a\|T\varphi\|^2 + b\|\varphi\|^2$$

なる a, b が存在する．ここで a は任意に小さくとれる[3]．

もっと一般に φ が hypermax. operator $\mathfrak{p}_1^2$ の domain に属すれば

$$\int |\varphi(\mathfrak{r}_1,\mathfrak{r}_s,\cdots)|^2 d\mathfrak{r}_2\cdots d\mathfrak{r}_s \leqq a\|\mathfrak{p}_1^2\varphi\|^2 + b\|\varphi\|^2$$

なる a, b がある．ここで a は任意に小さくできる．

証明　$\mathfrak{H}_s = \mathfrak{H}(\mathfrak{r}_1,\cdots,\mathfrak{r}_s)$ から $\mathfrak{H}_1 = \mathfrak{H}(\mathfrak{r}_1)$ への operator

$$(1) \qquad \psi(\mathfrak{r}_1) = A\varphi = \left\{\int |\varphi(\mathfrak{r}_1,\cdots,\mathfrak{r}_s)|^2 d\mathfrak{r}_2\cdots d\mathfrak{r}_s\right\}^{\frac{1}{2}}$$

を考える．これは linear ではないが $\|\psi\|^2 = \|\varphi\|^2$ だから isometric であり，また $\mathfrak{r}_1$ を固定して φ を $\mathfrak{H}(\mathfrak{r}_2,\cdots,\mathfrak{r}_s)$ の関数と考えればたしかに

$$(2) \quad |A\varphi_1 - A\varphi_2| \leqq \left\{\int |\varphi_1(\mathfrak{r}_1,\cdots) - \varphi_2(\mathfrak{r}_1,\cdots)|^2 d\mathfrak{r}_2\cdots d\mathfrak{r}_s\right\}^{\frac{1}{2}} = A(\varphi_1 - \varphi_2).$$

これを平方して積分すれば

$$(3) \qquad \|A\varphi_1 - A\varphi_2\| \leqq \|\varphi_1 - \varphi_2\|$$

が出るから A は連続である．

次に $\varphi \in \mathfrak{D}^*$ なる場合を考えれば

$$\varphi = (2\pi)^{-\frac{3}{2}s} \int e^{i(\mathfrak{p}_1\mathfrak{r}_1+\cdots+\mathfrak{p}_s\mathfrak{r}_s)} \Phi(\mathfrak{p}_1,\cdots,\mathfrak{p}_s) d\mathfrak{p}_1\cdots d\mathfrak{p}_s$$
$$= (2\pi)^{-\frac{3}{2}s} \int e^{i(\mathfrak{p}_2\mathfrak{r}_2+\cdots+\mathfrak{p}_s\mathfrak{r}_s)} d\mathfrak{p}_2\cdots d\mathfrak{p}_s \int e^{i\mathfrak{p}_1\mathfrak{r}_1}\Phi(\mathfrak{p}_1,\cdots,\mathfrak{p}_s) d\mathfrak{p}_1.$$

Parseval の等式により

$$\int |\varphi(\mathfrak{r}_1,\cdots,\mathfrak{r}_s)|^2 d\mathfrak{r}_2\cdots d\mathfrak{r}_s$$
$$= (2\pi)^{-3} \int d\mathfrak{p}_2\cdots d\mathfrak{p}_s \left|\int e^{i\mathfrak{p}_1\mathfrak{r}_1}\Phi(\mathfrak{p}_1,\cdots,\mathfrak{p}_s) d\mathfrak{p}_1\right|^2$$

---

[3] 以下 $a, b \geqq 0$．

$$\leqq (2\pi)^{-3} \int d\mathfrak{p}_2 \cdots d\mathfrak{p}_s \left\{ \int |\Phi(\mathfrak{p}_1, \cdots, \mathfrak{p}_s)| d\mathfrak{p}_1 \right\}^2.$$

しかるに

$$\left\{ \int |\Phi(\mathfrak{p}_1, \cdots, \mathfrak{p}_s)| d\mathfrak{p}_1 \right\}^2 \leqq \int |\Phi|^2 (1+\mu\mathfrak{p}_1^4) d\mathfrak{p}_1 \int \frac{d\mathfrak{p}_1}{1+\mu\mathfrak{p}_1^4}.$$

最後の factor は有限であるから，これを C_μ とすれば

$$|\psi(\mathfrak{r}_1)|^2 \leqq (2\pi)^{-3} C_\mu \int |\Phi|^2 (1+\mu\mathfrak{p}_1^4) d\mathfrak{p}_1 \cdots d\mathfrak{p}_s$$
$$= (2\pi)^{-3} C_\mu \{ \|\varphi\|^2 + \mu\|\mathfrak{p}_1^2 \varphi\|^2 \}.$$

次に任意の $\varphi \in \mathrm{dom}\, \mathfrak{p}_1^2$ をとれば $\mathfrak{D}^*$ は後者の quasi-domain だから

$$\|\varphi_n - \varphi\| \to 0, \qquad \|\mathfrak{p}_1^2 \varphi_n - \mathfrak{p}_1^2 \varphi\| \to 0, \qquad (n \to \infty)$$

なる $\varphi_n \in \mathfrak{D}^*$ がある．すると

$$|A\varphi_n - A\varphi_m|^2 \leqq A(\varphi_n - \varphi_m)^2$$
$$\leqq (2\pi)^{-3} C_\mu \|\varphi_n - \varphi_m\|^2 + \|\mu\mathfrak{p}_1^2(\varphi_n - \varphi_m)\|^2$$

の右辺は $m, n \to \infty$ のとき 0 に向かうから，$A\varphi_n$ は一様収束する．他方 (3) より $\|A\varphi_n - A\varphi\| \leqq \|\varphi_n - \varphi\| \to 0$ だから $A\varphi_n$ は $A\varphi$ に平均収束する．したがって実は $A\varphi_n$ は $A\varphi$ に一様収束せねばならない（ほとんど到る所）．

$$(A\varphi_n)^2 \leqq (2\pi)^{-3} C_\mu \{ \|\varphi_n\|^2 + \mu\|\mathfrak{p}_1^2 \varphi_n\|^2 \}$$

で $n \to \infty$ ならしめれば $\psi^2 = (A\varphi)^2 \leqq (2\pi)^{-3} C_\mu \{ \|\varphi\|^2 + \mu\|\mathfrak{p}_1^2 \varphi\|^2 \}$ を得る．よって $a = (2\pi)^{-3} \mu C_\mu$, $b = (2\pi)^{-3} C_\mu$ とおけばよい．詳しく書けば

$$a = (2\pi)^{-3} \mu \int_0^\infty \frac{d\mathfrak{p}_1}{1+\mu\mathfrak{p}_1^4} = \frac{\mu}{2\pi^2} \int_0^\infty \frac{p^2 dp}{1+\mu p^4}.$$

この積分で $\mu^{\frac{1}{4}} p = \lambda$ なる変換を行うと

$$a = \frac{\mu}{2\pi^2} \mu^{-\frac{3}{4}} \int_0^\infty \frac{\lambda^2 d\lambda}{1+\lambda^4} = \frac{\mu^{\frac{1}{4}}}{2\pi^2} \int_0^\infty \frac{\lambda^2 d\lambda}{1+\lambda^4} = \mathrm{const} \cdot \mu^{\frac{1}{4}}.$$

したがって μ を小さくとれば a はいくらでも小さくできる． □

注意 求める式の右辺を書きかえれば $a_0\mu\|\mathfrak{p}^2\varphi\|^2 + b_0\mu^{-3}\|\varphi\|^2$ となる．ただし前の μ を μ^4 でおきかえ，a_0, b_0 は μ によらない const. である．μ は何であってもよいから，これが最小になるように μ を決めるのがよい．μ で微分して 0 とおくと $a_0\|\mathfrak{p}^2\varphi\|^2 - 3b_0\mu^{-4}\|\varphi\|^2 = 0$, $\mu = \text{const} \cdot \|\varphi\|^{\frac{1}{2}}\|\mathfrak{p}^2\varphi\|^{-\frac{1}{2}}$. 故に我々の式は const $\times \|\mathfrak{p}^2\varphi\|^{\frac{3}{2}}\|\varphi\|^{\frac{1}{2}}$ と書ける．

6. e^{iH_α} の連続性．

第 4 章 §16 の定理 16.1 は $\Phi(\lambda) = e^{i\lambda}$ のときには成立しない．これは例えば $V = H$ とおいてみれば $e^{iH_\alpha} - e^{iH} = (e^{i\alpha H} - 1)e^{iH}$ となるが $e^{i\alpha H} \Rightarrow 1$ は成立せぬからである．しかし次の定理は成立する：

$|\Phi(\lambda)|$ は $\lambda \to \pm\infty$ のとき ∞ に向かうごとき関数であるとする．今 $\varphi \in \text{dom}\,\Phi(H)$ ならば $\|(e^{iH_\alpha} - e^{iH})\varphi\| = o(1) \cdot (\|\Phi(H)\varphi\| + \|\varphi\|)$ が成立する．ただし $o(1)$ は φ にはよらない[4]．

証明 $e^{i\lambda}/(\Phi(\lambda) + i)$ は定理 16.1 の仮定を満たすから

$$e^{iH_\alpha}(\Phi(H_\alpha) + i)^{-1} - e^{iH}(\Phi(H) + i)^{-1} \Rightarrow 0.$$

同様に $(\Phi(H_\alpha) + i)^{-1} - (\Phi(H) + i)^{-1} \Rightarrow 0$ だから

$$e^{iH_\alpha}\big((\Phi(H_\alpha) + i)^{-1} - (\Phi(H) + i)^{-1}\big) \Rightarrow 0.$$

引き算して

$$(e^{iH_\alpha} - e^{iH})(\Phi(H) + i)^{-1} \Rightarrow 0$$

これより直ちに出る． □

7. 定理 63.8 の改良 [1948.9.16]

この定理の証明は Weyl の定理などを用いてやや面倒である．この証明を簡単化するとともに仮定をやや弱めることができた．

定理 63.8' 任意の $f \in \text{dom}\,H$ に対して (63.5) を積分した式

$$(63.5') \qquad (\varphi_t, f) - (\varphi_0, f) = -i\int_0^t (\varphi_t, Hf)dt$$

が成立しかつ $\|\varphi_t\|$ が integrable ならば[5]，φ_t は (63.2) と一致する．

証明 f として H のスペクトルの有限幅の中に入るものをとり固定すると

---

[4] $\Phi(\lambda)$ が analytic なら $o(\alpha)$ は多分 $O(\alpha)$ となるだろう．

[5] この仮定はほとんど制限的でない．これがないと (63.5') の右辺がほとんど意味をもたない．

$$\|H^n f\| \leqq c^n \|f\|$$

なる c がある. (63.2) はもちろん (63.5) を満足しているのだからそれと φ_t の差 ψ_t をとると

$$(\psi_t, f) = -i \int_0^t (\psi_t, Hf) dt$$

である. $\|\varphi_t\|$ が integrable なら $\|\psi_t\|$ も同様である. これより $(\psi_t, f) = 0$ なることが結論されればよい. なぜなら上のような f は dicht に存在するから.

上の式を繰り返して使うと

$$(\psi_t, f) = (-1)^n \overbrace{\int_0^t \cdots \int_0^t}^{n} (\psi_t, H^n f) dt$$
$$= \frac{(-1)^n}{(n-1)!} \int_0^t (t-s)^{n-1} (\psi_s, H^n f) ds,$$

$$\therefore \quad |(\psi_t, f)| \leqq \frac{1}{(n-1)!} \int_0^t (t-s)^{n-1} \|\psi_s\| \|H^n f\| ds$$
$$\leqq \frac{c^n \|f\|}{(n-1)!} \int_0^t (t-s)^{n-1} \|\psi_s\| ds \leqq \frac{c^n t^{n-1} \|f\|}{(n-1)!} \int_0^t \|\psi_s\| ds.$$

$n \to \infty$ ならしめると右辺は 0 となる. □

付録1　加藤敏夫先生とE.C. Kemble氏の書簡交換について

岡本 久

　本書の冒頭で加藤先生は問題の起こりを振り返り，現状の不十分さを読者に訴えている．その中でKemble（ケンブル）氏の本を引用し，いささか手厳しい言葉での批判も加えられている．しかし，本書の完成後に加藤先生とケンブル氏との間に20本以上の書簡が交わされていることはごく最近まで知られていなかった．この交換は加藤先生のその後に大きな影響を与えたと推測できる．これらの書簡を吟味した結果，ケンブル氏が加藤先生の業績を高く評価し，その一部がアメリカ数学会会報[1]に掲載されるまでに大きな力添えがあったことが判明した．加藤先生もケンブル氏に大いに感謝しているので，ここにその概要を記し，簡単な背景を説明する．

[1] Transactions of the American Mathematical Society.

　以下で問題となるのは，本書の§37の内容をまとめた論文である，

　　　Tosio Kato: Fundamental properties of Hamitonian operators of Schrödinger type, Transactions of the American Mathematical Society, Vol. 70, (1951), 195–211.

と，§41で議論されている内容をまとめた，

　　　Tosio Kato: On the existence of solutions of the helium wave equation, 同上 Vol. 70, (1951), 212–218.

のことである．加藤先生はこれら二つの論文そのものを送るのではなく，その内容の要約を4ページの手紙の形にまとめ，1948年3月10日にケンブル氏に送った．この手紙には1947年12月10日の日付がついており，それを消して翌年3月10日の日付で送っている．何らかの逡巡があったのかどうかはわからない．これに対し，ケンブル氏から加藤先生に宛てた，4月27日付の手紙が届いている．「あなたの3月10日付けの手紙がただいま私に届きました」と書いてあるので，当時の郵便状況によって，あるいは，後でも述べるようにGHQの検閲によって，すぐには届かなかったのであろう．さて，ケンブル氏は，「大変おもしろい結果を教えていただいてあり

がとうございます．残念ながら私は，私の本が出版されてから管理事務的な仕事に忙しく，その後の進展はわかっておりません．ですから，（周りの友人に）たずねてみます」と返事をしている．そして同年6月24日の手紙が加藤先生に届く．その中でケンブル氏は，「あなたの結果についてフォン・ノイマン教授に問い合わせをしました．彼の言うには，この結果は大変おもしろく，彼も最新の結果に精通しているわけではないものの，新しい結果であると思う，ということでした」と報告している．さらにそれに続いて，「よろしければあなたの結果を合衆国で発表してはどうでしょうか．フィジカル・レビューの編集者であるジョン・テイト氏にも手紙を書いてみました．彼はレフリーが通れば喜んで発表する，と言っています」と投稿を勧めている．

加藤先生はこの2番目の手紙に応じた7月4日付の手紙に，「これまで感じたことのない喜びです．このような労をおとりいただき誠にありがとうございます．またフォン・ノイマン教授が私の結果をおもしろいと言ってくださったことを大変うれしく思います」と述べている．そして，7月28日にケンブル氏宛ての手紙を書き，二つの論文をアメリカに送ったことを説明している．現在の我々には理解しがたいが，加藤先生の手紙によれば，直接送ることは許されていないので連合国軍最高司令官総司令部（GHQ）の経済科学局に二つの論文を預けたとある．ただ，次の手紙（8月16日付）で，「あなたに送ったつもりでありますが，経済科学局が決めることなので，あなたではなく，ひょっとしてフィジカル・レビューの編集者に直接送られているかもしれません．調べていただければ幸いです．」と書いている．彼の心配は当たっていた．加藤先生の論文はケンブル氏に届かず，直接フィジカル・レビューに送られたのである．加藤先生からケンブル氏への10月11日の手紙で加藤先生は，次のように書いている：「先月末にジョン・テイト教授から私の原稿を受け取ったというはがきが届きました」ということで，めでたく投稿は受理されたのである．

次にケンブル氏が加藤先生に手紙を書くのが11月8日である．この手紙は重要な意味を持つので，多少長めに翻訳することにする．「私はフィジカル・レビューの編集者に手紙を書きましたが，時すでに遅く，論文は合衆国陸軍の専門部の民事局に送り返された後でした．そこで民事局に手紙を書いたところ，彼らはすでに論文をアメリカ数学会に送った後でした．数学会の秘書にたずねたところ，彼はそんなものは見たことも聞いたこともないと言います．どうやら数学会のニューヨーク分室を経て数学会会報の編集者の一人であるジグムンド (A. Zygmund) 教授に送られたようです．レフリーに送られる前に私が見たい，という希望は伝えました．数学会会報は発表の場によりふさわしいと信じます」というふうに顛末を語る．さらに，「もっと早くフィジカル・レビューの編集者に手紙を書いていたら，こうした不透明

な時間はもっと縮められたことでしょう．しかし，夏から秋にかけて途方もないプレッシャーの中で仕事をしておりましたので手紙のやりとりを迅速にはできませんでした」とわびている．いずれにせよ，この重要論文はフィジカル・レビューではなく米国数学会会報で審査が開始されたのである．これを知らされて加藤先生は11月16日に手紙を書く．その中でケンブル氏の親切に感謝し，論文原稿がケンブル氏に直接届くよう，もう少し注意深くあるべきだったとわびている．さらに将来を見透かしていたのか，次のようにも述べている．「フォン・ノイマン教授とストーン教授の抽象的理論に訴えていますし，数学者の方法・記号を使っていたので，フィジカル・レビューに掲載されるには内容があまりに数学的にすぎると最初から感じていました．だからフィジカル・レビューが受け入れてくれなかったことに大きな失望はありません．ただ今度は，別の心配が出てきました．この論文はフィジカル・レビューに掲載されることを念頭に書いてきましたので，問題の物理学的側面を前面に出しています．しかし，それが今度は数学者の目にはあまりに物理学的すぎると見えるのではないかと心配です」．

その後，加藤先生は1949年1月と3月にケンブル氏に手紙を書いて，「何の連絡も来ないので心配です」と述べている．3月にケンブル氏から手紙が来て，「我が国ではこの程度の遅れはよくあるので心配にはおよびません．レフリーのレポートが来るまでは何もしないでおこうと決心しましたが，レフリーに対する質問状は送りました．ですから遠からぬうちに何か知らせが来るものと思います」とある．さらに，同年6月28日に次の手紙が来て，「レフリーが私の再度の問い合わせに対してようやく返事をくれました．彼はもうすぐあなたの論文を数学会会報に返すということですから，会報のスタイルに書き直せば掲載可という結論が出るものと思います．2番目の論文は応用数学の論文誌に回されるかも知れません．私はまだ論文を見ていません．ですが，少なくとも論文が失われていないことは断言できます」と伝えている．

このあたりまではまだ順調と思えないこともない．しかし，その後も数学会会報からは何の返事も来ない．加藤先生は1949年10月12日にケンブル氏に手紙を書いて「何かわかったら教えてください．何度もお邪魔して申し訳ございません」と頼み込む．ケンブル氏から次に手紙が届くのは翌年の1月である．「レフリーが何もしないでぐずぐずしているのは私にも理解できません．昨年の夏に質問したときには掲載可の方向で審査報告が出る寸前と思われたので私は待っていました．しかし，何も起こりませんでした．昨年の12月に聞いたときには会報の編集者も私と同じくらいに当惑しておりました」さらに続いて1950年3月23日に次のように書き送ってきた．「理由はわからないが相変わらずレフリーは報告を送ってきません．今

年の初めに編集者の交代があって，今はコーネル大学のドゥーブ教授 (J.L. Doob) が担当になっています．ドゥーブ教授と前任者は，この信じがたい遅れ方によってあなたにどれくらい迷惑がかかっているか，深く心配しておるところでした．そこで，問題をこのレフリーから元に戻し，やり直す手配となりました．私はあなたが私に送ってくれた[2]論文のコピーをドゥーブ教授に送りましたが，彼から連絡が届き，そのコピーが彼の元に確かに届いたことが確認されました．大急ぎでやるとのことでした」つまり，最初のレフリーが全く返事をよこさないので論文すらケンブル氏が提供せねばならなかったことがわかる．このあたり，ドゥーブ氏はケンブル氏を加藤先生の代理人と見なしていたのかも知れない．

[2] これより前に日本からアメリカへの郵便に関する制限は緩められており，加藤先生は論文のコピーをケンブル氏に直接送っていた．

かくして最初のレフリーは解任され2番目のレフリーの手に渡ったのである．最初の段階から1年9か月もたっている．さて，このレフリーも返事をよこさない．加藤先生は9月14日になるとドゥーブ教授に問い合わせの手紙を送る．それに対してドゥーブ教授は，1950年10月23日の手紙で，次のように述べている．「返事が遅れて申し訳ございません．レフリーからの返事が来てこの嘆かわしい事態が解決されることを期待していたので遅れたのですが，結局返事は来ませんでした．この分野における数学者に共通した無責任が漂っておるようです．先月の国際数学者会議[3]で会ったとき，このレフリーは論文のことをすっかり忘れていました．つくづくうんざりしてこの論文を第3のレフリーに回しました．この人はこの分野で世界的に著名な人で，論文を読むことに何の問題も無いはずです．彼は10月末までにレポートを送ると約束してくれました．ですから，2週間以内にあなたにご報告できると期待しております．私としてはできることはすべてやりました．どうか，アメリカ人の無責任さをお許しください」．

[3] 1950年の国際数学者会議はハーバード大学で開催された．

そしてついに1950年11月4日のドゥーブ教授の手紙で，多少の手直しの元に掲載を許可すると連絡された．そこでドゥーブ教授は「この論文は3人のレフリーの手を経たことになります．そのうちの二人はすぐにそのことを忘れてしまいました」と述べ，事態をわびている．そこで加藤先生は修正原稿を送り，その後，ケンブル氏に経過を報告した．それに対するケンブル氏の返信は12月5日付で，「ついに掲載が決まって本当にほっとしました」と率直に述べ，「これほど遅れた理由としては，あなたの論文が物理学と数学の中間に位置するものだったので，数学者にとっても物理学者にとっても判断が難しかったのだろうと推測します．あなたの国籍が影響したとは思いません」と感想を述べている．そして手紙を，「我々は不安でどうしていいかわからない世界に住んでいますね！　まちがいなくあなたは日本で，西側世界を揺さぶっている心配な事件をひしと感じていることでしょう」という一文で締めくくっている．これは当時激しさを増していた朝鮮戦争のことを意味しているの

であろうか．

　こうして加藤先生の出世作である論文は最初の投稿から 2 年 9 か月もたってから，ようやく 1951 年 3 月に出版されたのである．この間，加藤先生は座して待っていたわけではない．その内容に自信もあったのであろう．また，ケンブル氏の手紙から間接的にフォン・ノイマンの好意も感じ取っていたのであろう．1948 年の段階ですでにフォン・ノイマンに手紙を書いてその内容を説明している．こうした努力もあってこの重要論文がアメリカで出版されることになったのである．こうした努力は重要な意義を持っていたかも知れない．ドゥーブ氏の言う第 3 のレフリー，世界的に著名な，というのはひょっとしたらフォン・ノイマンだったかも知れないのである．実際，[1] においてサイモン氏はそうだったと断定している．

　加藤先生の論文 Fundamental properties … の最後にある謝辞には，次のように書いてある．実に，ケンブル氏の貢献は大きかったのである．

> The writer wishes to thank Professor K. Ochiai for his interest in this work and Professor K. Kodaira for valuable instructions. His thanks are also due to Professor E. C. Kemble of Harvard University whose kindness made possible the publication of the present work, which was completed in 1944 but remained unpublished.

ほんの 3 年前まで戦争をしていた国の見知らぬ人間からたった 4 ページの手紙をもらって，それだけで価値がありそうだと見抜いたのであるから，ケンブル氏もただ者ではないと言えよう．

　この論文は多くの人々にきわめて高く評価されているもので，たとえば[5] は，

> This paper was a turning point in mathematical physics for two reasons. Firstly, the proof of self-adjointness was a necessary preliminary to the problems of spectral analysis and scattering theory for these operators, problems which have occupied mathematical physicists ever since. Secondly, the paper focused attention to specific systems rather than foundational questions.

とこの論文の意義を強調している．ハミルトニアンの自己共役性が証明できなかったらフォン・ノイマンの強力な理論も絵に描いた餅にすぎない．だから，加藤先生の証明は実にその後の発展の基礎となったというのは決して言いすぎではない．加藤先生は[2] において，

> この証明は甚だ簡単で，今日では児戯に類する．

と書かれているが，読者はこれを文字通りに受け取ってはなるまい．日本人的な謙遜と見るべきである．ここでは，（特殊な場合であるものの）ソボレフの不等式など当時としては真新しい事柄も自分で証明して使っている．現在では当たり前になっていることを編み出すのがパイオニアの仕事である．したがって 30 年くらいして簡単に思えるということは，その分野の発展がそれだけ激しかったということであり，その後の発展を先取りしていたということの証拠でもあろう．アメリカ数学会会報の最初の二人のレフリーが内容を理解できなかったのもこの論文の先進性を示している証拠と言ってよかろう．

これに加えて，こうしたアイデアが戦争という困難な時代に形成されたこと，また，加藤先生本人も結核の療養のために鹿沼市の実家で療養していたことなど苦労の中で出来上がったものであることを忘れてはならない．加藤先生がケンブル氏に宛てた 1948 年 6 月 6 日の手紙[4]には，「すぐにお返事を書けずに申し訳ございません．実はここ数週間，病に伏せっておりました」と書かれているくらいである．戦争が終わってもいきなり健康に戻ったわけではなかったのである．たとえば，加藤先生の別の手紙から確認できていることであるが，その後 1953 年にアメリカでの長期滞在が決まりそうになったときにも健康診断で結核の痕跡が問題となり，ビザがすぐには下りず，翌年まで待たねばならなかったということもあった．こうした様々な困難に打ち勝って数理物理学の未開地を次々と開拓していった加藤先生の姿をその大量の手紙からうかがい知ることができる．これらについては将来どこかで報告したいと思う．

この自己共役性の問題についてこれ以上の解説は行わない．日本語による解説として[3]あるいは[4]の第 4 章あるいは[6]の第 4 章などを参照するのがよいだろう．

◇　◇　◇

上に述べたようにケンブル氏の手紙によって，フォン・ノイマンが興味を持ってくれたと知った加藤先生は，1948 年 10 月 8 日にフォン・ノイマンへ手紙を書いている．そのコピーが加藤先生の遺品の中に残っているので，ここにそれを紹介する．翻訳するよりも元々の手紙を忠実に再現したほうがよいと考え，TeX で清書することにした．自分の得た結果を短く要約している中に，加藤先生のエネルギーが感じられる手紙で，読者も興味を持っていただけるものと信ずる．この手紙に対するフォン・ノイマンの返事も残されている．加藤 – ケンブル，および，加藤 – フォン・ノ

----

[4] この手紙にはさらに，次のような感謝の言葉が続く：「あなたの手紙を喜びと感謝とともに読みました．ほんの少し前まで敵国人だった見知らぬ人間にこんなに親切にしていただいたことに感激しています．また，貴国の人々の偉大さを感じました」．

イマンの手紙はいずれ何らかの形で公表したいが，ここではこれ以上のページ数を取ることはしない．

October 8, 1948

Professor J. von Neumann
Institute for Advanced Study
Princeton

My respected Professor von Neumann:

I beg your pardon for my rudeness to write to you abruptly.

I am a Japanese physicist, now 31 years of age, with a position as an Assistant at the Department of Physics, Faculty of Science, Tokyo University. I am studying mathematical physics and in particular interested in mathematical structure of quantum mechanics. Your book <u>Mathematische Grundlagen der Quantenmechanik</u> is one of my favorite books. It has been my aim to develope the mathematical formulation of quantum mechanics on the line of the rigorous method founded in your book.

In these several years I obtained some results which seem to me of some interests. But as I was not certain whether the same results were already published in America or Europe during the war-time, I made inquiry of Professor Kemble of Harvard University about that point. He answered me that he had inquired of you about the subject, that you found some interest in my results, and that you thought them new. And he advised me to send on my articles for publication in America. So I recently committed manuscripts describing some of my results to the care of the agency of the General Headquarters. It seems that they were sent to the Editor of <u>The Physical Review</u>. They are titled "Self-adjointness of Hamiltonian Operators of Schroedinger Type" and "On the Existence of Solutions of the Helium Wave Equation". It is my great pleasure if they could be published in that journal or other and if they could be read by you.

The report that you thought my results interesting delighted me so much that

I was encouraged to write to you directly, though I am afraid that I seem rude to you. For I have several other results of more mathematical nature about which I should like to learn whether they are already known or not. It is my great delight and honor if I could receive your instruction and hear your opinion about the following subjects.

1. As I already reported to Professor Kemble, I could show that the Schroedinger Hamiltonian operators of all atoms, molecules and ions are essentially self-adjoint in the strict sense. The key to solve this problem lies in recognizing the fact that the Coulomb potential energy operator V is "small" compared with the kinetic energy operator T in the sense that the domain of V includes that of T.

In general we have the theorem: If A, B are closed linear operators with dense domain in Hilbert space $\mathfrak{H}$, and if Domain $B \supseteq$ Domain A, then there are two constants α, β such that $\|B\varphi\| \leq \alpha\|A\varphi\| + \beta\|\varphi\|$ for all $\varphi \in$ Domain A. Let α_0 be the lower limit of such α. If $\alpha_0 < 1$, then the operator $A + B$ defined on Domain A is closed. If, moreover, A is self-adjoint and B is symmetric, then $A + B$ is self-adjoint. (In the case of our T and V, α_0 is shown to be zero).

In view of this and other applications of which the theorem is capable, it is desirable to have particular terminology for (i) the relations of B to A and (ii) the constant α_0. But my poor knowledge of language does not allow me to find good names. So would you kindly give proper names to them?

2. An important result of 1. is that the domain of the self-adjoint Hamiltonian $T + V$ is identical with the domain $\mathfrak{D}$ of T. But T is quite a simple operator, for it is nothing but a Laplacian in $3s$-dimensional space ($3s$ is the degree of freedom), and a function of $\mathfrak{D}$ can easily be characterized in momentum representation. But it seems that the characterization in configuration space has not yet been given. I could derive the theorem to the effect that a function $f(x_1, y_1, z_1, \cdots, z_s)$ is in $\mathfrak{D}$ if and only if, roughly speaking, f has almost everywhere derivatives of the 2nd order which are functions of $\mathfrak{H}$.

3. From these investigations I was lead to the study of general 2nd order partial differential operators of elliptic type. Let G be an open set in n-dimensional space and let L be a formal differential operator defined in G:

$$L[f] = -\sum_{i,j}^{1,n} a_{ij}(x)\frac{\partial^2 f}{\partial x_i \partial x_j} + \sum_{i}^{1,n} b_i(x)\frac{\partial f}{\partial x_i} + c(x)f,$$

where $\|a_{ij}(x)\|$ is a positive-difinite matrix. Let M be the formal adjoint of L.

If we introduce the Hilbert space $\mathfrak{H} = L_2$ defined over G, we can construct from L a linear operator T of $\mathfrak{H}: Tf = L[f]$, f being sufficiently regular, $f \in \mathfrak{H}$, $L[f] \in \mathfrak{H}$. Let $\dot{T}$ be a contraction of T with the strongest boundary condition: a function f of Domain $\dot{T}$ shall be zero in some boundary strip of G. Similarly we make from M two operators S and $\dot{S}$ of $\mathfrak{H}$. Then I could derive the following relations (under certain general conditions concerning the regulartity of the coefficients $\alpha_{ij}(x)$ etc.)

$$\dot{S}^* = \widetilde{T}, \quad \dot{T}^* = \widetilde{S}$$

where $*$ means adjoint and $\sim$ closure.

These are generalizations of the corresponding theorem given by Professor Stone in his book for the case of ordinary differential operators, and are capable of wide applications. For instance, we can easily derive the theorem: if L is the Schroedinger operator

$$-\sum \frac{\partial^2}{\partial x_i^2} + V(x)$$

where the potential $V(x)$ is bounded below, then

$$\widetilde{\dot{T}} = \widetilde{T} = \text{self-adjoint}.$$

4. I also studied the domain of the operator $\dot{S}^*$ and obtained a result similar to that of 2.: a function $f \in \mathfrak{H}$ is in Domain $\dot{S}^*$ if and only if (i) f has, roughly speaking, almost everywhere derivatives of the 2nd order which are <u>locally</u> square-integrable, and (ii) $L[f] \in \mathfrak{H}$.

Here I will stop, for it will be too long and trouble you. In conclusion, I beg your pardon again for my rudeness.

Yours respectfully,

Tosio Kato

422 Tabata-machi

Kita-ku, Tokyo

Japan

References

[1] H. Cordes et al., Tosio Kato (1917–1999), Notice Amer. Math. Soc., **47** (2000), 650–657.
[2] 加藤敏夫, 量子力学の関数解析, 量子力学の展望（下）, 岩波書店, 669–686.
[3] 黒田成俊, スペクトル理論 II, 岩波書店 (1979).
[4] 中村 周, 量子力学のスペクトル理論, 共立出版 (2012).
[5] M. Reed and B. Simon, Methods of Modern Mathematical Physics, II, *Academic Press*, (1975).
[6] 谷島賢二, シュレーディンガー方程式 I, 朝倉書店 (2014).

付 記

　加藤先生とケンブル氏およびフォン・ノイマン氏との交換書簡はいろいろな意味で読者の興味をそそるものであろうと信ずる．上ではこれ以上述べないと書いたけれども，その中で quasi-domain に関する部分だけはここに抜き書きして読者に披露したい．

　本書の第 1 章で quasi-domain という概念が出てくる．加藤先生自ら，この概念は本書においてはなはだ重要である，と書いているくらいであるが，その概念は現在では core と呼ばれている．これは加藤先生の著書[63] の第 3 章に現れている．

　さて，加藤先生は 1950 年 5 月 28 日にフォン・ノイマン氏に手紙を書いて研究内容を説明するのであるが，ここで quasi-domain の概念を（その名前を出すことなく）説明し，また，本書の第 4 章 54 ページで現れる H_0 有界と呼ばれている概念，すなわち，不等式 (13.5) の意義を強調している．そしてこれら二つの概念について，

フォン・ノイマン氏に適当な名前はないであろうか，とお願いしている．

　これに対するフォン・ノイマン氏の返事は 1950 年 6 月 9 日付で書かれているので，素早く返事が来たことになる．ここでフォン・ノイマン氏は加藤先生の結果を「exceedingly interesting」と形容し，次のような追伸を手書きで書き込んでいる．

　　　二つの作用素に関する不等式，また，二つの作用素の定義域に関する条件は，どちらも名前が付いているものではないと思います．$\mathcal{D}$ を定義域に持つ作用素 A を $\mathcal{D}'$ に制限したものの閉包を取ると元の A になる，という $\mathcal{D}'$ については，core と呼んでみてはいかがでしょうか．

加藤先生はこれに対して次の手紙（1950 年 6 月 24 日付）の冒頭で，「core というのは大変よい名前であると思いますので，今後はそれを使ってゆきたいと考えます」と答えている．そしてこれ以降，quasi-domain は core となったのである．

付録2　Schrödinger方程式の数学
——その生誕と成長

中村 周

　加藤敏夫[1]が遺した本書は，Schrödinger方程式の理論の誕生を記した，数理物理学に関心を持つ者にとっては，70年近い時を超えて発掘された宝物のような資料です．Schrödinger方程式の数学理論の発展を振り返りつつ，その意味を考えてみたいと思います．

[1] 加藤敏夫氏については，自然に「加藤先生」と書きたくなるのですが，今回は敬称を略して「加藤敏夫」で統一させて頂くことにしました．

1. Schrödinger方程式の理論の誕生

　よく知られているように，量子力学は1920年代半ばにHeisenberg, Schrödingerらによって構築されたものの，その数学的枠組みは曖昧で，多くの矛盾を含んでいました．量子力学に厳密な数学的枠組みを与えた理論がvon Neumannによる『量子力学の数学的基礎』(*Mathematiche Grundlagen der Quantenmachanik*, 1932)でした．この目的のために，von Neumannは抽象的なHilbert空間（完備内積線形空間）の理論を構築し，現代の関数解析理論の一つの源となりました．これで量子力学は数学的に厳密に定義された理論になった，と多くの人が考えたわけですが，実際には，最も基本的なクーロン・ポテンシャルを持つSchrödinger方程式でさえ，この理論の仮定を満たすかは，von Neumannも証明できませんでした．量子力学の具体的な問題が，Hilbert空間論の下で解析できるのかさえ明らかではなく，解析学／偏微分方程式論としてのSchrödinger方程式の理論は長いあいだ未発達でした．

　その状況を一変させたのが，1951年に *Transactions of the American Mathematical Society* に出版された，加藤敏夫による「Schrödinger型ハミルトン作用素の基本的性質」("Fundamental properties of Hamiltonian operators of Schrödinger type") でした．この論文で，加藤敏夫はクーロン・ポテンシャルを持つ多体電子系を含む広いクラスのSchrödinger型作用素の自己共役性を証明し，これらの基本的な量子力学モデルがvon Neumannの理論の枠組みに入ることを初めて証明しました．この論文は，数学的なSchrödinger方程式の理論の，真の誕生を告げる歴史的論文と見なされており，これ以降のSchrödinger方程式の理論，あるいは量子力学の数学的な理論の出発点と考えられています．

2. Schrödinger 方程式の理論の発展 I. *Perturbation Theory for Linear Operators* まで

1951 年の論文以降, Schrödinger 方程式 / 量子力学の数学的理論は大きな研究分野に発展してきています. 私自身が, その全体像を説明する能力は (全く) 不足しているのですが, いくつかの標準的な専門的教科書の内容を紹介しながら, 研究分野がどのように成長してきたかを振り返ってみたいと思います.

Schrödinger 作用素の理論は, Hilbert 空間論に基づいているという歴史的経緯から, 特にその初期においては自然な流れとして, 関数解析の理論を主な道具立てとし, 抽象的な理論を組み立てて, それを具体的な量子力学モデルに適用する, という枠組みが主流となって発展をしてきました. その 1960 年代半ばまでの流れがまとめられ, この分野の基礎文献として読み継がれてきているのが, 1966 年に初版が出版された, 加藤敏夫の *Perturbation Theory for Linear Operators* (Springer Verlag, 1966, 1976) です. (以下では, *Perturbation Theory* と呼ぶことにします.) この黄色い本は, Schrödinger 作用素の研究者からはバイブルと呼ばれており, この本の記法が分野の標準的な記法として用いられ, この本の内容を前提として研究を進める, という意味で, 真の「基本文献」です. 内容は, 本書の内容と密接に関係しているのですが, そのことは後で述べることにして, 目次を見てみると, 以下のような項目が並んでいます.

Capter 1. Operator theory in finite-dimensional vector spaces
Capter 2. Perturbation theory in a finite-dimensional space
Capter 3. Introduction to the theory of operators in Banach spaces
Capter 4. Stability theorems
Capter 5. Operators in Hilbert spaces
Capter 6. Sesquilinear forms in Hilbert spaces and associated operators
Capter 7. Analytic perturbation theory
Capter 8. Asymptotic perturbation theory
Capter 9. Perturbation theory for semigroups of operators
Capter 10. Perturbation of continuous spectra and unitary equivalence

摂動論 (perturbation theory) というのは, 作用素に何らかの意味で「小さい」変化を加えたときに, その固有値, 固有関数がどのように変化するかの研究です. 本書では, 最初の 2 章で有限次元行列の場合を研究し, そのあと関数解析の準備をして, 無限次元の場合を論じています.「関数解析の準備」と書きましたが, ここでは, Schrödinger 方程式の研究のために必要な, 本人が導入した多くの道具立ても説明されています. 本書でも中心的なテーマとなっている, 解析的摂動論 (analytic perturbation theory), 漸近的摂動論 (asymptotic perturbation theory) の緻密な議論が説明された後, より一般の「半群」の摂動論や, 連続スペクトルの摂動理論

である散乱理論についても最後の章で触れられています．

　もちろん，1960 年代までには，すでに Schrödinger 方程式の広範な問題について研究成果が得られており，加藤敏夫本人も，この本には説明されていない断熱近似 (adiabatic approximation) などの著名な研究成果を挙げられています．それでも，この分野の研究の指針となったこの本を見ることで，Schrödinger 方程式理論が，加藤敏夫の構築した関数解析的な枠組みの中で発展してきたことが伺えます．

3. Schrödinger 方程式の理論の発展 II．Reed-Simon の時代

　個人的な話になりますが，私が 1980 年代初めにこの分野の勉強を始めたときには，*Perturbation Theory* は，すでに標準的な教科書として権威ある存在でした．一方，数学的にあまりにも美しく高度に構築され，量子力学の現象論に至るまでには道が遠い，という印象もあったかと思います．そのような時期に出版されたのが，若く，精力的に研究をしていた Barry Simon と Michael Reed により書かれた，*Methods of Modern Mathematical Physics* の 4 巻本でした（以下では，Reed-Simon と呼ぶことにします）．有名な Courant-Hilbert の「数理物理学の方法」に倣ったタイトルのこの教科書は，最初は量子場の理論を含む，もっと長いシリーズとして計画されていたようですが，結局は，量子力学の数学的理論を包括的に解説した 4 巻までで完結しています．私もそうでしたが，1980 年代～1990 年代にこの分野の勉強を始めた研究者の多くは，この本を通して，「量子力学の数学とは何か」というイメージを作り上げたのではないかと思います．4 巻の構成は，以下のようになっています：

Volume 1.　Functional Analysis
Volume 2.　Fourier Analysis, Self-Adjointness
Volume 3.　Scattering Theory
Volume 4.　Analysis of Operators

第 1 巻は関数解析の入門で，量子力学の理論に必要な関数解析を学ぶ上では，必須の材料を巧妙に選択して説明してあり，いまでも優れた教科書として読まれています．第 2 巻の前半はフーリエ解析の説明ですが，特に自由な Schrödinger 作用素の性質を調べることに重点が置かれていて，とても具体的な印象を与える解説になっています．

　第 2 巻の後半から，いよいよ Schrödinger 方程式の理論に入ります．第 2 巻の後半は，Schrödinger 作用素を中心とした量子力学の作用素の自己共役性の議論にあてられています．von Neumann の一般論から始まり，「加藤の定理」と呼ばれることの多い 1951 年の論文の内容，「加藤の不等式」を用いた本質的自己共役性の定理，Nelson の「交換子定理」などが説明されています．この時点までに，1951 年の論

文に始まる自己共役性に関する理論が成熟し，研究が一段落したことが伺える充実した内容です．

第 3 巻は，ただ一つの章，"Scattering Theory" に費やされており，散乱理論の研究が大きく発展していた時期にこの本が書かれたことが理解できます．この頃までに，2 体の Schrödinger 方程式に関する散乱理論，特に中心的な問題であった「漸近完全性」(asymptotic completeness) は，加藤敏夫，池部晃生，黒田成俊，Birman，Agmon を含む研究者の膨大な研究成果によって一段落していたところでしたが，Enss らによる新しい散乱理論の流れが生み出されつつある時期でもありました．そのために，この第 3 巻は，現時点から見ると，残念ながら，少々中途半端な印象も受けます．

第 4 巻の最初の章は，"Perturbation of Point Spectra"（固有値の摂動論）となっており，加藤敏夫の固有値の摂動論の簡単な部分と，その後の発展（特に量子力学的共鳴など）が簡単に説明されています．この部分は，*Perturbation Theory* があるので，あえて読みやすさを重視した入門に徹している印象を受けます．第 4 巻の後半の章，"Spectral Analysis" が，このシリーズのハイライトとも言える内容で，Barry Simon の博識が発揮されて，Schrödinger 作用素に関する様々な話題が要領よく説明されています．具体的な内容は，ここでは列挙しませんが，この時期までに得られた Schrödinger 作用素の理論の豊饒さを味わうことができます．

今から振り返って見ると，この教科書の書かれた時期は，加藤敏夫によって拓かれた Schrödinger 方程式の理論の，一つの黄金時代であったのかもしれません．関数解析，フーリエ解析の，どちらかと言えば初等的な部分を用いて，量子力学の基本的なモデルを厳密に定式化し，それらの固有値，スペクトルの基本的性質を調べる，という研究成果が盛んに発表され，次々に新たな知見が得られた時代でした．もちろん，困難で重要な未解決問題は数多くありましたが，この教科書からは，加藤敏夫，Birman らの切り開いた道筋，道具立ての上で Schrödinger 方程式の理論は前進していく，という楽観的な雰囲気があったように感じられます．そのような明るい雰囲気は，I. M. Sigal と A. Soffer による多体散乱の完全性の証明 (1987, *Annals of Mathematics*) あたりから薄れてきたように思います．研究内容が高度に専門化，分化してきて，「Schrödinger 方程式の理論」という一つの実体を維持するのが難しくなってきたのかな，とも感じます．

4. Schrödinger 方程式の理論の発展 III. 分化の時代

Schrödinger 方程式の指導的研究者の一人，Barry Simon が 1982 年に行った講義録を元にして，1986 年に，Cycon, Froese, Kirsch, Simon の 4 人の共著の本として

Schrödinger Operatos (Springer Verlag) が出版されました．ある意味で，Reed-Simon の後の研究の補遺と見なすこともできますし，この頃の Schrödinger 方程式の理論の潮流を知るための手がかりとして，大変に興味深い本です．以下のような目次です：

Chapter 1.   Self-adjointness
Chapter 2. L^p-Properties of Eigenfunctions, and All That
Chapter 3.   Geometric Methods for Bound States
Chapter 4.   Local Commutator Estimates
Chapter 5.   Phase Space Analysis of Scattering
Chapter 6.   Magnetic Fields
Chapter 7.   Electric Fields
Chapter 8.   Complex Scaling
Chapter 9.   Random Jacobi Matrices
Chapter 10. Almost Periodic Jacobi Matrices
Chapter 11. Witten's Proof of the Morse Inequalities
Chapter 12. Patodi's Proof of the Gauss-Bonnet-Chern Theorem and Superproof of Index Theorems

第 1 章は，Schrödinger 方程式の理論の伝統にしたがい，自己共役性の証明から始めていますが，かなり一般化，整理されて，手際良くまとめられています．ここでも，加藤の不等式，加藤クラスのポテンシャルなど，加藤理論の影響が強く見られますが，証明は，次の章の議論と共通するのですが，Feynman-Kac 公式，Schrödinger 半群 (e^{-tH}) を利用した証明が用いられ，確率論，調和解析の影響が感じられます．引き続いて第 2 章は，固有関数の特異性など，Schrödinger 作用素の実解析的な性質を，Schrödinger 半群の解析から導く理論の紹介です．

　第 3 章の「幾何学的方法」というのは座標空間での単位の分解を用いることを指しているのですが，ここでの主題は，原子核型の多体電子系の固有値の評価です．多体電子系の固有値の解析は，物理的に重要で古い研究分野なのですが，この頃から「物質の安定性」(stability of matter) として，Elliott Lieb を中心に大きく発展しました．例えば，E. Lieb と R. Seiringer による *Stability of Matter in Quantum Mechanics* (2009, Cambridge University Press) にその理論の発展がまとめられています．

　第 4 章は，交換子を用いて Schrödinger 作用素のスペクトルの絶対連続性を証明する E. Mourre の理論の紹介と，多体 Schrödinger 作用素への応用が解説されています．第 5 章は，Enss の散乱理論の解説ですが，ここでは，ある種の「相空間解析」(phase space analysis)，超局所解析に近いアイデアが用いられています．この二つ

の章は，散乱理論のひとつの総決算のような意識で書かれたのかもしれません．ここでは，多体 Schrödinger 方程式の漸近完全性の証明は書かれていませんが，この頃から多体散乱理論は，一つの専門分野として独立したような印象を受けます．これ以降の研究の発展については，J. Dereziński, C. Gérard による *Scattering Theory of Classical and Quantum N-Particle Systems* (Springer Verlag, 1997, 2010) にまとめられています．

第 6 章，第 7 章では，それぞれ，定磁場中，定電場中の電子を記述する Schrödinger 作用素に関する，様々な研究結果が説明されています．量子力学の基本的なモデルのスペクトル解析で，ある意味で，Reed-Simon の第 4 巻の直接の延長上にある内容，とも見えます．

第 8 章の "Complex Scaling" とは，量子力学的共鳴を定義，解析するための枠組みです．1980 年代から量子力学的共鳴の理論，特に半古典極限，つまりプランク定数 $\hbar \to 0$ の状況下での共鳴の漸近解析が大きく発展しました．量子力学的共鳴については，例えば，M. Zworski "Mathematical theory of scattering resonances (*Bulletin of Mathematical Sciences*, Vol.7, pp.1–85 (2017)) に最近までの発展が解説されています．現時点では，この本の説明は，やや素朴で，量子力学共鳴の理論の出発点のようにも見えます．

第 9 章，第 10 章では，離散化された 1 次元の Schrödinger 作用素で，特殊なポテンシャルを持ったモデルを考察しています．第 9 章はポテンシャルがランダム，つまり座標ごとのポテンシャルの値が独立同分布の確率変数であるような，量子物性理論で重要なモデルを考えています．この理論は，もっと一般の枠組みの下で，ランダム Schrödinger 作用素の理論として，確率論とも結びつき，大きな研究分野に発展しました．特に，Anderson 局在の証明は数理物理学における重要で基本的な知見と考えられています．第 10 章では，準結晶に関係する，概周期的なポテンシャルを持つ Schrödinger 作用素の考察が説明されています．この理論も，近年では離散時間力学系の理論と結びついて，独立した研究分野として発展しています．

第 11 章，第 12 章は，Witten 理論などの，量子力学の理論の手法，特に半古典解析が微分幾何学に応用された理論の紹介です．第 8 章にも半古典極限との関連を述べましたが，半古典解析は，偏微分方程式の超局所解析と結びつき，偏微分方程式論の主要な道具の一つとして発展してきています．半古典解析については，M. Dimassi, J. Sjöstrand "Spectral Asymptotics in the Semi-Classical Limit" (1999, London Math. Soc.), A. Martinez, "An Introduction to Semiclassical and Microlocal Analysis" (2001, Springer Verlag), M. Zworski "Semiclassical Analysis" (2012, American Math. Soc.) などに優れた解説があります．

これらの理論の紹介を眺めてみると，Schrödinger 作用素の理論が，いかに広範な研究分野に発展したか，という感慨を抱きます．さらに，これ以降の理論の発展は，それぞれの問題ごとに大きく異なる道筋をたどり，別々の研究分野に発展したことが分かります．1980 年代から 1990 年代というのは，求心性のある「Schrödinger 方程式の理論」という分野が，高度化とともに，分化，分裂していく時代だったようにも感じられます．

5. Schrödinger 方程式の理論の誕生の場面

さて，このような歴史の流れの中で本書を見てみると，誰もが感じるだろうことは，「この時期にここまでの理論が完成していたのか」という思いでしょう．1945 年，加藤敏夫 28 歳，学位取得前に，1951 年の論文の内容を含む，自己共役性，固有値の解析的摂動論，漸近的摂動論の理論を（部分的に不完全ながらも）完成させ，組織的な論文として完成させていたことは，驚くしかありません．1940 年代末から 1950 年代にかけて出版される論文の多くの内容，あるいは基本的なアイデアが，すでにここに説明されています．原文の参考文献には，Courant-Hilbert の教科書，von Neumann の論文と教科書，Stone の関数解析の教科書以外には，数学の論文はほとんど挙げられていません．戦時中で文献の入手が困難な時期でもあり，ほとんどが独力で構築された議論であったのだろうと思われます．後年に Rellich-加藤の理論として知られることになる理論の Rellich の論文も，本書執筆の時点で加藤敏夫は知らなかった，と考えられています．

しかし，私がこのノートを初めて見たときに感銘を受けたのは，緒言に書かれた加藤敏夫の量子力学に対する強い思いでした．われわれ，加藤敏夫の有名な論文，著書を読んだことのある人間は，その研ぎ澄まされた数学的定式化，高度に抽象化された議論が印象に残ることと思います．逆にいうと，抽象的すぎて，物理的なモデルとの距離を感じる場合もあるかと思います．理論の具体例として挙げられるモデルも，物理のモデルに直接関わるものよりも，関数解析的に構築された例や，1 次元の微分作用素などが思い出されます．加藤敏夫については，抽象的な理論構築を得意とする数学者，という印象を持つ人が多いのではないでしょうか．

ところが，この緒言に書かれているのは，量子力学を数学的に厳密な基礎の上に構築しなければいけない，という物理学者としての意志です．Kemble の本に対する批判的な記述も，数学的な厳密性の必要性を痛感するあまり，それに至らない議論に強い不満を持ったためだろう，と自然に感じられます．逆に言えば，数学的に厳密な量子力学を構成したい，という明確な意志があったからこそ，ここまで独自の数学理論を構築することができたのでしょう．改めて，独創的な研究には明確な

目的意識が必須であることを痛感します．本書の全ての文章を通じて，ほとんど使命感のような，厳しい意志が感じ取れることこそ，本書を読む醍醐味だろうと思います．

6. 本書の概要

次に，各章の内容を簡単に見ていきます．

第 1 章の「Hilbert 空間と Operator」は，関数解析の準備ですが，自己共役作用素を「hypermaximal operator」と呼ぶなどの，やや現在と異なる用語が使われているのが，気になるかもしれません．ここで説明されるほとんどの命題は，関数解析における標準的な事柄ですが，独自と思われる証明も見受けられます．全体的に，*Perturbation Theory* と比べると組織的ではなく，「手作り感」を感じます．

第 2 章の「変数分離の理論」は，Hilbert 空間のテンソル積，その上の作用素のテンソル積，という説明ができる内容と思います．例えば，Reed-Simon の Section VIII. 10，Section XIII. 9 に関連する説明があります．おそらく，物理学で多用される変数分離を用いた偏微分方程式の計算が，関数解析的な枠組みで正当化できることを説明することが，ここでの目標と思われます．

第 3 章，「Reducibility」は，ハミルトニアンがユニタリー群の作用による対称性を持つとき，作用素が直和分解されることを論じています．物理学の文献においては，しばしば対称性が重視され活用されるので，その正当化のための議論と思われますが，以降の Schrödinger 作用素の理論の流れでは，このような議論も中心的な話題ではなくなっているように思います．数学の世界では，むしろ，群の表現論，作用素環論に結びつく話題になっています．この時点で，加藤敏夫が物理の文献の議論の正当化に沿って理論を構築していたことも反映しているのでしょう．

第 4 章，「Minor Operator の理論」から，いよいよ本書の核心的な部分に入ります．Minor Operator というのは，現在の用語では（細かい違いはありますが）「相対的に有界な作用素」(relatively bounded operator) に対応します．最初の節で minor operators を定義し基本的な性質を調べています．その次の節で，minor operator による自己共役作用素の（小さな）摂動が自己共役になる，という Rellich-加藤の定理が証明されます．次の節では，元の自己共役作用素が下に有界な場合は，摂動された自己共役作用素も下に有界なことが証明されます．1951 年の論文の関数解析的な部分は，ここまでで完成しており，この章の残りでは，スペクトルが摂動によりどのように変化するかが論じられています．特に，レゾルベントに入る区間，固有値が連続的に変化するか，など，固有値の摂動論につながる話題が，かなり詳しく論じられています．

第 5 章の「Minor Perturbation（第一種）」では，minor operator による摂動を受けた作用素の固有値の摂動理論が論じられます．現在では，解析的摂動論と呼ばれる理論です．1951 年の学位論文が固有値の摂動展開の収束に関する論文であることからも分かるように，この時期の加藤敏夫の研究の中心は固有値の摂動論であったようです．ここでは，作用素の摂動が自己共役作用素と対称作用素の和になっている場合のみが論じられていますが，*Perturbation Theory* などでは，もっと一般にパラメーターに関して解析的な摂動が考えられています．この点が，この草稿が出版されなかった理由の一つなのかもしれませんが，有限多重度の離散固有値がパラメーターに関して級数展開される，という基本的な定理は既に完全に論じられ，証明されています．§24 において，単純固有値の場合だけを特に説明しているのは，読者にとっては，教育的であるとともに，一歩一歩理論を進めていく足取りを追体験するような味わいがあります．同様に，§28 における解析接続できる領域を追い詰めていく様子に，情熱的な探究心を感じるのは私だけではないだろうと思います．

　第 6 章の「原子（分子，イオン）の Hamiltonian の研究」では，関数解析の抽象的な議論から一転して，物理学で用いられる具体的な Schrödinger 方程式を扱っています．モデルを説明したあと，幾つかの関数空間が説明されています．今は Sobolev 空間と呼ばれる超関数の意味で微分可能な空間と，(L. Schawartz の超関数論で一般化した，しばしば Schawartz 関数族と呼ばれる）急減少関数族が導入され，基本的な性質が論じられます．ここで注意，注目すべきことは，どちらも既存の文献から引用されたものではなく，量子力学の数学の構成のために加藤敏夫自身が独立に考案，導入したように見えることです．正確な時代的前後関係は数学史研究者の追求すべきことでしょうが，もしも第 2 次大戦がなく，速やかにこれらの研究結果が出版されていたならば，これらの関数空間は違った名前で呼ばれていたのかもしれません．フーリエ変換を用いてポテンシャルのない Schrödinger 作用素の自己共役性を示し，定義域を特徴づけたあと，クーロン・ポテンシャルの解析が説明されています．現在では，クーロン・ポテンシャルを持つ Schrödinger 作用素の自己共役性には，Sobolev 埋め込み定理を用いることが多いように思いますが，ここでは，より精密な，(磁場を持つ場合の）Hardy 不等式を証明して用いています．この不等式を用いると，より特異性の強い $|x|^{-2}$ のようなポテンシャルの相対的有界性，Dirac 作用素に対するクーロン・ポテンシャルの相対的有界性などが導かれる，という点で強力な議論なのですが，歴史的に最初の議論からこのように精密な評価を用いていた，ということには，驚きを感じます．その次の節，§37 で，いよいよクーロン・ポテンシャルを持つ Schrödinger 作用素の自己共役性が証明されています．ここまでの準備を用いることで，どちらかと言えば「あっさりと」説明されており，むし

ろこの段階では解決されていなかった，固有関数の連続性，正則性などについて考察が展開されています．それに続く3節においては，摂動論の適用方法，角運動量，水素（類似）電子などについての考察がされています．特に，水素原子のモデルについては，第2章の議論を受け継ぎ，変数分離法で解けているからといってそれでは十分ではない，関数解析的な立場から正当化される必要がある，と書かれているのは，数学的に厳密な量子力学を構成する必要がある，という加藤敏夫の目的意識を象徴しているようです．次の節，§41 では，最も簡単な2電子系であるヘリウム原子の固有値の存在について，摂動論を駆使して議論しています．物理的な定数を用いて，精密に固有値の個数まで評価する議論は，物理学者としての加藤敏夫の側面をはっきりと表しているとともに，E. Lieb らの "Stability of matters" の理論に直接つながるものを感じさせます．この章の残りの部分では，Dirac 作用素，Zeemann 効果（定磁場中の電子の方程式），Stark 効果（定電場中の電子の方程式）などが考察されています．上記，Cycon-Froese-Kirsch-Simon の第6章，第7章に直接結びつく話題です．（この時点での）量子力学の理論で取り扱われているモデルはすべて取り扱おう，という意欲と，数学的な厳密さを追求する意思が絡み合い，証明できたこと，これから研究するべきことについて，情熱的に議論されている章であり，第5章と並んで，本書のもうひとつのハイライトと思います．

　第7章,「一般の第一種摂動論」は，現在は漸近的摂動論 (asymptotic perturbation theory) と呼ばれる理論について論じています．解析学としては，比較的簡明に，美しく構成された解析的摂動論に比べて，漸近的摂動論は，いろいろな技術的困難があり，様々な制約を加えて展開せざるをえない理論であり，*Perturbation Theory* などで，さらに研究が深化されることになる理論です．この本での説明で印象的なのは，「解析的摂動論では物理の応用上不十分である」と力説されていることです．物理のモデルや，常微分作用素のモデルなどを用いて，漸近的摂動論の必要性が説明されています．その後では，どのような応用上の必要性に従って，どのような仮定を置いて議論を進めていくか，という説明をしながら，一歩一歩，議論を進めていきます．理論が生まれつつある場面に立ち会うような，完成されて整理された理論の説明とは対照的な生々しさがあります．誤差の評価，変分法と近似の関係など，具体的に固有値を計算するときに必要になる数値解析的な議論も章の後半では行われています．

　第8章,「運動方程式」では，時間に依存する Schrödinger 方程式の解の構成について，スペクトル分解を用いて簡単に説明しています．数学的内容は，現在の関数解析の理論では，割と標準的な内容と思いますが，物理的な考察と絡めて，なぜこのような定義が自然か，ということを議論しているところが読みどころと思います．

第 9 章,「第二種の摂動論」は,時間に依存する Schrödinger 方程式の解の摂動論を論じています.つまり,ハミルトン作用素が摂動を受けたときに,Schrödinger 方程式の解がどのように変化するか,という考察です.物理学で相互作用描像と呼ばれる定式化を用いて時間発展作用素の摂動展開を計算し,それがどのようなときに意味を持つかを議論しています.摂動が有界作用素の場合は,いわゆる Dyson 展開が得られて常に収束します.摂動が相対的に有界な場合は,2 次の展開までは意味を持つことが証明され,高次の展開は(一般には)期待できないこと,もっと一般の摂動の場合には議論が成り立たないこと,などが説明されています.緒言にも書かれているように,この章の議論は完成されたものとは言えないでしょうけれど,様々な興味深い物理的考察が書かれており,*Perturbation Theory* の第 9 章につながるものです.

7. これからの量子力学の数学に向かって

加藤敏夫の生前に出版されることのなかった本書が,どのような意図の下で書かれたのか,私には分かりません.しかし,Schrödinger 方程式の数学理論の誕生の前夜に書かれた本書からは,繰り返しになりますが,数学的に厳密な量子力学の理論を作ろうという情熱が随所からにじみ出ています.

量子力学の数理物理という研究分野は,国際的に見ても物理学出身の研究者が多く,特に境界領域としての特質が強い分野です.ヨーロッパにおける量子力学の数理物理の研究者は,数学科の出身者と物理学科の出身者が半々くらい,という印象を受けます.それでも,この分野の論文は,物理的問題意識から乖離した,仮構的な問題を研究している印象を与える論文が少なくありません.数学科出身者が大多数を占める日本の研究者のコミュニティでは,その傾向がさらに強いかもしれません.この分野の研究者を目指す人には,若き加藤敏夫の思いに接することによって,量子力学の数学の原点に戻り,新たな研究の展望を持つことができるかもしれません.このような文書を日本語で読めることは,我々にとって望外の幸運であると思います.

参 考 文 献

原ノートで引用または言及

参考書

[1] S. Banach, Théorie des Opérations Linéaires, Warsaw, 1932.

[2] S. Bochner, Vorlesungen über Fouriersche Integrale. (Mathematik und ihre Anwendungen, Bd. 12.) Akad. Verlagsges., Leipzig 1932.

[3] R. Courant, D. Hilbert, Methoden der Mathematischen Physik, I, Zweite verbesserte Aufl., Springer Verlag, 1931;
英訳：Methods of Mathematical Physics, vol. I, Interscience, New York, 1953.
和訳：藤田宏，高見穎郎，石村直之訳，数理物理学の方法，上，シュプリンガー数学クラシックス26巻，丸善出版，2013；下，近刊．

[4] P. A. M. Dirac, The Principles of Quantum Mechanics, Clarendon Press, Oxford, 1930, 2nd ed., 1935, 3rd ed., 1947, 4th ed. 1957;
和訳 (4th ed.)：朝永 振一郎，玉木 英彦，木庭 二郎，大塚 益比古，伊藤 大介訳，量子力学，岩波書店，1968．

[5] E. C. Kemble, The Fundamental Principles of Quantum Mechanics with Elementary Applications, McGraw-Hill, 1937, Dover Edition., 1958.

[6] J. von Neumann, Mathematische Grundlagen der Quantenmechanik, Springer Verlag, Berlin, 1932.
和訳：井上健，広重徹，恒藤敏彦訳：量子力学の数学的基礎，みすず書房，1957．

[7] Lord Rayleigh, The Theory of Sound, I, II, Mcmillan Co, 1894, 1896; Dover Edition, 1945.

[8] M. H. Stone, Linear Transformations in Hilbert Space and Their Applications to Analysis, Amer. Math. Soc. Colloq. Pbubl. vol. 15, 1932.

[9] H. Weyl, Gruppentheorie und Quantenmechanik, S. Hirzel, 1928;
和訳：山内恭彦訳，群論と量子力学，裳華房，1932．

論文

[10] H. Bethe, Quantenmechanik der Ein- und Zwei-Elektronenprobleme, Handbuch der Physik, **24**(1933), 273–560. Springer Book Archives, Handbuch der Physik, Quantentheorie に再刊.

[11] S. Bochner and J. v. Neumann. On compact solutions of operational-differential equations. I. Ann. Math. **36**(1935), 255-291.

[12] D. Hilbert, Grundzüge einer allgemeinen Theorie der linearen Integralgleichungen, Göttingen Nachrichten, 1904, 49–91.

[13] F. Hund, Allgemeine Quantenmechanik des Atom- und Molekelbaues, Handbuch der Physik, **24**(1933), 561–694. Springer Book Archives, Handbuch der Physik, Quantentheorie に再刊.

[14] E. A. Hylleraas, Neue Berechnung der Energie des Heliums im Grundzustande, sowie des tiefsten Terms von Ortho-Helium, Z. Phys. **54** (1929), 347–366.

[15] E. A. Hylleraas, Über den Grundterm der Zweielektronenprobleme von H^-, He, Li^+, Be^{++} usw., Z. Phys. **65** (1930), 209–225.

[16] J. von Neumann, Allgemeine Eigenwerttheorie Hermitescher Funktionaloperatoren, Math. Ann. **102**(1929), 49–131.

[17] J. von Neumann, Zur Algebra der Funktionaloperationen und Theorie der normalen Operatoren, Math. Ann. **102**(1929), 370–427.

[18] J. von Neumann, Zur Theorie der unbeschränkten Matrizen, J. reineAngew. Math., **161**(1929), 206–236.

[19] J. von Neumann, Über Funktionen von Funktionaloperatoren, Ann. Math. **32**(1931), 191–226.

[20] J. von Neumann, Die Eindeutigkeit der Schrödingerschen Operatoren, Math. Ann. **104**(1931), 570–578.

[21] J. von Neumann, Über adjungierte Funktionaloperatoren, Ann. Math. **33** (1932), 294–310.

[22] J. von Neumann, Über Einen Satz von Herrn M. H. Stone. Ann. Math. **33**(1932), 567–573.

[23] J. von Neumann, Charakterisierung des Spektrums eines Integraloperators, Actualités Sci. Ind., **119**, Paris, 1935, pp. 38–55.

[24] W. Pauli, Die allgemeinen Prinzipien der Wellenmechanik, Handbuch der

Physik, **24**(1933), 83–272. Springer Book Archives, Handbuch der Physik, Quantentheorie に再刊.

[25] Weisskopf, V., Wigner, E. Berechnung der natürlichen Linienbreite auf Grund der Diracschen Lichttheorie, Zeitschrift für Physik **63**(1930), 54–73.

[26] A. H. Wilson, Perturbation theory in quantum mechanics, Proc. Roy. Soc. London, Ser. A **122**(1929), 589–598.

[27] A. H. Wilson, Perturbation theory in quantum mechanics – II, Proc. Roy. Soc. London, Ser. A **124**(1929), 176–188.

編注で追加

参考書

[51] 新井朝雄, 量子力学の数学的構造, I, II, 共立出版, 1999.

[52] 藤田宏, 黒田成俊, 伊藤清三, 関数解析, 岩波基礎数学選書, 1991.

[53] 加藤敏夫, 位相解析 理論と応用への入門, 共立出版, 1957, 復刊 2001.

[54] 黒田成俊, 関数解析, 共立出版, 1980.

[55] 中村 周, 量子力学のスペクトル理論, 共立出版, 2012.

[56] 岡本久, 中村周, 関数解析, 岩波書店, 2006, 岩波オンデマンドブックス.

[57] 宮島静雄, ソボレフ空間の基礎と応用, 共立出版, 2006.

[58] 谷島賢二, シュレーディンガー方程式, I, II, 朝倉書店, 2014.

[59] 山内恭彦, 杉浦光夫, 連続群論入門, 培風館, 1960, 新数学シリーズ, 2010.

[60] 吉田耕作, 位相解析, 岩波書店, 1951.

[61] 吉田耕作, Hilbert 空間論, 共立出版, 1953.

[62] 辻正次, 実函数論, 槙書店, 1962.

[63] T. Kato, Perturbation Theory for Linear Operators, Springer Verlag, 1966, 1980(2nd ed. Corrected Printing), Classics in Mathematics 1995.

[64] T. Kato, A Short Introduction to Perturbation Theory for Linear Operators, Springer Verlag, 1982;
和訳：丸山 徹訳, 行列の摂動, シュプリンガー・フェアラーク東京, 1999.

[65] M. Reed and B. Simon, Methods of Modern Mathematical Physics, I, Functional Analysis, Academic Press, 1972.

[66] M. Reed and B. Simon, Methods of Modern Mathematical Physics, II, Fourier Analysis, Selfadjointness, Academic Press, 1975.

[67] J. Weidmann, Linear Operators in Hilbert Spaces, Springer Verlag, 1980.

論文

[68] E. Heinz, Beiträge zur Störungstheorie der Spektralzerlegung, Math. Ann. **123**(1951), 415–438.

[69] T. Ikebe and T. Kato, Uniqueness of the self-adjoint extension of singular elliptic differential operators, Arch. Rational Mech. Anal. **9**(1962), 77–92.

[70] T. Kato, On the upper and lower bounds of eigenvalues, J. Phys. Soc. Japan **4**(1949), 334–339.

[71] T. Kato, On the convergence of the perturbation method. I, IIa, IIb, Progr. Theor. Phys. **4**(1949), 514–523; **5**(1950), 95–101, 207–212.

[72] T. Kato, On the convergence of the perturbation method, J. Fac. Science, Univ. Tokyo, Sect.1 **6**(1951), 145–226.

[73] T. Kato, Fundamental properties of Hamiltonian operators of Schrödinger type, Trans. Amer. Math. Soc. **70**(1951), 195–211.

[74] T. Kato, On the existence of solutions of the Helium wave equation, Trans. Amer. Math. Soc. **70**(1951), 212–218.

[75] T. Kato, Quadratic forms in Hllbert space and asymptotic perturbation series, Technical Report 7, Univ.California, 1955.

[76] T. Kato, On the eigenfunctions of many-particle systems in quantum mechanics, Comm. Pure Appl. Math. **10**(1957), 151–177.

[77] F. Rellich, Störungstheorie der Spektralzerlegung, I–V, Math. Ann., **113**(1937), 600–619; **113**(1937), 677–685; **116**(1939), 555–570; **117**(1940), 356–382; **118**(1942), 462–484.

[78] B. Simon, Tosio Kato's work on non–relativistic quantum mechanics, in preparation.

[79] B. Sz–Nagy, Perturbations des transformations autoadjointes dans l'space de Hilbert, Comment. Math. Helv. **19**(1946/47), 347–366.

[80] O. Yamada, A remark on the essential self-adjointness of Dirac operators, Proc. Japan Academy **62**, Ser. A Math Sci. **62**(1986), 327–330.

編注者あとがき

　本書の歴史的な位置付けと本書の内容については，中村周さんが付録2でみごとに論じて下さった．一読されて本文を読まれる時の糧としていただきたい．

　本書で述べられている主要な成果は戦後1949〜1951年に論文として発表されているが，そのとき一部の定理の証明は，新しい手法による証明に置き換えられている．そのことを中心に，多少のことを補足的に述べて読者の参考に供したい．

　緒言に述べられているように，本書で論じられている主なる題目は次の通りである．
　(1)　摂動論
　　(1a)　固有値の摂動論——巾級数展開（第5章），
　　(1b)　固有値の摂動論——漸近級数展開（第7章），
　　(1c)　Schrödinger方程式の摂動論（第8章を準備として第9章）．
　(2)　原子（分子、イオン）のHamiltonianの理論（第6章）である．

1. (2)から始める．(2)のハイライトは原子・分子（イオン）のHamiltonianの自己共役性を証明する定理37.1であり，それを基礎としてHelium原子の固有状態の存在を示した§41の議論である．これらは，戦後参考文献[73], [74]として公表され，特に定理37.1は戦後の量子力学（Schrödinger方程式）の数学的研究の礎を置いて一時代を開くことになったものとして著名である．（出版までに日を要した経緯などについては岡本久さんが付録1に印象的な解説を書いて下さっている．）

　本書で定理37.1を中心とする(2)のさわりだけを理解しようとすれば，経路は意外に簡単である．第1–2章の準備事項の後，第4章の§15から第6章に進み，§35はとばして読み進めば，§37の定理37.1に到れるであろう．第6章で注記し，また付録2で中村さんが強調しておられるように，そこまでの議論の過程でSobolev空間$H^2(\mathbb{R}^n)$に相当する空間（§33の$\mathfrak{D}(\mathfrak{r})$，ただし$n=3s$）やSchwartzの急減少関数族$\mathcal{S}(R^k)$（§34の$\mathfrak{D}^*(x_1,\cdots,x_k)$）が独自に導入され，基本性質が説明されていて，今読んでもそれらの空間の簡明な導入になっている．定理37.1の後はHelium原子の固有状態の存在の証明，Zeemann効果，Stark効果の数学，などを読者の興味に応じて読み進むことができる．

本書と出版論文[73]を比べると, 付録2, 6.に述べられているような証明の差異があり, それに伴う定理における仮定の形にも多少の違いがあるが (2) については本書と出版論文の間に大きな違いはないと言ってよいであろう.

2. 上記のように (1), (2) のうちで (2) の方がより有名になったように見えるのではあるが, ここで強調しておきたいのは, 本書のもとである原ノートに到るまでの研究では, 先生は (1) の研究に大変な力を注がれたように見受けられることである. 戦後に発表された論文では新しい手法を用いた証明に置き換えられることになる原ノートの証明は, 難しいことは使わないが, 完全に読み切れるなら読み切ってみよといわんばかりの証明であり, 恐らくここにしか書かれていない「はじめての証明」であろう.

後年 (2) は摂動論というよりは Schrödinger operator のスペクトル理論の方向で発展したが（付録2参照), (1) はより一般な作用素に対する抽象的な摂動理論として展開した. それは, 後年の大著[63]にもうかがえる. その題名が "Perturbation Theory ……" であるのは示唆的である.

(1) についてまず述べておかねばならないことは, (1a) はオリジナルな研究であるが, F. Rellich の研究（参考文献[77]）とぶつかってしまったことである. Rellich の論文の方が数年早いが, 厳しい研究環境のもと, Rellich の研究をご存じなく研究を完成され, 戦後になって Rellich の論文を知られたという事情である (「誰かがやっているのではないかと恐れていたのだが」というようなことを伺った記憶がある). これに対して, (1b) においては, 固有値の摂動を巾級数でなく漸近級数としてとらえようという発想そのものが, 先生独自のものとして有名である.

(1a), (1b) の結果は, 戦後参考文献[71]で概要が発表され, 先生の学位論文[72]において (1c) とともに詳細に論じられている.

(1a) の主定理は定理20.1である. 本書における証明は, スペクトル理論の比較的初等的な性質のみを用いる, しかし巧妙極まる証明である (特に非摂動固有値が縮退していない場合). これに対して論文[71]以降では, 単位分解を resolvent の複素積分として表す公式が証明の主要手段として登場する. そのことを少し解説しておく. まずその公式の一般形を著書[63]の第2章から引用する（式番号は著書[63]のもの).

$$(1.16) \qquad P(\kappa) = -\frac{1}{2\pi i}\int_\Gamma R(\zeta,\kappa)d\zeta$$

詳しい説明は省くが, この式を本書第5章の状況に適用すると次のようになる. μ_0 は H_0 の孤立固有値で多重度 m, 孤立度 d とし, E_α を H_α に属する単位の分解とす

る．いま Γ を複素平面内の μ_0 を中心とし半径 $d/2$ の円とし，本書の記号に合せて κ を α に，ζ を ℓ に変え，$R(\zeta,\kappa)$ を H_α の resolvent $(H_\alpha - \ell)^{-1}$ に置き変えると (1.16) から次の式が出てくる：$|\alpha|$ が十分小さいとき

(†) $$E_\alpha(\mu_0 + d/4 - 0) - E_\alpha(\mu_0 - d/4) = -\frac{1}{2\pi i}\int_\Gamma (H_\alpha - \ell)^{-1}d\ell.$$

$(H_\alpha - \ell)^{-1}$ が α, ℓ について正則であることは容易に分かり，$E_\alpha(\mu_0 + d/4 - 0) - E_\alpha(\mu_0 - d/4)$ の α についての正則性が直ちに出てくる．この事実が論文[71] 以降での議論の出発点となるが，ここでこれ以上の詳細は述べない．(1.16) を使うというアイデアの起源はというに，(1.16) には次の脚注が付けられている．

> This basic integral formula is basic throughout the present book. In perturbation theory it was first used by Sz.-Nagy[1]（[79]）and Kato[1]([71]), greatly simplifying the earlier method of Rellich[1]–[5] ([77]).

さらに，論文[71] の I には，(†) の証明（1, 2 行ですむ）が書かれている．これらから見て，新しい証明法は原ノート完成後 1949 年までの間に気付かれたものであろうと推測される[1]．

(1b) においても本書の諸定理は比較的初歩的なしかし巧妙な計算によって導かれているが，1949 年以降の発表論文では新しい道具が導入された．それは，1949 年に論文[70] として発表された固有値の上下界評価に関する定理である．少し長くなるが，縮退がない場合にその定理を紹介し，本文の定理 53.1 で μ_0 が縮退していない場合への応用を示しておこう．

定理 (Kato-Temple の公式[70]) $H = \int \lambda d\lambda$ は自己共役作用素とし，区間 (a, b) は H のスペクトルの点をたかだか多重度 1 の固有値 1 点しか含まないとする（言いかえれば，$\dim(E(b-0) - E(a)) \leqq 1$）．$\varphi \in \mathfrak{D}(H), \|\varphi\| = 1$ とし $\eta = (H\varphi, \varphi),\ \varepsilon = \|(H - \eta I)\varphi\|$ とおく．もし，η, ε が不等式 $\varepsilon^2 < (\eta - a)(b - \eta)$ を満たすならば，(a, b) は H のスペクトルの点を丁度 1 点含み，その点を μ_1 とするとき次の評価が成立つ：

(♯) $$\eta - \frac{\varepsilon^2}{b - \eta} \leqq \mu_1 \leqq \eta + \frac{\varepsilon^2}{\eta - a}.$$

φ は固有値の近似計算におけるいわゆる trial vector で，φ をうまくとって ε を小

---

[1] なお，著書[63] には先生が Rellich と独立に摂動級数の収束を証明されたとは一切書かれていない（改めて全巻を精査したわけではないが）．上の greatly simplifying の目的語には，Rellich に並んで本書第 5 章のご自身の証明もひそかに含まれているのではないかと勝手に想像している．

さくできれば，固有値 μ_1 のよい評価式 (♯) が得られると言うわけである．論文[70] には固有ベクトルに対する近似式も与えられているが，ここでは省略する．

この定理を本文の定理 53.1 の状況に応用してみよう（ただし縮退がない場合）．μ_0 は H_0 の多重度 1 の正常固有値で孤立度は d とし，簡単のため $H_\alpha = H_0 + \alpha V$, $\mathfrak{D}(V) \supset \mathfrak{D}(H_0)$ とする．α は実数で，$|\alpha|$ が十分小さければ H_α は自己共役である．このとき H_α は μ_0 の近くに丁度一つの固有値 μ_α をもつことは既知である（例えば定理 52.1）．μ_α に対する形式的摂動展開は (46.1) で与えられる．

定理において $H = H_\alpha$, $a = \mu_0 - d/2$, $b = \mu_0 + d/2$ とし，φ として H_0 の正規化された固有ベクトル φ_0 をとる．すると $\eta = ((H_0 + \alpha V)\varphi_0, \varphi_0) = \mu_0 + \alpha(V\varphi_0, \varphi_0)$ は (46.1) の展開の α の一次の項までである．簡単な計算で仮定 $\varepsilon^2 < (\eta - a)(b - \eta)$ は $c\alpha^2 = (\mu_0 + \alpha(V\varphi_0, \varphi_0) - \mu_0 + d/2) < \frac{d^2}{4} - \alpha^2(V\varphi_0, \varphi_0)^2$, となることが分かるから，$|\alpha|$ が十分小ならば仮定は満たされる．そして (♯) における誤差項 $\varepsilon^2/(b-\eta)$, $\varepsilon^2/(\eta-a)$ はいずれも $O(\alpha^2)$ であることも分かる．（詳しくは $O(\alpha^2)$ に対する評価，すなわち第 1 次近似に対する誤差評価も得られている．）

以上をもって Kato–Temple の定理を応用する方法についての解説を終わる．なお，論文[70] には校正時に次の注が付けられている．これが示すようにこの論文は固有値評価の分野にも広い応用をもつようである．

Note added in proof: Although this work was originally intended for the rigorous foundation of the perturbation method, it turned out to be very useful for direct solution of eigenvalue problems of various kinds. These applications will be treated elsewhere.

3. (2) の発表論文[73] には謝辞の最後に the present work, which was completed in 1944 but remained unpublished というフレーズがあり，1944 年に完成していたことが明記されているが，(1) の発表論文[71], [72] にはそのような記述は見当たらない．(1a) が Rellich の研究と競合した事情，そして (1a), (1b) 共に証明に戦後のものと思われる手法が出てくることから見ても，それは当然であろう．一方において，多くの人たちは「(1) すなわち固有値の摂動論に関する結果も 1944 年頃には完成していたのではないか」と想像していたように思われる（例えば[78]）．しかし，論文だけを見ている限り，証明に戦後のものと思われる手段が使われているから，結果は終戦前のものと直ちには断定し難いわけである．本書のもととなった原ノートがあってはじめて，(1) の結果も 1945 年 6 月までには得られていたことが明らかになり，「はじめての証明」を垣間見ることもできるようになったわけである．そのことを書き留めてこのあとがきを終わる．

欧文索引

【A】
absolutely continuous, 166
adjoint operator, 4

【B】
bound, 5

【C】
Cayley 変換, 19, 67
complete, 6
constant interval, 15
Coulomb Potential, 176, 212
　　——の特異点, 224
Coulomb 力, 150

【D】
Dirac の Hamiltonian operator, 214
Dirac の波動方程式, 214
domain, 3

【E】
essentially hypermax, 17

【F】
finite norm, 11

【H】
Hamiltonian, 150
Hardy の不等式 *, 177
Hermite operator, 4
Hermite 直交関数系, 161

【H】
homomorph, 45
hypermax, 15
hypermaximal Hermite operator, 14

【I】
infinitesimal operator, 42
isomorph, 45

【K】
Kato-Rellich の定理 *, 55

【L】
linear manifold, 1
linear operator, 3

【M】
majorant, 9, 10
　　——の方法, 117
manifold
　　closed——, 1
minor operator, 52, 147
minor perturbation, 94, 147

【N】
norm, 5
normal quasi-domain, 17
null sequence (of minor operators), 395

【O】
operator
　　*- ——, 3

adjoint —, 4
closed —, 3
Hermite —, 4
linear —, 3
operator R, 3

【P】
partial Plancherel transform, 170
Plancherel の定理, 153
Plancherel 変換, 153
    部分的な—, 172

【Q】
quasi-domain, 17

【R】
range, 3
reduce する, 42–44
reduction process, 122
regular perturbation, 259, 261, 378

resolvent, 52
resolvent set, 16

【S】
Schrödinger operator, 185
Schrödinger の運動方程式, 324, 332
Schrödinger の条件, 225
Schrödinger 微分方程式, 186
Shield 作用, 188
singular perturbation, 259
Stark 効果, 147, 231, 323

【W】
weak quantization, 323
Weierstrass の関数, 364
Weyl の定理, 16, 338

【Z】
Zeemann 効果, 147, 226, 319

和文索引

【あ行】
間にある, 13
一電子模型, 190
一様に収束, 6
一様に有界, 6
運動エネルギー operator, 155
運動方程式
　　Schrödinger の—, 332
運動量, 42, 191
　　全—, 191
運動量空間, 153
遠方, 380

【か行】
解析関数, 10
解析接続, 10, 136
可換（作用素が）, 24
角運動量, 42, 191
　　全—, 192
拡張, 3
下限, 16
可測（A_t が）, 326
可測（φ_t が）, 325
関数（作用素の）, 18
基底状態, 200, 211
基本方程式, 107
既約, 44
境界
　　低位固有値の—, 16
境界（正常固有値群の）, 83
境界条件, 157, 222

偶然的縮退, 189
交換関係（operator の）, 193
固有空間, 15
固有値, 15
固有値表示, 15
孤立度, 96
孤立度（正常固有値の）, 83

【さ行】
自然的限界, 82
射影 operator, 12
収束, 2
　　強—, 2
　　弱—, 2
収束（作用素の）, 6
収束円, 9
収束半径, 10
縮退, 109
上限, 16
水素型 operator, 16, 38
水素類似原子, 157, 197
スペクトル, 16
正常固有値, 83
正常固有値群, 83
正則関数, 10
積分可能（A_t が）, 327
積分可能（φ_t が）, 325
絶対収束, 8
遷移
　　遠方への—, 380
遷移確率, 376

全—, 380
漸近級数, 312, 344
漸近展開, 243, 255
相対論的 Hamiltonian, 214

【た行】
多重度, 83, 96
　全—, 83
単位分解, 15
逐次近似法, 350, 354
稠密, 4
直交, 1
低位の固有値, 16

【な行】
二重級数, 8
ノルム, 2

【は行】
配位空間, 152
発散の困難, 147, 255
半有界, 61
微細構造常数, 215
微分可能（φ_t が）, 329
分光学の実験, 201
分裂（固有値の）, 116, 118
平均収束, 154
ベクトル・ポテンシャル, 226
ヘリウム原子, 201
変数分離, 27, 201, 228
変分的方法, 312
変分法, 187, 200, 214

【ま行】
無限級数, 7

【や行】
有界
　上に— 下に—, 16
　半—, 16
有界（作用素が）, 5
許し得る摂動, 259

【ら行】
連続 ($\mathbb{B}$), 7

記号索引

γ_0, 52
∇_i^2, 150
$\Phi(H)$, 18
$[\mathfrak{A}]$, 1
$\{\mathfrak{A}\}$, 1
$A_{0\ell}$, 52
$A_{\alpha\ell}$, 56
$\mathfrak{A} \perp \mathfrak{B}$, 1
$\mathbb{B}$, 5
$\mathbb{C}$, 4
$\mathbb{C}'$, 4
$\dim \mathfrak{M}$, 2
$\dom R$, 3
$f = f' \cdot f''$, 27
H_α, 55, 257
$\mathcal{L}^{12}(\mathfrak{r}_1, \cdots, \mathfrak{r}_s)$ $\mathcal{L}^{12}(\mathfrak{p}_1, \cdots, \mathfrak{p}_s)$, 153
$\mathcal{L}^2(\mathfrak{r})$, 152
$\mathcal{L}^2(\mathfrak{r}_1, \cdots, \mathfrak{r}_s)$, 152
$\mathcal{L}^2(x_1, \cdots, x_k)$, 2
$\mathfrak{M} \cong \mathfrak{N}$, 45
$\mathfrak{M} \sim \mathfrak{N}$, 45
$\mathfrak{D}$, 52, 156
$\overline{\mathfrak{D}}$, 259

$\widetilde{\overline{\mathfrak{D}}}_0$, 260
$\mathfrak{D}^{**}$, 162
$\mathfrak{D}^*(p_1, \cdots, p_k)$, 159
$\mathfrak{D}^*(x_1, \cdots, x_k)$, 158
$\overline{\mathfrak{D}}_0$, 256
$\mathfrak{D}' \cdot \mathfrak{D}''$, 28
$\mathfrak{D}, \mathfrak{D}(\mathfrak{p}), \mathfrak{D}(\mathfrak{r})$, 217
$\mathfrak{D}(\mathfrak{p})$, 156
$\mathfrak{D}(\mathfrak{r})$, 156
$P_\mathfrak{M}$, 12
$\widehat{R}$, 3
$\widetilde{R}$, 3
R_ℓ, 103
$\overline{R}_\ell$, 104
R^*, 4
$\range R$, 3
r_{ij}, 150
R_ℓ, 52
S, 97
$S \supset R$, 3
T_0, 156
$\sqrt{T_0}$, 156
U_α, 67

稿作者等紹介

加藤敏夫（かとう　としお）
1917 年–1999 年
- 1941 年　東京帝国大学理学部物理学科卒
- 1943 年　東京帝国大学理学部大学院満期退学
- 1943 年　東京帝国大学理学部助手
- 1951 年　東京大学理学部助教授
- 1951 年　理学博士
- 1958 年　東京大学理学部教授
- 1962 年　California 大学 Berkeley 校教授
- 1988 年　California 大学名誉教授

主著
Perturbation Theory for Linear Operators, Springer Verlag, 1966, 1980
位相解析 理論と応用への入門，共立出版，1957（復刊 2001）

黒田成俊（くろだ　しげとし）
- 1932 年生まれ
- 1960 年　東京大学大学院数物系研究科博士課程修了
- 1960 年　理学博士
- 現　在　東京大学名誉教授，学習院大学名誉教授

藤田　宏（ふじた　ひろし）
- 1928 年生まれ
- 1956 年　東京大学理学部大学院 研究奨学生後期中途退学
- 1961 年　理学博士
- 現　在　東京大学名誉教授

岡本　久（おかもと　ひさし）
- 1956 年生まれ
- 1981 年　東京大学理学系研究科修士課程修了
- 1985 年　理学博士
- 現　在　学習院大学教授，京都大学名誉教授

中村　周（なかむら　しゅう）
- 1960 年生まれ
- 1985 年　東京大学大学院理学系研究科博士課程中退
- 1988 年　理学博士
- 現　在　東京大学大学院数理科学研究科教授

量子力学の数学理論
摂動論と原子等のハミルトニアン
ⓒ 2017 Shigetoshi Kuroda
Printed in Japan

2017 年 11 月 30 日　初版第 1 刷発行

稿作者	加　藤　敏　夫	
編注者	黒　田　成　俊	
発行者	小　山　透	
発行所	株式会社 近代科学社	

〒 162-0843　東京都新宿区市谷町 2-7-15
電　話 03-3260-6161　振　替 00160-5-7625
http://www.kindaikagaku.co.jp

藤原印刷　　　　　ISBN978-4-7649-0545-0
定価はカバーに表示してあります．